ALEXANDER STRAKOSCH

Lebenswege mit Rudolf Steiner

ALEXANDER STRAKOSCH

Lebenswege mit Rudolf Steiner

ERINNERUNGEN

Mit einem Vorwort von Jakob Streit und Beiträgen
von Hella Krause-Zimmer zu den Biographien
von Alexander Strakosch und Maria Strakosch-Giesler

Philosophisch-Anthroposophischer
Verlag am Goetheanum

PIONIERE DER ANTHROPOSOPHIE
BAND XIII

Eine erste Veröffentlichung dieser Erinnerungen
erfolgte in zwei Bänden:
Band I unter dem Titel «Lebenswege mit Rudolf Steiner»
1947 bei P. H. Heitz, Strasbourg/Zürich,
Band II unter dem Titel «Lebenswege mit Rudolf Steiner,
Zweiter Teil, 1919–1925, Erinnerungen eines Waldorflehrers»
1952 im Selbstverlag, Dornach

Schutzumschlag von Gabriela de Carvalho
unter Verwendung eines Fotos von Alexander Strakosch

Gesamtherstellung: Freiburger Graphische Betriebe
ISBN 3-7235-0688-7

Alexander Strakosch
gemalt von Margarita Woloschin (geb. 1882, gest. 1973), Stuttgart 1938.

Rudolf Steiner
gemalt von Richard Pollak (geb. 1867, gest. in Theresienstadt).

So wie ein Mensch, am trüben Tag,
der Sonne vergißt –
sie aber strahlt und leuchtet unaufhörlich –,
so mag man Dein am trüben Tag vergessen,
um wiederum und immer wiederum
erschüttert, ja geblendet zu empfinden,
wie unerschöpflich fort und fort
Dein Sonnengeist
uns dunklen Wandrern strahlt.

Christian Morgenstern
«Wir fanden einen Pfad»

Inhalt

Vorwort

Das Buch von Alexander Strakosch «Lebenswege mit Rudolf Steiner» erschien erstmals 1947. Wer war Alexander Strakosch? Der Verfasser dieses Vorwortes durfte über viele Jahre Freundschaft mit ihm pflegen, und vieles hat er mir persönlich erzählt, was jetzt in den «Lebensbegegnungen» neu erscheint.

1879 in Wien geboren, lebte sich Alexander Strakosch in die Blüte des Wiener Geistes- und Musiklebens hinein, absolvierte das humanistische Gymnasium, spielte daneben als Geiger in einem Symphonieorchester, las Haeckels «Welträtsel» und verkehrte schon als Jüngling in Künstlerkreisen. Für das weitere Studium zog er nach München. Seine mathematisch-physikalische Begabung führte ihn zur Technischen Hochschule, wo er sich zum Ingenieur-Fachmann für den stürmisch sich entwickelnden Eisenbahnbau ausbildete. Er wurde eingesetzt für die Karawanken- und Vintschgaubahn mit den vielen Tunnels und Viadukten und so weiter. Er projektierte und leitete solche Werke.

Alexander Strakosch heiratete eine Malerin, Schülerin von Kandinsky, Maria Giesler. So war Technik und Kunst beieinander. In Berlin hörte er 1908 erstmals den ihm unbekannten Rudolf Steiner in einem Architektenhaus-Vortrag. Er war tief ergriffen und bat für den folgenden Tag um ein Gespräch. Es fand statt, und Rudolf Steiner überreichte dem Eisenbahn-Ingenieur ein Blatt mit Meditationen, wovon dieser noch nichts kannte. Einige Anweisungen Rudolf Steiners genügten, den Weg zu beschreiten, und die nachfolgende Lektüre der «Theosophie» gab das geistige Umfeld. – So direkt, im 29. Lebensjahr, wurde Strakosch Anthroposoph.

Was nun die in diesem Buche geschilderten, vielfachen Begegnungen mit Rudolf Steiner und Marie von Sivers (Marie Steiner) und ihrem näheren Umkreis anbetrifft, erlebte sie Strakosch mit der Wachheit eines technisch durchgebildeten Wissenschaftlers. Er mußte an Steiner die lebendige, unermüdliche Tätigkeit bewundern, dem materialistischen Jahrhundert Spiritualität einzupflanzen. Spannend geschildert die Münchener Mysterien-Spielzeit, wo Strakosch an Proben teilnehmen durfte. Wiederum Ferientage an der Adria mit Rudolf Steiner und Marie von Sivers.

Für den geplanten Johannesbau in München wurde Strakosch fachkundiger Mitberater Rudolf Steiners als Mitglied des Bauvereins. Ab 1912 nahmen die Strakoschs Wohnsitz in Wien, wo Rudolf Steiner im Atelier Strakosch-Giesler unter anderem Vorträge über Kunst vor bis zu 160 Teilnehmern hielt. Es folgten die Kriegsjahre mit dem schmerzlichen Niedergang der österreichischen Monarchie. An der Dreigliederungsbewegung nach dem Krieg nahm Strakosch regen Anteil. Zu dieser Zeit frug ihn Rudolf Steiner, als Lehrer an die neu zu begründende Waldorfschule in Stuttgart zu kommen, wo er unter anderem Technologie unterrichtete.

Als zu Beginn der dreißiger Jahre in Deutschland die Judendiskriminierung einbrach, emigrierten die Strakoschs nach Dornach. Alexander gab Kurse, hielt Vorträge (auch an öffentlichen Volkshochschulen), schrieb Aufsätze und eben dieses Buch «Lebenswege mit Rudolf Steiner». Ein warmes Leuchten geht durch seine Schilderungen und weist, wie Anthroposophie in der Lebenspraxis Herzkräfte entbinden kann.

Jakob Streit

ERSTER TEIL

Suchen und Finden

Wer unbefangenen Blickes im Geistesleben der Gegenwart Umschau hält, kann auf den verschiedensten Gebieten bis in die praktischen Anwendungen vieles finden, das von Rudolf Steiner herrührt, mit seinem Lebenswerk, der «anthroposophisch orientierten Geisteswissenschaft»[1], zusammenhängt. In allen Erdteilen leben Menschen, welche in ernster Arbeit an sich selbst auf dem von ihm gewiesenen Geisteswege vorzuschreiten bestrebt sind, überall werden seine Bücher gelesen. Erzieher gesunder und der Seelenpflege bedürftiger Kinder, Ärzte, Mathematiker, Naturwissenschaftler, Landwirte empfangen neue, grundlegende Erkenntnisse und belebende Anregungen für ihre Arbeit. Eine neue Kunst, die Eurythmie, ist ins Leben getreten, Sprachgestaltung, Bühnenkunst, Malerei, Plastik und Architektur sind aus ihrer Erstarrung zu frischem Leben erweckt. Ein gegenwartsnahes religiöses Leben pflegt die «Christengemeinschaft»[2] als selbständige Bewegung, die ihren Ursprung hat in dem, was suchende Priester Rudolf Steiner verdanken. Aber auch dort, wo man nicht unmittelbar ergreifen will, was er gegeben hat, bis in die Art und Weise, wie in der Öffentlichkeit Fragen der Gegenwart besprochen werden, findet man seine Gedanken. Da wird zum Beispiel heute mit der größten Selbstverständlichkeit von Geist, Seele und Leib gesprochen, während früher außer dem Leib nur die Seele erwähnt wurde als etwas, das man nicht kennt, das eigentlich keine Wirklichkeit ist, wofür man aber doch eine Bezeichnung braucht. Will man sich also ein Bild von der Zeit vor dem Auftreten Rudolf Steiners machen, so muß man sich vorstellen, daß von alledem nichts vorhanden war.

Rudolf Steiners Arbeit in der Öffentlichkeit hatte schon um

die Jahrhundertwende begonnen, doch erst nach dem Jahre 1918 wurden seine Forschungsergebnisse von weiteren Kreisen aufgenommen und auch im Leben zur Anwendung gebracht. Vorher gab es weite Kreise, welche an der alten Frömmigkeit festhielten, sie brachten sich den Widerspruch zwischen ihrem Glauben und dem, was in den Schulen als Naturwissenschaft gelehrt wurde, vielfach nicht zum Bewußtsein. Als rückständig wurden sie von den anderen angesehen, welche nur dann auf der Höhe der Bildung zu stehen meinten, wenn sie jede Anschauung als alten Aberglauben bezeichneten, welche über die Anerkennung des bloß Sinnenfälligen als Wirklichkeit hinausging. Deren «Bibel» waren Ernst Haeckels «Natürliche Schöpfungsgeschichte» und seine «Welträtsel»[3]. Auf dem Gebiete der Kunst anerkannte man über den herrschenden Impressionismus hinaus Segantini und Böcklin, ereiferte sich über Klimt und Klinger; Bruckner war außerhalb Österreichs ein Unbekannter. Auf manchem Felde suchte man nach Neuem, doch gelangte man zu keiner rechten Vertiefung der künstlerischen Auffassung. Die Sehnsucht war da, es fehlte aber der neue Einschlag, und so kam man auf dem Weg über den Expressionismus schließlich in den zwanziger Jahren zur «Neuen Sachlichkeit».

Als das neue Jahrhundert begann, war ich einundzwanzig Jahre alt. Zwar liebte ich fremde Sprachen, dachte aber nicht daran, Gelehrter zu werden, und früh schon fühlte ich mich zur Technik hingezogen. Dennoch war mir die Vertiefung in das klassische Altertum, wie sie damals in so schöner Weise an den österreichischen Gymnasien gepflegt wurde, ein so selbstverständliches Lebenselement, daß ich es nie hätte missen mögen. Ich lebte ganz darin und lernte aus Begeisterung ganze Gesänge Homers auswendig; das tätige Interesse für griechische Philosophie hat mich bis heute nicht verlassen. Was mich zur Technik hinzog, das war das Leben in der Natur, denn ohne Zögern hatte ich mich für Eisenbahn- und Wasserbau entschlossen. Es war die Zeit der großen Bahnbauten in den Alpen. Was die Technik an Mechanismen, an Maschinen schuf, darin sah ich nur Hilfsmittel, aber nicht den eigentlichen Zweck; zur Chemie konnte ich keinen inneren Zugang finden. Ich wollte der Natur abringen, was Menschen für den Verkehr brauchten. Eine gütige Schicksalsfügung ließ mich dann auch nach vollendetem Studium einige Jahre als Ingenieur in den schönsten Gegenden der österreichischen Alpenländer verbringen.

Doch schon von Jugend auf hatte mich in stärkstem Maße angezogen, was als Ausdruck des sich in den Zeiten wandelnden geistigen und seelischen Lebens in der Kunstgeschichte vor uns hintritt. Von meinem fünfzehnten Lebensjahr an hatte mich dies beschäftigt, dazu hatte ich in meinen freien Stunden viel gemalt, gezeichnet und modelliert. Im elterlichen Hause und bei meinem Onkel Arnold Skutezky, dessen Sammlungen von Gemälden und Handzeichnungen alter Meister weithin bekannt waren, fand ich Stoff und Anregung in Fülle. So waren mir, als ich nach der Matura einige Wochen in Italien zubringen konnte, die großen Kunstwerke wie vertraute Bekannte, die ich bisher nur im Abbild gesehen, nun aber persönlich kennenlernen durfte. – Zu den tiefsten Eindrücken gehört es auch, daß ich in einem Orchester bei Beethovens «Eroica» als Geiger mitzuwirken Gelegenheit hatte.

Zwar gab es in Österreich technische Hochschulen, aber es zog mich mit Gewalt fort, und so habe ich den größten Teil meiner Studienzeit in München verbracht. Bei den Fachkollegen fand ich wenig Anschluß, das «studentische» Treiben stieß mich ab (Alkohol hatte ich von früher Jugend ganz aus eigenem Antrieb streng gemieden), die «Finken», das sind die nichtfarbentragenden Studenten, hatten meist nur Fach und Versorgung im Kopf. So tat ich nur beim «Akademischen Orchesterverband» mit; unser Dirigent war ein Student, Wilhelm Sieben, der später ein bekannter Kapellmeister wurde.

Gegenüber der Hochschule waren die alte und neue Pinakothek, und auch die Glyptothek war in der Nähe. Ihr damaliger Leiter, der berühmte Archäologe Furtwängler, hielt dort Reihen von Führungsvorträgen; man merkte ihm an, wie er seine Kunstschätze liebte, und das zog mich besonders an. An den Sonntagvormittagen oder wenn zwischen zwei Vorlesungen eine freie Stunde war, eilte ich an diese Stätten. Bald lernte ich auch junge Künstler kennen und verkehrte viel im «Café Stephanie», das auch unter dem Namen «Café Größenwahn» bekannt war. Hier saßen die Größen der Kunst und die, welche es zu werden gedachten oder sich schon dafür hielten. Frank Wedekind war hier täglicher Gast, und auch Max Halbe, Reger und anderen bedeutenden Künstlern konnte man dort begegnen.

Wenn der «Bourgeois» von München und von Künstlern hört, dann denkt er vor allem an den Fasching. Den haben die Künstler, meist unter sich, gehörig gefeiert. Doch lebte damals in der Bohème vielfach ein echtes Suchen nach einer vertiefteren Lebensauffassung und einer Lebensführung aus geistigen Impulsen. Abends, oft bis tief in die Nacht, führten wir auf den Ateliers, sehr oft bei dem Maler Jagersbacher, ernste Gespräche, nicht nur über künstlerische Probleme. Besonders bewegte uns die Frage, ob es jenseits der Sinneswelt eine geistige Wirklichkeit, einen Gott gäbe. Manchmal glaubten wir uns durchgerungen zu haben, dann gab es einen Gott. Das dauerte wohl einige Wochen, dann ergriff uns wieder die Unruhe, und es kamen Zeiten des Zweifelns und des Suchens. Manche merkten, daß da schließlich jeder seinen eigenen Weg finden müsse und daß es auf den Weg ankäme, auf die Verwirklichung des Geistes im Leben und nicht auf eine feste Meinung, sei sie auch noch so ehrlich errungen. Konfessionelle Fragen interessierten uns nicht.

Der Künstler kann eigentlich gar nicht Materialist sein, sein Streben ist ja der lebendige Beweis gegen die Behauptung, daß der Stoff die einzige Wirklichkeit sei. Um so tiefer erlebt er dafür den Widerspruch zwischen dem, was ihn erfüllt, und der Inhaltslosigkeit, der inneren Haltlosigkeit jener anderen Lebensauffassung, die im bloßen Kampf ums Dasein den Grundzug der Lebensführung von Tier und Mensch erblicken will. Dagegen wehrten sich viele und stürzten sich je nach Charakter und Temperament auf Nietzsche und Schopenhauer. Einige fühlten sich auch bei Kant geborgen, indem sie die Sittlichkeit, für deren Begründung der Materialismus nichts geben konnte, «kategorisch» dem Leben einfügen wollten. Doch der Zweifel wuchs und ergriff immer weitere Kreise, denen bisher das Verharren im Überkommenen eine Art Schutz gewährt hatte.

Wir waren dazumal eine kleine Gruppe, aber einmal wurde es uns klar, und wir sprachen es aus, daß in etwa zwanzig Jahren für weite Kreise der Jugend der Widerspruch zwischen innerem Streben und den Forderungen des äußeren Lebens zu einer grundsätzlichen Lebensfrage werden würde. Was dann tatsächlich als Jugendbewegung kam und nach kurzer Zeit im «Bürgerlichen» versandete, das war nicht, was wir erwartet hatten. Das ging hervor aus dem Fühlen und kam darüber kaum heraus, während wir nach tragenden Erkenntnissen gesucht hatten, um eine bewußte Einheit der Lebensauffassung und der Lebensführung zu begründen. Erkenntnisse muß sich jeder durch eigene Anstrengung erwerben, aber von denen, die nach solchen Zielen streben, kann man sich verstanden und bestärkt fühlen.

***

Im August 1903 ging die Münchener Studentenzeit zu Ende, und im Winter kam ich nach Kärnten als Ingenieur einer Unternehmung zum Bau der Karawanken[4]-Bahn. Abseits von menschlichen Ansiedlungen, am Rande einer Schlucht, welche von der im Bau begriffenen Linie auf einem sechzig Meter hohen Viadukt überquert werden sollte, hauste ich in einer schnell errichteten Holzbaracke, die zugleich als Magazin für Baustoffe und Werkzeug diente, mit dem Magazineur und meinem Meßgehilfen. Tiefer Schnee bedeckte das ganze Land. Wenn auf den hohen Bergen das letzte Licht verglommen war, heulten die Füchse und dröhnten die Sprengschüsse von den Steinbrüchen, aus welchen die Bausteine für die Brückenpfeiler und den nahen Karawanken-Tunnel kamen.

Der Gegensatz zwischen dem Leben in München und dieser Bergeseinsamkeit war gewaltig. Aber ich konnte nun wirklich ganz in der Natur leben, und die Stille der Abende ließ manches sich der Ruhe und der Reife nähern. In München hatte ich in dem Künstlerkreise um Kandinsky die gleichgesinnte Seele gefunden, wir hatten beschlossen, den Weg durch das Leben gemeinsam zu wagen. Im brieflichen Gedankenaustausch mit Maria Giesler[5] blieb ich mit dem früheren Bekanntenkreis in Verbindung. Zu meinem jetzt so stillen Leben paßte gut die Vertiefung in die Sprüche des «Cherubinischen Wandersmannes» von Angelus Silesius. Woran ich früher manchmal gezweifelt hatte, obwohl ich mich von Kindheit an dazu hingezogen fühlte, lebte jetzt in der Seele auf und wurde zur ruhigen Gewißheit. Daß jedoch für die so ersehnte sinnvolle Lebensführung noch etwas anderes erforderlich war, nämlich wirklich tragende Erkenntnisse, das stand nach wie vor für mich fest. Ich machte es mir nicht etwa mit diesen Worten klar, aber es ließ mich nicht zur Ruhe kommen, bis ich den Menschen gefunden, der mir den gesuchten Weg weisen konnte.

Unvergeßlich bleibt mir das Erwachen des Frühlings im Rosental. So wurde dieser Teil des Drautales[6] genannt. Schon im strengen Winter hatte man unter dem fast zwei Meter hohen Schnee die weißen Sterne der Schneerosen ausgraben können, und nun, als der Schnee wich, blieb das Tal auf weite Strecken hin weiß von Rosen. Wenn ich morgens vor meine Hütte trat, lag der Nebel über dem Flusse zu meinen Füßen, die Sonne löste ihn dann auf und enthüllte die Blütensterne, die sie grüßten. Gegen den Sommer zu prangten die Wiesen in einer Blütenfülle der verschiedensten Farben, wie man sie nicht so bald wieder finden mag.

Der Herbst fand mich in einem anderen, noch einsameren Tal in Oberösterreich, in der Nähe des Pyhrnpasses[7], wo es mächtige steinerne Brücken, riesige gewölbte Bögen im Zuge der neuen Bahnlinie zu bauen gab. Die Sonne verließ im November das Tal, um erst im Frühling wiederzukehren, und am nahen Waldrand tummelten sich die Wiesel im weißen Winterkleid: die Hermeline. Als ich einmal im Mondenschein heimkehrte, setzte ein riesiger Hirsch in einem mächtigen Satz über den Weg und den Zaun daneben.

Schon im Advent desselben Jahres (1904) zog ich nach Meran zum Bau der Vintschgaubahn[8]. Hier trafen sich damals Menschen aus der ganzen Welt. – Im März 1906 kam auch Maria

Giesler nach Meran, und wir ließen uns in der kleinen evangelischen Kirche an der Passer trauen. In der Mittagspause war ich vom Berg hinuntergeeilt und nach der Trauung gleich wieder hinauf. Mehr Zeit hatte ich nicht für persönliche Angelegenheiten, denn der Bau des Marlinger Tunnels war besonders schwierig und nahm mich Tag und Nacht in Anspruch.

Die Natur bietet sich hier in besonderer Weise dar; in den Bergriesen aus Granit und Porphyr, in den Schluchten spricht die Herbheit des Nordens, in der durchsonnten Luft der Zauber des Südens. Hier war es, wo die Malerin in der Darstellung von Natureindrücken die äußeren Formen gleichsam durchstieß und verließ. Aus dem Erleben der Natur und dem Leben der Farbe, die sich in der Fläche erschloß, entstand von nun an in ihren Bildern eine neue Natur.

Aber das Suchen nach der wirklich sinnvollen Lebensführung verließ uns nicht. Daß eine Eisenbahn für alle Menschen nützlich ist, war zwar für mich ein tröstender Gedanke, für die Umgebung, in welche ich durch meine Arbeit hineingestellt war, bedeuteten aber die Dividenden der Aktionäre unserer Baugesellschaft das eigentliche Ziel. Hier bekam ich auch manchen Einblick in soziale Verhältnisse. Die Arbeiter waren fast lauter Italiener aus den verschiedenen Gauen des Landes, und im täglichen Umgang gerade mit den unverdorbenen Kindern dieses Volkes lernte ich es lieben. Wir beobachteten, wie hier in der wärmenden Sonne die Erde überreiche Früchte trug; Grund und Boden waren billig, halb verfallene Schlösser konnte man für wenige Gulden kaufen. Da kamen wir auf den Gedanken, uns im Überetscher Land, am Fuße des Mendelpasses[9], mit anderen Suchenden gemeinsam niederzulassen. Garten- und Obstbau sollten den Lebensunterhalt liefern und uns unabhängig machen, Künstler sollten günstige Lebens- und Schaffensbedingungen finden. Wenn es gelang, dann könnte es ein ermunterndes Beispiel für andere sein, sich auch auf diese Weise freizumachen, und es wäre doch kein selbstsüchtiges Verhalten, sich so von dem Treiben der anderen Menschen abzusondern, weil man ja gerade dadurch den Weg für andere wies.

Bei näherer Untersuchung erschien aber so etwas aus inneren und äußeren Gründen doch nicht das Richtige. Dies bestünde vielmehr darin, eine für weite Menschenkreise bedeutungsvolle Persönlichkeit zu suchen, mit dieser zusammenzuarbeiten, ihr Werk mitzutragen und auf diese Weise durch die eigene Lebensarbeit vielen zu helfen. Aber wo war diese Persönlichkeit zu finden? Wir hielten Umschau und befaßten uns zunächst mit den Werken von Johannes Müller[10], fanden aber bald, daß er nicht unser Mann sei. Dann richteten sich unsere Blicke auf Bodelschwingh[11], auch er war es nicht. In Bodelschwingh konnte man den verehrungswürdigen Vertreter einer Religiosität erblicken, die sich bis ins Leben hinein bewähren wollte. Bei näherem Eingehen mußte man aber erfahren, daß er nicht zu einer Geist-Erkenntnis vordrang, daß seine Hingabe auf einem Tatchristentum beruhte, welches er zwar darleben, zu dessen Grundlagen er aber die anderen nicht führen konnte. Ihm folgen, hätte Rückkehr zum konfessionellen Protestantismus bedeutet. Johannes Müller dagegen stellte sich hin als einer, der zu Höherem führen wollte, schließlich aber mußte man erkennen, daß man auf seinem Wege doch nicht über das Persönliche hinauskommen würde. – Wir mußten also noch warten, bis uns das Leben zu dem Gesuchten führen würde.

Nach Beendigung des Bahnbaues Meran–Mals kamen wir nach Innsbruck[12], wo ich etwa ein Jahr lang mit Entwürfen für Wasserkraftanlagen und Bergbahnen beschäftigt war. Von dort führte uns der Weg in das Murgtal im nördlichen Schwarzwald. Die Bahnlinie Rastatt–Weißenbach sollte in der Richtung gegen das württembergische Freudenstadt bis zur Landesgrenze bei Forbach[13] verlängert werden. Da gab es Tunnels, Viadukte, und österreichische Ingenieure, die vom Bau der Alpenbahnen kamen, waren willkommen.

Hier begann nun die geistige Führung sich deutlicher zu zeigen. Der meiner Leitung zugewiesene Streckenteil bestand fast ganz aus Tunnels, Felseinschnitten und einem mehrbogigen steinernen Viadukt; ähnlich sah der anschließende Teil der Strecke aus. Als nun der Winter mit starken Schneefällen einsetzte, konnte nur noch in den Tunnels weitergearbeitet werden. Die Zahl der Ingenieure wurde herabgesetzt, und ich erbot mich freiwillig, die Vermessungsarbeiten auch in einer Anzahl außer meiner Strecke liegenden Tunnels durchzuführen. Die Tunnels waren alle schon ziemlich fortgeschritten, und ich setzte die von meinen Vorgängern eingeschlagene, von den Regierungsingenieuren kontrollierte Richtung fort. Ob diese von Anfang an richtig angelegt war, das nachzuprüfen hatte ich weder Anlaß noch Möglichkeit, denn draußen lagen die Meßpunkte unter hohem Schnee, und die Regierung hatte ja die Richtung in Ordnung gefunden. Plötzlich entdeckte man im März, daß in einem Tunnel die Richtung nicht stimmte, und zwar lag der Fehler beim Tunneleingang, war also noch zu Zeiten meines Vorgängers geschehen und von der Regierung übersehen worden. Die Unternehmung – eine Berliner Firma – wollte die aufsichtführenden Regierungsingenieure schonen, gab mir die Schuld und entließ mich fristlos. Ganz abgesehen vom Schaden stand mein guter Ruf als Ingenieur auf dem Spiel. Es blieb nichts übrig, als die Gerichte anzurufen, und zu diesem Zwecke mußte ich ganz unverhofft nach Berlin. Es wäre mir wohl sonst kaum eingefallen, diese Stadt aufzusuchen, doch es sollte eben sein.

So fanden wir uns ganz unverhofft im März 1908 in Berlin in einer äußerlich gesehen nicht gerade beneidenswerten Lage. Wir trafen aber liebe Freunde aus der Münchener Zeit; auch Kandinsky[14] war hier, und wir verbrachten manch schönen Abend in seinem Atelier. Manche Freunde wußten von unserm Suchen und machten uns auch bald darauf aufmerksam, daß im Architektenhaus jede Woche Vorträge gehalten würden, die gerade wir hören müßten. Wir besuchten also einen solchen Vortrag.

Der Redner sprach so, daß es uns sofort klar war: Ihm liegt nicht daran, auf den Zuhörer Eindruck zu machen. Er sprach von Dingen, die weit über jener Sphäre liegen, wo es so etwas noch gibt. Es war auch nicht eine sich äußerlich kundtuende Begeisterung in ihm, wie man sie bei anderen Rednern wahrnehmen konnte, sondern ein ganz unmittelbares Durchdrungensein von den Welten, über die er sprach, die sich durch ihn dem Zuhörer enthüllten. So ungewohnt, ja unerhört der Inhalt seiner Rede war, man zweifelte nicht einen Augenblick an dem, was er vorbrachte, man hatte den unmittelbaren Eindruck: Das ist einfach so! Wenn er sprach, leuchteten die dunklen Augen, welche das ernste und dabei zutiefst bewegte Antlitz überstrahlten. Wir waren wirklich beeindruckt, aber nicht im gewöhnlichen Sinne und nicht so erstaunt und überrascht, wie es der Inhalt hätte erwarten lassen, der Ausblicke in das Weltall und Einblicke in die Beziehungen des Menschenwesens zu den Sternen öffnete.

Der Titel war «Sonne, Mond und Sterne»[15]. Rudolf Steiner – er war es nämlich – ging von Aristoteles aus, dem vorsichtigen Denker, welcher davon spricht, daß nach uralten Lehren die Gestirne Götter seien; was sonst die Volksmeinung von den Göttern erzähle, sei hinzugedichtet und wertlos. Dann sprach er von den seelisch-geistigen Kräften, welche von Stern zu Stern und von den Sternen zu den Menschen gingen, von den bewundernswerten Fortschritten der Naturwissenschaft und der Sternkunde, von der falschen Vorstellung, daß die Welt aus dem Urnebel hervorgegangen sei durch eine von außen hereingetragene Bewegung. In Wahrheit ist der Geist der Grund aller Materie. Er blieb aber nicht bei dieser allgemeinen Aussage stehen, sondern erklärte, wie Sonnen- und Erdenkräfte in verschiedener Weise, zum Beispiel auf die Pflanzen, wirken, die eine die Entwicklung nach oben überstürzend, die andere hemmend. Beim Menschen ist sein *Leben* das Ergebnis des Sonnenlichtes, seine *Form* dasjenige des Mondenlichtes. Der Sternenhimmel hat Bedeutung für den Menschen, weil dieser aus demselben Weltengeiste herausgeboren ist wie der Sternenraum. Die Gottheiten, welche diese Welt bewohnen, sie bilden sich selbst den Wohnplatz; hinter den wirkenden Kräften im Weltall stehen die leitenden Wesenheiten. Er führte dann Schillers Worte «An die Astronomen» an:

«Schwatzet mir nicht so viel von Nebelflecken und Sonnen;
Ist die Natur nur groß, weil sie zu zählen euch gibt?

Euer Gegenstand ist der erhabenste freilich im Raume;
Aber, Freunde, im Raum wohnt das Erhabene nicht.»[16]

Und Goethes Ausspruch: Ach was wären sie alle, die tausend Millionen Sonnen, wenn sie sich nicht spiegelten im Menschenauge und zuletzt nicht eines Menschen Herz erfreuten?[17] Zum Schluß sprach er noch vom Regenbogen, von dem Goethe mit Recht sagt, daß er nur ein Teil des Lichtes sei, und endete mit dem Hinweis von der übergroßen Mächtigkeit der Lebensströme, die uns von der Sonne zufließen und die wir nur im Abglanz aushalten können. Doch haben wir die Kräfte in uns, mit denen wir den Geist im Weltall wahrnehmen können. Wir lassen ihn sich in unseren Organen spiegeln, wie die Sonne sich im fallenden Wassersturz spiegelt. Er schloß dann mit den Versen aus der Arielszene im zweiten Teil des «Faust», deren letzter lautet:

«Am farb'gen Abglanz haben wir das Leben.»

Wenn ich heute auf diesen Vortrag zurückblicke, so erscheint es, als ob unsere Seelen damals direkt angesprochen worden seien. Er ließ alles anklingen, was uns an Fragen über das Weltall und den Menschen im Innersten bewegte, und obwohl uns sein Inhalt äußerlich scheinbar aus dem Gedächtnis entschwunden ist, waren es doch gerade diese Gebiete, welche für unseren weiteren Entwicklungsweg bedeutungsvoll wurden.

Mit gespanntester Aufmerksamkeit hatten wir zugehört. Unser Grundgefühl war: All dies ist neu und doch nicht fremd, hier steht einer nicht für sich, hier spricht eine Geisteskraft, der man vertrauen darf. Als er geendet hatte, blickten wir uns gegenseitig an und sagten: «Das ist er.» Wir nahmen uns bei der Hand und gingen zum Rednerpult hin, neben dem Rudolf Steiner mit einigen Menschen sprach. Ich nannte meinen Namen und Vornamen, worauf er mich etwas erstaunt, aber ohne Abweisung ansah und sprach: «Der sind Sie ja gar nicht». Ich war überrascht und versicherte, daß ich es doch sei; er aber meinte:

«Aber den kenne ich doch, und Sie sind es nicht». Schließlich lud er uns freundlich ein, ihn am nächsten Nachmittag zu besuchen. (Damals hatte ich natürlich noch keine Ahnung, daß Rudolf Steiner mit dem berühmten Rezitator und Dramaturgen des Wiener Burgtheaters, der auch *Alexander Strakosch* hieß, einem Vetter meines Vaters, befreundet war und gemeint hatte, ich wollte mich für diesen ausgeben.)

So erschienen wir vertrauend und in ruhiger Erwartung am nächsten Tage in der Motzstraße Nr. 17.[18] Er ließ sich erst von uns erzählen, von unserm Suchen, auch nach einer Art von Lebensführung, durch welche wir nicht nur unser Leben fristen, sondern auch im tieferen Sinne anderen Menschen nützlich sein könnten. Als wir von den aufgegebenen Plänen einer Art von Siedlung in Südtirol sprachen, schüttelte er verneinend den Kopf und bemerkte, das wäre etwas phantastisch gewesen. Als wir geendet, zog er zwei beschriebene Blätter aus der Tasche und sagte: «Dies habe ich für Sie vorbereitet, es wird das Richtige sein.» Auf jedem Blatte waren für einen von uns von ihm eine Reihe von Meditationen aufgeschrieben worden. Wir hatten noch nie Näheres vom Meditieren gehört, doch hatten wir Vertrauen gefaßt und ließen uns die nötigen Anweisungen gerne geben.

In der nächsten Zeit hörten wir dann die Einführungskurse, welche Frau Camilla Wandrey[19] im Zweig der «Theosophischen Gesellschaft» hielt, innerhalb welcher Rudolf Steiner damals noch wirken konnte.

An gedruckten Werken gab es vor allem[20] das Buch «Theosophie», und es erschien in freien Abständen die von Rudolf Steiner herausgegebene Zeitschrift «Lucifer-Gnosis». Sie enthielt eine Reihe von Aufsätzen, die später das Buch «Wie erlangt man Erkenntnisse der höheren Welten?» bildeten. «Die Philosophie der Freiheit» war vergriffen, von «Wahrheit und Wissenschaft» erhielten wir ein Exemplar in Maschinenschrift. Selbstverständlich fehlten wir bei keinem der Vorträge im Architektenhaus.

Es ist begreiflicherweise sehr schwer, eine solche entscheidende Lebensbegegnung so zu schildern, daß kein falscher Ein-

Abb. 1
Rudolf Steiner, um 1908.

druck entsteht. Es spricht in einem solchen Augenblick so vieles mit, das sich von Unbeteiligten kaum erfassen läßt. Wer Rudolf Steiner nicht unbefangen betrachten kann, wer sich in unsere ganze Lage nicht hineinzufinden vermag, dem könnte es vielleicht so erscheinen: Da sind zwei ahnungslose Menschen dahergekommen, denen gibt Rudolf Steiner kurzerhand Übungen, deren Tragweite zu ermessen für sie keine Möglichkeit besteht. – An so etwas muß ich heute denken, nachdem ich im Laufe der Jahre auf das schmerzlichste erleben mußte, wie er mißverstanden und in böswilliger Weise mißgedeutet worden ist. Damals lagen uns solche Regungen ganz ferne, wir fühlten uns völlig frei, ja befreit, denn wir hatten jemand gesucht, der unserem Streben Verständnis entgegenbrachte und uns helfen wollte. Wir hatten den Eindruck, diesen Menschen gefunden zu haben, und unser ganzes weitere Leben hat diesen ersten Eindruck täglich und stündlich in einem Maße bestätigt, von dem wir uns im ersten Augenblick keine Vorstellung machen konnten.

Von den Übungen möchte ich an dieser Stelle nach über achtunddreißigjähriger Erfahrung nur sagen, daß sie sich stets als ein Segen erwiesen haben, als eine unerschöpfliche Quelle von Kraft und innerer sowie äußerer Ruhe. Ich begann dann eingehend das Buch «Theosophie» zu studieren; sein Inhalt war jenseits von allem, was ich je gelesen oder gehört hatte, doch es regte sich kein Widerspruch in mir, ich hatte das Erlebnis, als ob ich heimgefunden hätte nach langer Unrast. Studium und Übungen schlossen sich von nun an harmonisch zusammen; was als unklares Suchen in mir gelebt hatte, empfing nun innere Ordnung und Richtung. Es entfaltete sich immer mehr ein gewaltiges Weltbild, in welches sich der einzelne mit seinem Streben im Einklang mit dem großen Geschehen und doch als ein Selbständiger einfügen kann. Es war durchaus nicht so, wie es manche aus einem vorgefaßten Urteil meinen, daß es einem Bruch oder einem Umbruch in meinem Leben gleichzusetzen wäre, im Gegenteil, es war wie eine Erfüllung, welche mir über mein nur zu leicht erregbares und durch Lebenserfahrungen beunruhigtes Temperament hinaus half, im Laufe der Jahre immer mehr inneren Halt gab und so die Ruhe, welche doch im Grunde meiner Seele veranlagt war, heranreifen ließ. Ich hatte im rechten Augenblick gefunden, wessen ich für meinen Lebensweg bedurfte, ich lernte nach und nach Illusion von Lebenswirklichkeit zu unterscheiden, mich an das Wesentliche zu halten und mich in das Leben der Mitmenschen helfend hineinzustellen, indem ich immer mehr von mir loskam und zu erfassen vermochte, wessen die anderen bedurften.

Rudolf Steiners Verhalten uns gegenüber atmete Wohlwollen und Vertrauen, doch in einer so überpersönlichen Art, daß wir uns in jedem Augenblicke vollständig frei fühlten. Es war die Haltung des Lehrers, der sein Bestes geben will, damit seine Schüler selbständige Menschen werden.

Einmal sprach er uns von einer Einrichtung, welche Fräulein von Sivers[21] geschaffen hatte – er machte dabei mit der rechten Hand Bewegungen, als ob er auf einer vor ihm liegenden Landkarte auf eine Reihe verschiedener Orte deuten wollte –, und sagte: «Wenn Sie wollen, können Sie da eintreten oder auch nicht. Zwischen uns ändert das nichts.» Wir hätten gern Näheres erfahren, und er führte uns über den Hausflur zu Fräulein von Sivers, die uns dann darlegte, wie sie dafür gesorgt habe, daß in verschiedenen Städten – darauf hatte sich seine deutende Handbewegung bezogen – die Menschen, welche sich dafür interessierten, Gelegenheit fänden, Rudolf Steiner zu hören und das Aufgenommene in gemeinsamem Studium weiterzupflegen. (Das ging damals im Rahmen der «Deutschen Sektion der Theosophischen Gesellschaft» vor sich.) Was uns geschildert wurde, erschien uns eine nützliche Einrichtung – mehr sahen wir damals noch nicht –, und wir erklärten, mittun zu wollen. Fräulein von Sivers machte uns würdevoll darauf aufmerksam, daß dann aber gemäß den Gepflogenheiten der Theosophischen Gesellschaft zwei Bürgen erforderlich seien. Jetzt waren wir in Verlegenheit, denn wir kannten ja noch niemand in dieser Gesellschaft. Hinter uns stand Rudolf Steiner und sagte ruhig und

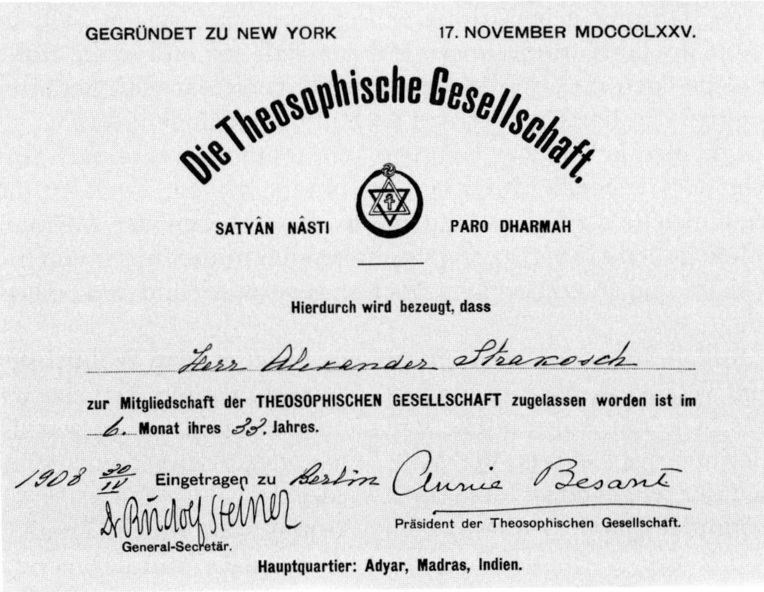

GEGRÜNDET ZU NEW YORK 17. NOVEMBER MDCCCLXXV.

Die Theosophische Gesellschaft.

SATYÂN NÂSTI PARO DHARMAH

Hierdurch wird bezeugt, dass

Herr Alexander Strakosch

zur Mitgliedschaft der THEOSOPHISCHEN GESELLSCHAFT zugelassen worden ist im 6. Monat ihres 33. Jahres.

1908 30/IV Eingetragen zu Berlin Annie Besant

Dr Rudolf Steiner

General-Secretär.

Präsident der Theosophischen Gesellschaft.

Hauptquartier: Adyar, Madras, Indien.

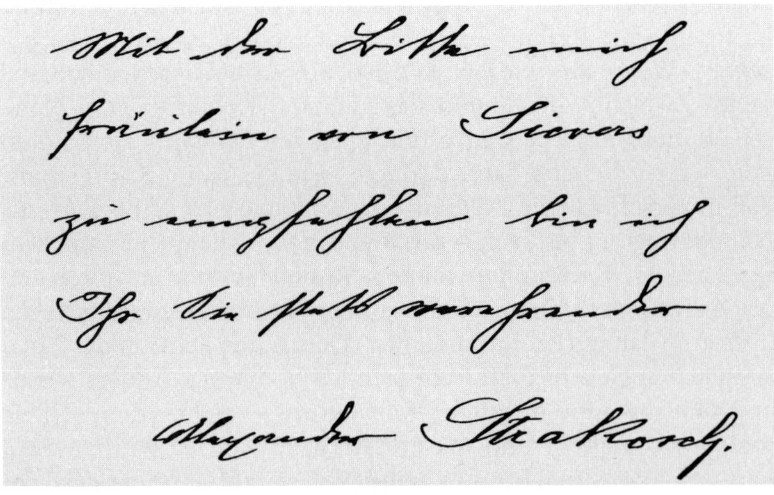

Mit der Bitte mich
Fräulein von Sivers
zu empfehlen bin ich
Ihr Sie stets verehrender
Alexander Strakosch.

Abb. 2

Oben: Alexander Strakoschs Mitgliedschaftskarte der Theosophischen Gesellschaft mit den Unterschriften von Annie Besant und Rudolf Steiner (30. April 1908). – Unten: Handschriftliche Mitteilung Strakoschs an Rudolf Steiner, «Mit der Bitte mich Fräulein von Sivers zu empfehlen».

freundlich: «Dann werden eben Fräulein von Sivers und ich für Sie bürgen.»

In den nächsten Wochen studierte ich noch fleißig, hörte die Vorträge, durchdachte das Aufgenommene und wurde durch alles in der Überzeugung bestärkt, daß ich nun auf dem rechten Wege sei. Irgendwelche Zweifel sind mir nie gekommen, weder damals, noch später; in meinem Innern sprach gleichsam eine Stimme: «Ja, so ist es.» Das mag verwunderlich erscheinen bei jemand, der sich so eingehend mit Ernst Haeckel befaßt hatte. Doch gerade diese Arbeit hatte den Boden bereitet, und ich habe dieser Persönlichkeit viel zu verdanken.

In jener Zeit des Suchens, gerade nach Beendigung meines Studiums in München, las ich die «Welträtsel». Wenige meiner Bücher sind so abgegriffen wie dieses. Ich erwartete wirklich etwas von diesem Werke, das ja das damals von so vielen gesuchte einheitliche Weltbild für den moderne Menschen geben wollte, der sich von alten Bindungen befreit hat und sich aus dem Gegenwartsbewußtsein seine Stellung im Weltganzen klarmachen will. Die Spezialisierung der Wissenschaften wurde selbstverständlich als ein Fortschritt empfunden, doch eben in dem Sinne, daß die Fülle der neu entdeckten Tatsachen das Material zu einem neuen Weltbild geben sollte. Die Menschen erwarteten wirklich etwas Neues, sie meinten aber im Grunde genommen, es würde doch aus dem Alten hervorgehen. Als es dann durch Rudolf Steiner erschienen war, wurde es von gar wenigen erkannt.

Die «Welträtsel» erhoben also den Anspruch, eine in sich geschlossene, widerspruchslose Anschauung von der Entstehung der Welt und des Menschen darzustellen, rein auf stofflicher Grundlage. Da hieß es nicht: «Gott ist tot!» sondern: Er hat nie gelebt, wir brauchen den Gedanken an ihn überhaupt nicht, Urzeugung und biogenetisches Grundgesetz genügen, um das Werden des Menschen und den Gang der Welt zu begreifen. Mit einem gewissen inneren Trotz nahm man es auf, daß der Mensch doch nur ein Häufchen Staub sei, die Hamlet-Stimmung klang auch hinein: «Der große Cäsar, Lehm geworden, verstopft ein

Loch dem kalten Norden.» Man gefiel sich in einer solchen Haltung, betäubte sich in diesen extremen Anschauungen durch die enormen Zahlen: im Großen im Weltenall, im Kleinen die Billionen der mikroskopischen Welt, schließlich die Jahrmillionen der Erdentwicklung. All das überblicken, sogar berechnen zu können, machte einen etwas überheblich. Aber wer nicht darin verhaftet blieb, dem zerfiel schließlich, was erst wie eine tragende Grundüberzeugung sich dargestellt hatte, in Abstraktion und leeres Gefühl. Es folgte dann für viele als Gegenschlag das Herumwühlen im Seelischen: Weininger und Freud[22]. Doch das habe ich nicht mehr mitgemacht, hatte ich doch inzwischen den geraden Weg gefunden.

Wenn man das Buch «Die Welträtsel» zu Ende gelesen hatte, stieß man auf einen Absatz, in welchem es heißt, das Ganze gelte nur unter der Voraussetzung, daß das Leben eine Funktion der Materie sei. Als ich das gelesen hatte, da war es, als ob ein Kartenhaus in sich zusammenfiele. Daß eine solche grundlegende Frage wie die nach der Entstehung des Lebens nicht schon im Anfang durch Tatsachen belegt und zu einer gewissen Lösung geführt wird, daß das ganze, so großartig sich hinstellende System auf einer Annahme beruhen sollte, das zeigte mir mit einem Schlage und endgültig die sachliche Unhaltbarkeit der materialistischen Weltanschauung. Ich habe alle Ursache, Ernst Haeckel dankbar zu sein, welcher, bahnbrechend und bewundernswert als Naturforscher, als Schöpfer eines Weltsystems zwar gescheitert ist, aber durch seine großangelegte und in sich geschlossene Darstellung, durch seine rückhaltlose Offenheit mich von dem Alp befreit hatte, daß der Materialismus als Weltanschauung einen Wirklichkeitscharakter beanspruchen könne.

Als ich dies Rudolf Steiner erzählte, meinte er, es sei mein Haeckel-Studium eine wertvolle Vorbereitung gewesen. Er selbst hat ja ein grundlegendes Werk Haeckel gewidmet. «Die Geheimwissenschaft im Umriß» enthält aber in Wahrheit, was die «Welträtsel» sein wollten[23]: den Umriß einer Darstellung, welche den Ursprung der Welt und des Menschen sowie deren

Weiterentwicklung auf Grund von ernsten Forschungen, aber auf geistigem Gebiet so zeigt, daß ein tiefer Sinn im ganzen Weltgeschehen wie auch im Leben des einzelnen sich dem erschließt, der den Weg der anthroposophisch orientierten Geisteswissenschaft betritt. Rudolf Steiner hat Haeckel als Naturforscher stets geschätzt wegen der Genauigkeit seiner Forschung und der künstlerischen Lebendigkeit seiner Darstellung; als Philosophen konnte er ihn nicht gelten lassen und hat diese zwei Seiten von dessen Wesen auseinandergehalten.

* * *

Noch in den letzten Tagen meines Aufenthaltes im Schwarzwald hatte ich aus einer Anzeige in der Ingenieur-Zeitung erfahren, daß man bei der k. k. Staatsbahndirektion Triest Ingenieure mit mehrjähriger Praxis beim Bau von Gebirgsbahnen suche. Ich hatte mich gleich gemeldet, und als ich kaum fünf Wochen in Berlin verbracht hatte, kam die Einberufung nach Triest. Ich teilte diese Tatsache Rudolf Steiner mit und sagte, wie sehr ich es bedauerte, nun Berlin verlassen zu müssen, da ich doch gerade begonnen hatte, mich in die Geisteswissenschaft hineinzufinden. Er meinte: «Das macht nichts, Sie können ja dort weiterarbeiten und für die Bewegung eintreten. Wenn Sie etwa zehn Menschen gefunden haben, schreiben Sie mir, dann komme ich hin.» Ich war überrascht über dieses mit der ruhigsten Selbstverständlichkeit ausgesprochene Vertrauen und habe mich seitdem unablässig bemüht, es mit meinen schwachen Kräften zu rechtfertigen. Man hört öfters sagen: Vertrauen bindet. Hier erfuhr ich an mir etwas ganz anderes. Dieses Vertrauen machte frei und erweckte die tiefsten und besten Kräfte der Verantwortung.

Dem äußeren Anscheine nach war ich zur Wahrung meiner praktischen Interessen, auf der Suche nach einer neuen Anstellung nach Berlin gekommen. In Wahrheit war hier dem geistigen Suchen Erfüllung beschieden, und ich hatte die Richtung für dieses Leben gefunden.

NEUER ANFANG

Triest und Klagenfurt

In der nördlichsten Bucht des Adriatischen Meeres liegt die Stadt Triest, von den Römern Tergeste genannt. Auf dem Stadthügel, der jetzt die uralte Kirche San Giusto trägt, hat man noch Reste römischer Bauwerke ausgegraben, die von einstiger Pracht und Größe zeugen.

Triest war damals das Tor des alten Österreichs in die große Welt. Von hier aus wurde ein reger Schiffsverkehr mit der Levante und Ägypten betrieben und darüber hinaus vor allem mit Indien und Japan, aber auch gegen Westen mit Amerika. Werften, Hochöfen, Erdölraffinerien boten außer dem Hafenverkehr reichliche Arbeitsmöglichkeit.

Das Stadtbild ist eines der schönsten am Mittelmeer, und zur tätigen Geschäftigkeit des Hafens und der Werke, die sich gegen Osten ausdehnen, bildet im Westen der Stadt das Märchenschloß Miramare einen eigenartigen Gegensatz. Aus schneeweißem Marmor, inmitten eines großen Parkes voll südlicher Pracht, wo in den Brunnenbecken die Lotosblumen blühen, hatte es Erzherzog Maximilian errichten lassen; von hier aus trat er seine Todesfahrt nach Mexiko an.

In dieser Stadt gab es damals eine kleine, aber rege deutsche Kolonie, meist Beamte und Techniker. Sie hatte sich im «Schiller-Verein» (italienisch «Casino Schiller» genannt) einen Mittelpunkt und ein schönes Heim geschaffen. Sein Gründer war der österreichische Dichter und Philosoph Robert Hamerling, der hier viele Jahre als Professor am deutschen Gymnasium gewirkt hatte.

Die Vielheit der Völker Österreichs war auch unter den Beamten der k. k. Staatsbahndirektion in Triest vertreten, deren Amtsbereich sich vom Südausgang des Karawankentunnels, also vom Savetal, bis nach Ragusa im Süden Dalmatiens erstreckte. Da war es nicht mehr weit nach Cattaro, von wo die Straße über den Lovcen nach Cetinje, der Hauptstadt Montenegros, führt.[24] So fand man in der Direktion Italiener, Slowenen und Kroaten, die im Amtsbereich zu Hause waren, und aus dem übrigen Bereich der österreich-ungarischen Monarchie deutschsprechende Österreicher und Tschechen. Die Amtssprache, in welcher die Akten verfaßt wurden, war Deutsch. Im Verkehr mit den Parteien des Bezirkes wurde aber die entsprechende Landessprache angewendet, zum Beispiel Italienisch an das Bürgermeisteramt einer Stadt mit vorwiegend italienischer Bevölkerung. Die Überempfindlichkeit in nationalen Belangen führte zu Schwierigkeiten, manchmal sogar zu etwas merkwürdigen Situationen. Die Stationsnamen waren an den Gebäuden stets in Deutsch als der verbindenden Amtssprache angebracht und daneben – natürlich in ganz derselben Größe – der Name in der Sprache, welche in der betreffenden Ortschaft vorwiegend gesprochen wurde. In Görz gab es außer Italienern auch viele Slowenen, und hier war eine Einigung nicht zu erzielen, ob neben «Görz» zuerst italienisch «Gorizia» stehen sollte und dann erst slowenisch «Gorica» oder umgekehrt. Die Staatsbahndirektion fand den echt österreichischen Ausweg, welcher darin bestand, daß überhaupt keine Aufschrift angebracht wurde. In der Direktion selbst arbeiteten die Angehörigen der verschiedenen Völker friedlich zusammen, im persönlichen Verkehr außer Dienst blieben sie meist getrennt.

Die Dienststunden dauerten von acht bis zwei Uhr ohne Unterbrechung, so daß mir Zeit für das Studium übrigblieb. Auch malerisch ist die Gegend sehr anregend. Die freie Fahrt auf den Eisenbahnen und Dampfern ermöglichte es uns, unsere Ausflüge über die nähere Umgebung hinaus bis in die Krainer Alpen und nach Venedig und Padua auszudehnen. Das Gehalt war sehr bescheiden; man pflegte in Österreich zu sagen: Der Beamte kriegt nichts, das aber dafür sicher. Im ersten Jahre war ich zudem noch gar nicht Beamter, sondern vorerst «nicht-ständige Hilfskraft», die Kollegen nannten es «unanständige Aushilfe».

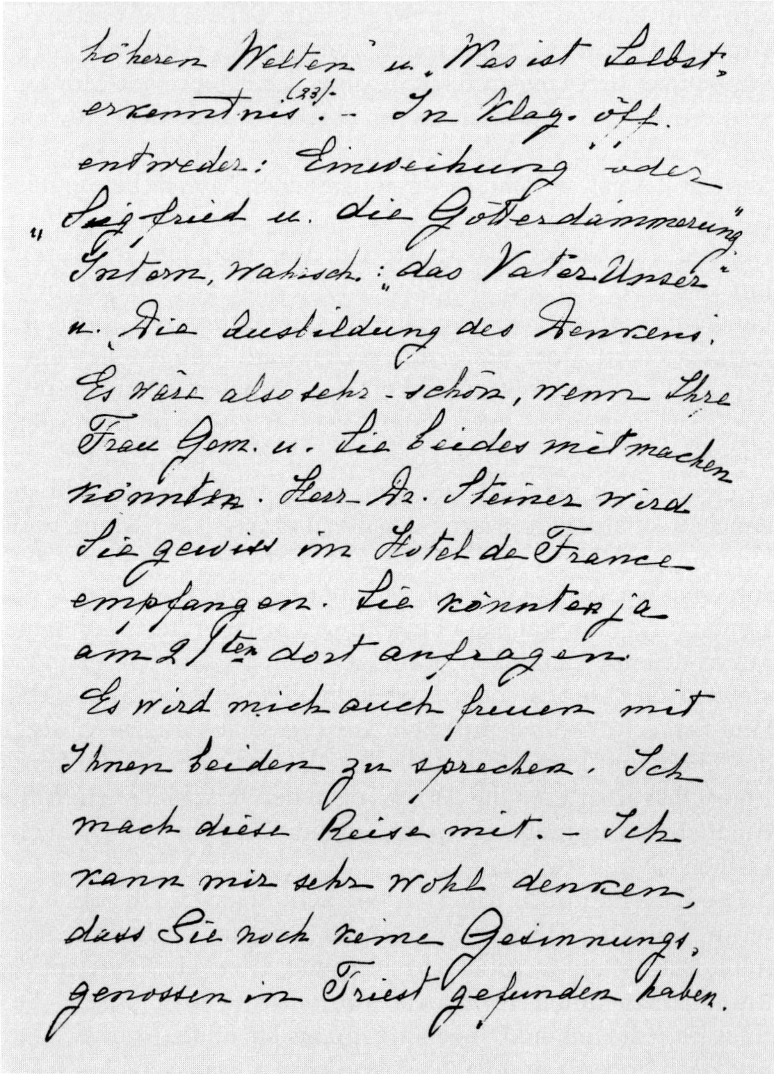
höheren Welten" u. „Was ist Selbst-
erkenntnis" (33). – In Klag. öff.
entweder: „Einweihung" oder
„Siegfried u. die Götterdämmerung"
Intern, wahrsch.: „das Vater Unser"
u. „Die Ausbildung des Denkens."
Es wäre also sehr schön, wenn Ihre
Frau Gem. u. Sie beides mitmachen
könnten. Herr Dr. Steiner wird
Sie gewiss im Hotel de France
empfangen. Sie könnten ja
am 21ten dort anfragen.
Es wird mich auch freuen mit
Ihnen beiden zu sprechen. Ich
mach diese Reise mit. – Ich
kann mir sehr wohl denken,
dass Sie noch keine Gesinnungs-
genossen in Triest gefunden haben.

Abb. 3

Eine Seite des Briefes von Marie [Steiner-]von Sivers an Alexander Strakosch vom 15. November 1908, vollständige Transkription auf der nächsten Seite (Mit freundlicher Genehmigung der Rudolf Steiner-Nachlaßverwaldung, Dornach.)

15/XI 1908

Sehr geehrter Herr Strakosch,

aus Ihrem Brief an Herrn Dr. Steiner muss ich entnehmen, dass Sie den meinen nicht erhalten haben, der für Sie Poste restante adressiert war. Ich rechnete auch mit dem Faktum, dass Sie ihn wahrscheinlich nicht erhalten würden. Doch hielt ich es für meine Pflicht, gemäss unserer Verabredung, Sie von dem Kommen Herrn Dr. Steiners zu unterrichten, u. falls Sie Ihre Absicht ausgeführt hätten in Triest vorzuarbeiten, zwei Tage zu Ihrer Disposition zu stellen, den 30. u. 1ten. Inzwischen jedoch, da wir keine Antwort bekamen, haben wir über diese Tage schon anders verfügt. Am 30ten reist Herr Dr. Steiner nach Breslau, wo er am 1ten spricht. Die für Klagenfurt bestimmten Tage sind der 26., 27. u. 28te . Für Wien; der 21., 22., 23., 24te. Die Themen sind verschieden. Für Wien: «Wie u. wo findet man den Geist») u. «das Wesen des Menschen als Schlüssel zu den Geheimnissen der Welt» – öff. im Ingenieurs- u. A.-Verein. Im theos. Vereinslokal, Maria Hilfstr. 8 interne Vorträge: «Betrachtung über die höheren Welten» u. «Was ist Selbsterkenntnis.» – In Klag. öff. entweder: Einweihung oder «Siegfried u. die Götterdämmerung». Intern, wahrsch.: «das Vater Unser» u. «Die Ausbildung des Denkens». Es wäre also sehr schön, wenn Ihre Frau Gem. u. Sie beides mitmachen könnten. Herr Dr. Steiner wird Sie gewiss im Hotel de France empfangen. Sie könnten ja am 21ten dort anfangen. Es wird mich auch freuen mit Ihnen beiden zu sprechen. Ich mach diese Reise mit. – Ich kann mir sehr wohl denken, dass Sie noch keine Gesinnungsgenossen in Triest gefunden haben. Deswegen wäre ein Vortrag dort verfrüht. Wir wären nur hin gekommen, wenn es eine Unterstützung gewesen wäre für eine schon von Ihnen angefangene Arbeit.
Sonst aber wollen wir nicht etwas neues jetzt anfangen, da wir die Zeit sehr brauchen zur Befestigung dessen was schon im Gange ist. Wir haben ja in Triest gar keine Verbindungen ausser Ihnen; da ist es also besser, dass wir uns zunächst von Ihnen erzählen lassen, wie es das ausschaut.
Somit auf Wiedersehen hoffentlich in Wien u. Klagenfurt u. beste Grüsse

M. v. Sivers

Im November 1908 erhielten wir aus Klagenfurt die Nachricht, daß dort eine Arbeitsgruppe der Theosophischen Gesellschaft gegründet werden sollte und Rudolf Steiner erwartet wurde. Wir nahmen an diesem Anlaß und den Vorträgen teil.[25] Dies war für mich dadurch möglich, daß ich dienstlich in Krain[26] zu tun hatte und jeweils abends durch den Karawankentunnel, über den Rosenbachviadukt, an dessen Bau ich seinerzeit beteiligt gewesen war, ins Kärtnerland nach Klagenfurt reiste. Maria Strakosch war allein hingefahren und saß nach ihrem Eintreffen im Saal des Hotels mit Fragen beschäftigt, welche sich aus dem Studium der Anthroposophie ergaben. Sie dachte: «Wenn ich doch Dr. Steiner fragen könnte!» Nicht lange danach ging die Türe auf und Rudolf Steiner, der ohne ihr Wissen ebenfalls schon hier abgestiegen war, trat herein, begrüßte sie freundlich und sagte: «Sie wollten mich doch etwas fragen.» Das geschah in ganz selbstverständlicher Weise. Es entsprach seiner Geistesstufe, daß er Einblicke in das Seelenleben von Menschen hatte, die ihm vertrauten. Nun wußten wir es durch eigene Erfahrung, doch nie fühlte man sich durch diese Tatsache bedrückt, denn in der Handhabung einer solchen Verbindung bewies er jene unbedingte Achtung vor dem, was im Innern eines Menschen vor sich geht, jenen unendlich feinen Takt, welcher dem wahren Okkultisten eigen ist. In schweren Seelenfragen konnte man auch seine stärkende Nähe empfinden.

Es war immer ein besonderes Erlebnis, Rudolf Steiner in Österreich sprechen zu hören. In Deutschland war es die Größe und Klarheit der Gedankenführung, die vor allem beeindruckte. Hier in Österreich war jedes Wort, jede Wendung, ja der Gesichtsausdruck selbst auf das liebevollste durchzogen von jener unbeschreiblich innigen Seelenhaftigkeit, welche der österreichischen Landschaft eignet, durch welche sich jeder im Innersten angesprochen fühlen kann. Man konnte es ihm anmerken, welche Freude er empfand, hier zu weilen; er war auch im täglichen Leben von einer beschwingten, stillen Heiterkeit und Aufgeschlossenheit. Die österreichische Mundart hörte und sprach er gerne.

Ungeachtet unseres äußerst knappen Einkommens hatten wir ohne langes Besinnen die Reise nach Klagenfurt unternommen. Trotzdem uns die Fahrt nichts gekostet hatte, reisten wir so ziemlich ohne einen Heller nach Triest zurück, und da der Monat noch gar nicht zu Ende war, machten wir uns begreiflicherweise Sorgen. Doch siehe, bei unserer Heimkehr fanden wir einen eingeschriebenen Brief vor. Der Rechtsstreit in Berlin war zu meinen Gunsten entschieden. Das Gericht hatte nicht nur festgestellt, daß mich kein Vorwurf treffe, sondern mir auch eine Entschädigung von tausend Reichsmark, eine für unsere damaligen Verhältnisse recht ansehnliche Summe, zugesprochen. Im Verlauf der Jahre konnten wir öfters dieselbe Erfahrung machen, daß auf unverhoffte Art und Weise uns die Mittel zukamen für das, was sich aus der geistigen Arbeit als notwendig erwies.

Noch zweimal, im April 1910 und im Februar 1912, kam Dr. Steiner nach Klagenfurt[27], und jedesmal waren mit den dortigen Vorträgen besonders innige Erlebnisse verbunden. Es hatte für den 1908 gegründeten kleinen Zweig auch Zeiten gegeben, in welchen der Besuch der wöchentlichen Studienabende sehr gering war, es war sogar vorgekommen, daß der unermüdliche Zweigvorstand ein oder das andere Mal ganz allein da war. Er ließ sich aber durch das Fehlen sichtbarer Zuhörer in keiner Weise beirren und brachte vor, was er vorbereitet hatte. Als Rudolf Steiner, selbstverständlich ohne Zutun dieses bescheidenen Freundes, davon erfuhr, zollte er diesem Verhalten wärmste Anerkennung. Wenn irgendwo im Sinne der anthroposophisch orientierten Geisteswissenschaft ernst gearbeitet wird, dann sind eben nicht nur Menschen anwesend, welche jetzt im Erdenleibe weilen, sondern auch solche, die den Körper abgelegt haben, und auch Wesen, die sich überhaupt nicht verkörpern. Die Erfahrungen, welche so manche Schüler Rudolf Steiners in dieser Richtung machen konnten, haben uns gelehrt, sein Verhalten zu verstehen.

Im Februar hatte ich auch eine längere Unterredung mit ihm und berichtete, was sich mir dadurch ergeben, daß ich mich von Jugend auf in Beethovens Symphonien vertieft hatte. Mit zwanzig Jahren hatte ich bei einer Aufführung der «Eroica» im Orchester in der zweiten Geige mitgespielt, und in der Münchener Studienzeit verdankte ich es Felix Weingartner[28], daß ich alljährlich durch drei Jahre alle neun Symphonien hören konnte und noch dazu jede dreimal (öffentliche Hauptprobe, Konzert, Volkssymphonie-Konzert). Auf Grund dieser jahrelangen Beschäftigung glaubte ich einige Bemerkungen über deren Inhalte machen zu dürfen. Die erste Symphonie schildert die Welt vor dem Sündenfall; die zweite ist die «Luzifer-Symphonie» – hier unterbrach er mich, lebhaft zustimmend, und erzählte, als Adolf Arenson[29] an der Musik für die «Mysteriendramen»[30] gearbeitet habe, hätte er ihm gesagt: «Wenn Sie mit der Musik für Luzifers Reich nicht rechtzeitig fertig werden, dann können Sie auch etwas aus der zweiten Beethoven-Symphonie nehmen.» Ich deutete dann die verschiedenen Erlebnisse bei den einzelnen Sätzen an, zum Beispiel das Stehen vor dem «Hüter der Schwelle» im letzten Satz der fünften Symphonie. Die siebente bezeichnete ich als die «Willens-Symphonie».

Mit der «Missa solemnis» hängt innerlich die beabsichtigte zehnte Symphonie zusammen, welche gleichzeitig mit der neunten entworfen, aber nicht mehr ausgeführt wurde. «Die zehnte Symphonie wäre wahrscheinlich auf dem Wege der Chor-Symphonie weiter gegangen, hätte als ganz neue Idee – wie der Meister sagte – Erde (neunte Symphonie) und Himmel nebeneinander gestellt, im ersten Satz eine Feier des Bacchus, im zweiten des Christentums dargestellt und im Finale eines der tiefsten Probleme moderner Kunst berührt, die Versöhnung beider Weltanschauungen als Kultur der Zukunft.» – «Mit der alten Welt sollte in der zehnten Symphonie die neue in die ewige zerfließen», wie Lenau einst gesagt hat, da ihm beim Anhören Beethovenscher Musik «fast das Herz zerspringen wollte!»[31] Beethoven wollte die Synthese von Dionysos-Kultur und Christentum[32] darstellen. Es waren auch als Huldigung für Bach ein Oratorium «Der Sieg des Kreuzes» und eine «Faust»-Musik beabsichtigt. Doch die Zeit war noch nicht reif. Deshalb wurde er abberufen; das ist die eigentliche, tiefere Ursache sei-

Abb. 4,5
Rudolf Steiner und Marie [Steiner-]von Sivers unterwegs.

nes Scheidens. Der leichtsinnige Neffe, der über dem Billardspielen erst vergißt, daß er den Arzt holen sollte, und dann den Kellner beauftragt, der Kellner, der es auch vergißt, dem es erst wieder einfällt, nachdem er selbst drei Tage später erkrankt und in die Klinik gebracht wird, sie beide sind nur Werkzeuge der hohen Schicksalsführung. Rudolf Steiner bestätigte mir dies.

Der Zweigleiter, der anschließend bei ihm war, berichtete mir, dieser habe ihn mit den Worten empfangen: «Eben hat mir Herr Strakosch etwas so Schönes über Musik erzählt.»

Mit welch feinem Humor Rudolf Steiner es verstand, Menschen auf ein – man möchte sagen – unmögliches Verhalten aufmerksam zu machen, das konnte ich einmal in Klagenfurt erleben. Zu seiner Reisebegleitung gehörte damals eine Dame, welche es diesmal ausnahmsweise übernommen hatte, für die Erledigung der äußeren Angelegenheiten zu sorgen, und das war ihr etwas zu Kopf gestiegen.

Eines Morgens war ich als erster in das Frühstückszimmer unseres Gasthofes gekommen und hatte mich auf den einen Flügel der Eckbank gesetzt, welche zu dem runden Tisch gehörte, der vier Personen Platz bieten konnte. Bald danach trat auch Rudolf Steiner herein und setzte sich auf den anderen Flügel. Dann erschien auch jene Dame, und man merkte ihr an, sie war nicht gerade entzückt darüber, daß ich einen Platz eingenommen hatte, der ihrer Meinung nach ihr vorbehalten sein sollte. Nun konnte sie ja nicht wissen, wie es zugegangen war. Sie setzte sich also auf den Stuhl neben Rudolf Steiner, mir gegenüber und bestellte das Frühstück. Doch kaum hatte sich der Kellner entfernt, als sie dringend erklärte, sie hätte vergessen, ihm etwas zu sagen, worauf ich als höflicher Österreicher sofort aufsprang und ihm nacheilte. Als ich zurückkehrte, saß die Dame auf meinem Platze, das Brett mit meinem Frühstück stand vor dem Stuhl, auf dem sie gesessen hatte. Rudolf Steiner warf mir einen belustigten Blick zu, und wir taten beide nichts dergleichen.

Für den Nachmittag waren die Klagenfurter Freunde und die zugereisten Gäste zu einer geselligen Zusammenkunft auf das etwa eine halbe Wegstunde von der Stadt entfernte Schloß eines

Mitgliedes eingeladen. Um die Essenszeit kam der Schloßherr[33] mit einem leichten Kutschierwägelchen, welches neben dem Lenker nur einen Sitzplatz bot, um Rudolf Steiner abzuholen. Sie wollten draußen gemeinsam essen und besprechen, was sich auf die dort ausgeübte richtige Brotbereitung und die Landwirtschaft bezog. Für beides hatte Rudolf Steiner lebhaftes Interesse und ergriff gerne die Gelegenheit, hier bei der praktischen Ausübung mit seinen Ratschlägen helfen zu können. Die Dame stand reisefertig da, als er aus dem Hause trat und sicher den Platz neben dem Lenker einnahm, ohne sie zu beachten. Das zierliche Lipizzanerpferd edler Rasse zog mit leichtem Ruck an, da kehrte er sich um und winkte ihr freundlich zu: «Nicht wahr, Frau von ..., Sie kommen dann nachmittags mit dem Volke nach!»

Im Jahre 1912 war es mir möglich gewesen, die Vorträge in Wien[34] zu hören und dann von dort mit Rudolf Steiner und einigen Freunden nach Klagenfurt zu fahren. Als wir auf der Südbahnstrecke die Station durchfuhren, auf welcher er als Knabe einige Zeit gelebt hatte, deutete er auf eine ganz alte Rangiermaschine, die wichtig hin und her schnaufte, und sagte heiter: «Die kenne ich noch von meiner Kindheit her.»[35] Später saßen wir mit anderen Freunden zusammen im Speisewagen beim Kaffee. Rudolf Steiner bestellte einen Gugelhupf. Dabei sah er freundlich auf die anwesenden Nichtösterreicher, ob sie diesen Ausdruck wohl verstehen würden. Die machten erstaunte und fragende Gesichter, bis einer frug. Da zeichnete er nun auf seine Papierserviette den charakteristischen Querschnitt und begann dann, mit dem Bleistift lauter einzelne Punkte hineinzusetzen, bis wieder jemand frug. «Das sind die Zibeben»[36], sagte er, «welche die unartigen Leute zuerst herauspicken.»

In Triest dauerte es nicht lange, und es fanden sich einige Menschen, mit denen wir Rudolf Steiners Werke gemeinsam studierten, mit anderen nahmen wir Schillers «Briefe über die ästhetische Erziehung des Menschen» durch, doch blieb der Kreis noch ziemlich klein, so daß wir Rudolf Steiner noch nicht bitten durften, hierherzukommen. Es gab auch eine Gruppe der italienischen Theosophischen Gesellschaft, geleitet von einem in Triest geborenen Engländer. Ihre Arbeit verlief ganz getrennt von der unseren, denn sie beschäftigten sich nur mit theosophischer Literatur: Blavatzky, Besant und andere. Am «Lotostage», dem Todestage von H. P. Blavatzky (8. Mai), waren wir zu der dort üblichen Feier eingeladen, und zeitweise beteiligten sich auch einzelne Theosophen an unserem Studium der Werke Rudolf Steiners.

Der Budapester Kongreß 1909

Zur Pfingstzeit des Jahres 1909 hielt die «Föderation der europäischen Sektionen der Theosophischen Gesellschaft» ihren fünten Kongreß ab. Solche Zusammenkünfte fanden bis 1907 jedes Jahr in verschiedenen Städten statt: London, Amsterdam, Paris und zuletzt München. Mrs. Besant mit einigen ihrer Mitarbeiter war auch hergereist, und da sie die Präsidentin der Theosophischen Gesellschaft war, verlieh ihre Anwesenheit dieser Zusammenkunft ein besonders feierliches Gepräge.[37]

In jener Zeit traten immer deutlicher die grundlegenden Unterschiede hervor zwischen dem, was Rudolf Steiner zu geben hatte, und der in der Theosophischen Gesellschaft gepflegten Richtung. Schon in München hatte er der Veranstaltung nicht nur einen neuen Rahmen, sondern auch einen neuen Inhalt gegeben. Die große Tonhalle (damals noch Kaim-Saal genannt) war mit gemalten Darstellungen der «Okkulten Säulen und Siegel» ausgestattet, welche in der gleichnamigen Mappe im Druck wiedergegeben sind.[38] Er legte großen Wert darauf, den Saal mit einer Innendekoration zu versehen, welche in Form und Farbe künstlerisch wiedergeben sollte, was im Inhalt der Vorträge herrschte, er wollte abstrakte und deshalb unkünstlerische Symbolik vermeiden und dafür die künstlerische Darstellung sprechen lassen. Über die damals gehaltenen Vorträge sagte er selbst: «So erscheint uns die Theosophie nicht nur als ein großes Ideal, sondern als eine Kraft, mit der wir uns durchdringen, und aus dieser Kraft quillt uns die Erkenntnis. Die Theosophie wird immer mehr eine populäre Sache werden, sie wird immer mehr alle religiösen und praktischen Seiten des Lebens durchdringen, ebenso wie das große Gesetz des Daseins alle Wesen durchdringt – sie ist ein Faktor in der Menschheitsentwickelung. In diesem Sinne wurde die Theosophie als rosenkreuzerische Theosophie hier vorgetragen.»[39]

In München war – so wurde uns berichtet – eine Art Vereinbarung zwischen Rudolf Steiner und Annie Besant getroffen worden, nach welcher ihm die Möglichkeit geboten war, die damals «christlich-rosenkreuzerisch» genannte esoterische Schulung innerhalb der Theosophischen Gesellschaft in voller Freiheit und Selbständigkeit zu pflegen, während sich Annie Besant ihrerseits mit theosophisch-buddhistischer Esoterik befassen würde.[40] Diese Trennung war unvermeidlich geworden, denn – wie Rudolf Steiner in seinem Buch «Mein Lebensgang» sagt – es machten sich schon von 1906 ab in der Theosophischen Gesellschaft bedenkliche Erscheinungen geltend, auch waren viele Mitglieder dieser Gesellschaft aus England, Frankreich, namentlich aus Holland innerlich unzufrieden mit den Neuerungen, die sie auf dem Münchener Kongreß vorgefunden hatten.

Auf Grund der Münchener Besprechungen hätte sich also Annie Besant mit theosophisch-buddhistischer Esoterik befassen sollen. Es war daher eine Überraschung, als auf dem Programm des Budapester Kongresses der von ihr angekündigte Vortrag den Titel trug: «The Christ, who is He?» – «Wer ist der Christus?» Wir empfanden dies als eine Kampfansage, und der weitere Verlauf der Dinge hat dieser Auffassung recht gegeben. Es war das Vorspiel jener Angriffe, die nun nicht mehr aufhören sollten, bis zu dem Augenblick, wo im Jahre 1913 der Ausschluß der im Sinne Rudolf Steiners Strebenden aus der Theosophischen Gesellschaft erfolgte.[41] Die Theosophen wollten es oft so hinstellen, als ob es sich bei ihnen nur um eine verschiedene, aber immerhin doch mögliche Auffassung des Christus-Wesens und des Mysteriums von Golgatha handele. Es ging aber in Wahrheit um die Anerkennung oder Verleugnung der Wirklichkeit, der Einzigartigkeit, der Einmaligkeit dieses Welten-Ereignisses.

Diese Ankündigung war vorerst nur ein Wetterleuchten, der Kongreß nahm im übrigen einen sehr würdigen Verlauf. Es war der letzte, der in dieser Art abgehalten worden ist. Der für 1911 in Genua vorbereitete wurde von Annie Besant unmittelbar vor seiner Abhaltung abgesagt, und was sich dann nach dem Ausschluß der anthroposophisch Strebenden aus der Theosophischen Gesellschaft dort noch weiter abspielte, hatte für uns keine Bedeutung mehr.

***

Der Schnellzug nach Budapest fährt von Wien auf schnurgerader Strecke der Donau entlang in die Ebene hinaus, öfters kommt die Bahn in die Nähe des Flusses. Bald erblickt man schon von weitem den Burghügel von Preßburg und das Schloß mit den vier Ecktürmen, im Volksmund «das verkehrte Bett» genannt. In den Donau-Auen liegt das Dörfchen Oberufer, wo Karl Julius Schröer[42] die alten deutschen Weihnachtsspiele[43] aufgefunden hat. Sie werden jetzt noch jedes Jahr in Dornach aufgeführt und auch an vielen andern Orten, wo Anthroposophen oder Mitglieder der Christengemeinschaft tätig sind. Eine Weile, ehe man nach Budapest kommt, treten noch einmal Hügel an den Fluß heran, von steiler Höhe grüßt der mächtige Dom von Gran weit in die Lande. Dann macht die Donau noch einen scharfen Bogen nach Süden. Schnell nähern wir uns dem Ziel, wo der breite Strom zwischen den beiden Schwesterstädten Ofen (Buda) und Pest am Fuß der königlichen Burg und des Schwabenberges entlang und dann hinaus in die Weite der Tiefebene seinen Lauf nimmt.

Ich kam damals gerade von meiner letzten Waffenübung, hatte in Wien knapp Zeit gehabt, mich wieder in Zivil umzukleiden, die letzten Wochen hatte ich als Leutnant unter k. k. österreichischen Offizieren zugebracht und fand mich nun plötzlich in eine ganz andere Umgebung versetzt. Wenn man so durch die Gänge des nach Osten eilenden Zuges ging, dann konnte man Menschen aus der ganzen Welt finden, welche sich zu diesem Kongreß begaben, und selten mag wohl in einem Eisenbahnzug eine solche Fülle markanter Persönlichkeiten vereinigt gewesen sein. In einem Abteil saßen Annie Besant mit Mrs. Cooper-Oakley und Alan Leo und noch andere führende Persönlichkeiten dieses Kreises. Im nächsten Wagen konnte man Fräulein Stinde und Gräfin Kalkreuth finden, dazu Graf Otto Lerchenfeld, Dr. Carl Unger, Dr. Felix Peipers und noch viele, welche sich mit ganzer Seele an der Arbeit Rudolf Steiners beteiligten.[44] Es bestand schon damals ein nicht sehr großer, aber treuer Kreis, welcher nach Möglichkeit immer dorthin reiste, wo Rudolf Steiner Vorträge hielt, und bei einer solchen Gelegenheit wollte keiner fehlen, dem es irgendwie möglich war zu kommen.

Von Budapest, dessen Städtebild wohl zu den schönsten gehört, haben wir alle nicht viel gesehen. Der ganze Tag war den Veranstaltungen des Kongresses gewidmet, und daran schlossen sich anregende Aussprachen unter den Teilnehmern. Man hatte es auch nicht sehr eilig zu Bette zu gehen, denn was in jenen Gegenden zum «Natürlichen» gehört, verleidet dem von Westen kommenden Menschen die Nachtruhe, nämlich – um mit Manfred Kyber zu sprechen – Frau Oberbettrat Krabbelbein mit ihrem leider sehr zahlreichen Anhang. – Auch die milde Nachtluft und der Mondschein verlockten gar manche Freunde dazu, sich noch in später Stunde am Ufer der Donau zu ergehen und sich in angeregten Gesprächen mit dem zu befassen, was sie während des Tages erlebt hatten. Bei einem solchen Gang mit Herrn und Frau Dr. Peipers und andern trafen wir auch einmal einen einsamen Wanderer. Er schloß sich uns freundlich an, ohne viel zu sprechen, doch ging etwas unendlich Liebevolles von der Art und Weise aus, wie er zuhörte und, wenn auch schweigend, seine Teilnahme an dem erwies, was uns bewegte. Es war Christian Morgenstern.[45]

Die Eröffnungssitzung war ein sehr feierlicher Akt. Auf dem Podium saßen in der Mitte die Präsidentin Annie Besant in weiß-seidenem Kleide mit goldener Halskette, rechts und links von ihr im Halbkreise die Vertreter der verschiedenen Landesgesellschaften. Nach der Eröffnungsansprache der Präsidentin begrüßten diese, jeder in der Sprache seiner Heimat, auf diese Weise der geistigen Verbundenheit aller Völker in dem einigenden Gedanken der Theosophie Ausdruck gebend. Neben Annie Besant saß Rudolf Steiner, und sie übergab ihm mit ehrenden Worten für sein Buch: «Wie erlangt man Erkenntnisse der höheren Welten?» die goldene Subba-Row-Medaille, welche für besonders hervorragende Leistungen verliehen wurde.

Im großen Speisesaal des Kongreßhauses wurden die Mahlzeiten gemeinsam eingenommen, man saß an kleinen Tischen. Nun hatte es sich ergeben, daß Maria Strakosch und ich verspätet in den Saal kamen, so daß alle Bekannten sich schon zusammengefunden hatten. In einer Ecke des Saales fanden wir noch einen leeren Tisch. In der Nähe stand ein großer schwarzer Flügel, und an diesem lehnte in feierlichem dunklen Gehrock ein Herr von etwa dreißig Jahren. Dunkle klare Augen blickten durch Gläser, ein schmaler schwarzer Schnurrbart und ein kleiner Kinnbart, eine hohe Stirne, der wie in die Ferne gerichtete Blick gaben ihm einen eigenartigen Ausdruck. Auch er hatte keinen Platz mehr gefunden, und so ergab es sich, daß wir drei uns zusammensetzten, und bald verstanden wir uns gut. Schließlich nannte er seinen Namen: Carl Unger. – Aus dieser Bekanntschaft entstand eine schöne Zusammenarbeit und eine Freundschaft – sie währte bis zu seiner tragischen Ermordung am 4. Januar 1929 –, welche sich noch mehr vertiefte, als wir durch meine Berufung an die Waldorfschule nach dem Weltkrieg nach Stuttgart übersiedelten, wo er wirkte.

Mit Spannung erwarteten wir Annie Besants Vortrag «The Christ, who is He?» Sie gab gleich am Anfang als Grundlinie ihrer Ausführungen an: «Aus der Enge des Dogmas in die Weite des Symbols» und führte dann aus, daß die Namen der großen Geister «Names of Offices» seien, das heißt Bezeichnungen für Pflichten. Diese großen Wesenheiten nehmen den Namen an, wenn sie eine Pflicht auf sich nehmen, und jede hat ihren eigenen Namen und ihre eigenen Farben. Sie sprach weiter über das, was sie mit einer buddhistisch-theosophischen Bezeichnung «Teaching Hirak» nannte. Ein solcher übernimmt zunächst das «Office» eines Bodhisattwas und schreitet dann zum Buddha vor. Er kommt von der Wurzelwahrheit und ist ein höchster Lehrer, welcher beim Erscheinen jeder Wurzelrasse auftritt. Ein solcher ist ein Mensch in seiner äußeren Erscheinung, aber eben ein höchster Lehrer, der Gott und Mensch ist. Er gibt immer wieder die alte Weisheit in der neuen Form, welche diese Periode braucht. Es ist seine große Funktion, von Zeit zu Zeit herabzusteigen und den Samen für die neue Rasse, Religion, Zivilisation zu legen. Wenn die Wurzelrasse ihren Höhepunkt überschritten hat, dann nimmt er die Erleuchtung an, wird zum Buddha und verläßt die Erde. Er gibt sein Werk seinem Nachfolger für die nächste Unterrasse und geht über zu höheren Zielen. Aus ihren Ausführungen ging hervor, daß sie in dem Christus auch nur einen dieser höchsten Lehrer sah. Sie betonte, daß das Christentum durch die Heilslehre die Individualität ausbildet und in sie einfließen läßt die höhere Weisheit und Moralität für die nächste Unterrasse. Diese Wesenheit wird in einem intimeren Zusammenhang fortwirken, wenn die Menschheit an einem bestimmten Punkt ihrer Entwicklung angekommen sein wird.[46]

Ein großer Unterschied bestand also zwischen dem, was Annie Besant über den Christus vorbrachte, und den Ausführungen, die wir von Rudolf Steiner in vielen vorhergehenden Vorträgen gehört hatten. Wie er selbst trotz allem bis zur Erschöpfung der letzten Möglichkeiten die Hoffnung auf eine Zusammenarbeit in der Theosophischen Gesellschaft nicht aufgeben wollte und welche großen Gesichtspunkte er bei solchen Gelegenheiten ausführte, das zeigt der Bericht, den er selbst im Berliner Zweig über den Budapester Kongreß gegeben hat. Er sagte damals unter anderem: «Die orientalische Lehre, der ganze Geist des Orients ist analytisch. Von den verschiedenen Verkörperungen des Menschen hinaufzusteigen bis zu dem Ganzen, der Einheit, das ist der Weg des Morgenlandes. Des Abendlandes Aufgabe ist es, den synthetischen Geist zu entwickeln. Was ist das für ein Wesen, welches sich als Ahura Mazdao entwickelt hat? Welches sind die verschiedenen Faktoren, die es entwickelt hat? Wodurch ist es immer anders als Offenbarung zu uns gekommen? Diese Fragen, die Ziele der Entwickelung, die großen Momente in der Entwickelung zu verstehen, das ist es, worauf es im Abendlande ankommt. Wenn aber jemand kommt und sagt: ‹Hier hast du eine Pflanze – man kann Goethesche Gedanken hier besonders ausführen –, wenn die Blätter sich umbilden, so werden sie zur Blüte; die Blütenblätter sind umgebildete Stengelblätter ...›, so ist das nicht ausreichend; man muß auch zeigen, *wie* ein grünes Stengelblatt ein rotes Blütenblatt werden kann. Es wird durch das abendländische Denken also nichts von dem morgenländischen in Abrede gestellt, sondern etwas hinzugefügt, indem man die Faktoren charakterisiert, wodurch aus den Stengelblättern Blütenblätter werden. So ist es auch mit Christus, wenn man einfach sagt, daß er auch früher schon dagewesen sei. Die Verbindung der synthetischen Methode mit der analytischen ist in aller Wissenschaft erwünscht, und man kann sie auch in voller Harmonie innerhalb der theosophischen Geisterströmung haben. Es ist dabei durchaus nichts vorhanden, was die Harmonie der Theosophischen Gesellschaft stören könnte, wenn dem orientalischen analytischen Geist noch hinzugefügt wird, was hinzugefügt werden muß: der occidentalische synthetische Geist. Weil die Theosophische Gesellschaft lebendiges Leben und nicht Fortpflanzung von Dogmen ist, deshalb kann ich selbst nicht finden, was man Widerspruch zwischen irgendwelchen Richtungen, Disharmonie nennen könnte. Diese Harmonie muß auf jener tiefen Grundlage beruhen, welche einen Strom schafft, welcher die Wasser verschiedener Quellen in sich aufnehmen kann. Auf dieser Grundlage muß sie beruhen, nicht darauf, daß man papageienmäßig die Dogmen nachbetet. Wir werden noch mancherlei, wenn sich die theosophische Bewegung ihrer Mission gewachsen zeigt, nach dieser Richtung hin kennenlernen. Die Theosophische Gesellschaft wird immer Neues und Neues bringen. Wir haben die Gewißheit, daß über der theosophischen

Bewegung die Meister der Weisheit wachen. Wenn man sich wundern und gleich von Ketzerei sprechen wollte, wenn etwas Neues kommt, dann wäre die theosophische Bewegung schlechter als frühere ähnliche. Und doch ist die Suche nach Ketzereien in unserer Zeit eigentlich stärker als in irgendeiner anderen ... Mrs. Besant sieht den Christus als diejenige Wesenheit an, die sich in Jesus von Nazareth geoffenbart hat (über weiteres kann noch gesprochen werden), als diejenige Wesenheit, welche dazu berufen ist, dem, was sich jetzt als neuer Kulturkeim bildet, die Wege zu weisen. Sie machte in diesem Vortrage noch darauf aufmerksam, daß diese Wesenheit fortwirken wird in einem intimeren Zusammenhange, wenn die Menschheit an einem bestimmten Punkte der Entwickelung angekommen sein wird. Es mag in äußerlichen Angaben ein Widerspruch bestehen – das sind äußerliche Angaben –, aber vollkommen kann man dem beistimmen, daß der Christus – in bezug auf die Art und den Zeitpunkt zeigen mir meine Erkenntnisse anderes als Mrs. Besant – wiederkommen wird und daß ihn diejenigen erkennen werden, welche dazu vorbereitet sind. Man sollte aber vielmehr das Vorbereitetsein betonen als das Wiederkommen. Es könnte leicht der Fall sein, daß die Menschen den Christus haben, ihn aber nicht erkennen, wenn er auch länger als drei Jahre unter ihnen wäre. Es kommt darauf an, daß man immer mehr die Fähigkeit der Erkenntnis ausbildet. Warten Sie und entwickeln Sie in Geduld die Fähigkeit, ihn zu erkennen.»[47]

Rudolf Steiner wollte die Einheit des Arbeitens betonen, wenn es auch okkulte Quellen von der verschiedensten Art sind, und sagte: «Es wird um so besser sein, je länger diese Einheit und Harmonie des Arbeitens innerhalb der Theosophischen Gesellschaft wird aufrecht erhalten werden. Darüber müssen wir uns durchaus klar sein. Der Budapester Kongreß hat den Teilnehmern durchaus nur die Gelegenheit gegeben, sich sagen zu können, als sie von diesem Kongreß weggingen, es ist wirklich der beste Wille und die beste Aussicht vorhanden, in voller Harmonie zu arbeiten; und man sollte nicht in den Fehler verfallen, Differenzen konstatieren zu wollen.» ... «Wir wollen daher einträchtiglich unter uns und einträchtiglich mit der theosophischen Bewegung sein. Wir dürfen diese Harmonie als eine erfreuliche Tatsache bezeichnen.»[48] Als Beispiel führte er dann die Verleihung der bereits erwähnten Subba-Row-Medaille an und sagte: «Die, welche mich kennen, werden wissen, daß ich seit langem Subba Row als einen aus dem unmittelbaren geistigen Erkennen heraus wirkenden Geist betrachtet habe. Es ist sehr schön, daß, hinweisend auf ihn, diese besondere Medaille gestiftet worden ist. Betrachten Sie das, was ich gesagt habe, nicht in bezug auf mich, sondern in bezug auf die ganze Deutsche Sektion. Was mir gehört, gehört der Deutschen Sektion.»

Hätte man auf der anderen Seite auch nur einen Teil dieses guten Willens zur Zusammenarbeit bewiesen, so wäre die Trennung nicht nötig geworden. Es wäre Rudolf Steiner viel Schmerz, Sorge und aufreibende Arbeit erspart geblieben. Er war uns damals ein Beispiel, wie weit Positivität gehen kann, doch leider trat in der Folge immer mehr der Wille hervor, seine Arbeit in der Theosophischen Gesellschaft unmöglich zu machen.

Am Pfingstmontag waren für die Teilnehmer des Kongresses Plätze im Nationaltheater reserviert. Es wurde «Die Tragödie des Menschen» von Emmerich Madách (1823 bis 1864) aufgeführt. Gespielt wurde selbstverständlich in ungarischer Sprache. Das Drama ist jedoch auch in deutscher Übersetzung[49] erschienen, so daß man bei guter Vorbereitung folgen konnte. Ich hatte es auch schon als Gymnasiast gelesen.

Der berühmte ungarische Romanschriftsteller Maurus Jokai hat zu der deutschen Übersetzung das Vorwort geschrieben, in welchem er sagt: «Der mächtige philosophische Geist, der darin waltet, die zarte poetische Empfindung, die es durchduftet, können kaum unerkannt bleiben. – Es steht dem deutschen Geiste um so näher, da es denselben großen Ideenkreis behandelt, den Goethe im zweiten Teil seines Faust mehr angeregt als zu gemeinverständlichem Ausdruck gebracht hat. Daß Madách die gigantische Gedankenwelt des unsterblichen deutschen Dichterfürsten und prophetischen Denkers in konkreter Form gefaßt und die ewigen Wahrheiten, die im Faust niedergelegt sind, in klaren Bildern jedermann zugänglich gemacht hat, darf wohl als unvergängliches Verdienst gelten, ohne den Vorwurf der Nachahmung zu verdienen.»

Rudolf Steiner sagte: «Dieses Werk ist etwas, was den Theosophen einmal vorgeführt werden mußte. Man kann ungeheuer viel aus dieser Tragödie des Madách lernen. Wenn ich noch weiter abschweifen wollte von dem, was mancher Berichterstattung nennt, so müßte ich Ihnen noch etwas von dem schildern, was man ungarischen Geist nennt, der charakteristisch sich ausspricht in dieser ‹Tragödie des Menschen›. So weit will ich aber nicht gehen; ich möchte nur einige Bemerkungen über das Werk und dessen Beziehung zur theosophischen Bewegung geben. Dieser Madách ist in der Tat eine interessante Persönlichkeit. Er hat sein Leben gelebt in einer Zeit, in welcher Ungarn viel durchgemacht hat. Er wurde im Jahre 1823 als Sproß einer alten ungarischen Adelsfamilie geboren und starb im Jahre 1864. Er hat die Zeiten durchgemacht, wo das Magyarentum durch die Revolution des Jahres 1848 versuchte, sich selbständig zu machen. Er hat die ganze Rückwirkung dieser Revolution, die Niederwerfung Ungarns durch Österreich durchlebt, bis der große ungarische Staatsmann Déak die Möglichkeit gefunden hat, eine Konfiguration im Staatswesen Österreichs zu schaffen, welche das Zusammenbestehen der österreichischen und der ungarischen Länder in der heutigen Form ergab. Diese Gestaltung der Österreichisch-Ungarischen Monarchie ist recht kompliziert und eine weitere Erläuterung würde hier zu weit führen. Madách hat mit ganzer Seele an dieser ungarischen Entwickelung teilgenommen und starb im Jahre 1864, kurz nachdem nochmals der Versuch gemacht worden war, eine Zentralisierung zu errichten, der mißglückte, worauf dann – allerdings nach Madáchs Tode – der österreichisch-ungarische Dualismus geschaffen worden ist.

Madách hat früh angefangen, politische Artikel zu schreiben, und daran können Sie erkennen, daß er sich an den Angelegenheiten seiner Nation beteiligt hat. Er war seiner Gesinnung

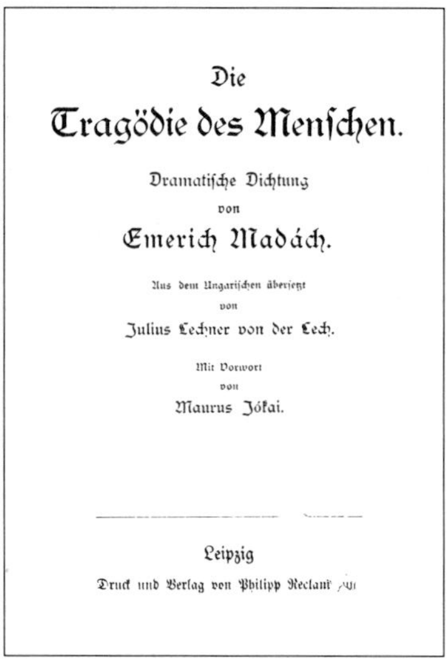

Die

Tragödie des Menschen.

Dramatische Dichtung

von

Emerich Madách.

Aus dem Ungarischen übersetzt

von

Julius Lechner von der Lech.

Mit Vorwort

von

Maurus Jókai.

Leipzig

Druck und Verlag von Philipp Reclam jun.

Abb. 6

Imre Madäch, Zeichnung von Béni Ferenczy. – Titelseite der 1883 in Leipzig erschienen Reclam-Ausgabe.

nach einer derjenigen Magyaren, die für die Entwicklung des Magyarentums zur Selbständigkeit eingetreten sind, also für Verhältnisse, die zum Teil erst durch Franz Déak erreicht worden sind. Er empfand es in tiefster Weise als eine seiner Nation angetane Schmach, daß unter dem sogenannten Bach'schen Regime germanisiert und das Magyarentum in Ungarn absolut nicht berücksichtigt wurde. Madách hat persönlich in einer nicht angenehmen Weise die Bekanntschaft mit der österreichischen Reaktion gemacht. Er hat sich zwar nicht persönlich an der Revolution von 1848 beteiligt, aber aus einem großen und schönen Herzen heraus sich eines Flüchtlings angenommen, der beteiligt war und Unterschlupf auf dem Gute des Madách gesucht hatte.

Anfangs der fünfziger Jahre hat er sich verheiratet, in einer Weise, die man nur als eminent glücklich bezeichnen kann. Nun trat in Ungarn eine Verfolgung der Leute ein, welche sich an der Revolution beteiligt hatten. Als man erfuhr, daß Madách einen Flüchtling beherbergt hatte – der Flüchtling wurde nicht mehr gefunden –, machte man ihm den Prozeß und warf ihn in den Kerker. Im Kerker hat er wunderbar zarte Gedichte geschrieben. Er wußte nichts von seiner Heimat, keine Nachricht kam ihm zu. Ein Ton der Hoffnung geht aber durch seine Gedichte, daß er die wiederfinden werde, denen er entrissen wurde, und namentlich die, welche er so sehr liebte, seine Frau. Es war eine große Enttäuschung für ihn, daß gerade seine Frau während der Zeit seiner Gefängnishaft ihm untreu geworden war, so daß er sich nachher von ihr trennen mußte. So hat Madách äußerlichen und innerlichen Schmerz ertragen müssen. Deshalb hat er auch die Verhältnisse seiner Zeit so gegeißelt; und man möchte sagen, alles, was sich an furchtbaren, recht schmerzlichen Lebensverhältnissen in der Seele des Madách abgelagert hatte, hat er in seiner ‹Tragödie des Menschen› zum Ausdruck gebracht. So sehen wir, wie diese Tragödie durchdrungen ist von jenem Gefühl, das man haben kann, wenn man über die weiten Pußten fährt, wo man das Unendliche fühlt, aber keinen eigentlichen Ruhepunkt findet. Wie er die ‹Tragödie des Menschen› darstellt, ist für eine Persönlichkeit, die aus unserer Zeit und zwar aus einem elementaren Volk heraus geboren wurde, sehr charakteristisch. Wir sehen, wie uns vorgeführt wird die Schöpfung, wie sie entlassen wird aus der Hand des Vater-Gottes. Nachdem diesen gepriesen haben seine dienenden Geister für die Herrlichkeit, die er ins Werk gesetzt, tritt Lucifer ihm entgegen und betont: ‹Ich bin so alt wie du; du hättest nicht schaffen können in deiner Art, ohne das negative Prinzip, das sich immer entgegenstemmte und das, was in der Entwickelung ist, in feste Formen prägt. Ohne das hättest du nicht schaffen können.› Wir sehen dann, wie der Mensch innerhalb des Paradieses auftritt als Adam und Eva, wir sehen, wie Gott dem Lucifer zwei Bäume übergibt, vor allem den Baum der Erkenntnis. Es wird in schönen Bildern dargestellt, wie Adam und Eva von dem Baume der Erkenntnis genießen, wie sie dann aus dem Paradiese vertrieben werden und nun in die Welt hinausgestellt sind, in der sie sich durch ihre eigene Kraft durchbringen müssen. Adam und Eva haben vor sich die Notwendigkeit, durch ihre Hände zu schaffen und zu wirken und sich so in der Welt durchzubringen. Da tritt Lucifer wieder auf. Adam, der den Drang hat, zu erfahren, was eigentlich aus dieser Welt wird, in die er hineingestellt ist, wird von Lucifer in einen Traum gewiegt, in welchem ihm in Bildern von überwältigender Größe vorgeführt wird, was der Mensch in der Vergangenheit durchgemacht und in der Zukunft noch durchzumachen hat. Zuerst erscheint das alte Ägypten: Adam als Pharao, rings um ihn Sklaven. Die Gattin eines der Sklaven ist Eva. Die ganze Tragik dieser Menschheitsepoche tritt vor Adams Seele. Er empfindet die furchtbare Schicksalsfügung, die sich ausdrückt in den Worten: Millionen für einen einzigen – einer über Millionen. Seine Seele eilt hinweg von diesem Bilde und sieht sich wieder in eine spätere Epoche versetzt. Adam ist wieder verkörpert in Miltiades im alten Athen. Miltiades hat eben eine große ruhmvolle Tat hinter sich; er findet in seiner Gattin die wiederverkörperte Eva, die den Sohn lehrt, welches die Tugenden des Vaters sind. Um ihn herum eine demagogische Masse. Er wird als Verräter angeklagt, verurteilt und zum Tode geschleppt. Weiter tritt Adam im Traume einer späteren Zeit des römischen Kaisertums entgegen. Da wird er uns vorgeführt, wie er in der römischen Kaiserzeit lebte. Eine Szene furchtbarer Art. Macht hatte Adam angestrebt als Pharao; als Miltiades hatte er gesehen, wie wesenlos alles ist, hatte die großen Enttäuschungen durchgemacht, die ein Volksbeglücker durch Volksverrat durchmachen kann. Nun will er ein schwelgerisches Leben führen, in allen möglichen Gestalten das Böse haben. Er wird uns vorgeführt in schwelgender Gesellschaft, Eva als Freudenmädchen. Draußen wird ein an der Pest Gestorbener vorbeigetragen; ein Freudenmädchen drückt einen Kuß auf seine Lippen. Das ganze Leben und Tun eine furchtbare Vermessenheit. Und in diese Zeit fällt die Rede des Apostels Petrus. Wir sehen uns im Beginne der Ausbreitung des Christentums. Unter denen, welche gesehen hatten, wie die Dirne den Leichnam küßte, befand sich auch Petrus. Er trat vor und sagte: ‹Die Pest, Verwegene, atmest du da ein.› Dann sprach Petrus noch Worte, die die Sache blitzartig beleuchten:

‹Du feig' Geschlecht, du elendes Gezücht!
So lang dir Glück und Freude lächelt, gleich
Den Fliegen in der Sonne, unverschämt,
Das Gott und Tugend dreist mit Füßen tritt;
Doch wenn Gefahr an deine Türe pocht,
Der wuchtige Finger Gottes dich berührt,
Sich feig verkriecht, und jämmerlich verzweifelt,
Fühlst du denn nicht, wie schwer des Himmels Strafe
Schon auf dir lastet? Schau nur, schau dich um,
Die Stadt verödet, rohes fremdes Volk
Zertritt die goldnen Saaten, alle Ordnung
Ist aufgelöst, niemand befiehlt und niemand
Gehorcht. Mit hocherhobnem Haupte schreiten
Durch stille Friedensstätten Raub und Mord,
Entsetzen, bleiche Sorge hinterher.
Und Himmel, Erde, Allewelt versagt
In diesen Nöten Mitleid, Hilfe dir.

Nicht wahr, vermagst mit geilem Sinnesrausch
Nicht einzuschläfern jene ernste Stimme,
Die alle Tiefen deines Innern aufwühlt
Und dich, zu bess'rem Ziel vergeblich drängt?
Nicht wahr, du fühlest nicht Befriedigung.
Nur Ekel weckt die Wollust dir im Herzen?
Du schaust dich ängstlich um, die Lippen stammeln
Umsonst, an deine alten Götter mangelt
Der Glaube dir, sie sind zu Stein geworden.
(In diesem Augenblick zerfallen
die Götterstatuen in Staub.)
Ihr Bild zerfällt in Staub und nimmer findest
Du eine neue Gottheit, die aufs neue
Dich aus der Schlacke reinigend erhöbe.
Schau dich nur um, was wütet in der Stadt
Verheerender noch als die Pest? Unzähl'ge
Erheben sich von ihrem weichen Pfühl,
Um mit verwilderten Anachoreten
Die Wüsten der Thebais zu bevölkern,
Dort suchend, was noch ihre stumpfen Sinne
Erregen könnte, sie erheben möchte.
Du wirst, o ausgeartetes Geschlecht,
Spurlos vom Schauplatz dieser Welt verschwinden.›

‹Das Bild zerfällt in Staub›, das ist der Blitzstrahl, der durch die Rede des Petrus in diese Periode hineinfällt.

Auch von diesem Bilde wendet sich Adam weg, den Kreuzzügen zu. Hier sieht er dann, wie das Christentum sich in äußeren Formen verkörpert.

Dann sieht er sich als Kepler, umgeben von der Eitelkeit des Hofes. Dann tritt er uns entgegen in der Französischen Revolution als Danton, Eva als die Schwester des Marquis.

Er eilt weg von diesem Bilde, kommt nach London und sieht sich in der Zeit, in welcher der Materialismus aufkommt, die Freiheitsidee Boden gewinnt und man die Welt durch sie erlösen will. Er wendet sich auch von diesem Bilde ab und kommt in eine andere Situation, wo die Menschen nur der Nützlichkeit leben, wo sie gleichsam nur noch wie Nummern nebeneinander stehen, wo alles, was Wärme war, geflohen ist, und nur noch Gedankenchimären übrig bleiben. Endlich beim letzten Bilde, am Ende der Erdenzeit angekommen, da sind die übrig bleibenden Menschen wie Eskimos halb vertiert, so also stellen sich ihm die Fortgeschrittenen, ihr Werden, ihre Macht selber dar, als solche ‹fratzenhafte Wesen› sieht er sie in zukünftigen Zeiten durch die Welten schreiten.

Als er aufwacht, will er sich töten. Nun kommt dasjenige, worauf ich eigentlich aufmerksam machen will, weil es die Notwendigkeit theosophischer Entwicklung in unsrer Zeit zeigt. Eva gesteht nach dem Traume dem Adam, daß sie sich Mutter fühle. Darüber ist er ganz beglückt und lernt sich nun selber sagen: Ich will nicht weiter forschen in dem, was vor uns liegt, in dem naturgesetzlichen Werden, ich will zufrieden sein damit, in der Gattung weiter zu leben. Und in der Tat, das, was wie eine Art Lehre hier gegeben wird dem Menschen: Forsche nicht, o Mensch, vertraue auf das, was dir gegeben ist, enthalten die Worte, die der Herr spricht:

‹Forsch' nicht nach dem Geheimnis, welches deinem
Sehnsüchtigen Blicke güt'ge Gotteshand
Mit weisem Sinn wohlwollend hat verhüllt.
Denn sähest du, daß deine Seele sich
Auf Erden nur vorübergehend birgt,
Und jenseits ewiges Leben deiner harrt,
Wär's keine Tugend mehr, allda zu leiden.
Und wenn du wiedersähest, deine Seele
Verrinnt in Staub, was sollte dir ein Sporn sein
Dem rohen Vollgenuß des Augenblicks
Für sittliche Ideen zu entsagen?
Während du jetzt, wo deine Zukunft dir
Durch graue Nebel nur entgegenschimmert,
Wenn deines Daseins Last dich niederdrückt,
Vom Hochgefühle der Unendlichkeit

Getragen wirst. Und sollte hier und da
Dieses Gefühles Stolz zu weit dich führen,
So setzt die Spanne Lebensfrist dir Schranken
Und Seelengröße, Tugend sind gewahrt.›

So haben wir eine Dichtung von wirklicher Größe vor uns. Versenkt darin liegt aber auch etwas von der Traurigkeit, die nur möglich ist bei einer Persönlichkeit, die so tiefen Schmerz erfahren hat wie Madách und dadurch prädestiniert worden ist, das Werk so zu schaffen. Was wäre möglich, wenn der Mensch die Welträtsel bis zu einem gewissen Grade lösen würde, sich Antwort geben könnte auf die Frage: ‹Was wird aus der Entwickelung?› Die besten Geister sind dadurch, daß sie keine Antwort fanden, zum Pessimismus gekommen. Und jetzt frage ich: Ist nicht auf eine solche Frage, wie sie sich aus der schönen, herrlichen, kraftvollen, aber unbefriedigenden Dichtung ergibt, die schönste Antwort die Theosophie geworden? Beweist nicht der Dichter Madách die Notwendigkeit der Theosophie in unserer Zeit, der sagt: ‹Was wäre es auch, wenn wir blicken würden auf die Wert- und Ziellosigkeit des Daseins?›. Und nun blicken wir mit der theosophischen Weltanschauung nicht nur in die Tiefen, die hinuntergehen bis zu den Eskimos, sondern sehen auch, wie sich die Menschheit hinaufheben wird zu immer höheren Stufen der Entwickelung, zu höheren geistigen Sphären.

Denken Sie sich einmal, welche Bedeutung es gehabt hätte, wenn in einer Stunde, wo Madách es hätte fassen können, vor seine Dichterseele getreten wäre, was im letzten Drittel des 19. Jahrhunderts der Menschheit gegeben worden ist? Es wäre etwas für das Herzblut gewesen; und mit Herzblut hat Madách seine Dichtung geschrieben.»[50]

Es handelt sich also in diesem Stücke um eine grandiose Vorschau, nicht um eine Inkarnationenreihe im Sinne der Anthroposophie.

Gelegentlich dieser Aufführung lernten wir auch Annie Besant persönlich kennen. Das Theater war so gebaut, daß unmittelbar vor und unterhalb der Logen des ersten Ranges eine Reihe von einzelnen Sitzen verlief. Dort hatten Maria Strakosch und ich unsere Plätze zugewiesen bekommen. Kurz vor Beginn der Aufführung tippte mir jemand leicht auf die Schulter, ich stand auf und drehte mich um.

Vor mir saßen Mrs. Cooper-Oakley und Annie Besant, anschließend in der nächsten Loge Rudolf Steiner und Marie von Sivers. Es war Mrs. Cooper-Oakley gewesen, die sich an mich gewendet hatte, und sie sagte: «Ich möchte Sie Mrs. Besant vorstellen.»

So lernten wir also Annie Besant kennen und wurden fortan täglich ohne unser Zutun ins Gespräch gezogen. Das war etwas ganz Besonderes, und zuerst wußten wir gar nicht, wie wir zu dieser hohen Ehre gekommen waren. Von ihren Anhängern wurde ihr nämlich auch in den äußeren Formen des Umganges eine uns andern übertrieben scheinende Ehrerbietung erwiesen, die Herren beugten das Knie und küßten die Hand, wie es bei hohen und höchsten kirchlichen Würdenträgern üblich ist. Das taten wir selbstverständlich nicht, aber trotzdem war sie sehr huldvoll.

Nach und nach kamen wir auch darauf, daß es – was wir ja ohnehin vermutet hatten – weniger die besondere Schätzung unserer Persönlichkeit war, welcher wir diese Behandlung zu verdanken hatten, als die Tatsache, daß wir damals in Triest wohnten und dort im Sinne Rudolf Steiners arbeiteten. Diese Stadt gehörte bis 1918 zu Österreich, aber sie wurde wegen der überwiegend italienischen Bevölkerung und in Vorausnahme einer in jenen Kreisen wohl schon vorgesehenen Entwickelung zum Gebiete der Italienischen Sektion der Theosophischen Gesellschaft gerechnet. Man sah nicht gern, daß wir dort als Schüler Rudolf Steiners tätig waren. Man wollte uns wohl auf diese Weise zeigen, daß wir aber in dieser Sektion als Mitarbeiter willkommen wären. – In Triest entstand dennoch eine Gruppe der Theosophischen Gesellschaft, und nachdem wir im Jahre 1912 diese Stadt verlassen hatten, wurde die Arbeit von dort ansässigen Freunden weitergeführt.

Den größten Gegensatz zu einem solchen Gebaren bildete alles, was Rudolf Steiner in diesen Tagen gab. Sein Vortrag «Von Buddha zu Christus»[51] war das mit Spannung erwartete Ereignis des Kongresses und zwar für alle, denn auch für die Schüler von Annie Besant war es wichtig, von dem Manne, dessen Bedeutung auch denen klar war, welche seine Tätigkeit in der Theosophischen Gesellschaft nicht wohlwollend ansahen, Ausführungen über das Problem zu hören, das in jenen Tagen die Gesellschaft beschäftigte.

Manche kleine Seele hatte erwartet, es würde jetzt hier so was wie eine Disputation über Buddha und Christus im Sinne einer Antithese stattfinden, doch schon der Titel wies in eine andere, höhere Sphäre. – Vor uns erstand eine gewaltige kosmische Perspektive.

Rudolf Steiner ging von den Mysterienstätten, den Orakeln der alten Atlantis aus und schilderte, wie der Manu das Wertvollste, das dort erarbeitet worden war, sammelte und auf seinem Zuge nach dem Osten mitnahm. Dies ließ er dann einströmen in die sieben heiligen Rischis, welche die Inspiratoren der ersten nachatlantischen Kultur, der altindischen, wurden. – Einer der intimsten Schüler des Manu war die Wesenheit des großen Zarathustra, seine Aufgabe war es, den Zusammenhang zu finden zwischen der Sinneswelt und der geistigen Welt; er hatte das Gefühl, die Herzensneigung in den Menschen zu entzünden für den großen Sonnengeist. Dann sprach Rudolf Steiner das, was er das Gelöbnis des Zarathustra nannte, mit Worten unserer Zeit aus und wies auf jenes tiefe Geheimnis der beiden Hauptschüler des Zarathustra, Hermes und Moses, hin, welche die Führer der dritten Kulturepoche waren. Die Enthüllung dieses Zusammenhanges der Verleihung des Astral- und Ätherleibes des Lehrers an diese beiden Schüler war schon an und für sich ein bedeutendes Ereignis. – Bei der vierten Kultur kam er auf die drei großen Meister Saratas, Skythianos und Bodda zu sprechen, mit welchen diejenigen leben, die im Sinne der Rosenkreuzer-Theosophie streben, und schilderte, wie sich diese hohen Persönlichkeiten in die Gegenwart hineinstellen.

«Drei große Namen gab es durch das Mittelalter hindurch.

Diese drei Namen waren auch denjenigen bekannt, welche ein dogmatisches Kirchentum vertraten. Sie verlangten von ihren rechtgläubigen Bekennern oftmals die Formel, die eine Formel des Fluches war: ‹Ich fluche dem Skythianus, ich fluche dem Saratas, ich fluche dem Bodda.› Diese drei Individualitäten wurden mit Fluch beladen in der mittelalterlichen Kultur, wenn man dokumentieren wollte, daß man ein Christ war. Das christliche Rosenkreuzertum kennt diese drei Gestalten als hehre Lichtgestalten ... Saratas ist ein großer Lehrer für die westliche Einweihung. Er war kein anderer als Zarathustra, der in verschiedenen Schülern, in Hermes und Moses, und endlich im 6. Jahrhundert vor Christus als Nazaratos wieder auflebte. Er gehörte zu den großen Inspiratoren der Rosenkreuzer-Weistümer.»[52]

Noch manche wichtige Einzelheit über Erhaltung und Verleihung der Äther- und Astralleiber hoher Wesenheiten und großer Persönlichkeiten an bedeutende Menschen späterer Epochen wurde uns enthüllt. Den Schluß bildete der Hinweis darauf, daß für die heutige Stufe der Menschheitsentwickelung auch Kopien des Ich des Jesus von Nazareth bereitgehalten sind, und diejenigen, welche die spirituelle Weisheit verstehen und sich zu ihr hinaufentwickeln wollen, sind Kandidaten für die Verleihung dieser Kopien, sie werden dann die wahren Christus-Träger sein, die Christophoren.[53]

In diesen Welten umspannenden Bildern hatte Rudolf Steiner seine Aufgabe, die Richtung der Arbeit seines ganzen Lebens vor die ergriffenen Hörer hingestellt. Annie Besant und ihre Anhänger konnten ihm auf seinem Wege nicht folgen, doch unter den Anthroposophen waren gar manche, denen diese vor ihnen aufgetane Schau auf den Sinn des ganzen Weltgeschehens zur Leuchtekraft für dieses Erdenleben und wohl auch darüber hinaus wurde.

Einen ganz neuen Einschlag brachte der Vortrag von Dr. Carl Unger: «Theosophische Lebenskräfte»[54]. Hier war nicht mehr, wie es manchmal geschieht, ein bloßes Nachsprechen alter Weisheiten, hier stand ein Mensch vor uns, der aus dem vollen Leben heraus als selbständiger Denker dem Rufe Rudolf Steiners Antwort gab. Er sprach von der Gesinnung, mit welcher der heutige Mensch aus seinem Denken, aus seinem Leben dem Geistesforscher gegenübertritt, um die Wahrheit solcher Forschungsergebnisse in der eigenen Seele zu erfassen. Wer seinen Worten wirklich folgte, der konnte mit ihnen echte Lebenskräfte in seine Seele einziehen fühlen, sie kamen aus jener Wahrheit, welche im Wirken Rudolf Steiners immer zu uns sprach. Unger zeigte, wie aus wirklicher innerer Selbständigkeit das rechte Vertrauen zum Geistesforscher erwachsen kann. Er selbst stand als Beispiel vor uns, und die Bescheidenheit und Sachlichkeit, mit welcher er am Schlusse von den Kräften sprach, welche vom Christus-Ereignis ausströmen, zeigten, wie tief er von diesem Impuls durchdrungen war. Rudolf Steiner nannte diesen Vortrag «eine schöne Auseinandersetzung über Theosophie und Wissenschaft».

An Ungers Schlußwort mußte ich denken, als mehrere Jahre danach Rudolf Steiner einmal mit mir über die Möglichkeiten sprach, welche bei verschiedenen Menschen für das Verständnis des Christus-Impulses bestehen. Er erwähnte dabei, wie durch die philiströse Art, in welcher manchmal im heutigen Religionsunterrichte die Evangelien behandelt werden, so vieles für die Seelen verlorengehe. Schließlich wies er auf Unger hin und sagte: «Sehen Sie, der hat einen so unmittelbaren Zugang zum Christus, weil er eben keinen solchen Religionsunterricht mitgemacht hat.»

Ein Beispiel ernster wissenschaftlicher Arbeit im Sinne der anthroposophisch orientierten Geisteswissenschaft waren die beiden Vorträge von Dr. Felix Peipers «Über okkulte Anatomie und Medizin». Er war einer der ersten Ärzte, die sich ganz auf die Anregungen Rudolf Steiners eingestellt hatten, und dieser nahm regsten Anteil an der Arbeit in der von Dr. Peipers geleiteten Privatklinik in München. So war Dr. Peipers wirklich berufen, über dieses Gebiet zu sprechen, und seine Vorträge wurden mit großer Achtung aufgenommen. Einen wichtigen Teil seiner Ausführungen bildete der streng wissenschaftlich durchgeführte Vergleich zwischen den Erscheinungen der planetarischen Entwickelung, wie sie in dem Buche «Die Geheimwissenschaft im Umriß» beschrieben wird, und den aufeinanderfolgenden Formen der embryonalen Entwickelung.

Anläßlich dieses Vortrages war ich in eine Situation geraten, an die ich noch oft denken muß. Zusammen mit einem Freunde hatte ich die Vorführung der Lichtbilder übernommen. Die Kongreßleitung hatte einen Apparat zur Verfügung gestellt. Anfangs schien es gut zu gehen, aber bald wurde er so heiß, daß wir uns bei der Bedienung buchstäblich die Finger verbrannten. Mit Schrecken bemerkten wir, daß er nicht zu der im Saal vorhandenen Netzspannung paßte, aber es war nichts mehr zu machen, und unsere Lage wurde erst recht schlimm, als bei der großen Erhitzung und weil der Redner bei jedem Bild längere Ausführungen gab, die Gelatineschicht der Bilder anfing zu schmelzen, so daß diese sich nach oben bewegten, um dann über den Rand hinaus zu verschwinden. Das sah zwar sehr geheimnisvoll und geisterhaft aus, aber schließlich wollte der Redner doch die Bilder da haben, um dem Publikum etwas daran zu zeigen. Wir konnten uns nicht so leicht entschließen, ihn angesichts der illusteren Versammlung von mehreren hundert Teilnehmern zu unterbrechen und zu bitten, doch etwas weniger lang bei jedem einzelnen Bilde zu verweilen. Aber es blieb uns nichts anderes übrig, wir faßten uns ein Herz und taten es. Trotz dieser Störung nahm aber der Vortrag einen würdigen Verlauf, nur der Apparat und unsere Hände waren in keinem schönen Zustand.

Mit dem Kongreß war auch eine Ausstellung von Malereien und Bildhauerarbeiten verbunden. Da waren Darstellungen, welche in der verschiedensten Art und Weise über den Bereich des Physisch-Sichtbaren hinausgingen. Was diesem Gebiet entsprungen war, das allerdings wurde im weitesten Umfange gezeigt. Sämtliche Aussteller gehörten dem Besant-Kreis an. Es war auch eine Reihe von Blättern zu sehen, welche im mediumistischen Trancezustand entstanden waren, dann wieder solche, welche theosophische Zusammenhänge darstellen wollten, sowie Versuche, hellseherische Erlebnisse in Farben und Formen wiederzugeben; ungegenständliche Formen konnte man auch sehen, denen anzumerken war, daß sie aus Organerlebnissen herrührten, und schließlich Blätter mit dunklem Farbengewoge, aus dem in unheimlich intensiven Farben blütenähnliche Gebilde aufleuchteten. Dr. Steiner sagte, das seien astrale Exkremente. Unter den künstlerischen Darstellungen symbolischer Art waren auch solche, welche er als ernst und sinnig bezeichnete.

Besonders hingewiesen hat er auf die Werke des skandinavischen Bildhauers Frank Heymann[55], von welchen leider nur photographische Wiedergaben da waren. «Es sind Gestalten, welche auf den realistischen Sinn unserer Zeit einen Eindruck machen dürften, den man vielleicht mit folgenden Worten charakterisieren könnte: Was ist denn da wieder für ein verrückter Künstler? Man sieht einige Kolossal-Gestalten, bei denen der Kopf aussieht wie eine prismatische, aber nicht regelmäßig gestaltete Figur. Hände, Gesten, kurz, die ganze Figur ist in der mannigfaltigsten Weise winkelig, eckig gestaltet.

Einen anderen Eindruck macht diese Figur auf den Okkultisten. Der hat sogleich den Eindruck: Das ist etwas, was aus einer höheren Welt heraus empfunden ist. Wenn man nämlich weiß, welches die eigentlichen Geheimnisse des menschlichen Ätherleibes sind, wenn man weiß, wie dieser Ätherleib als Kraftleib hinter dem physischen Leib steht, weiß, wie bei jeder Bewegung, die im physischen Leibe zum Ausdruck kommt, im Ätherleib jedesmal eine ganz bestimmte Bewegung vor sich geht, so hat man den Eindruck, als ob der Künstler aus den Kräften des Ätherleibs heraus schaffte und seine übersinnlichen Erlebnisse in diesen Formen hinstellte.

So wurde von ihm zu zeigen versucht, wie des Menschen Seele sich entwickelt und, man könnte sagen, wie der Ätherleib in dieser Entwickelung wirkt. Die Grundempfindung, die man im Anblicke seiner Kunstwerke hat, ist so, wie wenn er die Frage an sich stellte: ‹Was bin ich?› Und wenn diese Frage den ganzen Menschen durchbebt, dann kommt der Ätherleib in eine Regelmäßigkeit hinein, die Frank Heymann in schöner Weise in seinen Werken zum Ausdruck gebracht hat. Was er also darstellt, sind die einfachen geometrischen Formen des gleichsam kristallisierten Ätherleibes.»[56]

Während des Kongresses wandten sich auch eine Anzahl von Mitgliedern, welchen die Vorträge Rudolf Steiners Lebensbrot geworden waren, an ihn mit der Bitte, er möge gestatten, daß seine Ausführungen jeweils stenographisch nachgeschrieben würden. Dies war nämlich bisher nicht geschehen. Er lehnte zuerst ab, und als jemand darauf hinwies, wie viele Menschen es als schmerzlich empfänden, daß ihnen dieses Geistesgut nun unzugänglich bleibe, erwiderte er sehr ernst: «Es ist eben Karma, ob einer bei einem Vortrag dabei sein kann oder nicht.» Nach einigen Tagen aber erklärte er, daß nun er von sich aus Wert auf eine offizielle Nachschrift lege. Er hatte nämlich erfahren, daß «unmögliches Zeug» weitergegeben würde mit der Behauptung, daß er das in einem Vortrag gesagt habe; durch eine offizielle Nachschrift wolle er sich nun davor schützen, indem so jederzeit nachweisbar sei, was er wirklich gesagte habe.

Damals faßte Marie von Sivers den Gedanken zur Gründung des «Philosophisch-Anthroposophischen Verlages»,[57] dessen Leitung sie selbst übernahm und auch weiterhin behielt. Von da ab erschienen dank der unermüdlichen Arbeit des Verlages in ununterbrochener Reihe Veröffentlichungen der Bücher und Vorträge Rudolf Steiners, welche diese Geistesschätze allen Menschen zugänglich machen. Auf der ganzen Erde werden sie dankbar aufgenommen.

Anschließend an den Kongreß hielt Rudolf Steiner noch einen Vortragszyklus: «Über Okkultismus und Theosophie des Rosenkreuzers».[58] Er gab eine große Überschau über das Weltbild im Sinne seiner geistigen Forschung und das Wesen des Menschen mit seinem unvergänglichen Wesenskern. Wohl hatte er im Kreise der deutschen Mitglieder schon solche großen Überblicke gegeben, aber hier konnte er vor einem Kreise von Menschen aus dem ganzen Umfang der Erde sprechen.

So kann man im Rückblick diesen Kongreß, der eigentlich aus anderen Zusammenhängen veranstaltet worden war, auch als einen wichtigen Augenblick in der Geschichte der anthroposophischen Bewegung ansehen. Dieses Jahr 1909 bedeutete aber auch noch in anderer Hinsicht einen neuen bedeutungsvollen Anfang. Im Sommer fand in München eine von über sechshundert Personen besuchte Vortragsreihe statt, und als Einleitung wurde Schurés Drama «Die Kinder des Lucifer» unter Rudolf Steiners Leitung von Mitgliedern der Gesellschaft aufgeführt. Eine größere Teilnehmerzahl als je zuvor war zusammengeströmt, und von da ab wiederholten sich die Münchener Sommerveranstaltungen, welche von Jahr zu Jahr an Umfang zunahmen, vor allem durch die Aufführungen von Rudolf Steiners Mysteriendramen. Erst der im Jahre 1914 ausbrechende Weltkrieg bereitete ihnen ein jähes Ende. Doch gerade nach diesem Kriege erwies sich dann die helfende und tragende Kraft von Rudolf Steiners Werk auf allen Lebensgebieten. In noch schwereren Zeitläufen diese Segenskraft für die Menschheit wirkend zu erhalten, daß ist die Aufgabe, welche denen gestellt ist, die Rudolf Steiners Werk weiterzuführen bestrebt sind.

Rudolf Steiner an der Adria

«Die Stätte, die ein guter Mensch betrat,
ist eingeweiht; nach hundert Jahren klingt
sein Wort und seine Tat dem Enkel wieder.»

Wem es beschieden war, mit Rudolf Steiner auf Reisen oder bei längerem Aufenthalt in fremden Ländern beisammensein zu dürfen, der wird stets nur in der Stimmung dieses Goethe-Wortes jener Stätten gedenken, an welchen er mit ihm geweilt. Nie konnte man bei solchen Gelegenheiten seine Einzigartigkeit vergessen, doch man erlebte im persönlichen Umgang vor allem seine Herzensgüte; sie war nicht geringer als seine Geistesgröße, die ihn fast unnahbar erscheinen ließ.

Die Adriaküste, an welcher Rudolf Steiner im Jahre 1911 längere Zeit weilte, ist eine Gegend von eigenartig ausgeprägtem Charakter. Im Gegensatz zum Golf vom Genua mit seiner ruhigen Atmosphäre verbindet sie die Leuchtekraft des Südens mit der Herbheit nördlicher Himmelsstriche. In zarten, hellen Tönen schimmern am Tyrrhenischen Meer Wasser und Lüfte, von wohliger Ruhe durchströmt, während an der Adria eine kraftvolle Dramatik herrscht. Zwar atmet auch hier das Meer nur leise, zwischen Ebbe und Flut ist kein großer Unterschied, doch lebt und webt in der dem Süden eigenen Ruhe ein Element der Spannung, das in den Wogen, in den Lüften, vor allem aber in der Dramatik des Farbigen sich offenbart. Bis in das Stoffliche hinein findet es seinen Ausdruck: Das salzhaltigste, das goldreichste der Meere bespült das toteste Gestein, den grauen, kahlen Karst.

Die Spannung der sommerlichen Hitze entlädt sich oft am Nachmittag in gewaltigen Gewittern. Bricht dann die untergehende Sonne noch einmal durch das Gewölk, so flammen Meer und Himmel in Farbtönen von unerhörter Leuchtkraft und Tiefe der Gegensätze, die sonst fahlen Berge sind in purpurviolette Gluten getaucht.

Fährt man zur See im Frühling die Istrianer Küste entlang gegen Süden, dann sind die Klippen, ein Streifen zwischen dem kristallblauen Himmel und dem Meer, das Homer «hyazinthenfarbig» nannte, gesäumt mit dem hellsten Gelb des überall blühenden Ginsters, und wie zarte Farbenflöckchen ist der Blust der weißen Obstbäume, der rosig angehauchten Mandeln und der rosenroten Pfirsiche über das Land verstreut, das sich gegen das Innere zu ansehnlicher Höhe erhebt. Blickt man zurück gegen Norden, so grüßen über die Hochebene des Karstes die Schneehäupter der Karnischen Alpen.

An die Bucht von Triest schließen sich die verschiedenen kleineren Buchten der Westküste Istriens an. In einer der nächsten, auf einer Insel, nur durch einen Damm mit dem Festland verbunden, liegt die alte Stadt Capodistria, auch sie Zeugin venezianischer Kultur wie ihre Schwesterstädte dieses Landstriches und Heimat des Malers Vittore Carpaccio, der als Zeitgenosse Bellinis in Venedig tätig war.

Es folgen größere und kleine Golfe; man ist immer an Goethes Worte von den «erwärmten Buchten» gemahnt. In der stillsten liegt die kleine Ortschaft Portorose, der Hafen der Rosen. Hierher, wo schon manche Erholung in der Stille und Sammlung zu innerer Arbeit gefunden hatten, kam Rudolf Steiner mit Marie von Sivers, die nach schwerer Krankheit einer Kur bedurfte, mit Baronin Imme von Eckhardtstein und den Schwestern Oda und Mieta Waller.[59]

Damals lebte ich in Triest als Ingenieur der k. k. Staatsbahndirektion. In diesem Frühjahr war ich auf zwei Monate dem Eisenbahnministerium in Wien zugewiesen, und in diese Zeit fiel die Veranstaltung des Zyklus «Okkulte Physiologie»[60] in Prag, an welchem ich während der Osterfeiertage teilnehmen konnte. Diese Vorträge waren nicht nur durch ihren Inhalt etwas Besonderes, es war auch das erste Mal, daß es Rudolf Steiner möglich war, ein einzelnes Wissenschaftsgebiet in so eingehender Weise vor einem so großen Publikum zu behandeln. Es bestand nämlich in dieser Stadt in Ärztekreisen Interesse für seine Forschungsergebnisse, und so ergaben sich neben den Vorträgen

Abb. 7
Alexander Strakosch mit seiner Frau Maria Strakosch[-Giesler] an der Adria.

noch besondere Aussprachen mit Ärzten. Man konnte bei solchen Gelegenheiten Rudolf Steiner die Freude ansehen, welche ihm diese sachlichen Diskussionen bereiteten, in denen er immer wieder von der Beleuchtung der Phänomene oder vielmehr gerade durch diese zu den tiefsten und intimsten geistigen Gesichtspunkten führte. Aber auch die ganze Umgebung gab diesen Veranstaltungen ein eigenes Gepräge, die alte Stadt Prag mit den Prachtbauten der Gotik und des Barock, der Sitz der ältesten deutschen Universität. Hier waren deutsche und tschechoslawische Kultur in ständiger Berührung, seit dem Mittelalter wurde die medizinische Wissenschaft besonders gepflegt, und es gab hier von jeher okkulte Gesellschaften sehr verschiedener Richtungen.

Als ich Rudolf Steiner in Prag begrüßte, sagte er mir von seiner Absicht, nach Portorose zu kommen, und frug, ob ich behilflich sein könnte, dort eine geeignete Wohnung zu finden. Er wollte von Prag erst noch zum Internationalen Philosophen-Kongreß nach Bologna fahren, wo er aufgefordert war, einen Vortrag zu halten.[61] Gerne wollte ich helfen, aber ich war vorerst noch durch meine Arbeit im Ministerium in Wien festgehalten. So gab ich Baronin Eckhardtstein die nötigen Auskünfte, und sie fuhr voraus; nach zwei Wochen konnte ich ihr folgen. Sie hatte inzwischen ein Haus in etwas erhöhter Lage gemietet, mit freiem Blick. Wir richteten es recht wohnlich ein und sorgten, daß der Garten bestellt wurde, säten und pflanzten Blumen.

Das Haus lag nach Süden gerichtet etwas außerhalb der kleinen Ortschaft. Nach Süden blickte man über die stille Bucht auf die Hügel des gegenüberliegenden Ufers, gegen Westen dehnte sich die blaue Weite der Adria. Die Luft war salzgeschwängert, denn an den Ufern waren überall die «Salzgärten», große flache Vertiefungen. Sie wurden durch Zulaufkanäle mit Seewasser gefüllt, welches schnell verdunstete, und nach einigen Füllungen waren sie mit einer ansehnlichen Schicht glitzernden Salzes bedeckt. Dieses schaufelte man heraus und brachte es in die vielen Lagerhäuser, deren mächtige, fensterlose Steinklötze einen ernsten Gegensatz zu der heiteren Umgebung bildeten. Rudolf

Steiner hielt viel von der besonderen Heilkraft des Adria-Salzes, und in den folgenden Jahren hatte ich es öfters auf seinen Rat an Kranke zu senden. Er lernte hier auch den Orangenblüten-Honig aus Palästina schätzen und ließ ihn als Heilmittel verschicken.

Inzwischen hatte sich die volle Blütenpracht des Frühlings entfaltet. Von Altanen und Geländern hingen überall die blaßblauen Trauben der blühenden Glycinien herab, aus allen Felsenritzen und von den Kronen der Steinmauern nickten die Schwertlilien, lila oder weiß, die ganze Gegend war von Blütenduft erfüllt und abends vom Gesang der Nachtigallen.

Wenn Rudolf Steiner irgendwohin kam, so ließ er sich stets vor allem angelegen sein, einen möglichst gründlichen Überblick über die Verhältnisse zu gewinnen, von den Kulturverhältnissen bis zu den Naturgegebenheiten. So kam er auch öfters nach Triest, wo er – wie in jeder Stadt – die Buchläden aufsuchte. Besondere Freude machte ihm das Naturhistorische Museum. Hier war ein riesiger Glasschrank, fast wie ein kleines Zimmer, und darin, systematisch angeordnet, die charakteristischen Skelette der ganzen Tierreihe. Das gab eine schöne Gelegenheit, die Abwandlung der Grundformen vergleichend zu betrachten, und Rudolf Steiner hat später gerne darauf hingewiesen.

Er wollte, wie es damals im engeren Kreise hieß, «in der Versenkung» sein, das heißt Ruhe für seine Arbeit haben. Deshalb war schon in Prag besprochen worden, daß durch uns niemand von seinem Aufenthaltsort erfahren sollte. Es war nämlich zu befürchten, daß sonst seine so berechtigte Absicht unausführbar geworden wäre. Wir erschraken daher, als eines Tages ein in Triest wohnender Freund zu uns eilte mit der Nachricht, er habe Rudolf Steiner vor einem Buchladen stehen sehen. Wir baten ihn, mit niemand weiter davon zu sprechen, und erzählten ihm den Sachverhalt. Natürlich berichteten wir auch Rudolf Steiner, daß er nun «entdeckt» sei; er sagte nur freundlich: «Der wird schon den Mund halten», und er behielt recht.

Ein- oder zweimal in jeder Woche durften wir nach Portorose

kommen und verbrachten dort den Nachmittag und öfters auch den Abend. Beim Nachmittagskaffee und beim Abendessen war auch stets Rudolf Steiner dabei; manchmal fand er abends, daß es schön wäre, noch länger beisammen zu sein, und dann saßen wir alle zusammen im Sternenschein auf der Terrasse. Maria Strakosch und ich übernachteten dann im Nebenhause, von unserer lieben Imme von Eckardtstein gastfreundlich aufgenommen. An diesem Hause war eine säulengeschmückte Terrasse, von Säule zu Säule schlangen sich blühende Kletterrosen, dazwischen Ausblick auf Bucht und Meer im Frühlingslicht, so recht eine Stelle wie für unsere Freundin geschaffen. Manchmal begann sie dann mit ihrer klaren, melodischen Stimme zu rezitieren, und als sie einmal ganz hingegeben Goethes «Zueignung» gesprochen hatte, da meinten wir alle drei, im alten Griechenland gewesen zu sein.

Rudolf Steiner war bei solchen Gelegenheiten meist von jener gütigen Heiterkeit, durch die er über die Befangenheit hinweghalf, die einen in seiner Nähe begreiflicherweise ergriff. Besonders bei den Mahlzeiten liebte er heitere Gespräche; das Essen bekäme dann besser, meinte er. Gerne sprach er von den österreichischen Verhältnissen und ließ sich auch darüber berichten. Auch von der Gegend, in der wir lebten, durften wir manches hören. So war einmal die Rede von den vielen untereinander so verschiedenen und eigenartigen Völkerschaften, welche Istrien bewohnten. Wenn man in das Innere des Landes reiste, wo nie Fremde hinkamen, das ich aber von meinen Dienstreisen kannte, dann war man wie in eine andere Zeit, fast möchte man sagen, in einen anderen Bewußtseinszustand versetzt. Rudolf Steiner erklärte dies durch den Hinweis, daß hier Menschenseelen ihre atlantische Zeit durchmachten.

Von Triest brachte ich immer die letzten Wiener Zeitungen für Rudolf Steiner mit, und ich erinnere mich deutlich, wie er bei meiner Ankunft schaute, ob ich auch die Blätter unter dem Arm habe. Er las aber auch gerne den «Piccolo», das in italienischer Sprache erscheinende Triester Lokalblättchen, das ihn oft sichtlich amüsierte. Einmal rief er lustig aus: «Sehen Sie, das ist eine richtige Zeitung!», und mit einem freundlichen Blick auf unsere erstaunten Gesichter fuhr er fort: «Ja, die schreibt auf der vierten (letzten) Seite das Gegenteil von dem, was auf der ersten Seite steht. Sie weiß, daß sie sich darauf verlassen kann, der bei der letzten Seite angelangte Leser habe längst vergessen, was er auf der ersten gelesen.»[62]

Aber aus der weiten Welt kamen nicht nur die allgemeinen Nachrichten. Mit einer gewissen Sorge sahen wir vom Fenster unserer Triester Wohnung den Dampfer in den Hafen einbiegen, der die Post aus Indien brachte. Es war ja die Zeit der traurigen Angriffe von Annie Besant und des Krischnamurti-Rummels, und es tat einem von Herzen weh, sehen zu müssen, wie Rudolf Steiner unter diesen Niedergangserscheinungen der Theosophischen Gesellschaft gelitten hat. Er sprach sonst nie von seiner Person, aber als es einmal ganz schlimm war, sagte er still: «Diese Sache kostet mich fünf Jahre meines Lebens.»

Gerne besuchte Rudolf Steiner auch das etwa eine halbe Wegstunde entfernte Städtchen Pirano. Hier wurde Tartini geboren, der berühmte Geiger und Komponist. Seine Geige in der Linken, in der erhobenen Rechten den Fiedelbogen, einen Fuß in Menuettstellung vor sich gesetzt, im Rokokokostüm mit Zopf und Perücke, so steht seine graziöse Gestalt auf dem hohen Sockel des Denkmals inmitten des laubenumschlossenen Hauptplatzes. Das Städtchen liegt auf einer jäh abfallenden, schmalen Landzunge; steile Gäßchen führen von Hafen- und Hauptplatz zur hohen Domterrasse mit ihrem weiten Blick nach allen Seiten. Hier spielen auf den Fliesen, zwischen denen das Gras wächst, die Kinder ihre Reigenspiele, und die Alten sonnen sich und schauen in die Ferne. Nach einem Gewitter oder wenn in der rauhen Jahreszeit die Bora, der scharfe Nordostwind, mit unerbittlichen Stößen den Himmel klar gefegt hat, tauchen über den schwarzblauen Meeresflächen mit den weißen Kämmchen gleich einer Erscheinung in weiter Ferne die schneebedeckten Gipfelreihen der Venezianer-Alpen auf. Manchmal liegt das Meer wieder so regungslos da, daß sich der schon halb versunkene glühende Sonnenball darin spiegelt und so zur vollen Kreisfläche noch einmal sich ergänzt. – Auf halbem Wege zwischen Portorose und Pirano liegen etwas über der Straße die von wilden Rosen überwucherten Ruinen des ehemaligen Klosters von San Bernardino. Die Ruhe dieses Ortes, der Blick in die Weite geben der Seele Frieden, und gerne verbrachte Imme von Eckardtstein hier stille Stunden.

Zwischen Pirano und Portorose verkehrte ein ratternder kleiner Omnibus, der den Strom für seinen elektrischen Antrieb von einer Oberleitung nahm. «Ferrovia» heißt die Eisenbahn, und da hier nicht die Eisenschiene, sondern der Draht (=filo) die Hauptsache war, nannten die Bewohner das Fuhrwerk die «Filovia». Dieses Vehikel war zwar kein Wunder der Technik, mehr ein primitiver Vorläufer der heutigen mächtigen Trolleybusse, doch es gefiel Rudolf Steiner. Nur fand er den Namen «Filovia» etwas nüchtern und taufte es lächelnd in «Filomela» um. Das paßte auch besser in die poetische Gegend, oder wollte er in seiner grenzenlos guten Bejahung das Quietschen des Fuhrwerkes mit dem Gesang der Nachtigall vergleichen, welche die Dichter auch «Filomela» nennen?

Nach Triest fuhr man meist in einer knappen Stunde mit dem Dampfer. Es gab aber auch noch ein Schmalspurbähnchen, das säumte alle Buchten ein, fauchte wichtigtuerisch hinter einem Tunnel hervor und brauchte über zwei Stunden.

Dieses Bähnlein ermöglichte den Besuch der bei Parenzo gelegenen, meerumspülten, sonst schlichten Villa von Tartini, deren Prunkstück das mit schwarzen Rokokomöbeln umstellte Schlafzimmer war, imponierend – ein mächtiger Spiegelschrank. Hier erschien Tartini einst der Teufel und inspirierte ihn zu seiner Teufelstriller-Sonate. Mit dieser Bahn fuhren einmal Rudolf Steiner und Marie von Sivers. Sie hatten sich in der Stadt länger aufgehalten, der letzte Dampfer war fort, es blieb nur der Abendzug übrig, der nach zehn Uhr nachts in Portorose eintraf. Der Bahnhof war fast eine halbe Stunde vom Wohnhaus im Inneren der Bucht entfernt, so daß ein Wagen nötig war. Aber wie ihn bestellen? Telephon für Privatverkehr gab es nicht; ein Telegramm an den Fuhrhalter wäre erst am nächsten

Tag angekommen. So entschloß ich mich, etwas zu tun, was zwar, wie man in Österreich zu sagen pflegt, «a wengerl verboten» war, nämlich das Bahntelephon für Privatgespräche zu benützen. Aber es gab keine andere Möglichkeit, um zum Ziele zu gelangen. Ich begleitete Rudolf Steiner und Marie von Sivers zum Bahnhof, wo ich als Ingenieur der Direktion allen wohlbekannt war, und bat den Verkehrsbeamten mit der roten Kappe, er möge mit Hilfe des Diensttelephones den Stationsvorstand in Portorose bitten, daß er zum Abendzug einen Fiaker bestelle. (So heißt in Österreich ein zweispänniges Fuhrwerk.) Rudolf Steiner trug damals einen Hut, wie ihn auch vielfach die katholischen Geistlichen trugen. Während ich das Ferngespräch veranlaßte, war Rudolf Steiner auch in das Telegraphenbüro getreten, daß ihn an seine Kinderjahre erinnert haben mag, und wir hörten, wie der Beamte ins Telephon rief: «Du los' (das heißt höre zu), da is a geistlicher Herr mit ar'a Dame; schaug', daß noch an Fiaker für dö kriegst.» Rudolf Steiner sah mich still lächelnd an – und der Wagen wartete wirklich bei der Ankunft des Zuges.

Während dieses Aufenthaltes im Süden fuhr Rudolf Steiner einmal allein nach Kopenhagen und hielt dort jene Vorträge, welche den Inhalt des Buches «Die geistige Führung des Menschen und der Menschheit»[63] bilden. Gerade in diesen Tagen kam über die Adria ein furchtbares Unwetter, wie es in jenen Gegenden selten ist. Am Abend standen fünf Gewitter gleichzeitig am Himmel; in der Nacht hatte dann der Südwest, sonst ein sanfter Regenwind, eine unerhörte Stärke angenommen und vereint mit gewaltigen Regengüssen in einer Nacht zu Wasser und auf dem Lande viel Unheil angerichtet. Eine merkwürdige Stimmung in der Atmosphäre, eine geradezu unheimliche Färbung des Himmels hatten als Zeichen drohender Spannung das Elementarereignis vorverkündet. Im Hafen sah es schlimm aus. Große Schiffe hatten sich trotz stärkster Vertauung losgerissen und einander gegenseitig beschädigt, kleinere wurden gegen die Hafenmauern geworfen und sanken mit eingedrückten Wänden. Auf diesen Schiffen war oft ein Hund als Wächter. Ein solcher lief nach dem Unwetter jämmerlich winselnd immer an dieser Stelle des Kais hin und her; von seinem Dampfer ragten nur noch die zwei Mastspitzen über das Wasser heraus.

Am nächsten Morgen kam ein Telegramm von Fräulein Mieta Waller, das mich sofort nach Portorose berief. Im Garten war großer Schaden angerichtet worden, und man befürchtete, daß das Gebäude nicht mehr standhalten würde, denn im Keller stand hoch das eingedrungene Wasser. Die Trockenmauern, welche die übereinander liegenden Terrassen des Gartens hielten, waren zum Teil eingestürzt und viel Erdreich fortgerissen. Das Ganze bot wahrlich einen erschreckenden Anblick, welcher die Besorgnis der Bewohner rechtfertigte.

Vor allem verschaffte ich mir ein schweres Brecheisen und stieß ein Loch in die Wand des Untergeschosses, um so das Wasser zum Ablaufen zu bringen. Das Haus zitterte zwar bei dieser Arbeit, aber als das Wasser fort war, zeigte sich, daß keine Gefahr vorhanden und alle mit dem Schrecken davongekommen waren. Dann holte ich Arbeiter, die Trockenmauern wurden wieder aufgerichtet, die hinabgeschwemmte Erde zurückgebracht. Bald waren die Spuren des Unheils vertilgt, und schnell blühte und grünte es wieder rings um das Haus.

Wir baten Rudolf Steiner, einen öffentlichen Vortrag in Triest zu halten, und er sagte bereitwillig zu. Der geeignete Saal war der des von Robert Hamerling gegründeten Schiller-Vereines. Hier fanden auch die Konzerte des «Quartetto Triestino», einer damals berühmten Kammermusikvereinigung statt, und so bestand auch beim nichtdeutschen Triestiner Publikum kein nationales Vorurteil gegen Veranstaltungen in diesem Raume. Auf solche Dinge mußte in Österreich mit seinen vielen Nationalitäten stets Rücksicht genommen werden. Wir dachten, daß ein Vortrag über Hamerling an dieser Stätte besonderes Interesse erwecken würde. Rudolf Steiner war ganz der Ansicht: «Über Hamerling glaubt hier jeder zu wissen, was man wissen kann», sagte er und wählte als Thema: «Das Rätsel des Todes als Schlüssel zum Geheimnis des Lebens»[64]. Die Plakate waren nach Landesbrauch in italienischer Sprache abgefaßt, und im

Text hieß es, daß der Redner sich der deutschen Sprache bedienen werde: der Titel war selbstverständlich deutsch wiedergegeben.

Zugleich mit der Ankündigung des Vortrages erschien im «Piccolo» ein schwungvoller Aufsatz über Rudolf Steiner, dessen Erscheinen in Triest nach dem großen Eindruck, den sein Vortrag auf dem Philosophen-Kongreß zu Bologna gemacht hatte, lebhaft begrüßt wurde. Dadurch war auch das italienische Publikum interessiert. Der vicrhundert Personen fassende Saal war fast ganz besetzt von einer ausgewählten Hörerschar; die Aufnahme und auch die Besprechungen waren sehr günstig.

Als ich dann mit der Buchhandlung, welche die ganze Veranstaltung besorgt hatte, abrechnete, fand ich in der mir überreichten Aufstellung nur die reinen Auslagen eingesetzt, aber nichts für die ganzen Bemühungen des Inhabers. «Für die Veranstaltung eines solchen Vortrages möchte ich kein Geld nehmen», sagte er, «wenn Sie mir aber eine Freude machen wollen, bitte ich um ein Exemplar des Buches: ‹Wie erlangt man Erkenntnisse der höheren Welten?›.»

Die kleine Schar der Mitglieder erbat dann von Rudolf Steiner auch einen Vortrag in ihrem Kreise. Die Zusammenkünfte des Zweiges fanden in unserer Wohnung statt, dem geeignetsten Raum, der uns damals zur Verfügung stand. Rudolf Steiner hatte kein Thema angegeben; das war oft so bei Anlässen im Mitgliederkreise, und wir wagten auch nicht, etwas zu verlangen. Doch er trat vor uns hin und frug, indem er uns gütig anblickte, worüber wir gerne etwas von ihm hören wollten. Eine Dame bat ihn, über die Liebe zu sprechen. Noch einmal blickte er uns an, in seinem Blick waren Liebe und unendlicher Ernst vereint, und sprach dann Worte, die ich nicht mehr im Gedächtnis habe, die aber als eine nie versiegende Wegzehrung in uns allen weiterwirkten.

AQUILEIA

Erste Begegnung

Wie eine ungeheure Wand steigen die gewaltigen Berge der Karnischen Alpen unvermittelt aus der friaulischen Ebene empor. Ihre schneebedeckten Häupter blickten herab auf die blühende Ebene zu ihren Füßen, die sich in grünender Fruchtbarkeit bis zum Adriatischen Meere erstreckt.

In Urzeiten war hier eine tief ins Land einschneidende Meeresbucht, die Wogen brandeten bis an den Fuß der hohen Berge, doch die Ströme, die aus den Alpen hervorbrechen, haben auch diese Bucht ausgefüllt, ebenso wie die angrenzende, noch viel größere der Po-Ebene, und sie drängen mit einer an geologischen Verhältnissen gemessenen großen Geschwindigkeit das Meer zurück. Dieses hinwiederum nimmt sich oft in gewaltigen Aufwallungen hier und da ein Stück zurück, doch im ganzen muß es unabwendbar weichen. So entsteht jene eigenartige Landschaft zwischen Land und Meer: die Lagune. Fruchtbarer, sorgfältig bebauter Boden reicht vom Festland her an sie heran, gegen das Meer zu liegen langgestreckte Sandbänke. Bei Sturmfluten werden sie streckenweise vom Meere bedeckt, das in stillen Zeiten durch die Lücken zwischen den einzelnen Bänken mit dem Wasser der Lagune in Verbindung steht. Manche dieser Bänke sind in die Breite gewachsen, und auf ihnen stehen kleine Ortschaften, von Fischern bewohnt.

Diese Lagunenlandschaft hat eine beträchtliche Ausdehnung. Im Nordosten reicht sie bis dorthin, wo, den Alpen vorgelagert, der Karst, jenes eigenartige kahle Kalkgebirge, steil ins Meer abfällt und, die Stadt Monfalcone überragend, ein Hügel die Ruinen der von Dietrich von Bern[65] gegründeten Falkenburg trägt, im Süden tritt bei Rimini der Apennin an das Meer unweit von Ravenna, das einst ein wichtiger Hafen war. Heute liegt es mehrere Kilometer landeinwärts und ist nur durch einen schmalen Kanal mit dem offenen Meer verbunden.

Ravenna, viel besucht wegen seiner herrlichen frühchristlichen Bauten, hat ein wenig bekanntes Gegenstück im Norden der Lagunenlandschaft. Dort, wo der Isonzo, den westlichen Steilhang des Karstes umfließend, in vielen Armen sich ins Meer ergießt,[66] liegt wenige Meilen nach Westen zu eine kleine Ortschaft, über deren niedrige Dächer ein hoher Kirchenturm und eine mächtige Basilika hinausragen. Rings umher dehnt sich die wohlbebaute Ebene aus: Getreide, Mais, Reis, Wein, auf Pergeln gezogen oder in Girlanden von einem Maulbeerbaum zum anderen rankend. Stünde nicht der Riesenbau da, nichts würde den Wanderer auf den Gedanken bringen, daß hier einst eine große Stadt gestanden, eine der neun größten des Altertums, in ihrer Bedeutung für das frühe Christentum nächst Rom eine der wichtigsten Stätten. Als leblose Zeichen findet man heute noch die Ausgrabungen aus der Römerzeit, die in einem Museum vereinigt sind. Die gewaltige Basilika, begonnen zwischen 314 und 320 nach Christi, zeigt, wie kräftig der Strom christlichen Lebens von Anfang an dort eingesetzt hat.

Wandert man durch die Räume des Museums und durch den Garten, in welchem die ausgegrabenen Werke der Bildhauerkunst aufgestellt sind, so begegnet man nicht nur jenen Gegenständen, die man überall vorfindet, wo altrömische Städte ausgegraben worden sind; es treten in besonders reichem Ausmaß solche Funde auf, die zeigen, daß vor dem Eindringen des Christentums, welches der Legende nach von dem Evangelisten Markus zuerst hier gepredigt wurde, eine große Zahl antiker Kulte, auch solche orientalischen und keltischen Ursprunges, hier gepflegt wurde. Aber auch die Kunst spielte hier eine hervorragende Rolle, nicht zuletzt die angewandte, und besonders ist Aquileia als eine Hauptstätte der Erzeugung von kunstvollen Gläsern anzusprechen. Es wurden nicht nur die schönsten Formen, meist durch Blasen, hergestellt, auch die Masse selbst war ein Erzeugnis hohen technischen Könnens: farbige, mehrfarbige, irisierende, ganz durchsichtige und auch opake Glasflüsse wurden in vollendeter Weise und mit feinem Geschmack in der Farbengebung erzeugt. Auch aus Bergkristall und Bernstein wurden Gegenstände verfertigt, die heute unsere Bewunderung erregen. Ein letzter Ausläufer dieser Kunstfertigkeit in der Behandlung des Glases sind die heutigen berühmten Werkstätten auf der Insel Murano bei Venedig. Es ist wohlbekannt, daß nach der Zerstörung von Aquileia durch die Hunnen ein Teil der Bevölkerung in die Lagunen floh und aus einer solchen Siedlung Venedig entstanden ist. Wie weit im Altertum die Erzeugnisse Aquileias verbreitet waren, zeigte die Tatsache, daß im Jahre 1927 in Linz an der Donau zwei antike Glasflaschen gefunden wurden mit der Bezeichnung: «Sentia Secunda fecit Aquileiae» (hergestellt durch Sentia Secunda in Aquileia).

Die Bedeutung Aquileias als eines Mittelpunktes christlicher Kultur in kurzem zu schildern, ist unmöglich. Nicht nur der Beginn christlichen Wirkens daselbst ist bedeutungsvoll, sondern auch die weitere Entwicklung, die es mit sich brachte, daß Jahrhunderte hindurch der Patriarch von Aquileia nächst dem Papst die höchstgestellte Persönlichkeit der abendländischen Christenheit war. So finden auch die gewaltigen Ausmaße der uralten Basilika ihre Begründung.

Im Jahre 1911 hatte ich das Glück, mit Dr. Steiner und einigen ihm nahestehenden Persönlichkeiten diese Stätte zu besuchen.

Wir kamen von Triest her mit der Bahn. Die Strecke steigt erst längere Zeit hart am Meer, in die Karstfelsen gesprengt, an, um sich dann, den Isonzo überschreitend, in die Ebene hinabzusenken. Beim Abstieg überschreitet sie auch den Timavus, jenen merkwürdigen Karstfluß, der seit Urzeiten mit der Argonautensage in Verbindung gebracht wurde. Als mächtiger Wasserschwall bricht er aus einem Felsentor hervor und ergießt sich nach einem Lauf von etwa einem Kilometer in das Meer. Von der Hauptstrecke nach Venedig abzweigend, bringt uns eine Nebenstrecke nach Aquileia; sie endet an einer Haltestelle nächst dem Rande der Lagune, und drüben auf einer langgestreckten Sandbank liegt Grado, heute ein vielbesuchter Badeort, einst der Hafen von Aquileia, von den Römern «ad aquas gradatas» genannt.

Wir besuchten zuerst die Basilika, doch das Mosaik, als Kunstwerk und schon durch seine gewaltigen Ausmaße von zwanzig Meter auf vierzig Meter hervorragend, war damals noch nicht freigelegt. Nach einem kurzen Aufenthalt bei dem riesigen Taufbecken vor der Kirche, in welchem die Taufe noch durch vollständiges Untertauchen des Täuflings vollzogen wurde, begaben wir uns in das Museum. Selbstverständlich waren wir bemüht, Dr. Steiner beim Betrachten so wenig als möglich zu stören, doch einmal winkte er mich heran und zeigte mir einen Sokrateskopf aus Marmor, der in einem Glasschrank liegt. Die Darstellung ist nicht stilisiert, sondern recht naturnah. «Schauen Sie doch, wie er dem Tolstoi ähnlich sieht!» sagte er und fügte lächelnd hinzu: «Und die Xanthippe hat er sich auch wieder mitgebracht.»

Auf dem Rückwege zum Bahnhof, der etwas außerhalb der bescheidenen Ortschaft liegt, zieht die Straße durch freies Feld, und indem wir nordwärts schritten, öffnete sich der Blick auf die weite Ebene und die Berge, über welchen sich mit der dem Süden eigenen Geschwindigkeit Gewitterwolken zusammenballten. Es war für Menschen und Tiere die Stunde der Heimkehr nach den Mühen des Tages. Bauern kamen daher, die einen die Geräte auf der Schulter, die anderen müde Ochsen heimwärts treibend, die heute noch genau so wie zur Römerzeit ins Joch geschirrt sind. Die Leute grüßten Dr. Steiner aus einem natürlichen Gefühl der Ehrfurcht, das den Landleuten noch nicht verlorengegangen ist; freundlich dankte er ihnen. Einige Entlein kamen am Wegrand dahergewackelt, Dr. Steiner winkte ihnen mit freundlich-ernster Handbewegung zu.

Während wir so im Weiterschreiten durch sein Wesen in würdig-schönster Weise mit allem, was uns entgegenkam, uns verbunden sahen, war das Gewitter rasch näher gekommen. Die schräge Nachmittagssonne ließ die hohen Bäume in hellstem Grün vor der tiefblau dunkelnden Wand des Gebirges sich abzeichnen, und darüber in den schwarzen Wolken zuckten die Blitze, von fernem Donnergrollen begleitet. Mit einer langsamen Bewegung, die in gleicher Weise Größe und Bescheidenheit offenbarte, hob Dr. Steiner sein Haupt, und während sein Blick sich nach jener Himmelsrichtung richtete, grüßte er stumm mit erhabener Handbewegung die Mächte, die, uns nur in den Seelentiefen ergreifend, ihm jedoch verständlich in Blitz und Donner eine gewaltige Sprache sprechen.

Schweigend legten wir das letzte Stück Weges zurück. Der Gewitterwind bildete kleine Staubwirbel auf der Straße, und während wir dann im Zuge Triest zurollten, entlud sich in der plötzlich hereingebrochenen Dunkelheit ein tosendes Gewitter.

Im Lande der blauen Distel

Will einer wissen, was Wind heißt, der gehe auf den Karst, ins «Land der blauen Distel», wie es die heimischen Dichter nennen, wenn die Bora über die Hochebene fegt. Keine größere Pflanze kann dort aufkommen; denn der Sturm entwurzelte sie, sobald sie ihm genügende Angriffsflächen bietet. So gibt es nur etwas Krüppelholz und das dünne Gras, das zwischen den grauen Felstrümmern wächst, die blauen Disteln und auch hellgelbe Skabiosen. Es dünkt einem, als ob man über ein mit riesigen Knochen übersätes Feld ginge. Die Regengüsse, die oft in heftigen Gewittern niederstürzen, haben den harten Kalksteinbrocken ganz scharfe Kanten angeschliffen, was den Eindruck des Knochenhaften noch verstärkt. Der Macht dieser Gewitter widersteht kaum etwas. Ganz plötzlich wird der Himmel schwarz, und schon bricht ein Wolkenbruch los, begleitet von fast ununterbrochenem Blitz und Donner. Trotz aller Blitzableiter sind manchmal auf den Bahnstationen von den Telegraphenapparaten nur noch geschmolzene Metallklumpen übriggeblieben.

Einsam und verlassen ist die Gegend, kleine Herden schwarzer Schafe weiden die kümmerlichen Gräser ab, hie und da erheben sich auf Felsenkegeln alte Ortschaften, ganz aus dem grauen Stein erbaut. Von der Höhe ihrer Kirchtürme kann man im Süden das blaue Meer erblicken, gegen Norden schließt der hochaufragende Zug des Tarnovaner Waldgebirges den Horizont ab.

Im Sommer brennt die Sonne, daß die Steine heiß werden, dazu krachen die plötzlichen Ungewitter. Im Winter rast die Bora in grimmigen Stößen eisig über das Land, alles niederwerfend, alles fortfegend, was sich ihr entgegenstellt. Es ist das Land der unerbittlichen Gegensätze.

Die Triestiner schätzen den «Carsolino», den harzigen, dunkelroten Wein, der auf dem Karst gedeiht. Wo wächst er denn, wenn es da nur Sturm und Stein gibt?

Der Karst hat eben seine Vergangenheit und seine Untergründe. Hier darf man im buchstäblichen Sinne des Wortes nicht an der Oberfläche bleiben.

In alten Zeiten waren der Karst und seine Fortsetzungen gegen Süden, das Velebit-Gebirge und die Dinarischen Alpen,[67] welche sich fast bis zu zweitausend Meter erheben, von dichten Wäldern bedeckt. Die Seeräuber, gegen welche Pompejus kämpfte, die Römer selbst und später die Venezianer bauten jahrhundertelang ihre stolzen Flotten aus dem Holz dieser Wälder. Rücksichtslos schlugen sie, was sie brauchten, aber keiner dachte daran, für Nachwuchs zu sorgen. So verschwand im Laufe der Zeiten der Wald, der die Erde festhält, das Wasser aufnimmt und die Gegensätze der Atmosphäre mildert.

Wenn man bei anderen Gegenden Erde, Wasser, Luft und Licht schildert, so gewinnt man ein vollständiges Bild. Hier muß man auch das in Betracht ziehen, was unter der Erde ist; denn kaum gibt es anderswo eine solche gegenseitige Verbindung von Erdoberfläche und Erdentiefen. Doch während in vulkanischen Gegenden das Feuer aus den Tiefen droht, hat hier das Wasser sein Wesen und erzeugt merkwürdige Gestalten.

In urferner Vergangenheit hatten sich auf dem Grunde eines Meeres Kalkschichten abgelagert. Im Laufe der geologischen Entwicklung war dann diese Gegend gehoben worden, und dabei hatte der festgewordene Kalk Risse bekommen, unterirdische Klüfte hatten sich gebildet, aus den Wolken stürzten die

Wasser, sickerten durch die Spalte in die Tiefen, und es entstanden weit unten die herrlichsten Tropfsteingrotten. Überall sind in größerem oder geringerem Abstand von der Oberfläche solche Höhlen und Klüfte. In langen Zeiträumen erweiterten sich die Verbindungen zwischen oben und unten, ganze Bachläufe gerieten unter die Erde, flossen dort weiter, schliffen und nagten und verbanden eine Höhle mit der anderen, so daß ein unterirdisches Netz von Gewässern entstand. Der bedeutendste Fluß verschwindet südlich von Laibach in einer Felsenkluft und kommt unweit Monfalcone rauschend aus einem großen Felsentor wieder ans Licht.[68] Nach einem Lauf von kaum einer Wegstunde mündet er ins Adriatische Meer.

Der Sage nach ist dies der Weg, welchen die Argonauten benutzt haben, um aus dem Schwarzen Meer wieder ins Mittelmeer zu gelangen. Sie waren den Ister, nämlich erst die Donau, dann die Save aufwärts gefahren. Gelegentlich des Ausfluges nach Aquileia kamen wir mit Rudolf Steiner an diesem Timavo genannten Flusse vorbei und sprachen von der Fahrt der Argonauten. Er sagte, daß eine solche Fahrt in Anbetracht der damaligen Verhältnisse der unterirdischen Flußläufe und der Kleinheit des benützten Schiffes durchaus im Bereich der Möglichkeit gewesen sei. Doch fügte er hinzu, man soll nie vergessen, daß die Argonautensage im Grunde genommen einen Einweihungsvorgang schildert.

Durch die unterirdische Tätigkeit des Wassers fanden gewaltige Auswaschungen statt und in der Folge auch häufige größere und kleinere Einstürze. Manchmal hatte dies Veränderungen zur Folge, welche sich bis an die Oberfläche hin bemerkbar machten, indem Stücke der Erdoberfläche in eine gewisse Tiefe hinabsanken. So entstanden die sogenannten Dolinen, das sind von fast senkrechten Wänden eingeschlossene größere oder kleinere Becken, deren Boden zehn bis zwanzig Meter tiefer liegt als die Oberfläche des Karstes. Nähert man sich einer solchen Doline, so deutet nichts auf ihr Vorhandensein hin, plötzlich steht man vor der Vertiefung, und wer über die Fläche hinblickt, bemerkt vorher gar nichts von deren Vorhandensein.

Nachdem der Wald verschwunden war, welcher das Regenwasser wie ein Schwamm sammeln konnte, wurde von den Regengüssen die rote Erde in die Dolinen geschwemmt, wo sie einen fruchtbaren Boden abgibt, auf welchem Wein, Mais, Gemüse und auch etwas Getreide gedeihen.

Über die Ursache der auffallend roten Färbung dieser Erde geht eine Sage, welche auch mit den Argonauten zusammenhängt. Am Westrand des Karstes liegt ein einzelner Berg, der noch heute den Namen Medea führt. Dort soll die Medea der Sage die Kinder, welche sie dem Jason geboren hat, ermordet haben, und von diesem Blute sei die Erde bis heute rot geblieben.

Die heißen Sonnenstrahlen werden von den kahlen, hellen Kalksteinwänden zurückgeworfen, und in der Hitze dieser Felsenkessel wird der Karstwein «gekocht». Mit der Bewässerung ihrer Pflanzungen sind die Karstbewohner auf den Himmel angewiesen, denn alles Wasser verschwindet schnell von der Oberfläche. Was sie für sich und die Haustiere brauchen, das sammeln sie in den Zisternen, welche das Regenwasser von den Dächern der Häuser aufnehmen.

Gar vieles ließe sich aus Sage und Geschichte über dieses Land berichten, an dessen gegen Südwesten vorgeschobenem Hochrand im Ersten Weltkrieg dieses Jahrhunderts die fürchterlichen Schlachten tobten. Auch manche merkwürdigen Spuren vergangener Zeit kann man dort finden. Gelegentlich eines Spazierganges bei Sankt Daniel kamen wir an ein Schloß, das inmitten eines großen Parkes liegt. Ein schönes geschmiedetes Gittertor hatte als Mittelstück dieser kunstvollen Arbeit ein Rosenkreuz. Das Schloß soll einst dem geheimnisvollen Freiherrn von Reichenbach gehört haben, jenem württembergischen Edelmann, welcher die Odstrahlung entdeckte, aber auch das Stearin.

Während seines Aufenthaltes in Portorose (1911) äußerte Rudolf Steiner den Wunsch, einmal diese Gegend zu besuchen. Wir benützten von Triest aus die Bahn. In großem Bogen stark ansteigend, umfährt sie das Stadtgebiet von Triest. Im Steigen weitet sich der Blick über das Meer und die Buchten, immer kleiner wird die Stadt. Unvermittelt geht es in einen Tunnel. Kommt man wieder ans Licht, so ist alles völlig verändert. Ringsum dehnt sich die Hochebene des Karstes. In Repentabor stiegen wir aus und ergingen uns dorten ohne bestimmtes Ziel, nur, um einen Eindruck von der Gegend zu gewinnen.

Rudolf Steiner betrachtete alles mit sichtlichem Interesse. Er hatte es gern, wenn man sich in seiner Gegenwart ungezwungen benahm, «Gesichter bis ans Bauch» – wie er es nannte – hatte er nicht gern. Doch in solchen Augenblicken war es selbstverständlich, daß wir warteten, bis er das Wort ergriff oder Fragen an uns stellte, wir wollten nicht stören. Doch hier fühlte er sich angeregt, über das zu sprechen, was uns umgab. Zuerst wies er auf die Steine hin und erklärte, daß hier ein besonderer Tatbestand vorliege. Während nämlich sonst der Stein zwar nicht einen Lebensleib, einen Ätherleib an sich hat wie die Pflanzen, ist doch mit ihm etwas Ätherisches im Umkreis verbunden. So ist es im allgemeinen mit den Steinen auf der Erde. Diese Steine aber hier auf dem Karst haben nichts Ätherisches um sich, sie sind tote Materie wie der heutige Mond. Das ließ uns auch die eigenartig leere, unheimliche Stimmung dieser Gegend verstehen.

Dann kam er auf die Bora zu sprechen und sagte lebhaft: «Die Gelehrten können sich noch lang die Köpfe darüber zerbrechen, woher die Bora kommt. Die kommt nämlich von nirgends her, die entsteht an dem Orte, wo sie weht, aus der Wechselwirkung zwischen der Atmosphäre und diesem eigenartigen Boden.» Tatsächlich ist ja die Bora ein Rätsel für die Meteorologen; denn mit allem, was diese Wissenschaft auf Grund ihrer so genauen Naturbeobachtung zu sagen hat, kann sie nicht erklären, wieso an dieser Stelle ein so starker Wind zu bestimmten Jahreszeiten entstehen kann. Es sind keine großen Gebirge in der Nähe, überhaupt nichts, was ein so gewaltiges barometrisches Gefälle erzeugen könnte. Fährt man bei Bora auf das Meer hinaus, so hört der Wind bald auf, wenn man sich ein Stück vom Land entfernt hat. Er weht wirklich nur über dem Lande, deshalb ist das Meer auch wenig von ihm bewegt, nur kleine Wellen tanzen an der Oberfläche, kein tiefwühlender Wellengang wie bei anderen Stürmen. Die Bora kommt stoßweise von Nordost und ist ein Fallwind, das heißt, sie stößt mehr von oben auf die Erde wie die sogenannten Böen. Von ihrer Gewalt kann man sich schwer eine Vorstellung machen, sie hat schon Eisenbahnzüge umgeworfen, aufgeschichtete Bretter wirbelt sie wie Papierschnitzel in der Luft herum. In Triest werden bei Bora Seile die Straßen entlang gespannt, an denen man sich festhalten kann, um nicht ins Meer geweht zu werden. Ein großer Dampfer fuhr einmal bei Bora in einem nicht genügend weiten Bogen aus dem Hafen – er wurde gegen die Ecke des Wellenbrechers gestoßen und sank. Trotzdem es in Triest oft jahrelang nicht friert, sind die Leute in dicke Pelze gehüllt; denn so ein Wind durchdringt alles.

Die Ausführungen Rudolf Steiners über die Bora ließen uns auch noch etwas anderes verstehen. Wenn man nämlich die Lage von Triest betrachtet, so muß man zu dem Eindruck kommen, daß hier ein herrliches, gesundes Klima herrschen müsse. Das ist aber nicht der Fall. Viele Menschen, die aus nördlichen Gegenden hierherkommen, erkranken oft schwer an Zuständen, für welche weder aus ihrer Organisation noch aus den äußeren Umständen Erklärungen zu finden sind. Es wird behauptet, daß man das Klima besser verträgt, wenn man Wein trinkt. Rudolf Steiner hatte schon bald nach seinem Eintreffen in dieser Gegend gesagt, daß hier kein Klima sei, das eine innere Entwicklung begünstige. Nach dem von ihm Gesagten müßte also jene merkwürdige Spannung zwischen Atmosphäre und Erdboden auf die feinere Organisation des Menschen schädliche Wirkungen haben. Im Frühjahr und im Herbst herrscht jedoch eine ausgeglichene Stimmung in der Atmosphäre, und wer um diese Jahreszeit hier weilt, der kann für seinen Organismus eine kräftigende Wirkung empfangen.

Dies alles ist ein deutlicher Hinweis, daß die heutige Wissenschaft, wenn sie bei ihrer Einstellung beharren will, doch nicht zur vollen Erfassung der Tatsachen kommt. So bleibt die Meteorologie letzten Endes bei dem stehen, was sich als physikalische Erscheinung anschauen läßt. Sie erfaßt das Leben nicht, welches diese Erscheinungen in Wahrheit durchdringt. Man kann die physische Welt doch nicht verstehen, solange man nicht die Ätherwelt als die ihr zugrunde liegende Wirklichkeit mit in Betracht zieht. Das ist der nächste Schritt, welchen die Wissenschaft tun müßte, um in gesunder Weise fortzuschreiten. Aus diesem Grunde hat Rudolf Steiner Dr. Guenther Wachsmuths Buch «Die ätherischen Bildekräfte in Kosmos, Erde und Mensch»[69] beim Erscheinen so erwartungsvoll begrüßt und ihm eine solche Bedeutung beigelegt.

Gegen Abend brachte uns der Zug wieder nach Triest zurück. Im fahlen Dämmerlicht sah das «Knochenfeld» der Gesteinstrümmer noch unheimlicher aus. Als wir hoch oben am Rande des Karstes aus dem Tunnel herauskamen, lag in der Tiefe die Stadt mit ihren unzähligen Lichtern am nachtdunklen, stillen Meer.

Veldes (Bled)

Die heilenden Kräfte der Adria hatten ihre Wirkung getan, der Sommer nahte, und in den ersten Julitagen wollte Rudolf Steiner in München sein, um rechtzeitig mit den Vorbereitungen für die dramatischen Aufführungen zu beginnen. Doch es erschien ratsam, einen allzuschnellen Übergang von den milden Lüften des Südens zum Münchener Klima zu vermeiden, wo es auch noch im Sommer recht rauh sein kann. Deshalb entschied man sich für einen Zwischenaufenthalt und wählte Veldes (Slowenisch: Bled), an der direkten Bahnstrecke Triest–München gelegen.

Am Zusammenfluß der beiden Quellflüsse, der Wurzener und der Wocheiner Save, weitet sich das Tal, und hier liegt ein kleiner See, etwa zwei Gehstunden im Umfang. Steil aus dem Wasser aufsteigend, erhebt sich im Norden eine Felsklippe, von einem alten Schloß gekrönt, und mitten im See ist eine kleine Insel. Eine breite Steintreppe führt vom Wasser hinan, und viele Boote legen dort an; denn hier auf der Insel steht ein

Kirchlein, mit dem es eine eigene Bewandtnis hat. Im Vorraum, unter dem Turm hängt ein Glockenseil herab, jeder Pilger darf einmal daran ziehen, und wem es gelingt, das Glöcklein so in Schwung zu bringen, daß der Klöppel gerade dreimal anschlägt, nicht mehr und nicht weniger, dem geht ein Wunsch in Erfüllung.

Wälder, Wiesen und Felder bedecken in anmutiger Abwechslung den hügeligen Talboden. Öffnet sich für den von Süden kommenden Reisenden nach Durchfahrung vieler Tunnels und Schluchten die Aussicht auf den See, so erscheint als Abschluß weit im Norden, von Ost nach West ziehend, die mächtige Kette des Karawanken-Gebirges, dessen Gipfel bis in den Hochsommer hinein mit Schnee bedeckt sind. Der Blick auf dieses Hochgebirge verleiht der sonst so lieblichen Landschaft einen Zug von Größe. Gegen Süden verdecken dichtbewaldete Vorberge den Hauptgipfel der Julischen Alpen, den sagenumwobenen Triglav (das heißt: der Dreihäuptige).[70]

In dieser windgeschützten Gegend ist die kräftige Bergluft von der schon mit südlicher Kraft strahlenden Sonne durchwärmt, doch die Nähe der hohen Berge, der See, die Flüsse und die Wälder lassen keine drückende Hitze aufkommen. Die Schottermassen des Untergrundes nehmen die Feuchtigkeit schnell auf, und die sonst im Gebirge so häufigen Morgen- und Abendnebel sind hier unbekannt. So hat in dieser Gegend die gütige Natur bereitet, was Seele und Leib des Menschen Erholung bietet, und von weit und breit kommt man hierher. Im Sommer konnte man die vielen Sprachen des alten Österreich hier vernehmen, und jedes Jahr am 18. August, dem Geburtstag des alten Kaisers Franz Joseph, kamen bei seinen Lebzeiten die Laibacher Dragoner und umritten unter Fanfarenklang mit Fackeln in den Händen den See.

Spricht man heute von einer innerlich belebten Natur, so ist dies meist nur eine mehr oder weniger bildhafte Ausdrucksweise. Die Menschen früherer Zeiten nahmen aber die Wesen wahr, welche, in den Naturreichen webend und lebend, unser Inneres berühren. Hier sind als Reste eines früheren bewußten

Verkehrs mit den Elementarwesen noch viele Sagen, Märchen und Erzählungen von Naturgeistern im Volke erhalten. Das wurde begünstigt durch den Umstand, daß in dieser Gegend bis zum Beginn des Weltkrieges im Jahre 1914 Jahrhunderte hindurch Friede geherrscht hatte, so das dieses zarte Weben sich ungestört entfalten und erhalten konnte.

Von den Gnomen soll später noch die Rede sein, doch man erzählt auch noch vom Wassermann, der als Tänzer unter der Dorflinde erschienen ist und die Mädchen in sein Reich gelockt hat, von den Windgeistern und der Todesgöttin Mora, von den Feen (Vile genannt) und den Schicksalsgöttinnen (Rojenice). Diese sind drei Schwestern in weißen Gewändern; eine Kerze in der Hand, zeigen sie sich an der Wiege des Neugeborenen und sagen ihm seinen Lebensweg voraus. Oft kehrt das Schicksalsmotiv der Wiege wieder, und zwar in Verbindung mit besonderen Bäumen, aus deren Holz eine Wiege verfertigt wird. Auch in der Sage vom goldgehörnten Steinbock (Zlatorog) ist am Schluß von der Wiege die Rede.

Hoch auf den drei Häuptern des Triglav-Berges ist sein Reich, und wehe dem verwegenen Jäger, der ihm nachzustellen wagt. Die Mächte, welche den Zlatorog schützen, verfolgen ihn unerbittlich. Wird der Goldgehörnte je getroffen, so entsprießt sofort seinem zur Erde rinnenden Blute eine Wunderblume, die Triglav-Rose, welche seine Wunden heilt. Nicht weit davon, auf dem Berge Bogatin, liegt ein ungeheurer Schatz vergraben, den keiner heben kann. Auf dem höchsten Gipfel des Triglav liegt der Zaubergarten der Schicksalsgöttinnen. Einst wurde der Zlatorog schwer verwundet und zertrampelte in Schmerz und Wut den Feengarten. Seitdem ist der Gipfel kahl. Aber nach siebenhundert Jahren wird auf dem nackten Gestein eine mächtige Tanne aufwachsen. Aus ihrem Holze wird man eine Wiege verfertigten, und dem Kinde, welches darin liegen wird, ist es bestimmt, den Schatz am Bogatin-Berg zu heben.

Bis zu unserer Zeit hinein sind Baum und Wiege tief mit den Empfindungen des Volkes verbunden. Es wird berichtet, daß Alexander Graf Auersperg in seiner Jugend ein slowenisches

Bauernmädchen geliebt hatte, aber seine Familie gab es nicht zu, daß er sie zur Frau nahm, und zwang ihn zu einer sogenannten standesgemäßen Heirat. Am Vorabend der Hochzeit suchte er die Geliebte auf, um Abschied zu nehmen. Sie trafen sich, wie so oft, unter einer Eiche, und das Mädchen bat ihn, diesen Baum fällen und aus dessen Holz eine Wiege für seinen Erstgeborenen zimmern zu lassen. Er erfüllte den Wunsch, und dieses Kind wurde der unter seinem Dichternamen «Anastasius Grün» bekannte Graf Auersperg. Rudolf Steiner hat auf dessen Dichtung «Schutt» hingewiesen, aus welcher ein so tiefes Verstehen des Christus spricht.[71]

An der Südseite des Sees stand auf einem sanft ansteigenden Wiesenplan in Waldesnähe ein alleinstehendes Wohnhaus, von dessen Altane man einen schönen Blick auf den See genoß, auf die Insel mit dem Wunschkirchlein, auf den Schloßberg und die hohe Karawanken-Kette. Das Haus war mir von meinen häufigen Dienstreisen bekannt; ein slowenischer Dichter, von dem es auch Kinderlieder gibt, hatte dort gewohnt. Wir mieteten es, und in den ersten Junitagen fand der Einzug statt.[72]

An diesem Morgen fuhr Maria Strakosch nach Portorose, um bei der Abreise behilflich zu sein, und begleitete die Reisegesellschaft nach Triest. Hier bestieg man den Schnellzug, der nach dreistündiger Fahrt am späten Nachmittag in Veldes eintraf, wo ich mit zwei Kutschen für die Reisenden und einem Leiterwagen für das Gepäck bereitstand. Der Bahnhof liegt ziemlich hoch über dem See, die Straße führt im Bogen hinab, dann geht es am Ufer entlang bis zum Gartentor des Landhauses. Alle stiegen aus und begaben sich durch den Garten in das Haus, als letzte gingen Rudolf Steiner und ich.

Er hatte – wie gewöhnlich auf Reisen – eine große schwarze Ledertasche umgehängt, wie sie die Briefträger zu tragen pflegen. Darin waren immer die Manuskripte der Werke, an denen er gerade arbeitete, und sonstige wichtige Schriftstücke. Die Tasche gab er kaum je aus der Hand. Als ich sie bei einer späteren Gelegenheit einmal tragen durfte, machte mich Fräulein von Sivers darauf aufmerksam, daß ich dies Zeichen seines Vertrauens auch richtig würdigen sollte. Sie nannte mich damals auch scherzhaft den «Leib-Spediteur». – Die Dämmerung war schon hereingebrochen, und in der milden Abendluft tummelten sich viele Glühwürmer. Rudolf Steiner blickte ihnen aufmerksam nach und folgte ihren Bewegungen, während wir langsam hinanschritten. Er sagte mir: «Sehen Sie, das ist das einzige astrale Licht, das der Mensch mit leiblichen Augen wahrnehmen kann.»

Bald kam auch Maria Strakosch nach Veldes, um hier den Sommer zu verbringen, und wohnte am See unterhalb des Bahnhofes. Am Samstagabend kam ich jeweils dahin und fuhr am Montag mit dem Frühzug wieder nach Triest. An schönen Sonntagnachmittagen saßen wir dann alle zusammen auf der Terrasse der Villa beim Kaffee. Rudolf Steiner war damals mit dem zweiten Mysteriendrama, «Die Prüfung der Seele», beschäftigt, dessen Aufführung in wenigen Wochen in München stattfinden sollte. Einmal erzählte er aus dessen Inhalt und sprach auch von dem Schicksal des Ritterordens, welches in diesem Drama so eindrucksvoll geschildert wird. Er machte uns auf den Zusammenhang dieser Ritter mit den böhmisch-mährischen Brüdern aufmerksam. Von der Burg sagte er, daß sie südöstlich von Wien im Wechselgebirge gelegen sei, er nannte auch den Namen Bernstein. Später sprach er auch noch einmal zu anderen Freunden vom Schloß Lockenhaus.

Dieses Wechselgebirge ist eine eigenartige Gegend. Wo gegen Osten der Zug der Kalkalpen abbricht, erhebt sich, unmittelbar aus der ungarischen Tiefebene aufsteigend, als letzter vorgeschobener Ausläufer der Alpenkette ein Urgebirgsstock in halbmondförmig nach Südosten geöffnetem Bogen (etwa siebzehnhundert Meter hoch); auf seinem flachen Rücken tritt blendend weißer Quarz zutage, der auf dem dunkelgrünen Urgestein wie Schnee aussieht. Im Innern der Berge liegt Antimon, und auch heute noch sind dort viele Gruben in Betrieb. Obwohl so nahe bei Wien gelegen, ist diese Gegend wenig besucht, dagegen ist das benachbarte Semmering-Gebiet stets voll von Ausflüglern und Sommerfrischlern. Erst als man anfing, auch im Winter in die Natur hinaus zu ziehen, lernte man auch diese Gegend mehr schätzen, welche bisher unter dem Namen «Pucklige Welt» wegen der weichen Formen des Urgebirges oder «Jockele-Land»[73] eine Art Dornröschendasein geführt hatte. Durch viele Jahrhunderte war das Land in ruhiger Abgeschlossenheit dagelegen, doch in Urzeiten waltete tief geheimnisvoll geistiges Geschehen. In diesen Bergen – sagte uns damals Rudolf Steiner – fand Gilgamesch nach langen Irrfahrten seinen geistigen Führer, den großen Eingeweihten Xysuthros.[74]

Rudolf Steiner wanderte gern allein durch die Umgebung von Veldes, die ihm sehr zusagte. Einmal, als Marie Strakosch ihn begleiten durfte, zeigte er auf den Schloßberg und sagte: «Wenn ich diesen Berg betrachte, dann habe ich die Imagination eines Löwen.» Doch der Berg hatte in seinem äußeren Ansehen nichts, was an einen Löwen erinnerte, es handelte sich um ein inneres imaginatives Erleben, welches durch dessen Anblick angeregt wurde. Baronin Eckardstein sprach von den Engeln, welche sich auf dem See ergingen.[75]

Auf seinen Wegen kam Rudolf Steiner durch die Klamm, die dort ein Bach tief in den Fels hineingenagt hatte. Mit Hilfe einer Reihe von Holzbrücklein war darin ein Weg geschaffen worden, so daß man sie durchwandern konnte.

Am Eingang war eine Inschrift in die Felswand eingemeißelt zur Erinnerung an die Vollendung dieses Werkes von Menschenhand. Rudolf Steiner wußte, daß auch Maria Strakosch als Malerin gerne die Gegend durchwanderte, und als wir wieder einmal zusammen auf der Terrasse saßen, frug er sie, ob sie nicht gesehen hätte, wie gerade vor dieser Inschrift die Gnomen lange Nasen drehten, mit den Ohren wackelten und sich über die dummen Menschen belustigten, die etwas in Stein eingrüben und dann meinten, es hätte Bestand. Die Gnomen selbst gehen ja durch das Gestein hindurch wie die Menschen durch die Luft. Deshalb erscheint ihnen ein solches Gebaren der Menschen ebenso unsinnig, wie es uns vorkäme, wenn jemand eine Inschrift zum ewigen Gedenken mit dem Finger in die Luft schreiben wollte.

Rudolf Steiner interessierte sich stets für den Fortgang der künstlerischen Entwickelung von Maria Strakosch. Nachdem sie damals in Meran den Schleier der äußeren Erscheinungen gleichsam in Farben aufgelöst hatte, entstanden immer mehr freie Kompositionen, welche selbstverständlich etwas ganz anderes waren, als man von der klassischen Kunst oder der Malerei des neunzehnten Jahrhunderts her kannte. Ich selbst war besonders mit der Malerei der Renaissance sehr verbunden und hatte es damals gar nicht leicht, mich in dieses Neue hineinzufinden. Ich äußerte dies einmal im Gespräch mit Rudolf Steiner, worauf er sagte: «Ja, es ist eben ein neuer Ast am alten Stamm der Malerei.»

Noch während seines Aufenthaltes in Portorose hatte er in unserem Triester Heim eine Reihe von sieben ihrer größeren Bilder ausgesucht und ganz von sich aus den Wunsch geäußert, daß diese bei den Veranstaltungen in München gezeigt werden sollten. Es waren dies Kompositionen, in welchen zwar Landschaftliches zu erkennen war, aber was eigentlich aus den Bildern sprach, das war geistig-seelisches Weben und Wesen, in Farben erlebt und gebildet. Das war es, was ihn daran interessierte.

In München fanden die Vorträge der Sommerveranstaltungen in den Jahren 1909 bis 1913 regelmäßig in den sogenannten Prinzensälen statt. Sie waren im ersten Stock des Gebäudes gelegen, in welchem sich das bekannte Café Luitpold befindet, hatten aber einen besonderen Eingang in einer anderen Straße. In dem kleineren Saal, der als Vorraum diente und zum Aufenthalt zwischen den Veranstaltungen, wurde nach Rudolf Steiners Angaben eine Wand mit goldgelbem Rupfen bespannt und die Bilder in dunkelblauen Rahmen in bogenförmiger Anordnung aufgehängt, so daß das mittlere am höchsten war, die übrigen nach beiden Seiten absteigend sich anschlossen.

Am 22. August 1911 hielt Rudolf Steiner einen besonderen Morgenvortrag[76] über Künstlerisches, während die Vorträge des Zyklus[77] jeweils am Abend stattfanden. Er sprach auch über diese Bilder und wies bei dieser Gelegenheit zum ersten Male auf die Notwendigkeit einer neuen Farbenbereitung hin, damit der Maler ein wirklich brauchbares Ausdrucksmittel zur Hand habe.

Damals beschäftigte ich mich auch schon mit den Plänen für den Bau, welchen die Freunde in München für die dortigen Veranstaltungen und die in Aussicht genommene Hochschule für Geisteswissenschaft zu errichten beabsichtigten. Rudolf Steiner hatte uns in unserem bescheidenen Quartier in Veldes besucht, und ich begleitete ihn auf seinem Rückwege. Wir saßen eine Weile am Fuße eines großen Felsblockes, wo eine Aufschrift besagte, daß Anastasius Grün hier gerne und oft den Seen und die Berge betrachtet habe. Da bat ich Rudolf Steiner um nähere Angaben für den Grundriß. Er sagte bloß: «Nehmen Sie zwei Kreise, die sich gegenseitig durchdringen.» Ich frug nach dem Verhältnisse der Längen der beiden Radien und wie tief sich die Kreise durchdringen sollten. «Das sollen Sie herausbekommen», war seine Antwort. Bei meinem nächsten Besuch brachte ich ihm dann eine Konstruktion, welche er als vorläufigen Grundriß für das Münchener Bauvorhaben gelten ließ. (Für den Dornacher Bau wurde später ein etwas abweichendes Verhältnis gewählt.) Die Höhe der Kuppeln ergab sich mir aus dem Pentagondodekaeder, welcher mit der Grundrißkonstruktion einen gewissen Zusammenhang hatte. Diese Lösung interessierte Rudolf Steiner sichtlich. Er sagte mir bei einer anderen Gelegenheit: «Der Dodekaeder, das ist der Mensch.» Die Kuppeln hatten die Gestalt von Halbkugeln; die größere war diesem Dodekaeder umschrieben, die kleinere war ihm eingeschrieben.

In den ersten Augusttagen erfolgte die Abreise nach München,[78] wo die Proben zur Aufführung der Mysteriendramen beginnen sollten und die Maler auf die Angabe Rudolf Steiners für die Bühnenbilder des zweiten Dramas warteten, welches in diesem Jahre zur Uraufführung gelangte. Maria Strakosch blieb noch in Veldes, und wenn ich über den Sonntag dort sein konnte, ergingen wir uns in der Gegend und gedachten dankbar der letzten schönen Wochen.

Zwischen Triest und München
1909 bis 1912

Als Rudolf Steiner einige Wochen in Portorose verbracht hatte, frug er mich gelegentlich eines unserer Besuche ganz unvermittelt, in welche Städte ich mich von Triest wegversetzen lassen könnte. Ich war recht erstaunt über diese Frage, denn wir hatten gar nicht daran gedacht, so bald wieder von hier fortzugehen. Es gefiel uns gut, und die Aussichten für ein Vorwärtskommen in meinem Berufe waren günstig. Wir sollten aber in gar nicht langer Zeit erfahren, wie berechtigt seine Besorgnisse gewesen waren. Im Spätherbst desselben Jahres wurde Maria Strakosch plötzlich schwer krank, und da wir hier keine Möglichkeit zur richtigen Pflege hatten, brachte ich sie nach München zu unserem Freunde Dr. Peipers, welcher dort ein Privatsanatorium in der Königinstraße unmittelbar am Englischen Garten gegründet hatte.

Dr. Peipers in München und sein Freund Dr. Noll[79] in Kassel gehörten zu den ersten Ärzten, welche nicht nur in bezug auf ihre persönliche geistige Entwicklung sich entschlossen hatten, den von Rudolf Steiner gewiesenen Schulungsweg zu gehen, sondern sich auch in der Ausübung ihrer Heilkunst bestrebten, seine Ratschläge zu verwirklichen, die von tiefster Erkenntnis des menschlichen Wesens zeugten. Bei der damaligen völlig ablehnenden Haltung der ganzen, auf den Materialismus eingeschworenen Ärzteschaft war das ein Entschluß, zu welchem Mut gehörte. Rudolf Steiner kam sehr oft nach München und besuchte hier die Kranken im Hause Peipers und besprach mit diesem alles, was zur Behandlung gehörte. Er hatte aber auch durch die verständnisvolle Hingabe, die ihm hier entgegengebracht wurde, die Möglichkeit, ein neues Heilverfahren zur Anwendung zu bringen, das sich sehr segensreich erwies: die Farbentherapie. – Frau Cecile Peipers, die als begabte Bildhauerin manche schöne Arbeit im Sinne der Anregungen schuf, die Rudolf Steiner für ihre Kunst gegeben hatte, verstand es, mit ihrer Durchseeltheit und ihrem liebevollen Eingehen auf die Kranken, im Hause jene geistig-seelische Atmosphäre zu schaffen, in welcher sich Heilkräfte segensvoll entfalten.

Viele Kranke wurden hier nicht nur organisch geheilt, sie begannen von da ab auch als Persönlichkeiten ein neues Leben. «Geistige Krankheiten haben ihre Ursachen im Leiblich-Organischen, organische Erkrankungen dagegen im Geistig-Seelischen.» Dieser Grundsatz Rudolf Steiners, ein Ergebnis langer und eingehendster Forschungen, läßt es begreiflich erscheinen, daß die echte Durchseelung durch das Künstlerische und die wahre Durchgeistigung durch das Streben im Sinne der Anthroposophie für die Heilung von Kranken von maßgebender Bedeutung sind. In einer gesundenden Umgebung können die medikamentösen Heilmittel und sonstigen Behandlungen, welche selbstverständlich auch hier nicht vernachlässigt wurden, erst richtig wirken. Das sollte nicht verwechselt werden mit dem, was man heute unter dem etwas zu allgemeinen Ausdruck «psychischer Faktor» zwar zu berücksichtigen geneigt ist, aber doch nicht als unmittelbare Wirklichkeit ansehen will. Es gab auch hier ganz konkrete Angaben Rudolf Steiners, der ja nie bei allgemeinen Aussagen stehenblieb, sondern auf das Erfassen bis in die Einzelheiten den größten Wert legte.

Den Kranken wurden unmittelbar vor dem Einschlafen eine Reihe von Raffael-Bildern – es waren verschiedene seiner Madonnen, die Christusgestalt aus der «Verklärung» –, nur eine Madonna von Michelangelo und eine von Donatello in ganz bestimmter Aufeinanderfolge im Lichtbilde gezeigt. Wer diese Bilder so auf sich wirken ließ, konnte ihren harmonisch-belebenden Einfluß verspüren, ihn durch die Schlafenszeit hindurchtragen und sich dann gereinigt und gekräftigt fühlen.

Ein besonders wichtiges Heilmittel war die hier zum ersten Male in dieser Verwendungsweise von Rudolf Steiner geschaffene «Farbentherapie». Es gab zunächst eine rote und eine blaue

Kammer, doch hatte er auch noch Angaben für Behandlung mit anderen Farben gemacht und sich auch über die Formen geäußert, welche die Kammern für die betreffenden Farben haben sollten. Es waren dies platonische Körper. In den vorhandenen Kammern waren die glatten Holzwände und das Ruhebett, auf welches der Kranke zu liegen kam, in leuchtendem Rot beziehungsweise intensivem Blau getönt, sonst befanden sich keine Gegenstände im Raume. Die farbigen Lampen waren so unter dem Lager angebracht, daß man sie nicht unmittelbar sehen konnte, sondern nur das von den Wänden zurückgeworfene rote oder blaue Licht. – Wenn der Kranke mit dem Arzt den Vorraum betrat, erblickte er das an die Wand geworfene Lichtbild von Raffaels «Sixtinischer Madonna». Anschließend wurde dann die ganze eben erwähnte Bilderfolge aufgenommen. Der Aufenthalt in den Kammern – in voller Ruhe und liegend – dauerte eine viertel bis eine halbe Stunde. Der Arzt stand immer neben dem Kranken und verfolgte genau die Wirkung auf den Ätherleib, das Blau wirkte lösend, das Rot entgegengesetzt. Erst verbrachte man eine Zeit in der blauen Kammer, daran anschließend in der roten. Die Dauer der Einwirkung mußte sehr genau bemessen werden; dazu gehörte es selbstverständlich, daß der Arzt imstande war, die Vorgänge in jener Lebensleibesorganisation zu beobachten, welche dem physischen Auge nicht sichtbar ist. Durch die Schulung, wie sie Rudolf Steiner in seinem Buche: «Wie erlangt man Erkenntnisse der höheren Welten?» beschrieben hat, kann in entsprechender innerer Arbeit die Fähigkeit zu solchen Beobachtungen erworben werden. Manchmal bekam der Kranke während der Behandlung einzelne Töne oder bestimmte Akkorde in rhythmischer Wiederholung zu hören.

Durch die Hingabe und unermüdliche Tatkraft von Herrn und Frau Dr. Peipers war hier eine Stätte geschaffen, wo die Ratschläge Rudolf Steiners sich helfend und heilend auswirkten. Man konnte es ihm anmerken, wie er sich diesem Wirken verbunden fühlte und welche Freude es ihm, der so gerne half und heilte, war, dies nun wirklich tun zu können. Viele Menschen denken in inniger Dankbarkeit an alles, was sie in diesem Hause empfangen durften.

Die damals ausgeübte Farbentherapie war ein Bestandteil der allgemeinen Therapie auf anthroposophischer Grundlage, wie sie durch die später eröffneten Klinisch-Therapeutischen Institute in Stuttgart (1921) und dann in Arlesheim nach Angaben Rudolf Steiners ausgebaut worden ist. Auch die allerersten Anfänge der Heilpädagogik und der Heileurythmie wurden dort von Dr. Steiner gegeben.[80]

Durch den Kriegsausbruch 1914 und die gleichzeitige Erkrankung von Dr. Peipers wurde die therapeutische Arbeit in München unterbrochen. Dr. Peipers widmete sich später – wie es von den Zeitumständen gefordert worden war – im Verein mit Dr. Noll der Ausarbeitung der Pflanzenheilmittel.

Unter den Kranken war einer, dessen Schicksal besonders nahegehen konnte. Es war ein «seelenblinder» junger Mann. Seine Sehorgane waren ganz richtig ausgebildet, wurden aber nicht in rechter Weise vom Bewußtsein ergriffen, und so konnte er sie nicht gebrauchen. Die Pflege und die Behandlung waren wirklich eine schwere Aufgabe. Um so größer war die Freude, als einmal nach mehrjähriger Behandlung der Kranke vor dem weihnachtlichen Lichterbaume freudig ausrief: «Ich sehe die Lichter!»

Während des Aufenthaltes von Maria Strakosch im Hause Peipers weilte auch Christian Morgenstern einige Zeit dort.[81] Er lebte sehr zurückgezogen, konnte nur wenig sprechen, doch ein Blick von ihm ersetzte viele Worte. Die kurzen Besuche, die wir bei ihm machen durften, waren stets etwas Besonderes und sind uns unvergeßlich geblieben; seine Anwesenheit gab dem ganzen Hause eine Weihe. Wir haben ihn dort zum letzten Mal gesehen, nur kurze schriftliche Grüße erreichten uns später zum Beispiel bei Gelegenheit der Übersendung eines Katalogs des Verlages Piper, in welchem seine Werke erschienen sind.

Nicht allen Kranken war hier Heilung beschieden, wenn es auch kaum einen andern Ort geben konnte, wo so viele Möglichkeiten dafür vorhanden gewesen wären. Für manchen Leidenden endete hier seine Erdenbahn. Die Art, wie sie den Leib und die Erde verließen, begleitet vom tiefsten Verständnis für die Hoheit dieses Ereignisses, umgeben von der wachen Liebe aller Freunde, sie darf wohl einzigartig genannt werden, selbst wenn man dieses viel zu oft gebrauchte Wort ernst nimmt. Wenn auch Rudolf Steiner meist während einer solchen Zeit gerade nicht in München sein konnte, so war seine Geistesnähe doch sehr eindrucksvoll erlebbar, und die Sterbenden nahmen sie in voller Bewußtheit auf. Der Ernst, die Würde, die Ehrfurcht, mit welcher solche Tatsachen damals aufgenommen wurden, gaben ihm die Möglichkeit, auch ganz offen von okkulten Dingen zu sprechen. Dazumal war seine grundlegende Bedeutung als Geistesforscher und Lehrer allen Mitgliedern bewußt. Schon durch das Buch: «Wie erlangt man Erkenntnisse der höheren Welten?» hatte die Bewegung ihren Charakter bekommen, und ihre Richtung war genau gewiesen. Später (von 1919 an) kamen dann immer mehr Menschen in die Gesellschaft, welche einen mehr wissenschaftlichen Zug im Sinne der gewöhnlichen Wissenschaft hereinbringen wollten. Rudolf Steiner nannte es den «Einbruch der jungen Wissenschaftler» und gab sich die größte Mühe zu zeigen, wie eine anthroposophisch orientierte Geisteswissenschaft zwar die Ergebnisse der auf der Wahrnehmung durch die Sinne und die Tätigkeit des mit ihnen verbundenen Verstandes angewiesenen Wissenschaft voll anerkennen kann, aber darin doch nur eine «Viertelswahrheit» erblickt. Die übrigen drei Viertel der Wirklichkeit sind eben nur dem höheren Geist-Erkennen zugänglich, zu dessen Erlangung in dem eben erwähnten Buche er in einer der heutigen Zeit angemessenen Form den Weg gewiesen hat. Wo immer also in anthroposophischen Zusammenhängen wissenschaftlich gearbeitet wird, sollte dies sehr ernst genommen werden, sonst gerät man in die Gefahr, den wahren Charakter der anthroposophisch orientierten Geisteswissenschaft zu verlieren und eine nur «geistreiche» Wissenschaft daraus zu machen, welche doch nicht über das hinauszugehen gewillt ist, was dem an die Sinne gebundenen Verstand zugänglich ist, sich nicht durcharbeiten will zu Imagination, Inspiration, Intuition.

Während der ganzen Woche war ich durch den Dienst in Triest festgehalten. Dafür fuhr ich oft am Samstag abends mit dem Nachtschnellzug nach München, wo ich morgens ankam. Am Sonntag abends erfolgte dann die Rückreise. So war es mir auch möglich, fast immer in München zu sein, wenn Rudolf Steiner dorthin kam, und ich konnte an den Sitzungen des inzwischen zur Verwirklichung der dortigen Bauabsichten gegründeten «Johannesbau-Vereins»[82] als technischer Berater teilnehmen.

Ich hatte Rudolf Steiner gebeten, mir nähere Angaben über die Gestaltung des Innenraumes unter der Doppelkuppel zu geben, sofern es seine sonstige, stets übergroße Beanspruchung ermöglichte; ich wollte dann ein Modell herstellen. Schon als Gymnasiast hatte ich nicht nur viel gezeichnet und gemalt, sondern auch modelliert und die in Österreich zwei Monate währenden Sommerferien als Lehrling in einer Bildhauerwerkstätte verbracht, so war ich mit solchen Arbeiten vertraut. Als Rudolf Steiner wieder einmal nach München kam und wie öfters an der gemeinsamen Mahlzeit im Hause Peipers teilnahm,[83] reichte er mir eine Papierrolle und sagte: «Da habe ich Ihnen etwas mitgebracht!» Es waren die ersten Skizzen für die beiden Kuppelräume; sie enthielten in knappen Strichen die Motive, welche dann auch später in Dornach zur Ausführung gelangt sind. Ein wichtiger Unterschied bestand darin, daß die Säulen auf diesen Entwürfen rund angegeben erscheinen und jede von ihnen eine Inschrift trägt. In Dornach hatten die Säulen als Querschnitt ein regelmäßiges Fünfeck, Kapitäle und Sockel ein regelmäßiges Siebeneck.

Vertieft man sich in die Formen der Sockel, Säulen, Kapitäle und Architrave, dann kann einem der Sinn der Inschriften aufgehen, aber zugleich erlebt man, daß in den künstlerischen Formen bereits alles enthalten ist. Wohl aus diesem Grunde blieben dann auch bei der Ausführung die Worte weg.[84] Die Säulen entsprechen in ihrer Aufeinanderfolge den verschiedenen Zuständen der im Buche «Die Geheimwissenschaft im Umriß» und in vielen Vorträgen dargestellten planetarischen Entwickelung. Auf der Saturnsäule steht: «Das Es», auf der Sonnensäule: «An Es», auf der Mondensäule: «In Es», auf der Marssäule: «Ich», auf der Merkursäule: «Vom Ich», auf der Jupitersäule: «Aus Mir», auf der Venussäule: «Ich ins Es».[85]

Die Zeichnungen, auf welchen diese Säulen angegeben sind, stellten einen Längsschnitt des Baues in der West-Ost-Richtung dar mit dem Blick nach Süden. An der Nordseite stand noch einmal dieselbe Folge von Säulen, je zwei gleiche einander gegenüber. Zwischen den beiden Saturnsäulen war der Eingang und darüber die Orgel, zwischen den beiden Venussäulen die Öffnung zum kleineren Kuppelraum, der auch als Bühne diente und deshalb gegen den größeren an der Stelle, wo sich die Grundrißkreise schnitten, gleich hinter den letztgenannten Säulen mit einem Vorhang abgeschlossen werden konnte. Die Skizze zum Raum unter der kleineren Kuppel ist als Blick gegen Osten gedacht und zeigt die Säulen der Nordseite, denen wiederum die gleichen an der Südseite gegenüberstehend vorzustellen sind. Hier gibt es nur sechs Säulen, denn – wie Rudolf Steiner oft erklärt hat – es entspricht jede dieser Säulen dem Zwischenraum zwischen je zwei aufeinanderfolgenden Säulen unter der größeren Kuppel. Die Motive jeder einzelnen dieser sechs Säulen stellen sich demgemäß dar als eine Art Verbindung derjenigen, welche auf den entsprechenden, den Zwischenraum einschließenden Säulen in der größeren Kuppel zu finden sind.

Rudolf Steiner hat öfters gesagt, daß die Seele des Beschauers, der von Westen her den Bau betritt, sich gleichsam gegen Osten hin getragen empfinden solle, von wo ihr der «Repräsentant der Menschheit» entgegenschreitet. Diese neun Meter hohe Gruppe des «Repräsentanten der Menschheit» hat Rudolf Steiner später selbst als Holzplastik bildhauerisch dargestellt. Es ist der Christus, welcher durch die von seinen Händen ausgehenden Kräfte den einen der beiden Widersacher, den Verführer, zum Absturz bringt, den anderen, den Verfinsterer, fesselt. Diese Gruppe sollte ihren Platz dort finden, wo ganz im Osten des Baues die zwei letzten der sechs Säulen, die eine als Abschluß der südlichen, die andere als Abschluß der nördlichen Reihe, nebeneinander zu stehen kamen und einen Bogen trugen, der dem Eingangsbogen zwischen den beiden Saturnsäulen im Westen entsprach. – Diese Gruppe ist erhalten geblieben. Sie befand sich zur Zeit des Brandes, in der Silvesternacht 1922/23, unvollendet im Arbeitsraum Rudolf Steiners, in der sogenannten Schreinerei.[86]

Es sei nun der Versuch gestattet, in wenigen Worten auf den Zusammenhang der Inschriften mit den genannten planetarischen Zuständen hinzuweisen. Die Stofflichkeit des «alten» Saturn war eine durchwegs physisch zu nennende. Dabei darf aber nicht an physisch-mineralische Materie im heutigen stofflichen Sinne gedacht werden. Es ist damit angedeutet, daß alles ohne Eigenleben war, bloß Gegenstand, nicht Stätte eigenen Lebens oder Wirkens, eben ein «Es». Dem entspricht auch die Form des Saturnkapitäls, welches keine Verbindung des von oben sich herabsenkenden Motives mit dem von unten aufsteigenden zeigt, nur die Spitzen berühren sich.

Während des Sonnenzustandes der Erde senkte sich in die auf der Saturnstufe gebildeten Formen das Leben ein. Man erblickt einen Tropfen, von oben herabsinkend in siebenfacher Wiederholung; von unten aufsteigende Gebilde öffnen sich aufnehmend nach oben. Im Architrav erscheint zweimal der Tropfen, in welchem die Sonnenlebenskraft sich *an* «Das Es» wendet.

Auf dem Mondenkapitäl sieht man den Tropfen noch tiefer; zwischen je zwei Tropfen steigt das nach oben sich dreifach öffnende Gebilde. Dieses rhythmische Ineinanderweben – entsprechend der auf dieser Entwicklungsstufe zuerst auftretenden Atmung – findet sich auch im Mondenarchitrav. Die Sonnenschöpferkraft zieht *in* das «Es»: «In Es».

Auf der Marssäule hat sich das obere Motiv mit dem unteren zu einem in sich geschlossenen Gebilde verbunden, dafür erscheint von oben etwas Neues, in der Form entsprechend dem oberen Motiv des Saturnkapitäls. Im Architrav erhebt sich aufschießend eine Doppelform, umspielt von einem sie im Aufstieg begleitenden Element. Die eine Form öffnet sich nach oben, um ein von der Mondenseite Herüberkommendes aufzunehmen; was sich aus der andern erhebt, führt weiter zur Merkursäule. Die Weltensonnenkraft ist nun selbst herabgestiegen, zum ersten Male lebt ein Geistiges selbständig und seiner selbst bewußt auf der Erde – ein «Ich».

Auf der Merkursäule hat sich das neue Motiv an den Spitzen leicht zu Tropfen geballt, ein noch höheres Geistelement andeutend, dem sich, in dieses Gebiet hineinragend, eine aufrecht-selbständige, in doppeltem Schwung umspielte Form entgegenhebt. Sie ist aber nicht mehr nach oben geöffnet wie in ihrer ersten Andeutung auf dem Marsarchitrav, sondern in sich abgeschlossen durch eine Art kugeliger Form. «Vom Ich» erhebt sich ein Bewußtsein zu der Welt, aus welcher es gekommen ist, vom Ich gehen auf dieser Stufe Wirkungen in das Physische aus, es bearbeitet die Stoffeswelt. Dasselbe findet sich auf dem zugehörigen Architrav angedeutet.

Auf dem «zukünftigen» Jupiter öffnet sich die Geistwelt, das Ich verbindet sich ihr noch kräftiger und sendet aus sich seine Wirkungen, so daß der Mensch ein Schaffender werden kann im Bereich des Lebenden, des Pflanzlichen. «Aus Mir» – so wird er sprechen dürfen –, «aus meinem Lebens-Wesenskern wirke ich schaffend im Lebenden.» – Wie er in jenen Welten mit seinem Wirken aufgenommen erscheint, das läßt der Architrav erleben.

Auf der Venus, in fernster, heutigen Erdenmenschen kaum vorstellbarer Zukunft wird nichts mehr von dem vorhanden sein, was wir heute Stoff nennen, alle Wesen werden wieder in den Schöpferschoß der Sonne aufgenommen sein, der Lebensleib des Menschen ganz umgewandelt in Lebensgeist. Das Ich ergießt sich in ein «Es» von höherer Art, welches die Keime zu einer neuen Schöpfung enthält. Ich ergießt sich ins Es, «Ich ins Es», um nach einer kosmischen Zwischenzeit an einem neuen Weltschaffen mitschaffend teilzunehmen. Dazu sich vorzubereiten, die Bewußtseins-Wirkenskräfte sich zu erarbeiten aus dem, was ihm von oben zuströmen will, das ist der Sinn der Erdenentwickelung des Ich durch die planetarischen Zustände hindurch.

Dies soll keine «Erklärung» der Motive sein, das wäre unmöglich, wäre unrecht gegenüber einem Kunstwerke, nur der Versuch einer Beschreibung. Eine solche möchte zeigen, daß es der Inschriften gar nicht bedarf, weil die künstlerischen Formen alles enthalten. Das geschieht aber nicht in der Form des Begriffes, wie es beim Wort doch so schwer vermeidbar ist, sondern in dem bildhaften Element der Imagination, welches über sich hinaus, durch sich hindurch zu noch höheren Erlebensstufen zu führen vermag.

Diese beiden Zeichnungen dienten mir als Grundlagen zu einem Modell im Maßstab 1:20. Dabei erhob sich die Frage nach der Stärke, der Höhe und dem Abstand der Säulen; alle drei Maße wollte ich in einem bestimmten Verhältnis zunehmen lassen, denn der Boden dieses Raumes unter der größeren Kuppel mußte eine gewisse Neigung haben, damit sich aufsteigende Sitzreihen anbringen ließen, damit jeder Platz einen guten Ausblick auf die Bühne biete. Indem sich nun die drei Maße in derselben Proportion vergrößerten, ergab sich nicht nur durch das Zunehmen der Höhe eine angemessene Bodenneigung, es wurden dabei die *lichten* Abstände von Säule zu Säule ganz gleich. Auf diese Weise wurde durch das Ansteigen der drei Maße das Erlebnis des Fortschreitens in den Motiven unterstützt und doch zugleich dem ganzen Raum der Eindruck einer erhabenen Ruhe verliehen. Die Abstände der Säulenmittelpunkte wurden immer größer, aber in demselben Maße verstärkten sich die Säulen, und so entstanden die gleichen lichten Abstände.

Nach einer Woche angespannter Arbeit war das Modell fertig – für diese Zeit war es mir gelungen, von Triest beurlaubt zu werden –, und es wurde ein Gipsabguß hergestellt. In der Künstlerstadt München war es nicht schwer, für diese Arbeit geeignete Handwerker zu finden. Als Rudolf Steiner das nächste Mal kam, war er im ganzen recht zufrieden, das Modell gab ihm auch die Möglichkeit, mir noch genauer anzugeben, wie er sich dies oder jenes gedacht hatte, das aus der einfachen Strichzeichnung noch nicht zu ersehen gewesen war. Das Modell wurde später nach Dornach gebracht und ist beim Brand des Goetheanums zugrunde gegangen, doch vorher hatte es gute Dienste geleistet.

Mehrere Monate blieb Maria Strakosch im lieben Hause Peipers, doch auch nachdem sie wiederhergestellt war, riet Rudolf Steiner dringend von einer Rückkehr nach Triest ab. Wir kamen in eine schwierige Lage, nicht nur durch die lange Trennung. Im Jahre 1912 machten sich auch bei mir die schädlichen Wirkungen des Triester Klimas bemerkbar in Form von heftigen Rückenschmerzen, für welche eine organische Begründung nicht zu finden war. Die amtsärztliche Untersuchung ergab immer wieder: kein objektiver Befund, und ich geriet schließlich in die üble Lage, als einer angesehen zu werden, der durch eine angebliche Erkrankung seine Versetzung erreichen wollte. Das letztere wollte ich nun allerdings aus begreiflichen Gründen, denn die Schmerzen hörten schnell auf, wenn ich in eine andere Gegend kam, aber sie waren eben echt und nicht vorgetäuscht. So verging fast das ganze Jahr 1912. Nach München kam ich oft, um Maria Strakosch zu sehen und an den Besprechungen des Johannesbau-Vereines teilzunehmen.

Endlich, im Spätherbst, wurde die Stelle des Vorstandes der Signalwerkstätte Wien-Ost zur Bewerbung ausgeschrieben. Ich war zwar der jüngste Bewerber, doch ich erhielt sie. Im November 1912 zogen wir nach Wien.

Zum Abschied von der Adria fuhr ich am letzten Sonntag mit einem Freunde – es war dies die erste Persönlichkeit, welche durch mich zur Anthroposophie gekommen war – mit dem Dampfer nach Venedig und von da mit der Bahn nach Padua. Diesen Ausflug hatte ich mit Maria Strakosch öfter gemacht, es war vor allem eine Pilgerfahrt zu den Giotto-Fresken der Capella dell'Arena, doch auch die Kirche des heiligen Antonius und die Goethe-Palme im botanischen Garten, bei deren Anblick ihm die Idee der Urpflanze aufleuchtete, wurden gerne besucht. Neben der Palme ist eine Gedenktafel, die ihn sicher gefreut hätte, denn er erscheint darauf als der «große Naturforscher» – il grande naturalista. – Die nächtliche Heimfahrt über das Meer war immer ein tiefes Erlebnis und ließ die Eindrücke der großen Kunstwerke auf das harmonischste ausklingen.

MÜNCHEN 1909 bis 1912

Die Aufführungen der Mysteriendramen und die Vorarbeiten für den Johannesbau

Als im Jahre 1907 der Kongreß der Vereinigung Europäischer Sektionen der «Theosophischen Gesellschaft (Adyar)» abgehalten wurde, war durch die Initiative Rudolf Steiners das von Edouard Schuré zu neuem Leben erweckte «Heilige Drama von Eleusis» von Mitgliedern der Gesellschaft auf der Bühne dargestellt worden. Diese Aufführung hatte zwar aus diesem besonderen Anlaß stattgefunden, aber im Rückblick auf den Fortgang der Bewegung stellt sie sich als ein bedeutsames Geschehen dar. Sie kann nicht als einmaliges Ereignis angesehen werden, sie war eine Art Auftakt zur Erneuerung der dramatischen Kunst durch Rudolf Steiner. Ein neuer Abschnitt begann in seinem Wirken, indem zur geisteswissenschaftlichen Tätigkeit die künstlerische hinzutrat.

Das sagt sich nun so einfach: Die Mysteriendramen wurden aufgeführt. Wer aber weiß, was alles dazu gehört, um eine solche Aufführung zustande zu bringen, der wird fragen, wie denn so etwas möglich war. Es wurde zwar in einem gewöhnlichen Theater gespielt, aber außer den rein technischen Vorrichtungen wurde im Bühnenraum nichts von dem Vorhandenen benützt. Es wurde alles neu hergestellt: Dekorationen, Kostüme und so weiter, und dies alles von Mitgliedern, welche kaum je mit solchen Dingen in Berührung gekommen waren. Und schließlich gehen die Kosten einer solchen Aufführung in die Zehntausende. Unter den vielen Darstellern waren nur zwei Schauspieler von Beruf.

Der Wissenschaftler kann für sich allein arbeiten; er bedient sich dann nur noch der äußeren Mittel, der Buchdruckerei, des Verlages, um die Ergebnisse seiner Arbeit den Menschen vorlegen zu können. Damit aber die Aufführung eines Dramas zustande komme, bedarf es der Mitarbeit vieler Menschen, welche nicht nur den guten Willen, sondern auch die Fähigkeit haben und vor allem Verläßlichkeit, Treue zu dem einmal gefaßten Entschluß. Wie wertvoll gerade diese letzte im tiefsten Sinne ist, darauf hat Rudolf Steiner in dem Buche: «Wie erlangt man Erkenntnisse der höheren Welten?» hingewiesen.

Es war damals eine Persönlichkeit an Dr. Steiner herangetreten und hatte ihm die erforderlichen Summen in so herzlicher und schlichter Weise zur Verfügung gestellt, daß er sie annehmen konnte. Aber nun sollte alles bis zum Kleinsten durch Mitglieder ausgeführt werden. Dazu bedurfte es Schauspieler, Maler, Schneider und so weiter. Es ist kaum vorstellbar, daß ein anderer als Dr. Steiner mit eigentlich nicht fachkundigen Menschen und noch dazu in einer unglaublich kurzen Zeit Aufführungen dieser Art und in dieser Qualität zustande gebracht hätte. Denn diese Aufführungen hatten nicht das Geringste von «Liebhaberbühne» an sich; die Würde echter Kunst und die Tiefe ihres geistigen Hintergrundes sprachen unmittelbar und eindringlich aus ihnen.

Was aber Dr. Steiner zu einem solchen Unternehmen brauchte, das waren Menschen, die es verstanden, eine solche gemeinsame Arbeit treu und zuverlässig und erfüllt von liebevollem Verständnis für seine künstlerischen Absichten auch wirklich durchzuführen. Da mußte alles genau ausgeführt werden und zur rechten Zeit da sein; mit schönen Gefühlen allein war nicht gedient, obwohl sie nicht fehlen durften.

Daß es nun in unserer Bewegung und gerade in München eine genügende Anzahl solch brauchbarer Menschen gab, war das Verdienst einer Persönlichkeit, welche damals die Seele der Arbeit in München war und durch viele Jahre in unserer Bewegung Grundlegendes geleistet hat. Es war dies Fräulein Sophie Stinde, die Leiterin der Münchener Arbeit, welche im November 1915 den physischen Plan verlassen hat, nachdem sie alle ihre Herzens- und Lebenskräfte im Dienste der Bewegung verbraucht hatte.[87]

Sophie Stinde hatte einen Kreis von Menschen zu gemeinsamer Arbeit erzogen. Dieser bildete den Grundstock, zu welchem für die Zeit der Aufführungen und der Vorbereitungen noch andere dazukamen. Bei erwachsenen Menschen ist so etwas wie «Erziehen» immer eine heikle Sache; aber da gibt es vor allem ein Erziehungsmittel, das immer angewandt werden darf, weil es nicht in die Freiheit eingreift: das Beispiel. Und dieses Erziehungsmittel hat Sophie Stinde in wunderbarer Weise benützt. Sie sprach nicht viel, sie tat, was notwendig war, und man schämte sich, in ihrer Nähe nicht auch das zu tun, was notwendig war. Sie vertrat die Anthroposophie in ihrer Art und Weise, die einer Definition entsprach, die Dr. Steiner einmal gegeben hatte, als er gefragt wurde, ob es möglich sei, in drei Worten das Wesen der Anthroposophie zu kennzeichnen. «Ja», antwortete er, «Anthroposophie ist Pflichterfüllung, Pflichterfüllung, Pflichterfüllung.» Das war die Art, wie einem die Anthroposophie in Sophie Stinde entgegentrat. Trotz ihrer vielen Arbeit war sie immer bereit, anderen zu helfen und sie zu beraten. Aber eines hätte man vergebens bei ihr gesucht – Schmeichelei. Sie gab auch nicht Parolen aus oder setzte Schlagwörter in Umlauf, sie zeigte, wo etwas zu tun war, und an dieser Arbeit entwickelten sich die Menschen. Frug man sich aber: Woher hatte sie diese fruchtbringenden Kräfte, die sie befähigten, uns so zu helfen, daß wir wieder Dr. Steiner helfen konnten, so wurde man zur Antwort geführt, indem man ihren Lebenslauf betrachtete, und kam dazu, sich einzugestehen: Es waren geopferte Künstlerkräfte. Sie war Malerin gewesen. Dr. Steiner hatte ihre Arbeiten geschätzt. Sie gab ihre künstlerische Tätigkeit auf und widmete sich ganz der Aufgabe, dem Werke Rudolf Steiners in den Menschen und mit den Menschen den Weg zu bereiten. Aus ihrer im wahrsten Sinne des Wortes aufopfernden Tätigkeit entstand also jene Möglichkeit, die Mysteriendramen aufzuführen, weil Menschen herangebildet waren in und zur gemeinsamen Arbeit.

Tatsächlich entstanden die Dramen während der Vorbereitungen. Zur ersten Probe hatte Rudolf Steiner das Manuskript der ersten Szene mitgebracht und es den versammelten Darstellern vorgelesen und vorgespielt. Es wurden die Rollen ausgeteilt, und bis zum nächsten Morgen sollten sie gelernt sein. Da erschien er wieder, ließ die gestrige Szene noch einmal spielen, verbesserte und ermunterte, und dann zog er den neuen Text aus der Tasche, der jeweils in der dazwischen liegenden Nacht entstanden war. Die Proben fanden in der Turnhalle des «Männer-Turnvereins» im Norden der Stadt, nächst der Elisabeth-Kirche statt. Ich habe selbst einmal eine miterlebt, als ich von ihm dazu eingeladen wurde. Begreiflicherweise hatten sonst nur die Mitwirkenden Zutritt. Doch wenn er jemand eine Freude bereiten wollte – und das tat er ja so gerne –, dann forderte er ihn auf, zu einer Probe zu kommen.

Einmal hatte er gehört, daß ein junges Mädchen ganz aus eigenem Antrieb tagelang in der Stadt herumgelaufen war, um Stoffe bestimmter Gattung und Farbe für die Kostüme aufzustöbern, die schwer erhältlich waren, auf welche aber die um die Ausstattung besorgte Künstlerin großen Wert legte. Die übrigen Mitarbeiter hatten es gerne angenommen, ohne es als etwas Besonderes anzusehen; denn jeder tat ja sein Bestes. Daß dies ganz aus eigenem Antrieb und in wacher Erfassung des im Augenblick Wichtigen geschehen war, freute Rudolf Steiner so sehr, daß er die gänzlich überraschte junge Dame zu einer Probe einlud, um ihr auf diese Weise zu zeigen, wie er ihr Vorgehen schätzte.

Die Szene, an deren erster Probe ich teilnehmen durfte, war das vierte Bild des ersten Dramas, in welchem Capesius und Strader vor dem Geist der Elemente stehen und ihre Menschenworte mit der Seelenwelt, in welche dieser Geist sie geführt, in solchem Widerspruche stehen, daß sie «Blitz und Donner aus den Tiefen und Höhen» auslösen. Rudolf Steiner hielt in der linken Hand das Manuskript und spielte mit einem Schwung, aus welchem die Freude an dieser Tätigkeit so deutlich sprach, alle Rollen vor; in der Rechten hielt er einen soliden Stuhl an der Lehne, so daß dieser nur auf den rückwärtigen Beinen stand. Wenn dann der Donner kam, dann flog der Stuhl – ohne daß man von dem erforderlichen Kraftaufwand das geringste merkte

– in seiner Hand nur so herum, daß ein regelrechtes, auf- und abwogendes Gepolter entstand und der Eindruck des Donners gewaltig dramatisch mit unerhörter Lebendigkeit gegeben erschien.

Die Teilnahme an dieser Probe ist mir unvergeßlich. Es war ein großes Erlebnis, bei der Entstehung der Mysteriendramen so unmittelbar dabeigewesen zu sein; und Rudolf Steiner in voller künstlerischer Tätigkeit zu sehen, konnte wohl einen unauslöschlichen Eindruck machen. Aber noch etwas anderes kommt hinzu. Wie oft mußte ich es in späteren Jahren mit ansehen, wie er, erfüllt von schweren Sorgen um sein Werk, durch welches er der Menschheit helfen wollte, das er nicht um seinetwillen schuf, in übermenschlicher Kräfteanspannung vor uns stand, weil unser Verständnis und die Art unseres Vorgehens bei allem guten Willen unzulänglich waren. So wurde mir die Erinnerung an Augenblicke, wo ich ihn freudig hingegeben an die geliebte künstlerische Tätigkeit, in voller Frische schaffend erleben durfte, zum kostbarsten Lebensgute.

Rudolf Steiners Tage und – wie erwähnt – auch die Nächte waren von intensiver Tätigkeit erfüllt, doch war es nicht jenes beängstigende Übermaß an Arbeit und Sorge wie in den letzten Zeiten, sondern es herrschte um ihn die harmonische Beschwingtheit, welche das künstlerische Schaffen verleiht, wenn es sich wirkend entfalten kann. Er wurde nicht von außen bedrängt durch Menschen oder Verhältnisse oder bedrückt durch Sorgen. Alle waren bestrebt, seine Instruktionen auszuführen, seinen Anregungen zu folgen. Seine Initiative allein beherrschte dieses ganze freudige Geschehen des Zusammenwirkens vieler Menschen in der Ausübung der verschiedenen Künste im Dienste des hohen Zieles. Wir waren alle so erfüllt von der schöpferischen Gegenwart, daß wir uns von der Einzigartigkeit, der geschichtlichen Bedeutung dieser Mysterienaufführungen gar keinen Begriff machten. Das Miterleben nahm alle Seelenkräfte in der erhebendsten Weise in Anspruch; es wird in den Tiefen der Seelen weiterwirken. Späteren Zeiten mag es vorbehalten bleiben, Betrachtungen darüber anzustellen, was sich damals ereignet hat, zurückzublicken auf den Augenblick, wo die Erneuerung der Mysterien vor aller Augen hintrat, indem das wahre Mysterium: der Weg in die geistigen Welten durch die Kraft des Christus, im Kampfe mit Luzifer und Ahriman, in Verbindung mit den Schicksalswegen einer Reihe nach der Weihe strebender Persönlichkeiten als die eigentliche Handlung der Dramen dargestellt wurde.

Rudolf Steiner hatte stets Freude an zielbewußtem Tun, und besonders schön war es für ihn, daß nun so viele Menschen sich in den Vorarbeiten mit solcher Begeisterung gemeinsam praktisch betätigten. Die Arbeit der Hände war ihm sehr wertvoll, das lernten wir dann in der Waldorfschule noch tiefer verstehen. In seiner Güte wollte er auch andere an dieser Freude teilnehmen lassen. Als ich um diese Zeit wieder einmal ein Wochenende im Hause Peipers verbrachte, sagte mir Rudolf Steiner: «Morgen vormittag komme ich mit Herrn Arenson, Sie abzuholen, und dann gehen wir und schauen uns an, wie die Bühnenbilder entstehen.» – Adolf Arenson, der Leiter eines der Stuttgarter Zweige, hatte schon am Beginn des Jahrhunderts die Bedeutung von Rudolf Steiners Wirken erkannt und sich ganz in die anthroposophische Arbeit hineingestellt. Er war Komponist. Es wurden seinerzeit Opern und Konzertstücke für Orchester von ihm aufgeführt, und nun hatte ihn Rudolf Steiner aufgefordert, jeweils die Musik zu den Mysteriendramen zu schreiben. Das war keine Begleitmusik oder bloßes Vor- und Zwischenspiel; an Stellen, wo die Ausdrucksmöglichkeit durch das Wort an seine Grenze gekommen war, trat die Musik in ihre Rechte. Es war für den Schöpfer der Dramen eine große Freude – und er hat es oft ausgesprochen –, daß es durch die Arbeiten unseres lieben, von allen verehrten Herrn Arenson in so schöner Weise geschehen konnte. Im Hause Arensons kam Carl Unger als junger Mensch mit der Anthroposophie in Berührung und stellte sich in deren Dienst. Aus der Zusammenarbeit dieser beiden Männer entstanden ganz besondere Möglichkeiten für die Ausbreitung und Vertiefung der anthroposophischen Arbeit in weiten Zusammenhängen.

Wir gingen nun den Englischen Garten entlang und dann durch die bebauten Straßen in die innere Stadt zur Schrannenhalle, in welcher sonst der Getreidemarkt abgehalten wurde. Jetzt war sie unbenützt, und man hatte sie gemietet, weil sie durch die großen, hellen Hallen die Möglichkeit bot, die Leinwandflächen für die Hintergründe, die sogenannten Prospekte auf dem Fußboden auszubreiten und zu bemalen. Auch die Soffitten, welche den oberen Abschluß des Bühnenbildes ausmachten, und die Kulissen, die Seitenstücke wurden dort hergestellt sowie die nötigen Versatzstücke. Wir fanden alle Freunde in voller Tätigkeit, wie es Rudolf Steiner gerne hatte. – Die Maler in ihren hellen Kitteln hatten weiche Filzpantoffeln an, denn sie gingen ja auf ihren Bildern umher; die Farbtöpfe standen darauf, und die Pinsel waren an entsprechend langen Stielen befestigt, so daß man aufrecht stehend malen konnte. In der Nähe besehen, besteht so eine Dekoration aus vielen vielfarbigen Flecken, welche sich erst aus angemessener Entfernung zum Bildeindruck zusammenschließen. Um die Wirkung auch schon während der Arbeit beurteilen zu können, waren eine Anzahl von Leitern da, auf welche die Maler von Zeit zu Zeit stiegen. Hier kommt es auf Einzelheiten nicht an, sondern auf die Raumwirkung und den Zusammenklang der Farben. Andere wieder knieten auf dem Fußboden und nähten an den Soffitten, die von oben herunter zu hängen bestimmt waren. «Staub sollst du fressen wie die Schlangen», murmelte eine Holländerin mit trockenem Humor und arbeitete tapfer weiter. Rudolf Steiner ging von einem zum anderen, gab ergänzende Angaben und ermunterte die noch Zaghaften, bestärkte die, welche auf dem rechten Wege waren. Er zeigte uns alles dies, und wir merkten ihm die Freude an über dieses zielbewußte und beschwingte Tun, über den Eifer, der alle erfüllte. Wir waren glücklich, ihn so zu erleben, und wußten auch, woher die hier wirkenden Schaffenskräfte kamen, die jeden bescheidenen Mitarbeiter über sich selbst erhoben, ihn aber nicht nur selbständig ließen, sondern noch selbständiger machten.

Sophie Stinde hatte die Menschengemeinschaft vorbereitet,

zu welcher sich dann im entsprechenden Augenblick noch gar manche andere hinzugesellten. Der tragende Grundstock war da. Daß aber diese Aufführungen von allem Anfang an eine ungeahnte künstlerische Höhe erreichen konnten, daß sie wirklich zum Ausgangspunkt einer neuen dramatischen Kunst geworden sind, das verdankt man der Tatsache, daß Rudolf Steiner jene Persönlichkeit zur Seite stand, welche überhaupt als erste seine Bedeutung erkannt und mit der größten Hingabe und Umsicht wirklich alles getan hatte, daß möglichst viele dessen teilhaftig werden konnten, was er an Heilungskräften für unsere kranke Zeit in überreichem Maße zu geben hatte. Für die Aufgaben, die hier ihrer harrten, hatte sie schicksalsmäßig alle Grundlagen geschaffen, ihr unmittelbares Verstehen und völliges Mitgehen mit seinen künstlerischen Absichten hat die schönsten Früchte gebracht. Rudolf Steiner sprach nie ins Leere hinein. Wäre damals nicht neben ihm ein Mensch dagewesen, der ihn wirklich verstand, aber auch beim bloßen Verstehen nicht stehenblieb, sondern in jedem Augenblick zur Tat schritt, dann wäre nie das entstanden, was er in jener Zeit veranlagt hat und was eben von Marie von Sivers, der späteren Frau Steiner (1914), in seinem Sinne bis auf den heutigen Tag weitergeführt wird: die dramatische Kunst, wie sie am Goetheanum gepflegt wird. Sie ist zum wesentlichen Element der heutigen Kultur geworden, und eine stets wachsende Zahl von Menschen nimmt sie dankbar auf. – Von der Unmittelbarkeit der künstlerischen Gestaltung, mit welcher Marie von Sivers ihre Rollen durchglühte, ist es schwer, sich eine Vorstellung zu machen. Wer dies erlebt hat, dem ist es nicht leicht, späteren Vertreterinnen ihrer Rollen gerecht zu werden, denn immer wieder wird hinter, besser gesagt, über der anderen Darstellung der tiefe Eindruck von damals wach und lebendig. Man erlebte Marie von Sivers nicht als Schauspielerin im gewöhnlichen Sinne, sondern als die Künstlerpersönlichkeit, durch welche die Geistesgestalt der Rolle leiblich vor uns hingetreten ist, so daß diese Aufführungen wahren Mysteriencharakter annehmen konnten. Durch ihre Mitwirkung konnten die Anregungen Rudolf Steiners so mitreißend verwirklicht werden, daß auch die übrigen Darsteller gleichsam über sich selbst hinauswuchsen und Erstaunliches leisteten, wenn man dabei bedachte, daß ihnen Vorbildung und Bühnenerfahrung fehlten. Man vermißte aber gar nicht die «Routine»; denn hinter jedem gesprochenen Worte stand das volle Erleben der strebenden Persönlichkeit. Es waren keine bloß zu memorierenden und mit den hergebrachten künstlerischen Mitteln darzustellenden Inhalte, es waren nicht Darsteller, welche, bloß berufsmäßig interessiert, eine solche Rolle lernten, wie irgendeine gleichgültige andere. Hier war jeder Satz ein Meditationsstoff, und was die Persönlichkeit sich daran erarbeiten konnte, das durchwärmte und belebte die Darstellung, das schuf Mysterienstimmung. Daß später einmal in schönster Weise diese Vertiefung mit einem hohen künstlerischen Können, erarbeitet auf Grund des «Dramatischen Kurses»[88] unter der Leitung von Marie Steiner, sich vereinigen würde zu den Mysterienaufführungen, wie sie jetzt am Goetheanum stattfinden, das konnten wir dazumal noch nicht ahnen, doch um so dankbarer nehmen wir es heute entgegen als wahrhaft lebendes Fortwirken von Rudolf Steiners künstlerischer und geistiger Initiative.

Es ist für den, welcher es nicht miterlebt hat, schwer, sich vorzustellen, was in den Seelen der Teilnehmer vorging, wenn (bei dem vorbereitendem Abend) vor Beginn der Aufführung des «Heiligen Dramas von Eleusis», das uns durch Schuré[89] in der Übersetzung von Marie von Sivers neu geschenkt worden war, der Götterbote Hermes, der Seelenführer, wie ihn die Alten nannten, als Prologos vor den Vorhang trat (es war Olly von Sivers[90]) und begann: «Ihr Sucher nach der Menschheit Zielen!» Gewaltig tönte dieser Aufruf aus der Vergangenheit an die Seelen, mahnend, daß wir heute in der Zeit leben, in welcher durch Rudolf Steiner diese Ziele der Menschheit enthüllt wurden. Bis in diejenigen Tiefen der Seele wurden wir ergriffen, wo Entschlüsse aufkeimen; denn wer solchen Wissens teilhaftig wird, dem erwächst die Verpflichtung, all seine Kräfte anzuspannen, daß diese Ziele erreicht werden können in dem Maße, wie das

Abb. 8
Marie von Sivers als Demeter im «Heiligen Drama von Eleusis» von Edouard Schure (München 1911 oder 1912).

Abb. 9
Marie von Sivers und Mieta Waller als Maria bzw. Johannes Thomasius an der Uraufführung des Mysteriendramas «Die Prüfung der Seele» (München 1911), Drittes Bild.

Karma der Menschheit und der Persönlichkeit es zuläßt, daß wenigstens die Richtung eingeschlagen und treu eingehalten werde. Das wäre dann die wahre «Katharsis», die Reinigung, nicht mehr allein durch Mitleid und Furcht, sondern auch durch tätiges Wirken und dem daraus erwachsenden Bewußtsein der eigenen Verantwortung. Denn heute erwarten die geistigen Welten nicht bloß Verehrung, – die bleibt für immer die Grundlage als Seelenhaltung, auf der allein echtes Wissen erworben werden kann –, die Götter erwarten die Antwort aus dem Verstehen ihres Willens durch die Menschen und als dessen Frucht den freien Entschluß zur positiven Mitarbeit am Weltgeschehen. Hier war nichts zu finden von bloßer «Stimmung», es lebte in den Seelen die Begeisterung für Menschheitsziele, auf die wir in diesen Dramen hingewiesen wurden, indem auf der Bühne die Wege der einzelnen Persönlichkeiten in die geistige Welt dargestellt wurden. Im antiken Griechen-Drama lenken Götter die Schicksale der noch unmündigen Menschen; Ödipus kann sprechen: «Erlitten ist es eher als getan.» Jetzt strebt der Mensch aus eigenem Entschlusse nach der Erkenntnis des göttlichen Weltenplanes. Er kann sich dazu erheben, sein Schicksal als ein von ihm selbst gewolltes zu erkennen, indem sich ihm im Erfassen der karmischen Zusammenhänge ein höherer Wille enthüllt, mit dem er sich in Freiheit zu vereinen bereit ist. Ein Geistesfunke lebt heute in ihm, den er dem Herrn des Karma verdankt. Ihm darf er sich strebend nähern, so daß ihm die Kraft wird, die beiden Widersacher immer besser zu erkennen und zu überwinden. Nicht mehr das bloße Erleben des Dramas bringt ihm durch die Erschütterung seiner Seele die Reinigung, sein Wille entzündet sich, und sein weiteres Tatenleben im Geiste und in der Welt läßt ihn schrittweise die Reinigung vollziehen, indem er sich wirkend verbindet mit der Helferkraft.

In diesen Dramen ist alles gegenwartsnahe, aktuell. Die Vergangenheit erscheint in der Form der Rückschau in ihre früheren Verkörperungen, welche den Seelen zuteil wird. So erfahren sie die selbstgeschaffenen Bedingungen ihres jetzigen Lebens und ihrer Zusammenhänge mit anderen Menschen und lernen dadurch ihr Schicksal bewußt auf sich zu nehmen und ihre Pflichten für Gegenwart und Zukunft zu erfassen. Aus solchen Erkenntnissen, welche Vergangenheit, Gegenwart und Zukunft unter großen Gesichtspunkten umfassen, entstehen ganz neue, würdige Zusammenhänge zwischen Persönlichkeiten. Würdig dürfen sie genannt werden, weil sie über das unwürdige Element bloßer Sympathie oder Antipathie, über das Interesse der Nützlichkeit hinaus auf dem Erleben des geistigen Wesenskernes eines Menschen und dessen Schicksalslinie beruhen. So machen solche Mysteriendramen den Menschen nicht etwa weltfremd, im Gegenteil, sie können ihm zeigen, wie er sich richtig in die Menschengemeinschaft hineinstellen kann.

Wer heute eine Aufführung der Mysteriendramen besucht, wird sicher tief ergriffen werden; er wird sich aber doch kaum eine Vorstellung davon machen können, was damals bei den Uraufführungen in den Seelen der Teilnehmer vor sich ging. Heute sind die Dramentexte seit Jahrzehnten im Buchhandel erhältlich, für manche Menschen besteht nur sozusagen die Frage, ob sie danach greifen oder nicht. Für andere sind sie leider zu etwas geworden, dem man mit einer gewissen Gleichgültigkeit gegenübersteht, obwohl man es kennt oder kennen könnte. Für die zu den Uraufführungen Versammelten war es «ein Festesakt der Weltordnung», dem sie beizuwohnen von der Schicksalslenkung berufen waren.

Von der Notwendigkeit eines eigenen Baues in München

Es war dies eine Zeit, in welcher der Menschheit geistige Wahrheiten, Tatsachen in einem Maße durch Rudolf Steiner offenbart wurden, zugänglich gemacht wurden, wie es seit Jahrhunderten nicht mehr der Fall gewesen war. Die Zeitgenossen sind zu nahe daran, um die Bedeutung dieser mit dem Jahre 1909 einsetzenden Epoche begreifen zu können, spätere Geschlechter werden mit Ehrfurcht darauf hinblicken. Es wurden zum ersten Male aufgeführt:

1910: «Die Pforte der Einweihung»
1911: «Die Prüfung der Seele»
1912: «Der Hüter der Schwelle»
1913: «Der Seelen Erwachen»[91]

Einen Überblick kann man gewinnen, indem man in Dr. Guenther Wachsmuths Buch «Die Geburt der Geisteswissenschaft»[92] nachliest, was in jener Zeit gegeben wurde. In jedem der so zahlreichen «Zyklen» und in den Vorträgen, die jeden zweiten oder dritten Tag stattfanden, wurden neue Wahrheiten geschenkt. Der Zielpunkt von allem war, hinzuführen zu einem wahren Verstehen des zentralen Ereignisses der Erdenentwickelung, des Mysteriums von Golgatha, vorzubereiten das Ergreifen der neuen Möglichkeit für das Erleben des Christus, wie sie von nun ab für immer mehr Menschen vorhanden sein würde.[93]

Es gibt heute eine ganze Anzahl von Gesellschaften, welche sich in einer mehr oder weniger klaren Weise mit dem befassen, was sich jenseits der Grenzen befindet, die von der leiblichen Sinnesorganisation dem menschlichen Erkennen gesetzt sind. Von ihnen allen unterscheidet sich die Anthroposophische Gesellschaft dadurch, daß sie, von dieser geistigen Tatsache ausgehend, ein Ziel hat über sich selbst hinaus, daß sie in dem Streben nach seiner Verwirklichung nicht sich selbst, sondern dem Fortschreiten der ganzen Menschheit wirklich dient, es nicht nur behauptet. Letzteres tut sie nämlich gar nicht, sie will durch ihre Taten wirken, durch das, was Menschen in der Wandlungskraft der Anthroposophie an sich selbst erreichen, nicht durch Worte. Nicht, was der einzelne erreicht oder noch nicht erreicht hat, sollte maßgebend sein, sondern die Tatsache, daß hier eine Geisteskraft am Werke ist und sich in so vielen Zusammenhängen fruchtbar erweist für jeden, der sie unvoreingenommen ergreift.

Dies wurde von immer mehr Menschen erkannt, und so kam es, daß die Gesellschaft trotz aller Schwierigkeiten und der immer stärkeren Anfeindungen, vor allem dank dem Wirken Rudolf Steiners einen stetigen Aufstieg auch dem Umfange nach nehmen konnte.

Die Mitgliederzahl betrug:

1906:	511	1910:	1950
1907:	872	1911:	2318
1908:	1150	1912:	2557
1909:	1500	1913:	3702

Der große Zuwachs – rund um die Hälfte – fällt gerade in die Zeit, als es Dr. Steiner unmöglich gemacht wurde, seine Tätigkeit in der «Theosophischen Gesellschaft (Adyar)» fortzusetzen und die «Anthroposophische Gesellschaft» (1912) gegründet worden war.[94]

Der erste Vorstand bestand aus Marie von Sivers, Michael Bauer[95], Dr. Carl Unger. Rudolf Steiner wollte dieser Gesellschaft die Ergebnisse seiner Forschungen fortlaufend übergeben. Daß sein Wirken von nun ab ganz unabhängig von anderen Bindungen sich frei entfalten konnte, hat viel zu diesem Zuströmen von Mitgliedern beigetragen, ein Beweis des Vertrauens zum Fortschreiten seines Werkes. Manche waren auch davon abgehalten worden, sich seiner Bewegung anzuschließen, weil ihnen der orientalisch wirkende Rahmen der «Theosophischen Gesellschaft (Adyar)» nicht zusagte. So trat an Stelle der von Übelwollenden in Aussicht gestellten Schwächung ein kraftvoller Aufstieg im Inneren und auch nach außen hin ein.

Mit diesen Tatsachen stand aber der äußere Rahmen, in welchem die Veranstaltungen stattfanden, in einem Widerspruch, der immer schmerzlicher empfunden wurde. Von Jahr zu Jahr wurde ein größeres Theater gemietet, zuletzt hatten wir das «Theater am Gärtnerplatz», welches sonst ganz im Dienste der «leichten Muse» stand; es wurden nur Operetten dort aufgeführt.

Die Darstellungen der Mysteriendramen begannen jeweils um zehn Uhr vormittags und dauerten bis gegen sechs Uhr abends. Mittags war eine einstündige Pause. Da stärkte man sich in einer der nahe liegenden Konditoreien oder vegetarischen Gaststätten; manche begnügten sich mit einigen Bananen; sie taten dies auch, um sich nicht durch die Umgebung eines Gasthauses aus der Sphäre der Dramen herausreißen zu lassen.

Morgens, noch ehe das Theater geöffnet wurde, fanden sich schon viele Teilnehmer ein und warteten. Die Damen hatten sogenannten Stola-Kleider an, welche damals in unseren Kreisen entstanden und für feierliche Anlässe sehr beliebt waren. Diese große Ansammlung festlich gekleideter Damen und Herren zu so früher Stunde fiel selbstverständlich auf, trotzdem die Münchener Bevölkerung durch den regen Fremdenverkehr an manches gewöhnt war. So konnte einmal folgendes Gespräch zweier Einheimischer belauscht werden. «Was sind denn das für merkwürdige Leute?» «Weißt du, das ist eine amerikanische Reisegesellschaft, sie fahren abends weiter und lassen sich halt jetzt ‹Das Autoliebchen› vorspielen.» Das war der Titel der Operette, die sonst jeden Abend «lief».

Hier hatte sich wieder einmal ein großes Geschehen unbemerkt von der Öffentlichkeit abgespielt. Um so tiefer wurde die Weihe des Augenblickes während der Aufführung von den Teilnehmern erlebt. Selbst ein Zwischenfall auf der Bühne, übrigens der einzige, der sich ereignete, vermochte eigentlich nicht zu stören. Der Darsteller des Hilarius Gottgetreu, ein würdiger Herr von über siebzig Jahren mit natürlichem riesigen Barte, hatte Schwierigkeiten mit dem Memorieren und war zudem sehr schwerhörig. Man hatte ihm also unter dem Schreibtisch, vor welchem er zu spielen hatte, einen eigenen Souffleur versteckt. Der wagte es aber nicht, so laut zu sprechen, als es nötig gewesen wäre, deshalb beugte sich der in immer größere Verlegenheit geratende alte Herr hinab und frug als Schwerhöriger natürlich mit ziemlich lauter Stimme: «Wie, wie?» Im Zuschauerraum konnte dieser Vorgang nicht unbemerkt bleiben, und in jedem anderen Theater hätte es zumindest ein Kichern

Abb. 10
Rudolf Steiner um 1910 in München.

gegeben. Hier rührte sich niemand, die Würde und der Ernst der Aufführung wurden nicht im mindestens davon berührt. Rudolf Steiner hätte es auch sehr schmerzlich empfunden, wenn es anders gekommen wäre.

Hinter der Bühne standen überall, wo gerade keine Gefahr war, daß sie umgeworfen würden, die Bierkrüge herum, aus denen die Bühnenarbeiter des technischen Dienstes ihren Durst stillten; es war ja August, und man war eben in München, wo so etwas als ganz selbstverständlich angesehen wurde.

Gegen Ende der Aufführung wurde es aber hinter der Bühne, auf welcher wir spielten, in unliebsamer Weise lebendig, da regte sich eine ganz entgegengesetzte Welt. Die weiblichen und männlichen Mitglieder des Operettenchores machten sich für die Abendvorstellung bereit und wurden so zu unfreiwilligen, allerdings mit den Vorgängen auf der Bühne nicht gerade innig verbundenen Zuhörern.

Die Münchner Zyklen

Im Jahre 1909 fand eine Aufführung von Schurés: «Die Kinder des Lucifer» statt, ein Stück voll dramatischen Geschehens. Zeit der Handlung: Griechenland im vierten nachchristlichen Jahrhundert. Aber das Wichtigste spielt sich gleichsam ab hinter dem Vorhang des Zeitgeschehens, durch welches hindurchleuchtet das große Geistgeschehen der Zukunft, sich offenbarend im «Zeichen der neuen Zeiten – am Kreuz Christi auf dem Sterne Lucifers».

Daran schloß sich ein Zyklus von neun Vorträgen, der im Werke Rudolf Steiners eine besondere Stellung einnimmt: «Der Orient im Lichte des Okzidents. – Die Kinder des Luzifer und die Brüder Christi»[96].

Schon im ersten Vortrag findet sich wie eine Vorahnung dessen, was erst viele Jahre später zu verwirklichen versucht wurde. Rudolf Steiner sagte: «Weil in der Kunst, wenn sie im echten Sinne aufgefaßt wird, wahrhaftig Götter zu uns sprechen, werden wir durch die Kunst am sichersten das Tor finden, um mit theosophischer Praxis in die sogenannten praktischen Zweige des Lebens allmählich hineinzudringen.» Er sprach davon, daß es die Freiheit der Menschenseele in der Einheit, in der Harmonie des Wirkens war, was uns bei der vorbereitenden Arbeit für die Aufführung vorschwebte. «Wenn wir glauben», so sagte er, «daß es im Fortgange des Menschenlebens die Christus-Kraft ist, die alles reifen läßt aus dem Schoße der Zeiten im rechten Augenblicke, so müssen wir dessen ungeachtet ein Urteil über die Richtigkeit, über die unbezweifelbare Richtigkeit unseres geistigen Inhaltes haben ... Nur das Kreuz ist es, das dem richtigen Verständnis Lebensmut und Lebensglauben gibt; der Stern aber ist es, der Stern des Lichtträgers ... der uns in jedem Augenblicke erleuchten kann, wenn wir uns ihm hingeben, über die Richtigkeit, über das Unbezweifelbare unserer geistigen Inhalte ... Können wir auf der einen Seite warten, haben wir die Kraft, unsere Intentionen reifen zu lassen, und haben wir auf der anderen Seite die absolute innere Sicherheit vom Bestande des Ewigen, des Unvergänglichen, von dem Bestande des die Verstandesfinsternis durchleuchtenden Lichtes, dann haben wir die beiden Kräfte, die uns vorwärtsbringen, dann haben wir begriffen, daß es eine Mission ist für die Zukunft, zwei Welten zu vereinen, dann verstehen wir, was es heißt: vor unserer Seele und vor unserem Geiste stehen ‹die Zeichen zweier Welten, in Liebe sich vereinend›. Dann begreifen wir Christi Kreuz auf dem Sterne Luzifers.»

Auf dem dunkellila Vorhang, mit welchem die Wand bespannt war, leuchtete als Transparent von Künstlerhand, in farbigen Gläsern ausgeführt, das Rosenkreuz auf dem goldenen Sterne Luzifers, gerade über dem Rednerpult. «Das darf als etwas angeführt werden», so fuhr er fort, «was in einer gewissen Beziehung die Mission theosophischen Geisteslebens für die Zukunft ist, auf der einen Seite uns zu geben Sicherheit und Kraft, zu stehen auf einem festen Grunde spirituellen Lebens, empfänglich zu werden für die Leuchte des Lichtträgers, und auf der anderen Seite uns zu stützen auf den anderen Stützpunkt des festen Glaubens und der festen Zuversicht, daß das, was geschehen soll durch die Kräfte, die in der Welt liegen, geschehen wird. Nur durch diese zweifache Sicherheit werden wir wirken können, was wir wirken sollen in der Welt; nur durch diese zweifache Sicherheit wird es uns gelingen, Theosophie ins Leben überzusetzen.»

Im weiteren Verlauf der Vorträge enthüllte er den wahren Sinn der Zweiheit: Apollo – Dionysos. Der erstere war für die Griechen vor allem derjenige Geist, der nicht nur die physischen Sonnenkräfte dirigierte, sondern auch die geistigen Sonnenkräfte zur Erde leitete. Er verhält sich zum Christus so, daß er für die Griechen nur ein Hinweis war auf das Wesen, das sich später als Christus offenbaren sollte; der Christus selber aber ist er nicht. – Dionysos dagegen ist nur ein anderer Name für die Welt der luziferischen Wesenheiten. Von dem Weg zu den oberen Göttern durch den Sinnesschleier war dann die Rede und dem Weg zu den unteren Göttern durch den Schleier des eigenen inneren Seelenlebens. Wenn man in den alten Mysterien zu den unteren Göttern hinabstieg, so nannte man das ein Finden des Dionysos. Später konnten nur noch die höchsten Eingeweihten dahin dringen, den anderen sagte man, daß der ungeläuterte Mensch diese luziferischen Wesenheiten nur als wilde Dämonen finden würde, die zu allem Schlimmen verleiten. Daher die Furcht vor dem Namen Luzifer, die sich bis in die heutige Zeit vererbt hat.

Im letzten Vortrag sprach er: «Wollen wir also nicht nur des Christus teilhaftig werden, sondern wollen wir den Christus verstehen, dann müssen wir nicht nur bequem hinblicken darauf, was der Christus für uns getan hat, sondern wir müssen bei allen Lehrern des Westens und des Ostens in die Schule gehen, und es muß uns ein Heiliges sein, die Lehren des ganzen Blickkreises uns anzueignen, und das andere Heilige muß uns sein, diese Lehren so zu verwenden, daß wir durch die höchsten Lehren den Christus vollständig begreifen. Damit ist etwas außerordentlich Bedeutungsvolles und es ist sehr viel damit gesagt!»

Damit ist auch gesagt, daß es den von den Theosophen, welche im Grunde genommen den Christus ablehnen, hingestellten Gegensatz: Orient – Okzident eigentlich gar nicht gibt. Der Strom erhabenen geistigen Geschehens wird aufgezeigt durch die Mysterien der Vorzeit hindurch zu dem Weltenereignis des Mysteriums von Golgatha und damit die fundamentale Einheitlichkeit allen Menschenstrebens. Daraus kann die Menschheit einmal die Lebenshaltung finden, durch welche sie in allem ihrem Tun bis ins Alltägliche hinein bewußt dem Weltengange dienen kann.

Dieser gewaltige Ausblick wurde unseren Seelen eröffnet. Vor uns stand, der von den geistigen Welten zu sprechen vermochte aus der klaren Forscherarbeit seines Sehergeistes, aus der Liebe zur Menschheit und der aus beiden erwachsenden Verantwortung zur Hilfe. Nicht nur seine Worte, sein Wesen und sein Opferleben offenbarten in ihm den Zusammenklang der beiden Weltenkräfte, deren Zeichen vereint über ihm leuchteten.

Was wir da erlebten, war echtes Mysteriengeschehen, das aber in den Nebensälen eines Münchener Café-Hauses vor sich ging. Dieser Gegensatz konnte aber nicht verhindern, daß wir im Innersten ergriffen wurden. Noch abends nach jedem Vortrag kamen wir in ganz kleinen Gruppen zusammen, um das Gehörte, sei es aus dem Gedächtnis oder aus Notizen, klar vor die Seele zu stellen und durch die Nacht zu tragen, um den mit Spannung erwarteten nächsten Vortrag besser aufnehmen zu können. Dadurch waren wir auch in der Lage, nach der Heimkehr in den Zweigen wenigstens einen vorläufigen Bericht geben zu können; denn dort wartete man schon mit regstem Interesse darauf, das noch nie Gehörte, das Unerhörte zu vernehmen und dann gemeinsam durchzuarbeiten, mit dem schon Erhaltenen zu verbinden und so einen Schritt weiter zu kommen. Von diesen Münchener Zyklen ging etwas aus, das die Arbeit des ganzen Jahres in schönster Weise belebte. Rudolf Steiner konnte viel geben, weil die Intensität des Aufnehmens ihm von den Mitgliedern entgegengebracht wurde, welche die unerläßliche Grundlage war. Vor einer gleichgültigen Zuhörerschaft hätte er solche tiefen Geistwahrheiten gar nicht aussprechen dürfen.

Kaum etwas schmerzte ihn – nicht eigentlich persönlich, sondern im Interesse seiner Aufgabe – so wie Gleichgültigkeit. Eindringlichst hat er uns dann an der Waldorfschule zugerufen: «Der Lehrer sei ein Mann des Interesses.» Er selbst sagte: «Ich höre auf die Schwingungen im Seelenleben der Mitgliedschaft, und in meinem lebendigen Drinnenleben in dem, was ich da höre, entsteht die Haltung der Vorträge.»[97]

Um ein rechtes Bild einer solchen Zeit zu haben, muß man bedenken, daß nicht etwa nur jeden Abend ein Vortrag stattfand. Die ganzen Tage waren reichlich, ja überreichlich ausgefüllt. Für diejenigen, welche schon einige Jahre der Bewegung angehörten und sich übend in die Geistwirklichkeit einzuleben bestrebten, hielt Rudolf Steiner die sogenannten «esoterischen Stunden».[98] Hier gab er, was diese Seelen brauchten an Übungsstoffen, an Ratschlägen für die inneren Situationen, in welche das Üben führte. Wir wußten, wenn er von bestimmten Erlebnissen sprach und vom Verhalten ihnen gegenüber, daß nur von solchem die Rede war, was wenigstens für einen Teil der Anwesenden konkret und aktuell war. Für manche Anwesenden war es eine stärkende Vorbereitung auf den Zeitpunkt, wo auch sie solchen Erlebnissen gegenüberstehen würden. Es hätte dem Wesen der ganzen Sache widersprochen, theoretisch über das zu sprechen, was nur als übendes Tun Wirklichkeit sein konnte. Aber es kam auch oft vor, daß mehrere Schüler feststellen konnten, daß sie gerade die Frage beantwortet erhalten hatten, welche sie in esoterischer Beziehung zur Zeit besonders beschäftigte, jeder seine eigene Frage. So lebte der Lehrer in den Seelen der Schüler, daß ihm gegenwärtig war, wessen sie in jedem Augenblicke bedurften. Das trat aber nur dort ein, wo es von denen gewünscht wurde, die volles Vertrauen zu ihm hatten; denn er hat immer wieder betont, wie das Seelenleben eines anderen für den gewissenhaften Seher ein Gebiet darstellt, dessen Freiheit unbedingt gewahrt bleiben müßte. Ferner fanden viele Veranstaltungen statt, welche zusammenhingen mit jener symbolisch-kultischen Einrichtung, auf welche Rudolf Steiner in seinem Buche «Mein Lebensgang» näher eingeht.[99] Sie hatten den

Sinn, «geistiges Aufsteigen in Seelen-Erlebnissen durch ... Bilder zu veranschaulichen».

«Diese Einrichtung, die in einer Kult-Symbolik gab, was Geist-Inhalt ist, war für viele Teilnehmer in der Anthroposophischen Gesellschaft eine Wohltat. Da wie auf allen Gebieten des anthroposophischen Wirkens auch auf diesem alles ausgeschlossen war, was aus dem Rahmen des besonnenen Bewußtseins herausfiel, so konnte nicht an unberechtigte Magie, an Suggestionswirkungen und dergleichen gedacht werden. – Aber die Mitglieder bekamen das, was auf der einen Seite zu ihrer Ideen-Auffassung sprach, auch noch so, daß das Gemüt in unmittelbarer Anschauung mitgehen konnte. Das war für viele etwas, das sie auch wieder in die Ideengestaltung besser hineinführte. Mit dem Kriegsbeginn hörte dann die Möglichkeit auf, in der Pflege solcher Einrichtungen fortzufahren. Man hätte, trotzdem nichts von einer Geheimgesellschaft vorlag, die Einrichtung für eine solche genommen. Und so schlief diese symbolisch-kultische Abteilung der Anthroposophischen Bewegung seit Mitte 1914 ein.» – «Eine Gesellschaft wie die Anthroposophische konnte nicht anders, als aus den Seelenbedürfnissen ihrer Mitglieder heraus gestaltet werden. Es konnte nicht ein abstraktes Programm geben, das da besagte: in der Anthroposophischen Gesellschaft wird dies und das getan, sondern es mußte aus der Wirklichkeit heraus gearbeitet werden. Diese Wirklichkeit sind aber eben die Seelenbedürfnisse der Mitglieder. Anthroposophie als Lebensinhalt wurde aus ihren eigenen Quellen heraus gestaltet. Sie war als geistige Schöpfung vor die Mitwelt getreten. Viele von denen, die einen inneren Zug zu ihr hatten, suchten mit andern zusammenzuarbeiten.»[100]

Dies wurde versucht auf den drei Gebieten des inneren Seelenlebens, des Künstlerischen und des Wissenschaftlichen. Das letztere wurde weniger in besonderen Veranstaltungen gepflegt, aber öfter versammelten sich in den wenigen freigebliebenen Stunden besonders jüngere Mitglieder in einem kleinen Kreise um Carl Unger, der in München nie fehlte, und auf einer Gartenbank oder in einem Privatzimmer pflegten wir fruchtbare

Aussprache über philosophische oder erkenntnistheoretische Fragen. In strenger Denkarbeit wurde bei solchen Gelegenheiten ein lebendiger Zusammenklang der Seelen erreicht, dessen feine Nachwirkung wir dann in der Arbeit des Winters verspüren konnten.

Während eines Vortrages hatte ich bemerkt, daß die Schnur, an welcher Rudolf Steiner seinen Zwicker trug, gerissen und durch einen Knoten zusammengehalten war. Eilends erstand ich eine neue Schnur und überreichte sie am nächsten Tage Marie von Sivers. Als er am nächsten Abend zufällig vor dem Vortrag an mir vorbeikam, deutete er freundlich lächelnd auf die neue Schnur. – Um seine Person wollte er nicht viel Aufhebens gemacht haben, aber er hatte einmal davon gesprochen, daß es für die Ausbildung des Astralleibes gut sei, wenn man lerne, scharf zu beobachten, so daß man zum Beispiel von einem Herrn, den man auch nur ganz kurz gesehen habe, anzugeben imstande sei, was für eine Krawatte er angehabt habe. So mag es ihn vielleicht angenehm berührt haben, daß sich jemand diesen Rat zu Herzen genommen und auch die praktischen Folgerungen für das Leben daraus gezogen hatte.

Die erste Darbietung eurythmischer Kunst

Jedes Jahr warteten wir in großer Spannung auf die nächste Uraufführung des neuen Mysteriendramas. Keiner konnte sich irgendwie vorstellen, wie es weiter gehen würde, wir wußten nur, daß wir dieselben Persönlichkeiten in ihrem geistigen Weiterschreiten erleben würden. Alles andere war Überraschung. Im Jahre 1913 war uns aber zudem noch eine ganz unerwartete Überraschung beschert, ein wahres Geschenk: die Eurythmie.

Im Rheinland wuchs in einer Familie ein Mädchen auf, welches schon im Kindesalter eine besondere Begabung für Bewegungskunst zeigte. Die Mutter gehörte zum Schülerkreise Rudolf Steiners, sie bat ihn um Rat, wie diese schöne Gabe im Sinne der Anthroposophie gepflegt werden könnte. Er nahm sich des jungen Mädchens an und gab Anweisungen, welche im weiteren Verlauf zu den Anfängen der Eurythmie führten.[101] An diesem Beispiel zeigt sich so recht, wie Rudolf Steiner nie von etwas wie einem Programm, einer Theorie ausging, sondern immer von der Wirklichkeit des Lebens. Er hat nicht die Eurythmie «erfunden», er hat auch seine Dramen erst geschrieben, als die Menschen vor ihm standen, die sie aufführen wollten und auch dazu imstande waren. Nichts von dem, das er zu geben hatte, wurde je der Welt aufgedrängt oder ins Leere gestellt, aber wo immer man sich in ehrlichem Streben an ihn wandte, spendete er in überreichem Maße, pflegte zarte Keime, so daß sie zur schönsten Entfaltung kommen konnten. Wenn man sich mit wahrem Vertrauen an ihn wandte – und dies konnte man aus vollem Herzen –, dann fühlte er sich gleichsam verantwortlich aufgerufen, mit allen seinen Möglichkeiten zu helfen. Er hat es öfters ausgesprochen, daß die Arbeit in der Bewegung, in der Gesellschaft gegründet sein sollte auf *Vertrauen* und *Verantwortung*. Das waren in seinem Sinne nicht abstrakte moralische Forderungen; er hatte uns doch vorgelebt, wie dies zu verstehen sei, und deshalb konnte er so etwas aussprechen. Dies hat er auch hineingeheimnißt in die «Prinzipien», die er im Dezember 1923 bei der «Weihnachtstagung»[102] der Anthroposophischen Gesellschaft gegeben hat, indem er die «Förderung» als Hauptziel hinstellte. Überall ein offenes Auge halten und ein miterlebendes, tatbereites Herz, um zu fördern, wo etwas fruchtbar werden könnte, mit beizutragen, daß durch das Geisteslicht und die Seelenwärme, welche Anthroposophie verleihen kann, möglichst viele Menschen in ihrer Entwickelung, in ihrem Dienste an der Menschheit vorwärtsschreiten, das ist in seinem Sinne das Ziel des in Wachheit anthroposophisch Strebenden. Das ist aber auch das Geheimnis der staunenswerten Ergebnisse, welche er in seinem so kurzen Wirken erreichen konnte. Er hat nicht Lehren hingestellt, über die zu diskutieren gewesen wäre, er hat suchenden Seelen die Wege gewiesen und das Beste in ihnen zum Blühen und Fruchten gebracht. Er war kein Prophet, sondern ein Christ. Er hat uns das Urbeispiel einer wirklich sozialen Einstellung gegeben, die nicht gegründet sein will auf einer Theorie, die jemand ausgedacht hat und die für andere so etwas wie eine Vorschrift sein soll, sondern er hat sich an das Verständnis gewendet, an das Verstehen – und das ist eine Tat des freien Bewußtseins – dessen, was im Nebenmenschen wertvoll ist, und es gibt keinen Menschen, bei welchem nicht etwas zu finden wäre, das für alle fruchtbar werden könnte, wenn es in rechter Weise gefördert wird. Rudolf Steiner hätte es gerne gesehen, daß dies zur Grundhaltung der Mitglieder der Anthroposophischen Gesellschaft würde.

Durch die von Rudolf Steiner erteilten Unterweisungen war es nun so weit, daß die neue Kunst der Eurythmie in diesem Jahre zum ersten Male in einem größeren Kreise gezeigt werden konnte. Im Kaim-Saal, der später den Namen «Tonhalle» erhielt, versammelten wir uns am Nachmittag des 28. August, an Goethes Geburtstag. Die Wand hinter dem Orchesterpodium war mit weißem Stoff behangen: für farbiges Licht, wie es heute mit der Eurythmie verbunden ist, gab es dort keine Möglichkeit. Rudolf Steiner, dem man die Freude ansehen konnte, hielt eine vorbereitende Ansprache.[103]

«Meine verehrten lieben Freunde, als einmal der Professor Capesius zu Frau Felicia, der Gemahlin des Felix Balde kam, da sagte er, daß er immer eine so große Erfrischung hätte von alledem, was ihm diese gute Frau an Märchen und Geschichten und so weiter erzählen könne. Frau Balde ist nun eine gerade Dame und daher sagte sie ihm genau, wie sie dachte, und zwar: ‹Ja, es macht mir ja immer recht große Freude, wenn ich sehe, wie Sie das erfrischt, was ich Ihnen erzählen kann, aber Sie können nur so schlecht zuhören, und das macht mir große Schwierigkeiten.› Sie war, wie gesagt, eine gerade Dame, die geradeaus sagte, was ihr auf dem Herzen lag.»

«Capesius: ‹Ja, aber ich höre doch mit aller meiner Fassungskraft zu.›

Felicia: ‹Das ist es ja eben, daß sie die Fassungskraft nicht haben, mit der Sie auch noch zuhören sollten.›

Capesius: ‹Ja, was fehlt denn an meinem Zuhören?›

FELICIA: ‹Ich glaube, Sie werden mich gar nicht richtig verstehen.›

CAPESIUS: ‹Ich möchte es aber doch gerne verstehen.›

FELICIA: ‹Ja, wissen Sie, wenn Sie mir richtig zuhören würden, dann würde Ihr Ätherleib tanzen; aber er tanzt nicht!›

CAPESIUS: ‹Ja, warum sollte denn mein Ätherleib tanzen? Und wie sollte ich das machen?›

FELICIA: ‹Ja, sehen Sie, da müssen Sie einmal verstehen, wie ich eigentlich zu all den Märchen komme, die ich Ihnen erzähle.›

Da wurde der gute Professor Capesius verlegen und sagte:

‹Sie haben mir so oft gesagt, daß Sie die Märchen aus der geistigen Welt empfangen, und ... ich getraue mich eigentlich gar nicht zu sagen, was ich sagen möchte. Ich kann immer nicht begreifen, warum diese Wesenheiten, die da zu Ihnen sprechen, immer gerade die Sprache haben sollten, welche diejenigen haben, die sie hören und die Märchen dann nacherzählen.›

FELICIA: ‹Ja, das ist es ja eben, da müssen Sie noch gescheiter werden in dem Punkt; die Wesenheiten erzählen eben in gar keiner Sprache, sondern sie bewegen sich. Und alles, was an ihnen Bewegung ist, das muß man verstehen.›

CAPESIUS: ‹Wie machen Sie das?›

FELICIA: ‹Ja, sehen Sie, da muß man die Kunst verstehen, das Herz eine Weile in den Kopf hinauffahren zu lassen, dann fühlt man da eine eigentümliche Empfindung von allen den Bewegungen, welche alle die Elfenwesenheiten, die Märchenprinzen und Feen da machen, und was man da fühlt, das geht dann wie Ströme in den Kehlkopf hinein, da kann man dann erzählen. Aber wenn Sie recht zuhören würden, da würde Ihr Ätherleib nachtanzen; da Sie das aber nicht können, so können Sie auch nicht alles verstehen, und vieles geht Ihnen verloren von dem, was ich Ihnen sage.›

Nun hat man diese Mitteilung der Frau Balde an Capesius aufgefangen und hat versucht – wenigstens so haben wir es gemacht –, einmal diese Bewegungen, diese Elfen-, Gnomen- und auch sonstigen Engeltänze systematisch herauszubilden zu einer Art von *Bewegungssprache.* In einer ganz wunderbaren Weise hat sich herausgestellt, in vielen Konferenzen mit Frau Felicia, daß man eine intime Sprache, eine Ausdruckssprache – man darf es schon gebrauchen, das Wort – tanzen kann. Kurz, es ist ein Ausdruckstanzen möglich, gewissermaßen eine Kunst der Bewegung, die wir uns erlaubt haben, die Kunst der Eurythmie zu nennen. Eine Art Sprache durch Bewegung, eine solche Sprache, welche in einem gewissen sehr schönen Verhältnis stehen kann zu den Vorgängen, welche in der geistigen Welt sich abspielen. Denn Frau Felicia konnte nämlich, wenn auch unbewußt, aus der Welt der Formen, die die Welt des physischen Planes ist, wenn sie ihr Herz in das Gehirn hineinstrahlen ließ – da konnte sie Blicke in die Welt der Geister der Bewegung tun, und da empfing sie ihre Märchen.

Nun wäre es recht schön, meine lieben Freunde, wenn man auch noch dieses Verständnis mitbringen könnte, was dem Capesius fehlt, wenn man seinen Ätherleib immer bei Mitteilungen, auch bei Mitteilungen, wie Frau Felicia sie geben konnte, aus der geistigen Welt, bei vollständigem Ruhigsein des physischen Leibes tanzen lassen könnte. Dazu aber muß man erst ein wenig sich hineinfinden in das Bewegungsspiel, welches in einer gewissen Harmonie steht mit den Bewegungen, die der Ausdruck sind der Welttöne, der Weltenworte. Was man da feststellen konnte in den Konferenzen mit Frau Felicia, das soll jetzt unserer Kunst der Eurythmie zugrunde liegen. Es soll einmal der Anfang gemacht werden mit einer Kunst, die an einem Grenzgebiet steht und deshalb so bedeutend ist. – Man kann mit dem Tanze sozusagen das Alleralltäglichste haben, das, was menschlichen Trieben und Leidenschaften am nächsten liegt – man kann aber auch das dionysische Element in der Menschheitsentwickelung verkörpern.

Eine kleine Probe soll Ihnen vorgeführt werden. Sie sollen aufmerksam gemacht werden auf das, was in der Bewegung selbst verstanden werden soll, wie auch auf das, was in Anlehnung an menschliche Gedanken und Worte übersetzt werden kann in die hier gemeinte Bewegung, damit man immer mehr und mehr lerne, daß man zuhören kann auch dem, was in einer solchen Sprache zum Ausdruck kommt. Beachten Sie dabei, daß wir es zu tun haben mit etwas, was im Anfange steht. Beobachten Sie zunächst das Wollen, das dahinterliegt und aus dem wir glauben, daß sich im Laufe der Zeit noch viel Bedeutungsvolleres entwickeln kann, als jetzt da ist. Beachten Sie aber auch, daß ein dreifaches Wollen hinter dieser Eurythmie liegt.

Erstens ein *ästhetisches Element*, ein Element, das man als das Element der Schönheit bezeichnen könnte. Schönheit ist ein unmittelbarer Ausdruck desjenigen, was in den höheren Welten bewegungsmäßig vorgeht, verstärkte Bewegung der höheren Welt. Also, ein künstlerisches Element, aber damit soll sich zugleich verbinden als

Zweitens ein *pädagogisch-didaktisches Element*. Die menschliche Seele, in ihrer Verbindung mit dem Leiblichen, wird zu einer Entfaltung kommen, die angemessen ist ihrer ganzen Verbindung mit den Welten, zu denen sie gehört, mit den Vokalismen und Konsonantismen, die durch die Welt strömen als Weltenwort, umgesetzt in sichtbare Bewegung des physischen Leibes. Dadurch wird etwas ganz anderes erreicht werden als durch gewöhnliches Turnen und ähnliche Übungen, die in der Jetztzeit gemacht werden und die aufgebaut sind nur auf physiologischen Gesetzen.

Drittens, das *hygienische Element*. Indem der menschliche Leib angemessen wird der Welt der Bewegung und hineingegossen wird in die Didaktik die durchaus gesunde Beweglichkeit des Menschen, wird auch in gesunder Weise auf den menschlichen Organismus und auf die menschliche Seelenverfassung gewirkt werden können. Denn vieles, was unhygienisch ist heute in der äußeren Welt, das rührt davon her, daß so wenig Harmonie ist zwischen dem, was der physische Leib in Anpassung an die äußere Welt tut, und dem, was eigentlich der Ätherleib durch seine innere Beweglichkeit von dem physischen Leibe verlangt. Dieses Nicht-Zusammenstimmen möchten wir aufheben durch eine Bewegungsfähigkeit des physischen Leibes, die dem Ätherleib entspricht.

Und so wäre es schön, wenn namentlich unsere Jugend bis zum sechzigsten, siebzigsten Lebensjahre Verständnis sich erwerben würde für diese Eurythmie, welche immer in einer andern Weise die geistige Welt auf den physischen Plan heruntertragen möchte. Wenn sich diese unsere Jugend nach und nach daran gewöhnt, Verständnis zu haben für diese Ausdruckskunst, so werden immer mehr und mehr unter uns sein, zu denen Frau Balde sagen kann: ‹Sie hören mir nicht mehr so schlecht zu, sie verstehen mich schon besser.› Sie ist eine gerade Frau, und damit sie sich aus ihrer Geradheit heraus nicht nur ein negatives Urteil zu bilden braucht, damit wir ihr Verständnis entgegenbringen, wollen wir uns Verständnis aneignen für das, was sie erschaut in der Märchenwelt, und was sie dadurch, daß ihr das Herz in den Kopf zu steigen vermag, in Worte umsetzen kann.»

Dann begann die Künstlerin; vorn an den beiden Ecken des Podiums standen zwei Herren in weißen Gewändern im griechischen Stil in der eurythmischen Stellung: «feierlich». Zu den einzelnen Darbietungen gab Rudolf Steiner Erläuterungen.[104]

Zum ersten Male enthüllte er damals die geheimnisvolle Beziehung zwischen Sprechen und Musik einerseits und den «Bewegungsintentionen» des Kehlkopfes andererseits, welch letztere durch die Eurythmie in Bewegungen des ganzen menschlichen Körpers umgesetzt werden. Durch den ganzen Menschen soll als Bewegung und Haltung sichtbar werden, was sich im Bilden der Laute und Töne in einem einzelnen Organsystem unwahrnehmbar abspielt. Die Bewegungen der Glieder am Menschen bringen zur Offenbarung, was sich im Sprechen und Singen im Kehlkopf und seinen Nachbarorganen vollzieht; in der Bewegung im Raume und in den Bewegungen von Gruppen wird dargestellt, was durch das Menschengemüt in Ton und Sprache lebt, das heißt, was im *Gedicht* lebt, nicht in dem persönlichen Empfinden. Durch sinnlich-übersinnliches Schauen kann man erkennen, welche Bewegungsanlage des ganzen körperlichen Menschen einem Ton oder einem Sprachlaut, einer Harmonie, Melodie, einem gestalteten Sprachgebilde zugrunde liegt.

Schon mit diesen Angaben war gründlich auf den Abstand hingewiesen, welcher diese für unsere Zeit neue Bewegungskunst von der heute geübten, auf dem subjektiven Empfinden der Ausführenden beruhenden Tanzkunst trennt. Der eurythmisierende Künstler stellt sich durch seine Bewegungen in die lebendigen Weltgesetzmäßigkeiten hinein, in den Dienst eines Höheren. Der ursprüngliche Charakter allen Tanzes ist ein kultischer – daran wurden wir jetzt erinnert –, und von Ehrfurcht ergriffen nahmen wir jene Darbietung auf, zu welcher Rudolf Steiner sagte, daß nun die Künstlerin diejenige Eurythmie vollführen werde, durch welche einst der Hohepriester den Namen des *Herrn* ausdrückte, den auszusprechen ihm verboten war. Sie hatte dabei einen goldenen Hammer in der Hand. Später hat Rudolf Steiner einmal gesagt: «Alles Tanzen ist davon ausgegangen, Bewegungen, die die Planeten, die anderen Weltenkörper ausführen, die die Erde selbst ausführt, in den Bewegungen und in den Gliederbewegungen der Menschen zur Nachahmung zu bringen.»[105] – Aber die Eurythmie ist keine Wiederaufnahme alter Tänze aus irgendeiner Überlieferung, die ja doch im Laufe der Zeit in Verfall geraten wäre, sie ist dadurch entstanden, daß der Geistesforscher aus seinen höheren Erkenntnissen, welche in der Zukunft immer mehr Menschen zugänglich werden sollen, Einblicke in die entsprechenden geistigen Gesetzmäßigkeiten und Vorgänge sich erringen konnte. Er hat wieder den Zugang zu jenen Quellen eröffnet, aus denen schöpfend der Mensch selber schöpferisch werden kann als Künstler, als Wissenschaftler im neuen Sinne und in der Gestaltung des Verhältnisses von Mensch zu Mensch.

Es läßt sich schwer beschreiben, was damals in dieser Festesstunde in unseren Seelen vor sich ging. Wäre das Wort von der «gehobenen Stimmung» nicht so abgebraucht (wer dächte dabei nicht an die Folgen leichten Alkoholgenusses), hier wäre es am Platze. Denn hier wurde nicht nur die Seele, sondern auch der Leib erhoben, indem einerseits die Schönheit auf die Seele wirkte und andererseits der Lebensleib an den Bewegungen tätigen Mitanteil nahm, so daß bis in dieses Element hinein eine köstliche Belebung eintrat, doch war es kein persönlicher Genuß im üblichen Sinne, sondern eine höhere Freude durch das Aufgenommensein in jene Gebiete, wo die Wahrheit – als Schönheit erlebt – den Menschen über sich selbst erheben kann.

Dankbar und freudig bewegt, meldete sich eine solche Zahl von «Jugend bis zum siebenzigsten Jahr», daß gleich zwei Kurse eingerichtet wurden, in welchen die Eurythmistin selbst, unterstützt von einer auch schon genügend fortgeschrittenen Helferin, sich um uns bemühte. Denn es war – im Sinne der angeführten Einleitungsworte Rudolf Steiners – ein ganzes «Professoren-Kollegium» beisammen, was auch nicht zu verwundern war. Mit dem, was man vorher an Bewegungen ausgeführt hatte, kam man sich hier mit Recht fehl am Orte vor; im Anfange dröhnte der kleine Raum von Stäben, welche den Übenden entfielen. Doch wir ließen nicht locker, und es gelangen einige Fortschritte, nicht nur in der Ausführung, auch in der Erfassung der Übungen. Dabei ging es trotz des Ernstes der Bemühungen doch recht heiter zu, und das durfte auch sein, denn in kopfhängerischer Stimmung kann Künstlerisches nicht gedeihen. Unter den Teilnehmern war ein Freund, der die schöne Gabe besaß, Lebensweisheit mit Witz und Humor verbinden zu können. Der sah, wie sich ein anderer fürchterlich plagte, aber es wollte trotzdem nicht gehen. Das war ein Bildhauer und Maler, der sich durchzusetzen verstand und eine sehr gute Meinung von sich hatte, aber eine etwas weniger gute von seinen Mitmenschen. Dem wollte der andere Freund helfen und rief ihm öfter zu: «Lassen Sie doch den (hier folgte der Name des sich vergeblich Bemühenden) los! Lassen Sie den X los!» Es hat wahrhaftig geholfen, denn das war es, worauf es ankam. – Von da ab habe ich dann bis zum Jahre 1938 immer solche Übungsstunden mitgemacht; für uns Lehrer an der Waldorfschule war die Eurythmiestunde im Rahmen des Kollegiums etwas Selbstverständliches. Bald wurden in manchen Städten solche Kurse eingerichtet. Wer sich ernstlich an dieser künstlerischen Arbeit beteiligte, der konnte erleben, wie er dadurch ein neues Verhältnis zur Dichtkunst bekam. Wenn man nämlich versucht, ein Gedicht eurythmisch zu gestalten, so ergibt sich dabei, daß die Eurythmie zu einem Prüfstein wird. Man lernt unterscheiden, ob man eine wirkliche Dichtung vor sich hat oder zum Beispiel ein bloßes Verstandesergebnis oder etwas Nachempfundenes. Auch hier entsteht aus dem anthroposophischen Tun etwas wie ein neues Organ. Als Lehrer war uns dies besonders wertvoll; denn gerade für Kinder sollten nur wahre Gedichte in Betracht kommen, etwas anderes ist für sie leerer Klang, der ihnen nichts gibt.

Dieser erste Eurythmieunterricht in München fand in einer der dortigen «Kunst-Stuben» statt. Deren Einrichtung und Führung ging auch vom Münchener Zweig von Fräulein Sophie Stinde aus, und Rudolf Steiner hat dieses Unternehmen sehr geschätzt und zur Nachahmung empfohlen. Es war ein leerstehendes Geschäftslokal in einer Vorstadt gemietet worden. Die Wände waren in einem hellen farbigen Ton glatt gestrichen und mit schönen Wiedergaben alter und neuer Meisterwerke geschmückt. Jeden Abend der Woche gab es hier für jedermann, der von der Straße hereinkommen wollte, eine andere Veranstaltung: Lichtbilderabende mit Erläuterungen der gezeigten Kunstwerke, literarische Abende mit Vorlesen von wertvollen Werken der Dichtkunst und Prosa, Märchenabende für Kinder und Mütter, Puppenspiele und musikalische Darbietungen. – Die eigentliche anthroposophische Studienarbeit vollzog sich im Zweig. Was dort an tieferem Eindringen in das Wesen des Geistigen und seiner Offenbarung im Künstlerischen errungen wurde, das wollte hier der Allgemeinheit dienen, indem die Teilnehmer an diesen Abenden in einer Zeit der immer mehr einreißenden kulturellen Verwilderung die geistige Wohltat des Erlebens echter Kunst an sich erfahren konnten. Wir hatten das Glück, ernste Künstler in den verschiedenen Gebieten als mitwirkende Freunde zu haben, so daß von Dilettantismus nicht die Rede sein konnte. Bald fühlten sich immer mehr Menschen von der heilenden Wirkung solcher selbstlos gegebener Darbietungen angezogen, und die in verschiedenen Stadtteilen entstehenden Kunst-Stuben bekamen eine Art Gemeinde von gerne wiederkehrenden Besuchern.

Vorarbeiten für den Johannesbau in München

Die Veranstaltungen des Sommers 1909 waren ein bedeutender Fortschritt nicht nur bezüglich der Ausbreitung, sondern auch der Verinnerlichung, der Vertiefung; die Aufnahme und Verarbeitung des von Rudolf Steiner Gegebenen hatte an Intensität sehr zugenommen, ebenso das Verständnis und das tätig sein wollende Interesse. Dies alles zeigte den Münchener Freunden, daß in diesen so erfreulichen Tatsachen die Verpflichtung erwuchs, dafür zu sorgen, daß der weitere Fortgang der Münchener Arbeit in bezug auf das, was von den Veranstaltern zu leisten war, gesichert werde, so daß für Rudolf Steiner die Möglichkeit des Gebens, für die Mitglieder die des Aufnehmens erhalten und verbessert würde. Die Münchener Freunde: Dr. Felix Peipers, Sophie Stinde, Graf Otto Lerchenfeld, denen sich auch noch der Maler Hermann Linde anschloß,[106] ergriffen die Initiative und gründeten im Sommer 1910 den «Theosophisch-Künstlerischen Fonds» zur Sicherstellung der Mysterienspiele, wie sie selber sagten, «in voller Erkenntnis der Unerläßlichkeit eines eigenen Baues». Die weitere Entwickelung, die Zunahme der Besucher und die Tatsache, daß von Jahr zu Jahr ein neues Drama hinzukam, zeigten, wie richtig dieser Entschluß war.

Der Gedanke, für die Bewegung einen eigenen Bau als Mittelpunkt zu errichten, wurde von den Mitgliedern mit größtem Interesse aufgenommen, das sich nicht nur in den Geldspenden äußerte; man beschäftige sich viel damit und dachte an verschiedene Möglichkeiten. So stellte der Zweig Weimar in der IX. Generalversammlung der «Deutschen Sektion der Theosophischen Gesellschaft (Adyar)» den Antrag, den Bau «doch lieber in Weimar zu errichten». Die Antwort Rudolf Steiners ist so wichtig und so kennzeichnend für seine stets wache Rücksichtnahme auf äußere und innere Verhältnisse, daß sie es verdient, im Wortlaut wiedergegeben zu werden.[107] «Ein Antrag, der in der Form wie der eingebrachte gefaßt ist, kann kein Antrag sein, es kann nur ein Appell sein und kann nur als solcher an die Versammlung gerichtet werden. Es handelt sich nämlich nicht um eine Unternehmung der Theosophischen Gesellschaft, sondern um eine theosophische Sache, die privat von einer Anzahl Theosophen offiziell unternommen wurde. Es ist, wie Sie wissen, von einer Anzahl unserer theosophischen Freunde der Beschluß gefaßt worden, für derartige Veranstaltungen, wie wir sie in München im letzten und vorletzten Jahre hatten, ein eigenes Haus zu bauen. Ich will nur sagen, daß die Absicht besteht, ein solches Haus als eine Art Zentralbau in München zu errichten. Und hoffentlich werden alle, die in der Lage dazu sind, ihr Scherflein von 10 Pfennig bis zu einer Million dazu beitragen. Das wird hoffentlich die eine Folge der Münchener Arbeiten sein. Eine andere Folge liegt in dem Appell.

Ich habe Sie bekannt gemacht mit dem Inhalte dieses Appells. Als Antrag kann er nicht behandelt werden, weil er nicht die Deutsche Sektion betrifft. Die Deutsche Sektion ist keine juristische Persönlichkeit, und nur diejenigen bauen diesen Zentralbau, die eben das Geld dazu hergeben.

Das zweite ist das Sachliche. Erstens ist bei dem Appell nicht daran gedacht, daß wir ja von Anfang an die Absicht gehabt haben, dieses als eine ganz interne Angelegenheit der Theosophen zu betrachten, daher wurden nur diejenigen Künstler berufen, die Theosophen sind. Es kommt also gar nicht in Betracht, was im Antrage betont wird, daß eine Stadt wie Weimar eine große Anzahl schauspielerischer Kräfte hat oder ausgezeichnete Maler; es kommt darauf an, in derjenigen Stadt die Sache zu veranstalten, wo die meisten Künstler sind, die Theosophen sind. Dann würde es ja auch durchaus all dem, was mit der ganzen Entwickelung dieser Idee verbunden ist, augenblicklich widersprechen, wenn ein anderer Ort als München gewählt würde. Ich möchte ausdrücklich betonen, daß es nicht darauf ankommt, ob ich dagegen bin oder nicht, man muß aber doch immer die realen Verhältnisse berücksichtigen. Im Prinzip kann etwas richtig sein, in der Realität ist es nur dann richtig, wenn man auch die historischen Verhältnisse berücksichtigt.

Es ist mir der Antrag Hennings gewiß außerordentlich sympathisch, aber wenn man die realen Verhältnisse bedenkt, so muß man eben sagen, daß es eben nicht geht. Dazu kommt aber noch ein innerer Grund in Betracht, der einem okkulten Gesetz entspricht, und das ist, daß tatsächlich nicht diejenigen Orte für spätere Epochen fruchtbar sind, die schon eine Blüte hinter sich haben. Der Appell will gerade Weimar gewählt haben, weil da schon einmal die Blüte des deutschen Geisteslebens sich entwickelt hat. In Weimar kann sich in der Gegenwart nur eine Archivtätigkeit entwickeln. Gesellschaften gründen sich dort zum Andenken und Ausarbeiten des schon Dagewesenen. Das würde ja auch schon gegen Weimar sprechen, es würde gerade das Große, das von Weimar ausgeht, sich wehren gegen unseren Plan, und wir würden nicht aufkommen können.»

In München begann man jetzt, einen geeigneten Bauplatz zu suchen. Jedesmal, wenn ein Platz angeboten wurde, welcher der Lage und Größe nach eine nähere Untersuchung verdiente, übernahm ich es, einen überschlägigen Entwurf auszuarbeiten, um Gewißheit über Verwendbarkeit des Platzes zu schaffen. Ein passendes Grundstück war nicht leicht zu finden. Nicht nur der große Zuschauerraum und die Bühne nahmen viel Fläche in Anspruch, dazu kamen die Räume für den Bühnenbetrieb, Vortragssäle, Bibliothek, und anderes.

Unter anderen war auch einmal die Rede von jenem Grundstück (in nächster Nähe des Carolinenplatzes), auf dem die Villa stand, welche Ludwig I. für die berühmte Tänzerin Lola Montez hatte errichten lassen, wegen der es beinahe zur Revolution gekommen wäre. Das Haus war im gräzisierenden Stile jener Zeit ausgeführt und war schon lange unbenützt. Es hätte selbstverständlich abgerissen werden müssen, um dem Neubau Platz zu machen; das Grundstück war zu schmal, aber auch der Genius loci nicht sehr spirituell.

Der kleinere Kuppelraum war von Anfang für eine zweifache Verwendung bestimmt, zunächst als Bühnenraum und ferner für die feierlichen Anlässe im Rahmen der Esoterischen Schule.

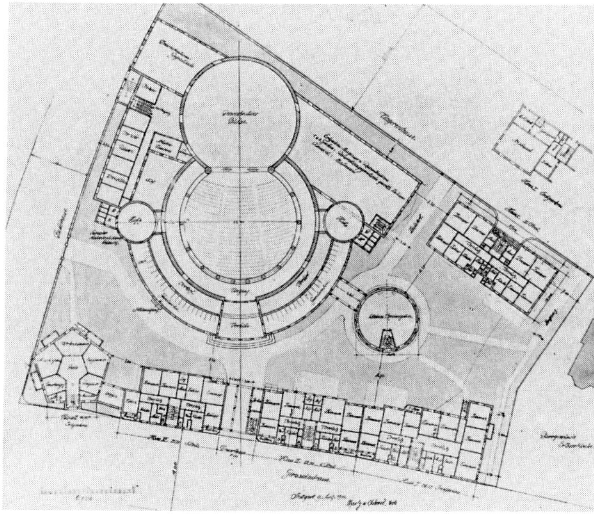

Abb. 11
Grundriß der Johannesbau-Anlage in München (1912/13).

Abb. 12
Modellskizze zum Johannisbau in München (1912).

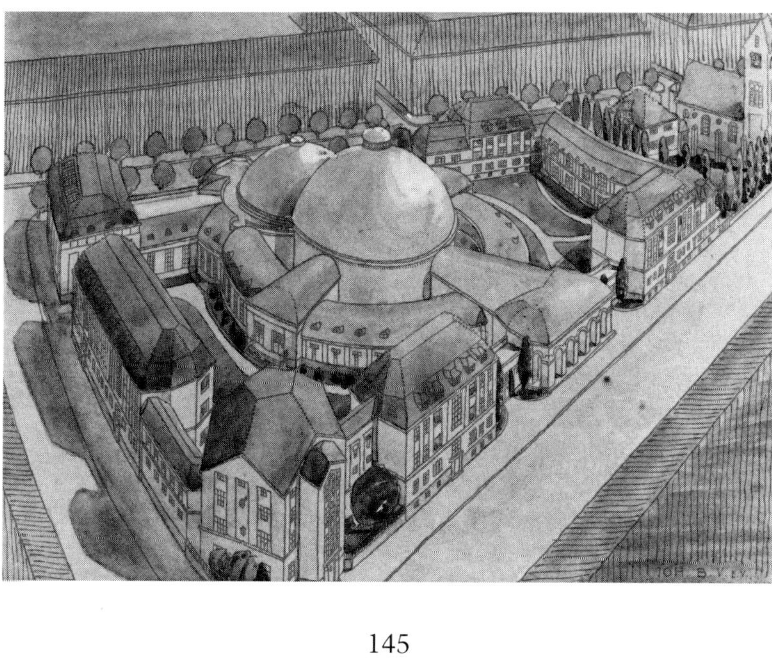

Für die Bühneneinrichtung war aber die Kuppel hinderlich, weil man keine «Züge» anbringen konnte zum Herablassen der Hintergründe und Rahmen, für die anderen Veranstaltungen aber war sie unerläßlich sie sollte auch nach Angaben Rudolf Steiners ihrem Zweck entsprechend ausgemalt werden. – So kam ich bei diesem Entwurf auf die Idee, diese Kuppel auf Rollen verschiebbar in Eisenkonstruktion vorzusehen, so daß sie bei Theateraufführungen über die Hinterbühne geschoben werden konnte und die oberhalb angebrachten Züge benützbar wurden. Der Bau war damals in Beton gedacht, die große Kuppel wäre also als Wölbung mit Armierung ausgeführt worden.[108] Der Gedanke wurde aber fallengelassen, und später sagte mir Rudolf Steiner, er hätte beabsichtigt, für den Theaterbetrieb ein zerlegbares Gerüst erstellen zu lassen, welches die Kulissen zu tragen haben würde. Dann hätte er bestimmt auch einen besonderen Bühnenstil geschaffen von eindringlicher Einfachheit. Die Größe des Raumes unter der größeren Kuppel war dadurch gegeben, daß er nicht viel über achthundert Sitzplätze darin haben wollte, da seine Vorträge und die Aufführung der Mysteriendramen bei einer größeren Besucherzahl doch nicht die volle Wirkung erreichen könnten. Er zog es dann auch wirklich 1912 vor, jeden Vortrag zweimal zu halten, als in einem zu großen Saal zu sprechen, der keine rechte Beziehung zu den Zuhörern hätte aufkommen lassen.

Ehe er sich endgültig für die Kuppeln entschloß, hatte er auch daran gedacht, die Decke des größeren Raumes so zu gestalten, daß sie aus den drei in einer Ecke zusammenstoßenden fünfeckigen Seitenflächen des auf der Spitze stehenden Pentagondodekaeders bestanden hätte. Eine Diagonale einer solchen Fläche hätte die Länge von etwa dreiundzwanzig Metern gehabt, jede Fläche wäre in einer anderen Farbe getönt worden: lila, orange, indigo. (So hatte er mir es einmal auf einem Blatt gezeichnet und die Farben eingeschrieben.) Der Gedanke der Malerei entstand erst später, nämlich als er sich für die Kuppeln entschieden hatte.

Für die dazumal noch rund vorgesehenen Säulen hätte er

gerne einen Stein in rosa-lila Ton gehabt. In Marmor war aber dieser Ton nicht zu finden. Da fiel mir der Lepidolith ein, der Lythiongranit, der gerade diese Farbe aufweist und zudem durch die ganz fein verteilten hellen Glimmerplättchen einen eigenartigen Lichtschimmer hat. Doch sind nur zwei Fundstätten bekannt, eine im Ural und eine bei Rožna in Mähren; diese letztere kannte ich und ließ von dort eine Probe kommen, welche Rudolf Steiner gut gefiel. In Rožna wird der Stein wegen seines Lythiongehaltes für chemisch-industrielle Zwecke gewonnen.

Das Element der Farbe gewann in der Art und Weise, wie Rudolf Steiner uns den zukünftigen Bau bei verschiedenen Gelegenheiten beschrieb, immer mehr an Bedeutung. Er sprach am 12. Dezember 1911 in Berlin[109] von einem Raum, «der in seinen Farbenverhältnissen abgeschlossen und nicht abgeschlossen ist». In Hannover, am 29. Dezember 1911, führte er aus: «Der Münchener Bau soll durch seine Farbenwirkung den Menschen über die einengenden Wände hinausführen in die vierdimensionale beziehungsweise übersinnliche Anschauung.»[110]

Es sei auch noch ein Ausspruch angeführt vom 7. Februar 1913: «Wir werden nicht das Gefühl haben, daß wir oben von einer Kuppel umschlossen sind, sondern daß die Malerei die Kuppel durchstößt ins Unendliche, wegschafft diese Kuppel. Die Bemalung der Kuppel wird so sein, daß man fühlt, als ob man durch sie hindurch möchte. Man wird allerdings lernen müssen, ein wenig zu malen wie Thomasius, daß man die Leinwand durchstoßen möchte. Da wird man einmal einsehen, daß in den Mysterienspielen kein Wort umsonst geschrieben ist, sondern jedes aus dem Ganzen.»[111]

Unterhalb des für die Zuhörer beziehungsweise Zuschauer bestimmten größeren Kuppelraumes waren die Garderobenräume vorgesehen. Man betrat sie von Westen, und ich hatte gedacht, die Ausgänge nach Süden und Norden anzubringen im Anschluß an die beiden Treppenhäuser. Rudolf Steiner wollte es aber so eingerichtet haben, daß das Publikum die Garderoben auch wieder nach Westen zu verlassen sollte. Als ich darauf aufmerksam machte, daß sich dann ein Gegeneinanderströmen der Hineingehenden und der Herauskommenden bilden würde, meinte er, das sei gerade seine Absicht, er wünschte, daß die Menschen Gelegenheit hätten, sich recht oft die Hände zu reichen.

Bis zum Frühjahr 1911 hatte sich die Arbeit so weit entwickelt, daß am 3. März 1911 mit dem damals in Stuttgart lebenden Architekten Dr. Schmidt-Curtius,[112] Mitglied des Stuttgarter Zweiges und Erbauer des dortigen Zweighauses, ein Vertrag abgeschlossen und ihm die Bearbeitung der Pläne nach den Angaben Rudolf Steiners übertragen wurde. Ich übergab ihm die bisher von mir ausgeführten Vorarbeiten. Im April 1911 wurde endlich ein Verein gegründet, der es sich zur Aufgabe machte, den Zentralbau in München zu verwirklichen, und der sich «Johannesbau-Verein» nannte; indem der Name einer der Hauptpersönlichkeiten der Mysteriendramen zur Bezeichnung des Vereins gewählt wurde, sollte sein Ziel angedeutet werden, denn wie Johannes Thomasius und die ihm schicksalsmäßig verbundenen Persönlichkeiten die Wege in die geistigen Welten suchen, das wird in diesen Dramen dargestellt. Dr. Steiner gehörte dem «Johannesbau-Verein» nicht an, ebenso wie er bis zur Weihnachtstagung 1923 der Anthroposophischen Gesellschaft nicht angehörte. Er charakterisierte seine Stellung zum Verein, indem er sich als dessen Beauftragter und Ratgeber bezeichnete.

Das erste Geschäftsjahr lief vom April 1911 bis Juni 1912; am 8. Juli 1911 erfolgte der Ankauf eines Grundstückes. Dieses lag im Norden Münchens, im Stadtteil Schwabing, am Ende der langen, schnurgeraden Straße, die von der Feldherrnhalle aus durch das Siegestor geht und in Schwabing durch die Erlöserkirche abgeschlossen wird. Dort teilt sie sich in zwei auseinandergehende Straßenzüge. Unmittelbar an das Grundstück der evangelischen Erlöserkirche anschließend und von den beiden auseinandergehenden Straßen begrenzt, lag dieses Grundstück. Es bestand die Absicht, es so zu bebauen, daß an den beiden Straßenseiten je ein geschlossener Häuserblock errichtet würde. Der in der Mitte zu erbauende eigentliche Zentralbau sollte so gegen die Straße hin verdeckt werden. Später wurde dies von den Baubehörden direkt verlangt. In diesem von den beiden

Häuserreihen eingeschlossenen Raume sollte unter anderem auch noch ein Gebäude für die von Dr. Peipers ausgeübte Farbentherapie errichtet werden. Diese Häuser wären von Freunden der Bewegung bewohnt worden, und durch die Miete sollten die Zinsen für das im Grundstück und den Häusern investierte Kapital so weit als möglich aufgebracht werden. Den eigentlichen Bau wollte man nicht mit so etwas wie einer Rente belasten.

Was uns damals alle bewegte, das bringt der Aufruf dieses Johannesbau-Vereins so schön zum Ausdruck, daß er es verdient, in vollem Umfange wiedergegeben zu werden. (Siehe: Anhang.)

Diesen positiven Fortschritten stand aber die bedauerliche Tatsache gegenüber, daß sich die Beziehungen zur Theosophischen Gesellschaft (Adyar) durch die von dort ausgehenden Angriffe gegen Rudolf Steiner zusehends verschlechterten. Schon in Portorose hatte er selbst geäußert, wie nahe ihm diese unbegründeten und vor falschen Behauptungen nicht zurückschreckenden Anfeindungen gingen, wie sie an seinen Lebenskräften zehrten.

Dies führte nun zu einschneidenden Ereignissen. Im Frühjahr 1911 sollte der Kongreß der Europäischen Sektionen der Theosophischen Gesellschaft (Adyar) in Genua stattfinden. Viele Freunde hatten sich schon darauf vorbereitet. Da kam die abrupte Absage in einer Art und Weise, die deutlich zeigte, daß man nichts mehr mit uns zu tun haben wollte. Aber bis zur klaren Entscheidung dauerte es noch etwa ein Jahr, erfüllt von gehässigen Angriffen gegen Rudolf Steiner. Auf der anderen Seite erfaßten wieder andere, neu hinzukommende Menschen in immer größerer Zahl die Bedeutung und segensreiche Wirkung seiner Arbeit.

Das neue Jahr 1912 fand uns persönlich in der geschilderten Lage. Maria Strakosch blieb in München, da eine Rückkehr nach Triest nicht ratsam erschien, ich setzte selbstverständlich dort meine dienstliche und anthroposophische Arbeit unter den angedeuteten gesundheitlichen Schwierigkeiten fort. Meine Bestrebungen um Versetzung in ein mir zuträglicheres Klima blieben vorläufig erfolglos. Mit dem Leiter der theosophischen Arbeitsgruppe Triest, der das Vorgehen von Mrs. Besant gegen Rudolf Steiner billigte, kam es zu einer energischen Auseinandersetzung.

Im Vorfrühling ergab es sich, daß ich einige Tage frei bekam. Ein Münchener Freund hatte Maria Strakosch und mir sein Landhaus in Diessen am nahen Ammersee zur Verfügung gestellt, so daß wir für diese kurze Spanne aller äußeren Sorgen enthoben waren und es ganz von uns abhing, wie wir diese Zeit verwenden wollten. Rudolf Steiner war gerade in München,[113] und ich frug ihn, was ich wohl mit dieser gleichsam geschenkten Zeit am besten anfangen könnte: «Stellen sie sich selbst eine okkulte Aufgabe!» war die Antwort. Nun war in jenem Jahr unser ganzes Denken und Trachten auf die im Entstehen begriffene neue Gesellschaft gerichtet, und so nahm ich mir vor, ein Siegel zu entwerfen, das zum Ausdruck bringen sollte, was in ihr lebte, wie in ihr sich verbinden die neuen, aus den geistigen Welten kommenden Kräfte und Impulse mit dem Streben, das aus den Menschenseelen ihnen entgegenkommt, wie die aus dem Weltenlichte hereinströmenden Kräfte einen selbständigen Geisteskeim im Menscheninnern zum Aufleuchten bringen.

Schon in den vorhergehenden Jahren hatte ich versucht, den geistigen Entwicklungsweg der Menschheit, wie ihn Rudolf Steiner schildert, nicht in Textauszügen, sondern in siegelartigen Zeichnungen festzuhalten. So war eine Figurenreihe entstanden, wo eine aus der anderen durch gesetzmäßige Verwandlung hervorgehend die verschiedenen Stufen darstellte bis zum Mysterium von Golgatha. Schon 1910 konnte ich sie Rudolf Steiner in München vorlegen. Sein Arbeitszimmer war wie immer voll von Büchern, und er machte erst einen Stuhl frei, damit ich mich setzen konnte. Bei dieser Gelegenheit sagte er mir auch, auf die vielen Bücher hinweisend, daß er nie aus dem Gedächtnis zitiere, sondern immer die betreffende Stelle wirklich nachschlage.

Er betrachtete meine Darstellungen mit dem gütigen Interesse, das er unseren Versuchen stets entgegenbrachte, und sagte auf einmal lebhaft: «Schauen Sie, ich habe auch so etwas gemacht!» und suchte unter dem Haufen von Papieren eines der eben angelangten Exemplare des ersten Mysteriendramas «Die Pforte der Einweihung» und zeigte mir das Siegel auf dem Umschlage. Dann sah er meine Arbeit nochmals an und äußerte zu meiner Überraschung die Absicht, selbst etwas dazu zu schreiben, und «wenn es Ihnen recht ist, geben wir es dann zusammen heraus». Gewiß war es mir mehr als bloß «recht», aber er hat nie die Zeit gefunden, diese Absicht auszuführen, und ich habe ihn selbstverständlich nie gemahnt. Schließlich gab er mir noch den Auftrag, als Abschluß der Reihe ein Siegel zu gestalten: «Die Mission des Rosenkreuzes». Auch dieses konnte ich ihm später überreichen, und er nahm es zu den anderen entgegen.

Diese wenigen Tage in Diessen boten eine richtige Möglichkeit der Versenkung, begünstigt durch die vollkommen ungestörte Stille in der Natur, die herbe Schönheit des Vorfrühlings im bayrischen Oberland. Die Alpenkette im weißen Schneegewand leuchtete in der klaren Luft über dem tiefblauen See, der scharfe Märzwind ließ die weißen Schaumkronen der Wellen reihenweise unablässig über das Wasser ziehen, die dann in den fernen Firnen gleichsam zur Ruhe gekommen erschienen.

Das Ergebnis dieser Tage war dann ein Siegel, das erst im Herbst durch Maria Strakosch Rudolf Steiner vorgelegt werden konnte. Er zeichnete noch einen Einfassungsrand rund umher und fügte am Rand eine Querschnittsskizze hinzu für die Ausführung in farbiger Holzschnitzerei. Er trug das Blatt in jener denkwürdigen Versammlung im September 1912 bei sich, in welcher er uns, die wir gespannt darauf warteten, den Namen der neuen Gesellschaft kundgab, von der er sagte, es habe sich ergeben, daß sie nicht anders heißen könne als: «Anthroposophische Gesellschaft». Eine offizielle Anwendung hat das Siegel nie gefunden.

Der Titel des Mysteriendramas, das in diesem Jahre in München zur Uraufführung kam, hieß: «Der Hüter der Schwelle». Es kann als Signatur dieses Jahres angesehen werden, das wichtige

Entscheidungen brachte. In so mancher Beziehung standen wir vor einer Schwelle.

In der Vortragsreihe, welche in München den Aufführungen folgte, sprach Rudolf Steiner über das Thema: «Von der Initiation. Von Ewigkeit und Augenblick. Von Geisteslicht und Lebensdunkel».[114] – Wer an die Schwelle herantritt, dem liegt es nahe, über Augenblick und Ewigkeit nachzudenken, wer vor Entscheidungen steht, der lernt fragen nach Geisteslicht und Lebensdunkel. Was damals zu uns gesprochen wurde, das war von einer ganz besonderen Eindringlichkeit, wenn es auch wie immer in unpathetischen, doch um so liebevolleren Worten geschah. Doch im letzten Vortrag sprach er so über sein Werk, daß ich nicht der einzige war, der noch lange nach Schluß des Vortrages sich nicht erhob, um fortzugehen, sondern tief ergriffen versuchte, sich einigermaßen klar zu machen, was dieser Augenblick bedeutete, was jetzt von uns erwartet wurde, wie sich seine Stellung zu seinem bisherigen Wirken, zu uns selbst dadurch geändert hatte. Manche haben es im damaligen Augenblick gar nicht so erfaßt, doch uns anderen war es eines der stärksten Erlebnisse. Seine Worte waren: «Es ist aber die Furcht, die sie nicht herankommen läßt an den Hüter der Schwelle, und es ist die ganze Kraft dieser Furcht darin hineinmaskiert, was sich heute als ein Kampf auftun möchte gegen das Herankommen dessen, was aus den übersinnlichen Welten als das Geisteslicht gegenüber dem Lebensdunkel kommen soll.

Das ist eine Vorstellung, welche der empfindet, der den Hüter an der Schwelle des Geistesseins kennt, und der da weiß, welche Bedeutung die übersinnlichen Erkenntnisse für das ganze Geistesleben der Gegenwart haben. Warum sitzen Sie hier? Weil ein Strahl des Geisteslichtes in ihre Seele gezogen ist, der Ihnen sagt, daß übersinnliches Wissen die Menschenseele ergreifen muß. Und weil immer lebendiger geworden ist, was dieser Strahl des Geisteslichtes sagt, deshalb vermehrt sich die Zuschauerschaft und Zuhörerschaft bei unseren Veranstaltungen. Wird man dem natürlichen Sprechen des Geisteslichtes zu den Seelen freien Lauf lassen, so wird es einstrahlen können in die

Seelen. Wird man siegen draußen bei den Gegnern der übersinnlichen Erkenntnis, dann wird sich vielleicht das Geisteslicht für eine Weile verdunkeln müssen, wird sich zurückziehen müssen, gezwungenerweise, das heißt, es müßte zurückgezogen werden, um diesen törichten Ausdruck zu gebrauchen. Dann wird die Welt eine Weile den Zusammenhang entbehren müssen zwischen dem Lebensdunkel und dem Geisteslicht. Allerdings ist es auch wieder notwendig, daß die, welche etwas von dem Geisteslichte wissen sollen, noch etwas lernen: daß sie lernen mit Wahrhaftigkeit auf dasjenige zu schauen, was schon hier in der äußeren Welt aus der geistigen Welt geboren wird. Wer sich heute noch blenden läßt von dem, was pro und contra in bezug auf übersinnliche Erkenntnis gesagt wird, wer nicht in der Seele den festen Impuls aus der übersinnlichen Welt sucht, der nur aus der übersinnlichen Welt selber kommen kann, der wird nicht diesen Impuls finden können.

Ich habe es öfters gesagt: was an Literatur nunmehr vorhanden ist, was durch die Gnade der Meister der Weisheit und des Zusammenklanges der Empfindungen in manchem Literaturwerke gegeben werden durfte, das enthält im Grunde genommen das, wovon man sagen darf, daß es in Gnade den Menschen mitgeteilt werden durfte. Und wenn ich von diesem Augenblicke an nichts weiter schreiben und sprechen könnte – wenn man nur das Vorhandene ausbaut (wenn ich auch selber nicht dabei sein könnte), wenn man sucht, was mit allem gemeint ist, so wird man finden, was man braucht. Und damit ist – wenn ich jetzt am Schlusse dieser Vorträge von dem Zusammenhange des persönlichen Karma mit dem Karma dieser Geistesbewegung sprechen darf – auch die Möglichkeit gegeben, daß in einer gewissen Beziehung das nicht mehr ausgelöscht werden kann, was – nicht als ‹Steinerische Richtung›, denn die gibt es nicht – sondern als objektiver Okkultismus in die Welt gekommen ist. Mag noch soviel von Gegnerschaft herankommen, das kann sich nicht beziehen auf das Auslöschen des Okkultismus für die Zukunft; denn es wird doch bleiben, was da ist. Dafür sehe ich denn doch einen Beweis darin, daß unsere Zeit eine spirituelle

Bewegung braucht, und daß doch eine Spanne gegeben ist, wo durch die Gnade unserer spirituellen Hüter dieses Geistesgut in die Sinneswelt hat herausgebracht werden können.»[115]

Im Anschluß daran, gleichsam um uns auf die Kraft hinzuweisen, durch welche wir etwas von der Aufgabe erfüllen könnten, welche dieser Augenblick uns gezeigt hatte, sprach er dann noch von dem Geisteslichte, das uns überall zusammensein läßt, auch wenn wir im Lebensdunkel örtlich getrennt sein mögen. Es ist dies die Liebe, «*die* Liebe, die aus der spirituellen Wahrheit selber herauskommt». «Lernen wir übersinnlich beisammen sein, damit wir beweiskräftig machen können das Dasein der übersinnlichen ... Welt.» «Was Ihre Seelen selber aus freiem inneren Erleben als Nachklang empfinden können, ... das ist es, woran ich in diesem Augenblicke appellieren möchte, eines jeden Freundes einzelne Seele herzlich begrüßend zum Abschied und zum Wiedertreffen in dem Sinne, wie sich Leute, die sich durch Erkenntnis lieben gelernt haben, immer zusammen befinden und zur rechten Zeit immer wieder treffen müssen.»[116]

Mit diesen Worten waren wir entlassen ins Leben, und was wir empfangen hatten, das wurde uns zur Verantwortung gegenüber den Welten, den Geistern, in deren Auftrag er zu uns gesprochen und uns damit die Wegzehrung gegeben hatte für die Wanderung durch die kommenden Zeiten, deren Schwere wir noch nicht ahnten, die er jedoch kommen sah als tragisch-unvermeidliche Folge des Verhaltens der Menschheit; nicht etwa aus einer mystischen Vergeltungsvorstellung, sondern aus der unerbittlichen Logik der Tatsachen. – Heute hört man schon oft die Ansicht, daß vieles anders werden müßte, wenn nicht in gewissen Abständen, auf die Rudolf Steiner auch hingewiesen hat, sich die Weltkriegskatastrophen als notwendige Folge erneuern sollten. Die Gegnerschaft, von der er gesprochen, sie ist da. Daß sie sich gegen die noch immer kleine Schar derer richtet, die nicht Götterwerk vernichten wollen, indem sie den Geistessamen ungepflegt verwesen lassen,[117] das ist nur der mehr äußere Ausdruck des Kampfes, der von geistigen Gegenmächten in Menschenseelen geführt wird, um zu verhindern, daß das Geisteslicht, das gerade in dieser Zeit sich den Menschen wieder nähern wird, auch wirklich aufgenommen werde. – Für solche Zeiten wollte er uns vorbereiten und uns Zuversicht schenken aus der Gewißheit des steten Beisammenseins im Geiste. Das enthob uns keiner Verpflichtung, denn das Wissen um diese Wahrheiten verpflichtet, aber es sollte uns das Vertrauen geben, daß nicht vergebens sein werde, was wir aus unseren schwachen Kräften unternehmen können. Denn der, zu dem er uns von neuem hingewiesen, ist in den Schwachen mächtig. So etwas sprach er nie, etwa in Predigerart, aus, aber was er als sein Werk im höheren Auftrag vor uns hinstellte, verlieh solchen Worten in uns Leben.

Von nun an erwartete er, daß von uns etwas geschehe. Als dann in diesem Jahre 1912 die «Anthroposophische Gesellschaft» gegründet wurde,[118] nachdem wir aus dem Zusammenhang mit der Theosophischen Gesellschaft (Adyar) hinausgetan worden waren, da sagte er in bezug auf seine Stellung zu dieser neuen Vereinigung, daß es ihm am liebsten wäre, wenn diese aus ihren eigenen Impulsen arbeitete und er ihr die Früchte seiner Forschung vorlegen könnte. Es lastet schwer auf uns, daß wir in der Folge nicht fähig waren, ihm diesen Wunsch zu erfüllen, der kein persönlicher war, der aus seinem Auftrag hervorging.

Guenther Wachsmuth hat in seinem Werke: «Die Geburt der Geisteswissenschaft»[119] aus dem großen Überblick heraus die Bedeutung dieses Jahres dargestellt. Für uns war es unmittelbares Erlebnis, daß Rudolf Steiner von nun an uns anders gegenüberstand, daß ein neuer Zug in seinem Wirken sich bemerkbar machte. Es hatte eine Art Abschluß stattgefunden, auch noch durch den Basler Zyklus, von dem gleich näher berichtet werden soll. Von nun an brachte er das vor, wodurch jeder einzelne Mensch den Weg zum Geiste gerade aus dem Bewußtsein der Gegenwart finden kann. Er knüpfte vor allem an das denkerische und dann an das wissenschaftliche Bewußtsein an mit den Werken: «Vom Menschenrätsel» (1916)[120] und «Von Seelenrätseln» (1917).[121] Viele Vorträge befaßten sich mit dem im Herbst 1913 begonnenen Dornacher Bau, mit Goethe und besonders, als im Jahre 1913 die Darstellung einzelner Szenen begonnen hatte, mit «Faust».[122] Die Verkündigung des Michael-Mysteriums,[123] das sich an den einzelnen wendet mit der Schicksalsfrage, ob er sich den Scharen Michaels als Mitkämpfer zugesellen will, tritt immer mehr in den Vordergrund.

Für den Fortgang der anthroposophischen Bewegung hatte dieses Jahr eine Entscheidung gebracht. Alle Bemühungen, von den Münchner Baubehörden die Bewilligung zur Errichtung des Johannesbaues auf dem inzwischen angekauften Gelände zu erreichen, erwiesen sich als fruchtlos. Jeder eingereichte Entwurf wurde mit nörgelnden Bemerkungen zwecks Abänderung zurückgestellt. Es war unverkennbar die Absicht, uns von dem Bauvorhaben abzuschrecken, indem man uns ins Ungewisse Zeit verlieren ließ. Man wollte in einer von der ganzen Kulturwelt beachteten Angelegenheit nicht mit einem offenen Verbot vorgehen und zeigte uns auf diese Weise die Aussichtslosigkeit unserer Bemühungen.

Da traten im Spätsommer Schweizer Mitglieder[124] an Rudolf Steiner, den diese Lage schwer bedrückte, heran und machten den Vorschlag, den Johannesbau in der Schweiz, in Dornach, zu errichten. Sie stellten auch Grund und Boden zur Verfügung. – Das Münchener Grundstück wurde während des dann im Juli 1914 ausgebrochenen Weltkrieges von den dortigen Mitgliedern mit Gemüse bepflanzt und nach Kriegsschluß verkauft.

Versucht man heute sich vorzustellen, was geschehen wäre, wenn man damals den Bau in München hätte errichten können, dann erkennt man, wie auch hier die Kräfte gewirkt hatten, die «durch des Widerstandes Kraft auf ihre Art dem Guten dienen». Dadurch, daß der Bau in der neutralen Schweiz entstehen konnte, war es möglich, die anthroposophische Arbeit *ohne Unterbrechung* durch zwei Weltkriege hindurchzutragen.

Im September 1912 fand in Basel als Abschluß der Evangelienbetrachtungen der Zyklus über das Markus-Evangelium[125] statt. Es fing schon recht dramatisch an, indem uns ein Telegramm von Mrs. Besant vorgelesen wurde, laut welchem die Abhaltung dieser Vortragsreihe «suppressed» sei. Sie hat aber doch stattgefunden, und zwar sozusagen *als erste auf eigenem Boden* der im Entstehen begriffenen Anthroposophischen Gesellschaft. Die geistigen Hintergründe jener Tage hat Frau Marie Steiner in dem von ihr verfaßten Vorwort zur Neuherausgabe dieser Vortragsreihe im Jahre 1930 in ergreifenden Worten geschildert. Die Krise im Verhältnis zur Theosophischen Gesellschaft (Adyar) hatte ihren Höhepunkt erreicht, und manches in diesen Tagen Ausgesprochene klingt wie fernes Donnergrollen. Aber diese Stimmung paßte letzten Endes zum Wesen dieses dramatischesten der Evangelien.

Unter solchen Umständen begannen also diese Vorträge von einer eindrucksvollen Gewalt, die wohl aus dem nun gedruckt vorliegenden Texte nicht mehr herausgelesen werden kann, die aber damals unsere Seelen durchbrauste. Mit unbeschreiblicher Wucht, bis in den Ton der Rede hinein, sprach er von jenem Gespräch des Christus-Jesus mit den Jüngern, in dessen Verlauf dieser fragt: «Was sagen die Leute von mir, wer ich sei?» (Markus-Ev. 8, 27) und sich dann – dem Anscheine nach – an Petrus wendet mit den Worten: «Weiche hinter mich, Satanas –». Und diese Enthüllung, daß hier gar nicht Petrus angesprochen wird, daß es sich um einen «Monolog des Gottes»[126] handelt, sie ist schon durch die Art, wie sie vorgebracht worden ist, der Höhepunkt dieser Evangelienbetrachtung. Wie er diese Szene mit einer Donnerstimme vor uns erstehen ließ, die eben notwendig war, um uns einen solchen Vorgang miterleben zu lassen, davon können gedruckte Worte kein Bild geben, aber in den Herzen derer, zu denen er damals gesprochen, rollt jener Donner weiter.

Liest man heute jene Worte, dann versteht man erst, welche Aufschlüsse sie über das enthalten, was wir jetzt durchleben. Er sprach von der «Geschichte als äußerer Offenbarung innerer geistiger Vorgänge».[127] Dieser Gedanke, mit wahrem Ernst durchdacht und verbunden mit dem, was der Geistesforscher uns gegeben hat, kann einem die Augen öffnen über den geistigen Kampf, in dem heute die Menschheit steht, wo sich feindliche Geistesmächte verschworen haben, sie zu betäuben in Haß und Wahn, damit sie unbemerkt vorbeigehen lasse das Ereignis, das sich in diesem Jahrhundert vollzieht: das Erscheinen der Christus-Wesenheit in der Welt des Lebens, in der Ätherwelt.[128] Zu diesem Zwecke wird der Rückfall in die Seelenhaltung längst vergangener Zeiten als das heute einzig Richtige, als ein großer Fortschritt hingestellt. – Eindringlichst wies er auf den kompositionellen Zusammenhang des Alten und des Neuen Testamentes hin, zeigte, wie im Fortgang des ersteren der Unsterblichkeitsgedanke erst nach und nach geboren wird. «Heute», so führte er aus, «haben die Menschen durch das Element der Individualseele die Beziehung zu den übersinnlichen Welten und nicht durch die Gruppenseelenhaftigkeit; die Volkskraft wird individualisiert, die Seelen durch den Christus-Impuls auf sich gestellt, im Fortschreiten der Geschichtsvorgänge geschieht Entscheidendes durch individuelle Gestalten, nicht mehr durch typische Vertreter geheimer Strömungen, die dahinter stecken.»[129] Von diesem Gesichtspunkt erst kann man erfassen, was es bedeutet, wenn in unseren Tagen der Versuch unternommen wird, die Menschen in die Gruppenseelenhaftigkeit zurückzutreiben, Individualitätsempfinden als eine Art Frevel hinzustellen, indem man so tut, als ob die Verfehlungen der einzelnen, begangen aus Übertreibung dieses Prinzipes, aus der Abirrung in den Egoismus, etwas zu tun hätten mit dem Individualismus als solchem. Man versteht, mit welcher Voraussicht Rudolf Steiner in den Anfang seines Wirkens gestellt hat seine «Philosophie der Freiheit» (1894), die Begründung des «ethischen Individualismus».[130] Hier kann er erkannt werden, dargelebt hat ihn Rudolf Steiner selbst in jedem Augenblick, in jeder Tat seines Lebens und seines Wirkens. Und was an Geistesgut durch ihn der Menschheit gegeben worden ist, das – so hatte er in München gesprochen – kann nicht wieder verlorengehen. – Es wird für alle Zeiten erhalten bleiben, doch welche Leiden werden noch heraufbeschworen werden, indem es zurückgewiesen wird und so seine ihm innewohnende Segenswirkung nicht ausüben kann!

An der Begründung der Anthroposophischen Gesellschaft, die im Dezember in Köln stattfand, konnte ich nicht teilnehmen;

denn inzwischen hatte dieses ereignisreiche Jahr 1912 auch für mich, der gerade sein dreiunddreißigstes Jahr beendet hatte, eine Wende gebracht; die Realität dieses Zyklus hatte sich auch im Einzelleben erwiesen. Aus der peinlichen Lage, welche oben angedeutet worden ist, befreite mich meine Ernennung zum Vorstand der k. u. k. Signal-Werkstätte Wien-Ost. Ein neuer Wirkungskreis, sowohl im Beruf als auch zugleich für die anthroposophische Bewegung, erschloß sich Maria Strakosch und mir, und wieder vereint begannen wir die Arbeit in Wien.

Wien

Im September 1912 kamen wir nach Wien, in jene Stadt, welche eigentlich heute nicht mehr besteht. Wohl stehen noch Häuser dort, doch das Wiener Lied, das besagt, daß hier die Gemütlichkeit nicht aussterben werde, solange der «alte Steffel», der Stephansturm noch steht, ist von den Ereignissen grausam Lügen gestraft worden; was einst Wien war, ist inzwischen von Grund auf zerstört worden. Das war eine kulturelle Atmosphäre ganz eigener Prägung. Wenn man die Wiener, die unverbesserlichen «Raunzer» hörte, dann war das zwar alles doch «nix», aber was es außerhalb Wiens gab, war selbstverständlich erst recht «nix». Hier lebte ein wahrhaft kultiviertes Europäertum. Es darf so genannt werden, weil alles durchseelt war und in lebendigem Fluß, es fehlte des deutschen Nordens Starrheit und Abstraktheit, hier wollte man keine Systeme durchführen, wollte man leben, und zwar möglichst gut. Dabei waren die Ansprüche an die äußere Lebensführung durchwegs recht bescheiden. Zum «guten Leben» gehörte nicht äußerer Überfluß, sondern jene – man möchte sagen – «Gelöstheit» der seelischen Atmosphäre, für welche es nur das gar zu unbestimmte Wort «Stimmung» gibt. Deshalb spielten auch das Theater und besonders die Musik eine solche Rolle, wie in keiner anderen Stadt, was in der «Burg»[131], in der «Oper» vor sich ging, davon sprach wirklich die ganze Stadt, nicht nur etwa bestimmte Kreise. Doch auch die «leichte» Muse war überall beliebt, am Silvesterabend konnte man die «Fledermaus» in der «Oper» erleben, gespielt von den «Wiener Philharmonikern», gesungen von den besten Sängern, dirigiert von Mahler[132], Weingartner und anderen. – Die Pflege der Kunst war eine sachlich-beseelte ohne irgendeine nationalistische Färbung, im Gegenteil, was hier geboten wurde, das konnte zu allen Völkern sprechen; und Ausländer bezeugten, daß sie manchen deutschen Meister erst in Wien verstehen gelernt hätten. So war Wiens kulturelle Aufgabe eine vermittelnde, besonders nach dem Osten hin. Selbst die Medizin galt hier noch als Kunst. Welche Bedeutung die Ärzte dieser Stadt der Musik als belebender Kraft für die Ausübung ihres Berufes beimaßen, geht aus der Tatsache hervor, daß es ein großes Symphonieorchester gab, das ganz aus musizierenden Ärzten bestand.

Neben der «Oper» bildeten die großen Ereignisse des Musiklebens die «Philharmonischen Konzerte», welche damals Schalk leitete; sie waren – das darf ganz ohne Übertreibung gesagt werden – einzig in ihrer Art. Das Verlangen nach Musik war so gewachsen, daß ein zweites Orchester, die «Tonkünstler», gegründet und – gerade als wir nach Wien kamen – das neue «Konzerthaus» eröffnet wurde. Da dirigierte Ferdinand Löwe, der ebenso wie Schalk ein Schüler Bruckners war. Die Werke dieses großen Meisters fanden eine liebevolle Pflege. Als man außerhalb Wiens noch wenig Kenntnis von ihm hatte, galt er hier schon bald nach seinem Tode (1896) neben Bach und Beethoven als das dritte der drei großen «B» in der Musik. – Ein alljährlich sich wiederholendes großes Ereignis war auch die Aufführung von Bachs «Matthäus-Passion» in der Karwoche durch die «Gesellschaft der Musikfreunde». Das Rosé-Quartett mit seinen Abonnementskonzerten bildete den Grundstock des in der Kammermusik Gebotenen, und in unvergeßlicher Erinnerung bleibt die leider nur so kurze Zeit vereint gebliebene Trio-Vereinigung: Löwe, Adolf Busch, Grümmer, in deren Konzerten die Werke, die Aufführenden und die Zuhörer zu einer tief erlebbaren Einheit wurden. Viel trug hierzu die Tatsache bei, daß fast alle die aufgeführten Werke kannten und ein beträchtlicher Teil des Publikums mit ihnen durch eigenes Musizieren besonders innig vertraut war. Von der Pflege der Hausmusik macht man sich außerhalb Wiens kaum eine Vorstellung. Wenn junge oder auch alte Menschen zusammenkamen, wurde musiziert, und man stellte da erhebliche Ansprüche. Wurde man in einen neuen

Menschenkreis eingeführt, so trat bald die Frage heran, welches Instrument man spiele. Ich kannte einige junge Volksschullehrer, welche jeden Abend Quartett spielten. – Eine besondere Vorliebe hatten die Wiener, bis in sogenannte einfachere Kreise, für die Geige, und wenn man durch die Vorstädte ging, so tönten oft aus den hohen Häusern mit den unzähligen kleinen Wohnungen wirklich süße Klänge. Der überwiegende Teil der Wiener konnte mit der nach Bruckner entstehenden Musik nicht viel anfangen, doch fanden die Schöpfer der neuen Musik, die ja vielfach von Wien ausging – Mahler, Schönberg, Alban Berg und andere – eine, wenn auch nicht allzu große, doch begeisterte Gemeinde. Bei Mahler war es so, daß er als Dirigent und Neubeleber der «Oper» allgemein bewundert wurde, weniger als Komponist. – Das Musikleben war so vorherrschend, daß dagegen Malerei und Bildhauerkunst mehr zurücktraten. Dagegen begann man gerade hier in der Architektur – besonders durch Otto Wagner und Adolf Loos – sich von herkömmlichen Formen zu befreien und ging vor allem im Kunstgewerbe neue Wege.

Ein Blick auf eine der damaligen Banknoten ließ erkennen, daß es in der österreichisch-ungarischen Monarchie weit über ein Dutzend offizieller Landessprachen gab. In Wien konnte man sie alle hören; es gab da die Abgeordneten im Parlament, viele Beamte und Offiziere. Die Amtssprache sowie die Kommandosprache waren deutsch, im mündlichen Verkehr kamen auch die Landessprachen zu Wort. Bis gegen das Ende des neunzehnten Jahrhunderts bestand ein erträgliches Einvernehmen zwischen den verschiedenen Völkerschaften, daran kann ich mich aus meiner Kinderzeit noch gut erinnern. Dann – so pflegt man zu sagen – «erwachten» diese zum Selbstbewußtsein und verlangten ihre ihnen angeblich bisher vorenthaltenen Rechte. Nun, wer dabei war, konnte ganz gut beobachten, daß diese Bewegung nicht von den Nationalitäten ausging, sondern ganz enenrgisch von außen hineingetragen wurde; es begann einfach eine bewußte Verhetzung, die leider schon nach kurzer Zeit verhängnisvolle Folgen hatte.

Auch bei den Balkanvölkern, die sich von türkischer Herrschaft befreit hatten, nahm dieses «Erwachen» immer stürmerische Formen an; die Konflikte, in welchen politische Aspirationen mit wirtschaftlichen Notwendigkeiten unheilvoll ineinandergeschlungen waren, spitzten sich immer mehr zu. Was man das Wetterleuchten auf dem Balkan nannte, war zum drohenden Gewitter geworden. Die ersten Entladungen zeigten sich gerade im Sommer 1912. Bulgarien, Serbien, Griechenland und Montenegro hatten die mazedonischen Wirren zum Anlaß genommen, um gegen den alten Erbfeind, die Türkei, gemeinsam loszuschlagen. Der Augenblick schien günstig, denn diese war gerade in einen schweren Krieg mit Italien verwickelt.

So war es seit jener Krise nach der endgültigen Besitzergreifung der seit dem Jahre 1878 von Österreich bloß besetzt gehaltenen türkischen Provinzen Bosnien und Herzegowina mehrmals dazu gekommen, daß ich als Reserveoffizier den Befehl erhalten hatte, mich zum eventuellen sofortigen Einrücken bereit zu halten. Jedesmal war aber wieder ein Weg gefunden worden, den Zustand, den man «Frieden» nannte, der es aber eigentlich doch nicht recht war, vorläufig aufrechtzuerhalten.

Von der anthroposophischen Arbeit Rudolf Steiners in Österreich

Diese Spannungen bedrückten selbstverständlich die Gemüter, so daß für die Fragen geistigen Fortschrittes nicht viele Kräfte frei waren. Weiteste Kreise fühlten sich im Katholizismus in jeder Beziehung geborgen und zufrieden, andere waren dem Freidenkertum verfallen; so fand man nicht viele suchende Seelen, was wohl auch mit der Tatsache zusammenhängt, daß dem Österreicher im allgemeinen ein feines seelisches Fühlen (Verstehenwollen) näher liegt als in die Tiefen dringendes geistiges Streben.

Eine Bewegung von solch innerer Strenge, wie die anthroposophische, hatte es also hier begreiflicherweise nicht leicht. Seit

1910 bestand eine Gruppe, welche sich auf Rudolf Steiners Rat «Gesellschaft zur Pflege theosophischer Erkenntnisse in Wien» nannte. Hier wurde richtig studiert, aber der Kreis der Interessierten vergrößerte sich recht langsam. Außer den Vorträgen, welche Rudolf Steiner bei seinen Besuchen in Wien hielt, gab es keine öffentlichen Veranstaltungen. (Mit der theosophischen Gruppe von Maria Lang, von welcher er im «Lebensgang» spricht,[133] bestand keine Verbindung. Er selbst besuchte sie, und einmal konnte ich auch mit ihm an einem solchen Abend in der Mariahilferstraße teilnehmen.)

In dieser «Gesellschaft zur Pflege theosophischer Erkenntnisse», an deren Zusammenkünften wir teilnahmen, wurde mit Hingabe und Dankbarkeit aufgenommen, was Steiner schon gegeben hatte und immer von neuem in reichem Maße gab. Wie überhaupt in den Arbeitsgruppen hatten sich die Menschen zusammengefunden in dem ehrlichen Streben, den von Rudolf Steiner gewiesenen Geistesweg zu gehen, dessen erste Stufe das «Studium» war. Sie kamen nicht nur aus den sogenannten gebildeten Ständen, und das war auch in seinem Sinne; denn öfter hatte er gesagt: «Anthroposophie ist auch für den einfachen Menschen.» Gerade solche waren oft mehr als die Intellektuellen bereit, das Verpflichtende der Anthroposophie in ihrer ganzen Lebensführung zur Auswirkung gelangen zu lassen. Jene konnten wieder mehr dazu beitragen, die Ergebnisse der Geistesforschung in klaren Gedanken zu erfassen, und das war auch notwendig. So ergänzten sich beide Gruppen in fruchtbarer Weise, und eine solche Gemeinschaft konnte dadurch zur Schale werden, in welche Rudolf Steiner stets neue Früchte hineinzulegen bereit war. Er gab so gerne, wo man offenen Herzens zu empfangen bereit war. Es wäre zu weit gegangen, wollte man behaupten, er sei in bezug auf das, was er zu sagen hatte, von den Zuhörern abhängig gewesen, aber man sollte beachten, daß er die Vortragsreihen (Zyklen), um welche es sich hier handelte, als das Ergebnis einer Zusammenarbeit zwischen ihm und den Mitgliedern bezeichnet und sie so seinen Büchern gegenübergestellt hatte, welche das enthielten, was er von sich aus zu sagen hatte. Auf dem Felde der Erkenntnisse höherer Welten gibt es eben Tatsachen, welche nur ausgesprochen werden können, wenn sich Seelen in rechter Weise zu deren Aufnahme vorbereitet haben, sonst ist der Lehrer verpflichtet zu schweigen. Bloß «wissenschaftliches» Interesse ist keine Grundlage, als *ganzer* Mensch muß hier ernst gemacht werden, dann kann die wissenschaftliche Vorbereitung erst fruchtbar werden, dann können die zwar in strenger Gedankenform gegebenen Inhalte ihre Wandlungskräfte in den Seelen entfalten und zur Bildung der neuen Geistesorgane führen. Solche Kräfte wollen gepflegt werden in Meditation, Konzentration und entsprechender Lebensführung. So mußte sich jedes Mitglied sagen, daß es gewissermaßen der Nachwelt verantwortlich sei, besonders in bezug auf das, was Rudolf Steiner infolge unwürdigen Verhaltens seiner Zuhörer nicht aussprechen konnte und was dadurch vielen Menschen fehlen mußte; denn in jedem seiner Worte lag eine wahre Hilfe. Blickt man so in wirklichkeitsgemäßer Überschau auf die Arbeit jener Jahre zurück, dann wird man nicht – wie dies später geschehen ist – von oben herab sagen, die Gesellschaft habe damals eben nur aus alten Damen und Leuten ohne wissenschaftliche Bildung bestanden. Sie bestand aus den Seelen, die sich bereitet hatten, den neuen Geistesimpuls aufzunehmen, und man sollte ihrer in Dankbarkeit gedenken.

Rudolf Steiner hat es ausgesprochen, daß man auch ein gebildeter Mensch werden könne, indem man sich in rechter Weise mit Anthroposophie befasse. Man brauchte auch in der Tat nur auf das einzugehen, was er über die verschiedensten Gebiete in seinen Vorträgen sagte, um jenes Eingehen auf die Erscheinungen der Kultur und Natur zu erlernen, das die Grundlage der echten Bildung ausmacht. Nicht der ist gebildet, der zu jedem Ding eine ihm geistreich scheinende, meist abfällige Kritik zu äußern imstande ist, oder mehr oder weniger tiefe Vergleiche zu ziehen, sondern wer alle Erscheinungen liebevoll zu verstehen und ihrer Eigenheit nach zu erfassen bestrebt ist. Dazu gehören Positivität und Unbefangenheit. Wie man diese lernt, von welcher Bedeutung sie für den Weg des Geistesschülers überhaupt sind, darauf hat er immer wieder hingewiesen.

Wer sich nun ernstlich auf den Weg macht, der kann aber nicht nur sich eine gewisse Bildung aneignen, seine Lebenswege nehmen auch oft eine fruchtbare Wendung im inneren wie auch im äußeren Sinne.

Meine Dienstreisen führten mich oft nach Prag, und selbstverständlich ließ ich es mir angelegen sein, nach des Tages dienstlichen Pflichten an den freien Abenden die dortigen anthroposophischen Freunde aufzusuchen. Ich lernte einen tschechischen Schlosser kennen, der den tätigsten Anteil an der Arbeit nahm. Er hatte sich in verhältnismäßig kurzer Zeit solche Kenntnisse der deutschen Sprache angeeignet, daß er nicht nur Werke in dieser Sprache lesen, sondern sich auch gut darüber aussprechen konnte. So hatte er an der Erweiterung seiner Bildung gearbeitet. Er wollte aber auch im beruflichen Leben seine Stellung verbessern. Er erwarb sich Kenntnisse auf kaufmännischem Gebiet und begann als Vertreter zu reisen. Es ergab sich, daß er für eine Likörfabrik zu arbeiten hatte. Inzwischen hatte er aber beobachtet, welche schlimme Folgen der Alkoholgenuß im sozialen Leben hatte, und auch gelesen, was Rudolf Steiner über dessen Wirkungen gesagt, nämlich, daß er auf das Blut so wirke, daß das Ich des Menschen in seinem Wirken gehemmt wird.[134] Da sagte er sich: Ich lebe davon, daß ich die Menschen veranlasse, den Alkohol zu trinken, der ihnen schädlich ist in mehrfacher Beziehung; und er litt immer mehr unter dem Zwiespalt zwischen seinen Einsichten, die sein Gewissen belasteten, und der Notwendigkeit, für sich und seine Familie die Mittel zu beschaffen. Wie die Dinge lagen, war es sehr schwer, eine andere Existenzmöglichkeit zu finden. Er bat Rudolf Steiner um Rat und erhielt den Bescheid: «Verkaufen Sie ruhig weiter den Alkohol. Es ist besser, daß Sie es mit schlechtem Gewissen tun, als wenn es ein anderer mit Überzeugung täte, und verkauft wird der Alkohol doch.» Dies war nicht der einzige Fall, in welchem sich jemand an Rudolf Steiner gewendet hatte aus einer Lebenslage, die wegen innerer Konflikte schwer zu ertragen war. Meist gab dieser den Rat auszuharren. Doch immer wieder kam es dann so, daß das Leben bald eine andere Möglichkeit brachte, und zwar eine recht befriedigende. Der Freund, von dem hier die Rede ist, erhielt bald danach die Stelle eines Reklamechefs bei einer Fabrik, welche ein sehr gutes Brot herstellte; dafür konnte er sich mit gutem Gewissen einsetzen und hatte zudem seine Stellung bedeutend verbessert.

Die oben erwähnte Zusammenarbeit mit den Zuhörern seiner Vorträge brachte es mit sich, daß es Rudolf Steiner manchmal auch auf einen bestimmten Menschen ankam, dem er eben in diesem Augenblicke etwas zu sagen hatte, dessen dieser bedurfte. Wir machten überhaupt stets von neuem die Erfahrung, daß uns die Fragen, mit denen wir uns gerade beschäftigten, in den verschiedenen Vorträgen beantwortet wurden. Dies wirft Licht auf die Tatsache, daß er die Vorträge, welche er in den verschiedenen Städten unter demselben Titel hielt, jedesmal anders gestaltete. In Nürnberg hat sich zu jener Zeit bei einem öffentlichen Vortrag folgendes ereignet: Der Saal war voll besetzt, und der Zeit nach hätte man den Beginn erwarten dürfen. Es herrschte erwartungsvolle Stille, Rudolf Steiner stand vorne und blickte bald nach dem Eingang, bald nach der Uhr. Längere Zeit erschien niemand, dann trat ein schlichter junger Mensch ein, einige Freunde kannten ihn; es war ein Handwerker, der sich nicht früher von seinem Arbeitsplatz hatte entfernen können. Als Rudolf Steiner ihn erblickte, stieg er schnell zum Rednerpult hinauf und begann seinen Vortrag.

An keiner Stelle hat man es im ganzen Werke Rudolf Steiners mit einem Wiederheraufholen alter Traditionen zu tun. Damit ist nicht ausgedrückt, daß sie dort, wo sie in rechtmäßiger und reiner Weise überliefert sind, nicht Ehrfurcht verdienen. Aber die Gegenwart kann sich mit ihnen nicht begnügen. Das neunzehnte Jahrhundert hat in seinen wissenschaftlichen Fortschritten ganz andere Gebiete erobert als die sind, über welche es Überlieferungen gibt; in der Kunst hat man noch einmal alle alten Stile sozusagen durchprobiert und erlebt, daß keiner mehr befriedigen kann, wonach sich die heutige Menschheit sehnt.

Alle Zeichen der Zeit deuten darauf hin, daß neue Erkenntnisinhalte, neue Erlebensmöglichkeiten, neue Grundlagen der Lebensführung notwendig sind, um einen wirklichen Fortschritt zu ermöglichen und nicht in ein Taumeln von einer Katastrophe in die andere zu verfallen.

Einem vorläufig kleinen, aber treuen Kreise war so zur Gewißheit geworden, daß in der Persönlichkeit Rudolf Steiners derjenige vor ihnen stand, von dem sie einen Schritt vorwärts erwarten konnten, zu dem sie unbedingtes Vertrauen hegen konnten. Nicht, daß er es gleichsam als Vorbedingung geheischt hätte, das lag ihm ferne. Ihm waren diejenigen am liebsten, die aus freier Erkenntnis, nach reiflicher Prüfung seiner Ergebnisse sich an ihn um Rat und Hilfe für ihren Erkenntnisweg gewendet hatten. «Ich verlange nicht, daß man mir glaube», hat er oft ausgesprochen, «aber man sollte doch *prüfen,* was ich vorbringe.» Damit war auch schon die Frage beantwortet, wie weit heute ein Geistesforscher in der Herausgabe des Erforschten gehen kann. Er hat es in «Mein Lebensgang» mit den Worten ausgesprochen: «Mit Allem kann das geschehen, das der Forschende in solche Ideen kleiden kann, wie sie der Bewußtseinsseele eigen und wie sie ihrer Art nach auch in der anerkannten Wissenschaft zur Geltung kommen.»[135]

Damit ist seine Stellung zur Wissenschaft gegeben. Es kann nie mehr die Rede sein, hinter deren Ergebnisse zurückzugehen, sondern im Gegenteil darüber hinaus. Immer wieder hat er betont, es solle nichts abgetan werden von deren Ergebnissen, aber diese stellen nur einen Teil der Wirklichkeit dar – «Viertelswahrheiten» hat er sie oft genannt –, nämlich den für die Sinne und den an sie gebundenen Verstand zugänglichen. Erst durch die neuen Organe des geistigen Schauens wird hinzugefügt, was das menschliche Wissen in Übereinstimmung bringen kann mit der ganzen Wirklichkeit. – Dabei unterschied er aber sehr genau zwischen wirklichen Forschungsergebnissen, zum Beispiel der Naturwissenschaft und den daraus gezogenen Schlüssen, den darauf aufgebauten Gedankenkombinationen. Diese Unterscheidung war besonders deutlich bei Ernst Haeckel zu beobachten, dessen genaue Beobachtung und künstlerische Darstellung er schätzte.[136] Den daraus abgeleiteten materialistischen Monismus lehnte er ab; den bedeutenden Forscher hat er in seinen Vorträgen: «Haeckel und seine Gegner» (1900) in Schutz genommen. «Haeckel, die Welträtsel und die Theosophie» (1905) (beide im Druck veröffentlicht) enthält dagegen eine Auseinandersetzung mit dessen «Natürlicher Schöpfungsgeschichte».[137]

Die Arbeit in den Zweigen, das ernste Aufnehmen und Verarbeiten des Gegebenen, bildete den Kern der anthroposophischen Bewegung. Diese wäre aber darauf beschränkt geblieben, einer gewissen Zahl von Menschen Möglichkeiten einer persönlichen geistigen Entwicklung zu geben. In die großen Kulturzusammenhänge konnte sie nicht hineinwirken ohne entsprechende Betätigung auf dem Gebiete der Kunst und der Wissenschaft. Für die Pflege des Künstlerischen war in München der Anfang gemacht worden, und das damals Begonnene hat sich, vor allem dank der Tätigkeit von Frau Marie Steiner in bezug auf die musischen und redenden Künste, dank der liebevollen Förderung durch Albert Steffen[138] auf dem Gebiete der «Schönen Wissenschaften» in fruchtbringender Weise entwickelt und den Weg in alle Länder und Erdteile gefunden.

Spröder dagegen war die wissenschaftliche Welt, wo in unserer Zeit vor allem die Naturwissenschaften im Vordergrunde stehen. Schon 1903 hatte Rudolf Steiner im Eröffnungsheft der von ihm herausgegebenen Zeitschrift «Luzifer» (später «Luzifer-Gnosis») geschrieben: «Mit den Tatsachen des Geisteslebens wird sich diese Zeitschrift beschäftigen ... Der wahre Geist der neuen Naturwissenschaft soll in ihr keinen Gegner, sondern einen Verbündeten finden.»[139] In demselben Jahre erschien auch: «Reinkarnation und Karma, vom Standpunkt der modernen Naturwissenschaft notwendige Vorstellungen»[140]. Er legte Wert darauf, die Ergebnisse seiner Geistesschau so darzustellen, daß sie – natürlich bei vorurteilsloser Betrachtung – dem naturwissenschaftlich Denkenden berechtigt und gerechtfertigt erscheinen konnten. – Im Jahre 1911 hielt er in Berlin (Architektenhaus) zwei öffentliche Vorträge[141], die eine besondere Note zeigen.

Während er sonst, von Gesichtspunkten der Geistesforschung ausgehend, über die höheren Welten und deren Erforschung, über die Wesenheit des Christus, über die Entwickelung der Menschheit zu sprechen pflegt, ging er hier von der entgegengesetzten Fragenstellung aus: «Was hat die Geologie über Weltentstehung zu sagen?» (9. Februar 1911), «Was hat die Astronomie über Weltentstehung zu sagen?» (16. März 1911). In beiden Vorträgen wird in positiver Weise auf die Ergebnisse dieser Wissenschaften eingegangen und darauf hingewiesen, daß man erst weiterschreitend zu den geistigen Ursachen an die Wirklichkeit herankommen kann; im letztgenannten Vortrag sprach er am Schluß die Worte:

«Es drängt sich in den Menschensinn
Aus Weltentiefen rätselvoll
Des Stoffes reiche Fülle.
Es strömt in Seelengründe
Aus Weltenhöhen inhaltvoll
Des Geistes klärend Wort.
Sie treffen sich im Menscheninnern
Zu weisheitsvoller Wirklichkeit.»

Daß er dann längere Zeit nicht mehr so sprach, deutet darauf hin, daß dieser Mahnruf – wie leider so mancher andere auch – keinen Widerhall gefunden hat. Naturwissenschaft kann nur weiter vordringen, aus der Sackgasse der materialistischen Deutung ihrer Ergebnisse hinausfinden, wenn sie den Schritt macht, sich mit der Geistesforschung zu durchdringen. Dann wird sie auch imstande sein, die Sehnsucht der heutigen Menschen nach wirklicher Erkenntnis der Natur zu befriedigen und ihnen die Grundlagen für das Leben zu geben, welche so dringend nötig sind. Im Leben kann sich der Mensch doch erst zurechtfinden, wenn er seine wahre Stellung im Weltganzen zu erkennen beginnt.

Aus dieser Einstellung, aus seiner unendlichen hilfsbereiten Liebe zu allen Menschen sprach Rudolf Steiner dann weiter in

Wien am 20. Januar 1913 öffentlich über «Geisteswissenschaft und Naturwissenschaft in ihrem Verhältnis zu den Lebensrätseln»[142]. Hier, in der österreichischen Ätheraura versuchte er, von Herz zu Herzen zu sprechen über diese Frage, an der ihm so viel gelegen war, hier wollte er sich unmittelbar an die erlebende Seele wenden, damit sie den erkennenden Geist beflügle zu jenem Schritte, der eben nicht aus dem bloßen Verstande, der nur aus dem ganzen Menschen heraus getan werden kann. Seine in Österreich gehaltenen Vorträge zeichnen sich vor anderen durch eine besondere Innigkeit in der Seelenhaltung aus; so konnte er vor seinen Landsleuten sprechen. Nicht, weil es seine Landsleute waren, denn er war jenseits aller volkshaften Bindung, aber die Tatsache, daß er sich in diesem Lande verkörpert hatte, gab ihm gewisse Möglichkeiten für die Erfüllung seiner Menschheitsaufgabe, gab ihm die Fähigkeit, über die erhabensten Weltengründe menschlich zu sprechen und so den Geisteskeim in der Menschenseele zu erwecken, der nicht allein Licht, der auch Wärme braucht. Er mußte sich überall nach der Seelenhaltung seiner Zuhörer richten, um den Weg zu ihnen zu finden. Hier durfte es diejenige sein, die ihm so ganz gemäß war, da er doch in diesem Lande zur Welt gekommen war, da gerade sie ihn am besten mit den hiesigen Zuhörern verband. Man konnte es immer wieder erleben, wie er sich da wohl fühlte, sich ganz ungezwungen und so oft mit unbefangener Heiterkeit bewegte. Auch ließ er in Privatgesprächen gerne und mit Freude die heimische Mundart anklingen; das tat er auch gerne anderwärts, wenn er mit Österreichern sprach, und es belustigte ihn, wenn dann zum Beispiel die Norddeutschen über manche ihnen unbekannte Ausdrücke erstaunt waren, die er dann in humorvoller Weise zu erklären pflegte.

Dieser ganze Vortrag ist erfüllt von Seelenwärme, von Menschenliebe bis in jede Wendung der Gedankenführung hinein, er klang wie eine herzinnige Bitte, man möge doch aufnehmen, was er so gerne helfend zu geben bereit war.[143]

Einen grundlegenden Ausspruch hat er meines Wissens damals zum ersten Male in so strenger Form getan: «Und das wird die Aufgabe sein der Geisteswissenschaft gegen die Zukunft hin, daß sie auf die Einzelheiten des Geisteslebens einzugehen vermag; wie die Naturwissenschaft es auf ihrem Gebiete zu tun gewohnt ist.»[144] Durch Eingehen auf Einzelheiten das Verständnis der großen Zusammenhänge zu vertiefen, das hat sich immer in unserer Arbeit als ein fruchtbares Vorgehen erwiesen.

Einen unmittelbaren Widerhall in der Öffentlichkeit hat dieser Vortrag nicht gefunden, auch nicht bei denjenigen Mitgliedern, welche keine Beziehungen zu den Naturwissenschaften hatten. Aber für einen kleinen Kreis gab er den Anstoß, mit dem gemeinsamen Studium von Goethes «Materialien zur Geschichte der Farbenlehre»[145] zu beginnen. Man traf sich in unserer Wohnung.

Im Sommer dieses Jahres (1913) verbrachte ich meinen Urlaub in München; es fanden Aufführungen der vier Mysteriendramen statt, daran schloß sich die Vortragsreihe: «Die Geheimnisse der Schwelle»[146], und wir erlebten die erste Darbietung eurythmischer Kunst, über welche auch schon berichtet worden ist.

Am 20. September wurde in Dornach der Grundstein zum Goetheanum gelegt.[147] Es war uns schmerzlich, nicht dabei sein zu können, waren wir doch bis in Einzelheiten hinein mit diesem feierlichsten Anlaß verbunden. Von dem Augenblick im Jahre 1911 an, wo ich die Proportionen des Baues, aus dem Pentagondodekaeder entwickelt, Rudolf Steiner vorlegen durfte, hatte ich innerlich mit dieser Vorstellung gelebt, und dann konnten wir Umschau halten nach einer der Natur entnommenen Krystallgruppe des Pyrit, welche in zwei ungleich großen, sich teilweise durchdringenden Dodekaedern bestand und so ein Bild des Baues darstellte. Es gelang, eine passende zu beschaffen, und sie wurde dann in einem Kupfergehäuse, welches diese Formen in umgekehrter Richtung wiederholte, in den Grundstein versenkt, wie es Guenther Wachsmuth so schön in seinem Werke «Die Geburt der Geisteswissenschaft» beschreibt.[148] Bei jeder Gelegenheit ließen wir uns Berichte geben von Freunden, welche an der Feier teilgenommen hatten, und dieses wahrhaft grundlegende Ereignis lebt in den Seelen weiter, war es doch

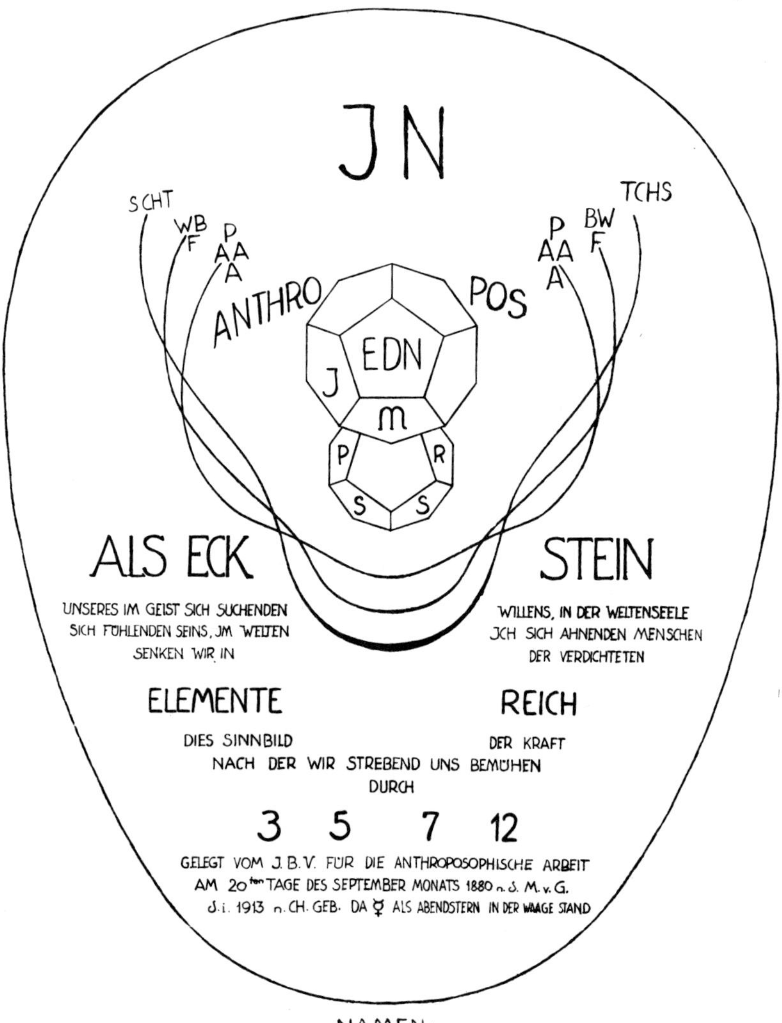

Abb. 12a
Das von Rudolf Steiner gezeichnete Grundsteindokument, Original: 90 cm breit, 130 cm lang.

hier, daß zum ersten Male im Gange der Weltenentwickelung die Menschheit als die zehnte Hierarchie angesprochen und aufgerufen wurde. Die Handlung hatte in einer Grube in der Erde stattgefunden, der Regen hatte unter Sturmgebrause und Blitzesleuchten herabgeströmt, alle Elemente waren beteiligt gewesen. Dies war die Grundsteinlegung aus dem Makrokosmos, die mikrokosmische in die einzelnen Seelen folgte zehn Jahre später in ernstester Weise. Mahnend stehen beide vor den Seelen.

Im Spätherbst war Maria Strakosch nach Nürnberg[149] gefahren, um dort Vorträge von Rudolf Steiner zu hören. Auf der Rückreise, als man schon auf österreichischem Boden fuhr, bemerkte sie zu ihrer Überraschung ihn selbst im Zuge.[150] Im Verlauf des Gespräches stellte sie Fragen, welche sich aus dem Studium der Geschichte der Farbenlehre ergeben hatten, auch eine im Hinblick auf die alte griechische Kultur. Er wies darauf hin, daß gerade darüber Herr Strakosch doch gut Bescheid geben könne. Er schien damit auf etwas anderes als bloß gelerntes Wissen hindeuten zu wollen, denn ich hatte ja Technik studiert, und die Frage bezog sich auf Dinge, welche jenseits dessen lagen, was ich vielleicht noch von meiner Studienzeit am humanistischen Gymnasium im Gedächtnis haben konnte. Ich hatte mich am Bahnhof eingefunden, um Maria Strakosch abzuholen, und war nicht wenig erstaunt, auch Rudolf Steiner zu finden. Als ich frug, ob ich ihm in irgend etwas behilflich sein dürfte, dankte er freundlich, legte den Zeigefinger an die Lippen und verschwand im Gedränge.

Der Wiener Zyklus: «Das innere Wesen des Menschen und das Leben zwischen Tod und neuer Geburt»

Seit der Grundsteinlegung begleiteten wir alle in Gedanken das Fortschreiten des Baues. Jede Nachricht, jede Photographie, welche von Dornach kam, machte schnell die Runde. So war auch für uns das Richtfest in den ersten Apriltagen des Jahres 1914 et-

Abb. 12b
Erster (Manuskript-)Druck des Vortragszyklus von Rudolf Steiner in Wien vom 9. bis 14. April 1914.

NUR FÜR MITGLIEDER.
Als Manuskript gedruckt!
Alle Rechte vorbehalten.
Vervielfältigung, Nachdruck und Benutzung für gedruckte Werke streng verboten.

Inneres Wesen des Menschen und Leben zwischen Tod und neuer Geburt.

Vorträge

gehalten zu Wien vom 9. bis 14. April 1914

von

Dr. Rudolf Steiner.

Nach einer vom Vortragenden nicht durchgesehenen Nachschrift.

INNERES WESEN DES MENSCHEN
UND LEBEN ZWISCHEN TOD UND NEUER GEBURT.

-----

1. Vortrag.

Wien, den 9. April 1914.

Meine lieben theosophischen Freunde!

Dieser Vortragszyklus wird das Ziel haben, das menschliche Innenleben zu schildern im Zusammenhang mit dem Leben zwischen dem Tod und einer neuen Geburt, um zu zeigen, wie innig diese beiden Gebiete des Daseins zusammenhängen. Und er wird daneben das Ziel haben, Richtlinien zu entwickeln aus der Erkenntnis des Angedeuteten heraus, die den Menschen wirklich orientieren können in manchen schwierigen Lebenslagen; die geeignet sind, in mancher Beziehung einen sicheren Halt des Seelenlebens durch ein gewissermaßen gründliches Verständnis dieses Seelenlebens zu geben. Dazu wird notwendig sein, daß Sie sich, meine lieben theosophischen Freunde, durch die ersten Vorträge, die ein Fundament, eine Grundlage aufrichten sollen, hindurcharbeiten. Sie werden in esoterisch wissenschaftliche Gebiete führen, die vielleicht manchem zunächst abgelegen scheinen könnten, weit weg von dem, was gerne unmittelbar das menschliche Gemüt ergreifen möchte; aber wenn wir zu dem gelangen werden, worin diese Vorträge eigentlich ihr Ziel erblicken, dann werden Sie sehen, daß dieses Ziel in einer sicheren Form doch nur zu erreichen ist, wenn man sich zuerst durch die scheinbar entlegenen esoterischen Erkenntnisse hindurcharbeitet, die geboten werden sollen.

Wenn man das menschliche Innenleben zunächst abstrakt betrachtet, so tritt es einem in drei Formen entgegen, auf die wir oftmals aufmerksam gemacht

W. 1. 1

was Wichtiges. Aber das große Ereignis war der vom 9. bis 14. April in Wien gehaltene Zyklus: «Das innere Wesen des Menschen und das Leben zwischen Tod und neuer Geburt».[151]

Kaum in einer anderen Vortragsreihe kommt der esoterische Grundcharakter der anthroposophischen Bewegung so unmittelbar zum Ausdruck wie in dieser, schon in der Themastellung, im Titel. Da wird dem menschlichen Innenleben nicht etwa das äußere Leben gegenübergestellt, sondern auf die Beziehung hingewiesen zu jener Folge von Erlebnissen zwischen dem Tode und einer neuen Geburt, welche damit beginnt, daß nun zur Außenwelt wird, was wir auf Erden weilend als unser Innenleben empfunden haben. Schon in den Eingangsworten wird ausgesprochen, was oft nicht genügend erfaßt wird: «Dieser Vortragszyklus wird das Ziel haben, das menschliche Innenleben zu schildern im Zusammenhang mit dem Leben zwischen dem Tod und einer neuen Geburt, um zu zeigen, wie innig diese beiden Gebiete des Daseins zusammenhängen. Und er wird daneben das Ziel haben, Richtlinien zu entwickeln aus der Erkenntnis des Angedeuteten heraus, die den Menschen wirklich orientieren können in manchen schwierigen Lebenslagen, die geeignet sind, in mancher Beziehung einen sicheren Halt des Seelenlebens durch ein gewissermaßen gründliches Verständnis dieses Seelenlebens zu geben. Dazu wird notwendig sein, daß Sie sich, meine lieben anthroposophischen Freunde, durch die ersten Vorträge, die ein Fundament, eine Grundlage aufrichten sollen, hindurcharbeiten; sie werden in esoterisch wissenschaftliche Gebiete führen, die vielleicht manchem zunächst abgelegen scheinen könnten, weit weg von dem, was das menschliche Gemüt gerne unmittelbar ergreifen möchte. Aber wenn wir zu dem gelangen werden, worin diese Vorträge eigentlich ihr Ziel erblicken, dann werden Sie sehen, daß dieses Ziel in einer sicheren Form doch nur zu erreichen ist, wenn man sich zuerst durch die scheinbar entlegenen esoterischen Erkenntnisse, die geboten werden sollen, hindurcharbeitet.»[152] Esoterik besteht ja nicht in der Erwerbung von gewissen Kenntnissen, die anderen vorenthalten werden, sondern in fortschreitender innerer Arbeit an den Seelenkräften, an dem Geisteskeim, der auf dem Grunde der Seele der Erweckung harrt. Auf diesem *Wege* gelangt der Mensch vom *Wissen* von der Welt des Scheins zur *Erkenntnis* seiner selbst zunächst als Schein des Geistes in dem Reich des Scheines und weiter zum bewußten Erleben als Wesen unter Wesen im Lichte des Seins. Immer deutlicher sieht er, wo die Maya, «das große Nicht-Sein» aufhört und die Geistwirklichkeit beginnt. Je mehr er durch den Sinnesschein durchschaut, desto tiefer durchschaut er die wahren Ursachen der Schwierigkeiten des Lebens, des einzelnen sowie der Menschheit. Er findet seine Unzulänglichkeit, sein Versagen und die Geister, die sich der Entwicklung hemmend entgegenstellen. Das bloße Wissen, wie es der Verstand vermittelt, kann keinen Halt geben, es verweht im Lebenssturm. Halt verleiht erst die erlebte *Gewißheit*, als Geistwesen von den helfenden Hierarchien aufgenommen und hineingenommen zu sein in ihr weisheitsvolles Wirken. Indem der Mensch in rechter Weise sich selbst findet, wird er aber ein anderer, verbindet sich bewußt mit anderen Wesen als denen, die ihn vorher leiteten, ohne daß er es merkte. Er schreitet dann nicht nur sicher durch das Leben, er zertritt auch nichts dabei. Den durch Esoterik Gewandelten erkennt man daran, daß alles um ihn blüht und erkraftet.

Selbst in der gedruckten Wiedergabe können Rudolf Steiners Worte noch heute unendlich viel geben, aber als sie aus seinem Munde erklangen, da war es, als ob aus Lichtes-Liebe-Welten sich Hände voll Helferwille entgegenstreckten, die man nur mit Vertrauen zu erfassen brauchte. Und wer konnte mehr Vertrauen erwecken als der, dessen Leben ein einziger Opferweg war, bei dem jede Miene, jede Geste aussprach, wie gerne er helfen wollte, den nichts so traurig machte, als wenn ihm das verunmöglicht wurde. Aus den Gedanken von leuchtender Klarheit, aus dem Aufbau von kristallener Strenge fühlten wir selbstloseste Liebe leuchten und die Herzen erwärmen. Nur damals ging er in der inneren Gestaltung der Vorträge so weit, daß am Ende eines jeden die ehrwürdigen Worte erklingen konnten, die sonst nur in den «Esoterischen Stunden» für die Schüler des inneren Kreises ausgesprochen wurden, jene Worte von den Urkräften alles Seins und Werdens: «Ex Deo nascimur, in Christo morimur, per Spiritum sanctum reviviscimus.» In seiner eigenen Übertragung ins Deutsche, das er als die Sprache der *heutigen* Mysterien bezeichnete, lauten sie: «Aus dem Göttlichen weset die Menschheit ... In dem Christus wird Leben der Tod ... In des Geistes Weltgedanken erwachet die Seele.»[153]

Wie sehr ihm daran gelegen war, zu erfahren, ob es ihm gelungen sei, auch wirklich an die Seelen heranzubringen, was er geben wollte, zeigt ein kleiner Vorfall. Nach dem ersten Vortrag dieser Reihe kam er direkt auf mich zu und frug mich, ob es auch verständlich gewesen wäre, ob man es so hätte aufnehmen können. Ich war so erfüllt von dem eben Gehörten und stammelte eine gewiß recht unbeholfene Antwort.

Auch in den «Esoterischen Stunden»[154], die während des Zyklus an Vormittagen stattfanden, war die Würde, die Feierlichkeit durchglüht von Begeisterung, die bis in die kraftvollen Gesten hineinwirkte, mit denen er die Sprüche begleitete, die er als neue Meditationsinhalte nach entsprechender Einführung gab.

In jenen Tagen hatten wir auch die Freude, Rudolf Steiner bei uns zu sehen. Er kam mit Fräulein von Sivers, um die künstlerischen Arbeiten von Maria Strakosch zu besichtigen. Außer den Malereien zeigte sie auch die kurz vorher entstandenen farbigen Holzgravierungen, die ihn interessierten und von denen Fräulein von Sivers sagte, sie seien mit Herzblut gearbeitet. Auf der Suche nach neuen Ausdrucksmitteln für das, was in ihr lebte, war Maria Strakosch darauf gekommen, Holzplatten zu gravieren und zu bemalen, so daß das Material mit zum Ausdruck herangezogen wurde.

Rudolf Steiner hatte sich auf zwölf Uhr angesagt und war erstaunt, als ich ihn schon auf der Treppe begrüßte, mich schon zu Hause zu treffen, er wußte, daß bei der Bahn erst um zwölf Uhr die Mittagspause begann. Lächelnd frug er, was ich denn als Begründung für mein frühes Fortgehen angegeben hätte. Als ich antwortete: «Ich muß heim, der Doktor kommt», da drohte er, herzlich lachend, mit erhobenem Zeigefinger: «Aber das ist ja gejesuitelt»! – Während des Zyklus hat er Maria Strakosch eingeladen, nach Dornach zu kommen, um dort künstlerisch mitzuarbeiten. Im Mai reiste sie dorthin und schnitzte an den Architraven.

Als Rudolf Steiner von Wien abreiste, fuhren mit ihm einige Mitglieder, welche die Vorträge hören wollten, die er dann in anderen Städten hielt. Es war auch eine Dame mit einem kleinen Töchterchen dabei. Man war noch gar nicht lange unterwegs, als die Kleine Appetit bekam und bat: «Mutti, ich möchte ein paar Würsteln!» Mutti war höchst entsetzt, daß so etwas in Rudolf Steiners Gegenwart passierte, denn sie war in jeder Beziehung von der «strengsten Observanz».

Aber alles «Ssst, sst, sst» und sonstige Abreden nutzten nichts, immer wieder kam dieselbe Bitte, nur noch dringlicher. In Amstetten hielt der Schnellzug zum ersten Male, allerhand Erfrischungen wurden längs der Wagen angeboten. Rudolf Steiner, der bisher wortlos dagesessen hatte, entfernte sich, kam aber schnell mit einem eben erstandenen Paar heißer Würsteln zurück, kümmerte sich um die Erwachsenen nicht weiter, reichte sie dem Kinde und sagte nur: «Da hast.» – Die Anwesenden ließen sich möglichst wenig anmerken; was in der Seele der Mutter vorging, möge sich der Leser selbst vorstellen.

Der letzte Besuch in Dornach vor dem Weltkrieg

Ende Juni 1914 war es mir möglich, für einige wenige Tage nach Dornach zu kommen. Gleich nach meiner Ankunft eilte ich den Hügel hinauf, um den für diesen Abend angesagten Vortrag Rudolf Steiners zu hören. Im großen Saal der Schreinerei waren schon die Zuhörer versammelt; überall zwischen den Maschinen waren Stühle aufgestellt, auch vorne vor dem Rednerpult, das heute noch an derselben Stelle steht. Soweit die Maschinen selbst Gelegenheiten zum Sitzen boten, waren sie ausgenützt, so nahm ich schnell einen gerade daliegenden niedrigen Holz-

Abb. 13
Während eines Vortrages von Rudolf Steiner während der Bauzeit in der Schreinerei in Dornach.

klotz, setzte mich vor die erste Stuhlreihe, und schon kam Rudolf Steiner herein und bestieg sofort das Rednerpult. Er ließ seine Blicke erst hin und her durch den Saal gehen, dabei erblickte er auch mich vorne Hockenden und begrüßte mich mit einer freundlichen Handbewegung. Dann hielt er den Vortrag, der jetzt den Titel hat: «Der neue baukünstlerische Gedanke», der in dem Werke: «Wege zu einem neuen Baustil» im Druck veröffentlicht ist. Ursprünglich war für diesen Abend ein ganz anderes Thema angesagt gewesen, und viele waren erstaunt, als plötzlich über geometrische Formen: Gleichheits-Kreis, Ellipse, Hyperbel, Cassinische Kurven und apollonische Kreise gesprochen wurde.[155] Carl Unger, der im rückwärtigen Teil des Saales gesessen hatte, kam nach vorne geschritten, als ob er nach jemand suche. Da erblickte er mich, noch ganz in Gedanken auf meinem Holzklotz Hockenden, deutete auf mich und sagte lachend: «Jetzt weiß ich, weshalb heute gerade dieser Vortrag gehalten wurde.» – Tatsächlich konnte man den Eindruck haben, daß ich auf diese Kurven hingewiesen werden sollte, denn im Jahre 1919 sagte Rudolf Steiner in den Seminarübungen, die er unmittelbar vor der Eröffnung der Waldorfschule mit uns Lehrern hielt: «Und jetzt wird Herr Strakosch in seiner befeuernden Art zeigen, wie man diese Kurven, nämlich die damals in Dornach besprochenen, mit etwa 14jährigen Schülern behandeln kann».[156] Dies war eine Anregung, mich dann noch näher damit zu befassen, und als später die Kinder der von mir geführten Klasse dieses Alter erreicht hatten, war es mir gelungen, für die Cassinischen Kurven eine Konstruktion zu finden, welche, auf zwei kombinierten rechtwinkeligen Dreiecken beruhend, eine einfache Bestimmung der Konstruktionselemente ermöglichte. – Wenn auch mein Aufenthalt nur wenige Tage dauerte, so wies mir doch Dr. Steiner einen Platz bei den Schnitzern an. Er wollte, daß jeder, der hierher kam, sich auch an der Arbeit beteilige. An dem Tage, an welchem dieser Vortrag gehalten worden ist, am 28. Juni 1914, war Erzherzog Franz Ferdinand in Sarajewo ermordet worden. Als die Kunde uns erreichte, sagte ich zu Maria Strakosch: «Das ist der Anfang des Krieges.» Viele meinten, er wäre noch zu verhindern, doch es war schon zu weit gekommen. Als dann wenige Wochen später der Krieg ausbrach, verstanden wir, warum Rudolf Steiner immer so eindringlich gemahnt hatte, die Arbeiten möglichst zu beschleunigen. Er hatte öfter gesagt, daß der Bau eigentlich am 1. August 1914 fertig sein sollte. – Wie ganz anders hätte Dr. Steiner dann von hier aus zu der gequälten Menschheit sprechen können!

Wenige Wochen vorher hatte ich eine eigenartige Begegnung. Ich war dienstlich in Prag und wollte mit einem Nachmittagszuge gegen Bodenbach[157], gegen die sächsische Grenze weiterfahren. Einige Minuten vor der fahrplanmäßigen Abfahrtszeit des Zuges ging ich zu dem betreffenden Bahnsteig. Die Bewachungsorgane ließen mich ohne weiteres passieren, als ich, wie gewohnt, meine Dienstkarte zeigte. Zu meinem Staunen war der Bahnsteig ganz leer, kein Zug stand da; ein Blick auf die Uhr zeigte, daß ich nicht etwa zu spät gekommen war; auf dem gegenüberliegenden Bahnsteig stand eine kleine Gruppe in Uniformen. Noch ehe ich mir Gedanken über diese merkwürdige Lage machen konnte, rollte fast geräuschlos eine Reihe hell gestrichener Wagen herein – der Hofzug Kaiser Wilhelms II. – Der Kaiser selbst an der mir zugekehrten Seite des Zuges allein an einem kleinen Tisch, auf seinem Gesicht lag ein geradezu erschreckender Ernst. Er blieb während des kurzen Aufenthaltes still sitzen und kümmerte sich nicht um den auf dem anderen Bahnsteig zum Empfang erschienenen Statthalter und den Platzkommandanten. Der gelbe Dackel, die bekannte «Hexe», wurde von einem Diener auf den Bahnsteig geführt, wo ich stand – man hielt mich wohl für einen Sicherheitsbeamten in Zivil –, und nachdem alles erledigt war, setzte sich der Zug wieder leise in Bewegung, wie es sich bei einem Hofzug gehört. Mir fiel dann ein, daß Kaiser Wilhelm sich auf der Rückreise von Schloß Konopischt befand, wo er seine letzte, schicksalsschwere Begegnung mit dem Erzherzog-Thronfolger Franz Ferdinand gehabt hatte.

Nach der Ermordung vergingen noch einige Wochen, die Lage wurde immer auswegloser. Da Maria Strakosch noch immer in

Dornach weilte und dort an den Architraven schnitzte, war ich allein in Wien. Das Ultimatum an Serbien war abgegeben, in dumpfer Spannung erwartete man die Entscheidung. Mit zwei Freunden saß ich im Caféhaus, da kamen die Extrablätter: «Krieg mit Serbien». Wir gingen still auseinander, um uns zum Einrücken zu bereiten. Ich frug auf der Eisenbahndirektion an, wem ich die Leitung meiner Signalwerkstätte übergeben sollte, da ich als Reserveoffizier auf den mir zugewiesenen Platz abzurücken hätte. Man wies mir einen Befehl des Kriegsministeriums vor, ich habe unbedingt meinen Dienst als Werkstättenleiter fortzusetzen. Es folgte dann eine Kriegserklärung auf die andere, schließlich waren alle fünf vorgesehenen Mobilisierungsfahrpläne schnell nacheinander in Kraft getreten, der Eisenbahnbetrieb war angespannt bis zum letzten Mann und der äußersten Möglichkeit. Ich bekam ein Feldbett ins Büro, das ich in der nächsten Zeit kaum verlassen konnte, da ständig eines der fünf Telephone läutete. Wir nannten das dann die «Elektro-Nagaika»; Nagaika heißt die mehrschwänzige Kosakenpeitsche.

Nachdem der Aufmarsch vollzogen war, kamen etwas ruhigere Zeiten; wenn auch der Zivilverkehr stark eingeschränkt war, blieb die Beanspruchung der Bahnen doch sehr groß, das Personal wurde immer mehr vermindert infolge der Einberufungen zu den sich immer mehr ausdehnenden Fronten, die Materialbeschaffung immer schwieriger.

Maria Strakosch kehrte dann von Dornach zurück, und im Herbst begann auch wieder die Arbeit im Zweig, wo manche Freunde fehlten, die im Felde waren. Schon bald, nachdem ich mich in Wien niedergelassen, hatte ich bei Rudolf Steiner angefragt, in welcher Weise ich mich am besten tätig an der Arbeit im Zweige beteiligen könne. Er wies mich darauf hin, Geometriekurse zu geben, welche durch die Art ihres Vorgehens eine Einführung in Anthroposophie bilden könnten. Das war auch für mich überraschend, ich war mir im Augenblicke nicht klar, wie es wohl zu gestalten wäre, auch im Zweig war wenig Verständnis dafür zu finden. Doch nach dem eben erwähnten Dornacher Vortrag glaubte ich, einen Weg zu sehen, und auch einige

Freunde begannen sich zu interessieren; so konnte im Zweigraum ein Kurs gehalten werden über die in Dornach von Rudolf Steiner behandelten vier Kurven.

Im Winter 1914/15 stand alles unter dem Eindruck der Kämpfe in den Karpaten. Nach dem Fall der wichtigen Festung Przemysl[158] in Galizien wurde die Lage immer kritischer, und um die Stadt Wien wurden Schützengräben angelegt. Von Mitte März bis Mitte April tobte die sogenannte «Osterschlacht in den Karpaten». Diese Zeit fand ihren Niederschlag in einem eindrucksvollen Bilde, das Maria Strakosch damals malte. Dann rückten die deutschen und österreichischen Heere wieder gegen Osten vor, Przemysl wurde zurückerobert, es kam für die österreichischen Lande eine etwas ruhigere Zeit bis zur Kriegserklärung Italiens am 15. Mai 1915.

Weihnachten im Mititärspital

Weihnachten 1915 waren in Dornach zum ersten Male die alten Weihnachtsspiele aufgeführt worden, welche Rudolf Steiners Lehrer Karl Julius Schröer[159] in dem Dorf Oberufer an der Donau bei Preßburg entdeckt hatte. Die Einwohnerschaft bestand aus Nachkommen von Deutschen, welche vor Jahrhunderten aus der Rheingegend hierher eingewandert waren und ihre alten Gebräuche treu bewahrt hatten.

Es war der Wunsch mancher Wiener Freunde, in diesem Jahre (1916) auch hier diese Spiele aufführen zu können. Er sollte auf eigenartig schöne Weise in Erfüllung gehen. Maria Strakosch, welcher von Rudolf Steiner das von ihm geschaffene Abzeichen für die «Helfer der Heilung» selbst überreicht worden war, hatte den Oberstabsarzt des großen Reservespitals kennengelernt, das in der Hetzendorfer Trainkaserne eingerichtet worden war und dessen Pfleglinge aus allen Gegenden und den verschiedensten Völkerschaften hier zusammengekommen waren. Er faßte seine Stellung nicht allein vom militärischen Standpunkt auf, sondern auch vom menschlichen, und wollte seinen Schützlingen eine Weihnachtsfreude bereiten. Es war nicht leicht, etwas für so verschiedenartige Menschen Passendes zu finden; doch als wir ihm von den Weihnachtsspielen erzählten und dem Wunsche, sie einmal aufführen zu können, lud er uns ein, es in seinem Spital zu tun. Der Inhalt war ja allen Zuschauern so wohlbekannt, daß es nichts ausmachen würde, daß ein ansehnlicher Teil die deutsche Sprache nicht verstand. – Wir gingen mit Feuereifer an die Arbeit. Alle Rollen waren mit Mitgliedern der Anthroposophischen Gesellschaft besetzt. Den Joseph spielte ein Freund, der gerade wegen seines zerschossenen Knies längere Zeit in Wien zu bleiben hatte. Da der Joseph ohnehin mit einem Stocke dargestellt wird, störte die Verletzung nicht, der vorgeschriebene Stock war Stütze genug. Die Einstudierung und Inszenierung hatte ich übernommen.

Eine eigentliche Bühne hatten wir nicht zur Verfügung; in einem ganz großen Saal, wo früher die Trainfuhrwerke gestanden hatten, wurde ein Podium aufgeschlagen und etwa einen Meter von der Rückwand ein dunkelblauer Vorhang aufgehängt; hinter ihm hielten sich diejenigen Darsteller auf, welche gerade nichts auf der Bühne zu tun hatten, und die Sängerin, welche den eurythmisierenden Engel begleitete. Vor dem Vorhang war der (vom Zuschauer aus) linke Teil der Bühne als Inneres des Stalles zu denken. Maria saß auf einer Munitionskiste, über welche eine Pferdedecke gebreitet war, über ihrem Haupte waren hinter ihr im Bogen sieben goldene Pappsterne auf dem Vorhang angebracht, auf der rechten Seite einige Sterne unregelmäßig auf der blauen Fläche verteilt, womit das freie Feld unter dem nächtlichen Sternenhimmel angedeutet sein sollte. Den Gesang auf der Bühne begleitete ein Freund, mit dem wir auch zu musizieren pflegten, auf einem Harmonium. Der Spitalkommandant ließ es sich nicht nehmen, eine Abteilung Militärmusiker beizustellen, welche vor Beginn das «Ave Maria» von Schubert zu spielen hatten und dann auch ein ernstes Stück als Abschluß. Zur Seite der Bühne hatte ich meinen Standort als Spielleiter und eventueller Souffleur, links von mir das Harmonium, rechts die Militärmusik. Diese Leute sind bekanntlich immer durstig, und von sich aus hatten sie sich nicht viel darum bekümmert, was da vor sich gehen sollte, sie waren hierher kommandiert worden, hatten zu spielen und dann abzutreten. Der dirigierende Musik-Feldwebel bat mich um Auskunft, wie lange das «Stück» etwa dauern würde, denn nach dem «Ave Maria» wollten die Musiker in die Kantine und hätten das gerne gewußt, um rechtzeitig wieder anzutreten; sie wollten auch recht leise sich entfernen und wiederkommen. Natürlich gab ich ihnen den erbetenen Bescheid. Doch als ich gegen Ende des Spieles wieder nach der Musik blickte, da saßen alle noch ganz versunken da; sie hatten wahrhaftig über dem Spiel ihren Durst vergessen und sagten dann, es sei ihnen zu Mute gewesen, als ob sie wieder Kinder geworden wären. Der größte Teil der Zuschauer, Leichtverletzte, konnte auf Bänken sitzen, andere wurden hereingetragen oder auf Rollstühlen geführt, es waren etwa tausend. Andächtige Stille herrschte im Saale.

Tags darauf brachten einige Soldaten in großen Wäschekörben die Kostüme, Hirtenstäbe und so weiter zurück in unsere Wohnung und bedankten sich herzlich. So konnte diese Anregung Rudolf Steiners in schwerer Stunde so vielen Menschen eine rechte Weihnachtsfreude bereiten. Es hatte wirklich nichts ausgemacht, daß so viele nicht die deutsche Sprache verstehen konnten, im Geiste hatte es doch jeder in seiner Muttersprache gehört; diese Aufführung hatte Völker und Stände geeint; neben den einfachen Soldaten aus der ganzen Monarchie hatte der militärische Vorgesetzte des Spitals, dessen Vater der Obersthofmeister des Kaisers war, dem Spiele beigewohnt.

Karwoche in Berlin

Im weiteren Verlaufe des Krieges waren wichtige Materialien knapp geworden, auch das Kupfer, das besonders für den Betrieb der Telegraphen und Telephone, zum Beispiel für die galvanischen Batterien, unentbehrlich war. Das brachte mich dazu, einen Gleichrichter zu entwickeln, wodurch in solchen Stationen, wo Starkstrom (Wechselstrom) vorhanden war, die Batterien wegfallen konnten; ich erhielt ein Patent darauf. Es gelang mir im Zusammenhang damit, überraschenderweise die Bewilligung zu einer Reise nach Berlin zu erreichen, was damals für einen Österreicher sehr schwierig war, um die Einrichtung dort den großen Werken vorzuführen. Äußerlich hatte ich keinen Erfolg, aber ich konnte fast eine Woche in dem Hause wohnen, in welchem Rudolf Steiner damals lebte, da mich ein Freund eingeladen hatte, welcher im Stockwerk oberhalb seine Wohnung hatte. Es war gerade in der Karwoche 1917. Fast täglich konnte ich Rudolf Steiner entweder im Hause oder bei einem Zweigvortrag[160] sehen. Bei einer solchen Gelegenheit traf ich auch zum ersten Male Friedrich Rittelmeyer[161], zu welchem ich später in Stuttgart in der anthroposophischen Arbeit und als Lehrer seiner Kinder eine für mich sehr schöne Verbindung gefunden habe. Einmal war ich auch bei Rudolf Steiner und Marie Steiner zum Mittagstisch eingeladen. Es kam auch die Rede auf Rußland, wo die Menschewiki-Regierung schon in Schwierigkeiten geraten war. Ich frug, wie er die Lage ansehe, er meinte aber, darüber nichts sagen zu können, da das Kräfteverhältnis zwischen der derzeitigen Regierung und den Bolschewiki, den Maximalisten, nicht zu überschauen sei. Er sagte im weiteren Verlauf des Gespräches, der Krieg hätte seiner eigenen Folgerichtigkeit nach schon einige Zeit zu Ende sein müssen, es seien aber Fehler gemacht worden, und nun rolle er aus ahrimanischen Kräften weiter, es werde schwer sein, ein Ende zu finden.

Damals herrschte auch in Deutschland Mangel an Lebensmitteln. Es war mir gelungen, in Wien etwas Mandeln zu beschaffen, die ich mitbrachte und die für die Mandelmilch, deren er bedurfte, willkommen waren. Im allgemeinen wollte er nicht, daß für seine Person etwas Besonderes geschehe, und lehnte es auch in Friedenszeiten ab, daß ihm zum Beispiel teure, ausländische Frühgemüse geschickt wurden.

Am Karfreitag[162] fuhr ich bei Sturm und Regen nach Wien zurück. Die Trauerstimmung in der Natur entsprach dem, was in den Seelen lebte.

Von der anthroposophischen und mathematischen Arbeit in Wien

Der kleine Kreis der mehr wissenschaftlich Interessierten setzte seine Arbeit in unserer Wohnung fort. Wir nahmen unter anderem «Die Philosophie der Freiheit» durch, und besonders eingehend befaßten wir uns mit dem Werke: «Die Rätsel der Philosophie»[163]. Diese umfassende Darstellung der Entwicklung des menschlichen Bewußtseins war die Erweiterung seines schon 1900 erschienenen Buches «Welt- und Lebensanschauungen im 19. Jahrhundert». Etwa anderthalb Jahre kamen wir mindestens zweimal wöchentlich zusammen. Einmal wurde in dem Buche selbst gelesen, die anderen Abende waren den darin genannten Philosophen gewidmet; es wurden ausgewählte Stellen durchgenommen und von einzelnen Teilnehmern Referate gehalten und viel diskutiert, wodurch man nicht nur die Autoren kennenlernte. Diese Arbeit schloß den kleinen Kreis auch in menschlich schöner Weise zusammen; wir haben auch aneinander viel gelernt, und den wenigen heute noch Lebenden ist diese Zeit eine liebe Erinnerung. Zu den Freunden, die sich so recht mit ganzer Seele an dieser Arbeit beteiligten, gehörte ein junger Arzt. Er litt an «morbus Viennensis» und war sich über die Hoffnungslosigkeit seines Zustandes im klaren. Solange er noch einigermaßen bei Kräften war, blieb er in Wien und war – wie gesagt – einer der eifrigsten; ich erinnere mich auch noch, daß gerade wir beide über Plato lebhafte Erörterungen führten. Als seine Kräfte nachließen, nahm er schlicht und liebevoll Abschied, schenkte jedem ein feinsinnig ausgesuchtes Buch mit lieben Worten von seiner Hand als Andenken und begab sich nach Davos, wo er dann gefaßt und in wahrhaft philosophischer Ruhe in die geistigen Welten eingegangen ist.

Im Laufe der Zeit stellte es sich heraus, daß es günstig sein würde, in Wien noch eine zweite Arbeitsgruppe zu haben. Wenn wir auch die Arbeit in der bestehenden Gruppe zu schätzen wußten, so war eine solche Ergänzung doch geeignet, neuen Menschen den Zugang zur anthroposophischen Bewegung zu ermöglichen. Den Kern dieses neuen Zweiges bildeten außer Maria Strakosch und mir noch fünf Mitglieder der «Gesellschaft zur Pflege theosophischer Erkenntnisse in Wien». Der Kreis vergrößerte sich jedoch schnell durch Menschen, welche neu an die Bewegung herankamen. (Ende 1918 waren es gegen fünfzig geworden.) Die Veranstaltungen der anderen Gruppe besuchten wir, soweit es die Zeit und die immer schwieriger werdenden städtischen Verkehrsverhältnisse möglich machten. Die Stadtbahn war eingestellt, die wenigen Tramwagen überfüllt, so daß auch unter diesem Gesichtspunkt das Bestehen einer zweiten Arbeitsmöglichkeit in einem anderen Stadtteil von Nutzen war.

Von Rudolf Steiner hatte ich den Rat erhalten, ich möchte versuchen, Einführung in die Anthroposophie zu geben in Form von Unterricht in darstellender Geometrie. Das war eine Überraschung für mich und die Freunde gewesen, denen es nie in den Sinn gekommen war, daß diese beiden Gebiete etwas miteinander zu tun haben könnten. Würden sich überhaupt Menschen finden, welche in einem solchen Sinne zu Anstrengungen bereit wären? Wie sollte ich es anfangen, daß ein solcher Unterricht tatsächlich zu einem besseren Eindringen in Anthroposophie führen könne und nicht im bisher Üblichen steckenbliebe? Das waren zwei Hauptfragen für mich. Die Raumgebilde etwa symbolhaft zu «deuten», das konnte hier nicht in Frage kommen, sondern vielmehr in erster Linie eine Schulung der Vorstellungskraft. Auch meinte ich, es würde wohl weniger auf die Darstellung von Körpern ankommen als vielmehr auf das übende Erfassen von Raumgesetzmäßigkeiten. Bei der Beschreibung der Weltentwicklung stellt Rudolf Steiner gewaltige Bilder hin, welche eine lebendige Raumvorstellung voraussetzen, aber außerdem müßten, über das bisher Gewohnte hinausgehend, Räume in steter Entwickelung und Bewegung, belebt von der Fülle der Hierarchien, vorgestellt werden können. Dazu kommen seine Beschreibungen höherer Welten: Seelenwelt, Geisteswelt, mit ganz anderen Dimensionen und anderer innerer Konfiguration. Wie sollten wir solche Begriffe richtig bilden können, ohne als Grundlage uns im gewöhnlichen, gewohnten

Raum mit Sicherheit zu bewegen und Vorstellungen zu bilden gelernt zu haben? Diese Notwendigkeit wurde mir und manchen anderen im Laufe der Zeit und des Fortschreitens der Bewegung immer klarer.

Rudolf Steiner sagte mir im Zusammenhang mit diesen Versuchen: «Lassen Sie die Leute recht viel zirkeln, dann freut sich der vollendete Geometer, den jeder Mensch im Astralleib sitzen hat.» Ich konnte mich also an etwas wenden, das in jedem Menschen lebte, ohne Rücksicht auf seine äußere, rein irdische Vorbildung, an etwas, das aber für gewöhnlich gar nicht angesprochen wurde. Es erweist sich so die Geometrie, wenn sie wirklich geübt und nicht nur abstrakt Sätze aufgestellt und bewiesen werden, als ein echtes sinnlich-übersinnliches Element. – Als ich dann mit solchen Übungsstunden begann, da fanden sich fast lauter Menschen zusammen, welche noch nie etwas von darstellender Geometrie gehört hatten und sich infolgedessen ordentlich anstrengen mußten. Aber zu unser aller Überraschung herrschte immer eine fröhliche Stimmung; der vollendete Geometer im Astralleib schien sich wirklich zu freuen. – Im übrigen führte ich die Studienabende und bemühte mich, in meinem Bekanntenkreis Verständnis für die Bedeutung der Anthroposophie zu verbreiten.

Lichte Tage in trüber Zeit

Erst Ende Mai 1918 kam Rudolf Steiner wieder nach Wien. Die bewegten Zeiten ließen es nicht zu, einen zusammenhängenden Vortragszyklus zu halten. Die innere Sammlung, die lange Konzentration, welche hierbei erwartet werden mußte, die Geschlossenheit, diese Grundlagen für eine vertiefte Aufnahme, diese konnten im vierten Kriegsjahr nicht erreicht werden. Es fanden öffentliche und Mitgliedervorträge nebst künstlerischen Veranstaltungen statt; die Esoterik mußte schweigen.

Das Thema der beiden Vorträge[164] war: «Das geschichtliche Leben der Menschheit im Lichte übersinnlicher Wirklichkeitsforschung». Der Besprechung dieser Forschungsmethode bis in die Einzelheiten des Übens war der erste Vortrag gewidmet; in ganz besonders eingehender, aber zugleich zu Herzen gehender Weise wurde das Leben in den höheren Welten im Verhältnis zur naturwissenschaftlichen Erkenntnisart dargestellt. Von zwei Voraussetzungen wurde eingangs gesprochen, die man erlebt haben müsse – «und ich rede von Erlebnissen». Es sind dies die Erfahrungen an der Grenze der Naturwissenschaft auf der einen Seite und die von der Unzulänglichkeit der gewöhnlichen Mystik auf der anderen Seite. Es genügt nicht, daß man – wie es viele tun – nur theoretisch zu einer gewissen Grenze gelangt, man muß zu dieser Grenze vielmehr durch eine Seelenpraxis gekommen sein auf eine Art, wie sich die Naturwissenschaft in sich selbst verhält. Diese ist zu ihren glänzenden Resultaten gekommen, indem sie sich ganz an ihre eigene Methode gehalten hat. Und nun begann Rudolf Steiner vom Standpunkt des Erlebens zu schildern, was die Seele erleben kann an jener Grenze, bis zu welcher die naturwissenschaftliche Erkenntnisart sie führt.[165] Hypothetisch besprach er dann die Frage, wie ein Mensch beschaffen sein müßte, der fähig wäre, in der bisherigen Erkenntnisart über diese Grenze vorzudringen in jene Gebiete, in die er hineinstrebt gemäß dem, was er als ernste Bestimmung seines Lebens, seiner Sehnsucht fühlt. Ein solcher Mensch würde ein liebloses Wesen sein, die Liebe auf allen Stufen bis zur höchsten Begeisterung würde ihm fehlen; so wäre er, wenn es diese Grenzen – naturwissenschaftlich gesprochen – nicht gäbe. Das – wenn man sich paradox ausdrücken darf – unbewußte Wissen davon haben viele Menschen, daher sind sie unbefriedigt von dem, was die heutige Wissenschaft ihren *Seelen* bietet.

Manche wenden sich dann der gewöhnlichen Mystik zu, die «das Umfassende der Welt durch innere Vertiefung erleben will». Aber indem man immer wieder und wieder in das Gemüt eintaucht, kommt man auch nicht zur wahren Wirklichkeit, zum Kern des eigenen Wesens, wo man das *Sein* und nicht mehr das bloße *Bild*, das man fühlt und lebt, ergreifen könnte.

Ein Abgrund öffnet sich zwischen dem, was äußere Naturerkenntnis ist, und dem, was die Mystik erkennen läßt. Aus zwei Gründen stehen wir vor diesem Abgrund der Erkenntnis: weil der Mensch ein ganz anderes Wesen sein müßte, wenn er in die Naturerkenntnis eindringen könnte, «ein liebeleeres Wesen»; und der andere Grund ist: wenn er bei gewöhnlichem Bewußtsein eintauchen würde ins eigene Innere, in die eigene Wirklichkeit, dann würde er kein Gedächtnis haben.

Wir stehen vor der Notwendigkeit der Umbildung des menschlichen Lebens. Sie kann in fruchtbarer Weise vor sich gehen auf dem Wege, den Rudolf Steiner in seinen Werken vorgezeichnet hat. Von diesem Weg sprach er dann. Er hob hervor, daß das innere Seelenleben dabei so erstarkt, daß man ebenso lebendig *vorstellt*, wie man bisher *wahrgenommen* hat. Das ist aber nur die eine Seite der Empfindungen, die die Menschenseele mit sich vereinigen muß. Es führt nämlich nur zu einem Erlebnis in der unmittelbaren Gegenwart, denn es haftet nicht an der Erinnerungskraft. Im weiteren Fortschreiten erlangt man eine gewisse Fähigkeit der bildlichen Vorstellung, das Imaginationserleben. Durch immer höhere Kräftigung des inneren Willens gelangt man dazu, diese Bilder nicht nur zu gestalten, sondern auch wieder wegzuschaffen, ihrer Herr zu werden, sich nicht von ihnen überwältigen zu lassen. Im letzteren Falle würde man immer nur *eigene* Bilder sehen. Erst wenn man diese Bilder wieder ausgelöscht hat, ist man durch das erkraftete, umgeformte Seelenleben in einer *Geisteswirklichkeit.* Es ist ein Erwachen in einer neuen Welt, ein Erlebnis, so wie wenn man aus dem Traume in das gewöhnliche Tagesbewußtsein erwachen würde. Man erwacht aus der Welt der physischen Wirklichkeit in die geistige Wirklichkeit hinein, denn in diesem Erwachen des Seelenlebens lebt ebenso der äußere Geist, der sich hier in den höheren Welten so offenbart, wie er sich durch die Sinne in der gewöhnlichen Wirklichkeit offenbart. Das Erlebte sind aber keine bloßen Phantasievorstellungen, an diese kann man sich ohne weiteres *erinnern,* aber was Ausdruck wirklicher Geistestätigkeit ist, verwandelt sich nicht in Erinnerungsvermögen. Für das seelische Geist-Erleben ist die Erinnerung ausgeschlossen; man kann sich nur an das erinnern, was man vorher gedacht und gefühlt hat, *damit* das Erlebnis zustande kam. Hat man also ein leibfreies Erlebnis gehabt, so kann man nicht durch Erinnerung wieder zu ihm gelangen, denn das Gedächtnis ist an den Leib «gebunden», man muß zu ihm in die Geisteswelt hingehen, indem man nicht direkt das Erlebnis, sondern die *Bedingungen* dieses Erlebnisses wiederherstellt. Er wies an dieser Stelle darauf hin, daß dies für die Konzeption eines Vortrages gelte, der – wie eben dieser – über Geistesangelegenheiten handle. Er halte doch oft solche Vorträge, aber es wäre ihm außerordentlich schwer, einen solchen durch das gewöhnliche Bewußtsein festhalten zu können. Man kann sich dazu vorbereiten, indem man die Bedingungen herstellt, wie man ursprünglich dazu gekommen ist. Man kann in die Geisteswelt hinausschauen, und dann tritt das hervor, was man sagen muß.

Eine andere merkwürdige Tatsache besteht darin, daß es um so schwieriger ist, ein Geisterlebnis wieder herbeizuführen, je öfter man es gehabt hat, immer größere Anstrengungen sind hierzu erforderlich, schließlich muß man, um zu erleben, möglichst rasch solche Erlebnisse anschauen. Solche Erlebnisse haben ohnehin die Eigenschaft, sehr schnell vorüberzugehen; es würden viel mehr Menschen Geisterlebnisse haben, wenn sie die nötige *Geistesgegenwart* hätten. Daher habe er in seinen Büchern angegeben, wie man sich hierfür vorzubereiten habe, indem man lerne, auch in gewöhnlichen Lebenssituationen sich rasch zu entschließen.

Durch ein solches *Geist-Erleben* findet man die Antwort auf die Frage, warum weder Naturerkenntnis noch gewöhnliche Mystik die Seele geeignet machen, solche Geistvorgänge zu beobachten. Das Seelenleben zwischen Geburt und Tod ist eben an den Leib gebunden. Jetzt erst kommt man darauf, daß in unserer Seele Kräfte spielen, die in unser Leben hineinragen aus den Zeiten vor der Wiederverkörperung.

Am Schlusse kam er dann im Zusammenhang mit dieser Erkenntnisart auf die Freiheit zu sprechen; denn was naturwissenschaftlich gefunden ist, wird niemals in Freiheit auftreten können. Er erinnerte daran, was er in einem seiner ersten Werke, der «Philosophie der Freiheit» (1894), über die Liebe geschrieben hatte. Wir werden – so sprach er – nur richtig handeln, wenn wir den Geist lieben. Freiheit und Liebe zur Handlung sind nicht voneinander zu trennen. Wenn man durch die umgewandelten Seelenkräfte richtig aufdeckt, was in Liebe und wirklicher Freiheit von dem Menschen als Motiv für seinen Willen gebraucht wird, dann entdeckt man, daß in ihm eine geheimnisvolle Kraft wohnt, wie in der Pflanze der Keim für die nächste Pflanze. – «Die Geisteswissenschaft» – so schloß er – «ist kein Programm, ist kein Willkür, ist nur das, was die Menschen eigentlich wollen, wonach sie sich sehnen.»[166]

Über diesen Vortrag wurden so ausführlich berichtet, um nach Möglichkeit zu versuchen, ein Bild von dem zu geben, was sich damals ereignet hat. Dieser Versuch konnte wohl am ehesten bei einem solchen Vortrag unternommen werden, der durch seine Eigenart eine besondere Stellung einnimmt; dies hängt wiederum – wie bereits ausgeführt – mit der Zuhörerschaft zusammen, an die er sich wendete. Aus einem unmittelbaren Ergriffensein, mit unglaublich starkem Temperament, das aber nie die unerschütterliche Vornehmheit seiner Geisteshaltung beeinträchtigte, brachte er alles vor, und man sah ihm an, wie er so ganz darin lebte. Man konnte mitfühlen, wie ihm die Erkenntnisschmerzen der Menschen nahegingen, wie tatsächlich einer dastand, der in lichtester Freiheit und aus unerschöpflicher Liebe zum Geiste handelte, jenem Geiste, der sich in der Menschheit zu immer höheren Stufen emporringen will. Er wollte nicht nur helfen, er zeigte, daß er es auch konnte. Doch stellte er nicht etwa sich selbst als Beispiel dar, sondern zeigte den Weg in die höheren Welten. Wer diesen Weg mit genügendem Ernste wandelte, der konnte nicht nur eine berechtigte Sehnsucht des strebenden Menschen befriedigen, er konnte ein Helfer werden für andere. – Oft sprach er eher vom Standpunkt des erkennenden Bewußtseins, hier in Wien – wo alles sich mehr in einem seelischen Element abspielt – ging er unmittelbar von dem aus, was als eigene Fragepein, als eigene Erkenntnissehnsucht erlebt wird, vom Leiden unter dem Zwiespalt, und sprach als einer, der aus der Wärme des Herzens zu trösten sich bemühte, dessen ungeheures Wissen, dessen tiefste Weisheit diese Wärme nur durchleuchten wollte.

Ich bin mir bewußt, wie schwer es ist, ein solches Ereignis in Worte zu fassen, doch erschien es mir fast wie eine Pflicht, den Versuch zu wagen. Ob er gelungen ist, kann nicht derjenige beurteilen, der dabei war und eine unverlierbare Stärkung mitgenommen hat – das muß dem Leser überlassen bleiben, der die Schwierigkeit eines solchen Unterfangens bedenken möge. – Je kleiner die Zahl der Menschen wird, die so etwas noch unmittelbar erlebt haben, desto mehr werden Rudolf Steiners Gaben nur noch in der Form des gedruckten Wortes vorliegen. Vielleicht kann ein solcher Versuch, selbst wenn er nur mangelhaft gelungen erscheinen mag, doch manchen Menschen helfen, sich diesen Worten so zu nahen, daß sie in deren Seelen wieder jene Wärme, jenes Licht empfangen können, aus denen sie geschenkt worden sind.

Im zweiten öffentlichen Vortrag wurde das angegebene Thema mehr in der Art behandelt, wie dies auch in anderen Städten der Fall war. Goethes und Schillers Geschichtsauffassung wurden eingangs kurz gekennzeichnet; es folgte eine Gegenüberstellung zweier in bezug auf ihre Geschichtsbetrachtung ganz verschiedener Persönlichkeiten: Karl Lamprecht und Woodrow Wilson. Dann sprach Rudolf Steiner noch über Herman Grimm, der ihm infolge der besonderen, von ihm ausgehenden Impulse sehr sympathisch war, von Friedrich Theodor Vischer und von Gibbons geschichtlicher Darstellung. Er entwickelte hierauf den schon in anderen Vorträgen dargelegten Tatbestand vom «Jüngerwerden» der Menschheit,[167] indem die Menschen in den aufeinanderfolgenden großen Kulturepochen ein verschiedenes Verhalten aufweisen, welches sich erklärt durch Veränderungen im Verhältnis von Seele und Leiblichkeit. In alten Zeiten verlieh der Leib der Seele die Möglichkeit geistiger Entwicklung bis in ein verhältnismäßig hohes Alter; heute nur bis zum siebenundzwanzigsten Lebensjahr. Der Mensch ist seit der Mitte des fünfzehnten Jahrhunderts darauf angewiesen, mit dem Verstandesbewußtseins zu erfassen, was das Leben ihm nicht mehr gibt und was durch die inneren Impulse der Seele nicht gefunden werden kann. Zum Schluß wurde noch die Haltung der Orientalen und der Amerikaner im Gegensatz zu den Völkern der europäischen Mitte gekennzeichnet und auf die Notwendigkeit neuer Vorstellungen, Ideen, Begriffe, vor allem neuen Denkens hingewiesen, um sich in die Zeit hineinleben zu können.

In den Mitgliedervorträgen[168] sprach er wieder (wie im Jahre 1914) über das Verhältnis der Geisteswissenschaft zu den bisher gepflegten Wissenschaften: Mathematik, Physik, Physiologie und Nationalökonomie. Während er also in der Öffentlichkeit auf die Notwendigkeit der Pflege des Geisteslebens, der Entwicklung neuer Erkenntnisfähigkeit hingewiesen hatte, wollte er die Aufmerksamkeit der Mitglieder darauf lenken, wie sich die anthroposophisch orientierte Geisteswissenschaft zu den eben genannten Wissenschaften verhält, wie es um diese Wissenschaften selbst steht. Dies mag im ersten Augenblick überraschen, ist aber wohl so zu verstehen, daß die Öffentlichkeit möglichst eingehend darüber aufgeklärt werden mußte, was mit der anthroposophischen Bewegung gewollt sei. Die Mitglieder, welche schon in dieser Bewegung darin standen, sollten darauf hingewiesen werden, sich damit zu befassen, wie sich diese zum heutigen Kulturleben, besonders soweit es ein wissenschaftliches ist, verhalte. Denn die Auseinandersetzung mit diesem wissenschaftlichen Streben der Zeit war unausbleiblich, sobald die Bewegung den engen Rahmen überschreiten sollte, in dem sie bis jetzt ihren Weg genommen hatte. Wir wußten nicht, in wie kurzer Zeit dies eintreten würde, Rudolf Steiner hat es wohl vorausgesehen.

Doch kam während dieses Aufenthaltes auch das Künstlerische zu seinem Recht. Wenn also auch kein in sich geschlossener Vortragszyklus stattfinden konnte, so war es doch möglich gewesen, die Veranstaltung durch Tage so zu gestalten, daß der universelle, in keiner Weise sektiererische Charakter der Bewegung zur Geltung kam.

In München hatte im Winter 1917/18 Freiherr von Bernus, der Herausgeber der seit dem Jahre 1916 erscheinenden Zeitschrift «Das Reich», ein Kunsthaus des gleichen Namens gegründet und einen Kreis von Künstlern versammelt, der sich tätig für das geistige Leben im weiten Umfang, das vergangene wie das gegenwärtige, interessierte. Man findet in dieser Zeitschrift auch Beiträge von Rudolf Steiner[169] und von Persönlichkeiten aus dem Kreise seiner Schüler. – Im Kunsthaus wurden Ausstellungen und Vorträge veranstaltet, die auf ein kulturell interessiertes Publikum eine große Anziehungskraft ausübten. Rudolf Steiner hatte hier im Februar zwei Vorträge gehalten,[170] welche durch die neuen und überaus fruchtbaren Gesichtspunkte besonders für Künstler wertvoll waren. Es hatte auch eine Ausstellung jener Vereinigung anthroposophischer Maler, Graphiker und Plastiker stattgefunden, welche auf Anregung Rudolf Steiners den Namen «Aenigma» angenommen hatte («Aenigmatisch» nannte man von altersher jene Kunstübung, welche mit Mysterienströmungen zusammenhing).

Maria Strakosch, deren Holzgravierungen hier ausgestellt waren, erfaßte die grundlegende Bedeutung dieser Vorträge und bat noch in München Rudolf Steiner, auch in Wien vor Künstlern in diesem Sinne zu sprechen; er sagte zu und wählte als Titel: «Das Sinnlich-Übersinnliche; geistige Erkenntnis und künstlerisches Schaffen»[171]. Die Einladungen zu dem in Maria Strakoschs Atelier stattfinden Vortrag ergingen ausschließlich an Wiener Künstler ohne Rücksicht darauf, ob sie Mitglied der Anthroposophischen Gesellschaft waren oder nicht; wer sich nicht als Künstler betätigte, bekam also keine, auch wenn er Mitglied war. Es erschienen etwa hundertsechzig Personen, darunter auch Rosa Mayreder[172], was Rudolf Steiner sehr freute. Der Raum vermochte die Menge kaum zu fassen, auch die Sitzgelegenheiten langten nicht für diesen Andrang; selbst Leute, deren Körperumfang dies nicht ohne weiteres vermuten ließ, kletterten auf alle möglichen Möbelstücke, um sitzen und den Redner sehen zu können. Unser Schreibschrank trägt noch die Spuren der Absätze einer Malerin, die vor Begeisterung nicht stille sitzen konnte.

Damals hatte auch ein Mitglied eine Reihe von Aquarellen zu den einzelnen Gedichten aus Christian Morgensterns «Galgenlieder» gemalt und sie Rudolf Steiner gezeigt. Diese Blätter waren phantasievoll, und sie gefielen ihm so gut, daß er sie gerne den Mitgliedern zeigen wollte. Das geschah auf die Weise, daß nun diesmal[173] die Mitglieder an einem Abend ins Atelier eingeladen wurden. Zuerst gab es eine kleine Eurythmie-Darbietung durch zwei in Wien lebende ungarische Damen. Etwa ein Drittel des länglichen Raumes hatte einen farbigen Anstrich und war durch einen Vorhang von dem übrigen Teil getrennt. So gab es Bühne und Zuschauerraum, wenn auch recht primitiv und mit einfacher weißer Beleuchtung. Aber es freuten sich alle, war es doch zum ersten Male, daß in Wien Eurythmie zu sehen war. Wir erlebten die Anfangszeiten dieser in so schöner Entwicklung begriffenen Kunstübung, und da durften auch noch keine großen Ansprüche gestellt werden. «Können tun sie nicht viel», flüsterte uns Frau Marie Steiner zu, «aber sie sehen so hübsch aus, daß man es wagen konnte.» Nach der Eurythmie wandte man sich dann der einen Längswand zu, an welcher die Aquarelle hingen, und nun gab es aber einen künstlerischen Genuß von einziger Vollendung: die «Galgenlieder» Morgensterns, von Frau Marie Steiner rezitiert. Die Anwesenden, vor allem Rudolf Steiner, waren in bester Stimmung, als so eines nach dem anderen der bekannten und geliebten, köstlichen Gedichte zum Vortrag kam. Es hat kaum eines gefehlt, aber es ist selbst dem besten Rezitator unmöglich, «Fisches Nachtgesang» zum Ertönen zu bringen. Diese Lücke füllte aber Rudolf Steiner selbst aus. Man hatte sich schon erhoben, und er stand im Vorraum, selbstverständlich umringt von vielen Mitgliedern. Da sagte er heiter: «Ja, es fehlt doch noch ‹Fisches Nachtgesang›, den will ich noch beitragen.» Und nun klappte er, genau im Rhythmus des Originales, die Augenlider auf und zu und war sehr belustigt über die Heiterkeit, die er damit hervorrief.

Rudolf Steiner wohnte in den zum alten Zweig gehörenden Zimmern. Dort war er gut aufgehoben, hatte aber wenig Ruhe, weil immer so viele Menschen kamen, die ihn sprechen wollten. Es gelang uns, diesem Übelstand auf folgende Weise abzuhelfen. Auf unsere Bitte stellte ein vermögendes Mitglied einen sogenannten «Tages-Fiaker» zur Verfügung. Der stand morgens vor seiner Tür und war den ganzen Tag nur für ihn da. Dies erleichterte es ihm auch, seine Besuche zu machen bei Persönlichkeiten, welche nicht der Gesellschaft angehörten, mit denen er von früher her in Verbindung stand. Unsere Wohnung gegenüber dem Schönbrunner Schloß hatten wir auch angeboten. So brachte er zum Beispiel Frau Marie Steiner vormittags zu uns, fuhr dann zu seinen Freunden und erschien wieder zum Mittagessen. Nach dem Essen verschwanden wir, kamen nur wieder zum Kaffee, dann waren Herr und Frau Dr. Steiner ungestört, bis sie gegen Abend in ihre Wohnung zurückkehrten. Das ging so einige Tage, und da niemand davon etwas wußte, war der Zweck erreicht, ihm Ruhe für seine Arbeit zu verschaffen. – Beim Mittagessen wurde unser altenglisches Service benützt, aus Steingut mit dem tiefblauen Fasanenmuster, das nur zu besonderen Anlässen auf den Tisch kam. Im Verlaufe des Ateliervortrages für die Künstler führte er aus, daß es sich darum handle, «wirklich einzusehen, daß, wo wir gehen und stehen, in uns latent der Drang ist, die Welt ästhetisch künstlerisch aufzufassen».

«Dazu möchte ich einige Beispiele anführen. Wir bringen uns ... oftmals das künstlerische Erleben, das unser Leben, unser Dasein zwischen den Zeilen begleitet, allerdings nicht zum Bewußtsein. Es lebt ziemlich unter der Schwelle des Bewußtseins.

Wenn ich irgendwo jemanden zu besuchen habe und ich komme in sein Zimmer hinein, und das Zimmer hat rote Wände, rote Tapeten, und er kommt dann und redet mir von den albernsten Dingen, oder redet vielleicht gar nichts, benimmt sich sehr langweilig, dann fühle ich, daß eine Unwahrheit besteht. Es bleibt ganz im Gefühl, es wird nicht Gedanke, aber ich fühle, daß eine Unwahrheit besteht. So sonderbar, so paradox es erscheinen mag, wenn jemand sein Zimmer rot austapeziert, so enttäuscht er mich, wenn er mir nicht etwas Bedeutungsvolles an Gedanken entgegenbringt in dem Raum, in dem er mich empfängt. Dies braucht natürlich nicht in Wahrheit zu sein, es braucht nicht einzutreten, aber es begleitet unser Seelenleben. Wir haben einmal im Grunde unserer Seele dieses Empfinden.

Kommen wir in ein blau ausgeschlagenes Zimmer hinein und irgend jemand sprudelt uns Worte vor, läßt uns nicht zu Worte kommen und betrachtet sich als allein wichtig, finden wir es wieder im Widerspruch mit den blauen oder violetten Wänden seines Zimmers.

Die äußere prosaische Wahrheit braucht nicht dem zu entsprechen, aber es gibt eine besondere ästhetische Wahrheit, die so ist, wie ich sie angeführt habe. Wenn ich irgendwo hineingeschneit werde, oder sagen wir nicht hineingeschneit, sondern anständigerweise eingeladen werde zu einem Diner und sehe, daß das Gedeck rot ausgestattet ist, rot bemalt ist, so habe ich das Gefühl, das sind Feinschmecker, die essen, ... haben Freude am Essen. Finde ich ein blaues Gedeck, habe ich das Gefühl, die essen nicht, um zu essen, sondern die wollen sich etwas erzählen beim Essen und lassen das Erzählen, das sonstige soziale Zusammensein vom Essen begleitet sein.»[174]

Von Wien aus fuhr Rudolf Steiner nach Oberösterreich und verbrachte vor seiner Weiterreise einige Tage bei Graf Ludwig Polzer-Hoditz, wo sich auch Graf Otto Lerchenfeld eingefunden hatte.[175] Die Besprechungen mit diesen beiden Persönlichkeiten standen im Zusammenhang mit den neuen Ideen über die rechte Gestaltung, die Dreigliederung des sozialen Organismus.

Aus der Not der Zeit heraus hatten sich diese beiden Herren schon im Juli 1917 an Rudolf Steiner mit der Bitte um Rat gewendet. Graf Lerchenfeld war Rat der Krone Bayerns, Graf Polzer der Bruder des damaligen Kabinettchefs[176] des Kaisers Karl von Österreich. Beide hatten erkannt, daß in diesem gefahrvollen Augenblick nur mit Gedanken geholfen werden könnte, welche aus der Wirklichkeit stammten. Sie waren überzeugt, Hilfe bei

Rudolf Steiner finden zu können und nur bei ihm. Schon im Juni 1917 war Graf Lerchenfeld nach Berlin zu Rudolf Steiner gefahren, und dieser hatte ihm als Antwort auf seine Fragen die Idee der «Dreigliederung des sozialen Organismus»[177] dargestellt und drei Wochen lang täglich mehrere Stunden mit ihm gearbeitet. Auch Graf Polzer war nach Berlin gerufen worden, und Mitte Juli erhielten die beiden ein Memorandum als Ergebnis dieser Arbeit, um an solche Staatsmänner damit heranzutreten, bei welchen man auf eine fruchtbare Aussprache hoffen durfte. Graf Polzer übergab es noch im August 1917 seinem Bruder. Dieser glaubte zwar erkennen zu können, daß der Gedanke richtig sei, hatte aber – wie er selbst später schrieb – die Empfindung, «daß die Idee der Dreigliederung, gerade weil sie aus der Geisteswelt hervorgeholt und die endgültige Absage an die althergebrachten Zustände, Begriffe und Denkgewohnheiten bedeutete, nahezu allgemein abgelehnt worden wäre». Er konnte sich nicht zum Handeln entschließen und unterbreite das Memorandum dem Kaiser Karl erst bei der Abschiedsaudienz am 22. November 1917. Da war der rechte Augenblick schon versäumt.

Sommertage am Ammersee (1918)

Schon in den ersten Zeiten unserer Mitarbeit in der anthroposophischen Bewegung hatten wir Michael Bauer kennengelernt und das Glück gehabt, daß er an unseren Bemühungen in der liebevollsten Weise Anteil nahm. Daß er als einer der ersten die Schritte bejahte, welche Maria Strakosch auf neuen Wegen in ihrer Malerei vollzog, das war eine große Ermutigung. «Das sind Ihre Kinder!» sagte er zu uns beiden, als wir ihm wieder einmal Bilder zeigen konnten, und bestätigte in dieser schlichten Wendung unser gemeinsames Streben, indem er es zugleich segnete durch die Art, wie er die wenigen Worte sprach. Im persönlichen Umgang ließ er mir gegenüber bald das förmliche «Herr» fallen und nannte mich einfach beim Familiennamen, wie es auch Rudolf Steiner manchmal tat.

Michael Bauer ist gewiß weit über die anthroposophische Bewegung hinaus vielen bekannt durch die von ihm verfaßte Lebensbeschreibung seines Freundes Christian Morgenstern.[178] Ein Bild von Bauers Persönlichkeit zu entwerfen wäre ein Unterfangen, welches dem Vorwurf doch nicht gerecht werden könnte. Das Schönste, was es in dieser Richtung gibt, ist das ihm gewidmete Kapitel in Friedrich Rittelmeyers «Aus meinem Leben».[179] – Wenn man seiner hohen und doch demütigen Gestalt begegnete, konnte man meinen, einer von den holzgeschnitzten Aposteln der Nürnberger Meister sei von seinem Sockel herabgestiegen, denn nur Augen, welche den Heiland selbst gesehen hatten, konnten so blicken wie die seinen; der sprach unmittelbar aus ihrem warmen Leuchten: durchdringend, aber ohne jede Schärfe, ohne Schwärmerei und dabei erfüllt von höchster Begeisterung, der klare Blick des Denkers, der alles ruhig durchschaute, verbunden mit den aus der unendlichen Güte des Herzens hervorbrechenden Liebestrahlen. Stets war er bereit, alles mitzuempfinden; er wollte helfen, und er konnte es auch.

Als einer der ersten Schüler Rudolf Steiners war er zu selbstständigen Erfahrungen in den höheren Welten vorgeschritten, und jener sagte mir einmal von ihm, es sei Michael Bauers Aufgabe, die Verbindung zwischen dem Reich der Toten und den Lebenden herzustellen. Bauer sprach von jenem Reich mit Selbstverständlichkeit, aber mit der Andacht eines Menschen, der das Mysterium des Todes erkannt hat. Das ging bis unmittelbar in die Handhabung im täglichen Leben. Als einmal jemandem in unserem Kreise ein Unfall zugestoßen war, dessen Folgen man im ersten Augenblick nicht übersehen konnte, wo auch ohne Arzt vorerst nichts getan werden durfte, da sagte er mir ganz ruhig und selbstverständlich, aber mit tiefem Ernst: «Sie haben doch gewiß ‹drüben› einen ärztlichen Freund, wenden Sie sich gleich an ihn.»

Was es in der Natur gab, was die Menschheit auf ihrem Entwicklungswege sich errungen, mit dem hatte er sich gründlich vertraut gemacht; in jungen Jahren war er auch ein Geiger gewesen, dessen durchseeltes Spiel sogar auf Zigeuner einen so tiefen

Abb.14
Sophie Stinde (geb. 1853, gest. 1915).

Abb. 15
Michael Bauer (geb. 1871, gest. 1929).

Eindruck gemacht hatte, daß deren «Primas» ihm seine eigene Geige schenkte, das letzte, wovon sich ein Zigeuner trennt. Mit aller Tiefe des Empfindens verband er aber einen köstlichen Humor. Rudolf Steiner sprach einmal im engeren Kreise davon, daß Kant eigentlich eine junge Seele sei, die noch nicht oft auf dieser Erde gelebt und ihre letztvergangene Verkörperung bei einem primitiven Volke durchgemacht habe. Bauer, dessen Lieblingsdenker Hegel war, der aber selbstverständlich auch Kant gründlich studiert hatte, murmelte: «Ich hab's ja immer gesagt, daß der Kant ein Kaffer war.» – Pflanzen und Tiere liebte er, sein «Alpengärtlein» pflegte er bis zuletzt, doch seine größte Liebe galt den Menschen, und das ist selten, denn bei vielen, die von sich meinen, daß sie es täten, fängt schließlich der Mensch bei der eigenen Persönlichkeit an – und hört bei ihr selbst auch wieder auf. Liebevoll begleitete er die Menschen auf ihren Schicksalswegen bis über die Pforte des Todes hinaus.

Es war unser sehnlichster Wunsch, diesen Freund nach mehrjähriger Trennung wiederzusehen, besonders da sich sein Leiden verschlimmert hatte. Er lebte auf dem Lande in Breitbrunn am Ammersee, östlich von München, auf das verständnisvollste und aufopferndste betreut von Frau Margareta Morgenstern[180], der Witwe des Dichters. Sein kleines Heim war Ziel der Pilgerfahrt für viele Menschen, und jeder ging gestärkt von hier weg. – In jener Zeit der Lebensmittelknappheit war es nicht leicht, die Bewilligung zu einem Landaufenthalt zu bekommen, selbst die Erlaubnis zur Einreise nach Deutschland konnten wir als Österreicher nur durch «hohe» Beziehungen erreichen, aber schließlich gelang es mit Hilfe einiger Freunde, und wir durften vier Wochen in Breitbrunn zubringen.

Die Bahnstrecke, welche von München zum Ostufer des Ammersees führt, endet in Herrsching. Von dort hat man über eine Stunde durch schönen Wald nach Breitbrunn zu gehen. Man kann aber auch schon eine Station vorher den Zug verlassen und, an einem kleinen See vorbei, ebenfalls auf Waldwegen in etwas kürzerer Zeit nach Breitbrunn gelangen. Der Ammersee war damals von Fremden viel weniger besucht als der Starnbergersee, und die Münchener Sommerfrischler bevorzugten nebst Herrsching mehr das Westufer. Besonders die Gegend nördlich unseres Sommeraufenthaltes war noch ganz unberührt. Wir unternahmen weite Gänge in das stille Land mit den schönen Blicken auf den See und die Alpenkette im Süden. Heimwärts fuhren wir dann mit der k.-bayr. Post. Auf dem hohen Kutschbock der kleinen altväterlichen gelben Kutsche thronte der Postillion im hellblauen kurzen Frack, in Stiefeln und dem Lackzylinder mit der weißblauen Kokarde und blies fröhlich sein Lied, als ob es keinen Weltkrieg gäbe. In den Gesprächen der Urlauber, die von der Front kamen, grollte aber schon ein dumpfer Unterton.

Das einfache Dörfchen hatte nur ein Wirtshaus, die Sommergäste wohnten fast alle bei den Bauern, eigentliche Villen gab es nur wenige. Das Ufer war noch ganz im Naturzustand, der kleine hölzerne Dampfersteg störte nicht viel. Eine Anzahl Münchener Freunde verbrachte hier den Sommer, und unter Michael Bauers Leitung fanden regelmäßig Studienabende statt.

Als wir ankamen, sagte Michael Bauer: «So, jetzt mache ich Ferien und kann Ihnen die Studienabende übergeben.» Er war aber doch immer dabei, und für mich war das sehr schön, denn auf dem Heimweg konnte ich von ihm zu hören bekommen, was ich noch besser machen könnte; so habe ich viel gelernt. Er war ganz Güte und begleitete unser beider Streben in einer selbstverständlich-liebevollen Art. Auch später, als ich Lehrer an der Waldorfschule in Stuttgart geworden war, galt ihm in den großen Ferien immer unser erster Besuch. Wegen seines sich verschlimmernden Leidens mußten diese Besuche immer kürzer werden, doch jedesmal empfingen wir Licht und Stärkung für unser Vorwärtsschreiten im Leben und in der inneren Entwicklung. Aus Tirol schickten wir ihm öfter Pflanzen für sein Alpengärtchen, und in seinen Briefen berichtete er dann über deren Gedeihen.

Die Freundschaft mit Michael Bauer gehört zu den schönsten Geschenken, die uns das Schicksal gegeben hat. Er ging im Jahre 1929 viel zu früh von uns fort, doch sein Wesen überleuchtet für immer unsere Lebenswege.

Während des Aufenthaltes in Breitbrunn bewohnten wir ein Dachstübchen im Hause des Dorfbriefträgers. Er selbst war im Felde, seine Frau hatte sich in ein Kämmerchen zurückgezogen und vermietete soviel als möglich. Unter uns, in der eigentlichen Wohnung, war über den Sommer eine Kunstmalerfamilie aus München eingezogen. Er, eine robuste Gestalt, die Frau und die etwa sechsjährige Felicitas sehr zarte und liebe Persönlichkeiten.[181] Des Kindes Hände waren durch eine überstandene Krankheit geschwächt, doch die dunklen Augen strahlten unendliche Liebe zu allen Menschen und Wesen. Mit Mutter und Tochter verstanden wir uns bald recht gut, bei dem Maler selbst mußte man einfach zuhören, er hatte etwa den Standpunkt, er könne nicht mit Leuten diskutieren, die nicht seiner Meinung waren, und mit dieser war er gar nicht zurückhaltend.

Albert Steffen kam öfter zu Michael Bauer und besuchte dann auch die Malerfamilie. Wir saßen dann alle zusammen unter dem Apfelbaum vor dem Hause. Besonders freute sich die kleine Felicitas, und es war auch für uns lustig anzusehen, wie er immer neue Späße für sie erfand oder sich als gewandter Taschenspieler erwies. Wenn er dann den Heimweg antrat, durfte ich ihn durch die Wälder zur Bahn begleiten. Wir schritten ordentlich aus, und für mich waren diese Gänge schöne Stunden. Einmal hatte ich auch in München zu tun. Wir aßen zu Mittag in einem «Vegetarischen» mit einer Anzahl Freunden, lauter markanten Persönlichkeiten. Nach dem Essen lud er mich ein, ihn in seine Wohnung in der Hohenzollernstraße zu begleiten. Sie bestand aus zwei Zimmern. In dem Wohnzimmer standen zu beiden Seiten des großen Fensters rechts ein Tischchen mit einer Schreibmaschine, links eines mit allem, was man braucht, um Kaffee zu kochen. Er las mir aus dem gerade im Entstehen begriffenen Werk vor, und dann machte er Kaffee für uns beide. So wurde ich in der liebenswürdigen Weise beschenkt und bewirtet, und der überbescheidene Hausherr hatte es – wie mir schien – ganz gerne, daß man auch die Erzeugnisse zu würdigen verstand, welche an dem linken Tischchen entstanden waren.

Wende

Im November 1916 war der alte Kaiser Franz Joseph I. nach fast siebzigjähriger Regierungszeit gestorben. Auf die Kriegsereignisse hatte dieses Ereignis keine unmittelbare Wirkung, die nahmen ihren Lauf. Die Thronfolge war geregelt, und der Neffe des 1914 in Sarajevo ermordeten Erzherzogs Franz Ferdinand bestieg als Karl I. den Thron. Aber auf die Stimmung des Volkes wirkte dieser Hingang niederdrückend. Ihm war der alte Kaiser zu einer Art Sinnbild Österreichs geworden, und es bestand die Meinung, solange er am Leben sei, würde die Monarchie bestehen, nicht länger; dies bestätigte sich ja nur allzu bald. Dabei hatte er selbst nicht viel Fühlung mit seinen Völkern. Seit der Ermordung der Kaiserin in Genf (1898) hatte er ein ganz zurückgezogenes Leben geführt und sich noch mehr als vorher der Arbeit gewidmet. Zu frühester Morgenstunde begann seine Arbeitszeit, unglaublich viel erledigte er selbst, und immer wieder vernahm man aus seiner Umgebung, wie genau er von allem wußte, was er alles im Bewußtsein trug. Ebenso streng war er aber auch mit seinen Mitarbeitern, denen seine Pedanterei manchen Stoßseufzer entlockte, noch dazu entging auch nicht die geringste Kleinigkeit seiner Aufmerksamkeit. Das alte spanische Hofzeremoniell mußte bis in die Intimität des Privatlebens hinein gewahrt werden, und wenn der plötzlich in später Nachtstunde gerufene Leibarzt nicht im tadellosen Frack erschien, war der Kaiser höchst unwillig. Nur im Verkehr mit seiner mit ihm alt gewordenen Freundin Katharina Schratt gestattete er sich selbst, ein Mensch unter Menschen zu sein. Von ihm und seiner Lebensführung ging etwas wie Ruhe aus, und das Volk fühlte sich wie geborgen, solange durch ihn alles seinen Gang ging, trotz der sonstigen inneren und äußeren Schwierigkeiten.

Sein Verhältnis zu den von ihm regierten Völkern war – man möchte sagen – ein überpersönliches; so wird es verständlich erscheinen, daß sein Tod nicht so sehr menschlichen Schmerz über einen Verlust, aber um so mehr trübe Stimmungen auslöste. Man hatte die Empfindung, da werde nicht eigentlich ein Mensch zu Grabe getragen, sondern eine Zeit.

Unsere damalige Wohnung lag gegenüber dem Schloß Schönbrunn; dort residierte der Kaiser in seiner letzten Lebenszeit. Der Park, mit Ausnahme des kleinen Privatgartens, wo er seine Morgenspaziergänge machte, blieb für jedermann geöffnet; der Zugang führte durch die Eingangshalle des Schlosses. In den Tagen seiner letzten Krankheit herrschte dort tiefste Stille in Erwartung des Unvermeidlichen. Die tägliche Wachtparade fand ohnehin in der in der inneren Stadt gelegenen Hofburg statt; in Schönbrunn wurde die kleine Schloßwache in aller Stille abgelöst, im Hof gab es nur wenige dunkelgrüne Burggendarmen, und vor den inneren Gemächern standen die «Trabanten» in roten Röcken mit schwarz und goldenen Querstreifen auf der Brust und Hellebarden.

Der tote Kaiser wurde auf seinem einfachen Feldbett belassen, und erst am nächsten Abend fand die Überführung in die Hofburg zur feierlichen Aufbahrung statt. In den Anlagen vor dem Schloß waren in dieser späten Stunde nur wenige Menschen, die meisten warteten in der langen Mariahilferstraße. Ich stand am Portal und konnte gut die mit Kerzen hell erleuchtete Zimmerflucht übersehen, durch welche der Sarg aus dem Sterbezimmer zum Treppenhaus getragen wurde. Vor dem Hauptportal wartete der prunkvolle Leichenwagen der Kaiser, bespannt mit acht großen Rappen altneapolitanischer Rasse: Ramsnasen, langer Schweif und Mähne. In den Hofstallungen standen sie in einem hochgewölbten runden Kuppelraum; am entgegengesetzten Flügel standen die acht Schimmel, welche bei der Fronleichnamsprozession den kaiserlichen Prunkwagen zogen. Beim Tor hatte eine Eskadron Dragoner in Feldgrau Aufstellung genommen. Still wurde der Sarg auf den Wagen gehoben, ohne Kommandorufe setzte sich der Reiterzug in Bewegung, es folgte der Leichenwagen. Der Stallmeister des Kaisers in Paradeuniform der Dragoner führte das Leitpferd des vordersten Paares persönlich am Zügel, dann kamen nur wenige Hofequipagen. Allen Pferden hatte man die Hufe mit Strohgeflecht umbunden, kein Hufschlag ertönte, nur ein leises Trappen, das die Stille fast noch verstärkte. Der Zug verschwand in der Nacht, die Lichter im Schloß wurden gelöscht.

Die Überführung von der Hofburg in die Kapuzinergruft fand am hellen Tage statt, zum letzten Male entfaltete sich das Gepränge der Garden, die österreichischen und die ungarischen Leibgardereiter zogen vorbei, alle auf weißen Lipizzaner-Pferden, die Ungarn in roten, goldverschnürten Röcken, die Pantherfelle über der linken Schulter.

Im vollen Gegensatz zu diesem Gepränge war, nach altehrwürdigem Ritual, das fast an Mysteriengebräuche erinnerte, der Empfang in der Kapuzinergruft. Das Tor war zugeschlossen. Der Führer des Leichenzuges klopfte an die Pforte, hinter welcher der Abt mit den Mönchen stand: «Wer verlangt Einlaß?» ertönte es. «Der Kaiser von Österreich» – «Den kenne ich nicht!» – «Der König von Ungarn!» «Den kenne ich nicht.» Es folgten alle weltlichen Titel, auf alle dieselbe Antwort. Schließlich hieß es draußen (ich erinnere mich des Wortlautes nicht mehr ganz genau): «Eine arme Seele, die sich der Gnade des Herrn empfiehlt.» – «Sie trete ein.» – Zum letzten Male wurde diese tiefernste Handlung nach jahrhundertealtem Weihebrauch vollzogen. Franz Josephs Nachfolger starb vertrieben in Madeira. Das Volk hatte in seinem Vorgefühl recht behalten, nicht nur ein Leben, eine Zeit war zu Ende gegangen.

Bald darauf, man wußte nicht, woher, in echt österreichischer Selbstironisierung tauchte das Wort auf: «Österreich hat eine große Zukunft hinter sich!» Es war nur allzu wahr. – Ihrer Zusammensetzung, ihrer Entstehungsgeschichte nach war die österreichisch-ungarische Monarchie berufen, ein Beispiel zu geben, wie die verschiedensten Völker in einem Staate zusammenleben und sich gegenseitig achten können, nicht nur vier Völker, wie in der Schweiz, sondern über ein Dutzend in einem riesigen Lande, das im Westen an die Schweiz grenzte, im Osten an Rußland und im Süden an Serbien und Montenegro. Ein Bindeglied zwischen der alten Kultur Mitteleuropas und den sich emporarbeitenden Völkern des Ostens hätte die Monarchie darstellen sollen. Mit den alten Methoden war dies nicht durchführbar, und die neuen Ideen, die es ermöglicht hätten, durch welche am Fortbestand Österreichs alle Völker innerhalb und außerhalb dieses Staatswesens interessiert gewesen wären, die wurden zwar an die leitenden Persönlichkeiten herangebracht, aber nicht von ihnen aufgenommen. Und Österreich zerfiel. Die Spannungen zwischen seinen Teilen waren zu groß geworden. Manche meinten, nur der Ausbruch des Krieges habe es noch für eine letzte Frist zusammengehalten. Man ließ sie ungenützt verstreichen. – Die neuen Ideen, deren es bedurfte, sie waren zur rechten Zeit in die Welt gekommen, erwachsen aus der Geistesschau Rudolf Steiners, aus seinem klaren, tiefen Blick in die Wirklichkeit, in die Gegebenheiten und Notwendigkeiten jenes Augenblickes. Nach dem Umsturz des November 1918 hatte ich dann Gelegenheit, mit vielen Menschen über die Idee der «Dreigliederung des sozialen Organismus» zu sprechen. Unter ihnen war ein im politischen Leben tätiger Herr, der aber auch im Kulturleben drinnen stand. «Die Anthroposophie kann ich nicht aufnehmen», sagte er mir, «aber trotzdem halte ich Rudolf Steiner für den größten Geist unserer Zeit, denn keiner hat wie er erkannt, was ihr fehlt.» Aber auch dieser Herr konnte sich nicht für die neue Idee entschließen, er sah im Marxismus das Heil. – Rudolf Steiner schenkte immer in überreichem Maße, wenn man bittend an ihn herantrat, er drängte aber niemand seine Gedanken auf, an ihm konnte man Goethes Wort verstehen: «Was aber ist deine Pflicht? Die Forderung des Tages» (Wilhelm Meister). Das ist aber nicht im Sinne eines Kantischen Imperativs aufzufassen, sondern so, daß der freie Mensch es als seine Pflicht ansieht, in Liebe alles zu geben, was er vermag, da, wo es nottut, wo es aufgenommen wird. Es handelt sich darum, an der Erkenntnis der Wahrheit den freien Helferwillen zu entzünden. Wer sich so einzustellen versucht, dem offenbart das Leben viele Notwendigkeiten; das als Notwendigkeit Erkannte aus Liebe tun wollen, das darf man geistige Freiheit nennen.

Die Not der Zeit, die Hilflosigkeit der leitenden Kreise war von einer Persönlichkeit wirklich erlebt worden, und diese hatte sich an Rudolf Steiner gewendet, dessen Schüler sie seit Jahren war. Es war Graf Otto Lerchenfeld, Inhaber eines der größten bayrischen Fideikommisse und als solcher im «Rat der Krone Bayerns». Seine Stellung und der Umgang mit seinem Onkel Graf Hugo Lerchenfeld, dem damaligen bayrischen Gesandten in Berlin, ließen ihn tiefe Einblicke gewinnen.[182] «Mehr als drei Wochen tagtäglicher, stundenlanger Arbeit folgten dieser ersten Unterredung [mit Rudolf Steiner], Wochen höchsten Erlebens, höchster Anspannung, intensivsten Lernens, Lernens ...», so schreibt er in seinen Erinnerungen. Von dieser Zusammenarbeit hat er mir oft gesprochen in seiner so ganz unsentimentalen Art, der man es aber doch anmerken konnte, welch ein Erlebnis es für ihn gewesen war. Aus seinen Berichten über die Zusammenarbeit, die sich nun ergab, über die Bemühungen, die neuen Ideen an die Stellen heranzubringen, die damals etwas hätten tun können, hat mir ein Ereignis besonderen Eindruck gemacht. Er hatte mit Rudolf Steiner besprochen, wie er in einer bevorstehenden Sitzung des Kronrates das Erarbeitete vorbringen wollte. Die Sitzung wurde verschoben, wohl wegen einer der Frontbesuche des Königs, den er mehrmals im Hofzug dienstlich begleitete, wenn er in die Karpaten zu den bayrischen Truppen fuhr. Nach einigen Monaten sollte dann diese Sitzung wirklich stattfinden. Lerchenfeld hatte sich wieder vorbereitet, fuhr aber vorher aus einem richtigen Gefühl noch nach Berlin zu Rudolf Steiner und sagte, daß er die Sache nun so, wie sie seinerzeit besprochen worden war, vorbringen wolle: «Was fällt Ihnen denn ein?» sagte Rudolf Steiner. Lerchenfeld erinnerte daran, daß das doch so besprochen worden sei. «Aber sehen Sie denn nicht, was inzwischen in der Welt vorgegangen ist? Das müssen wir jetzt anders machen.»

Solche lehrreichen Beispiele von Wachheit und Genauigkeit

hat uns Rudolf Steiner öfter erleben lassen. Jeder seiner Aussprüche und Entschlüsse beruhten auf einer tatsächlich vollbewußten Erfassung alles dessen, was zur augenblicklichen Lage gehörte, diese könne sich nie ganz wiederholen, deshalb wollte er nie auf Aussprüche sich sozusagen festnageln lassen, die er unter ganz anderen Umständen getan hatte, die uns weniger genau Durchschauenden ähnlich erschienen. Wir lernten verstehen, daß nur der in Freiheit handelt, der wirklich alles überschaut, was in dem Augenblick mitberücksichtigt werden muß, sollen nicht von vornherein dem Vorhaben Schwierigkeiten erwachsen. Etwas anderes sind die Entschließungen der Menschen. In diese darf nie eingegriffen werden. Er sagte uns einmal, man solle nicht meinen, es sei möglich, einen Vorsatz genau so durchzuführen, wie er gefaßt sei; im Leben sei es wie im Schachspiel, man könne einen Zug tun, dann aber wäre das Leben am Zuge, und jetzt stünden wir vor einer neuen Lage, die neue Entschlüsse verlange; natürlich dürfe man die Richtung nie verlieren.

Nach der erwähnten wochenlangen Zusammenarbeit in Berlin erbat Graf Lerchenfeld von Rudolf Steiner eine Art kurzen Memorandums, zu dem sich dann ein weiteres gesellte, und es wurde an viele der führenden Persönlichkeiten herangetreten. Im August 1917 hatte es Graf Arthur Polzer-Hoditz, der Kabinettschef Kaiser Karl I. erhalten.

Am 19. und 20. Mai dieses Jahres 1917 hat Rudolf Steiner in München zwei Vorträge für Mitglieder gehalten: «Gesetze der Menschheits-Entwickelung», in welchen er auch über die Ideen der Brüderlichkeit, Freiheit und Gleichheit sprach. Es war wie ein Präludium, wie eine Vorbereitung zum Verstehen des Dreigliederungsimpulses von der Brüderlichkeit im Wirtschaftsleben, der Freiheit im Geistesleben und der Gleichheit im Rechts- und politischen Leben.[183]

Die damaligen Zuhörer wußten nichts von den Bemühungen Rudolf Steiners und Graf Lerchenfelds. Es lag im Wesen einer solchen Aktion, daß das Wissen darum auf die unmittelbar Beteiligten beschränkt bleiben mußte. Erst als im Februar 1919 in

Zürich in vier öffentlichen Vorträgen die Idee der Dreigliederung dargestellt worden war, die dann den Inhalt des Buches «Die Kernpunkte der sozialen Frage»[184] bildeten, da kamen Nachrichten darüber auch zu uns nach Wien und auch «Fahnen», Bürstenabzüge. Der «Aufruf an das Deutsche Volk und an die Kulturwelt» erreichte uns. Wir sammelten die nachher in der ersten Auflage abgedruckten Unterschriften. Inzwischen hatten wir den Zusammenbruch des alten Österreich erlebt. Kaum an einer anderen Stelle Europas konnte man sich der Tragweite dieser Ereignisse so bewußt werden wie hier in dieser Hoffnungslosigkeit. So brannte uns die Frage nach dem Sinn dieses Geschehens, wir wollten wissen, was von uns erwartet würde; die Zeiten empfanden wir als beendet, wo Anthroposophie nur im Lebenskreis des Individuums ihre Kräfte zu entfalten hätte, sie hatte von nun ab der Allgemeinheit etwas zu bringen. Wir stürzten uns auf die Bögen, die nur einzeln oder in kleinen Partien nach Wien gelangten. Eine Gruppe von Männern, die alle im praktischen Leben standen, traf sich jeden Morgen gegen sieben Uhr zum gemeinsamen Studium und dann eilten wir auseinander, um jeder um acht Uhr an seiner Arbeitsstelle zu sein. Eine Unzahl von Fragen, von Problemen tauchten auf, hie und da kam trotz der großen Verkehrsschwierigkeiten ein Freund nach Wien, der wieder Nachrichten über diese Ideen brachte, aber eine wirkliche Klarheit konnten wir nicht erlangen.

Es lag mir aber sehr am Herzen, diese neuen Ideen auch wirklich verstehen zu lernen; denn ich war durch meine Stellung als Werkstättenleiter und meine nebenamtliche Tätigkeit als Mitarbeiter im «Reichsbildungsamt der Volkswehr», von welcher noch die Rede sein soll, mit vielen Arbeitern in Verbindung und auch mit den Vertretern verschiedener politischer und kultureller Richtungen, welche von der durch die Revolution gebotenen Möglichkeit, ihre Ideen unter die Menschen zu bringen, einen ausgiebigen Gebrauch machten. Ihnen gegenüber wollte ich auch die «Dreigliederung des sozialen Organismus» vertreten können.

So entschlossen wir uns, meinen Urlaub in der zweiten Augusthälfte 1919 in Stuttgart zu verbringen. Wir wußten, daß Carl Unger, der dort eine Maschinenfabrik besaß, sich eingehend damit befaßte, daß eine umfassende Bewegung zu deren Verwirklichung ins Leben gerufen war. Rudolf Steiner hatte in ganz Württemberg viele Vorträge darüber gehalten, und weite Kreise interessierten sich dafür. In diesem geistigen Mittelpunkt erhofften wir, die gesuchten Aufschlüsse zu erhalten. An mehr dachten wir nicht, und doch sollten diese Tage zur Wende unseres Lebens werden.

Gleich nach unserer Ankunft vernahmen wir, daß man an diesem Abend Rudolf Steiner erwartete und am nächsten Tag die Vorträge und Seminarübungen mit den Persönlichkeiten beginnen sollten, die als Lehrer für die von Kommerzienrat Emil Molt[185], dem Besitzer der Waldorf-Astoria-Zigarettenfabrik, für die Kinder seiner Arbeiter und Angestellten gegründete Schule ausersehen waren. – Wieso ich an diesen Veranstaltungen teilnehmen konnte und wie es dann dazu kam, daß ich selbst Waldorflehrer wurde, darüber soll im zweiten Teil dieses Werkes berichtet werden.

Von da ab begann ein neues Leben. Bisher hatte ich einen Beruf ausgeübt, in welchen ich nichts hineintragen konnte von dem, was mein inneres Streben, der eigentliche Inhalt meines Lebens war. Nur in dem, was selbst im dienstlichen Verhältnis zwischen Mensch und Mensch weben darf, konnte wirken, was ich meinem geistigen Streben verdankte. Von jetzt ab durfte ich mich als ganzer Mensch mit allen Kräften einer Tätigkeit widmen, für welche überhaupt erst durch das Wirken Rudolf Steiners, aus der anthroposophischen Bewegung heraus der Boden geschaffen worden war. Ich brauchte mich nicht mehr von dem Zwiespalt bedrückt zu fühlen, daß ich einerseits einem bloßen Broterwerb nachgehen mußte und andererseits nur nebenbei ein geistiges Leben pflegen konnte, das mit jenem nichts zu tun hatte. Es wurde mir das seltene Glück zuteil, als ganzer Mensch, mit allen Kräften meiner Persönlichkeit durch alles, was ich leistete, für die Fruchtbarkeit des Werkes Rudolf Steiners zeugen zu dürfen, jenes Werkes, durch welches er in schwerster Zeit der ganzen Menschheit helfend dienen wollte.

Das Suchen hatte gefunden, wonach es gestrebt: die Einheit der Lebensführung, die volle Hingabe an eine Arbeit, durch welche den erwachsenen Menschen im Leben geholfen, den jungen Menschen richtig ins Leben hineingeholfen wurde.

ZWEITER TEIL

Geisteswirken in Erdentaten

Die Kampfhandlungen des Ersten Weltkrieges hatten ein Ende gefunden. In Mittel- und Osteuropa waren alte Ordnungen zusammengebrochen. Im Osten wurde alles nach der starren Lehre des Bolschewismus eingerichtet. In Mitteleuropa hatten weite Kreise das Vertrauen in die tragende Kraft des deutschen Geisteslebens verloren. Es breitete sich jene Stimmung aus, für welche später Albert Schweitzer die Worte prägte: «Unser auf seine vielen Errungenschaften so stolzes Geschlecht glaubt nicht mehr an die *eine*, auf die *alles* ankommt: den geistigen Fortschritt der Menschheit.»[1]

In welcher Richtung sollte sich aber der ersehnte Fortschritt vollziehen? Sollte Geistesverleugnung bis in die Gestaltung der Lebensverhältnisse das Rechte sein, oder wollte man von einem «Geiste» reden, unter dem man sich doch keine Wirklichkeit vorstellte, und dabei den Boden unter den Füßen verlieren?

Da unternahm es Rudolf Steiner zu zeigen, wie wahrer Geist im Stoffe wirkt. Den Materialismus als die Ursache allen Übels hinzustellen, damit ist nichts getan, was weiterführen kann. Es heißt, ihn als Entwicklungstatsache verstehen lernen, denn er ist – wie Rudolf Steiner es darlegte – eine notwendige Durchgangsstufe auf dem Wege des Menschen zur Freiheit. «Eine an der Materie angeregte Ideenwelt macht selbständig.» «Der Materialismus ist nur der radikalste, extremste Ausdruck der Verwandtschaft des Menschen mit der Erde.»[2]

Ein solcher Ausspruch, ernst genommen, kann zur Einsicht führen, daß wir in einer Zeiten*wende* stehen, daß es möglich ist, wieder aufzusteigen, sich von dieser übermäßigen Erdgebundenheit zu befreien. Es genügt heute aber nicht mehr, den Geist bloß anzuerkennen. Geistige Erkenntnis muß bis zu Taten im praktischen Leben führen, der neue Mensch ist «der aus Erkenntnis *Handelnde*»[3]. Steiners große Tat ist, den Menschen gezeigt zu haben, wie sie sich selbst dazu erziehen können. So etwas wie Gefolgschaft hat er stets kräftigst zurückgewiesen, er wollte helfen, daß wir lernen, geistig tätig zu werden. Wir sollen lernen, so im Leben zu stehen, daß in unserem Tun Geist wirkend werde.

Rudolf Steiner gab nie Ratschläge, ohne darum gefragt zu sein, und selbst dann nur, wenn in dem Fragenden die zuverlässige Bereitschaft lebte, nach besten Kräften auszuführen, was ihm geraten worden war.

Nicht nur für die innere Entwicklung des einzelnen auf dem Wege der anthroposophisch orientierten Geisteswissenschaft hat er neue, grundlegende Anweisungen gegeben, sondern auch für viele Gebiete des praktischen, des wissenschaftlichen, des künstlerischen und in besonderer Weise des religiösen Lebens.

Auf manchen Gebieten durfte der Schreiber dieses Buches mitarbeiten, und davon möchte er berichten. Er erhebt nicht den Anspruch, ein restlos vollständiges Bild der Tätigkeit Rudolf Steiners in den letzten Lebensjahren zu geben.

Vom großen Kaisertum zur kleinen Republik Österreich

Im November 1918 hatte die «Weltgeschichte» – nach Schillers Ausspruch das «Weltgericht» – über eine alte Ordnung das Urteil gesprochen. Alte Staaten zerfielen, neue wurden gegründet, besser gesagt zusammengesetzt; im inneren Gefüge – auch der erhalten gebliebenen – vollzogen sich einschneidende Wandlungen.

Auf der einen Seite glaubte man den ersehnten Augenblick gekommen, um lange gehegte Wunschbilder einer für besser gehaltenen Gesellschaftsordnung zu verwirklichen, das Leben nach liebgewonnenen Theorien einzurichten. Auf der anderen Seite bestand der starre Wille, das Alte, eben Eingestürzte wieder aufzurichten und im Geist der früheren Ordnung möglichst zu bewahren. Daß ein neuer Geist, eine der Wirklichkeit des Geistes sich öffnende Seelenhaltung gesucht werden müsse, sahen diese nicht ein, während für jene der Geist überhaupt nur leerer Dunst war und das erhoffte Glück aus den vom Staat zu sichernden Wirtschaftsverhältnissen erstehen sollte.

So standen sich Sozialismus verschiedener Schattierungen einerseits und der mit dem Materialismus sich verbündende Nationalismus andererseits einander starr gegenüber. Die einen wollten aus Abstraktionen die Zukunft gestalten, die anderen durch verkrampfte Willenskräfte Formen der Vergangenheit zu einem Scheinleben erwecken. Beide verschlossen sich der Notwendigkeit, mit freiem, unbefangenem Blicke die Forderungen der neuen Lage, der sich ankündenden neuen Zeit zu erkennen und aus dieser in geistigem Überblick und damit in wahrer Freiheit zu handeln. Nur offenen Herzens, weder verstandesmäßig vertrocknet noch willensmäßig verkrampft, sondern der erkannten Forderung des Augenblickes sich öffnend – nur so konnte dieser Zeit geholfen werden.

In Rußland war ein bolschewistischer Umsturz erfolgt, in Ungarn und Bayern gab es ein kommunistisches Zwischenspiel. In Deutschland standen den Sozialisten der Weimarer Republik, deren Schwäche bald offenbar werden sollte, die Offiziere und Nationalisten gegenüber, deren Einstellung dem Empfinden jener Volkskreise entsprach, welche in der Monarchie der Hohenzollern und in der bewaffneten Macht, der «schimmernden Wehr», den wahren Ausdruck deutschen Wesens sehen wollten und sich gegen das Schicksal auflehnten, das Deutschland aus stolzer Höhe gestürzt hatte.

In Österreich gab es diese scharfen Gegensätze nicht. Einen Militarismus im reichsdeutschen Sinne hatte es hier nie gegeben, und die Sozialisten, zu deren führenden Persönlichkeiten auch Idealisten und Künstler zählten, neigten nicht zu gewalttätigem Vorgehen. Ihnen ging es weniger um die Durchführung einer Theorie, als um Herbeiführung besserer Lebensbedingungen für jene Volkskreise, welche bisher an den Gütern des Lebens zu wenig Anteil gehabt hatten. Man redete nicht allzuviel von der marxistischen Doktrin, wenn auch die Parteisekretäre sich pflichtgemäß Mühe gaben, sie dem Volke geläufig zu machen. Es war mehr ein Sozialismus des Herzens, dem sich so manche Gebildete anschlossen, weil sie sich verpflichtet glaubten, was die Kultur an Schönem bot, nun jenen zugänglich zu machen, die es bisher hatten entbehren müssen. Manchen habe ich damals kennengelernt, der aus einer Art kulturellen Gewissens nach angestrengter Tagesarbeit seine freien Abende restlos jenen kleinen, aber zahlreichen Gruppen von Arbeitern widmete, welche bestrebt waren, sich weiterzubilden.

In dem Gebiete, auf welches von nun ab Österreich beschränkt war, das nur einen kleinen Teil der alten Doppelmonarchie umfaßte, stand man vor besonders schweren Problemen. Man war sich nicht bewußt, daß das österreichische Volk seine besondere Aufgabe hat. Diese besteht – wie Rudolf Steiner ausgeführt hat – darin, die deutsche Kultur in einer solchen Weise darzuleben, daß sie von den Slawen aufgenommen werden kann, um so die nächste Kulturepoche vorzubereiten, in welcher der slawische Geist zur Entfaltung gelangen soll, so wie es in der Gegenwart dem deutschen bestimmt ist, dem gegenüber sich immer wieder mächtige Widersacher erheben.[4]

Über die österreichische Wesensart sagte er in einem im September 1923 in Wien gehaltenen Vortrag: «In Österreich hat man wirklich Gelegenheit, viel zu tun gerade für diese geistige Bewegung, der wir ergeben sind. Denn Österreich hat bei einem gewissen ... Fortentwickeln eines äußeren oder manches bürokratisch-mechanischen Eingesponnenen der Lebensgeister dennoch immerdar eine starke Innerlichkeit gerade auf jenem Gebiete gehabt, wo Intellektuelles in Gemüthaftes übergeht ... Das Deutschtum in Österreich ist etwas anderes als das Deutschtum irgendwo in der Welt ... Und man muß sich die Frage: Was kann Deutsch-Österreich für die Anthroposophie tun? – eben mit dem Gemüt beantworten. Man muß da nicht spekulieren darüber, wie der Unterschied zwischen diesem oder jenem Erdgebiet ist, sondern man muß fühlen, wie hier wirklich starke Innerlichkeit steckt ... Die anderen Deutschen fühlen das manchmal als etwas recht Fremdes.»[5] – Es zeigt sich aber, daß gerade dieses von den Slawen als ihr Wesen ansprechend empfunden wird.

Den Österreichern selbst war die Wichtigkeit ihrer Aufgabe so wenig bewußt, daß aus der ihnen eigenen Neigung zur Selbstironie das geflügelte Wort entstand: «Österreich hat eine große Zukunft – hinter sich.» Es ist aber doch bedeutungsvoll, daß die Österreicher im allgemeinen eigentlich wenig an den «Anschluß» dachten. Der «Anschlußgedanke» fand mehr bei den Sozialisten Anklang, denn diese fühlten die Schwäche dieses kleinen Gebildes und hielten es zur Sicherung des durch die Revolution Errungenen wünschenswert, daß das sozialistisch geordnete Gebiet Mitteleuropas möglichst mächtig werde. Deshalb wünschten sie – in mehr föderalistischer Form – den Anschluß an die große deutsche «Rote» Republik. Das «Nationale» war hierbei von untergeordneter Bedeutung.

Hier war es auch gar nicht möglich, sich ganz der Durchführung sozialer Neuerungen zu widmen, denn vor der neuen

Regierung stand die bange Frage, ob aus diesem Restgebilde überhaupt ein wirtschaftlich lebensfähiger Staat werden könne. Im Gegensatz zur bald einsetzenden Erstarrung im Westen, zur gewalttätigen Umstürzung des gesellschaftlichen Aufbaues im Osten *löste* sich hier alles auf: das Staatsgefüge des alten Kaiserreiches, die gemeinsame Armee, die Verwaltung. Doch dies spielte sich mit der unerschütterlichen Liebenswürdigkeit und Kindlichkeit des Österreichers ab. Die revolutionären Umzüge hatten manchmal fast die Stimmung von Wallfahrtszügen, Prozessionen genannt. Die Lieder waren etwas anders, aber mit derselben Gläubigkeit gesungen, nur galt diese dem erwarteten Anfang einer schöneren Zeit, und auf den vorangetragenen Fahnen waren keine Heiligenbilder zu sehen.

Für diese Stimmung ist ein kleiner Vorfall bezeichnend. Die Mitglieder der aufgelösten Armee trugen noch Uniform, sie hatten halt nichts anderes anzuziehen. Aber von Seite der Revolutionäre wurde darauf bestanden, daß die Kokarden mit den Anfangsbuchstaben des kaiserlichen Namens – es war noch immer F.J.I. darauf – verschwanden.[6] Selten wurden sie den Offizieren, welche am längsten daran festhielten, heruntergerissen, meist genügte es, daß auf die Unterlassung des Abnehmens aufmerksam gemacht wurde. Da sah ein Oberst einen Soldaten mit etwas verlegener Miene auf sich zukommen. Er meinte erst, es sei vielleicht wegen der Kokarde, die war aber bereits entfernt, worauf der Offizier durch eine deutende Handbewegung hinwies. Doch der Soldat salutierte höflich und sagte: «Bitt' schön, Herr Oberst, hätten's net a Cigarettel für mich?»

Alles ging eigentlich in der Stille, in einer Art Dämmerlicht vor sich. Wir wohnten in der Nähe der kaiserlichen Sommerresidenz, des Schönbrunner Schlosses. Eines Tages war keine Ablösung der Wache erfolgt, trotzdem die Kaiserin mit ihren kleinen Kindern noch dort wohnte, der Kaiser war schon auf einem Schloß in den entlegenen Donau-Auen. Von dort aus ist er dann unter dem Schutze englischen Militärs in die Schweiz abgereist. Dann bezogen noch mehrere Tage die Zöglinge der Wiener Kadettenschule die Schloßwache, doch auch das hörte bald auf, und man konnte einzelnen Burggendarmen, großen Gestalten in einfach-würdevollen dunkelgrünen Uniformen begegnen, die mit einem kleinen Koffer in der Hand abreisten. Als wir einst in der Abenddämmerung zum äußeren Tor des großen Schloßhofes kamen, lösten sich von dem noch von der kaiserlichen Familie bewohnten Meidlinger Flügel zwei ganz gewöhnliche, ratternde «Taxis» und fuhren dicht an uns vorbei zum Schloßtor hinaus. Neben dem Lenker des ersten saß in sehr schlichtem Zivil der Bruder der Kaiserin, der versuchte, sich durch einen Zwicker unkenntlich zu machen, im nächsten die Kaiserin mit dem Kindern. Es hatte sich merkwürdigerweise so gefügt, daß ich an derselben Stelle den Leichenzug des alten Kaisers und nun den Auszug der letzten Mitglieder des Kaiserhauses aus diesem von geschichtlichen Erinnerungen so reichen Schlosse sehen sollte. Hier hatte Napoleon I. residiert und in der großen Allee die Parade über seine Garden abgenommen, hier hatte dann auch der Wiener Kongreß [1814] seine Hoffeste gefeiert.

Ein anderes eindrucksvolles Bild der Auflösung bot sich mir dar, als ich wenige Tage nach dem Umsturz das Gebäude des Arbeitsministeriums betrat. Ein mir bekannter Ingenieur, vorher Mitglied des niederösterreichischen Landtages und der christlich-sozialen Partei angehörend, war Arbeitsminister geworden; ihn wollte ich aufsuchen. (Es ist kennzeichnend für die von Anbeginn schwache Stellung der «Roten», aber auch für ihren Wirklichkeitssinn, daß sie dieses wichtige Amt in diesem Augenblick einem «Schwarzen» überließen. Tatsächlich wurde die «rote» Regierung nach verhältnismäßig kurzer Zeit fast reibungslos von einer klerikalen abgelöst.) Der würdevolle Pförtner, der sonst jeden Eintretenden prüft, warf nur einen scheuen Blick nach mir und konnte mir auf meine Frage nach dem Minister keine Auskunft geben. So machte ich mich auf die Suche. Die Türen zu den meist leeren Amtsräumen standen offen, und ohne von jemand beachtet zu werden, gelangte ich in das sonst so streng behütete Arbeitszimmer des Ministers: Es war *auch* leer.

Die anthroposophische Arbeit konnte sich unter den neuen

Verhältnissen freier entfalten. Die von der «k. k.»[7] Polizei geübte, während des Krieges noch verschärfte Überwachung des Vereinswesens und argwöhnische Einschränkung jeder, besonders der öffentlichen Betätigung eines nicht in altgewohnten Bahnen sich bewegenden geistigen Strebens machte einer sehr losen Handhabung Platz. Die k. k. Statthalterei hatte es der in dem Vorort Penzing in unserem Atelier arbeitenden Studiengruppe nicht gestattet, die rechtliche Form eines Vereines anzunehmen und sich an die Öffentlichkeit zu wenden. – Das Interesse für Anthroposophie war so lebhaft geworden, daß unser nun frei arbeitender Zweig in gar nicht langer Zeit gegen fünfzig Mitglieder hatte, meist aus künstlerisch und wissenschaftlich orientierten Kreisen. Denn viele waren durch die Ereignisse dazu gekommen, nach Sinn und Halt im Leben zu suchen.

Unter den verschiedenen Künstlern, welche sich zu unserer Freude an der anthroposophischen Arbeit beteiligten, war auch ein junger Komponist. Wie so viele trug er noch immer die Uniform, weil er sich noch keine Zivilkleidung anschaffen konnte. Er stand in Verbindung mit den Bestrebungen der Sozialisten, welche sich bemühten, in den nun auch vielfach ihrer Lebensgrundlagen beraubten gebildeten Kreisen Verständnis für ihre Lösung der sozialen Frage zu finden. Es waren ja aus allen Teilen des alten Österreich, die sich losgerissen hatten und zu eigenen Nationalstaaten geworden waren, die Beamten und viele Angestellte deutscher Nationalität entlassen worden. Sie alle strömten in das nun so klein gewordene «Deutsch-Österreich», und da es sehr wenig Versorgungsmöglichkeiten gab, entstand eine Art Intelligenzproletariat. Nicht zuletzt im Hinblick auf diese Tatsache wurden in allen Städten und in den verschiedenen Wiener Bezirken die Arbeitsgruppen der «Sovega»[8] begründet; dort waren die Vertreter des Marxismus bestrebt, das Verständnis für den nun zur Regierung gekommenen Sozialismus zu fördern. Aus diesen Kreisen gewannen sie auch Mitarbeiter für die künstlerischen Veranstaltungen, welche den Handarbeitern geboten wurden, und für die Volksbildungsbestrebungen. Man wurde nicht gedrängt, Parteimitglied zu werden, sondern konnte sich in ganz freier Weise an den künstlerischen Anlässen ausübend beteiligen. Da wurde allerdings auch oft von «sozialistischer» Kunst gesprochen; zu ihr gehörte zum Beispiel Goethes Ballade «Der Schatzgräber», nämlich wegen der Worte: «Saure Wochen, frohe Feste!». Ich vertrat demgegenüber den Standpunkt, daß es nur gute und schlechte Kunstwerke gebe, welche letztere diesen Namen allerdings nicht verdienten, und daß für die Arbeiter die besten Kunstwerke und Darbietungen geboten werden müßten. Auch hier konnte man nämlich die Erfahrung machen, daß die Arbeiter ein unmittelbares Verhältnis zu echten Kunstwerken fanden und ihr Geschmack nicht durch Vorurteile verbildet war.

Es gab da manchen «geistigen Arbeiter», der nach angestrengter Tagesarbeit seine ganze freie Zeit den Bildungsbestrebungen der Arbeiter widmete. Manchmal wurde ich auch eingeladen, als interessierter Zuhörer an solchen Studienabenden kleiner Gruppen teilzunehmen. Es war ergreifend zu erleben, mit welchem Eifer und welcher Ehrfurcht die Arbeiter die Ergebnisse der Wissenschaft aufnahmen; nur tat es mir leid, daß es eine rein materialistische sein mußte. Die Menschen, welche schon viele Jahre in solcher Weise mitgearbeitet hatten, konnte man am Gesichtsausdruck erkennen. Die Züge waren mehr durchgearbeitet, hatten aber eine gewisse Starrheit angenommen. Diese Menschen hatten viel von ihrer Ursprünglichkeit, vom unverbildeten Lebenssinn verloren. Mit sichtlicher Zufriedenheit sprachen sie über das, was sie sich angeeignet hatten, aber es blieb «Gelerntes» und gab keine Antriebe für das Leben, weil es ja reinster Materialismus war, der eine Wirklichkeit und Wirksamkeit des geistigen Lebens nicht anerkennen wollte. Ein merkwürdiger Widerspruch bestand zwischen dieser ihnen beigebrachten Anschauungsweise und dem Eifer und Ernst, mit dem sie bestrebt waren, sich ein Wissen anzueignen, das ihnen die herrschende Gesellschaftsform vorenthalten hatte durch die beschränkten Möglichkeiten der üblichen Volksschulen, über die hinaus ihnen keine Weiterbildung zugänglich war.

Maria Strakosch hatte sich als Malerin in der Wiener Öffentlichkeit eine geachtete Stellung erworben; die führenden Kunsthistoriker interessierten sich für die Eigenart ihres Schaffens. Nun waren es gerade die Arbeiter, welche so viel Freude an ihren Bildern hatten. Immer wieder wurde sie gebeten, für die von ihnen neu eingerichteten Lesesäle und Aufenthaltsräume ihre Werke als Leihgaben zur Verfügung zu stellen, und gerade ihre freien Kompositionen fanden viel Verständnis.

Das Reichsbildungsamt der Volkswehr

Trotzdem nach der marxistischen Anschauung das Geistesleben nur so etwas wie ein Dunst sein sollte, der aus dem Wirtschaftsleben aufsteigt, waren sich die leitenden Kreise doch der Wichtigkeit der Pflege kultureller Betätigung für die moralische Haltung bewußt, und diese bildete doch die unerläßliche Grundlage jedes Gemeinwesens. Die lange Kriegszeit hatte die Soldaten dem Kulturleben entfremdet; man war besorgt, sie wieder einzugliedern, ihr Interesse zu wecken und so eine gefährliche Kluft zu überbrücken. Zunächst konnte man diejenigen erfassen, welche in jenem Rest des Heeres dienten, das unter dem Namen «Volkswehr» als eine der Regierung ergebene Truppe weiterbestand. Es war eine Revolutionsarmee, der nicht viel Drill und Exerzieren zugemutet werden durfte. Es gab also viel freie Zeit, und da ja Müßiggang auch aller Laster Anfang ist, wurde ein «Reichsbildungsamt der Volkswehr» eingerichtet, dem es oblag, in Zusammenarbeit mit den «Bataillons-Bildungsräten», die bei der Truppe bestanden, für die Benutzung dieser freien Stunden zu kultureller Beschäftigung zu sorgen. An der Spitze dieses Amtes stand ein in sozialistischen Kreisen geschätzter Dichter, und unter den Mitarbeitern befanden sich auch bekannte Schriftsteller.

Zur Einleitung der Arbeit wurde eine Anzahl von Persönlichkeiten zusammengerufen, von welchen man annahm, daß sie als Vortragende bei den Soldaten wirken könnten: Professoren, Kunsthistoriker, Künstler und so weiter. Die Auswahl war nach sachlichen Gesichtspunkten erfolgt, ohne Rücksicht auf Parteizugehörigkeit. Auch ich war eingeladen. Man saß am großen ovalen Tisch im Beratungszimmer des Kriegsministeriums, wo noch vor kurzer Zeit über ganz andere Dinge verhandelt worden war. Die Amtsräume des Reichsbildungsamtes befanden sich nämlich im großen Gebäude des ehemaligen Kriegsministeriums.

Ziel und Zweck dieses Unternehmens – so wurde uns erklärt – sei, die Wehrmänner nach längerem Kriegsdienst wieder in das Kulturleben zurückzuführen. Dies sollte geschehen, indem Vertreter von Wissenschaft und Kunst, jeder auf seinem Gebiete, Vorträge in den verschiedenen Kasernen halten würden. Bei jedem Bataillon gab es einen von der Mannschaft gewählten «Bataillons-Bildungsrat», welcher in der Bestellung der Säle und der Themen freie Hand hatte. Das Reichsbildungsamt nahm nur eine beratende Stellung ein, vor allem durch die Auswahl der den Soldaten empfohlenen Redner. Doch fanden sich die Bataillons-Bildungsräte gerne im Amte ein, und es bestand ein schönes Vertrauensverhältnis zwischen ihnen und den Herren des Amtes, welche auf diese Weise die Wünsche der Soldaten kennenlernten. Die Bildungsräte waren natürlich in ständiger Verbindung mit den Kameraden und hielten auch mit ihnen Besprechungen über die Gestaltung des Bildungswesens im Bataillon ab. So kam es, daß in verschiedenen Kasernen das Hauptinteresse sich bald dem einen, bald einem anderen Gebiete zuwandte. Als Vortragssäle dienten die schönen Räume der früheren Offiziersmessen.

Den zu dieser ersten Besprechung erschienenen Rednern dankte man für ihre Bereitwilligkeit zur Mitarbeit, und sie wurden gebeten, jeder ein Verzeichnis seiner Vortragsthemen baldigst einzusenden. Doch wiesen die Einberufer darauf hin, daß nur für den ersten Vortrag die Einladung vom Amt ausgehen werde, die weiteren hingen davon ab, ob eine rechte Verbindung mit den Hörern sich ergebe, denn von ihnen würden weitere Aufforderungen an die Redner gerichtet werden.

Neben einigen Themen über Entwicklung der Naturwissenschaft und Technik, über Handarbeit, Maschinenarbeit und geistige Arbeit hatte ich auch sozial- und kulturwissenschaftliche Betrachtungen angegeben. In diesen letzteren schilderte ich unter Zuhilfenahme von Lichtbildern die sozialen und kulturellen

Zustände im alten Athen, im Florenz der Renaissance, im mittelalterlichen Ulm und Nürnberg. Da ergab sich die Wichtigkeit der Kunst für das gesamte soziale Leben aus der Betrachtung selbst. Der Leiter eines der Wiener Museen hatte mir die Lichtbildersammlung zur Verfügung gestellt; so war mir eine reiche Auswahl von Wiedergaben der Kunstwerke aller Epochen zur Hand.

Manche Bataillone wählten mehr revolutionäre Themen: Klassenkampf, materialistische Geschichte im Sinne von Karl Marx oder Biographien von Marx, Lasalle, Entwicklung der Arbeiterbewegung; andere zeigten wieder Vorliebe für Naturwissenschaft und Technik. Gerade die kulturwissenschaftlichen Betrachtungen fanden in einigen Kasernen besonderen Anklang und wurden zu freudigen Anlässen für die Zuhörer und den Redner selbst. Bald mußte ich mehr als einmal wöchentlich an verschiedenen Orten dieses Gebiet behandeln. Die Durchführung war nicht leicht, denn die Kasernen waren manchmal in sehr entlegenen Stadtteilen, die Untergrundbahn verkehrte noch immer nicht, und die Straßenbahn stellte sehr bald am Abend den Betrieb ein. Da hieß es, weite ermüdende Wege zu Fuß zurücklegen, um heimzugelangen, wenn nicht in der betreffenden Gegend ein Bekannter wohnte, der über ein freies Sofa verfügte; von da begab ich mich dann morgens direkt in die Werkstätte am Ostbahnhof.

Besonders bei einem Bataillon wollte man sich noch eingehender mit der Betrachtung von Kunstwerken befassen, und dort sprach ich auch über griechische Plastik und dann besonders über Raffael, wobei ich mich gar nicht scheute, auch seine Madonnen zu zeigen. Das führte zu einem interessanten Zwischenfall. Gerade bei diesem Bataillon trat einmal eine längere Pause ein; ich wurde einige Wochen hindurch nicht eingeladen. Da hieß es, still warten, denn schon eine Frage nach der Ursache hätte als Eingriff in die sorgsam gehütete Selbständigkeit aufgefaßt werden können; die Soldaten hätten das Gefühl gehabt, daß sie ihr Verhalten rechtfertigen sollten, und es gehörte doch gerade zu den durch die Revolution erworbenen Rechten, daß man sich in solche Angelegenheiten nicht hineinreden zu lassen brauchte.

Nach einigen Wochen erhielt ich in meiner Wohnung den Besuch einiger junger Wehrmänner, freundlich und ein wenig verlegen. Sie berichteten, was vorgefallen war. Einige ältere Soldaten, besonders starre Sozialisten, hatten Anstoß an den Madonnenbildern genommen und die Einstellung der Vorträge verlangt; sie hatten den Verdacht ausgesprochen, daß die Zuhörer doch wieder für die Kirche eingefangen werden sollten. Andere hätten die Fortsetzung gewünscht, es hätte längere Auseinandersetzungen gegeben. Besonders die Jüngeren hätten sich für mich eingesetzt und erklärt, Kunst sei ein selbständiges Gebiet und was von mir vorgebracht werde, das habe weder mit Politischem noch mit Konfessionellem etwas zu tun. Sie hätten einen Beschluß des Bataillons durchgesetzt, daß ich meine Kunstbetrachtungen fortsetzen möge, und überbrächten mir die Einladung, bald wieder zu beginnen.

Die Zuhörer meiner Vorträge scheinen auch außerhalb der Kasernen davon erzählt zu haben, denn ich wurde dann von manchen Arbeiterbildungsvereinen eingeladen. Aber auch in andere Kreise war die Kunde davon gedrungen.

Bei einer der Kunstbetrachtungen in der eben erwähnten Kaserne erschien einmal ein Herr in Zivil, stellte sich als Hofrat Giannoni vor und bat mich, auch teilnehmen zu dürfen; der Bildungsrat war einverstanden. Nach einigen Wochen sagte er mir, welche Freude ihm diese Abende bereiteten: «Sie haben da eine Form gefunden, dem einfachsten Menschen die Kunst näherzubringen, ohne ihr etwas von ihrer Heiligkeit zu nehmen.» Er war in der Leitung des Staatsdenkmalsamtes tätig, das für die Erhaltung der im öffentlichen Besitz befindlichen Kunstwerke zu sorgen hatte und dem begreiflicherweise daran gelegen war, in weiten Kreisen das Verständnis für Kunst zu fördern. Maria Strakosch und ich haben dann in seiner Familie manche schöne Stunden verbracht und auch Interesse für unsere geistigen Bestrebungen gefunden. Er war sehr musikalisch und hatte zu jenem kleinen Kreise gehört, der Anton Bruckner[9] in dessen Wohnung die neu komponierten Chöre vorsang, damit der Meister sie noch vor deren Veröffentlichung hören konnte.

Selbstverständlich ging ich von Zeit zu Zeit ins Reichsbildungsamt, um Anregungen entgegenzunehmen und über meine Erfahrungen zu berichten. Bald ergab sich eine für mich recht erfreuliche persönliche Beziehung zu den dort wirkenden Persönlichkeiten, die sich mit Begeisterung und aus vollem Herzen ihrer schönen Aufgabe widmeten. Ihnen allen war ich als Vertreter der Anthroposophie bekannt, doch wollte ich, daß auch über meine Stellung gegenüber dem Marxismus und über die Richtung meiner Darstellungen volle Klarheit herrsche. Ich erklärte ihnen also, daß ich nicht für den Marxismus eintrete und sogar, wenn es sich aus dem Gegenstände ergebe, dagegen spräche. Mit aufrichtiger Herzlichkeit wurde mir geantwortet: «Uns ist die Hauptsache, daß die Leute Sie so gerne hören. Reden Sie zum Thema Marxismus, was Sie wollen. Wir sagen dann im geeigneten Moment Ihren Hörern: Der Strakosch ist halt ein Individualist, hört ihm ruhig zu, wenn es euch Freude macht. In politischen Belangen geschieht aber, was die Partei angibt.»

Den Herren war es nämlich wirklich sehr lieb, daß ich bei den Wehrmännern Anklang gefunden hatte, denn dies war nicht vielen der ursprünglich Eingeladenen gelungen. Manche der Prominenten konnten das nicht recht verstehen, aber sie hätten sich eigentlich nicht darüber wundern dürfen, daß dieses Publikum wenig Interesse zum Beispiel für «Die Entwicklung der attischen Vasenmalerei» bewies. Dieses Thema war ihnen unter anderen vorgeschlagen, aber begreiflicherweise abgelehnt worden.

In einer Kaserne kamen einige ältere Wehrmänner zu mir und baten um Rechenunterricht im Rahmen der Bildungsabende, denn sie würden bald entlassen und müßten sich nach Anstellungen im Geschäftsleben umsehen. Dazu empfanden sie aber eine Auffrischung ihrer Fertigkeiten im Rechnen sehr nötig, denn sie hätten fast alles im Kriege vergessen. Der Bildungsrat war einverstanden, die Arbeit fand Anklang, und schon nach einigen Wochen fragten mich zwei von den Teilnehmern, ob sie nicht ihre Buben mitbringen dürften, denn die kämen in der Schule im Rechnen nicht recht mit. Ich willigte ein, andere Väter folgten mit ihren Söhnen, und es gab muntere Rechenstunden für Junge und Alte.

Neue Wege – Lehrerkurs in Stuttgart

Die Arbeit in der Signalwerkstätte am Ostbahnhof ging weiter, doch war sie recht eingeschränkt worden, denn der zu versorgende Direktionsbereich erstreckte sich nicht mehr über Brünn und Prag bis Bodenbach an der sächsischen Grenze, unweit Dresden, und die zugehörenden Nebenlinien, sondern endete schon an den Grenzen des kleinen Niederösterreich gegen Mähren und gegen Ungarn. Eine entsprechende Verkleinerung war auch bei anderen Direktionsbezirken eingetreten, und dadurch wurden viele Beamte entbehrlich. Es erfolgten aber nicht in schroffer Weise Massenentlassungen, sondern man legte ihnen in einem Erlaß nahe, daß jeder, der eine Möglichkeit für sich fände, eine Stelle im Geschäftsleben annehmen solle. Auf diese Weise hoffte man, die Zahl der Beamten nach und nach auf ein tragbares Maß herabzusetzen. Ich selbst war dadurch nicht betroffen, denn es gab sehr wenige Ingenieure, welche im Signalwesen ausgebildet waren, und man hatte mich zum Leiter der neu zu errichtenden großen Signalwerkstätte ausersehen. Für diesen Posten hielt man mich auch wegen meiner guten Beziehungen zu den Arbeitern besonders geeignet, und es hieß: Der Strakosch kommt selbst mit den Kommunisten im guten aus. Auch war meine Werkstätte die einzige gewesen, in welcher es während der Revolution nie einen Streik gegeben hatte.

Mit der Zeit begann man, sich mit den so plötzlich eingetretenen neuen Verhältnissen zurechtzufinden, und das Interesse wendete sich dem Wiederaufbau zu. Es war ja nicht etwa in überlegter Weise ein großer Staat verkleinert worden, eine alte Ordnung hatte sich vielmehr aufgelöst, und es galt, in schwierigster Lage eine neue, den veränderten Zuständen angemessene zu schaffen. Selbstverständlich wendete sich nun die allgemeine Aufmerksamkeit dieser Aufgabe zu, und allenthalben sprach man vom Wiederaufbau.

Wie weit dieses Interesse ging, davon zeugt eine Begebenheit, an die ich oft denken muß. – Als ich im Jahre 1912 die Leitung der k. k. Signalwerkstätte Wien-Ost übernahm, befand sich unter den ungelernten Arbeitern – man nannte sie Handlanger – auch ein «Australneger»[10], einfach Fernando genannt. Er glich nicht den kraushaarigen Afrikanegern, sondern ähnelte eher mit seiner Hakennase und dem Schnurrbart einem Süditaliener. Seine Kenntnisse des Wienerischen waren zum Dienstgebrauche genügend; wenn es mit den Kameraden kleine Meinungsverschiedenheiten gab, fertigte er den Betreffenden mit einem trockenen «Du Großtepp» ab; er war aber im Grunde still und verträglich. Im Verkehr mit mir bediente er sich der englischen Sprache, die ihm geläufig war.

Bald nach Kriegsausbruch verlangte er seinen Austritt; er wolle zurück nach Australien und erbat sich eine Freikarte nach Triest, zu deren Ausstellung ich befugt war. Von dort wollte er als Heizer auf irgendeinem Dampfer seine Heimat zu erreichen suchen. Zum Abschied reichte er mir die Hand und versicherte mir, es sei ihm lieb gewesen, es bei mir mit einem Gentleman zu tun gehabt zu haben.

Im Jahre 1919 klopfte es eines Tages an der Türe meines Amtszimmers, und herein trat – Fernando. Mit der größten Selbstverständlichkeit erklärte er, daß er seine Arbeit wieder aufnehmen wolle, er sei nämlich gekommen, um am Wiederaufbau Österreichs mitzuarbeiten. Sein Versuch, in die Heimat zurückzukehren, hätte in Triest geendet; dort war es ihm gelungen, sich während des Krieges schlecht und recht durchzubringen. Wenn andere Persönlichkeiten, deren Einfluß auf die Gestaltung der europäischen Verhältnisse größer war als der Fernandos, sich auch so um den Wiederaufbau Österreichs gesorgt hätten, es wäre wohl manches anders gekommen. Denn ein selbständiges Österreich ist eine Notwendigkeit. In diesem kleinen Gebiet deutschen Geisteslebens ist alles zunächst auf das Menschliche hin gerichtet, allem Menschlichen geöffnet. Der Österreicher schließt sich nicht gegen andere Völker ab; sie alle fühlen sich bei ihm verstanden. Schmerzlich bewegt, fast wie aus einer Vorschau hat Rudolf Steiner Pfingsten 1915 die Worte gesprochen: «Größtes in der neueren Entwickelung, das Keime enthält für das, was die Menschheit erlangen muß, Größtes ist dadurch erreicht worden, daß zurücktrat in gewissen Strömungen der Menschheitskultur dasjenige, was bloß nationale Kultur, was bloß nationale Aspiration genannt werden kann. Denn der wahre innere Zug geht dahin, daß das Nationale durch das Geistige im Entwickelungsgang der Menschheit überwunden wird. Entgegen dem Fortschritte der Menschheit arbeitet alles das, was auf Vereinheitlichung von Weltterritorien unter nationalen Gesichtspunkten arbeitet. Gerade dort kann sich zuweilen im schönsten Maße entwickeln dasjenige, was vorwärts führt, wo abgeschlossen – von einem Gesamtmassiv getrennt – ein Teil einer Nationalität lebt, von der großen Masse der Nationalität abgesondert. Wie etwa wirklich Bedeutsames geleistet wurde dadurch, daß es außer den Deutschen im Deutschen Reiche noch Deutsche in Österreich und Deutsche in der Schweiz – abgesondert von den Deutschen im Deutschen Reiche, gibt. Und es wäre entgegen nicht nur dem Fortgange dessen, was man sonst denkt, sondern entgegen der Idee des Fortschritts, zu denken, daß eine Uniformität unter einem nationalen Grundgedanken diese drei Glieder in einer einzigen Nationalität zusammenschließen sollte mit Außerachtlassung eben des Großen, das gerade durch unsere politische Trennung kommt. Und man kann gar nicht ahnen, wie unendlich bitter und traurig es ist, wenn der nationale Gesichtspunkt für die Bildung von politischen Zusammenhängen als der einzige von gewissen Seiten her heute geltend gemacht wird, wenn von nationalen Gesichtspunkten aus gerade die Abgrenzungen erstrebt werden, Absonderungen erstrebt werden. Man kann aller Politik fernstehen, aber in Trauer verfallen, wenn dieser allen wirklichen Fortschrittskräften widerstrebende Gedanke in den Vordergrund tritt.»[11]

In der anthroposophischen Arbeitsgruppe herrschte reges Leben. Es fanden nicht nur die eigentlichen Studienabende statt; ich konnte auch eine Anregung Rudolf Steiners verwirklichen, indem ich einen Kurs über Geometrie so gab, daß er eine Art Einführung in geisteswissenschaftliches Denken und Raumerleben bildete. Mathematische Vorkenntnisse wurden nicht vorausgesetzt, und bald entwickelte sich auch hier jene lichte und beschwingte Stimmung, voll freudigen Staunens, die sich so gerne dort bildet, wo Geometrie *nicht* bloß *verstandesmäßig*, sondern mit unbefangenem Gemüte *übend* gepflegt wird. Das hängt wohl mit jener Tatsache zusammen, auf welche mich Rudolf Steiner damals hingewiesen hatte, als er von dieser Arbeit sprach. «Lassen Sie die Leute nur recht viel zirkeln», so sagte er, «dann freut sich der vollendete Geometer, den jeder Mensch in seinem Astralleib[12] sitzen hat.» – Schon 1908 erwähnte er, daß die Mathematik, die heute dem Menschen als etwas Abstraktes erscheint, in früheren Zeiten etwas Lebendiges war; noch für Pythagoras war sie eine heilige, mit religiöser Grundstimmung verbundene Weisheit.[13] Später (1916 in Berlin) wies er auf Mathematik und Geometrie hin als auf die letzte Wissenschaft, die aus der Uroffenbarung stamme. Die Geometrie hängt in weiterem Umfange auch mit den Formen der Baukunst zusammen.

Heute hat nicht so sehr die Mathematik eine Aufgabe, sondern die Menschen haben eine solche an ihr. Sie wird jetzt dazu verwendet, möglichst viele Naturzusammenhänge zu erfassen und der Technik zu dienen, und sie wird dadurch – wie Rudolf Steiner sagt – zum Mittel, sich vom Geistigen abzuschließen, denn «es ist so viel Finsternis in der Welt, als es dem Menschen gelungen ist, von der Welt zu errechnen». Mathematik bezeichnet er als eine «Menschheitssache». – Doch die Zeit verlangt, daß sie nicht *nur* vom bloßen *Verstand* begriffen, sondern von der *ganzen Seele* ergriffen und *wieder* zu etwas *Lebendigem* gemacht werde. Der große Schweizer Mathematiker Jakob Steiner [1796–1863] nannte die wichtige Erscheinung der Spiegelung am Kreis nach reziproken Radien (Inversion) «Wiedergeburt und Erneuerung». In diesen Worten liegt eine tiefe Ahnung, eine Art

Vorschau auf die Aufgabe unseres Jahrhunderts. Wie denn überhaupt jenes erste Drittel des 19. Jahrhunderts erfüllt ist von solchen Geistesforderungen der suchenden Seelen, denen erst in unserer Zeit durch das Wirken Rudolf Steiners die Möglichkeiten der Erfüllung sich zeigen können, wenn es aufgenommen und weitergeführt wird. Denn er hat keine Lehre hinterlassen, sondern Geisteskeime, die wir in unsere Seelen aufnehmen und pflegend zur Entfaltung bringen sollen.

* * *

In den ersten Wochen des April 1919 war das Werk «Die Kernpunkte der sozialen Frage» in Stuttgart, Dornach und Wien erschienen.[14] Schon bald nach dem Bekanntwerden der Zürcher Vorträge, angeregt durch die weiteren Ausführungen in Dornach, Basel, Bern und Winterthur hatten Unterzeichner des Aufrufs «An das deutsche Volk und an die Kulturwelt» den Entschluß gefaßt, dem Gedanken der Dreigliederung zur praktischen Auswirkung zu verhelfen, und sich an Rudolf Steiner um Rat und Hilfe gewendet.[15] Wie mir Carl Unger[16] später erzählte, hatte sich Rudolf Steiner nur sehr schwer und nach wochenlangen, immer wiederholten Bitten dieser Menschen entschlossen, deren Ruf Folge zu leisten. Er war sich klar bewußt, welche Folgen es für ihn und sein weiteres Wirken als Geistesforscher haben würde, wenn er sich mit diesem Schritt auf ein Kampffeld begebe, das seine Kräfte in ungeheurem Ausmaße in Anspruch nehmen würde, wobei der Erfolg in hohem Maße davon abhing, ob diejenigen, die ihn gerufen, und auch die, welche in der Folge sich der Arbeit anschlössen, nicht versagen würden. Doch welches auch immer die Folgen für ihn sein mochten, er war immer bereit, wenn es galt zu helfen, und dieser Schritt war der Beginn des großen Opfers, das dieses Erdenleben der großen Individualität krönen sollte.

Von der regen Tätigkeit, welche dann im Schwabenlande begann, auf jenem Boden, der die Heimat so vieler Geistessucher[17] war, drangen Nachrichten nach Wien. Auch hier hatte sich ein «Bund für Dreigliederung des sozialen Organismus» gebildet, dessen tätige Mitglieder zumeist Anthroposophen waren, wenn diese sich auch bemühten, möglichst viele Persönlichkeiten des öffentlichen Lebens dafür zu interessieren. Vorerst aber galt es für unseren kleinen Kreis, selbst zu einiger Klarheit darüber zu gelangen, was mit den «Kernpunkten» gemeint und gewollt war; erst dann konnte man richtig dafür eintreten.

Nun waren wir aber von den Ergebnissen unserer Bemühungen um diese neuen Gedanken wenig befriedigt und begrüßten es daher immer sehr, wenn hie und da jemand aus Stuttgart kam und uns berichten konnte. Doch bei aller Begeisterung, welche diese Boten erfüllte, brachten sie uns wenig wirkliche Klärung, und ich entschloß mich, uns diese selbst zu verschaffen, indem ich meinen Sommerurlaub in Stuttgart verbringen wollte.

Im August reisten dann Maria Strakosch und ich nach Stuttgart. Auf der Durchreise trafen wir in München mit Freunden zusammen, die uns freudig erzählten, mit welchem Eifer man in Stuttgart an der Arbeit sei. Auch erfuhren wir von ihnen etwas über eine Schule, deren Gründung beabsichtigt sei.

An der Not der damaligen Zeit hatte sich der Helferwille eines mitfühlenden Herzens entzündet. Als dann der Wille zur Tat geworden war, da war es, als ob die Schicksalsmächte einen solchen echten Entschluß aufgenommen hätten, und was daraus erwachsen ist, ging weit hinaus über alles, was sich der Gründer vorgestellt hatte. Hier liegt ein Beispiel dafür vor, wie nicht so sehr das von uns Ausgedachte sich im Leben wirkend erweist, sondern wie segensreichste Wirkungen ausgelöst werden, wenn sich eine Seele der Not und den Notwendigkeiten ihrer Zeit öffnet. Denn letzten Endes sind nicht wir es, die in unseren Entschlüssen wirken, die Weltgedanken finden Menschen, in denen sie auf Erden fruchten können. Wiederum zeigt es sich, daß nichts Gutes entstehen kann, wenn wir uns vor der Welt und ihrem Weh verschließen, statt es in uns aufzunehmen und dadurch in uns den Willen zu helfenden Taten entflammen.

Der Gründer der Waldorfschule, Emil Molt[18], war im Jahre

1919 Generaldirektor der «Waldorf-Astoria»-Zigarettenfabrik in Stuttgart. Schon mehrere Jahre vor dem Krieg gehörte er zu dem Menschenkreise, der dort unter Carl Ungers Leitung sich in ernster Weise mit den Werken Rudolf Steiners befaßte. Während er als Geschäftsmann mit einer gewissen Kühnheit vorging, hatte seine Haltung als Betriebsleiter etwas Väterliches. Seine Sorge galt einerseits begreiflicherweise der Rentabilität seines Betriebes, aber der Arbeiter war für ihn nicht bloßes Betriebsmittel, er stand ihm als Arbeitsgenosse nahe. Emil Molt widmete sich zwar mit ganzer Seele seiner Arbeit, hatte dabei aber doch ein waches Auge für das, was sich im Leben und auch auf kulturellem Gebiete ereignete. Er war von Grund auf überzeugt, daß das geistige Leben, welches ein Mensch führt, ihm die Widerstandskraft für den Lebenskampf verleihen kann. Er erkannte aber auch die große Gefahr der «Zweigleisigkeit» unserer heutigen Lebensführung, nämlich der Trennung von Broterwerb und persönlichem Eigenleben. Diese Gefahr wurde in dem Augenblick besonders groß, als im Spätjahr 1918 viele Menschen aus dem Felde zurückkehrten. Gar manche hatten den seelischen Halt verloren durch den Zusammenbruch und sollten jetzt wieder in Arbeitszusammenhänge hineingezogen werden, innerhalb welcher für ihr Menschentum nur Hohlräume zu finden waren. Molt erkannte, daß dies unbedingt zu einer moralischen Gefährdung dieser Menschen führen mußte, und so versuchte er, wenigstens im Rahmen des ihm unterstellten Betriebes die Ergänzung zu schaffen, deren dringende Notwendigkeit ihm vor Augen trat. Er war stets der Mann, der das, was er als wertvoll erkannt hatte, mit seiner ganzen Persönlichkeit nicht nur in Worten, sondern durch die Ausführung im Leben vertrat. Mit einem klaren Blick für das Leben verband er eine Begeisterungsfähigkeit, die allen Schwierigkeiten nie erlahmend trotzte.

Aus den eben geschilderten Eindrücken heraus schuf er in seinem Betrieb eine Art Vortrags- und Bildungswesen und wollte damit die geistige Fortbildung in den Betrieb selbst hineinstellen. Doch hier mußte er Enttäuschungen erleben; sie entmutigten ihn nicht, sondern wiesen ihm den Weg, wie diese Aufgabe an der Wurzel zu erfassen sei. Den meisten Arbeitern war es nämlich schwer, sich nach des Tages Arbeit noch ernstlich lernend zu betätigen, denn auch das will gelernt sein, und zwar von klein auf. Dies ließ Molt erkennen, daß man schon bei den Kindern anfangen müsse, um auf diese Weise der Jugend zu ermöglichen, was dem Alter durch die Lebenslage erschwert oder versagt war. Sein Ideal wurde, den Kindern den Aufstieg zu einer *Allgemeinbildung* zu ermöglichen, unabhängig vom Vermögen der Eltern. Auch ein anderes Argument hat er mir gegenüber öfter ausgesprochen. Er hatte viel darüber nachgedacht, was wohl dazu beitragen könnte, einen solchen Niederbruch wie 1918 in Zukunft zu vermeiden, und sah eine grundlegende Möglichkeit darin, den Kindern eine Erziehung zu geben, welche sie lehrte, die Welt wieder richtig zu sehen, und so zu wirklichkeitsgemäßen Entschlüssen zu gelangen.

Verantwortungsgefühl für den einzelnen Mitmenschen und für die Menschheit, das war also das Motiv, welches zur Gründung der Waldorfschule führte. Einen «Festesakt der Weltenordnung» nannte Rudolf Steiner diese Gründung und dankte den guten Geistern, welche «dem lieben Herrn Molt» diesen Gedanken eingegeben hatten.[19] Der Impuls zur Gründung der Waldorfschule war also aus dem vollen Leben heraus, aus sozialem Verantwortungsgefühl erstanden, nicht etwa aus einem pädagogischen Sonderinteresse.

Am 23. April 1919 fand anschließend an den ersten Arbeitervortrag Rudolf Steiners in der Waldorf-Astoria-Zigarettenfabrik eine Betriebsratssitzung statt. Rudolf Steiner war auch anwesend. Emil Molt bekundete seine Absicht, eine Schule zu gründen, und bat Rudolf Steiner, deren Einrichtung und Leitung zu übernehmen. Die Schule war am Anfang in erster Linie für Kinder von Mitarbeitern der Fabrik gedacht und wurde zuerst auch von diesem Unternehmen wirtschaftlich getragen. Doch auch als später die Sorge für die Schule vom Waldorfschulverein übernommen wurde, zahlte die Waldorf-Astoria-Fabrik das Schulgeld für alle Kinder ihrer Mitarbeiter. Als es nämlich in der Stadt bekannt wurde, daß Rudolf Steiner die Leitung dieser

Schule übernommen hatte, da wollten nicht nur die Anthroposophen ihre Kinder dorthin schicken, sondern auch viele andere Menschen, welche der anthroposophischen Bewegung nicht angehörten, aber Verständnis für die erzieherische Not der Zeit und Vertrauen zu Rudolf Steiner hatten.

Das alles geschah zu einer Zeit, in welcher grundlegende Veränderungen im staatlichen Leben gerade durchgeführt worden waren, und nun trat die Frage auf, wie sich die neuen staatlichen Behörden zu diesem Vorhaben stellen würden. Molt begab sich zu dem damaligen württembergischen sozialistischen Kultusminister Heymann, und dieser war sehr erfreut, daß ein «Kapitalist» den Plan einer ersten Einheitsschule verwirklichen wollte, und er sagte seine Hilfe zu. Die neue Regierung trat nämlich für eine Einheitsschule ein, in welcher die Kinder aller sogenannten «Klassen» gemeinsam erzogen werden sollten – im Gegensatz zu den bisher üblichen Standesschulen. Die Schule erhielt volle Lehrfreiheit und konnte auch ihre Lehrer frei wählen ohne Rücksicht darauf, ob sie eine staatliche Ausbildung und Prüfung hatten oder sich aus dem, was sie im Leben gelernt, die Fähigkeit erworben hatten, als Vertreter dieses Lebens vor die Kinder hinzutreten. Denn – so hatte Rudolf Steiner gesagt – *wie das Leben vor dem Erwachsenen*, so sollte *der Lehrer vor den Kindern* stehen. Tatsächlich hat auch die Regierung allen von Rudolf Steiner vorgeschlagenen Lehrern, auch wenn sie keine Staatsprüfung hatten, die Lehrbewilligung gegeben. Bei meinem Eintreffen waren die für diese Schule vorgeschlagenen Lehrer in Stuttgart versammelt; am nächsten Tage sollte die vorbereitende Arbeit beginnen, welche Rudolf Steiner mit ihnen vor Beginn des Unterrichtes beabsichtigte.[20]

Es lag mir fern, mich in irgendeiner Weise aufzudrängen, ich war ja nicht gerufen worden, doch wollte ich andererseits nichts verabsäumen, denn es schien mir doch ein Hinweis meiner geistigen Führung, daß ich ohne es zu wissen, genau in dieser Stunde – aus innerem Antrieb – nach Stuttgart gekommen war. So entschloß ich mich am Morgen, vor Beginn des ersten Zusammentreffens Rudolf Steiners mit den künftigen Lehrern, in das Haus des Zweiges der Anthroposophischen Gesellschaft [in der Landhausstraße 70] zu gehen, wo die Arbeit stattfinden sollte.

Ich begrüßte Rudolf Steiner im Vorraum und fragte ihn, ob er es für richtig hielt, wenn ich an diesem Kurs teilnehmen würde. Andernfalls würde ich selbstverständlich abreisen. Er besann sich nicht lange und meinte dann, es wäre ihm schon recht, wenn ich teilnähme, nur müsse er überlegen, wie dies den anderen Teilnehmern gegenüber zu begründen wäre. Er entschloß sich, in den Vortragsraum hineinzugehen und mitzuteilen, daß ich bei dem Kurs mitmachen würde und dafür bereit sei, nach meiner Rückkehr nach Wien – in der Öffentlichkeit – für diese neue Erziehungskunst einzutreten. Nachdem er diese Erklärung abgegeben hatte, rief er mich herein.

Die Arbeit ging folgendermaßen vor sich. Morgens hatten wir «Allgemeine Menschenkunde als Grundlage der Pädagogik», dann «Methodisch-Didaktisches», nachmittags Seminar und abends, bis spät in die Nacht hinein bereiteten wir uns für den nächsten Tag vor. Steiners Ausführungen wurden stenographisch aufgenommen und lagen am nächsten Morgen vervielfältigt vor. Er selbst überreichte, vor Beginn der Arbeit von einem zum andern gehend, jedem von uns ein Exemplar und war sichtlich befriedigt, daß diese Arbeit pünktlich und ordentlich vollführt worden war. Es war ihm stets sehr lieb, wenn etwas, das man sich vorgenommen hatte, auch wirklich zuverlässig zur Ausführung kam. Er selbst gab in dieser Beziehung das beste Beispiel.

Im Seminar, am Nachmittag, wurde zunächst in freier Weise besprochen, wie man den Kindern gegenüberzutreten habe und wie auf die verschiedenen Arten von Kindern auch bei großen Klassen Rücksicht genommen werden könne. Dies ist möglich durch Berücksichtigung der *Temperamente*, welche darauf beruhen, daß eines der vier Glieder der menschlichen Wesenheit (Ich, Seelenleib, Lebensleib, physischer Leib) vorherrschend ist. Das Ergebnis von Erziehung und Unterricht – diese beiden sind an einer Schule im Sinne Rudolf Steiners untrennbar – bis zum fünfzehnten Lebensjahr sollte die Harmonisierung zwischen diesen vier Gliedern sein. Auch hier war es uns ein großes Erlebnis, wie Rudolf Steiner, von einer von ihm erforschten geistigen Tatsache ausgehend, bis in alle Einzelheiten des Unterrichts und der Erziehung die sich ergebenden Anwendungen darlegte. Auf diese Weise wurden wir aufgerufen, seine Angaben am Leben zu prüfen. Im Laufe der nächsten Jahre hatten wir Gelegenheit dazu und waren immer von neuem tief beeindruckt von der wohltätigen Wirkung, die von jedem seiner Ratschläge ausging, sobald es gelang, ihn einigermaßen zu befolgen. Das ist nicht sehr einfach, und gerade, wer länger so gearbeitet hat, beginnt zu ermessen, was in der Vertiefung des Verständnisses und Verlebendigung in der Ausführung noch zu leisten ist.

Dann ging es ans Märchenerzählen, wobei die Art der Erzählung für jedes Temperament eine andere sein sollte. Einzelne Teilnehmer bekamen die Aufgabe, ein bestimmtes Märchen für dieses oder jenes Temperament am nächsten Tage zu erzählen. Wir wurden gebeten, die Fassung noch an demselben Tage provisorisch auszuarbeiten, dann darüber zu schlafen und die endgültige Fassung am nächsten Morgen zu beschließen.

Es war für uns am Anfang nicht leicht, in Gegenwart unseres Lehrers mit den Ergebnissen unserer Bemühungen herauszurücken. Er half uns aber durch die belebende und liebevolle Art, wie er auf das Vorgebrachte einging, vor allem aber durch seine unmittelbare Freude, wenn etwas einigermaßen geglückt war. Am besten fuhr man, wenn es gelang, ganz von sich abzusehen, gar nicht daran zu denken, ob es Lob oder Tadel geben würde, und ganz aus der Sache heraus zu arbeiten. In Wahrheit gab es eigentlich weder Lob und noch weniger Tadel, sondern immer mit unendlich liebevoller Behutsamkeit erteilte Hilfe, Hinweise, wie es besser gemacht werden könne. Er wies darauf hin, daß Erziehung von Seele zu Seele gehe. Das empfanden wir jetzt an uns selbst, und es war ein einzigartig inniges Erlebnis. Bisher hatten wir ihn vor uns gehabt, wie er die Ergebnisse seiner geistigen Forschung ganz unpersönlich verkündete. Mit ehrfürchtiger, dankerfüllter Scheu erlebten wir hier das Wesen seiner Seele. Es war ganz helfende Liebe und schenkende Güte, aber überpersönlicher Art, in keiner Weise bindend, sondern befreiend, stärkend. Wir erlebten an uns ein Beispiel, wie man Kindern und Erwachsenen in echt menschlicher Weise gegenübertreten könne.

Es kam selbstverständlich immer wieder vor, daß in diesen seminaristischen Besprechungen von uns etwas vorgebracht wurde, womit Rudolf Steiner nicht einverstanden sein konnte. Das benutzte er dann, um unseren Einblick in das Problem zu vertiefen und zu erweitern. In einem solchen Falle sagte er einmal: «Dann möchte ich das Folgende an Herrn X' Ausführungen anschließen: Es kommt weniger darauf an, daß wir kritisieren, denn kritisieren kann man alles. Es kommt darauf an, daß solche Dinge[21] vorgebracht werden und wir versuchen, uns hineinzufinden.»

Die Stunden begannen stets mit Sprachübungen, täglich kamen neue hinzu. Jeder, der Reihe nach, wiederholte die Übung und erhielt Weisungen, wie es noch besser zu machen sei.

An diesen Veranstaltungen nahm auch Marie Steiner teil. Rudolf Steiner legte Wert darauf, daß sie mit dieser Arbeit verbunden sei und in aller Form als zum Lehrerkollegium zugehörig betrachtet werde. Unter ihrer Leitung vollzog sich in Dornach die Ausarbeitung der von Rudolf Steiner ins Leben gerufenen Eurythmie und der erneuerten Kunst der Sprachgestaltung. Auch an der Waldorfschule konnten diese beiden für Kinder und Lehrer so wichtigen Gebiete sich im Fortgang der Arbeit ihres fördernden Interesses erfreuen. Auf die Sprachübungen legte Rudolf Steiner für die Lehrer besonderen Wert, und wir hatten auch später fortlaufend Unterricht in Sprachgestaltung durch in Dornach ausgebildete Persönlichkeiten. Der Lehrer sollte wirklich Ton in der Stimme haben, volle Vokale sprechen, nicht «scheppernd».[22]

Es wurden für die einzelnen Fächer die pädagogischen Gesichtspunkte herausgearbeitet, und dabei ergaben sich immer wieder Besprechungen über die Kinder selbst und *Hinweise* bis in die *Ernährungsfragen*. Die Beziehungen von Geistig-Seelischem *und* Körperlich-Leiblichem, in den Vormittagsvorträgen hingestellt, wurden hier *bis* in die *Praxis* geführt und an Beispielen aus Rudolf Steiners reichen Lebenserfahrungen erläutert. Ich mußte oft daran denken, wie er einmal in einem öffentlichen Vortrag ausgeführt hatte, daß der Materialismus den Geist leugnet, der Spiritualismus den Stoff verliert, anthroposophisch orientierte Geisteswissenschaft aber zeigt, *wie* Geist im Stoffe lebt und wirkt.

Wir merkten aber auch, welche Anforderungen die neue Art des Unterrichtes an die Wachheit, Aufmerksamkeit und geistesgegenwärtige Entschlußkraft des Lehrers stellt. Sonst will der Lehrer bei dem, was er vorbringt, möglichst wenig durch die Klasse gestört sein. Jetzt sollte er eigentlich in jedem Augenblick merken, was mit einem Kinde vorgeht, um ihm zu helfen, daß es zum Beispiel aus seiner Zerstreutheit erwache. Er sollte in Verbindung mit den Temperamentsgruppen und deren Verhalten die Stimmung des Unterrichtes zu verändern verstehen. Dabei ist alles so lebendig vorzubringen, daß es die Kinder mit *Gemütsbewegung* aufnehmen. Dann merken sie es sich auch gut, müssen nicht viel «ochsen». Er wies darauf hin, daß die Aneignung und Gestaltung dessen, was am nächsten Tage in der Klasse vorgebracht werden solle, erst die Vorstufe der Vorbereitung sei. Die eigentliche Vorbereitung bestehe darin, sich nun die ganze Klasse vorzustellen und wie jeder einzelne Schüler das Vorzubringende aufnehmen würde. Ferner sei es ein Glücksfall für den Lehrer, wenn sich ihm bei der vorbereitenden Bearbeitung des Lehrstoffes ein Problem ergäbe, das ihn als Erwachsenen interessiere. Er würde es selbstverständlich nicht den Kindern mitteilen, aber dadurch, daß er innerlich so viel stärker an dem Stoffe beteiligt sei, werde alles, was er sage, viel lebendiger und unmittelbar wirken. Auf diese Weise kann er auch nach und nach einer Forderung Rudolf Steiners nachkommen, die er später ausgesprochen hat: «Der Lehrer soll nicht nur Gedanken, sondern auch Empfindungen wecken.»[23] – Wer bedenkt, daß der Materialismus die Fähigkeit verdorben hat, an richtige Gedanken auch die entsprechenden Gefühle zu knüpfen, indem Gefühllosigkeit als Grundbedingung wissenschaftlicher Gesinnung gefordert wird, der wird ermessen, von welcher Bedeutung für die ganze kulturelle Haltung diese Erziehungskunst ist. Denn der Kampf gegen Irrtum und Wahn unserer Tage wird letzten Endes nicht durch Schlachten, durch Maßregelungen im äußeren Leben entschieden, er wird auf dem Boden der Menschenseele ausgefochten, welche wieder gesundender Kräfte bedarf.

Einmal meinte ein Teilnehmer, wenn man sich mit unbegabten Kindern zu viel abgäbe, würde die Schwierigkeit entstehen, daß die anderen Kinder in der Zeit nicht beschäftigt werden. Er erhielt die Antwort: «Ich bitte, das durchaus nicht zu überschätzen, was die übrigen Kinder dadurch verlieren, daß man sich mit etwas schwächer begabten abgibt. Es ist in der Regel gar nicht so furchtbar viel verloren, wenn man es nur dahin bringt, daß die begabteren Kinder für dasjenige, wofür einzelne unbegabter sind, auch Aufmerksamkeit verwenden, wenn man es in der Weise vorbringt, wie man es für unbegabte Kinder vorbringen soll. Es ist damit wirklich nicht so furchtbar viel verloren für die begabteren Kinder. Findet man den richtigen *Takt*, um den schwächeren Kindern die Dinge vorzuführen, so profitieren aus irgendeiner Ecke heraus auch die begabteren Kinder dadurch.»[24] Dies ist ein Beispiel von vielen für die praktischen Hinweise zur Selbsterziehung der Lehrer. Denn er wollte keine Methode geben, sondern einzelnen Menschen, die vor ihm standen, helfen, rechte Lehrer zu werden, fast möchte man sagen: rechte Lehrer aus sich zu machen. Denn Selbsterziehung ist die erste Vorbedingung zur «Lehrerbildung». Wenn Rudolf Steiner selbst auch nie eine Bedingung daraus machte, daß eine neue Lehrkraft schon Anthroposoph sein mußte, so ist es doch eine Tatsache, daß es keine bessere Anleitung zur Selbsterziehung gibt als sein Buch: «Wie erlangt man Erkenntnisse der höheren Welten?»[25].

Wichtigste Hinweise für die Darstellung des Tierreiches im Unterricht hatten wir erhalten und nun wurde uns die Aufgabe gestellt, am nächsten Tage «aus demselben Geiste heraus» zu berichten, wie das Pflanzenreich zu behandeln sei. Wir hatten es Rudolf Steiner angemerkt, daß es ihn sehr interessierte, was da von uns vorgebracht werden würde, und berieten uns in kleineren Gruppen noch am Abend darüber. Im Laufe der Nacht hat es bei jedem von uns gewiß auch noch viel Kopfzerbrechen gegeben, wie denn die Pflanze ihren *Formen* nach an das Kind herangebracht werden könne. Denn danach waren wir gefragt worden.

Am nächsten Tage berichteten einige über ihre Ergebnisse. Manches wurde angenommen, aber das Eigentliche hatten wir doch nicht gefunden. Am Schluß gab Rudolf Steiner selbst Ausblicke und Ratschläge. Er schloß: «Ich wollte nur Andeutungen geben, damit Sie dann möglichst erfinderisch auf noch mehr kommen bis zum nächsten Mal. Dann werden Sie sehen, daß Sie den Kindern sehr viel Gutes tun, wenn Sie ihnen nicht äußerliche Vergleiche beibringen, sondern innerliche.»[26] Nun hatte bei den Teilnehmern die Spannung einen Höhepunkt erreicht. In dieser Nacht hat wohl keiner viel geschlafen, alle unsere Gedanken waren auf die *eine* Frage hingewendet.

Rudolf Steiner war unsere Anspannung nicht entgangen und nach den Sprachübungen hub er an: «Jetzt wollen wir zu unserer Aufgabe gehen, an der wir ja schon lange nagen.»[27] Es sprachen vorerst einige Teilnehmer, und im Laufe der sich anschließenden Aussprache sagte Rudolf Steiner: «Eine ordentliche Anordnung der Pflanzen gibt es heute noch nicht. Sie müssen versuchen, gerade durch die Beziehungen des menschlichen Seelischen zu den Pflanzen Ordnung in das Pflanzenleben selbst hineinzubekommen.» Er brachte dann die Pilze und Schwämme mit den kindlich schlafenden Seelen in Beziehung, darauf hinweisend, daß man an die Ereignisse vor dem dritten Lebensjahr und das, was während des Schlafes vorgeht, sich nicht erinnern könne. Die Zeit des Gehen- und Sprechen-Lernens bezog er auf Algen und Moose und den Zeitpunkt, bis zu welchem man sich zurückerinnert, an welchem die Seele aufwacht, auf die Farrenkräuter, die zwar noch keine richtigen Blätter, aber doch Blattartiges haben. Die seelischen Eigenschaften des vierten und fünften Lebensjahres kommen nahe den Nadelhölzern, die des siebenten bis zehnten und elften Jahres jenen Pflanzen, die schon etwas komplizierter sind und auch Blüten hervorbringen, den Herbstzeitlosen und Einkeimblättrigen, überhaupt den Pflanzen mit einfacher Blütenhülle. Solche mit doppelter Blütenhülle (grüner Kelch und bunte Blumenblätter) kann man vergleichen mit zwölf- bis vierzehnjährigen Kindern. «Sie bekommen das ganze Pflanzenreich heraus», so sagte er zusammenfassend, «mit Ausnahme desjenigen, was in der Pflanze entsteht, wenn die Blüte Frucht bringt. Sie machen das Kind aufmerksam, daß aber die höheren Pflanzen aus ihren Blüten Früchte hervorbringen: ‹Das kann man mit eurer Seele erst vergleichen, wenn ihr aus der Schule herausgekommen seid.› – Alles, was bis zur Blüte geht, kann man nur vergleichen mit dem, was bis zur Geschlechtsreife geht. Den Befruchtungsvorgang, den läßt man draußen für Kinder, den kann man darin nicht haben. Dann geht der Vergleich nicht mehr weiter, weil da das Kind nach dem vierzehnten Jahre den Seelenleib entwickelt, den die Pflanze nicht mehr hat. Aber wenn die Pflanze über sich selbst hinaustreibt bis in die Befruchtung hinein, so kann man das mit den seelischen Eigenschaften etwa des sechzehnten und siebzehnten Jahres vergleichen.[28] Dem Befruchtungsvorgang bringen die Kinder kein Verständnis entgegen, aber dem Wachstumsvorgang, weil er sich vergleichen läßt mit dem Wachstumsvorgang der Seele ... Den Kindern kann man wirklich die ganze äußere Pflanzenwelt als ein *Bild* der sich entwickelnden Kinderseele vorführen. Da kann man ungeheuer viel tun!» Das war wieder ein Beispiel dafür, wie der Lehrer nicht nur Gedanken, sondern auch Gefühle in den Kindern wecken kann, denn das geschieht durch das *Bild*.

Diese Erarbeitung eines Bildes der Pflanzenwelt wurde so ausführlich dargestellt, um wenigstens *ein* Beispiel zu geben, wie vollständig neu und im eigentlichsten Sinne wirklichkeitsnahe die Art und Weise ist, nach welcher Rudolf Steiner so ein Gebiet im Unterricht behandelt haben wollte und welche Anforderungen er an die Lehrer stellte. Aus seinem ganzen Verhalten ging nämlich klar hervor, daß er eigentlich erwartet hatte, daß wir dieses Bild der Pflanzenwelt selbst finden würden. Wir waren beschämt, daß wir ihm eine Enttäuschung bereitet hatten. Es hatte sich an uns selbst gezeigt, wie vertrocknet die Gemüter durch die heutige Kultur geworden sind und wie anders erzogen werden müsse, um wieder ein reiches Leben in den Menschenseelen aufkeimen zu lassen. Immer wieder ermahnte er uns, alles, was wir im Unterricht vorbringen wollten, so in uns zu verarbeiten, daß die Kinder den Eindruck bekämen, daß wir auch wirklich darin lebten. – Mit der «Darbietung» eines bloß gedächtnismäßig angeeigneten Stoffes ist vielleicht unterrichtsmäßig etwas getan, aber nichts für die Erziehung, nichts gegeben, was der Kinderseele Nahrung sein kann. Disziplinschwierigkeiten treten vor allem dann auf, wenn dem Lehrer diese Verlebendigung des Stoffes nicht in genügendem Maße gelungen ist. Das wurde uns bald zur Erfahrung. Dann wurden die Stunden für Kinder und Lehrer anstrengend, während eine gelungene Schulstunde für alle erfrischend wirkte.

Am Schluß des Kurses stellte Rudolf Steiner noch die Aufgabe: Wie ist es möglich, dem Kinde den Begriff des Kreises, der Ellipse, der Hyperbel, der Lemniskate und den Begriff des geometrischen Ortes beizubringen? Das alles ist beizubringen den Kindern, bevor sie die Schule (nach dem achten Schuljahr) verlassen.[29] Das war nun gerade das Gebiet, über welches Rudolf Steiner in Dornach gesprochen hatte, als ich damals im Juli 1914 unverhofft in der «Schreinerei» erschienen war.[30] Er schaute dann freundlich nach mir hin und sagte: «Das wird uns Herr Strakosch in seiner befeuernden Art darstellen.» Er hatte wohl damit gerechnet, daß ich in den dazwischen liegenden Jahren mich in dieses Gebiet hineingelebt haben würde. Ich hatte es ja auch in Wien in meinen Kursen behandelt und als ich es dann in der achten Klasse mit den Kindern erarbeiten mußte, war es mir gelungen, eine Konstruktion für die Cassinischen Kurven zu finden, zu welcher keine anderen geometrischen Kenntnisse nötig waren als der Lehrsatz des Pythagoras.

Diesen vierzehntägigen Kurs ließ Rudolf Steiner ausklingen,

indem er uns vier Dinge ans Herz legte, an die wir uns wirklich halten sollten:

1. «Der Lehrer sei ein Mensch der Initiative im großen und im kleinen Ganzen.»
2. «Der Lehrer soll ein Mensch sein, der Interesse hat für alles weltliche und menschliche Sein.»
3. «Der Lehrer soll ein Mensch sein, der in seinem Inneren nie einen Kompromiß schließt mit dem Unwahren.»
4. Der Lehrer darf «nicht verdorren und nicht versauern».[31]

Er schloß damit, daß viel davon abhängen werde, ob diese Waldorfschule gelinge. «Mit ihrem Gelingen wird für manches in der Geistesentwickelung, das wir vertreten müssen, eine Art Beweis erbracht sein.»

Was uns in diesen Tagen an Offenbarungen über das Wesen des Kindes und des heranwachsenden Menschen, über die Grundlagen und Wirkungen einer wahren Erziehungskunst, an Ausblicken auf das Fortschreiten der Menschheit gegeben wurde, das ist zwar im Wortlaut abgedruckt, aber damit kann nicht wiedergegeben werden, was damals von Menschenseelen erlebt wurde. Wie beschwingt und weit über unsere Kräfte hinausgehoben konnten wir uns empfinden, und doch wieder zutiefst beeindruckt und zum Ernst gemahnt durch die Größe der Verantwortung, die sich vor uns auftat. Da war nicht die Rede von «Schülermaterial» und Lehrstoff der «beigebracht» werden mußte, da war gesprochen worden von der Wesenheit des Menschen aus den Tiefen der Geistesforschung heraus und von der zeitgemäßen Erziehungs*kunst*, durch die der Mensch von Kindheit an sich als geistiges Wesen frei entwickeln können sollte.

Wahre geistige Freiheit ist das Grundelement eines gesunden Geisteslebens. Sie hat nichts zu tun mit subjektivistischen Ansprüchen, die etwa der einzelne erheben könnte, wenn er sie mißversteht; es muß aber von innen heraus aufgebaut werden, das heißt, es muß zuerst in genügend viel Menschen die tiefe Überzeugung lebendig geworden sein, daß nur in Persönlichkeiten, welche in einem freien Geistesleben aufgewachsen sind, diejenigen Gedanken lebendig werden können, von welchen eine neue, gesundere Ordnung der Verhältnisse in den anderen Lebensgebieten, dem wirtschaftlichen und dem politischen, geschaffen werden kann.

Der Materialismus hat nicht nur die falsche Einstellung gebracht, daß allein wirklich sei, was sich im Stoffe darbietet. Er stellt auch in Abrede, daß Geistiges im Menschen lebt und durch den Menschen in der Außenwelt sich wirkend erweisen kann. Er hat sich der großen Errungenschaften der neueren Naturforschung bedient, um die Anschauung zu verbreiten und zu festigen, daß der Mensch die Natur zwar nie ganz durchschauen, aber doch immer mehr in sie eingreifen lernen würde. Andererseits lehrt er den Menschen, sich als ein bloßes Naturwesen anzusehen, als ein durch Selbsterhaltungstrieb im Kampf ums Dasein hochgezüchtetes höheres Tier.

Schien so für den Materialismus das Rätsel des Menschen gelöst, so blieb doch bis in unsere Tage herein ungelöst die Frage, wie Menschen zusammenleben können, die Frage der menschlichen Gesellschaft. Blickt man auf das, was heute an Erklärungsversuchen vorliegt, so wird man gewahr, daß eben einerseits die Schuld in den *Verhältnissen*, dem «Milieu» gesucht wird, in einem sogenannten «Objektiven», andererseits werden beim Menschen Furcht- und Ermüdungserscheinungen festgestellt. So werden andauernd Ursache und Wirkung miteinander verknotet, und es wird immer undurchschaubarer, was eigentlich vorliegt.

In Wirklichkeit wird der Mensch ängstlich, weil er keinen Halt mehr in sich findet, und dazu trägt der fatalistische Glaube viel bei, daß die äußeren Verhältnisse in ihrem undurchschaubaren Ablauf das Schicksal der Menschheit bestimmen. Wenn aber alles nur äußerer Ablauf, gleichsam Naturvorgang sein soll, dann bleibt kein Raum für die menschliche Freiheit, ohne welche die Seele keine Atemluft hat. Es hat in unseren Tagen den Anschein, als ob die Menschheit im weitesten Umfang sich durch eine solche Einstellung das Schicksal bereitet habe, erst durch eine bisher im Laufe der Geschichte unbekannte Unfreiheit und Unterdrückung der Persönlichkeit hindurchgehen zu müssen. Indem sie sich so ihres ureigensten Lebenselementes beraubt, erwächst ihr aus dieser Entbehrung von neuem der Grundtrieb zur Freiheit.

Eine neue Erziehungskunst kann vielleicht helfen, diesen Leidensweg der Menschheit abzukürzen, indem sie zur geistigen Freiheit führt.

Einen grundlegenden Unterschied zwischen der Waldorfschule und den bisherigen Schulen hat Rudolf Steiner oft hervorgehoben: In der Waldorfschule konnte auch nicht der innere Widerspruch bestehen zwischen dem Religionsunterricht (der in der von den Eltern gewünschten Konfession von deren Vertretern in den Räumen der Schule gegeben wurde) und dem, was in den anderen Unterrichtsfächern, besonders in den naturkundlichen getrieben wurde. Bisher wollte man zwar den Kindern in den Religionsstunden den Weg zum Göttlichen weisen, aber in den übrigen Fächern herrschte die materialistische Grundgesinnung.

Dieser Widerspruch wirkt nicht nur zerstörend auf die zarten Kinderseelen, die noch ganz in der Hingabe an göttliches Wirken in der Welt leben und weben. Für sie tritt eine Trennung zwischen geistigen Welten, die sie in den so geliebten Märchen wiederfinden, und der nur den Sinnen zugänglichen Außenwelt erst nach und nach ein. In einer im Sinne Rudolf Steiners geführten Schule wird selbstverständlich im Unterricht außerhalb der Religionsstunden nicht über den Christus-Impuls als solchem gesprochen werden, aber was in der Seele des Lehrers wirklich lebt, das wirkt auf die Kinder. Rudolf Steiner sprach gerne von der «Erdleitung», indem er das Bild vom Vorgang des Telegraphierens hernahm, wo statt des zweiten Drahtes die Erde die Leitung des Stromes übernimmt. Was durch den Draht geht, ist zu vergleichen mit dem, was der Lehrer spricht, was vom Sender zum Empfänger durch die Erde geht, entspricht dem, was unmittelbar, unausgesprochen von Seele zu Seele sich überträgt.

Herrscht aber irgendwo in einer Schule der oben geschilderte zersetzende Widerspruch, so leben die heranwachsenden jungen Menschen unter dem ständigen seelischen Druck der Abhängigkeit von bloßen Naturvorgängen. Was dies zur Folge hat, wurde von Rudolf Steiner in seinem am 29. November 1919 gehaltenen Vortrage mit folgenden Worten charakterisiert: «Es ist heute schon durchaus auch physiologisch gefährlich, bloß an der Notwendigkeit zu hängen, an jener Art von Fatalismus, der sich in der Naturnotwendigkeit ausspricht. Denn das Erzogenwerden durch die Schule und Erzogenwerden durch das Leben in den Vorstellungen, die bloß auf Naturnotwendigkeit, auf Allmacht der Naturnotwendigkeit fußen, das schwächt das menschliche Haupt, und die Menschen werden dadurch so stark passiv mit Bezug auf ihr Bewußtsein, daß andere Kräfte in dieses Bewußtsein hereinkönnen und daß jene Stärke eben ausbleibt, die notwendig ist, wenn der Christus-Impuls in seiner heutigen Gestalt herein will in die menschliche Seelenverfassung.»[32]

Diese «anderen Kräfte» sind aber die Feinde der menschlichen Freiheit. So birgt also der Materialismus – als Seelenhaltung – in sich die Quelle der inneren Unfreiheit.

Grundtatsache aller wahren Selbsterkenntnis: Der Mensch ist kein bloßes Naturprodukt, kein bloßes Erzeugnis der Vererbungsströmung, sondern ein geistiges Wesen, welches sich für seine Erdenaufgaben mit einem Leibe umkleidet. Durch die Opfertat des Christus kann er fähig werden, sich von der Gewalt jener anderen, gegnerischen Geistesmächte zu befreien, die ihm in der Stoffeswelt den Seelentod bereiten, die ihn seinen Erdenaufgaben entfremden wollen. – Das ist die Wahrheit, die uns frei macht, und diese Wahrheit, nicht ausgesprochen, aber in den Seelen der Erzieher lebend, sie schafft in den so erzogenen Kindern die Kraft, welche sie befähigt, wirklich freie Menschen zu werden und sich auch für die Freiheit ihrer Mitmenschen verantwortlich zu fühlen.

Das ist der tiefere Sinn der von Rudolf Steiner erneuerten Erziehungskunst, und so konnten wir seinen Ausspruch verstehen: «Die Waldorfschule ist uns nicht so wichtig als pädagogisches Experiment, viel mehr als Keim zu einem freien Geistesleben.»[33]

Während dieser Zeit vom 21. August bis zum 6. September 1919 erlebten wir in dieser Arbeit die beschwingende und begeisternde Kraft des neuen Erziehungsimpulses. Wir waren wahrlich nicht so naiv zu meinen, wir hätten sofort alles richtig verstanden und erfaßt; jetzt wußten wir eigentlich nur, wie vollständig neu alles das war, was von uns verlangt wurde, und gar erst, was dazu gehörte, es im Unterrichten und Erziehen richtig anzuwenden. Wir fühlten die große Verantwortung, die wir übernahmen: den Kindern und den Eltern, vor allem aber Rudolf Steiner gegenüber! Denn nach unseren Leistungen oder nach unserem Versagen würde die Welt den Wert der von ihm jetzt ins Leben gerufenen Erziehungskunst be- oder verurteilen. Die belebende Kraft des neuen Impulses erlebten wir in uns und waren erfüllt von *Schwung* und *Begeisterung*.

Von diesen beiden kann man ja nie genug in sich haben, und Steiners hauptsächliche Mahnung an uns in den Jahren, da er die Schule selbst leitete, war: noch mehr Schwung und Begeisterung! – Schwung, das heißt, nicht in sich selbst hinein versinken, hinausschwingend durch volles Interesse aufnehmen, hereinschwingend sich mit dem Aufgenommenen auf das Innigste verbinden, Weltinteressen zu seinen Interessen machen. Dazu werden wir befähigt, wenn über das Persönliche des *Seelischen* hinaus, das Überpersönliche des *Geistes* in uns zu leben beginnt und uns befeuert bis zur Begeisterung. Dann erleben die Kinder: Da steht einer vor uns, den interessiert alles, was im Leben vorgeht, der kann uns ins Leben hineinführen durch den Schwung seiner Seele. Er kann uns aber auch die Kraft bringen, später einmal im Leben zu bestehen, durch seine Begeisterung. Das ist das rechte Verhältnis zwischen Lehrern und Schülern, und in der Folge hat sich gezeigt, daß unsere Schüler unbefangen, weder furchtsam noch überheblich, sondern mit einer Art verantwortungsbewußter Selbstverständlichkeit an die Aufgaben des Lebens herangetreten sind. Sie gaben sich weniger Täuschungen hin, sie erlahmten aber auch nicht im Streben nach dem Ziel, das sie sich gesteckt, in dem Erfüllen der Pflichten, die ihnen das Leben wies. Durch das Hinausschwingen und Hereinnehmen lernen wir unsere Pflichten kennen, die Begeisterung läßt uns das Ziel nicht aus dem Auge verlieren. So wirken die stets tätige Seelen- und Geisteshaltung des Lehrers in dem Schüler als Kräfte fort, durch die er sich im Leben bewähren kann.

Am 7. September fand dann im Stadtgartensaal, der sonst ganz anderen Festlichkeiten diente, die Eröffnungsfeier statt. Es war leider nicht möglich, diesen Festesakt schon in den Räumen der Schule abzuhalten; er mußte in einer so fremden Umgebung vor sich gehen. Eine Fülle von Blumen und grünen Pflanzen schmückte den Saal, und Rudolf Steiner hatte es ganz von sich aus angeordnet, daß vier große Gemälde von Maria Strakosch, die in freier Komposition die vier Elemente darstellten, dort aufgehängt werden sollten, «damit auch etwas von unserer Atmosphäre darin sei», wie er sich ausdrückte. (Maria Strakosch hatte diese Bilder mitgebracht, um sie Rudolf Steiner zu zeigen; sie durfte ihm stets, wenn wir ihn trafen, ihre Arbeiten vorlegen und seine Ratschläge empfangen. Wir waren gerade im Begriffe, die Bilder zur Rückreise zu verpacken, als zu unserer Überraschung Bertha Molt in seinem Auftrage erschien, um sie in den Stadtgartensaal abzuholen. Auf Anordnung Rudolf Steiners wurden sie dann in der Waldorfschule selbst aufgehängt.)

Rudolf Steiner hätte es gerne gesehen, daß alle Beteiligten, Kinder, Lehrer, Eltern, sich oben in der Schule versammelt hätten und dann im feierlichen Zuge durch die Stadt in den unten im Tale gelegenen Stadtgarten gezogen wären. Doch es mußte davon abgesehen werden.

Unmittelbar vor Beginn des Lehrerkurses hatte Rudolf Steiner in einer feierlichen Ansprache den guten Geistern gedankt, welche dem lieben Herrn Molt den Gedanken der Schulgründung eingegeben hatten, und diese einen «Festesakt der Welten-Ordnung» genannt.[34] Nun sollte diese neue Gründung zum ersten Male an die Öffentlichkeit treten.

Die Feier begann um ½ 11 Uhr vormittags mit dem Präludium in C-Dur aus J. S. Bachs «Wohltemperiertem Klavier» und endete mit dem Air für Violine desselben Meisters. Ansprachen wurden gehalten von Emil Molt, Rudolf Steiner, einem Lehrer[35] und einem Angestellten der Waldorf-Astoria-Zigarettenfabrik als Vertreter der Elternschaft. Dazwischen gab es wieder ernste Musik, Gesang, Rezitation durch Marie Steiner und eurythmische Darbietungen durch Erwachsene.

Der Kernpunkt des Festaktes war die Ansprache Rudolf Steiners. Tiefste Wahrhaftigkeit und das Bewußtsein der Verantwortung in einem so tragischen Augenblick der Geschichte sprachen unmittelbar aus seinen Worten. Wir empfanden es als etwas Großes, daß wir an dieser Verantwortung mittragen sollten, und sahen ihn vor uns als unseren Lehrer in der Wahrhaftigkeit und Echtheit des Wollens, das sich an den Notwendigkeiten der Zeit immer neu entzündete. Einige Sätze mögen von dem Geiste dieser Ansprache zeugen:

«Die Überzeugung, daß der Ruf, der aus der Entwickelung der Menschheit heraustönt, für unsere gegenwärtige Zeit einen neuen Geist fordert, und daß wir diesen neuen Geist vor allen Dingen in das Erziehungswesen hineintragen müssen, diese Überzeugung ist es, die den Bestrebungen der Waldorfschule, die nach dieser Richtung hin ein Musterbeispiel sein sollte, zugrundeliegt ...

So, meine sehr verehrten Anwesenden, möchten wir aus einem neuen Geiste heraus diese Waldorfschule gestalten. Und Sie werden auch bemerkt haben, was diese *nicht* werden soll. Jedenfalls soll sie nicht werden eine Weltanschauungsschule. Derjenige, der da sagen wird: Die anthroposophisch orientierte Geisteswissenschaft gründet die Waldorfschule und wolle nun ihre Weltanschauung hineintragen in diese Schule – ich sage das jetzt am Eröffnungstage –, der wird nicht die Wahrheit sprechen. Uns liegt gar nichts daran, unsere ‹Dogmen›, unsere Prinzipien, den Inhalt unserer Weltanschauung dem werdenden Menschen beizubringen. Wir streben nicht danach, eine dogmatische Erziehung zu bewirken. Wir streben danach, daß dasjenige, was wir durch die Geisteswissenschaft haben gewinnen können, *lebendige Erziehungstat* werde...

Ihnen, die Sie die Eltern der Kinder sind, die als erste in diese Schule hineingeschickt werden, Ihnen darf es gesagt werden, daß Sie nicht nur Pioniere sind für eine menschliche persönliche Absicht, sondern für eine Kulturforderung unserer Zeit, und daß Sie, was jetzt geschehen soll in bezug auf die Waldorfschule, nur richtig auffassen werden, wenn Sie sich als solche Pioniere fühlen ...

Indem wir die Grundlage und den Quell für das Erziehungswesen in dem *ganzen* Menschenwesen suchen und durch das ganze Menschenwesen auszubilden versuchen werden, möchten wir die erzieherische soziale Frage hineinstellen in die gesamte soziale Frage unserer Zeit. – Einheitsschule – so sagt unsere Zeit! An keine andere als eine Einheitsschule wird diejenige Erziehungs- und Unterrichtskunst herantreten, die so, wie es angedeutet wurde, aus dem ganzen Menschenwesen heraus ihr Können schöpfen will. Soll die Menschheit künftig sozial gerecht leben können, dann wird sie zunächst sozial richtig ihre Kinder erziehen müssen. Daß das der Fall sein könne, dazu möchten wir ein Kleines beitragen durch die Waldorfschule.

Möge das, was wir vielleicht nur teilweise erreichen werden, wenn wir auch das beste Wollen haben, seine Kraft nicht schon in unserem schwachem Versuch erschöpfen. Möge es Nachfolger finden! Denn wir haben die Überzeugung: Der schwache Versuch kann vielleicht durch Gegnerschaft und Unverstand scheitern. Dasjenige aber, was als Kern in dieser Bestrebung liegt, es muß Nachfolge finden. Denn wenn in das Bewußtsein der ganzen Menschheit eine echte soziale Erziehungs- und Unterrichtskunst einzieht, dann wird im ganzen sozialen Leben die Schule in der richtigen Weise drinnen stehen.

Möge ein Kleines zu diesem großen Ziele die Waldorfschule beitragen können.»[36]

Am Nachmittag fanden sich Kinder, Eltern und Lehrer in der Schule ein. Bei herrlichem Wetter waren alle unter den Bäumen des Hofes versammelt. Rudolf Steiner ordnete an, daß sich jeder der von ihm bestimmten Klassenlehrer unter einen Baum stellen und die Kinder des entsprechenden Alters zu sich rufen sollte. So fanden sich in dem fröhlichen Treiben dieses denkwürdigen Nachmittages die Klassengemeinschaften von Kindern und Lehrern unter den Augen Rudolf Steiners und der Eltern zusammen.

Wir begegnen im Leben diesem oder jenem Menschen. Der eine ist uns sympathisch, der andere vielleicht weniger; wir machen uns meist nicht viel Gedanken darüber, wie bedeutungsvoll solche Begegnungen sein können. Darauf wurden wir aber in wunderbarer Weise hingewiesen, als wir Zeuge sein durften, wie Rudolf Steiner die Kinder mit den Lehrern, welche er ihnen zugedacht hatte, zusammenbrachte. Bei dieser Gelegenheit lag bei aller innigen Herzlichkeit doch ein großer Ernst auf seinem Antlitz. So war es dann auch später, wenn er von der Bedeutung sprach, welche dieses Zusammenleben von Schülern und Lehrern hatte. Ihm waren die Schicksalswege dieser Menschen nicht verborgen, und manche dieser Kinder haben dann in reiferen Jahren die Segenskräfte in sich wachsen fühlen, die sie damals von ihm empfangen haben. Für die Lehrer wurde es klar, daß sie ihren Beruf nie ernst genug nehmen konnten; und die gewaltige Spanne zwischen dem, was aus dem Lehrerberuf in unserer, dem Geistigen abgeneigten Zeit geworden war, und der echten Berufung zum Lehrer, wie wir sie hier erlebten, kam uns zum Bewußtsein. Er selbst hat nie, etwa in salbungsvollen Worten, davon gesprochen. Alles derartige lag ihm fern, aber immer wieder fragte er bei seinen Besuchen in der Waldorfschule die versammelten Kinder: «Habt Ihr Euere Lehrer lieb?» Er sagte uns dann, daß er an der Art der Antwort merkte, ob die Schule in einem guten Zustand sei.[37]

In den folgenden Jahren kam er dann so oft in die Schule, als die ungeheure Arbeitslast erlaubte, und die Art, wie er sich hier gab, drückte seine Freude aus: Hier bin ich Mensch, hier darf ich's sein.

Der Unterricht konnte erst eine Woche später beginnen, denn die Umbauten in dem früheren Wirtschaftsgebäude «Zur Uhlandshöhe», das nun zu Schulzwecken verwendet werden sollte, waren noch nicht vollendet. – Am Tage nach der Eröffnungsfeier kehrten Maria Strakosch und ich nach Wien zurück.

Zwischen Stuttgart und Wien

Der erste naturwissenschaftliche Kurs: Lichtlehre

In Wien galt es vor allem, übernommenen Verpflichtungen nachzukommen und nun in der Öffentlichkeit für den neuen Erziehungsimpuls einzutreten. Als erstes wurde am 7. Oktober im großen Saal des Ingenieur- und Architektenvereins ein öffentlicher Vortrag veranstaltet.

Bisher hatte ich wohl schon oft in anthroposophischen Arbeitsgruppen gesprochen, dies aber sollte mein erster Vortrag in der großen Öffentlichkeit sein. – Neben dem Saal befand sich ein kleiner Raum für den Vortragenden, von wo er direkt zum Rednerpult gelangen konnte. Dort hielt ich mich auf, überlegte noch einmal alles, dachte an Rudolf Steiner, dessen Nähe ich klar bewußt erlebte, und war gerade im Begriffe, mich in den Saal zu begeben, als mir vom Diener ein Blatt Papier gebracht wurde; es war soeben abgegeben worden mit der Weisung, es mir sofort zu überreichen. Ich las: «Seien Sie höflichst darauf aufmerksam gemacht, daß das Gros Ihrer Hörer nicht so sehr «Lob und Wert» der Einheitsschule zu hören erwartet, sondern in erster Linie: *Wesen, Aufbau, Studien-* und *Stundenplan* etc. Wien 7. 10. 19.» Eine Unterschrift war nicht vorhanden, Zeit zu langer Überlegung auch nicht, denn der Vortrag mußte nun beginnen.

Ich betrat also mit dem Blatte in der Hand das Rednerpult, hob es hoch empor, damit es alle wirklich bemerken sollten und begann: «Soeben wurde mir dieses Blatt, zwar ohne Unterschrift, zugestellt!» Dann las ich die Worte vor und fügte etwa hinzu: «Ich habe mich sehr darüber gefreut, denn ich sehe, daß ich gerade das Publikum vor mir habe, das ich mir nur wünschen kann.» Diese Worte vermochten es, eine freundliche Stimmung in dem vollen Saale auszulösen, und der Vortrag, in welchem es mir nicht schwer wurde, die erhaltene Mahnung zu beherzigen, wurde recht gut aufgenommen.

Nachher sprachen noch mehrere Teilnehmer mit mir, darunter auch eine Persönlichkeit, welche mit den Schulreformbestrebungen des damaligen Unterrichtsministers Glöckel in Verbindung stand. Diese Reformen wurden gerade durchgeführt und haben von sich reden gemacht. Ich wurde freundlich, aber ganz erstaunt angesprochen: «Aber Herr Strakosch, wir haben Sie doch immer für einen vernünftigen Menschen gehalten! Nun haben wir gerade die Metaphysik aus dem Unterrichtswesen entfernt, und Sie wollen sie wieder hereinbringen!» Ich konnte nichts anderes tun, als mein Bedauern darüber aussprechen, daß ich die Ursache einer solchen Enttäuschung geworden sei, und wir schieden freundlich voneinander.

Wenige Tage später brachte mir die Post folgende Karte: «Sehr geehrter Herr Ingenieur! Der Unterzeichner dieser Karte hat auch jene geschrieben, deren Sie zu Beginn Ihres schönen Vortrages in so versöhnlicher, selbstloser, bescheidenster, einnehmendster Weise gedachten. (Ein Gespräch, das ich im Hause hörte, als ich mir eine Karte nehmen wollte, hatte mich zu dem Geschreibsel – das erste Mal in meinem Leben – verleitet; es schien mir kindisch, mich mit meinem Namen für diesen «Volkswunsch» einzusetzen.) – Sogleich, als ich jene Einleitungsworte gehört hatte, war ich entschlossen, mich Ihnen nach dem Vortrage vorzustellen. Er endete aber erst gegen 3/4 8; ich war so lange geblieben, mußte aber dann zu einem Rendezvous, das ich schon um 1/4 8 hatte. – Ohne mich als Kritiker aufzuspielen, nur so, wie ich Ihnen Beifall klatschte, zolle ich Ihnen auch hiermit meinen Beifall für die allen Anforderungen vollauf entsprechende, formgewandte und inhaltsreiche Rede! – In Hochschätzung Herrn Ingenieur ergeben Univ.-Prof. Dr. Richard Wahle. Wien, den 11.10.1919.»[38]

Professor Richard Wahle[39] war der Bruder von Julius Wahle[40], der gleichzeitig mit Rudolf Steiner in Weimar am Goethe-Archiv tätig war. Rudolf Steiner arbeitete an der Herausgabe der Naturwissenschaftlichen Schriften, Julius Wahle an den Tagebüchern; sie saßen in demselben Raum. – Mit Professor Richard Wahle durfte ich in der Folge noch öfter im Kaffeehause zusammenkommen. Er sprach mit großer Hochachtung von Rudolf Steiner. Trotzdem er einen sehr verschiedenen Standpunkt vertrat, anerkannte er gerne dessen Größe.

Die nächste Zeit war dann von Arbeit erfüllt. Vor allem hatte ich viele Vorträge zu halten: über Erziehungskunst, über Dreigliederung; die Anthroposophie, die Mutter, welche dies alles ermöglicht hatte, durfte auch nicht vergessen werden. Von Mitte Oktober bis zum Advent werden es etwa 36 Vorträge gewesen sein. Dazu kamen Studienabende über das Buch «Die Kernpunkte der sozialen Frage», die oft unter merkwürdigen Umständen stattfanden. Einmal hatte ich in einem Vorort so einen Studienabend in einer Arbeitergruppe zu halten. Die dadurch angeregte Unterhaltung mit den wirklich ergriffenen Zuhörern dauerte bis gegen zwei Uhr morgens. Es gab keine Straßenbahn und keinen Zug. Zum Glück ergab es sich, daß eine Lokomotive ins Heizhaus am Ostbahnhof fuhr. Meine dienstliche Stellung berechtigte mich auch zum Fahren auf Lokomotiven. So kletterte ich mit meinen schweren Packen «Kernpunkten» zum Führerstand hinauf. Den Rest der Nacht verbrachte ich in meinem Amtsraum am Ostbahnhof, so hatte ich morgens keinen weiten Weg mehr.

Auch in einigen Kasernen hatte ich Studiengruppen. Besonders in Erinnerung geblieben ist mir eine Kaserne, wo sehr große Mannschaftsräume waren. An einem Ende eines solchen Schlafsaales waren zwei Tische und die nötigen Bänke zusammengerückt. Mein Platz als Leiter des Abends wurde durch eine mehrfach zusammengelegte Soldatendecke bezeichnet, die mir einen etwas erhöhten Sitz bot. Auf dem Tisch stand vor mir eine Kerze im Halse einer leeren Bierflasche, denn es gab damals wieder einmal keinen Strom, natürlich auch keine Straßenbahn zur Heimfahrt. Am anderen Ende des Saales saßen bei einer ähnlichen Beleuchtung einige Soldaten und spielten Karten, dazwischen war Dunkel und Dämmerung. Aber die Aufmerksamkeit litt nicht unter der Einfachheit der Umgebung. Es waren meist junge Menschen, denen die soziale Frage wirklich zu Herzen ging. Als Siebzehnjährige waren manche von ihnen ins Feld gezogen und jetzt, nachdem das Leben im Felde sie entwurzelt hatte, suchten sie nach einer Stellung zu den Entwicklungen, die sich hier vollzogen. Einige begleiteten mich heim und trugen die Bücherbündel, denn ich legte Wert darauf, daß jeder beim gemeinsamen Studieren den Text vor sich habe. Das war nötig, denn selbst geübteren Personen ist es bei einem Buche, wo jeder Satz so schwerwiegend ist, fast unmöglich, auf andere Weise den Besprechungen zu folgen. Auf diesen Wegen durch die schlafende Stadt hatten wir dann auch Gespräche mehr persönlichen Charakters. «Sehen Sie», sagte mir einmal ein junger Soldat, «was die schwarzen Pfaffen sagen, darauf gebe ich nichts, aber auch nichts auf das, was die roten Pfaffen sagen. Eines jedoch weiß ich: Christus lebt!»

Einmal wöchentlich versammelten sich abends in unserem Heim in der Penzingerstrasse mehrere pädagogisch Interessierte, und ich berichtete von den neuen Ausblicken und Grundlagen, welche in dem Stuttgarter Lehrerkurs enthalten waren. Eine der Persönlichkeiten, welche sich an dieser Arbeit beteiligten, kam später als Lehrkraft an die Waldorfschule.[41]

Am Morgen des 21. Dezember kam ein Telegramm aus Stuttgart mit der Einladung zu einem Kurs über Physik, den Rudolf Steiner vom 23. Dezember 1919 bis zum 3. Januar 1920 zu halten beabsichtigte.[42] Mir war klar, daß ich dahin sollte, aber dazu benötigte ich: 1. Urlaub, 2. Reisepaß, 3. deutsches Visum, 4. Bewilligung des Eisenbahnministeriums zur Benutzung des Lastzuges, welcher, um einen Personenwagen III. Klasse vermehrt, dazumal die einzige Reisemöglichkeit bot, denn der Personenverkehr war in Österreich wieder einmal eingestellt. Was schier unglaublich schien, es wurde Ereignis, besser gesagt: Erreichnis![43] Um zwölf Uhr mittags hatte ich alles erhalten, und am Abend fand ich mich am Verschiebebahnhof Penzing ein, wo dieser Lastzug zusammengestellt wurde. Ein deutscher Kurier und ich waren die einzigen Reisenden. Am nächsten Vormittag erreichten wir die Grenze in Braunau und Anschluß an den normalen Zugverkehr in Deutschland. Am Nachmittag in Nürnberg angelangt, benützte ich den Aufenthalt von etwa zwei Stunden, um Freunde zu besuchen. Sie wohnten am Stadtrand, und gerade, als ich aus den Häuserreihen ins Freie trat, ging ein gewaltiges Wintergewitter mit Blitz, Donner und Schneesturm los. Doch als dann in später Nachtstunde der Zug in Stuttgart einfuhr, da war klarer Himmel, und über der Waldorfschule auf der Uhlandshöhe hatten sich in einer besonderen Konstellation die meisten Planeten, von Jupiter überstrahlt, zusammengefunden.

Am nächsten Morgen begann der Kurs im Untergeschoß der Waldorfschule, im Chemie-Unterrichtsraum, welcher in dem früheren Wirtschaftsbetrieb als Küche gedient hatte. Außer den Lehrern waren nur ganz wenige Gäste zugezogen worden.

Rudolf Steiners Begeisterung teilte sich bald allen Teilnehmern mit. Was er uns gab, war aber auch dazu geeignet.[44]

Vor Beginn des ersten Vortrages las einer der Waldorflehrer Sätze aus Steiners Werken vor. Zuerst: «Möchten jugendlich strebende Denker und Forscher, namentlich jene, die mit ihren Ansichten nicht bloß in die Breite gehen, sondern direkt dem *Zentralen* unseres Erkennens ins Auge schauen, meinen Ausführungen einige Aufmerksamkeit schenken und in Scharen nachfolgen, um vollkommener auszuführen, was ich auszuführen bestrebt war.»[45]– Damit wollten die Teilnehmer sich nicht etwa als «Denker und Forscher» vorstellen, sie wollten nur zeigen, daß sie diesen Wunsch Rudolf Steiners im Herzen trugen und gerne dazu beitragen wollten, daß sich immer mehr Menschen mit den Anregungen Steiners befaßten. Daß sie sich in Ehrfurcht des großen Zieles erinnerten, sollte bekundet werden, indem die Worte aus dem Buche «Die geistige Führung des Menschen und der Menschheit»[46] folgten: «Künftig werden Chemiker und Physiker kommen, welche Chemie und Physik nicht so lehren, wie man sie heute lehrt unter dem Einflusse der zurückgebliebenen ägyptisch-chaldäischen Geister, sondern welche lehren werden: ‹Die Materie ist aufgebaut in dem Sinne, wie der *Christus* sie nach und nach angeordnet hat.› Man wird den Christus bis in die Gesetze der Chemie und Physik hinein finden. Eine spirituelle Chemie, eine spirituelle Physik ist das, was in der Zukunft kommen wird.»

Rudolf Steiner erinnerte in seinen Eingangsworten noch an eine andere Stelle, nachdem er darauf hingewiesen hatte, daß man ihm von der Absicht eines solchen Kurses erst nach seiner Ankunft in Stuttgart Mitteilung gemacht habe, er werde daher nur «sehr Episodisches» geben können.

Zu Beginn der neunziger Jahre hatte er gelegentlich einen Vortrag über Goethes Naturwissenschaft am Frankfurter Freien Hochstift zu halten. In der Einleitung hatte er gesagt, daß er sich darauf beschränken müsse, mehr über die Beziehungen Goethes zur organischen Naturwissenschaft zu sprechen. «Denn dasjenige, was Goethesche Weltanschauung ist, heute schon hineinzutragen etwa in die physikalische und chemische Anschauung, das ist schier eine Unmöglichkeit, weil einfach die Physiker und Chemiker heute dazu verurteilt sind durch alles das, was in Physik und Chemie lebt, das von *Goethe* Ausgehende geradezu als eine Art Unsinn anzusehen, als etwas, wobei sie sich nichts vorstellen können. Und ich meinte damals, man müsse abwarten, bis Physik und Chemie durch ihre eigene Forschung gewissermaßen dahin geführt werden einzusehen, wie der Grundbau ihres wissenschaftlichen Strebens sich selber ad absurdum führt. Dann werde die Zeit gekommen sein, wo auch auf dem Gebiete der Physik und Chemie Goethesche Ansichten Platz greifen können.»[47] Das hatte er damals gesagt und jetzt fuhr er fort: «Nun werde ich mich bemühen, einen Einklang zu schaffen zwischen dem, was man etwa experimentelle Naturwissenschaft nennen kann und dem, was die Anschauung betrifft, die man über die Ergebnisse des Experiments gewinnen kann. Heute möchte ich einleitungsweise und, wie man oft sagt, theoretisch einiges zur Verständigung vorbringen. Ich möchte heute geradezu darauf abzielen, hinzuarbeiten auf ein wirkliches Verstehen des Gegensatzes zwischen landläufiger, gebräuchlicher Naturwissenschaft und demjenigen, was man als naturwissenschaftliche Anschauung aus Goethes allgemeiner Weltanschauung gewinnen kann. Wir werden dazu allerdings ein wenig auf die Voraussetzungen des naturwissenschaftlichen Denkens theoretisch eingehen müssen.»

Im weiteren Verlaufe dieses Kurses war dann *stets* die Rede von den Aufgaben, vor denen derjenige steht, der heute im ernsten Sinne Naturwissenschaft pflegen will, weniger davon, was für den Pädagogen unmittelbar im Unterricht verwertbar sein kann, «als vielmehr von dem, was das Lehren durchdringen könne ‹als eine wissenschaftliche Grundrichtung›. Auf der anderen Seite wird ja immer für den Pädagogen es von ganz besonderer Bedeutung sein, neben den mancherlei Abirrungen, welche gerade das Naturwissen in der neueren Zeit erfahren hat, wenigstens im Hintergrunde das Richtige zu haben.» Auf die in ferne Zukunft weisenden Worte aus seinem Buche: «Die geistige Führung des Menschen und der Menschheit», die am Anfang ein Teilnehmer verlesen hatte, kam er nicht zu sprechen, denn das Thema dieses Kurses war ja *Naturwissenschaft* und nicht *Menschheitsentwickelung*. Strengste Sachlichkeit kennzeichnete stets seine Ausführungen, und innerhalb dieser gab er genug Angaben, welche in die Tiefen führten, die eine minder genaue Wissenschaftgesinnung zu übersehen pflegt. Er stellte der heutigen Naturwissenschaftsmethode die Art gegenüber, wie Goethe an die Natur herangeht. «Die gegenwärtige Naturforschung macht Experimente. Sie verfolgt also die Erscheinungen, versucht dann, diese begrifflich zu verarbeiten und sucht sich Vorstellungen zu bilden über dasjenige, was hinter den Erscheinungen als die sogenannten Ursachen steht, zum Beispiel hinter der subjektiven Licht- und Farbenerscheinung die objektive Wellenbewegung in Äther. – Goethe verwendet das ganze naturwissenschaftliche Denken nicht in diesem Stile. Er geht gar nicht in seiner Naturforschung von dem sogenannten Bekannten in das sogenannte Unbekannte hinein, sondern er will immer in dem Bekannten stehenbleiben, ohne daß er sich zunächst darum bekümmert, ob das Bekannte bloß subjektiv, also eine Wirkung auf unsere Sinne oder auf unsere Nerven oder auf unsere Seele ist, oder ob es objektiv ist... Er verwendet gar nicht jenes Denken und jene Methoden, die in der Naturwissenschaft angewendet werden, dazu, um von dem Bekannten auf das Unbekannte zu schließen, sondern er verwendet alles Denken, alle Methoden dazu, die Phänomene, die Erscheinungen selbst so zusammenzustellen, daß man durch diese Zusammenstellung der Phänomene, der Erscheinungen zuletzt solche Erscheinungen bekommt, die er Urphänomene nennt, die nun wiederum, ohne daß man Rücksicht nimmt auf subjektiv oder objektiv, das aussprechen, was er zur Grundlage seiner Welt- und Naturbetrachtung machen will.»[48]

Für Goethe gibt es nicht das, was man Naturgesetz nennt; die Grundlage seines Forschens sind Tatsachen, zum Beispiel die Tatsache, wie zusammenwirken Licht und in den Weg des Lichtes gestellte Materie. «Er will im Grunde genommen eine Art rationeller Naturbeschreibung haben. Nur daß ein Unterschied für ihn besteht zwischen der Beschreibung des Phänomens, das unmittelbar ist, das kompliziert ist, und dem anderen, das man herausgeschält hat, das nur noch die einfachsten Elemente aufweist, das dann ebenso von Goethe der Naturbetrachtung zugrunde gelegt wird wie sonst das Unbekannte oder auch der rein begrifflich festgesetzte, gesetzmäßige Zusammenhang.» – Es wurde auch auf die merkwürdige Tatsache hingewiesen, daß kaum irgend jemand so klare Anschauungen hatte über die Beziehungen der Naturerscheinungen zu der mathematischen Betrachtung wie Goethe. Das werde zwar manchmal bestritten, weil er kein ausgepichter Mathematiker war.

Rudolf Steiner zeigte dann *Arithmetik, Geometrie und Phoronomie* (Bewegungslehre ohne Rücksicht auf bewegende Kräfte) als die drei Vorstufen der Naturbetrachtung und legte in lebendigster Weise dar, wie sich der Schritt von der letzteren zur Mechanik (Lehre von den bewegenden Kräften) vollzieht; hier kommt die «Masse» hinzu, welche durch das Gewicht ausgedrückt wird.

Sodann enthüllte er den grundlegenden Unterschied zwischen den «Zentralkräften» und den «Universalkräften», welche letztere von der Unendlichkeit des Raumes von allen Seiten hereinspielen. Die Naturwissenschaft, wie sie durch Newton repräsentiert wird, beobachtet die Natur durchaus im Sinne der Zurückführung auf Zentralkräfte. Für Goethe ist Reales nur das, in das hineinspielen sowohl Zentralkräfte als auch peripherische Universalkräfte, und auf diesem Gegensatz ist im Grunde genommen auch seine ganze Farbenlehre aufgebaut. Es wurde in diesem Zusammenhang darauf hingewiesen, daß überall, in der ganzen Natur nichts restlos nur nach Zentralkräften beurteilt werden könne, daß selbst im sogenannten Unlebendigen ein Zusammenfluß beider Arten von Kräften stattfinde. Im wahren Sinne unlebendig sei nur, was der Mensch künstlich, rein abstrakt nach Zentralkräften herstelle, das Maschinelle, das Mechanische.

Was uns damals überraschte und vollständig neue Ausblicke wies, das war die reale Beziehung zum Menschen, die gerade in der Mechanik aufgezeigt wurde, also in jenem Gebiet, das man gewohnt ist, ohne jede Verbindung mit dem Menschenbewußtsein anzusehen.

Ein solcher Übergang wird offenbar beim Übergang vom Phoronomischen, wo nur von Bewegungen die Rede ist, ohne Rücksicht auf die bewegenden Kräfte, zum Mechanischen, dem Bereich der Kräfte und ihrer Wirkungen. In der Phoronomie, der Bewegungslehre, ist es so, daß man sich Bewegungen vorstellt und das Vorgestellte anwendbar ist auf die Naturerscheinungen, sich an ihnen bewähren muß. Beim Übergang zur Mechanik kommt man aber über das Vorstellungsleben hinaus; sie ist die erste Naturwissenschaft, eine Erfahrungswissenschaft, während Phoronomie eben durch ihren Vorstellungscharakter zu den mathematischen Wissenschaften Geometrie und Arithmetik gehört.

«Die heutige Physik», so sagte uns Rudolf Steiner, «kann den Übergang heute nicht finden – und die Folgen davon sind ungeheuerlich – aus dem Grunde, weil sie keine wirkliche Menschenkunde, keine wirkliche Physiologie hat, weil man eigentlich den Menschen nicht wirklich kennt.»[49] Wenn man nämlich von «Masse» spricht, muß man sich fragen: Gibt es nicht etwas in mir selber, was dem entspricht? Die Masse kündigt sich zunächst dadurch an, daß sie einen Druck auszuüben vermag. Mit einem solchen Druck kann man sich bekannt machen, wenn man mit dem Finger auf etwas drückt. Wenn man nun den Druck auf eine Körperstelle genügend stark macht, dann kann es dazu kommen, daß man das Bewußtsein verliert. Diese Herabminderung des Bewußtseins – so kann man aus dieser Erfahrung schließen – tritt in entsprechend vermindertem Maße auch ein, wenn der Druck noch erträglich ist. Dann geht eben so wenig von der Kraft des Bewußtseins verloren, daß man es noch aushalten kann.

Während also das Phoronomische *neutral* in unserem Bewußtsein liegt, werden wir in der Mechanik mit etwas bekannt, das unser Bewußtsein aufhebt. «Jetzt haben Sie eine reale Beziehung zum Menschen. Sie sehen, es müssen Bewußtseinszustände zu Hilfe genommen werden, wenn wir das Naturgemäße verstehen wollen. Ohne diese Zuhilfenahme gelingt es nicht, vom Phoronomischen zum Mechanischen vorzuschreiten.»[50]

Dann wies er darauf hin, daß wir in dem, was man «Masse» nennt, zwar mit unserem *Bewußtsein* nicht darinnen leben können, es hat aber doch mit dem *ganzen* Menschen zu tun, namentlich mit dem Willen.

Um uns das näherzubringen, erinnerte er an das Archimedische Prinzip, nach welchem ein Körper ebensoviel an Gewicht verliert, als das Gewicht der Flüssigkeit beträgt, die er verdrängt. Wenn also ein Körper sich in einer Flüssigkeit befindet, so strebt er nach *oben*, entzieht sich in gewisser Weise dem Gewichte, dem Druck nach *unten*. Dasjenige, was man so objektiv physikalisch betrachten kann, das hat in der Konstitution des Menschen eine sehr wichtige Bedeutung.

Würde nämlich das Gehirn mit seinem vollen Gewicht von etwa 1250 Gramm auf die Blutadern drücken, welche unter ihm liegen, so könnte es nicht in richtiger Weise durchblutet werden, das Bewußtsein würde umnebelt. In Wahrheit drückt aber das Gehirn, weil es im Gehirnwasser schwimmt, nur mit einem Druck von etwa 20 Gramm, weil das von ihm verdrängte Wasser ungefähr 1230 Gramm wiegt. Das Gehirn lebt also im Auftrieb, wird hinaufgehoben. Wir leben also mit dem Werkzeug unserer Intelligenz im Auftrieb drinnen.

Außer dem Gehirn ist nur noch das mit ihm in Verbindung stehende Rückenmark in ähnlicher Lage. Im ganzen leben wir in den anderen Teilen unseres Organismus im Zug nach unten. *Dadurch* wird uns bezüglich dieser Organe das Bewußtsein genommen, diese schlafen eigentlich fortwährend, in ihnen lebt aber der menschliche Wille. «Gerade das ist das Wesentliche der Willenserscheinung, daß sie als bewußte ausgelöscht wird, deshalb, weil sich der Wille mit der nach unten gerichteten Schwerkraft vereinigt. Und unsere Intelligenz wird lichtvoll dadurch, daß wir uns vereinigen können mit dem Auftrieb ... Niemals könnte die Intelligenz entstehen, wenn unser Seelenwesen gebunden wäre an eine bloß nach abwärts strebende Materie.» Nur ein kleiner Teil des Willens, der im Sinne des nach abwärts gerichteten Druckes wirkt, filtriert sich durch bis zum Druck von 20 Gramm und geht in die Intelligenz hinein. Daher ist diese etwas vom Willen durchdrungen. Aber im Wesentlichen haben wir es für die Intelligenz zu tun mit dem, was der lastenden Materie entgegengesetzt ist. «Wir wollen immer über den Kopf hinaus, indem wir denken.» «Eine wirklich geistige Wissenschaft», so führte Rudolf Steiner aus, «die sucht den Weg hinüber in die Materie, indem sie versucht, wirklich unterzutauchen in die Materie, indem also das Seelenleben nach Wille und Intelligenz verfolgt wird bis in die Druck- und Auftriebserscheinungen hinein. Da haben Sie wirklichen Monismus.» Er fügte dann noch hinzu: Dadurch, daß sich bei dem im Gehirnwasser schwimmenden Gehirn die Materie «in so hohem Grade ausschaltet, sind wir in der Lage, wirksam sein zu lassen in besonderem Maße für unser Gehirn unseren Ätherleib». Für alles andere ist nämlich der Äther an die physische Materie gebunden; für alles aber, was der Intelligenz dient, bekommen wir gewissermaßen den Äther frei.

Und nun kam der Übergang zum eigentlichen Thema, zum *Lichte*. Jeder Mensch kann empfinden, daß er durch das Licht noch mehr aufwacht, die Kräfte des Bewußtseins vereinigen sich in einer gewissen Weise mit demjenigen, was uns im Lichte entgegentritt.

Aus diesen Betrachtungen sei nur noch ein wichtiger Hinweis hervorgehoben, nämlich über Licht und Finsternis in Bezug auf das menschliche Seelenleben. Im lichterfüllten Raume fühlen wir uns bereichert, wir saugen das Licht ein, es teilt sich uns mit. Bei der Dunkelheit ist es umgekehrt, die saugt an uns. So sind auch die hellen Farben von den dunkeln verschieden. Diese haben etwas, das uns saugt, jene dagegen etwas auf uns Losgehendes. Ähnlich wie diese Wirkung der Dunkelheit ist das «Aufgesogenwerden des Bewußtseins durch die Masse»[51], von dem auch gesprochen worden war. So kann man eine innere Verwandtschaft finden zwischen dem Dunkelsein des Raumes und jener anderen Erfülltheit des Raumes, die man *Materie* nennt.

In der Schlußbetrachtung nach dem letzten Vortrag hob er hervor, wie notwendig es sei, in mancher Beziehung umzulernen. Man kann es bemerken, wie *soziologische* Vorstellungen in die soziale Ordnung der Menschen hineingehen, aber wie gründlich *physikalische* Anschauungen in das ganze Leben der Menschheit hineingehen, davon bildet man sich doch keine genügende Vorstellung. Er berichtete dann von einem gedruckten Vortrag eines deutschen Universitätsprofessors, der – am 1. Mai 1918! – ungefähr folgendermaßen gesprochen hatte: «Der Verlauf dieses Krieges hat klar gezeigt, daß wir viel zu wenig schon den Bund haben herstellen können zwischen der wissenschaftlichen Laboratoriumsarbeit der Hochschulen und dem Militarismus. In der Zukunft muß, damit die Menschheit in entsprechender Weise sich fortentwickeln könne, ein viel näheres Band geknüpft werden zwischen den militärischen Stellen und zwischen demjenigen, was an den Universitäten vorgeht, denn es muß in die Mobilisierungsfragen der Zukunft schon einbezogen werden alles dasjenige, was von der Wissenschaft aus die Mobilisierung zu etwas besonders Kräftigem wird machen können. Wir litten im Beginne dieses Krieges gar sehr darunter, daß dieses innige Band noch nicht geschlungen war, das daher in der Zukunft von den wissenschaftlichen Versuchsanstalten in die Generalstäbe hinein führen soll.»[52]

Rudolf Steiner schloß dann mit den Worten: «Meine lieben Freunde, es muß die Menschheit umlernen, und sie wird umlernen müssen auf vielen Gebieten. Kann sie sich entschließen, auf einem solchen Gebiete, wie die Physik es ist, umzulernen, so wird sie am leichtesten auch dann bereit sein, auf anderen Gebieten umzulernen. *Die* Physiker aber, die so im alten Sinne denken, die werden immer nicht gar weit entfernt sein von der netten Koalition zwischen der wissenschaftlichen Versuchsanstalt und den Generalstäben. Es muß vieles anders werden. Möge die Waldorfschule immer eine Stätte sein, wo das erkeimt, was eben anders sein soll! Mit diesem Wunsche möchte ich zunächst diese Betrachtungen schließen.»

Überdenkt man heute dasjenige, was Rudolf Steiner mit diesem Kurse gegeben hat, so darf man sagen: Hier hat sich ein ehrlicher, aufopfernder Helferwille verbunden mit der Fähigkeit, das zu geben, was auch wirklich helfen kann, wenn es aufgenommen wird. Unser ach so kleiner Kreis hat dies mit seinen besten, aber leider zu schwachen Kräften versucht; die große Welt dagegen ist darüber hinweggegangen – in die neue Katastrophe hinein. Wir haben uns bemüht, was er gegeben, durch die Jahre der Prüfungen hindurchzutragen, und heute wollen wir erneut auf das hinweisen, was da ist an helfenden Kräften, die in seinem Lebenswerke liegen. Da es nur wirkend sich erweisen kann, wenn es aus freier Erkenntnis ergriffen wird, können wir nicht mehr tun, als es pflegen, soweit es die schweren Verhältnisse überhaupt noch möglich machen, und warten, ob es diesmal angenommen wird.

In der gleichen Zeit hielt Rudolf Steiner an der Waldorfschule auch noch einen Kurs über Sprachwissenschaft.[53]

Nach meiner Rückkehr nach Wien widmete ich meine freie Zeit wieder der Arbeit für die Idee der Dreigliederung des sozialen Organismus und kam dabei mit vielen Menschen aus den verschiedensten Kreisen in Berührung.

In den letzten Tagen des Februar 1920 erreichte mich die Nachricht, daß Rudolf Steiner in der Zeit vom 1. bis 14. März einen zweiten naturwissenschaftlichen Kurs geben werde.[54] Ich erhielt Urlaub. Die Abreise von Wien fand unter einigermaßen turbulenten Umständen statt. Der Zugverkehr war noch sehr gering, es bedurfte einer persönlichen Bewilligung, um überhaupt einen Zug benützen zu dürfen. Ein junger Doktor der Mathematik, der später mein Kollege an der Waldorfschule wurde, war mein Reisegefährte.[55] In den abgesperrten Wartesälen hatten sich viele Menschen angesammelt, die mitfahren wollten, aber der Zug war schon vollbesetzt. Der Lärm wurde immer größer, die Türen wurden von innen mit Gewalt aufgesprengt, unter Drohungen gegen die «Schieber» stürzte sich die Menge in den Zug, wobei so manche Fensterscheibe in Scherben ging. Endlich fuhren wir los. Zwei Stunden später in Amstetten gab es wieder Krach. Es waren so viele Leute in den Zug gelangt, daß schließlich auch die Dächer besetzt wurden. Der Stationsvorstand erklärte, er könne dies nicht verantworten und werde den Zug erst abfahren lassen, wenn die Dächer geräumt würden. Darauf große Entrüstung; der Beamte wurde mit vorgehaltenem Revolver gezwungen, das Abfahrtssignal zu geben. – Mein junger Freund und ich konnten nicht schlafen und unterhielten uns ausführlich über die Einsteinsche Relativitätstheorie, von der damals sehr viel gesprochen wurde; wir taten es leise, um den neben uns sitzenden Reisenden, der schlief, nicht zu stören. Am nächsten Morgen gab es an der bayrischen Grenze, in Braunau, längeren Aufenthalt. Beim Frühstück in der Bahnhofwirtschaft kamen wir mit unserem Reisegefährten ins Gespräch, es war Professor F., ein bekannter Vertreter der Einsteinschen Lehre! Von Nürnberg ab ging es im Bummelzug nach Stuttgart, und wir genossen die Vorfrühlingsluft und die liebliche Stille des Schwabenlandes.

Es war nicht leicht gewesen, die Einreise nach Deutschland zu bekommen, aber ich hatte mir vom Reichsbildungsamt der Volkswehr einen Ausweis geben lassen, daß ich beauftragt sei, mich über das Volksbildungswesen in Württemberg zu informieren und nach meiner Rückkehr diesem Amte Bericht zu geben. Ohne dieses Dokument wäre ich dann tatsächlich an der Grenze zurückgewiesen worden, aber so verfehlte das Wort «Volkswehr» seinen Eindruck nicht. Nun galt es in Stuttgart eine Aufenthaltsbewilligung für die vierzehn Tage zu erhalten, welche der «Wärme-Kurs» dauern sollte. Es gab noch wenig zu essen, und daher waren Fremde unerwünscht. Deshalb wurde ich keineswegs freundlich empfangen, als ich mich beim Polizeipräsidium anmeldete. «Erst müssen Sie vom Ministerium des Inneren die Erlaubnis vorweisen, daß Sie sich über das hiesige Volksbildungswesen überhaupt informieren dürfen», wurde mir in grobem Tone eröffnet. Damit hatte der Beamte gehofft, meinen Aufenthalt unmöglich zu machen, und sicher nicht geahnt, welchen großen Dienst er mir in Wahrheit erwies. Denn dadurch lernte ich den Mann kennen, der mir nicht lange darauf die Niederlassung in Stuttgart ermöglicht hat. Auf dem Ministerium fand ich beim zuständigen Regierungsrat eine sehr freundliche Aufnahme und wurde an den Leiter der Volkshochschule Stuttgart empfohlen. Dazu erhielt ich ein Schreiben des Ministeriums, in welchem alle Dienststellen im ganzen Schwabenlande angewiesen wurden, mich in jeder Weise in meinem Auftrag zu unterstützen. – Als ich diese Empfehlung bei der Polizeibehörde vorwies, war der Herr sehr erbost, weigerte sich, mir die Empfehlung zum weiteren Gebrauch zurückzugeben, und warf den Paß – wenn auch nicht gerade mir ins Gesicht – dicht vor mich auf den Tisch.

Der Kurs wurde von Rudolf Steiner wieder für die Waldorflehrer und einen kleinen Kreis von Naturwissenschaftlern in den Räumen der Waldorfschule gehalten. Diese Betrachtungen sollten eine Fortsetzung des ersten, sogenannten «Licht-Kurses» sein und gingen aus von der Betrachtung der Wärmeverhältnisse der Welt. Es ist nahezu unmöglich, in Kürze etwas über den Inhalt zu sagen, nicht nur weil mit großer Gründlichkeit und einem gewissen mathematischen Apparat vorgegangen wurde, sondern auch, weil derartig neue Ausblicke und Einblicke gegeben wurden, welche, aus dem ausführlichen Aufbau herausgerissen, sensationell wirken müßten. Das wäre aber nicht im Sinne Rudolf Steiners, entspräche nicht dem tiefen Ernst der hier gegebenen Erkenntnisse. Es wurde nicht gegen die materialistische Naturauffassung polemisiert, sondern in begründeter Weise über sie hinausgegangen. Dazu erwies sich gerade das Wärmegebiet, das zwischen Äthergebiet und Materiegebiet steht, als besonders geeignet. Zudem kommt der Umstand, daß es zur Erfassung solcher Zusammenhänge auch der Zeit als eines realen Faktors bedarf. Man muß mit diesen Tatsachen leben lernen, dann wird man weitergeführt in die höhere Wirklichkeit und beginnt einzusehen, daß ohne geistige Erkenntnisse gerade das Materiegebiet gar nicht richtig verstanden werden kann. Bei anderen Gelegenheiten hat Rudolf Steiner die Materialisten als die Art von Menschen bezeichnet, die eigentlich nichts Richtiges über die Materie wüßten. Er hat hier nicht in tönenden Worten vom «Geiste» geredet, sondern dargelegt, wie in den Stoffesvorgängen Geistiges zur Auswirkung gelangt und wo die Grenzen zu erkennen sind, an denen sich zunächst Immaterielles, Imponderables im Gebiete des Wägbaren, des Ponderablen bemerkbar macht. Für Naturforscher unserer und kommender Tage eröffnet sich ein weites Gebiet und eine Fülle neuer Aufgaben.

Es schien uns auch diesmal wichtig, Rudolf Steiners Ausführungen im Wortlaute festzuhalten, und ich ließ mir dies besonders angelegen sein. Außerdem hatte ich ja freie Zeit, während die anderen Zuhörer mitten in jener Stuttgarter Arbeit standen, deren Intensität ich ja bald ausgiebig kennenlernen sollte. Wenn die Stenographin, von welcher Fachkenntnisse wohl nicht erwartet werden konnten, diktierte, war ich dabei, um von Anfang zu verhindern, daß Sinnstörendes festgelegt würde. Dann aber gab es noch genug Arbeit bis zur Herstellung eines guten Textes und dessen Übereinstimmung mit der bei den Vorträgen an der Tafel gemachten Zeichnungen.

Während des Kurses waren vier Redner, zwei Mathematiker, ein Arzt und ich, aufgefordert worden, Vorträge zu halten über die Gebiete, mit welchen sie sich beschäftigten. Nach jedem Vortrag sprach auch Rudolf Steiner zu den behandelten Themen. Am Schluß des Kurses führte er dann aus:

«Sehen Sie, meine lieben Freunde, so etwas muß uns immer darauf aufmerksam machen: Wir sollen diese Dinge fortsetzen, die jetzt eingetreten sind dadurch, daß Herr Dr. von Baravalle, Herr Dr. Blümel, Herr Strakosch, Herr Dr. Kolisko hier auf den verschiedensten Gebieten angeregt haben, dasjenige, was die Entwickelung der Menschheit bis jetzt gegeben hat, mit einem neuen Einschlag zu versehen. Dadurch liefern wir erst die Grundlage für ein Weiterkommen. Denn sehen Sie, draußen in der Welt reden die Leute davon, es müsse aufgebaut werden. Volkshochschulen müßten begründet werden. Ja, aber, meine lieben Freunde, was heißt denn das heute draußen in der Welt: Man fordert Volkshochschulen? Die dänische Volkshochschulbewegung wird uns vorgewiesen. Was heißt denn das alles, was da Volkshochschulen fordert? Man trägt dasjenige, was an den alten Hochschulen getrieben worden ist, in die Volkshochschulen hinein. Ja, meine lieben Freunde, dadurch wird nichts Neues geschaffen. Dadurch wird nur von demjenigen, von dem bis jetzt nur unsere gelehrte Bildung angesteckt war, das ganze Volk angesteckt. Es gibt kaum etwas Trostloseres als den Zukunftsgedanken, daß nun dasjenige, was die Köpfe unserer Gelehrten und Gebildeten in dieser Weise verwüstet hat, wie wir es gesehen haben, nun auch noch auf dem Wege des Volkshochschulwesens die ganze gebildete Bevölkerung der Erde ebenso erstarren machen soll. Will man Volkshochschulen errichten, dann hat man vor allen Dingen dafür zu sorgen, daß dort etwas gelehrt werden kann, was selber in seiner inneren Konfiguration ein Aufbau ist. Wir brauchen ja erst *die* Wissenschaft, die an den Volkshochschulen getrieben werden kann. Man möchte immer an der Oberfläche bleiben; man möchte immer nur das nehmen, was da ist ... So will man auch in der geistigen Kulturbewegung nicht radikal nach einer Erneuerung unserer Erkenntnisart streben, sondern das Alte, das Untergehende nun in das Volk tragen. Gerade an den physikalischen Betrachtungen ist das ja am tiefsten und bedeutungsvollsten einzusehen.

Gewiß, Sie werden Unbefriedigendes genug da oder dort in dieser Vortragsfolge finden, weil die Vorträge nur aphoristisch sein konnten, aber das eine wird sich Ihnen in dieser Vortragsfolge zeigen: daß es einfach notwendig ist, unsere gesamte physikalische, chemische, physiologische und biologische Vorstellungswelt neu aufzubauen, gründlich neu aufzubauen. Darin kommen wir natürlich nur weiter, wenn wir nicht nur das Schulwesen, sondern auch das Wissenschaftswesen selbst weiterbilden. Und wenn so etwas entstehen könnte ..., daß wir ausbauen ... das Akademiewesen, zu dem wir einen wirklichen Keim in diesen Tagen gelegt haben – denn es war so etwas wie der Keim zu einem neuen Akademiewesen –, dann würden wir eigentlich erst das erreichen, was im Grunde genommen erreicht werden soll und muß, wenn die europäische Zivilisation nicht zugrunde gehen soll auf geistigem Gebiet.»[56]

Kurz vor meiner Abreise sagte mir Rudolf Steiner, er hoffe, daß ich nun bald mit meiner Tätigkeit in Stuttgart werde beginnen können, und fügte hinzu: «Und wenn Frau Strakosch hier sein wird, kann ich daran denken, meine künstlerischen Intentionen durchzuführen.»

Den Waldorflehrern war es auch bekannt, daß ich bald in ihrer Mitte tätig sein würde; sie betrachteten mich schon als zur Schule gehörend und luden mich ein, an der am Vortage meiner Abreise stattfindenden Konferenz mit Rudolf Steiner teilzunehmen. Das Kollegium bestand damals aus etwa vierzehn Personen. Später erzählte mir ein Kollege, Rudolf Steiner hätte auf einer der folgenden Konferenzen erklärt, es sei nicht richtig gewesen, mich damals einzuladen, er habe nichts gegen mich, er hätte mich als jemand bezeichnet, den er immer gerne um sich habe, aber zu jenem Zeitpunkt wäre ich doch noch nicht wirklich an der Schule tätig gewesen und hätte deshalb nicht in die Konferenz gehört. Es war für uns sehr lehrreich, an einem solchen Beispiele zu erleben, wie ernst er es mit der Wirklichkeit nahm. Er hätte es sicher nicht gelten lassen, wenn jemand eingewendet hätte, es sei doch mehr oder weniger nur etwas Äußerliches, eine Formalität, wenn ich noch nicht unterrichtet hätte, die Realität wäre doch die erfolgte Berufung gewesen.

In diesen Tagen war in München der Kapp-Putsch[57] ausgebrochen, in Württemberg verhielt man sich noch abwartend. Auf der Rückreise riet mir der diensthabende Beamte in Ulm, lieber nicht über München zu fahren, wo in den Straßen geschossen würde, sondern den Umweg über den Arlberg und Innsbruck zu machen. Erst am vierten Tage kam ich in Wien an, weil die Züge manchmal stundenlang in den Stationen warten mußten, bis die Weiterfahrt möglich war. Ganze Fensterscheiben gab es kaum und in den Alpen war es noch bitter kalt.

Von der Arbeit der Dreigliederungsbewegung in Württemberg

Rudolf Steiner hielt es nie für richtig, irgend etwas als bloße Form auszusprechen oder hinzustellen. Er gab alles so, daß es ein Keim sein konnte, der Entfaltungskräfte in sich trug. Dem entsprach im jetzigen Augenblick, daß die Dreigliederungsidee nicht nur in der Öffentlichkeit in weiten Kreisen als solche verbreitet werde, es mußte ein fester Kern von Menschen da sein, der ganz in ihr lebte, in dem sie Leben war und nicht bloß propagierte These. Menschen mußten in entsprechender Zahl sich finden, die sie in ihr Denken, Fühlen und Wollen aufnehmen wollten, aber auch konnten. Das letztere war nicht so selbstverständlich, denn es war im Kulturleben einfach alles festgefahren, erstarrt. Man rief nach neuen Ideen, aber es kam doch nur so weit, daß alter Wein in neue Schläuche gefüllt wurde, man könnte auch sagen, daß alte Gedanken, in neue Schlagworte umgeprägt, als Heilmittel für die Not der Zeit angeboten wurden. Und man merkte nicht, daß es doch genau diejenigen Gedanken waren, welche eben diese Not herbeigeführt hatten.

So wandte sich Rudolf Steiner vorerst an die Mitglieder der Anthroposophischen Gesellschaft. Aus deren Mitte war ja die Initiative ergriffen worden, die Idee der Dreigliederung in einer zu schaffenden Bewegung in der Welt zu vertreten. Nach längerem Zögern – so hat mir Carl Unger öfter erzählt – erklärte sich Rudolf Steiner dazu bereit.[58] Er bemühte sich, ihnen einen gesunden Blick für die Dreigliederung und für die Zeitumstände, in welche sie hineingestellt werden sollte, zu verschaffen.

Von diesem Gesichtspunkte hatte er in der Zeit von April bis August 1919 in Stuttgart zwei Vortragsreihen: «Geisteswissenschaftliche Behandlung sozialer und pädagogischer Fragen»[59] für die Mitglieder der Anthroposophischen Gesellschaft gehalten.

Mit dieser Menschengruppe war von ihm schon viel vorbereitende Arbeit geleistet worden, und sie war es, die jetzt zur Tat auf diesen beiden Gebieten schreiten wollte.

Dazu gehören auch die drei Vorträge über Volkspädagogik.[60] Schon am Ende des «Wärme-Kurses» war auf die Wichtigkeit und zugleich auf die trostlosen Verhältnisse in diesem Gebiete hingewiesen worden. Aber in der oft herben Kritik, die hier unvermeidlich, weil sachlich begründet ist, klingt immer der mitleidende Schmerz und die unermüdliche, aufopfernde Hilfsbereitschaft. Es *mußten* unbequeme Dinge gesagt werden, weil sie *wahr* waren, zum Beispiel: «Unsere leitenden, führenden Kreise skandalisieren sich heute über Spartakisten, Bolschewisten und so weiter. Ja, die Spartakisten, die Bolschewisten haben sich nicht selber gemacht. Wer hat sie gemacht? Unsere leitenden, führenden Kreise! Denn die haben keinen Impuls in sich gefühlt, eine wirkliche Volkskultur zu begründen.»[61] Das waren aber mehr Schlaglichter; aufgebaut wurde in diesen Vorträgen, was zur Erfassung der Bedingungen einer wirklichen Volkskultur führen kann, bis in die Hochschulpädagogik hinein. Es wurde die Notwendigkeit begründet, daß allen Menschen die Erlangung der gleichen Bildungsgrundlage zugänglich gemacht werden solle, ohne Rücksicht darauf, welchen Beruf, ob Handwerker oder Akademiker, sie später ergreifen wollten. Es kommt dabei aber nicht so sehr darauf an, daß man sich möglichst viel bloßes Wissen aneigne, sondern, daß man *lerne zu lernen*. Diese Fähigkeit verliert sich bei den Menschen, welche auf die heute übliche Weise erzogen worden sind, in der Regel schon in den zwanziger Jahren. «Sie können nichts mehr vom Leben lernen, sie surren nur ab dasjenige, was sie bis dahin aufgenommen haben.» Diese Fähigkeit kann durch eine richtige Erziehung, die sich in wahrer ernster Selbsterziehung fortsetzt, in solchem Maße geweckt und gestärkt werden, daß die Menschen bis in die Zeit ihrer Lebensreife, ja bis in das Alter hinein nicht nur lernen können, sondern, daß gerade dies ihnen Freude und Kräftigung bedeutet. Das kann man an vielen früheren Waldorfschülern beobachten und auch an alten Menschen, die auf dem von Rudolf Steiner gewiesenen Geistesweg auch nur die Anfangsschritte gewissenhaft getan haben.

Im September 1919 war dann die Eröffnung der Waldorfschule erfolgt, von welcher Rudolf Steiner von Anfang an gesagt hat, sie sei ihm nicht so sehr wichtig als pädagogischer Versuch, sondern vielmehr als erster Schritt zu einem *freien Geistesleben*. Der im Mai 1919 in Stuttgart begründete «Bund für Dreigliederung des sozialen Organismus» hatte seit seiner Gründung durch die Vorträge Rudolf Steiners und seiner Stuttgarter Mitarbeiter sowie durch regelmäßig abgehaltene öffentliche Studienabende die Idee der Dreigliederung bis in die kleinsten Städtchen des Landes getragen und war bestrebt zu zeigen, wie die Probleme der Zeit, die dringend nach Lösung riefen, unter dem Gesichtspunkte der Dreigliederung so betrachtet werden können, daß sich Wege zu fruchtbaren Lösungen zu eröffnen beginnen und man nicht, im Zustande hilfloser Kritik bleibend, das Unheil nicht nur vergrößert, sondern den Keim zu weiteren Katastrophen legt.[62]

Viele der Vorträge Rudolf Steiners fanden in den Betrieben selbst statt, doch nahm er die Einladung zu einer solchen Veranstaltung grundsätzlich nur dann an, wenn sie von beiden Teilen, Arbeitnehmern und Arbeitgebern gemeinsam ausging. Er wollte es streng vermeiden, in die Wogen des Klassenkampfes hineingezogen zu werden, und es mußte damals unermüdlich dagegen gekämpft werden, daß die Dreigliederungsbewegung nicht doch nur als eine neue *politische* Richtung aufgefaßt wurde. Sie war ihrem Ursprung und Wesen nach eine *geistige* Bewegung, welche die drei Gebiete des sozialen Lebens und die Grundbedingungen ihres gedeihlichen Zusammenwirkens im wahren Lichte aufzuzeigen bestrebt war. In den Gedankengängen der Zeit befangen, suchte man sie einzureihen zum Beispiel unter Gildensozialismus und anderem. Die größte Schwierigkeit bestand darin, den Wert und die Wirkensmöglichkeiten des *freien Geisteslebens* begreiflich zu machen. Für die Marxisten, deren Theorien überall zu hören und den Arbeitern längst geläufig waren, war es schwer einzusehen, daß in dem «Dunst», der sich (nach Marx) aus dem Wirtschaftsleben erhob, eine Wirklichkeit zu finden sei, aus welcher die Grundlagen einer besseren sozialen Ordnung erwachsen könnten. Diese Anschauung war ihnen zu einer solchen Selbstverständlichkeit geworden, daß sich bei der Vorstellung der Dreigliederungsidee eine besondere Schwierigkeit ergab, auf die uns Rudolf Steiner eindringlich hinwies: Zuerst nehmen die Arbeiter nämlich überhaupt in unseren Vorträgen nur das auf, was sie an den gewohnten Marxismus erinnert oder ähnlich klingt; das andere hören sie gar nicht.

Ein solcher Ausdruck ist zum Beispiel «Sozialisierung». Am Parteitag 1919 in Weimar hatte sich der bekannte Sozialist Doktor Sinsheimer folgendermaßen über Sozialisierung ausgesprochen: «Die Wirtschaftsverfassung kann erst dann als vollendet angesehen werden, wenn durch Ausschaltung des kapitalistischen Unternehmers das Interesse der Wirtschaftsgemeinschaft gesichert ist. Diese Ausschaltung kann nicht durch Räte, sondern durch Gesetzgebungsakte des Staates erfolgen, dem allein die Verfügung über das Wirtschaftsrecht zusteht.» Im Sinne der Dreigliederung müßten diesen Ausführungen die folgenden Sätze als Forderung einer gesunden sozialen Struktur entgegengestellt werden: «Die Wirtschaftsverfassung kann erst dann als vollendet angesehen werden, wenn an die Stelle des Erwerbsinteresses des Unternehmers das Interesse der Wirtschaftsgemeinschaft getreten ist. Die Überwindung des Einzel-Erwerbsinteresses kann nur erfolgen, wenn der Staat auf ein Wirtschaftsrecht verzichtet und alle Maßnahmen im Wirtschaftskreislauf der Kollektiveinsicht der Wirtschaftskoalitionen überlassen wird.»

In den Kreisen der Kapitalisten machte sich Mutlosigkeit geltend, in denen der Sozialisten Ideenlosigkeit; sie wußten nicht, was sie mit der ihnen so plötzlich zugefallenen Macht anfangen und wie sie der Schwierigkeiten Herr werden sollten. Im Mai 1919 hatte sich Walther Rathenau[63] die Frage vorgelegt, was denn sein werde, wenn das Dokument von Versailles unterschrieben würde. Er gelangte zu dem Schluß: Dann gäbe es nur noch eine vollkommene Bankrotterklärung; alle Souveränitätsrechte wären in die Hände der Entente zu legen, und sie wäre zu bitten, daß sie für die sechzig Millionen Menschen in Deutschland zu sorgen hätte.

Im Sinne der Dreigliederung hatten sich in manchen Betrieben *Betriebsräte* gebildet. Diese sollten ein Organ der *ganzen* Betriebsgemeinschaft sein. Die Parteien hatten dann versucht, sich ihrer zu bemächtigen und ein politisches Werkzeug im Sinne des Marxismus daraus zu machen. Sie sollten im Sinne des Betriebsrätegesetzes den Gegensatz zwischen Arbeitern und Betriebsleitern verschärfen, während im Sinne der Dreigliederung sich diese beiden zu gemeinsamem Vorgehen im Interesse des der Allgemeinheit dienenden Betriebes zusammenfinden sollten.[64]

In einem der größten Säle Stuttgarts hatte eine Volksversammlung stattgefunden, in welcher Vertreter der Arbeitsausschüsse der Daimler-Motoren-Gesellschaft und der Firma Bosch über Betriebsräte sprachen. Im Daimler-Werk hatte Rudolf Steiner einen Vortrag vor der ganzen Betriebsgemeinschaft gehalten.[65] Diese Arbeitervertreter ermunterten die Anwesenden, zu den bereits bestehenden Betriebsräten weitere hinzuzuwählen, damit in größeren Versammlungen bald die Betriebsräteschaft begründet werden könne, aber aus dem Betriebe, nicht durch ein Gesetz. In der Diskussion gab es selbstverständlich auch Einwendungen. Auf Wunsch der Versammlung sprach Rudolf Steiner das Schlußwort, worin er zum Ausdruck brachte, daß diese Einwände alle aus dem übernommenen bürgerlichen Denken stammten und daß auch dem Proletariat ein Umlernen von Nöten sei. Der Beifall war groß, und es war wirklich guter Wille vorhanden.

In den Studienabenden des Bundes für Dreigliederung des sozialen Organismus zeigte es sich sehr deutlich, wie schwer dieses Umlernen in der Tat ist, und alle Bemühungen in Pädagogik und Volkspädagogik gingen dahin, die zum Umlernen nötigen Kräfte zu wecken und zu stärken, denn der größte Feind jedes wirklichen Fortschrittes ist die Denkbequemlichkeit. Andererseits ist in jedem Menschen ein guter Kern, der gepflegt sein will, dann aber auch segensreiche Früchte zu tragen vermag.

Auf das mutige Denken wies damals Carl Unger in seiner Antwort auf den oben erwähnten Aufsatz Rathenaus hin. «Ein Geisteskampf muß ausgefochten werden, der in erster Linie ein Kampf der Menschenseele mit sich selbst ist», so schrieb er am Ende dieses Aufsatzes in der im Juli 1919 gegründeten Wochenschrift «Dreigliederung des sozialen Organismus».[66]

Während auf der einen Seite die Zahl der interessierten Menschen rasch wuchs, machte sich auch bald eine skrupellose Gegnerschaft geltend. Allen voran der «Völkische Beobachter», der von «jüdischer Seelenvergiftung» schrieb. Er hatte schon damals nur diese eine «Walze». Von dieser Seite ist man der Bewegung treu geblieben und hat es später nicht bei bloßen Worten bewenden lassen.[67]

Von der anderen Seite kamen von einzelnen Arbeitern Briefe an die Geschäftsstelle des Bundes für Dreigliederung des sozialen Organismus. So stand in einem solchen Brief: «Ich habe eingesehen, daß die übergroße Mehrzahl der Menschheit eine Hammelherde ist, die nur ihren Führern nachläuft und nichts dabei denkt. Diese Führer aber denken leider immer, oder meistens, nur egoistisch. Sie sagen sich alle: Wenn dieser Doktor Steiner hochkommt, dann verlieren wir unsere Autorität und haben keinen Wert mehr. – Einzig und allein bei Doktor Steiner habe ich gesehen, daß er bei all seiner Arbeit gar nicht an sich denkt, sondern nur an das Wohlergehen und Aufwärtsstreben der Menschheit.»

In jene Zeit fällt auch der Aufruf Romain Rollands[68] für die Unabhängigkeit des Geistes. Es waren leider nur schöne, aber leere *Worte*, die nie den Zugang zur Wirklichkeit gefunden haben. Sie konnten ihn nicht finden, denn sie redeten vom «Geist» und nicht von den *Menschen*, in denen der Geist lebt und aus denen er zur Tat wird.

Wie es in den akademischen Kreisen aussah, davon zeugt ein Bericht eines jungen Menschen über eine Besprechung von Zeitfragen in Studentenkreisen, bei welcher ein Hochschulassistent das Wort führte. Der die Dreigliederungsidee vertretende Student führte im Laufe der Diskussion auch Goethe und Schiller an. Er wurde abgefertigt mit den Worten: «Goethe und Schiller bedeuten für das deutsche Volk Schädlinge, weil sie Menschheitsgedanken («seid umschlungen Millionen») eingepflanzt haben und das dumme Volk davon nicht loskommt.» Auf seine Frage, was denn das Richtige sei, das dem Volke gebracht werden solle, lautete die Antwort: «*Haß* gegen alle fremde Nationen!» Als er dann als stärkere Idee die Liebe entgegenstellte, an der der Haß zerschellen mußte, wurde er als unverbesserlicher Idealist von allen verlacht.

Im April 1920 [am 13. März 1920][69] war in Stuttgart von Mitgliedern des «Bundes für Dreigliederung des sozialen Organismus» die «Aktiengesellschaft zur Förderung wirtschaftlicher und geistiger Werte, ‹Der kommende Tag›» gegründet worden. Damit sollte der Versuch der Schaffung einer «Assoziation» unternommen werden, wie es dem Gedanken der Dreigliederung entsprach.

Übergang zu pädagogischer Tätigkeit

Im Juni 1920 hielt Rudolf Steiner in Stuttgart einen öffentlichen Vortrag: «Der Weg zu gesundem Denken und die Lebenslage des Gegenwartsmenschen»[70]. Er zeigte die tiefe Kluft, welche für den Gegenwartsmenschen zwei Welten trennt: eine Umwelt wissenschaftlich erkennbarer Naturtatsachen außer uns, in uns aber die sittliche Forderung, die in einer geistigen Welt wurzelt. Die eine kennt nur das oberste Gesetz von der Erhaltung des Stoffes und der Kraft; die andere gipfelt in der Notwendigkeit sozialer Handlungsweise und gebietet: «Diene deinem Mitmenschen!». Das naturwissenschaftliche Denken ist nicht imstande, die Brücke über die Kluft zu schlagen, in ihm bewahren wir einen Ableger der mittelalterlichen scholastischen Denkweise. Aber damals stärkte und schärfte sich noch das Denken an Vorstellungen aus der übersinnlichen Welt, heute ist mit diesen Vorstellungen auch die Denkschärfe verlorengegangen. (Was sich in diesen Tagen in Europa abspielte, das war ein Beleg für diesen Ausspruch.) Nur einen Weg gibt es zur Erneuerung wirklich gesunden Denkens: ein neues Schauen geistiger Welten, wie es die Geisteswissenschaft darbietet. Sie allein legt wieder den verlorenen Zugang zu den Quellen frei, aus denen Menschenwürde fließt. Sie zeigt einen Weg, auf dem die tiefsten Bedürfnisse des Gegenwartsmenschen, wie sie uns mit wachsender Gewalt aus den proletarischen Forderungen, wenngleich mißverstanden, entgegentreten, ihre Erfüllung finden können. Dieser Weg führt aber statt zum Sozialismus der Massen zu einem wirklichkeitsgemäßen Neubau der Menschheit auf Grund der Dreigliederung des sozialen Organismus. Am Schlusse des Vortrages mußte sich Rudolf Steiner wieder gegen die persönlichen Verunglimpfungen der Gegner wenden.

Aus diesem gesunden Denken – das wurde uns immer klarer – war die neue Erziehungskunst geboren, welche sich, von den ersten Verwirklichungen angefangen, so segensreich erwies. Im Proletariat war ein vielfach noch unverdorbenes Denken anzutreffen, und so erschien es verständlich, daß es Rudolf Steiner gerne gesehen hätte, wenn das hätte entstehen können, was er «Arbeiterschulen» nannte.[71]

Schon im Mai hatte man mir geschrieben, ob ich nicht schleunigst nach Stuttgart übersiedeln könnte, um eine Arbeit an der Waldorfschule zu übernehmen, die dringlich erschien. Aber so plötzlich konnte ich nicht fort. Erst mußte meine Nachfolge in der Signalwerkstätte geregelt, die Übergabe erfolgt und mein Dienstverhältnis zu den österreichischen Bundesbahnen gelöst sein. Im Juni war es mir möglich, für einige Tage nach Stuttgart zu fahren, um mit Rudolf Steiner darüber zu sprechen, wie meine Arbeit, die ich im September anzutreten gedachte, sich gestalten sollte. Er beriet mit mir die Möglichkeiten zur eventuellen Gründung einer Arbeiterschule, deren Leitung ich auf Grund meiner Erfahrung in der Wiener volkspädagogischen Arbeit übernehmen sollte. Seine Absichten waren die folgenden: In dieser Schule sollten junge Menschen unterrichtet werden, welche Arbeiter werden wollten, und zwar vom Ende der Volksschulzeit, also vom vierzehnten bis fünfzehnten Jahre, angefangen durch drei Jahre hindurch. Es entsprach dem Bildungsideal, daß bis zu diesem Lebensalter alle jungen Menschen für ihre Ausbildung Zeit haben und dann erst in einen Beruf eintreten sollten. Doch war hier keine fachliche Ausbildung vorgesehen, sondern eine eher als allgemein zu bezeichnende, doch dem zukünftigen Berufsleben angemessen. Neben einer guten Allgemeinbildung im Sinne der Waldorfschule traten praktische Fächer und auch Arbeit an Maschinen, an welche sich auch technischer Unterricht anschloß, jedoch nur Holzbearbeitung. Rudolf Steiner war der Ansicht, daß diese Art der Schule besser der Vorbereitung für die verschiedenen Berufe diene als die schon mit dem fünfzehnten Lebensjahr einsetzende Berufslehre, welche zu früh eine Entscheidung in der

Wahl des Berufes verlangt. Die in einer solchen Arbeiterschule erzogenen jungen Menschen würden sich dann nicht nur sicherer für einen Beruf entscheiden, sie würden auch sehr schnell sich die speziellen Kenntnisse und Fähigkeiten aneignen können. Zu dem kam noch der Umstand, daß es beim Darniederliegen der Industrie für viele überhaupt keine Lehr- oder Arbeitsplätze gab.

Es gab aber schon die staatlichen Fortbildungsschulen, doch durften Betriebe mit mindestens vierzig Lehrlingen eigene Schulen führen. Leider war aber auch für diese Schulgattung alles bis in die Einzelheiten festgelegt und vorgeschrieben. Als ich Rudolf Steiner über alle bestehenden Vorschriften Bericht erstattete, wurde er recht traurig und sagte: «Es hat doch keinen Sinn, daß wir für unser Geld das machen, was der Staat vorschreibt. – Wenn Sie im Herbste herkommen, dann werden Sie uns an der Waldorfschule und im naturwissenschaftlichen Forschungsinstitut helfen.»

In den ersten Septembertagen kam ich dann nach Stuttgart. Zugleich kamen auch drei andere Österreicher mit ihren Familien dahin, um an der Waldorfschule tätig zu sein.[72] Der Transport des Übersiedlungsgutes, das in jenen Zeiten etwas besonders Wertvolles darstellte, konnte uns mit Sorgen erfüllen, denn die Ausplünderung von Eisenbahnwagen war etwas Alltägliches und hatte zur Aufstellung einer eigenen Eisenbahngendarmerie geführt. Als Eisenbahnbeamter konnte ich mir die Erlaubnis verschaffen, diesen gemeinsamen Transport, welcher gerade zwei Eisenbahnwagen füllte, persönlich auf dem Bremsersitz des einen Wagens zu begleiten. Am Abend waren die Wagen beladen und gut verschlossen worden, und Wiener Freunde bewachten sie während der Nacht und den nächsten Tag, bis sie endlich abgingen. Ich hatte mich vorher eingefunden und auf meinem hohen Sitze Platz genommen; der andere Wagen war daneben eingereiht. Es fanden noch einige Verschubsmanöver statt, während es schon dunkel geworden war, und dann ging es los. In St. Pölten, wohin wir nach einigen Stunden kamen und länger hielten, entdeckte ich, daß der zweite Wagen, den ich nicht direkt sehen konnte, da der Bremsersitz auf der entgegengesetzten Seite war, während der letzten Verschiebungen abgekoppelt worden war, offensichtlich in der Absicht, ihn im Laufe der Nacht zu plündern. Man kann sich meinen Schrecken vorstellen, denn abgesehen vom eigenen Verlust handelte es sich um anvertrautes, unersetzliches Gut! Ich telefonierte sofort an die Wiener höheren Dienststellen, deren Funktionäre mir auch persönlich bekannt waren und mir halfen. Der Wagen wurde auch uneröffnet entdeckt und unter Gendarmeriebewachung gestellt. Am nächsten Morgen hatte ich die beiden Wagen wieder beisammen, und es ging mit der gebotenen Vorsicht weiter. Ich durfte auch in Deutschland dabei bleiben, und da brachten mich die Hochwasser in eine schwierige Lage, indem viele Linien unfahrbar geworden waren. Ich wurde lange aufgehalten; nach vier Tagen gelangte ich doch glücklich nach Stuttgart, wo Ruhe und Ordnung herrschte.

Im Hinblick auf die noch in Stuttgart herrschende Wohnungsnot hatte «Der kommende Tag» in der Nähe seiner Geschäftsräume, unterhalb der Waldorfschule, eine Pension, ein ganzes Haus erworben, in welchem einige seiner von auswärts zugezogenen Mitarbeiter und einige Waldorflehrer mit ihren Familien wohnten. Auch wir wurden hier untergebracht.

Vorerst mußte die Frage der Zuzugsbewilligung endgültig gelöst werden. Meine Tätigkeit an der Waldorfschule wollte man bei allem Entgegenkommen ihr gegenüber doch nicht als alleinigen Grund gelten lassen, wie es erst den Anschein gehabt hatte. Da half mir eben jener Herr im Innenministerium, an welchen mich der grimmige Polizeibeamte anläßlich des «Wärme-Kurses» gewiesen hatte. Er fragte nach unserer Volksbildungstätigkeit in Wien, und ich konnte berichten, daß ich zuletzt einen Kurs gegeben hatte über das Thema «Mathematik und Kultur, Technik und Zivilisation». Daraufhin sagte er: «Das trifft sich sehr gut, denn die hiesige und die Eßlinger Volkshochschulen suchen vergeblich nach einem Vortragenden gerade über dieses Thema. Ich werde gleich den Leiter der Stuttgarter Volkshochschule anrufen und ihm berichten, daß Sie ihm helfen wollen. Er soll dann ein Gesuch an das Ministerium einreichen, daß er Sie braucht und daß man Ihnen den Zuzug gewähre.» So geschah es auch, und wenn die Geschichte vielleicht so klingt, als ob sie aus einem frommen Traktätlein stamme, so ist sie doch nicht erfunden, sondern all dies hat sich tatsächlich so ereignet.

Das Ministerium hatte im Vertrauen zu Rudolf Steiner ihm als dem Leiter die Wahl der Lehrer freigestellt und nicht einmal die Bedingung gestellt, daß jeder eine Lehramtsprüfung bestanden haben sollte. Als nach einigen Jahren der Schule dies dennoch auferlegt wurde, bezeichnete es Rudolf Steiner als die erste wirklich schmerzliche Konzession, die gemacht werden mußte.

Nach Einreichung eines ausführlichen Lebenslaufes hatte sich jeder persönlich beim Ministerium vorzustellen, und die Herren Referenten bildeten sich in persönlichen Unterredungen mit dem vorgeschlagenen Kandidaten ihr Urteil. Es ist nie vorgekommen, daß jemand zurückgewiesen wurde.

Die Stadt Stuttgart hat eine ganz eigenartige Lage. Die Altstadt liegt in einem Kessel, der nur nach Norden sich öffnet, wo der Neckar zwischen der Stadt und Cannstatt hindurchfließt. In früheren Jahrhunderten waren alle Hänge mit Reben bepflanzt, die in dem trockenen, sonnigen Klima gut gediehen. «Man meint fast, die Stadt versöff im Wein», berichtet ein Schriftsteller aus dem 17. Jahrhundert. Die Gipfel der Hügel, welche die Mulde umgeben, sind bewaldet, und hinter diesem Waldgürtel liegt im Osten die fruchtbare Hochebene, die «Filder». Im 20. Jahrhundert waren die Hänge schon vielfach bebaut, doch wo es noch einen freien Platz gab, da standen die Reben. Der Hügel, welcher den östlichen Höhenrand abschloß, hieß die Uhlandshöhe. Sein Gipfel, der eine prächtige Aussicht auf die Stadt, das Neckartal, das Gablenbergertal und die Wälder hat, war als kleine Parkanlage ausgestattet, und etwas darunter stadtwärts lief eine fast waagerechte Höhenstraße, hoch über der Stadt: der Kanonenweg. Ungefähr in der Mitte war eine Wirtschaft «Zur Uhlandshöhe» gelegen, wegen der schönen Lage sehr beliebt. Samt dem dahinterliegenden früheren Steinbruch und einem

Teil des Abhanges der Uhlandshöhe unterhalb des Parkes war sie von Emil Molt für die Zwecke der Waldorfschule erworben worden.

Die Räume reichten aber für die acht Klassen samt Nebenräumen, mit welchen die Schule eröffnet worden war, nicht aus, und es hatte sich als nötig erwiesen, zwei Holzbauten in leichter Bauart neben dem ursprünglichen Wirtschaftsgebäude einzurichten. Das große Grundstück unterhalb der Uhlandshöhe diente als Schulgarten für den Gartenbauunterricht, den alle Schüler von der sechsten Klasse an erhielten.

Es hatte sich ergeben, daß eine Lehrerin aus Gesundheitsgründen sich von der Arbeit an der Waldorfschule zurückziehen mußte und ich ihre Klasse übernahm. Es war das fünfte Schuljahr, also Kinder im Alter von etwa elf Jahren, zum überwiegenden Teil Buben.

Damals fing das Schuljahr noch im Herbste an, so wie es auch in Österreich seit jeher der Fall gewesen war. So hatte es Rudolf Steiner auch an der Waldorfschule eingerichtet: im Sommer annähernd zwei Monate Ferien und dann im Laufe des Schuljahres zu Weihnachten und Ostern etwa je eine Woche frei. Das hielt er für richtiger als die Zerstückelung des Schuljahres und den Beginn eines neuen zu Ostern, während mit dem Geist-Erwachen in der Menschenseele im Herbste der rechte Zeitpunkt zu neuem Beginnen im geistigen Streben liegt. Man arbeitet sozusagen gegen den Rhythmus des Weltenganges, wenn man zu einer Jahreszeit, in welcher die Menschenseele den wachsenden Naturkräften entgegensteht, mit einem neuen Schuljahr beginnen will. Der Höhepunkt des Naturwirkens ist für die großen Ferien die beste Zeit, und die Kinder nehmen dann in harmonischer Weise eine Stärkung durch die Naturkräfte mit, die während des Schuljahres anhält. Die Sommerferien zerschneiden dann auch nicht das Schuljahr, das an der Waldorfschule doch ein organisches Ganzes war und nicht eine mehr oder weniger verwaltungsmäßige Einrichtung.

Wie richtig eine solche Anschauung ist, das lernten wir bald darauf an uns selbst schmerzlich erfahren, als uns später von der Regierung auferlegt wurde, unsere Ferien und den Schulbeginn mit den anderen Schulen in Einklang zu bringen, das heißt, jeweils zu Ostern mit dem neuen Schuljahr zu beginnen.

Da stand ich also vor meiner Klasse, glücklich, ganz im Sinne dessen, was wir vor einem Jahr im Lehrerkurs aufgenommen hatten, in Freiheit mit den Kindern arbeiten zu dürfen. Es waren nicht wenig Schüler da, nämlich über vierzig. Die galt es vor allem kennenzulernen, ihrem Wesen, ihrem Temperament, aber auch ihren Kenntnissen nach. Auf letzterem Gebiete mußte doch eine gemeinsame Grundlage vorhanden sein, wenn man fruchtbar weiterkommen wollte. Es schien mir am besten, mit einer Erdkunde-Epoche von vier Wochen zu beginnen, also täglich von acht bis zehn Uhr (ohne Pause) diesen Gegenstand zu behandeln, der es vor allem auch erlaubt, die Stellung der einzelnen Kinder zum Leben kennenzulernen und auch deren Blick für die Umgebung zu beleben. Als Leitstern schwebte mir Rudolf Steiners Satz vor: «Der Lehrer soll nicht nur Gedanken, sondern auch Empfindungen wecken.»

Die in der vierten Klasse behandelte Heimatkunde von Württemberg kurz wiederholend, unternahm ich mit den Kindern im Geiste eine Reise von Stuttgart über Ulm an den Bodensee, hierbei auf die Überquerung der Alb und den Wechsel des Landschaftscharakters hinweisend. Es folgte ein Eingehen auf die Alpen am Oberlauf des Rheines, und der Gotthardpaß wurde als Übergang nach Italien besprochen, wobei der leitende Gedanke der war, daß jenseits eines so mächtigen Gebirges gegen Süden hin natürlich andere klimatische Verhältnisse zu erwarten wären, wenn schon der Übergang über die verhältnismäßig niedrige schwäbische Alb einen so merkbaren Unterschied erkennen ließ; dieser war den meisten Kindern aus eigener Erfahrung bekannt und hatte deshalb den Ausgangspunkt gebildet. Ausführlich besprochen wurden die Bauweise, die Geräte und Werkzeuge der Bewohner der Ebene und des Gebirges, ferner die Verschiedenheit der Anbauverhältnisse, der Feldfrüchte, auch die klimatisch bedingten Unterschiede in der Lebensweise der Menschen und die verschiedene Gemütsverfassung des Bewohners der Ebene und des Gebirges. Es folgte die Schilderung der Poebene mit ihren besonderen Bodenerzeugnissen (Reis und so weiter), sodann Venedig und das Adriatische Meer bis Griechenland. Der Charakter einer Inselbevölkerung wurde besprochen und dann im Zusammenhang mit der Argonautensage, deren Erzählung den Unterricht begleitete, die Ufer des Schwarzen Meeres beschrieben. Mit den Argonauten kehrten wir dann wieder in das Adriatische Meer zurück und hatten so ein schönes Stück Welt in lebendiger Weise kennengelernt, das auch in der Hauptsache den Schauplatz der Geschichte des Altertums darstellte, deren Behandlung zum Lehrstoff der fünften Klasse gehörte.

Die letzten zwanzig Minuten des zweistündigen Vormittags-Hauptunterrichtes waren auch im weiteren Verlauf des Schuljahres außer der Argonautensage, der Erzählung von Sagen des klassischen Altertums gewidmet. So war es möglich, dem ganzen Jahr die Grundstimmung des klassischen Altertums, besonders des Griechentumes zu geben und die Geschichte, welche ich ganz am Ende des Jahres behandelte, aus der Sage heraus wachsen zu lassen. Hierbei kam es mir zugute, daß ich, vor meinem Eintritt in die Technische Hochschule München, in Österreich das humanistische Gymnasium durchgemacht hatte. Mit Begeisterung hatte ich Latein und Griechisch betrieben und aus freien Stücken ganze Gesänge Homers auswendig gelernt. An den österreichischen Gymnasien herrschten – darauf hat Rudolf Steiner öfter hingewiesen – als Rest früheren Einflusses des Benediktinerordens noch gesunde pädagogische Verhältnisse. Die alten Sprachen wurden uns nicht eingepaukt, wir lebten in ihnen und drangen dadurch viel gründlicher in sie ein.

Auch Französisch und Englisch hatte ich in meiner Klasse zu geben, und da versuchten wir auch, die den Kindern wohlbekannten Grimmschen Märchen in diesen Sprachen wiederzugeben. Aus dieser Art des Unterrichtes ergab sich auch das Malen. Es gab keine besonderen Malstunden. Wenn aber im Hauptunterricht ein Bild, sei es einer Landschaft oder einer Sage besonders lebendig geworden war, dann hieß es: «Das wollen wir jetzt malen!» Und dann herrschte große Freude und reges Leben. Erst wurden aus dem Klassenschrank die Malbretter, die Farbschälchen und Pinsel geholt und verteilt, denn wir malten nur mit flüssigen, das heißt in Wasser aufgelösten Farben, und mit breiten Pinseln. Die Blätter wurden naß gemacht und aufgespannt. Das alles führten die Kinder sorgfältig aus, und während sie so weit trockneten, wurde vom Lehrer das zu malende Motiv noch einmal vor die Seele gestellt, um ein Farbenproblem daraus zu gewinnen, denn es sollte nicht verstandesmäßig illustriert oder dargestellt, sondern aus dem Wesen der Farbe heraus wirklich «gemalt» werden. Es wurde besprochen, welche Farben man zusammen- beziehungsweise gegeneinanderstellen müsse, um das Gewollte zum Ausdruck zu bringen. Auch die im Verlaufe des Unterrichtes entstehenden Landkarten wurden gemalt, und sie sollten nach Tunlichkeit nicht nur richtig, sondern auch schön sein.

Dieses Schuljahr war das letzte gewesen, das wir im Herbst beginnen durften. Schon nach Ostern 1921 fing ein neues an. Dadurch wurde ich gezwungen, den Unterricht in Pflanzenkunde, der ja zur Blütezeit gegeben werden muß, in die sechste Klasse zu verlegen. Aus der Vorbereitung für diesen Unterricht ist dann später mein Büchlein über die Entstehung von Pflanzenformen hervorgegangen.[73]

Bald nach Beginn des Unterrichtes im September kam Rudolf Steiner nach Stuttgart und gab den Lehrern in vier Vorträgen eine Ergänzung zum Lehrerkurs des vergangenen Jahres.[74] Ein Jahr hindurch hatte er beobachten können, wie die Lehrer versuchten, seine Ratschläge zu befolgen und auch, woran es noch fehlte. Aber auch hier war nicht von Einzelheiten die Rede, etwa wie dieses oder jenes im Unterrichte besser gemacht werden könnte. Ihm handelte es sich um die Grundlegung im Großen, um etwas, wodurch der Lehrer als ganzer Mensch eine höhere Stufe des Verständnisses für die Kindesnatur erreichen sollte. Nicht einzelne Maßnahmen im Unterricht besprechen und dabei hinweisen, wie man es etwa besser machen könne, sondern Vertiefung des Wissens vom Kinde, sehen lernen, was man vor sich hat, damit die wirklichkeitsgemäßen Empfindungen verbinden und so übend zu neuen Fähigkeiten kommen, das war der von ihm eingeschlagene Weg. Was er so gegeben hat, ist nicht nur von Bedeutung für den Augenblick, es ist eine Enthüllung wichtigster Tatsachen und Zusammenhänge, durch deren Kenntnis *und* innere Verarbeitung jeder Lehrer in Zukunft ein wahrer Erzieher werden kann. Er sagte am Beginne dieser Vorträge, daß eigentlich das, was er vorbringen wolle, mehr aphoristisch gemeint sei, daß es wohl am besten seine Gestalt in den Lehrern selber nach und nach annehmen solle, die es in ihrem Denken und Empfinden weiter verarbeiten sollten. So aber ist es eigentlich mit allem, was er gegeben hat. Seine Worte sind nicht Begriffshüllen, über die man streiten könnte, sie enthalten Keimkräfte geistigen Wachsens. Wer diese Keime pflegt, der wird ihre Früchte in sich selbst erkennen. Hier handelt es sich nicht darum, verstandesmäßig klügelnd Beweise zu konstruieren, sondern *allein* darum, Bewußtseinskräfte aufzurufen und sich als ein Mensch ins Leben zu stellen, durch den die Kräfte helfender Geister der schwer geprüften Menschheit zufließen können. – Vor allem sollte das der Lehrer den Kindern gegenüber tun können. Wie er sich dazu fähig macht, das ist in diesen vier Vorträgen gegeben, in einer zwar knappen Form, doch von unerschöpflichem Inhalt.

Die ersten Hochschulkurse am Goetheanum

26. September bis 16. Oktober 1920

Der Goetheanum-Bau war inzwischen, wenn auch noch nicht vollendet, doch so weit vorgeschritten, daß im Großen Saale künstlerische und wissenschaftliche Veranstaltungen stattfinden konnten.[75] Mit großer Spannung wurde diese erste große öffentliche Veranstaltung erwartet. Besonders für die Waldorflehrer war es ein wichtiges Ereignis, daß nun der erste Ansatz zu einer Hochschularbeit geschah. Zudem waren zehn von uns als Redner eingeladen. Auch sollte unser Schulvater, Emil Molt, drei Vorträge halten über das Thema «Der Industrielle in Vergangenheit und Zukunft vom Gesichtspunkt der Geisteswissenschaft». Außer den vielen Einzelvorträgen gab in der ersten der drei Wochen Rudolf Steiner einen durchlaufenden Kurs über «Grenzen der Naturerkenntnis»[76] und in der dritten Woche Carl Unger einen solchen über «Rudolf Steiners Werk». Jeweils an den Samstag- und Sonntagabenden fanden eurythmische Aufführungen statt, und an jedem der drei Samstage sprach Rudolf Steiner selbst fortlaufend über: «Der Baugedanke von Dornach»[77].

Ein in Dornach lebender Herr[78], der besonders in der Dreigliederungsbewegung sehr tätig war, half auch Rudolf Steiner bei den vorbereitenden Arbeiten. Gelegentlich eines seiner Besuche in Stuttgart brachte er mir die Aufforderung, einen Vortrag über Signalwesen zu halten. Zwar war ich manches Jahr Vorstand der k. k. Signalwerkstätte Wien-Ost gewesen, doch wollte es mir nicht einleuchten, was das mit diesem Hochschulkurs zu tun haben sollte. Daher bat ich ihn, nochmals mit Rudolf Steiner zu sprechen und zu fragen, ob es sich nicht um ein Mißverständnis handle. Sehr bald bekam ich Bescheid: Es sei schon so in Ordnung und ich sollte *zwei* Vorträge über dieses Thema halten. So

Abb. 16
Das erste Goetheanum während der Bauzeit (am 10. Februar 1914), Foto Rietmann.

Abb. 17
Das erste Goetheanum, Foto Rietmann.

standen also auf dem Programm zwei Vorträge von mir angekündigt: «Das Signalwesen in seiner kulturgeschichtlichen Bedeutung». – Vor und während der Veranstaltungen in Dornach bekam ich Bemerkungen zu hören: erstaunte, ironische (ich hätte wohl meine Vergangenheit als Techniker noch nicht überwunden, daß ich bei einem anthroposophischen Anlaß gerade über *Technik* sprechen wolle) und auch interessierte. Es war dann manchmal erheiternd, die Gesichter zu beobachten, wenn herauskam, auf wessen Initiative diese Themenstellung zurückging. In Dornach begann ich damit, von den Signalfeuern zu erzählen, durch welche die Griechen von Insel zu Insel über des Ägäische Meer hinweg den Fall Trojas der Heimat meldeten, und endete mit den heutigen Signalanlagen der Eisenbahnen und so weiter, die da zur Anwendung gelangen, wo das menschliche Bewußtsein ihrer bedarf, weil es mit den hochgespannten Anforderungen technischer Betriebe nicht mehr fertig wird, ohne Menschen und Material zu gefährden. Auch für mich war es ein eigentümliches Erlebnis, eine Tatsachenreihe und zugleich einen mit ihr verbundenen Bewußtseinswandel zu überblicken, die vom Griechentum, in welchem ich als Gymnasiast so ganz gelebt hatte, bis zum modernen Signalwesen führte, das ich als Vorstand der k. k. Signalwerkstätte im praktischen Eisenbahndienst so gründlich kennengelernt hatte, nicht nur als bloß technische Einrichtung, auch in seinem Verhältnis zum Menschen.

Diese Hochschulkurse waren sehr gut besucht; der Große Saal mit etwa tausend Plätzen konnte die Hörer kaum fassen, unter denen zur Freude Rudolf Steiners viele Studenten waren. Die deutsche Mark galt damals kaum noch zehn Rappen, und vielen Deutschen, natürlich besonders den Studierenden, war der Besuch nur durch die Gastfreundschaft der Schweizer Freunde möglich, die auch durch Spenden die Goetheanum-Leitung in die Lage gesetzt hatten, den Deutschen und den Besuchern aus allen anderen Ländern mit schwacher Valuta durch billige Unterkunfts- und Essensmöglichkeiten zu helfen. Das Unterkunfts- und Speisehaus am Goetheanum hat hier wertvolle Dienste geleistet, und mit einem herzlichen Unterton von Dankbarkeit wurde es das «Valuta-Spital» genannt.

Es herrschte überhaupt jene frische, wache und in rechter Weise zu Humor geneigte Stimmung, welche Rudolf Steiner gerne hatte. Mit den Studenten hatte er außerhalb der Vorträge Aussprachen, an welchen auch wir Vortragenden teilnehmen durften. Lebhafte Rede und Gegenrede wechselten bei diesen Anlässen miteinander ab, und immer mehr wurden die Teilnehmer ergriffen von den durch ihre Gründlichkeit, aber auch durch ihr Feuer überzeugend wirkenden Ausführungen Rudolf Steiners. Die Art, wie er besonders auf die Notwendigkeit hinwies, in den Naturwissenschaften auch das Imponderable als wirkende Tatsache zu berücksichtigen, hatte nichts gemein mit dem überlegen-nüchternen Dozieren, wie es an Universitäten geübt wird; hier stand der Bote und Verkünder jener Welt der höheren Wirklichkeit vor der Jugend, die im Grunde ihrer Seelen den Weg in jene Gebiete suchte, von der die Imponderabilien bis in unsere Welt hereinragende Zeugen sind, die nun gehört werden wollen. – Daß, wie gesagt, der Humor nicht fehlte, zeigte sich, als wir nach einer solchen lebhaften und ausgiebigen Besprechung im Speisehaus ankamen und es etwas länger dauerte, bis die Bedienung dem so plötzlich eintretenden Andrang genügen konnte. Da rief eine Studentin: «Jetzt aber her mit den *Pond*erabilien!» und auch hier herrschte Einmütigkeit.

Nach Beendigung der Vorträge hatten die Studenten noch eine besondere Besprechung mit Rudolf Steiner über die Art ihrer weiteren wissenschaftlichen Arbeit. Da trat die Frage auf: «Was sollen wir tun, wenn wir nun wieder an die Hochschulen zurückkehren, wo kein Platz ist für das Streben, das uns hierher geführt hat, in dem wir uns in so schöner Weise gestärkt fühlen? Wie sollen wir Konflikte vermeiden, äußere und innere, wie mit ihnen fertig werden?» Rudolf Steiner antwortete freundlich ermunternd: «Führen Sie zwei Arten von Kollegienheften. In dem einen Heft sammeln Sie das, was Sie dann für Ihr Examen brauchen, in dem anderen notieren Sie die Fragen, die in Ihnen auftreten, durch das, was jetzt hier besprochen worden ist. Wenn Sie dann Ihr Examen gemacht haben (oder zwischenhinein in den Ferien), kommen Sie mit diesem zweiten Heft zu uns und lassen Sie uns hier weiterarbeiten!» Mit begeistertem Beifall dankten die Studenten dieser Aufforderung. Mochte ihrer draußen ein quälender Widerstreit harren, hier durften sie sich mit ihren Fragen, mit ihrem Streben aufgenommen fühlen, und das gab ihnen Mut und Kraft.

Es entstand dann auch in Deutschland eine anthroposophische Hochschulbewegung mit Ortsgruppen an den verschiedenen Universitäten. Sie vertraten die Anthroposophie in der Studentenschaft, hatten aber immer schweren Stand gegen eine immer rücksichtsloser sich äußernde Gegnerschaft, die vor den niedrigsten Verleumdungen Rudolf Steiners nicht zurückschreckte.

Arbeit an den Volkshochschulen Stuttgart und Esslingen

Gemäß der anläßlich meines Zuzugs nach Stuttgart gegebenen Zusage begann ich im Oktober meine Tätigkeit an der Volkshochschule Stuttgart, und bald danach wurde ich auch aufgefordert in dem nahen Esslingen mitzuarbeiten, wo Otto Wilhelm wirkte, dem als echten Schwaben nicht nur Erlangung, sondern auch Vertiefung des Wissens am Herzen lag. Im ganzen fand sich bei den in diesen Institutionen wirkenden Persönlichkeiten viel ehrlicher Idealismus, aber im Grunde genommen wurde doch nur der von den Universitäten erarbeitete Wissensstoff in entsprechend vereinfachter Form weiteren Kreisen zugänglich gemacht, ohne daß er von Grund auf neugestaltet und vor allem der ihm innewohnenden Vorurteile entkleidet wurde. In der Zusammenarbeit mit den Hörern zeigte sich, daß die Bereitschaft zu einer lebendigen Arbeit reichlich vorhanden war.

Von Anthroposophie sprach ich hier nicht, denn mein Lehrauftrag lautete zunächst «Mathematik und Kultur, Technik und Zivilisation».

Von der Tatsache der Bewußtseinsentwicklung der Menschheit, wie sie durch die Forschungen Rudolf Steiners enthüllt worden war, sprach ich auch in den folgenden Kursen. Die Beteiligung der Teilnehmer war sehr rege, und ich wurde immer wieder zu neuen Kursen aufgefordert, deren Themen von der Zuhörerschaft gestellt wurden; es kam sogar vor, daß die Zahl der Teilnehmer im Laufe der Arbeit zunahm.

Wohl kaum in einem anderen Lande wird man bis in die äußerlich einfachsten Kreise hinein ein so ernstes Suchen nach Erkenntnis so allgemein verbreitet finden wie in Schwaben. Das konnte ich auch später immer wieder erleben, als ich nach zwei Jahren die Arbeit in den Volkshochschulkursen aufgab und in so manchen schwäbischen kleinen Städten über Pädagogik und Anthroposophie Vorträge hielt. Überall traf ich Menschen, welche sich mit den Geistsuchern, an denen es hierzulande nie gefehlt hat, in ernster Weise beschäftigten. So erzählte mir der evangelische Pfarrer von Esslingen, als ich einmal mit ihm und Otto Wilhelm sprach, daß es im tiefen Schwarzwald noch immer kleine Gruppen gäbe, welche die Werke Friedrich Christoph Oetingers (1702–1782) studierten. Rudolf Steiner nannte das Wirken Oetingers ein von Theosophie durchdrungenes Christentum, wenn ihm auch die Lehre der Wiederverkörperung fehle. Er war eine Zeitlang Schüler eines sehr einfachen Mannes in Tübingen, der den sogenannten «Zentralsinn» besaß, das heißt, er hatte erreicht, wozu in Rudolf Steiners Buch «Wie erlangt man Erkenntnisse der höheren Welten?» der Weg gewiesen ist. Oetinger war in seiner geistigen Entwicklung so weit, daß er Seelen, die nicht auf dem physischen Plane lebten, Helfer sein konnte.

Aber auch Proben des so gemütvollen schwäbischen Humors lernte ich kennen. In Esslingen hatte ich auf besonderen Wunsch eine Vortragsreihe über die Cheopspyramide gehalten, und die Hörer hatten sich sichtlich gefreut. Wenige Tage nach dem letzten Vortrag brachte mir die Post eine große, runde, flache Schachtel, darinnen war ein riesiger Hefekranz, das so beliebte schwäbische Gebäck aus schönstem Weißmehl, zur Zeit der noch nicht aufgehobenen Rationierung ein Geschenk, dem man anmerkte, es kam von Herzen. Obenauf lagen einige Zeilen, die besagten, man hätte es in diesen schweren Zeiten für angemessener gehalten, mir statt des eigentlich zugedachten Lorbeerkranzes diesen Hefekranz darzubringen. – Eine solche Honorierung in Naturalien war damals ein Ausdruck besonderer Zufriedenheit. So brachte ich einmal von Geislingen stolz von einem Vortrag über die Waldorfschule ein Pfund Butter heim.

Advent in der Waldorfschule

Während des «Licht-Kurses» im Dezember 1919 hatte ich gerade noch die Aufführung eines alten Weihnachts-Hirtenspieles gesehen, das von den Lehrern für die Kinder im Beisein Rudolf Steiners veranstaltet worden war. Dieses Jahr durfte ich den ganzen Advent schon in der Schule mit meiner Klasse erleben. Paul Baumann[79], unser Musiklehrer und Komponist der bald weithin bekannten «Waldorflieder», hatte ein Weihnachtsspiel geschrieben, «Der faule König», das von den Kindern dargestellt wurde. In späteren Jahren führten dann die Lehrer für die Kinder die Oberuferer Weihnachtsspiele auf.

Für viele unserer Zeitgenossen ist das Jahr nicht mehr als eine Aufeinanderfolge von 365 Tagen. Jeder siebente Tag ist ein Sonntag; da geht man statt in die Fabrik oder ins Büro zum Fußballmatch, und statt über den Chef ärgert man sich über den Schiedsrichter. Ferner gibt es Jahreszeiten, wo man schwitzt, weil es draußen sehr heiß ist, und solche, wo man über die hohen Kohlenrechnungen schimpft. Im übrigen ist eben ein Tag wie der andere, und der ganze Kalender ist überhaupt nur da, damit man sich eine Einteilung für seine persönlichen und geschäftlichen Angelegenheiten machen kann. Jahreszeiten haben für solche Menschen nur eine rein äußerliche Bedeutung, und die Festeszeiten sind eben eine bloß menschliche Festsetzung, Reste alten Aberglaubens.

Solchen Zeichen der Verarmung des menschlichen Seelenlebens begegnen wir Schritt für Schritt und lernen ermessen, wie schwer es doch heute für viele ist, den Zugang zu den Wirklichkeiten zu finden, welche durch Jahreszeiten und Festeszeiten zu uns sprechen wollen.

So ist es bei den Erwachsenen, doch ganz anderes lebt in den

Seelen der Kinder. Wohl wird manches abgedämpft durch die eben angedeutete Haltung vieler Erwachsener, aber in den jung gewordenen Seelen klingt noch gemüthaft eine Art Erinnerung nach an die Weiten, die sie vor gar nicht langer Zeit verlassen haben. Doch es bedarf nur eines kleinen Anstoßes, der ein wenig die dumpfe Decke lüftet, als welche sich diese Lebenshaltung der Erwachsenen über die zarten Blüten kindlichen Seelenlebens legt, und man kann in freudiger Andacht Zeuge werden, wie für Kinder zum Beispiel das Weihnachtsfest ebenso wirklich ist wie für den Erwachsenen die äußere Sonnenwärme. Wo man sich bemühte, dem heranwachsenden Menschen gerecht zu werden, wo die helfende Liebe Rudolf Steiners zugegen war – wie in der Waldorfschule –, da konnte man erleben, wie die Adventzeit zum Erleben einer Wirklichkeit führt in der Erwartung des Augenblickes, da sich das Ereignis der Weltenstunde in den Menschenseelen erneuern will.

Groß und Klein vereinigte sich in dieser freudigen Erwartung. Nicht nur äußerlich war die Schule durchtönt von Weihnachtsliedern, mit denen der Schultag begann und schloß, auch durch den Unterricht zog ein weihnachtliches Element. Ein Skeptiker könnte meinen, es wäre nicht schwer, Kinder in eine gewünschte Stimmung zu bringen. Wer dabei war, der weiß, daß es keine «Stimmung» war, sondern erlebte Wirklichkeit. Was von Seite der Erwachsenen geschah, bestand nur darin, dem richtig zu antworten, was einem aus den Kinderseelen erwartungsvoll entgegentönte und gleichsam darum bat, mit liebevollem Verständnis aufgenommen und in rechte Bahnen geleitet zu werden. Dieses letztere war wirklich notwendig, denn ein wahres Übermaß an Kräften der Freude, der Phantasie blühte da auf und wollte seinen Ausdruck finden in seelischer Beschwingtheit, in künstlerischem Tun. Bei solchen Gelegenheiten zeigt es sich ganz klar, wie doch schon der kleine Mensch die künstlerische Betätigung als den wahrsten Ausdruck seiner Verbundenheit mit höheren Welten und Wesen erlebt.

Am Tage vor dem ersten Advent zogen die Klassen in den Wald, um Tannenreisig zu holen. (Selbstverständlich hatte der

Klassenlehrer in der Stille für einen Erlaubnisschein der Forstverwaltung gesorgt.) Tannenschmuck zierte dann die Wände, und in jeder Klasse hing mit Bändern und Lichtern der Adventskranz. Beim Morgenspruch hatte auch oft noch jedes Kind ein kleines Lichtchen auf der Bank vor sich. Die alten, lieben Weihnachtslieder ertönten, und dann begann die Arbeit.

Durch den Unterricht selbst zog ein weihnachtliches Element, und mancher Lehrer bedachte schon am Anfang des Schuljahres, welche Epoche er wohl in diese Zeit verlegen sollte. Wie anders wird doch zum Beispiel gerade in dieser Zeit die Geschichte von der Bekehrung des Sachsenherzogs Widukind[80] aufgenommen, als wenn man sie im Sommer erzählen würde. Um die Weihnachtszeit – so wird berichtet – ruhten die Kämpfe, die Franken feierten die Christgeburt, die Sachsen das Julfest. Widukinds große Seele verhärtete sich im Haß gegen seine Widersacher, er wollte verstehen, wollte miterleben, was jene verehrten, dessen Anerkennung ihm aber aufgezwungen werden sollte. So schlich er sich mit einem Vertrauten, als Bettler verkleidet, ins Frankenlager, um die weihnachtliche Mitternachtsmesse zu belauschen. Den Kaiser Karl und dessen Mannen sah er vor dem einfachen Altar knien. – Da wurden seine Augen aufgetan, und über dem Altare erblickte er das Kind, das zu den Menschen herabgestiegen war, die ihm eine Stätte bereiten wollten in ihren Herzen.

Damit war für ihn das Christentum zu einer «mystischen Tatsache» geworden, und es bedurfte keiner gewaltsamen Bekehrungsversuche mehr. In der Adventszeit erzählt, bewegt eine solche Geschichte die Kinder nicht nur auf das tiefste, sie entspricht gerade dem, wonach sich ihre Herzen sehnen.

Doch ihrem Wesen entspricht es auch, daß sie selber tätig sein wollen, nach außen zum Ausdruck bringen wollen, wovon sie erfüllt sind, und wie selbstverständlich ist es ihnen zu dramatisieren. Ich erinnere mich noch aus meiner eigenen Kindheit, wie wir uns kurz über den darzustellenden Hergang verständigten und dann einfach das Spielen losging, ohne daß es viele Stockungen gegeben hätte.

Abb. 18
Das Gelände der Freien Waldorfschule Stuttgart, wie es bis 1943 ausgesehen hat: links das Schulgebäude von 1922, rechts hinten die große Holzbaracke, im rechten Winkel dazu mit spitzem Turm das umgebaute «Café Uhlandshöhe» mit angebauter kleiner Baracke, rechts davon das Lehrerwohnhaus.

Abb. 19
Der Musiklehrer Paul Baumann mit einem Schülerorchester in der Adventszeit.

Im Advent wendet sich die kindliche Phantasie selbstverständlich dem Ereignis der Christgeburt und dessen Aufnahme bei Hirten und Königen zu, und ganz natürlich drängt es sie zu Weihnachtsspielen. Doch in der Waldorfschule sind die Kinder auch in diesem Punkte nicht in unrichtiger Weise sich selbst überlassen. Dadurch, daß der Lehrer die freudig anerkannte Autorität darstellt, ergibt es sich, daß er ihnen auch am besten zeigen kann, wie man ein schönes Weihnachtsspiel zustandebringt. Das hemmt gar nicht die Entwicklung der eigenen Phantasie der Kinder, denn im Künstlerischen wirkt das Beispiel, und das häusliche Spielen wird befruchtet, auf eine höhere Stufe erhoben durch die gewonnenen Anregungen; und daß alles noch schöner wird, wenn man es mit dem Lehrer macht, das ist für Waldorfkinder eine Selbstverständlichkeit. Die Auswahl an Weihnachtsspielen ist ja eine große, aber am schönsten ist es doch, wenn der Lehrer selbst ein Spiel dichtet und dabei die Rollen sozusagen den Darstellern auf den Leib, besser gesagt auf die Seele schreibt. Da spielte einmal ein etwas verschlafenes Bübchen einen Hirten, der auch immer sehr zum Schlafen geneigt ist und dadurch den Augenblick versäumt, da der Engel den Hirten erscheint, und dieses gespielte Erlebnis hat auf das Kind einen nachhaltigen Eindruck gemacht. Bei diesem Spiele waren alle Kinder der Klasse mitbeschäftigt, sei es als Darsteller oder als Musikanten. Geigen oder flöten kann jedes Kind, und so erfolgte der Einzug der «Kumpanei» unter Vortritt von Engelchen in weißen Kleidern mit Flügeln, einen Goldreif im offenen Haar, und sie geigten und flöteten gar lieblich. Da gibt es Maria, Josef, Hirten, Könige und deren Gefolge, und leicht findet jedes Kind Gelegenheit, sich zu betätigen.

Für den letzten Tag vor den Ferien sind dann die Eltern und alle Fachlehrer, die in der Klasse beschäftigt sind, eingeladen, dem Spiel beizuwohnen, und die Fachlehrer, die in mehreren Klassen unterrichten, und die Eltern, die mehrere Kinder an der Schule haben, wissen gar nicht, wie sie es anstellen sollen, um überall dabeizusein, denn alle Klassen legen Wert darauf, daß man zu ihrem Spiele erscheine, nicht aus Eitelkeit, sondern, weil sie eben in solchen festlichen Augenblicken mit ihrem Lehrern und Eltern vereint sein wollen.[81]

Es sei hier eine kleine Begebenheit erzählt, die zeigen kann, wie die Kinder mit dem Spiel und dem ganzen Fortgang der Vorbereitungen verbunden sind: Ein Lehrer hatte für seine Klasse selbst ein Spiel gedichtet, und was der Lehrer selbst gemacht hat, das ist für die Kinder immer ganz anders lebendig, als etwas äußerlich noch so Schönes, das von einem Fremden herrührt. Dieses Spiel war aber wirklich noch schöner als die Weihnachtsspiele, die man in den Büchern finden kann, und die Kinder waren mit voller Hingabe dabei. Aber ein eigentümliches Mißgeschick verfolgte immer wieder den Darsteller des Mohrenkönigs. Der zuerst vorgesehene Darsteller erkrankte, ebenso der nächste, noch dazu am Tage der Aufführung selbst. Da meldete sich zur Überraschung des Lehrers ein sehr liebes, aber sonst zurückhaltendes und in sich gekehrtes Bübchen und bot sich an, die Rolle zu übernehmen. Zum Proben oder Memorieren war keine Zeit, und so kündete der Lehrer unmittelbar vor Beginn des Spieles den Versammelten an, daß angesichts dieses Tatbestandes nichts anderes übrig bliebe, als daß er dem so tapfer eingesprungenen Darsteller die Rolle – sagen wir – soufflieren würde. Es war eine schöne Überraschung für alle, zu erleben, wie munter und lebendig der Kleine spielte, und die ganze Aufführung verlief zur allgemeinen Zufriedenheit. Das Publikum hatte sich entfernt, die einzelnen Kinder verabschiedeten sich beim Lehrer, und ich kam gerade dazu, wie dieser dem tapferen Mohrenkönig dankte. Da lächelte der Kleine den Lehrer ganz reizend an und sagte ohne jede Pose: «Ich habe immer gewußt, daß ich doch noch den Mohrenkönig spielen würde.»

Wenn man im Advent zu irgendeiner Tages-, und man kann fast sagen: Nachtzeit, durch die Schule ging, so war man wie in einer beseelten Helle, auch äußerlich tönte es von allen Seiten von irgendwoher, seien es die alten Lieder oder auch die wohlbekannten Melodien, mit welchen Leopold van der Pals die Oberuferer Weihnachtsspiele belebt hatte.[82] Mit der Nachtzeit hatte es nämlich seine eigene Bewandtnis. Da übten die Lehrer das Oberuferer Weihnachtsspiel ein, das von Karl Julius Schröer in der Gegend von Preßburg wiederentdeckt und herausgegeben worden war. Rudolf Steiner hatte es zuerst in Dornach aufführen lassen, und als Abschluß des Adventes, als Beginn der eigentlichen Weihnachtszeit führten es alljährlich die Lehrer für die Kinder auf und vereinigten sich so in dankbarem Gedenken an Rudolf Steiner, dem die Schule ans Herz gewachsen war. Auch unser lieber Schulvater Emil Molt war da stets in unserer Mitte.

Als die Schule später über tausend Kinder hatte, wurden die Spiele einmal für die Kleineren und einmal für die Größeren aufgeführt. Während bei den ersteren das Dargestellte sofort in unmittelbar Erlebtes überging, waren die letzteren zum Beispiel anfangs gespannt, welcher Lehrer wohl dieses Jahr diese oder jene Rolle spielen würde, und gaben sich erst nach und nach ganz dem Dargestellten hin. Wenn dann am Schluß der Teufel den Herodes in grausiger Weise in die Hölle fortgeholt hatte, war Groß und Klein ganz im Banne des Geschehens. Dieser wurde in volkstümlich künstlerischer Weise dadurch gelöst, daß dann, während feierlich die ganze Kumpanei auf der wieder hell erleuchteten Bühne aufmarschiert war, der Teufel unter komischen Sprüngen und allerlei Schabernack den Thron des Herodes wegräumte. Da lachten alle wieder, und erfüllt von echter Weihnachtsfreude erscholl der Schlußchor in seinem mächtigen Schwung, seinem so innigen Ausklang. Der klang dann die ganze heilige Zeit im Ohr und in der Seele nach.

Bald ergab sich, daß auch die Erwachsenen die Spiele sehen wollten, und auf die Aufführungen für die Schüler folgten noch zwei öffentliche, die stets überfüllt waren und dankbar aufgenommen wurden.

Wissenschaftliches Forschungsinstitut «Der Kommende Tag A.G.»

Im Frühjahr 1921 befand ich mich gerade im Schreibraum der Waldorf-Schulverwaltung, als Rudolf Steiner eintrat und mich begrüßte: «Gut, daß ich Sie sehe! Wir haben gestern in der Sitzung des Verwaltungsrates [nämlich von ‹Der Kommende Tag A.G.›] beschlossen, daß Sie, gemeinsam mit Dr. Rudolf Maier, die Leitung des Forschungsinstitutes übernehmen möchten.» Ich war sehr überrascht. Daß Rudolf Maier, der überhaupt als erster die Idee eines Forschungsinstitutes gehabt hatte, nun, da sie verwirklicht werden sollte, auch in der Leitung sein würde, war selbstverständlich.[83] Er war nicht nur Physiker von Beruf und gewesener Assistent an der Universität Tübingen, sondern auch ernster Anthroposoph. Ich selbst war dagegen dem Studiengang nach Bauingenieur. Dazu kam, daß ich mir bewußt war, daß ein anderer Kollege an der Waldorfschule es – gelinde gesagt – lieber gesehen hätte, wenn er gewählt worden wäre. Ich wußte, daß Rudolf Steiner ihn wirklich schätzte, und fragte ihn, ob nicht besser dieser Herr in die Leitung genommen würde. Rudolf Steiner antwortete mir ruhig und sehr freundlich: «Es wird schon gut sein, wenn Sie das übernehmen.»

So war ich plötzlich einer der Leiter des «Wissenschaftlichen Forschungsinstitutes». Meine Klasse führte ich dabei weiter. Der Vormittag war mit Unterricht ausgefüllt, nachmittags widmete ich mich dem Forschungsinstitut, und die Abende – der Begriff «Abend» wurde begreiflicherweise ein ziemlich ausgedehnter – hatte ich für die Vorbereitung und die Konferenzen.

Man kann fragen: Wie kommt es in einer Bewegung, welche die Erkenntnisse übersinnlicher Welten zum Ziel hat, zur Gründung eines wissenschaftlichen, besonders eines naturwissenschaftlichen Forschungsinstitutes? Eine solche Forschung untersucht nach heutiger Auffassung doch nur die Vorgänge im Stoffbereich. – Die Frage ist berechtigt, sie führt jedoch auf die Erkenntnis des grundlegenden Unterschiedes. Die heutige Wissenschaft steht auf dem Standpunkt: Alles, was es in der Welt der Sinne, die wir als einzige Wirklichkeit anerkennen, an Erscheinungen gibt, das läßt sich auch auf physische Ursachen zurückführen, wenn es nur gelingt, die Untersuchungsmethoden entsprechend zu verfeinern. Die Ergebnisse liefern immer wieder das Material zu neuen Theorien, durch welche man sich der vollständigen, selbstverständlich rationalen, das heißt rein verstandesmäßigen Erklärung der Naturerscheinungen und Vorgänge in steigendem Maße nähert.

Gegen die Ergebnisse dieser Forschungsart ist von Seite der Geistesforschung nichts einzuwenden; über die Voraussetzung, daß alles physische Ursachen habe, zu diskutieren, hat keinen Sinn, das ist innere Angelegenheit jedes einzelnen suchenden Menschen. Rudolf Steiner hat dies oft betont, doch sprach er in diesem Zusammenhang, daß diese von ihm als solche anerkannten Wahrheiten doch nur «Viertelwahrheiten» seien. Die übrigen drei Viertel fehlen, und erst, wenn sie hinzugefügt werden, hat man tatsächlich das «ganze» Phänomen vor sich.

In dieser Linie liegt die Aufgabe der anthroposophisch orientierten Geisteswissenschaft. Ihr Begründer hat oft ausgeführt, daß man nicht meinen dürfe, das Gegenteil des Materialismus, nämlich der Spiritualismus, wäre schon das Rechte. Materialismus leugnet den Geist, Spiritualismus verliert die Materie; die Aufgabe dieser Geisteswissenschaft besteht darin, zu zeigen, wie Geist im Stoffe wirkt.

Es ist nicht die Rede davon, daß man durch naturwissenschaftliche Experimente zum Beispiel schon das der Welt der Sinne zunächst zugrundeliegende Gebiet der vier Ätherarten «beweisen» wolle. Die Ätherwelt wird immer etwas bleiben, was nur dem erhöhten Bewußtsein unmittelbar zugänglich ist. Sie ist Gegenstand der höheren Erfahrung und bedarf als solche keines Beweises. Will man durchaus alles ohne sie erklären, und gelingt dies bis zu einem gewissen Grade, so ist dies aber ebensowenig ein Gegenbeweis.

Man kann aber auch die Angaben des Geistesforschers als sogenannte Arbeitshypothese nehmen, und dagegen wird kein Naturwissenschaftler berechtigte Einwände erheben. Das Ergebnis einer solchen Forschungsweise ist dann eben, zu zeigen, wie zum Beispiel die vier Ätherarten in Stoffesvorgängen wirken. Dies war auch die erste Aufgabe, die den wissenschaftlichen Mitarbeitern gestellt worden ist, wobei auch alle für die Anordnung und Durchführung der Versuchsreihen erforderlichen Angaben von Rudolf Steiner herrührten. Näheres über die Art und Ergebnisse dieser Arbeiten hier anzuführen, hieße den Rahmen dieses Buches überschreiten und den wissenschaftlichen Mitarbeitern vorgreifen, welche selbständig und in unmittelbarer Verbindung mit Rudolf Steiner ihre Untersuchungen durchführten.[84] Rudolf Maier oblag, außer seiner Tätigkeit in der Leitung, die Durchführung einer sehr wichtigen physikalischen Untersuchung betreffend die Beeinflussung von Spektralerscheinungen durch ein Magnetfeld, während meine Aufgabe darin bestand, die Mitarbeiter in jeder Richtung in ihrem Wirken zu fördern und die technischen und administrativen Angelegenheiten zu besorgen.

Mit ätherischen Einflüssen hatte auch eine andere Abteilung des Forschungsinstitutes zu tun, welcher die Aufgabe gestellt war, aus Torf eine Faser zu gewinnen, aus der man Gespinste und Gewebe herstellen konnte. Dies war nicht nur interessant angesichts des damals in Mitteleuropa herrschenden Mangels an Spinnstoffen. Die Aufgabe wurde bis zu einem gewissen Grade gelöst, aber bis zu einer industriellen Anwendung kam es nicht, weil inzwischen die Einfuhr von Baumwolle wieder in genügendem Umfang begonnen hatte und weiter erfolgte. Rudolf Steiner sagte mir einmal, es sei ihm wichtig gewesen, daß es gelungen war, einer schon weitgehend mineralisierten Substanz doch wieder einen pflanzlichen Charakter zu geben (eben die Geschmeidigkeit), indem sie wieder in etwa von ätherischen Bildekräften durchdrungen werden konnte.

Einen ansehnlichen Umfang hatten die sogenannten «Tag- und Nachtversuche». «Ich bin ganz sicher», so sagte etwa Rudolf Steiner zu Rudolf Maier, «bei Nacht, wo die ganze Erde sich zwischen die Sonne und den Vorgang schiebt, müssen andere Ergebnisse auftreten.» Die in diesem Zusammenhang angestellten Versuche, waren teils chemischer, teils physikalischer Natur. – Ferner gab Rudolf Steiner an, daß *Licht* die Zersetzlichkeit fördert, Wärme sie hindert. Schon aus diesem Grunde mußte bei gewissen chemischen Tag- und Nachtversuchen größte Sorgfalt auf die Vermeidung von noch so kleinen Temperaturschwankungen gelegt werden, was viel Mühe und komplizierte, sorgfältig ausgedachte und verläßlich funktionierende Einrichtungen erforderte.

Die Abteilung, welche den biologischen Untersuchungen gewidmet war, wurde bald getrennt, und es bestand dann auch noch ein selbständiges «Biologisches Forschungsinstitut», dessen Ergebnisse von der Leiterin, Lili Kolisko[85], veröffentlicht worden sind.

Diese Angaben sind nicht erschöpfend, doch soll noch eine besondere Abteilung nicht unerwähnt bleiben, nämlich diejenige, welche der Bereitung von Malerfarben aus Pflanzen gewidmet war.[86]

Als es sich beim Bau des ersten Goetheanum darum gehandelt hatte, die beiden gewaltigen Kuppeln auszumalen, wurde von Rudolf Steiner den Eigenschaften der Farbstoffe besondere Aufmerksamkeit gewidmet. Dem Charakter seiner Malerei, der Darstellung dessen, was ihm hier vorschwebte, entsprachen die bekannten und allgemein verwendeten Farbstoffe in keiner Weise. Sie waren sehr undurchsichtig; für das, was er wollte, bedurfte es schwebender, zarter und doch leuchtender Töne. Die Kraft sollte nicht durch dicken Farbenauftrag, sondern durch Übereinanderlegen hauchdünner Farbschichten erzielt werden. Aber auch als Ausgangstöne, abgesehen von der Verarbeitung mit den verschiedenen Bindemitteln, eigneten sich die Mineralfarben nicht, noch viel weniger die giftigen oder grellen Töne der zudem vielfach nicht lichtbeständigen Anilinfarben. Rudolf

Steiner wollte solche Farbtöne verwenden können, wie sie uns aus den Blüten so harmonisch entgegenklingen.

Es wurde daher unter Mithilfe eines Chemikers nach den Angaben Rudolf Steiners daran gegangen, aus Pflanzen, sei es aus Wurzeln oder aus Blättern, je nach der Eigenart der betreffenden Pflanze, Farben zu gewinnen, welche dann zur Ausmalung der beiden Kuppeln dienten. Besondere Sorgfalt wurde hierbei auch dem Malgrund und dem Malmittel gewidmet.

Nachdem die Kuppeln ausgemalt waren, wurde diese Farbenbereitung eingestellt. Rudolf Steiner und die Maler bedauerten dies sehr, denn auf Grund seiner Angaben und des neuen Materiales war eine neue Malweise im Entstehen begriffen gewesen, welche der jetzt anbrechenden Zeit der Hinwendung zum Geistigen in so verheißungsvoller Weise entsprach. Aber aus wohl zu verstehenden wirtschaftlichen Gründen konnte die Farbenbereitung nicht weitergeführt werden. Eine Möglichkeit des Verkaufes bestand noch nicht, denn nach vielen Versuchen durfte zwar erwartet werden, daß die Farben in den Kuppeln sich dauerhaft erweisen würden, wo sie kaum dem Tageslicht ausgesetzt waren, das ja nur durch die stark gefärbten farbigen Glasfenster in den unterhalb der Kuppelwölbungen liegenden Raum des Saales eindringen konnte. Die Malerei war eigentlich nur durch die im Scheitel der Wölbungen angebrachten elektrischen Glühlampen beleuchtet, vorzugsweise bei den Abendveranstaltungen. Im hellen Sonnenlicht hielten sich die Farben noch nicht, sie verblaßten, und bevor die Frage der Lichtbeständigkeit nicht gelöst war, konnte an einen Verkauf nicht gedacht werden.

Wenn Rudolf Steiner bei seinen Besuchen an der Waldorfschule nach Beendigung des Vormittagsunterrichtes das Forschungsinstitut besuchte, gingen Rudolf Maier und ich erst mit ihm durch die Arbeitsräume, und dann wurden noch im Zimmer der Institutsleitung Fragen des ganzen Institutes besprochen. Aber öfter ergab es sich, daß ich mit Rudolf Steiner allein in diesem meinem Arbeitsraum sprechen konnte, auch, daß ich ihn hinterher in seine Stuttgarter Wohnung im Hause der Anthroposophischen Gesellschaft in der Landhausstraße 70 begleiten durfte.

Bald nach dem Beginn der wissenschaftlichen Arbeiten hatte ich wieder eine solche Unterredung allein mit Rudolf Steiner. Ich erinnerte ihn an die Farbenbereitung in Dornach und fragte, ob er bereit wäre, auch hier zu helfen, falls die Farbenbereitung wieder aufgenommen würde, denn ich fände es unverantwortlich, diese Angelegenheit, der er schon so viel Zeit und Mühe gewidmet habe und deren kulturelle Wichtigkeit mir klar war, einfach liegenzulassen. Er war sichtlich erfreut, daß ihm dies aus eigenem Entschluß entgegengebracht wurde; und nachdem die Leitung des «Kommenden Tag» die nötigen Mittel bereitgestellt hatte, bezeichnete er auch einen ihm bekannten, sehr tüchtigen Chemiker, mit dem er gerne diese Arbeit, die ihm am Herzen lag, beginnen wollte.[87] Dieser Herr gab seine aussichtsvolle Stellung im Erfinderlaboratorium des größten Chemiekonzerns Deutschlands auf und trat mit sehr bescheidenem Gehalt in den Dienst des Institutes. Über die Herstellung selbst könnte wohl nur er selbst vor Fachleuten berichten. Die Farbe in der Blüte ist das Ergebnis des Lebensprozesses der ganzen Pflanze, von der Wurzel an. Jetzt wurde von den Wurzeln Farben liefernder Pflanzen, zum Beispiel Waid, ausgegangen und gleichsam auf chemischem Wege der Vorgang, welcher zur Farbenbildung führt, nachgebildet. Bezüglich der Lichtechtheit wies Rudolf Steiner darauf hin, daß hierfür die Einbettung der Farbteilchen in gewisse Stoffe wichtig sei – und nicht zuletzt die Malweise selbst, nämlich das Übereinanderlegen von Schichten verschiedener Farben, statt der unmittelbaren Mischung. Am liebsten hätte es Rudolf Steiner gesehen, wenn alle Vorgänge, besonders das Verreiben, mit der Hand ausgeführt worden wären. Das war aber unerschwinglich. Es wurden Maschinen angeschafft, welche bei der Herstellung homöopathischer Verreibungen in Gebrauch waren und die Bewegung der Hand nachahmten. Nur ein Arbeitsgang wurde herausgegriffen, nämlich die stundenlange Verreibung auf matten Glasplatten im grellen Sonnenschein. Mit großen Strohhüten ausgerüstet, widmeten sich freiwillige Helferinnen dieser keineswegs leichten Arbeit. Selbstverständlich wurden auch fortlaufend Malversuche von Künstlern unternommen.

Die Mitarbeiter des Forschungsinstitutes waren selbstverständlich auf der Höhe der wissenschaftlichen Ausbildung der Zeit, doch kam es bei dieser Art der forschenden Betätigung auch noch auf anderes an als auf Kenntnisse und Geschicklichkeiten, die man im Hochschul- oder Industriebetrieb erlernen konnte. In welcher Richtung diese Verschiedenheit, eigentlich das, was noch dazu kommen mußte, lag, darauf kann vielleicht durch Wiedergabe eines Gespräches mit Rudolf Steiner hingewiesen werden.

Ich war einmal nach Dornach gefahren, um mit ihm bestimmte Angelegenheiten des Institutes zu besprechen. Die Unterredung fand in seinem Arbeitsraum in der Schreinerei statt, wo er an der großen Holzstatue schnitzte, welche den «Repräsentanten der Menschheit» darstellte und zur Aufstellung im Goetheanum-Bau bestimmt war.[88] Nachdem mein Auftrag erfüllt war, zeigte mir Rudolf Steiner die Statue und sprach über das von ihm künstlerisch Beabsichtigte. Er arbeitete gerade am Knie und legte großen Wert darauf, daß der Beschauer die Geste des Schreitens stark erlebe. Es lag eine Art geistigen Ausgleiches darin, daß der «Repräsentant der Menschheit», der Christus, das Knie im Schreiten gebrauchte, welches dem Menschen durch jenen mächtigen Geist eingegliedert worden war, der sich einst gegen die göttliche Weltenordnung empört, dem Menschen das Selbstbewußtsein, den Eigenwillen verliehen hatte und durch Christus überwunden wurde. – Ehe ich mich verabschiedete, fragte ich, ob er mir gestatte, im Zusammenhang mit meiner Arbeit am Institut auch einmal eine persönliche Frage an ihn zu richten. Er nickte zustimmend, und ich erklärte ihm, daß ich jetzt immer so ein schlechtes Gewissen habe, wenn ich trotz meiner vielen Arbeit in der Schule, im Institut und in der anthroposophischen Bewegung doch nicht ganz auf mein Geigenspiel verzichte, während es doch gewiß besser wäre, mich eingehend mit dem Studium der neuesten Physik zu beschäfti-

Abb. 20
Rudolf Steiner bei der Arbeit an der Holzplastik in seinem Schreinerei-Atelier.

gen. Er blickte mich freundlich lächelnd an und sagte: «Spielen Sie ruhig Violine, da lernen Sie viel mehr Physik dabei.»

Bei der Arbeit im Forschungsinstitut ging man in bezug auf das Experimentelle selbstverständlich so vor, daß auch die neuesten Ergebnisse der an den Hochschulen geübten Wissenschaftsmethode berücksichtigt und angewendet wurden. Doch bestand ein grundlegender Unterschied in der geistigen Haltung und der sich daraus ergebenden Art des Vorgehens.

Wie viele wichtige Entdeckungen sind durch Zufälle gemacht worden! Man denke nur an die Röntgenstrahlen. Oder man machte Versuchsreihen auf einem Gebiete, und mitten darin stieß man auf ein besonderes Ergebnis. Daran erinnern die Nummern verschiedener chemischer oder chemisch-biologischer Erzeugnisse.

Hier gab Rudolf Steiner aus den Errungenschaften seiner viele Jahre umfassenden Geistesforschung Hinweise, welche Ergebnisse man erzielen könne, wenn man gewisse Versuchsreihen auf bestimmten Gebieten anstelle. Weil dann in der Ätherwelt, in der Welt der ätherischen Bildekräfte, sich ein bestimmter Vorgang vollzieht, werden sich in der unseren Sinnen zugänglichen Welt genau vorauszusehende Folgen ergeben; die Zusammenhänge der beiden Gebiete werden sich dartun. Es handelt sich also um ein Aufzeigen von Tatsachen, nicht etwa darum, die Erscheinungen anders zu deuten. Der in diesem Sinne Forschende braucht nicht selbst ein Schauender zu sein, wohl aber sollte er sich ein solches Denken aneignen, das geeignet ist, dem zu folgen, was der Schauende erforscht hat und wovon dieser angibt, daß es nie dem gesunden Denken widerspreche. Ein an den Ergebnissen der ernsten Geistesforschung geschultes Denken führt zu Ergebnissen, welche der höheren Wirklichkeit nahestehen. Der Übergang in ein anderes Gebiet verlangt eine Änderung, eine Erweiterung der Denkart, also eine Arbeit an sich selbst. Anthroposophie ist eben keine geoffenbarte Weisheit, sondern ihre Inhalte müssen *erarbeitet* werden, wenn sich ihre Fruchtbarkeit zeigen soll. Bei dieser Art der Forschung wird der Mensch selbst zum Forschungswerkzeug, der aber dazu das

Bewußtsein steigern und auf jeder Stufe die entsprechende Kontrolle seiner selbst erlernen muß. Auf diese Weise gewinnt dann der Mensch einerseits Selbsterkenntnis, auf der anderen Seite findet er sich und die irdische Welt wieder in Verbindung mit dem ganzen Kosmos, dessen physischen und dessen geistigen Vorgängen. Der Materialismus hatte die Tatsache dieser Verbindung aus dem Bewußtsein getilgt und in das Gebiet der Fabel verwiesen. Wer sich ernstlich mit der Geisteswissenschaft Rudolf Steiners befaßt, wer auch nur die Geistesgeschichte der Menschheit in Betracht zieht, der merkt, daß die Behauptung, der Mensch und die Erde haben nichts mit den Vorgängen im Weltenraum, in den Sternen und in den geistigen Hierarchien zu tun, eine Illusion ist. Welterkenntnis und Selbsterkenntnis stehen in einem innigen Zusammenhang. Die letztere ist gleichsam der Schlüssel zur ersteren. Aber die physische Wissenschaft ist eine der höchsten Errungenschaften der Menschheit. Sie darf nicht geleugnet oder beiseite geschoben werden. Für eine wissenschaftliche Arbeit, wie sie am Forschungsinstitut gepflegt wurde und wie sie hoffentlich auch später von vielen ernsten Forschern gepflegt werden wird, sind wegweisend die Worte Rudolf Steiners: «Unsere physische Wissenschaft wird viel zu lernen haben, wenn sie von ihrer Illusion zur Wahrheit vordringt. Aber die Menschen werden vorher überhaupt nicht zur Selbsterkenntnis kommen, das eigene Wesen kennenlernen, bevor sie nicht diese physische Wissenschaft ganz und gar umgewandelt haben in eine geistige Wissenschaft für das außerirdische Weltall.»[89]

Die heutige Forschung wird durch ihren Fortgang immer näher an die Grenze geführt, wo mit den bloßen Sinnesbeobachtungen erforscht und mit dem an das Gehirn gebundenen Verstande nichts mehr begriffen werden kann. Das konnte man gerade in jener Zeit in ergreifender Weise erleben, als einmal ein bedeutender Physiker und Hochschullehrer in einem öffentlichen Vortrag über die letzten, Aufsehen erregenden Ergebnisse seiner Untersuchung, die sogenannte «Höhenstrahlung», berichtete. Er sprach von Strahlungen aus dem die Erde umgebenden Weltenraum und hatte Einrichtungen aufgebaut, bei welchen durch diese Strahlung gewisse Wirkungen hervorgerufen und den Zuhörern wahrnehmbar gemacht wurden. Mit Staunen war man dem Ganzen seiner Forschungsarbeit und den Ergebnissen gefolgt, von denen man selbstverständlich neue Erkenntnisse über den Weltenraum erwartete, denn gerade das sollte doch das Ziel einer solchen umfangreichen und in neue Gebiete weisenden Forscherarbeit sein. Doch mit ergreifender Aufrichtigkeit und Bescheidenheit, selbst sichtlich ergriffen, schloß er damit, daß er sagte, er habe nun diese von ihm in jahrelanger Arbeit gefundenen Ergebnisse, diese neuen Tatsachen gezeigt, aber von welcher Art von Kräften sie hervorgerufen würden, das wisse er nicht, darüber könne er nichts aussagen. Hatte man bisher den Wissenschaftler bewundert, so mußte man jetzt seinem Menschentume, der Seelengröße, welche in diesem schlichten Ausspruch lag, Verehrung zollen.

Die geistige Führung der Menschheit richtet es so ein, daß zu einer gewissen Zeit im Laufe der Geschichte gewisse Entdeckungen gemacht werden; sie liegen dann, wie man zu sagen pflegt, in der Luft. Daher kommt es immer wieder vor, daß zur gleichen Zeit an verschiedenen Orten und nachweisbar unabhängig voneinander verschiedene Forscher dasselbe finden.

An diese Tatsache erinnerte uns auch Rudolf Steiner und betonte, wie wichtig es sei, daß wir bald zu gewissen, von ihm als Ziel angegebenen Ergebnissen kämen, denn die Zeit wäre reif dazu. Würden diese neuen Tatsachen zuerst von Seite der heutigen, agnostisch eingestellten Wissenschaft entdeckt, so würden sie doch nur zur Stützung dieser Anschauung verwendet, würde jedoch die anthroposophisch orientierte Geisteswissenschaft durch die oben angedeutete Methode zu solchen Entdeckungen führen, dann könnte es sein, daß viele Menschen Vertrauen zu ihr fassen würden. So hatten wir nicht nur wissenschaftliche Ziele, sondern auch eine geistig-kulturelle Verantwortung.

Die Aufgabe war groß und schön, aber nicht leicht. Der Schwierigkeiten gab es viele, und wir kamen nicht so schnell vorwärts, als es nötig gewesen wäre, was Rudolf Steiner mit

Sorge erfüllte. Das bedrückte uns alle, und wir waren ergriffen, mit welcher Geduld er immer wieder mit Ratschlägen zu helfen bereit war und mit welcher Teilname er die Fortschritte verfolgte. Wer weiß, welche Mittel für ein derartiges Unternehmen eigentlich nötig sind, der wird verstehen, daß bei aller dankenswerten Großzügigkeit der Leitung des «Kommenden Tag» die uns zur Verfügung stehenden Mittel für so manche Einrichtung einfach nicht ausreichten. Aber auch in den Einrichtungen und Versuchsanordnungen selbst lagen Schwierigkeiten. Jede noch so genau aufgebaute und eingerichtete Versuchsanordnung unterliegt gewissen Schwankungen, hat Grenzen ihrer Genauigkeit, über die man einfach nicht hinauskommt, wenn innerhalb gegebener Grenzen auch die Genauigkeit in hohem Maße vervollkommnet werden kann. So kann es vorkommen, daß wohl etwas von der gesuchten Wirkung tatsächlich vorhanden ist, aber in ihrer Größenordnung die unvermeidlichen Schwankungen der Versuchsanordnung nicht übertrifft. Infolgedessen kann man nicht einwandfrei feststellen, was Ergebnis ist und was Schwankung. So könnte man meinen, es sei verhältnismäßig einfach, in einem kleinen Behälter eine wirklich gleichbleibende Temperatur für längere Zeit zu gewährleisten. Bei den feinen Unterschieden in den Wärmeverhältnissen bestimmter Vorgänge bei Tag und bei Nacht hatten wir hier mit großen Schwierigkeiten zu kämpfen. So kamen wir auf manchen Gebieten, vor allem dank der unerschöpflichen Geduld und Liebe, welche Rudolf Steiner – ungeachtet seiner immer bedenklicheren Umfang annehmenden Überbelastung – dieser Arbeit widmete, doch zu einigen Ergebnissen und waren auf dem Wege, uns nach und nach einzuarbeiten, seine Intentionen etwas besser zu verstehen, unsere Versuche ergebnisreicher gestalten zu lernen. Da mußte im Jahre 1924 der «Kommende Tag» liquidiert werden. Das Verständnis der Wirtschaft für diesen wichtigen Versuch, eine «Assoziation» im Sinne des Gedankens der «Dreigliederung des sozialen Organismus» aufzubauen, war so gering, die Feindschaft so groß, daß das Unternehmen nicht jenen Umfang erreichen konnte, der unerläßlich war, um es wirk-

Abb. 21

Die vier am Klinisch-Therapeutischen Institut in Stuttgart tätigen Ärzte: Dr. Ludwig Noll (stehend hinterste Reihe, rechts im Bild), Dr. Otto Palmer (im Bild links vor Dr. Noll sitzend), Dr. Friedrich Husemann (rechts vor Dr. Noll sitzend), und Dr. Felix Peipers (links im Bild, mit nach rechts gewendetem Kopf). Die übrigen Personen siehe: Das Wirken Rudolf Steiners, Dornach 1987, S. 238

lich lebensfähig zu erhalten. So setzte es sich selbst durch freiwillige Auflösung ein Ende, wobei die einzelnen Betriebe vielfach wieder von ihren früheren Besitzern übernommen wurden. Das Forschungsinstitut mußte seine Tätigkeit einstellen, die Mitarbeiter zerstreuten sich in die Welt hinaus, die Einrichtung wurde zum großen Teil nach Dornach gebracht und der wissenschaftlichen Arbeit am Goetheanum zur Verfügung gestellt.

Rudolf Steiner hatte schon vor dem Ersten Weltkrieg mit den Ärzten Dr. Felix Peipers und Dr. Ludwig Noll auf medizinischem Gebiete im Sinne seiner Forschungen zusammengearbeitet.[90] Im März 1920 hatte dann in Dornach der erste «Kursus für Ärzte und Medizinstudenten»[91] stattgefunden, dem später noch andere folgten. Nun waren diese beiden Ärzte in Stuttgart, und zwei andere hatten sich ihnen angeschlossen, Dr. Otto Palmer und Dr. Friedrich Husemann.[92] Sie wollten ein medizinisches Forschungsinstitut ins Leben rufen. Aber es fehlte vorläufig an Räumlichkeiten, denn das «Klinisch-Therapeutische Institut» mit angeschlossenen Forschungslaboratorien und Räumen zur Herstellung der von Rudolf Steiner angegebenen Heilmittel war zwar von der Leitung des «Kommenden Tag» in Angriff genommen, bis zur Fertigstellung jedoch mußte mit einer Frist von mehreren Monaten gerechnet werden. Mir schien es einfach unverantwortlich, eine solche Zeit ungenützt vorbeigehen zu lassen, während die einzigartige Möglichkeit bestand, daß Rudolf Steiner den Ärzten helfen konnte. Es war, als ob im Grunde der Seele eine Ahnung mir gesagt hätte, wie kurz bemessen diese Spanne sei und daher um so kostbarer. Ich setzte es also beim «Kommenden Tag» durch, daß in den Räumen des Forschungsinstitutes ein Laboratorium für die Ärzte eingerichtet werde, und so konnte die Arbeit der vier Ärzte nach wenigen Wochen beginnen.

Die Waldorfschule als Lebensgemeinschaft

Die Waldorfschule[93] war viel mehr als eine Schule, nämlich eine wirkliche Lebensgemeinschaft von Kindern, Lehrern und Eltern. Gewöhnlich schicken die Eltern ihre Kinder in die Schule, sie selbst bleiben aber draußen stehen. Sie beobachten mehr oder weniger kritisch, ob die Kinder sich Kenntnisse aneignen, was in den erteilten Noten bestätigt wird. Sie achten wohl auch darauf, ob nicht der Umgang mit weniger wohlerzogenen Kameraden ihren guten Manieren Abbruch tut. Sie zahlen das Schulgeld, weil sie es müssen, oder weil es ihnen, nämlich bei den sogenannten unentgeltlichen Schulen, in der ganz unpersönlichen Form der Steuern abgenommen wird. Mit den Lehrern kommen sie meistens nur in Berührung, wenn Schwierigkeiten auftreten. Die Lehrer selbst haben wenig Lust, über ihre zu erteilenden Stunden hinaus noch Zeit für den Verkehr mit den Eltern zu verwenden, außer wenn sie sich dadurch Unannehmlichkeiten ersparen können. Es gibt selbstverständlich auch anderes Verhalten, aber im allgemeinen ist es eingestandenermaßen schon so.

Für die Eltern, welche ihre Kinder an die Waldorfschule schickten, war es nicht eine mehr oder weniger von äußeren Verhältnissen abhängige Gegebenheit, vom Staate administrativ eingerichtet, von ihnen meist gleichgültig oder auch kritisch angenommen. Für die Waldorfschule hatten sie sich in Freiheit entschieden, die allerersten einfach aus dem Vertrauen zu Rudolf Steiner. Dies galt auch für die Arbeiter und Angestellten der Waldorf-Astoria-Zigarettenfabrik, denn von ihnen verlangte niemand, daß sie ihre Kinder an diese Schule schicken sollten, und die Volksschule war ja unentgeltlich, ebenso wie es für sie die Waldorfschule war, da die Fabrik das Schulgeld für diese

Kinder zahlte. Bald sprachen für die Schule auch die guten Erfahrungen an den Kindern, denn Rudolf Steiners Ratschläge erwiesen sich von Anfang an als fruchtbar. Es war nicht ein bloß verstandesmäßiges Lernen, es war ein Gedeihen des *ganzen* heranwachsenden Menschen. Hierfür sei nur ein Beispiel von vielen angeführt. Als einmal einer Frau aus ganz einfachen Verhältnissen zugesetzt wurde, sie solle ihr Kind doch nicht an dieser Schule lassen, erwiderte sie: «Seit mein Kind an der Waldorfschule ist, lügt es nie mehr. Es bleibt also an der Waldorfschule!»

Viele Eltern brachten Opfer, nicht nur in wirtschaftlicher Beziehung, aber dennoch war ihre Einstellung nicht, daß sie dafür etwas Besonderes für ihre Kinder haben wollten. Sie waren überzeugt, daß es für weiteste Kreise segensvoll sei, daß es eine solche Schule gäbe. Hier zeigte sich nicht etwa Elternegoismus, sondern soziales Verantwortungsbewußtsein. Daß dieses Verhalten der Eltern der Wirklichkeit entsprach, zeigt ein Fall, welcher sich ereignet hat, nachdem die Schule erst wenige Jahre bestanden hatte. In einer rauhen, wenig bewohnten Gegend auf der Schwäbischen Alb war eine Lehrerstelle in einer Gemeinde zu besetzen, in der recht schwierige Verhältnisse herrschten, so daß sich längere Zeit überhaupt kein Bewerber fand. Endlich meldete sich ein junger Lehrer bei der Schulbehörde. Auf die Frage, woher er denn den Mut zu dieser Aufgabe hernähme, vor welcher Erfahrenere als er zurückgeschreckt waren, erwiderte er kurz und schlicht: «Aus der Tatsache, daß es eine Waldorfschule gibt.»

Das Bewußtsein, nicht nur für den eigenen, engen Kreis zu arbeiten, sondern für große soziale und kulturelle Zusammenhänge, vereinigte nicht nur Eltern und Lehrer, sondern auch diejenigen, welche sonst für die Schule als Förderer tätig waren. Als dann in späteren Jahren Kinder der Schule entwachsen waren, blieben sie und auch deren Eltern mit der Schule in der gemeinsamen Liebe zu ihr und in der Sorge um ihr Fortbestehen und Gedeihen verbunden. Aber auch solche, die keine so unmittelbare Verbindung mit der Schule gehabt hatten, empfanden sie als ein wertvolles Kulturelement. Das zeigte sich, als im Jahre 1938 die nationalsozialistische Regierung durch einen Willkürakt die Schließung anordnete. Ein Schrecken ging durch die ganze Stadt, daß es fortab keine Waldorfschule mehr geben sollte.

In dieser Einstellung und unter solchen Gesichtspunkten erlebten Eltern und Kinder mit den Lehrern gemeinsam die Schule als ihre eigene Angelegenheit. Die Eltern waren nicht eigentlich zur Kritik geneigt, aber eben sehr besorgt, daß hier alles auf das beste geschähe. Die Kinder sprachen stets von «unserer Schule», der sie Ehre machen wollten, weil sie sie liebten.

Es gab gar manche Eltern außerhalb Stuttgarts, die sich schweren Herzens von ihren Kindern trennten, um sie an die Waldorfschule zu schicken. In einer solchen Familie hatten die Eltern einmal in den großen Sommerferien beobachtet, daß ihr einziges Kind, ein Mädchen von etwa zehn Jahren, sich so glücklich bei ihnen fühlte. Sie wurden dadurch unsicher in ihrem Entschlusse, ob sie es wieder so weit von sich fortschicken sollten, und kamen schließlich überein, dem Kind selbst die Entscheidung zu überlassen. Dies teilten sie ihm eine Woche vor Schulbeginn mit und waren nun darauf gefaßt, ihm dadurch schweres Nachdenken und eine Trübung der Ferienfreude bereitet zu haben. Doch dem Kinde war nichts anzumerken, in unbefangener Freudigkeit genoß es das Landleben, das es so liebte, und das Beisammensein mit den Eltern. Diese meinten schließlich, es habe sie nicht recht verstanden, und fragten an einem der letzten Tage: «Überlegst du dir denn gar nicht, was du nun tun willst?» Mit der größten Selbstverständlichkeit antwortete es: «Da gibt es doch nichts zu überlegen. Ich gehe an meine Waldorfschule.»

In Rudolf Steiners Absichten war es gelegen, daß die Kinder sich gründliche Kenntnisse aneigneten und sich freuten, wenn sie wieder etwas gelernt hatten und es auch konnten. Das ist aber nun einmal nicht zu erreichen, ohne daß ordentlich gearbeitet wird. Das geschieht sonst unter dem Zwang der Schule, hier sollte es die Liebe zum Lehrer sein, zu dem man als zu einer Autorität aufblickt. Man muß die Lebensgesetze beachten, wenn man in der Wirklichkeit bleiben will. Im Kind darf man nicht einen bloß kleineren Erwachsenen sehen wollen, man sollte wissen, wie sich Fähigkeiten durch Wandlung bilden. Darauf hat Rudolf Steiner immer wieder hingewiesen. Ein Kind, das im zweiten Jahrsiebent seines Lebens das Glück hatte, zu einer geliebten Persönlichkeit als zu einer Autorität aufzublicken, das kann als Erwachsener ein selbständiger Charakter werden. Wer als Kind einen rechten Religionsunterricht genossen hat, nämlich einen, in welchem wirklich eine religiöse Stimmung lebte, der kann dann im Leben Willenskräfte entwickeln.

Für die Lehrer der Waldorfschule und überhaupt für jeden, der in diesem Sinne unterrichten, besser gesagt: erziehen will, kommt es darauf an, einen Sinn für Wirklichkeit zu entwickeln. Es könnte nämlich vorkommen, daß sich einer etwas Schönes ausgedacht hätte, daran auch die Kinder sich erfreuen, aber es könnte vielleicht sich herausstellen – wenn der Lehrer ehrlich gegen sich selbst ist –, daß es ein netter Zeitvertreib gewesen sei, doch weder Unterricht noch Erziehung. Durch Unterricht lernt man etwas, und wenn es ein rechter Unterricht sein soll, dann wird man etwas dabei; das ist dann Erziehung.

Rudolf Steiner hat darauf hingewiesen, daß sich die Kinder das am besten merken, was sie zugleich mit einer Gemütsbewegung aufgenommen haben. Wenn das Kind begeistert heimkommt und die Eltern fragt, ob sie das wüßten, was es an diesem Tage gelernt hatte, dann war die Stunde gelungen. Man bedenke, wie sicher sich ein Kind fühlen muß, wenn es sich zutraut, die Eltern gleichsam zu prüfen, ob sie das auch richtig wissen. Kinder können da oft sehr genau sein.

Auf diese Weise leben die Eltern auch durch ihre Kinder mit der Schule und sozusagen Tag um Tag. Sie eilen auch nicht erst dann besorgt und ärgerlich zum Lehrer, wenn ein Tadelbrief gekommen ist, der von schlechtem Verhalten berichtet.

Die Eltern fanden sich auch mit den Lehrern unmittelbar zusammen bei den sogenannten «Klassen-Elternabenden». Von Zeit zu Zeit, etwa nach Abschluß von einer oder mehreren

«Epochen»[94], wurden die Eltern und auch die in der Klasse tätigen Fachlehrer und die Kollegen überhaupt (Sprachen, Eurythmie, Handarbeit und so weiter) eingeladen, sich an einem Abend im Klassenzimmer einzufinden. An den Wänden hingen da dann die Blätter mit den Malereien und Zeichnungen der Kinder, auf dem Tische und den vordersten Bänken lagen die Hefte mit den seit dem letzten Elternabend geleisteten Arbeiten. Das alles wurde von den Eltern mit großem Interesse betrachtet; sie hatten so auch Gelegenheit, die Leistungen ihrer eigenen Kinder mit denen der anderen zu vergleichen.

Der Klassenlehrer gab dann vorerst einen Bericht über den behandelten Stoff, über die didaktischen und erzieherischen Gesichtspunkte, die ihn dabei geleitet hatten, soweit dies für das bessere Verstehen seines Vorgehens durch die Eltern förderlich war, und schließlich über das Leben der Klasse selbst.

So eine Klasse war nämlich nicht eine durch mehr oder weniger äußere Umstände zusammengekommene Zahl von Schülern, sie war eine Schicksalsgemeinschaft schon durch die Tatsache, daß sie durch die ersten acht Schuljahre von einem und demselben Lehrer geführt wurde. Dieser brauchte nicht bloß zu unterrichten, er durfte mit den Kindern leben und konnte ihnen immer wieder aus dieser Verbundenheit geben, wessen sie jeweils bedurften. Da konnte gar manches in den ersten Anfängen bemerkt und in fruchtbare Bahnen gelenkt werden, das sonst zu Schwierigkeiten geführt hätte, und die Kinder fanden auch aneinander eine Stütze, wenn sie erlebten, wie der oder jener Klassenkamerad mit etwas fertiggeworden war, das auch ihnen schwer sein konnte. In diesem Zusammenleben und gemeinsamen Wachsen unter der liebevollen Autorität des Lehrers besserte sich manches, ohne daß eine sogenannte «disziplinarische» Behandlung eintreten mußte.

Aber auch die Klasse als ganze hatte etwas Wesenhaftes, was man ganz real einen «Klassengeist» nennen konnte. Das zeigte sich besonders deutlich an Parallelklassen. Eine Klasse konnte einmal als ganze Schwierigkeiten haben – zum Beispiel solche, die mit Entwicklungserscheinungen zu tun hatten, welche sich auf das Verhältnis von Körperleib und Seelengeist[95] beziehen. Sie konnte aber auch ganze erfreuliche Fortschritte, nicht nur in ihrem Lerneifer, sondern auch in ihrer sittlichen Haltung, in ihrer geistigen Reife aufweisen.

Von all diesem sprach der Klassenlehrer, gab auch Erläuterungen zu den ausgestellten Arbeiten und Heften. Nachdem so besprochen war, was eigentlich alle anging, hatten dann die Eltern noch Gelegenheit, mit ihm und den anderen Lehrern in persönlicher Zwiesprache sich mit den eigenen Kindern zu befassen. Die Zeit verging schnell an einem solchen Abend, der allen Beteiligten viel Fruchtbares und Belebendes brachte, vor allem und zutiefst, wenn auch unausgesprochen, das Erleben der Zusammengehörigkeit, nicht aus einem bloßen Fühlen, sondern aus einer gemeinsamen Arbeit für die Kinder und durch sie für die Menschengemeinschaft der Zukunft.

Aber auch die Klassen hatten Gelegenheit miteinander in Verbindung zu kommen, ihre Fortschritte zu zeigen. Das bezog sich jedoch nicht etwa auf die äußeren Kenntnisse, sondern auf das, was im Unterricht künstlerisch geleistet worden war. Daran konnte der Fortschritt im Zusammenhang mit dem *ganzen* Menschen gezeigt werden, nicht nur derjenige in bezug auf Verstand und Gedächtnis wahrgenommen werden. Der Zweck solcher Anlässe war jedoch nicht, zur Beurteilung anzuregen, sondern sich an den Leistungen der Klassen zu freuen und dabei unausgesprochen eine tiefgehende Erfahrung zu machen, von welcher noch zu sprechen sein wird.

An einem bestimmten Tage zu Beginn jedes Monats fand die sogenannte Monatsfeier statt. Der Unterricht fiel aus, und am Vormittag versammelten sich die Klassen in ihren Räumen, um dann eine nach der anderen in geordnetem Zuge in die große Turnhalle geführt zu werden, in welcher unter Einschluß der Galerien über tausend Sitzplätze waren. (Es dauerte nur wenige Jahre, und die Zahl der Plätze reichte kaum aus.) Den Abschluß des Raumes bildete die durch einen Vorhang abgeschlossene, gegenüber dem Fußboden der Halle entsprechend höher gelegene Bühne.

Wenn alle Schüler und alle Lehrer versammelt waren, begann die Feier mit einem allgemeinen Chorgesang, einem der von unserem Musiklehrer Paul Baumann für die Schule komponierten Lieder. Wenn Rudolf Steiner gerade in Stuttgart weilte, dann hielt er bei einer solchen Gelegenheit eine kurze Ansprache. Er wandte sich an die Kleinen und an die Großen, an die Schüler im Verhältnis zu den Lehrern, wobei seine Freude an der Schule und sein gütiger Humor durch jedes seiner Worte hindurchleuchtete. Er schloß immer damit, daß er an die versammelten Schüler die Frage richtete: «Habt ihr eure Lehrer lieb?» Ein herzhaftes «Ja» aller Schüler war die Antwort, die ihn sichtlich erfreute.

Dann gab es gar viel zu hören und zu sehen. Zuerst gab die erste Klasse, also die Jüngsten, Proben ihrer Arbeit und dann jeweils die nächsthöhere; alle kamen mindestens einmal daran. War nach einigen Darbietungen durch die Freude, mit welcher sie aufgenommen wurden, und den spontanen Applaus, der schon ein Spaß an und für sich war, die Stimmung in der Halle etwas gelockert, dann faßte ein allgemeiner Chorgesang wieder alle zusammen, und mit gespannter Aufmerksamkeit wurden die folgenden Darbietungen aufgenommen.

Außer den allgemeinen Chorgesängen vernahm man auch den Schülerchor von der Bühne her. Die untersten Klassen hatten ein kleines Orchester, bestehend aus Geigen, Schalmeiflöten und etwas Schlagzeug. Das Orchester der oberen Klassen umfaßte alle Instrumente und hat es im Laufe der Jahre bis zu Aufführungen klassischer Symphonien gebracht. Die reiferen Schüler besorgten auch die Musik zur Toneurythmie. Diese und die Lauteurythmie, in kleineren und größeren Gruppen, bildete einen wichtigen Teil der Feier. Von einzelnen Schülern und auch von ganzen Klassen im Chor wurden Gedichte rezitiert. Außerdem gab es dramatische Szenen, sei es rein künstlerischer Art oder aus der künstlerischen Durchdringung des Stoffes entsprungen. Unter anderem hatte einer der Lehrer in den Grammatikunterricht kleine Szenen hineinverwoben, in welchen die Haupt-, Zeit- und Eigenschaftswörter und so weiter als Handelnde dasaßen und sich vorstellten und ihr Wesen kundtaten. Auch in den Fremdsprachen Englisch und Französisch, welche ja schon von allem Anfang an gepflegt wurden, wurde gesungen, rezitiert und aufgeführt; dies trug viel zur Belebung des Unterrichtes bei.

Bei diesen Feiern kam es nicht darauf an, daß sich die Kinder produzierten; alles geschah unter wirklich erzieherischen Gesichtspunkten, wobei aber die künstlerische Würde streng gewahrt blieb. Es war nicht die Absicht, besondere eigens dazu etwa außerhalb des Unterrichtes einstudierte «Leistungen» herauszustellen. Im Sinne dieser Einrichtung lag es, echte Proben aus dem Unterricht zu geben, und in diesem sollte das Künstlerische nicht so etwas wie eine Einlage sein, sondern Gestaltungselement, so daß eben solche Proben an sich künstlerisch wirkten.

Die Hauptsache war, was die Kinder selbst im Unterricht dabei erlebten und gewannen. Wenn zum Beispiel ein Gedicht von einem einzelnen Kind aufgesagt wurde oder bei der Aufführung kleiner Szenen zum Beispiel aus Märchen oder Sagen durch Gruppen, wurden nicht gerade die Kinder dazu bestimmt, welche es äußerlich besonders gut gemacht hätten oder die es gar zu gerne taten, denn der Eitelkeit sollte kein Vorschub geleistet werden, sondern gerade solche, für welche es etwas bedeutete, zum Beispiel als Überwindung zu großer Schüchternheit. Es war eine große Freude für die Lehrer auch der anderen Klassen, wenn so ein Kind so viel Selbstvertrauen gewonnen hatte. Darüber freuten sich in gesunder, natürlicher Art auch die Kameraden und Kameradinnen.

Rudolf Steiners Wunsch war es, daß womöglich jeder Lehrer jedes Kind kennen sollte, nicht nur diejenigen der eigenen Klasse. Bei dem so raschen Wachsen der Schülerzahl, war dies kaum wirklich zu erreichen, aber es wurde angestrebt, und die Berichte, welche von den Lehrern in den pädagogischen Konferenzen gegeben wurden, waren eine wertvolle Hilfe. Der besseren Verständigung dienten auch die in regelmäßigen Abständen aufgenommenen Lichtbilder der Klassen; sie waren bei solchen Gelegenheiten stets zur Hand.

Von dem, was bei diesen regelmäßig wiederkehrenden Monatsfeiern das Wichtigste war, wurde nie gesprochen. Es geschah und sollte in seiner Keimkraft in den Seelen wirken, die es rhythmisch erlebten. Vor den Kindern stand nämlich jedesmal der ganze Weg durch die Schulzeit. Die Kleinen konnten sehen, wohin sie hier geführt werden sollten, die Größeren blickten zurück auf die bereits getanen Schritte. Die Kleinen fühlten sich beflügelt und freuten sich auf all das Schöne, das sie einmal auch selbst würden ausführen können. Die Großen schöpften Kraft aus dieser Schönheit, und das Bewußtsein dieses geistigen Wachsens verwurzelte sich tief in ihren Seelen. Sie trugen es mit sich in das Leben als Erwachsene, in «des Lebens große Schule»[96], und es wurde für sie etwas Selbstverständliches, daß ihr geistiges Wachsen nie aufhören, daß es der Leuchte- und Kräftequell für ihre ganze weitere Entwickelung als Persönlichkeit bleiben sollte.

An einem solchen Tage wurden auch am Nachmittag keine Schulstunden abgehalten. Es sollte ein wirklicher Tag des Feierns sein, die Seelen der Kinder sollten durch nichts anderes mehr in Anspruch genommen werden. Ein Schulpedant würde vielleicht meinen, es sei schade, daß diese Zeit nicht zum eigentlichen Lernen, zur Bewältigung des Lehrstoffes verwendet worden sei, daß man sie mit etwas vertan habe, das bloß etwas Schönes sei oder sein sollte. Einen solchen möchte man gerne bitten, doch für einen Augenblick die Scheuklappen abzulegen und zu sehen, wohin die bloß intellektuelle Erziehung im weitestem Umfang geführt hat: dazu, daß das Gefühl für den Menschen, die Erkenntnis vom Wert der Persönlichkeit für die Gesellschaft verlorengegangen ist. Man darf nicht vergessen, daß sowohl die «Masse» als die «Nation» doch aus Einzelpersönlichkeiten besteht und daß die von der Gesamtheit erreichte Stufe der Höherentwickelung letzten Endes davon abhängt, was der einzelne durch Arbeit aus sich selbst gemacht hat.

Die Monatsfeiern waren uns Lehrern von Anfang an eine große Freude. Als wir dann den direkten Rat Rudolf Steiners entbehren mußten, nachdem er am 30. März 1925 diese Erde verlassen hatte, da lernten wir an diesen Feiern manches abzulesen, was noch besser gemacht werden sollte. Was uns dann die früheren Schüler aus ihrem Leben berichteten, wenn sie sich – abgesehen von häufigen Einzelbesuchen – einmal im Jahre in der Schule für mehrere Tage zusammenfanden, das bestätigte uns das eben ausgeführte.

Die Kinder kamen von diesen Feiern so freudig bewegt heim, daß bei immer mehr Eltern der Wunsch sich regte, auch dabei sein zu können, um an der Freude ihrer Kinder teilzunehmen. Es ging aber nicht ohne weiteres, die Eltern an den Monatsfeiern teilnehmen zu lassen. Das hätte den Charakter dieser Anlässe grundlegend verändert, und außerdem reichte der Raum gar nicht aus, und am Vormittag hätten die wenigsten Eltern Zeit dazu gehabt. Es mußte eine andere Form gefunden werden, um den Eltern und einem immer größer werdenden Kreise von interessierten Persönlichkeiten Proben des künstlerischen Elementes im Unterricht zu geben. So wurden in Abständen von etwa drei Monaten sogenannte «Öffentliche Monatsfeiern» abgehalten, und zwar am Abend. (Dadurch daß die Kleinsten zuerst auftraten, ließ es sich vermeiden, daß sie zu spät ins Bett kamen, zudem wurde meist der Samstagabend dazu gewählt.) Hätte man einfach die – sagen wir – interne, die eigentliche Monatsfeier jeden Monat öffentlich wiederholt, es hätte sich nicht vermeiden lassen, daß sie in ihrem pädagogischen Charakter beeinträchtigt worden wäre. Die Kinder hätten von Anfang an unter dem Eindruck gestanden, daß sie etwas für eine öffentliche Darbietung einzuüben hatten, für eine außerhalb des eigentlichen Schulbetriebes stehende Veranstaltung, während das Wesentliche darin bestehen sollte, daß *alle* Kinder Proben aus dem tatsächlichen Unterricht auf *allen* Altersstufen erleben sollten. Für die öffentlichen Monatsfeiern wurde eine Auswahl aus den Darbietungen der letzten internen Feiern getroffen, doch blieb der Gesichtspunkt gewahrt, daß *alle* Altersstufen etwas zeigten.

Bei den öffentlichen Monatsfeiern bekam man nicht nur einen Einblick in die Arbeit der Schule, indem man die Kinder selbst in ihrem künstlerischen Tun beobachten konnte. Wer einen Blick für den Zustand und Entwicklungsgrad eines Kindes besitzt, der konnte auf diese Weise auch die Ergebnisse dieser Erziehungsweise kennenlernen. Es war aber auch Gelegenheit gegeben, der Freude über das Dargebotene durch einen freiwilligen Beitrag zu den Kosten des Schulbetriebes Ausdruck zu verleihen. Die Waldorfschule war in jeder Beziehung eine «freie» Schule. Nachdem ihr Lehrplan von den Aufsichtsbehörden anerkannt worden war, beschränkten sich diese darauf, jedes dritte Jahr durch den Schulinspektor feststellen zu lassen, ob dieser Plan tatsächlich eingehalten und die darin gesteckten Ziele erreicht worden seien. Wirtschaftlich kümmerte sich die staatliche Unterrichtsverwaltung gar nicht um die Schule. Sämtliche Kosten des Schulbetriebes, vom Erwerb und von der Erhaltung der Gebäude bis zu dem, was die Lehrer zum Lebensunterhalt brauchten, wurden von den im Waldorfschulverein zusammengefaßten Eltern und Förderern aufgebracht. Die Schule war aber auch in der Beziehung frei, daß sie den Kindern jener Eltern offenstand, welche wenig oder gar kein Schulgeld zahlen konnten. Das Glaubensbekenntnis spielte selbstverständlich überhaupt keine Rolle, die Eltern wurden nur gefragt, welche Art von Religionsunterricht sie für ihre Kinder wünschten, und die Schule sorgte dann dafür, daß dieser Unterricht von den Vertretern der gewünschten Konfessionen erteilt wurde.

Die Eltern und die Freunde der Schule brachten Opfer, um ihren Kindern diejenige Erziehung zuteil werden zu lassen, die sie für die förderlichste hielten. Wie weit diese Opferwilligkeit ging, dafür sei nur ein Beispiel aus vielen erwähnt. Ein Arbeiter, dessen Kind unentgeltlich in die Waldorfschule aufgenommen worden war, wollte seine Dankbarkeit für dessen Gedeihen zeigen, indem er auch zu den Kosten der Schule einen freiwilligen Beitrag leistete. Von seinem kargen Lohn konnte er bei bestem Willen nichts abzwacken, so legte er den weiten Weg zur Arbeitsstätte durch längere Zeit zu Fuß zurück und übergab das so ersparte Geld der Schule. Für eine vertiefte menschliche Betrachtungsweise ist ein solches Geld wohl etwas anderes als die widerwillig herausgerückten Steuerbatzen, aus denen die Lehrer der Staatsschule ihre Gehälter bekommen. Für den sozialen Organismus ist es etwas Gesundendes, wenn auch solche echten Schenkungsgelder dem Geistesleben zufließen.

Indem diese Eltern so den Kindern eine wirklich gute Vorbereitung für das Leben verschafften, leisteten sie aber auch einen Beitrag an die Allgemeinheit, welche doch sehr daran interessiert ist, daß recht viele tüchtige und weltoffene Menschen in ihr leben. So war die Schule mit ihren für sie verständnisvoll tätigen Freunden nicht nur eine Lebensgemeinschaft, an der sie bloß persönlich interessiert waren, sie bildete auch einen Beitrag für die ganze soziale Gemeinschaft, und dies wurde im Laufe der Zeit von immer wachsenden Kreisen anerkannt.

Ein anderer Ausdruck der Verbundenheit zwischen Schule und Eltern waren die sogenannten «Mütternachmittage». Die Initiative hierzu war von den Müttern ausgegangen, deren Kinder die Waldorfschule besuchten. Von ihnen war der Wunsch geäußert worden, daß sie sich von Zeit zu Zeit an einem Nachmittag mit der Lehrerschaft in der Schule treffen und zugleich andere Mütter mitbringen wollten, damit diese die Lehrer und die Schule kennenlernen könnten. Zur Schule gehörten aber selbstverständlich vor allem die Kinder, und die Waldorfschulkinder waren so, daß sie durch ihr ganzes Wesen an und für sich für die Schule sprachen. Die Trambahnschaffner in Stuttgart sagten, daß sie schon beim Einsteigen eines Kindes erkannten, ob es aus der Waldorfschule sei. Die Kinder waren unbefangen, fröhlich, aber nie frech gegen die Erwachsenen. Frechheit ist bei Kindern sehr oft eine Form der Abwehr. Die Waldorfkinder fühlten sich verstanden und liebevoll geleitet, sie hatten Vertrauen, brauchten sich also gar nicht zu wehren.

Die Mütter, welche als Gäste kamen, um die Schule kennenzulernen, brachten auch ihre Kinder mit, und diese mischten sich unter die Waldorfkinder, welche an solchen Tagen auch da waren und auch mit ihren Darbietungen etwas vom Wesen der Schule zeigten. Größere Aufführungen waren schon auf den Einladungen angezeigt, aber immer wieder wurden von der Bühne aus Überraschungen angekündigt. Die Kinder bereiteten von sich aus Verschiedenes vor, und dann erschien einer aus der Klasse und kündigte an, daß seine Klasse zum Beispiel im kleinen Eurythmiesaal oder im Singsaal etwas aufführen würde. Die Lehrer, oft unterstützt von Freunden der Schule, hatten auch manchmal «Kasperltheater» für die kleinsten Gäste eingerichtet. Bei schönem Wetter wurden auf dem Turnplatz Proben der Gymnastik gezeigt. Von hohen Bäumen begrenzt, am Fuße der «roten Wand», dem Rest des früheren Sandsteinbruches, bildete er einen herrlichen Rahmen. Er wurde natürlich an solchen Nachmittagen ausgiebig als Spielplatz benützt. Unter den Bäumen standen Tische und Bänke, und die Mütter ließen es sich nicht nehmen, auch für das leibliche Wohl zu sorgen. Sie brachten Kuchen mit und richteten eine Kaffeeküche ein, deren Erlös der Schule zugute kam und es ihr ermöglichte, ihrem Grundsatz getreu die Kinder mittelloser Eltern unentgeltlich aufzunehmen. (Demselben Ziele dienten auch die Weihnachtsverkäufe, für welche schon lange vorher eifrig gearbeitet und gesammelt wurde. Dabei achteten aber alle darauf, daß auch wirklich nur schöne und gute Sachen angeboten wurden.) Für die Lehrer gab es allerhand zu tun. Wer nicht gerade bei einer Aufführung seiner Klasse oder der Überwachung der Kinder beschäftigt war, der wurde gar oft von den Eltern bald dahin, bald dorthin gerufen, sei es, daß man mit ihm gerne beisammen war, sei es, daß man ihn mit neuen Menschen bekannt machen wollte. So hatten manche Eltern den Wunsch, die Lehrer kennenzulernen, zu denen sie vielleicht bald ihre Kinder in die Klasse gaben, und die Kinder selbst konnten mit ihnen auf diese zwanglose Weise bekannt werden.

So dienten diese fröhlichen Veranstaltungen einem sehr ernsten Ziele; sie waren getragen von dem Gefühle des gemeinsamen Einstehens für die Schule, deren Gedeihen allen am Herzen lag und das sie zu einer Lebensgemeinschaft zusammenschloß. In der ganzen Stadt und weit darüber hinaus war man sich des Bestehens einer solchen geistigen und sozialen Gemeinde bewußt und freute sich der gesundenden Kräfte, welche von ihr ausgingen. Die Waldorfschule nannte sich «*freie* Waldorfschule». Das bezog sich nicht nur darauf, daß sie nicht zum staatlich verwalteten Schulwesen gehörte. Das hatte auch einen tieferen Sinn. In seinen Ausführungen über die Dreigliederung des sozialen Organismus hat Rudolf Steiner stets besonders eindrücklich darauf hingewiesen, wie wichtig es sei, daß sich das geistige Leben in voller Freiheit von Staatsverwaltung und Wirtschaftsinteressen entwickle. Dann werde man staunen, welche belebenden Kräfte es auszustrahlen vermöchte.[97]

Die Waldorfschule war aus der freien Initiative von Menschen entstanden, welche diesen Impuls aufgenommen hatten und ihn im Leben zur Auswirkung gelangen lassen wollten. Die Eltern waren von niemand beeinflußt; ihr freier Entschluß ließ sie ihre Kinder der Schule anvertrauen, und diese brachte sie wieder mit vielen andern Eltern zusammen und mit Menschen, welche diesen «Keim eines freien Geisteslebens» für wertvoll ansahen und ihn pflegen wollten. Rudolf Steiner hat es immer wieder ausgesprochen, daß ihm und den zur Schule Gehörenden diese nicht wichtig sei als eine Art pädagogischen Experimentes, sondern eben als ein erster «Keim eines freien Geisteslebens». Jeder wußte, daß seine Weisheit und Güte dieses verheißungsvolle Beginnen möglich gemacht hatte, und viele, viele gedachten seiner in Dankbarkeit.

Er war es auch, der die Gemeinschaft immer wieder in sinnvoller Weise zusammengeschlossen hatte durch die Ansprachen, die er bei Monatsfeiern und öffentlichen Elternabenden hielt. Da gab er die große Richtung und wies die hohen Ziele, denen hier in Bescheidenheit gedient wurde. Jeder konnte das Erlebnis haben, daß an dieser Stätte nicht nur Kinder zu brauchbaren Menschen erzogen würden, daß hier etwas gepflegt wurde, was als Keim für weite Teile der Menschheit in Zukunftszeiten wachsen sollte. Wie ein heiliges Pfand von den guten Geistern der ganzen Menschheit zugedacht, vorerst aber durch Rudolf Steiner diesem kleinen Kreise anvertraut, empfanden die Mitglieder dieser Lebensgemeinschaft die Waldorfschule. Von ihnen wurde sie weiter gepflegt, nachdem er die Erde verlassen hatte, bis die Gegenmächte im März 1938 ihrem äußeren Wirken ein Ende bereitet haben. Kaum war jedoch im Jahre 1945 der Krieg zu Ende, so fanden sie sich wieder zusammen und in den schwer beschädigten Räumen erstand eine neue Waldorfschule, in welcher die von Rudolf Steiner begründete Erziehungskunst weiter gepflegt wird.

Abb. 22
Carl Unger (geb. 1878, gest. 1929)

Abb. 23
Emil Molt (geb. 1876, gest. 1936)

Dreigliederung
des sozialen Organismus

Nr. 9:

Bruno Krüger:
Die Ereignisse der Woche

Jürgen von Grone:
Mitteleuropäische Realpolitik

Harald Rennit:
Sowjet-Rußland, deutsche u. englische Politik

E. Umlauft:
Der politische Brotpreis

Bruno Krüger:
Der Eröffnungs-Sonntag des Stuttgarter Anthroposophen-Kongresses

Herausgeber: Bund für Dreigliederung des sozialen Organismus, Stuttgart — Schriftleitung: Ernst Uehli Geschäftsstelle: Champignystraße 17, Telephon 2535/36 — Preis der einzelnen Nummer 40 Pf., 1 Vierteljahrs-Abonnement Mk. 4.80 (ohne Bestellgeld oder Porto) — Zu haben in allen Kiosken und in den meisten Buchhandlungen.

Von der Dreigliederungsbewegung in Deutschland

Stuttgart war in kurzer Zeit der Mittelpunkt einer geistigen Bewegung geworden, die weithin nach allen Seiten ausstrahlte.[98] Nicht nur die Vortragenden aus dem Kreise der Waldorfschule und des «Bundes für Dreigliederung des sozialen Organismus» waren an dieser von Rudolf Steiner geführten und geleiteten, vor allem aber geleisteten Arbeit beteiligt. «Der Kommende Tag Aktiengesellschaft zur Förderung wirtschaftlicher und geistiger Werte» hatte einen Verlag gegründet, der vor allem Werke Rudolf Steiners und auch solche seiner Mitarbeiter herausbrachte. Sein Buch «Die Kernpunkte der sozialen Frage» hatte das achtzigste Tausend erreicht und war in viele fremde Sprachen übersetzt worden. Ein deutscher Politiker hatte es als das «Schicksalsbuch des deutschen Volkes» bezeichnet, Wilson Harris nannte es in der «Daily News» ein «auffallendes Werk von europäischer Bedeutung, das von jedem Denkenden des Kontinents besprochen wird». Der deutsche Außenminister Simons wies bei französischen Pressevertretern auf die Dreigliederung hin und bezeichnete diese Vorschläge als ein universelles Heilmittel gegen die drohende Gefahr des Bolschewismus.

Die Waldorfschule hatte ihr erstes Schuljahr mit 287 Schülern geschlossen. Im zweiten Schuljahr war die neunte Klasse eingerichtet worden, die Schülerzahl war auf 420 gestiegen und über 50 Kinder mußten warten, denn die ersten Hilfsbauten hatten sich als zu klein erwiesen, und diese Schüler konnten erst nach erfolgter Erweiterung aufgenommen werden.

Am Anfang hatte die anthroposophische Bewegung etwas hingestellt und es gleichsam der Öffentlichkeit angeboten. Doch schon hatte sich das Verhältnis umgekehrt. Man *verlangte* von der Schule die Einrichtung eines Kindergartens, von

Volksbildungs- und schließlich von Hochschulkursen. Die Volksbildungskurse dienten nicht nur dazu, Lücken der allgemeinen Bildung auszufüllen, es traten auch ganz aus den Bedürfnissen des täglichen Lebens Forderungen an uns heran.

Zu den Errungenschaften der Revolution gehörte es nämlich, daß Beamte des sogenannten «niederen Dienstes», besonders bei Post und Eisenbahn, nun auch in Stellen des «mittleren Dienstes» vorrücken durften, wenn sie eine Prüfung bestanden, bei welcher sie sich über eine gewisse allgemeine Bildung ausweisen konnten. Die Post- und Eisenbahnangestellten ersuchten die Lehrer der Waldorfschule, daß sie die Vorbereitung zu dieser Prüfung übernehmen sollten. Wir gaben also abends Unterricht an diese Erwachsenen in Deutsch (mündlicher sowie schriftlicher Ausdruck sowie Literaturgeschichte), Geschichte, Geographie (dieses Fach hatte ich übernommen) und anderen Fächern. Zu unserer und der Schüler Freude haben gerade diese besonders gute Ergebnisse bei der Prüfung erzielt und sind vor allem durch die freie Beherrschung des Stoffes aufgefallen. Dadurch hatten wieder weite Kreise ein unmittelbares Freundschaftsverhältnis zur Waldorfschule gewonnen, die sie nun auch als *ihre* Schule bezeichneten. Es war dann für viele selbstverständlich, daß es auch die Schule ihrer Kinder wurde. Die Waldorfschule gehörte einfach zur ganzen Stadt und wurde durchaus nicht als «Anthroposophenschule» in einem abweisenden Sinne empfunden. Wenn einer von uns an einen Post- oder Bahnschalter trat, dann kam es öfters vor, daß, ehe er sein Anliegen vorbringen oder sein Päckchen abgeben konnte, sich eine Hand zum Gruße durch das Fensterchen streckte und jemand freundlich grüßte: «Kennen Sie mich noch? Sie haben mich doch damals auf die Prüfung vorbereitet.» Lehrer und Schüler freuten sich über solche Begegnungen. Da wurde auch gefragt, wie es denn an der Schule vorwärtsginge, und oft war man in dankbaren Gedanken an Rudolf Steiner vereinigt. Fast alle hatten wenigstens einen seiner vielen öffentlichen Vorträge gehört, und jeder wußte, was ihm die Waldorfschule verdankte.

Die damals ins Leben gerufenen Hochschulkurse wurden immer weiter ausgebaut und bis zur Schließung der Schule im Jahre 1938 weitergeführt; sie entsprachen eben einem tatsächlichen Bedürfnis.

Auch außerhalb Stuttgarts wurde tatkräftig gearbeitet. Der «Bund für Dreigliederung des sozialen Organismus» hatte Studiengruppen in 56 Städten Deutschlands; auch in anderen Ländern gab es solche. Durch diese mit unermüdlicher Tatkraft und ehrlicher Begeisterung durchgeführte Arbeit hatte sich eine Anzahl von Menschen so in die Gedanken der Dreigliederung eingelebt, daß sie, nach Maßgabe ihrer persönlichen Fähigkeiten, imstande waren, diese Idee als Redner in der Öffentlichkeit zu vertreten. Die Gedankenverwirrung im Leben der Menschen und der Völker offenbarte sich täglich in immer bedrückenderem Maße. Rudolf Steiner hatte den Weg zu einer Gestaltung des sozialen Organismus gewiesen, welcher der Wirklichkeit Rechnung trug. Weite Kreise sahen ein, daß hier eine Möglichkeit gezeigt wurde. Allein in Württemberg hatten sich über zwanzigtausend Arbeiter der Dreigliederungsbewegung angeschlossen. Aber es galt, den Augenblick auszunutzen, denn die Ereignisse verlangten gerade jetzt ein tatkräftiges Auftreten; es galt, den Dreigliederungsgedanken in so lebendiger Weise an möglichst viele Menschen heranzubringen, so daß an Verwirklichungen herangetreten werden könnte.

Der «Bund für Dreigliederung des sozialen Organismus», dessen Leitung in Stuttgart ihren Sitz hatte, beschloß, mit allen verfügbaren menschlichen und wirtschaftlichen Kräften einen Vorstoß in die größte Öffentlichkeit zu unternehmen. Rudolf Steiner hatte öfter darauf hingewiesen, daß eigentlich zum vollen Erfolg eine eigene Tageszeitung unerläßlich sei, die von Tag zu Tag zum Zeitgeschehen Stellung nehmen könnte. Dazu gehörten aber Geldmittel, welche die wirtschaftlichen Möglichkeiten des «Bundes» weit überschritten. So wurde ein Versuch in einer anderen Richtung unternommen. Durch drei aufeinanderfolgende Wochen, sollten in etwa 36 Städten Deutschlands öffentliche Vorträge über Dreigliederung gehalten werden. Die erste Woche hatten alle Redner über den Gedanken der Dreigliederung im Allgemeinen zu sprechen, über seine mehr politische und rechtliche Seite, in der zweiten über das geistige Leben und die Notwendigkeit einer Erneuerung des Denkens und der Erziehung; die dritte Woche war der Behandlung von wirtschaftlichen Fragen gewidmet. Jedem Redner wurde für eine Woche ein bestimmtes Gebiet zugewiesen. Mir selbst war die Aufgabe gestellt, in der ersten Woche im Ruhrgebiet zu arbeiten. Ich war gerade dorthin geschickt worden, weil ich schon in Wien viel mit Arbeitern über Dreigliederung gearbeitet hatte und aus meiner Ingenieurtätigkeit auch Beziehungen zu Betriebsleitern und Eigentümern herzustellen verstand.

Ehe die Redner ihre Tätigkeit begannen, versammelten sich alle für dieses entscheidende Vorgehen von Rudolf Steiner Bestimmten in Stuttgart und wurden von ihm in zehn Vorträgen vom 12. bis 17. Februar 1921 für ihre Aufgabe vorbereitet.[99] Von den großen historischen Zusammenhängen, welche im jetzigen Augenblick zu berücksichtigen waren, bis zu der Art und Weise, wie der Redner sich an die Seelen der Zuhörer zu wenden habe, wurde alles von ihm vorgebracht, das uns bei unserer so verantwortungsschweren Aufgabe helfen sollte. Einer der grundlegendsten Gesichtspunkte war: «Daher kommt es darauf an, nicht von der falschen Voraussetzung auszugehen: Irgendwelche unbekannten Mächte haben die Not bewirkt, und man muss diese Not zuerst aufheben, bevor man daran gehen kann, in der richtigen Weise zu denken! Sondern klar muß man sich machen: Weil die Not bewirkt ist von dem *unrichtigen* Denken der Menschen, so kann auch nur das *richtige* Denken die Aufhebung dieser Not bewirken.»[100] – Von den Rednern erwartete Rudolf Steiner, daß sie nicht innerhalb einer solchen Woche ein und denselben Vortrag «mit gedächtnismäßiger Beherrschung der einzelnen Formulierungen immer wiederholend» halten würden. Das würde keinen Erfolg versprechen. Der Redner solle «Achtung vor dem Inhalt seiner Rede haben, sie in ihrer Grundnuance immer wiederum, bevor er sie hält, vor die Seele treten lassen, in den Gedanken sie immer wieder durchleben».[101]

Ehe wir, jeder in die ihm zugewiesene Gegend Deutschlands, abreisten, machte uns Rudolf Steiner auf das Entscheidende dieses Unternehmens aufmerksam, indem er sagte, wir sollten bedenken, daß wir, nämlich die Dreigliederungsbewegung als Ganze, eigentlich nur noch wenige Wochen vor uns hätten, in denen etwas erreicht werden könne. Als er unsere erschrockenen Mienen sah – denn wir hatten gemeint, jetzt finge die Arbeit in großen Zügen erst richtig an –, da fügte er erklärend hinzu, die Seelen wären durch die beim Umsturz der bestehenden Ordnung erlittenen Erschütterungen für neue Gedanken und Ideen aufnahmefähig, sie hätten aber nicht die Kraft, sich längere Zeit in diesem Zustande höherer innerer Anspannung zu halten und würden sich bald in sich verschließen, auf die alten Gedankenformen zurücksinken. Wir mußten bald aus unseren Beobachtungen erkennen lernen, wie richtig er auch hier wieder gesehen hatte, was tatsächlich vorging.

Die einzelnen Abende wurden jeweils von dem Leiter der betreffenden Ortsgruppe des «Bundes für Dreigliederung des sozialen Organismus» eingeleitet, und am ersten Abend leitete dieser auch die sich anschließende, sehr lebhafte öffentliche Aussprache. Aber schon am nächsten Abend bat ich, dies selbst tun zu dürfen, denn dessen Leitung bestand in der Hauptsache darin, daß er abwechselnd einen sich meldenden Redner und gleich anschließend mir das Wort zur Entgegnung erteilte. Es sprachen, oft sehr energisch und angriffslustig, die Vertreter fast aller Richtungen und Parteien. Es gab einerseits viele Wiederholungen, andererseits Dinge, die energisch zurückgewiesen werden mußten; mit einfacher Rede und Gegenrede kam man da nicht durch. Hätte ich auf jeden Angriff ebenso scharf erwidert, so hätten die Hörer schließlich den Eindruck gehabt, daß ich der Angreifer sei, und das wäre nicht günstig gewesen. Ich mußte darauf bedacht sein, das Interesse an der Auseinandersetzung wachzuhalten, also nicht zu viel Wiederholungen zu bringen, und andererseits die Würde zu wahren, denn für ständige Zuspitzung der Lage sorgten die von den uns wenig wohlwollend gesinnten Parteien vorgeschickten Redner. Wurde ich also scharf angegriffen, so antwortete ich nicht sofort, sondern gab erst etwa noch einem anderen das Wort. Dann kam es vor, daß dieser seinen Vorredner zu widerlegen trachtete; aber wenn auch er kräftig gegen mich losging, dann konnte ich auf das Verständnis der Hörer zählen, daß man jetzt auch mir eine gehörige Antwort zubillige, was auch fast immer geschah.

Parteien und Gewerkschaften waren unseren Bestrebungen von Anbeginn feindlich eingestellt, was ja auch leicht zu begreifen ist. Denn was könnte es für sie Gefährlicheres geben, als wenn recht viele Menschen anfangen würden, nicht bloß Schlagworte nachzuplappern, sondern selbst zu denken. Gerade dazu wollten unsere Vorträge anregen.

Als ich dann am Beginn der folgenden Woche noch einige Vorträge über Geistesleben und Erziehung zu halten hatte, da nahmen die Auseinandersetzungen einen anderen Charakter an; man lernte Persönlichkeiten kennen, die mit tiefem Ernst und aufrichtiger Besorgnis den Gang der Ereignisse betrachteten. Es fehlten aber auch jene nicht, welche vor dieser Erziehungsmethode warnten, die Persönlichkeiten dazu helfen könnte, frei und selbständig die Aufgaben des Lebens anzufassen. Dazu wären, ihrer Meinung nach, die Menschen heute noch nicht reif, sie bedürften der Führung von der Wiege bis zum Grabe.

Auch in den führenden Wirtschaftskreisen fehlte es nicht an Bedenken; vor dem Umlernen hatte man einen Abscheu. Als bald darnach der Generalstreik ausbrach, wurde uns gesagt, man wisse ganz gut, daß der Dreigliederungsgedanke im Grunde genommen das Richtige sei. Für dieses Mal solle es noch einmal mit den Bajonetten versucht werden, doch es werde wohl das letzte Mal sein, darüber sei man sich klar.

Die Redner hatten ihr Bestes getan, was an äußeren Mitteln im Bereich der Möglichkeit gelegen, war aufgewendet worden. Nach diesen drei Wochen hatten die Ortsgruppen die Anregungen nach Kräften weitergeführt. Viele Menschen waren mit der Idee der Dreigliederung bekannt geworden, nicht wenige hatten sich ihr ernstlich zugewendet und befaßten sich eingehend damit. Ein Erfolg in einem solchen Umfang, wie er nötig gewesen wäre, ist jedoch nicht erzielt worden. Die Arbeiter haben nicht in gewaltiger Zahl ihre Organisationen verlassen; die Betriebseigentümer und Leiter haben sich nicht über weite Gebiete hin zu «Assoziationen» vereinigt, welche das Wirtschaftsleben auf eine gesunde Grundlage gestellt hätten; der Gedanke eines freien Schulwesens war nicht aufgenommen worden; die Waldorfschulen blieben als Beispiele allein. Daran hat sich auch nichts geändert durch die Tatsache, daß es nach wenigen Jahren neun solcher Schulen in Deutschland gab und andere in Holland, England, Norwegen und in New York.[102]

Die Träger der Bewegung erlahmten nicht in ihren Anstrengungen, doch die Seelen verschlossen sich, sie besaßen noch nicht die Kraft zur Wachheit und hatten nicht bemerkt, daß ihnen eine Quelle erschlossen worden war, daß sie eine dargebotene helfende Hand zurückgewiesen hatten. Ein Rückfall in alte Formen des Lebens trat ein; zwangsläufig ging es der nächsten Weltkatastrophe zu. Wem dies zuviel gesagt erscheint, der scheue die Mühe nicht, die Ereignisse folgerichtig im Sinne der Ideen durchzudenken, die Rudolf Steiner damals als erster ausgesprochen hat, nicht als eine Meinung, sondern als Ausdruck der in den Tatsachen liegenden, einem unvoreingenommenen Denken sich offenbarenden Wirkensgesetzmäßigkeit. Beweisen kann man die Idee der Dreigliederung nicht, weil man Tatsachen nicht beweisen kann, aber man kann die Augen öffnen und sie sehen lernen.

Nach einem Jahr weiterer unausgesetzter Bemühungen war in der Nummer vom 15. Juni 1922 der Wochenschrift «Dreigliederung des Sozialen Organismus»[103] folgende Mitteilung der Schriftleitung zu lesen:

Über eine notwendige Titeländerung einer Dreigliederungszeitung

Als im Frühjahr 1919 die Dreigliederungsbewegung in Deutschland einsetze, mußte vorausgesetzt werden, daß sich eine genügend große Anzahl von Menschen finden würde, welche sich aus ihrer Einsicht in die Weltlage, wie sie sich namentlich für Deutschland gestaltete, und aus dem Verständnis für die Idee der Dreigliederung des sozialen Organismus hinter diese Bewegung stellen würden. Es wurde die Wochenzeitung «Dreigliederung des Sozialen Organismus» gegründet, welche dazu dienen sollte, die Dreigliederungsidee zu vertreten und in weitere Kreise zu tragen. Diese Erwartung hat sich nicht in dem Maße erfüllt, um dieser Idee in einer Weise zum Durchbruch zu verhelfen, die ihre rein praktische, in den wirklichen Zeitverhältnissen wurzelnde Bedeutung hätte erweisen können. Sie ist im Gegenteil vielfach mißverstanden und aus diesem Mißverständnis heraus bekämpft worden. Man ist ihr in manchen Kreisen mit den stärksten Vorurteilen begegnet, und zwar vielfach in solchen Kreisen, die in der Folge durch die fortschreitende Verschlechterung aller Verhältnisse am allermeisten zu leiden hatten. Mittlerweile haben sich die Verhältnisse in Zusammenhang mit den eben angedeuteten Erscheinungen so gestaltet, daß an eine umfassende Vertretung der Dreigliederungsidee vorläufig nicht mehr gedacht werden kann. Eine solche erfordert eine große Zahl verständnisvoller Mitarbeiter aus allen Kreisen, welche die wirklichen sozialen Forderungen der Zeit erkannt haben und aus wahrhaft sozialem Wollen heraus an der Verwirklichung dieser sozialen Forderungen mithelfen wollen. Eine solche Mitarbeiterschaft hat sich nicht in hinreichender Zahl gefunden. Aus dieser Sachlage heraus liegt es nahe, zu einer Titeländerung unserer Wochenzeitung zu schreiten, die der gegebenen Sachlage Rechnung tragen will. Mit Beginn des vierten Jahrgangs wird unsere Wochenzeitung den neuen Titel «Anthroposophie – Wochenschrift für freies Geistesleben» tragen. Für diejenige Strömung, die damit angedeutet ist, ist in weitgehendem Maße Interesse und Verständnis vorhanden. Das freie Geistesleben mit einem neuen zeitgemäßen geistigen Inhalt wird heute in wachsendem Maße überall als eine Notwendigkeit empfunden. Es handelt sich nicht um ein Aufgeben der Dreigliederungsidee. Im Gegenteil, aus den immer chaotischer werdenden Verhältnissen heraus zeigt sich immer dringender, daß solche neue Wege, wie sie damit gemeint sein wollten, eine Zeitnotwendigkeit sind. Die Tatsachen jedoch nötigen dazu, denjenigen Faktoren Rechnung zu tragen, die sich aus den Verhältnissen heraus ergeben haben.

Unsere Leser werden bemerkt haben, daß in der Führung der Wochenzeitung diese Faktoren schon seit einiger Zeit berücksichtigt worden sind. Das Feuilleton wurde eingeführt. Die Arbeit und Leistungen auf dem Gebiete eines wirklich freien Geisteslebens, wie sie in unseren mannigfaltigen öffentlichen Veranstaltungen gegeben sind, traten immer stärker in den Vordergrund. Man bringt diesen Veranstaltungen in weiten Kreisen immer größeres Interesse entgegen. Daher erscheint es selbstverständlich, daß die geistigen Inhalte und Ergebnisse dieser Veranstaltungen auch immer stärker ihren Niederschlag finden in unserer Wochenzeitschrift. Die Titeländerung wird infolgedessen eine tiefgreifende inhaltliche Umgestaltung nicht mit sich bringen. Die bereits eingeschlagene Richtung wird nur eine stärkere Ausprägung erfahren. Wochenbericht und Feuilleton werden beibehalten.

Der soeben beendete West-Ost-Kongreß in Wien hat ein starkes internationales Interesse gefunden. Die beiden Vortragszyklen Rudolf Steiners über «Anthroposophie und Wissenschaften» und «Anthroposophie und Soziologie» haben in umfassender Weise die großen Zeit- und Weltfragen behandelt und die Wege gewiesen, die für den Fortschritt und die Zukunft der Zivilisation, die alle Welt heute sucht, eingeschlagen werden mußten.[[104]] Über diese beide Zyklen wird daher in möglichst eingehender Weise in einer längeren Artikelserie berichtet werden, so daß die Leser der «Anthroposophie» in die Lage versetzt sind, diese größte aller bisherigen Veranstaltungen ihrem geistigen Inhalt nach kennenzulernen. Wir hoffen, daß wir zu den bereits zahlreichen Lesern und Freunden unserer Wochenschrift ebenso zahlreiche neue Freunde hinzugewinnen werden.

Die Schriftleitung

Rückblickend hat im Jahre 1924 Rudolf Steiner gesagt: «Die Dreigliederungsbewegung war so veranlagt, daß sie entweder einen starken Eindruck hat machen sollen, den sie nicht gemacht hat, oder daß sie überhaupt keine große Bedeutung haben konnte.»[105] – Aus dem «Bund für Dreigliederung des sozialen Organismus» wurde der «Bund für freies Geistesleben». Auf diesem Gebiete konnten die Keime weiter gepflegt werden und so erhalten bleiben.

Auch der «Kommende Tag» mußte für die unmittelbare Gegenwart auf ein weiteres sozialwirtschaftliches Wirken verzichten und seine Tätigkeit innerhalb engerer Grenzen halten. Er konnte nur noch die Verbindung einiger wirtschaftlicher Betriebe mit geistigen Unternehmungen sein. Die geistigen Unternehmungen sollten dem wissenschaftlich-geistigen Fortschritt dienen, die rein wirtschaftlichen Betriebe die wirtschaftliche Grundlage liefern. Die Aktionäre sollten die vorgesehene mäßige Dividende weiter beziehen. Es blieb nichts übrig, als sich auf das zunächst Mögliche zu beschränken, so schwer es fiel, die Verwirklichung des Notwendigen späteren Zeiten überlassen zu müssen.

Der Gedanke der Dreigliederung wurde jedoch weiter gepflegt, weil es für die Zukunft richtig angesehen wurde, daß weite Kreise sich mit ihm bekannt machen und so die Erscheinungen des sozialen Lebens wirklichkeitsgemäß anschauen lernen sollten. Deshalb fand zum Beispiel von Januar 1922 angefangen alle vierzehn Tage in Stuttgart ein öffentlicher Vortrag im Hause der Anthroposophischen Gesellschaft, Landhausstraße 70, statt, dessen großer Vortragssaal auf sechshundert Sitzplätze vergrößert worden war. Der Titel dieser Reihe, an welcher ich mich mit anderen in Stuttgart wohnenden Rednern beteiligte, lautete «Anthroposophie und Dreigliederung als kultureller Impuls». Mit dieser Bezeichnung war angegeben, in welcher Richtung die Dreigliederungsbewegung weitergeführt werden sollte.

Die erste Jahresschlußfeier an der Waldorfschule

Am 23. Juli 1920 fand die Schlußfeier des ersten Jahres der Waldorfschule statt, an welcher Rudolf Steiner teilnahm.[106] Man konnte es ihm wieder einmal anmerken, welche Freude es für ihn war, am Leben der Schule teilnehmen zu können, die er manchmal als sein «liebstes Kind» bezeichnete, um die er sich ununterbrochen gesorgt hatte, weshalb er auch einmal von ihr als von seinem «Sorgenkinde» gesprochen hat. Auf seinen Wunsch sprach erst jeder Lehrer, zwar vor den versammelten Schülern der ganzen Schule, aber indem er sich ausdrücklich an seine Klasse wendete. Dies wurde auch fernerhin immer so gehalten. Dann sprach zu allen Rudolf Steiner. Er begann: «Meine lieben Kinder! Heute, wo wir am Ende unseres ersten Schuljahres der lieben Waldorfschule stehen, wollen wir uns einiges in die Seele schreiben von demjenigen, warum wir eigentlich in dieser Waldorfschule sind, welches der ganze Sinn davon ist, daß unser lieber Herr Molt im Verein mit der lieben Frau Molt diese Waldorfschule für euch, meine lieben Kinder, und für die Menschheit gegründet haben, und welches der ganze Sinn davon ist, daß ihr jeden Morgen hierherkommt, etwas Tüchtiges lernen sollt, und daß ihr vor allen Dingen hier durch Menschen, die sich für euch unendliche Mühe geben, als tüchtige Menschen selber ins Leben eingeführt werden sollt.»

Er erinnerte sodann die Kinder daran, wie er sie im Laufe des Schuljahres bei seinen Besuchen in den einzelnen Klassen immer gefragt habe, ob sie ihre Lehrer liebten. (Ohne daß er diese Frage im Augenblick gestellt hätte, riefen die Kinder wie aus einem Munde: «Ja!») Jetzt kämen Wochen, wo die Kinder ihre Lehrer nicht sehen würden. Da sollte sich jedes Kind so recht im Herzen fragen. Bin ich meinem Lehrer dankbar? Und es solle lernen, diese Frage aufrichtig und herzhaft zu bejahen.

Aber in den Ferien sollten sie sich nicht sagen: In der Schule müssen wir fleißig sein, nun dürfen wir faulenzen! Sie sollten sich sagen: «Ja, der Tag ist schön, am Tag erlebt man vieles recht Schönes neben manchem Traurigen und Schmerzhaften ... Aber wir können nicht richtig alles das mit unseren Augen sehen und unseren Ohren hören, was die göttliche Geistigkeit so schön ins Leben hereingestellt hat, wenn wir nicht auch schlafen, ruhen könnten ... Wenn ihr immer wachen müßtet, dann würdet ihr durchaus das Leben nicht in seiner ganzen Wahrheit und Schönheit, wie es die göttliche Geistigkeit gemacht hat, genießen und euch erarbeiten können. – So ist es auch im Leben ... Wir fassen das so auf, daß wir während dieser Ferienzeit gerade ausruhen, um wiederum kräftig zu werden für das ganze neue Schuljahr.»

Es folgte ein Hinweis auf den Sinn der Waldorfschule und den Sinn des Daseins an dieser Schule. Wenn der Mensch in dieses Leben in der Welt hereintritt, so sind sein Leib, seine Seele, sein Geist noch klein. An der Waldorfschule soll der Leib so gestaltet werden, daß er vollkommener wird, damit er geschickt wird für alles, was der Mensch im Leben zu tun hat, durch die Eurythmie und manches andere. Ebenso ist es mit der Seele. Da sei es so wie bei einem Knäuelchen. So wie man da die Fäden herauswickelt, so müssen aus der Seele die Fäden für das Leben herausgewickelt werden. Aus den Seelen der Kinder sollen tüchtige Lebenskräfte herausentwickelt werden. Und wenn man den Geist nicht schulen, nicht unterrichten würde, dann wären wir keine tüchtigen Menschen.

Er sprach hierauf von den Träumen. Da gibt es schöne und häßliche. Und in den Ferien, da geht man zur Ruhe, da soll auch etwas kommen, was man mit dem Träumen vergleichen kann. Und wenn die Kinder daran denken, daß sie liebe Lehrer gehabt haben, und sich gefreut haben, wenn sie in die Schule gehen durften, dann haben sie während der Ferien schöne Träume. Wenn sie sich aber sagen müssen, sie hätten weniger faul sein können und seien nicht gerne zur Schule gegangen, dann haben sie schlechte Träume. Die Kinder sollten sich im Rückerinnern an dieses Schuljahr sagen: «Zur Waldorfschule ziehen meine Gedanken. Dort wird mein Körper gestaltet zu geschickter Tätigkeit, dort wird meine Seele entwickelt zu tüchtiger Lebenskraft, dort wird mein Geist entwickelt zu rechtem Menschentum ... Dann werdet ihr einen guten Traum hineinschicken in eure Ruhe, und dann wird auch die Ferienzeit etwas dazu beitragen, daß ihr tüchtige Menschen im Leben werdet.»

Einer von den Kleinen hatte Rudolf Steiner einen Waschlappen überreicht, den er selbst gestrickt hatte – das übten ja die Knaben ebenso wie die Mädchen –, und dazu weiße Blümchen. Dies nahm er zum Anlaß, um das eben Gesagte nun in der den Kleineren angemessenen Form zu wiederholen.

Er fuhr dann fort: «Und jetzt, liebe Kinder, möchte ich in eurer Gegenwart, damit ihr es hört, obwohl ihr es noch nicht verstehen könnt, ein paar Worte auch an eure lieben Lehrer richten ... ich möchte ihnen die Hände drücken ... Meine Lieben ... wir haben bittere Jahre der Menschheit hinter uns, Jahre, in denen sich die Menschen blutig geschlagen und geschossen haben. Wir haben noch manches Bittere vor uns; denn es sieht noch sehr schlecht aus. Da waren es die Waldorflehrer, welche zuerst den Mut gefunden haben, hier zu erscheinen und dasjenige in ihren Glauben aufzunehmen, wovon ich überzeugt bin, daß es vor allen Dingen heute in den Glauben der Menschen aufgenommen werden muß; sie haben gesagt: Ja, es muß an den Kindern gearbeitet werden, damit, wenn wir alte Leute sind, durch unsere Arbeit das an den Kindern geschehen ist, was verhindern kann jenes Unglück und jene Bitterkeit, die über die Menschen gekommen ist. – Es gehört ein gewisser Mut und Arbeitsfleiß dazu, aber es gehört vor allen Dingen das dazu – und deshalb möchte ich euch, meine lieben Waldorflehrer, so herzlich die Hand drücken –, was im Menschenherzen die Möglichkeit hervorruft, nicht zu schlafen, sondern zu wachen. Würde das, was von euch als Entschluß gefaßt worden ist, heute von vielen Menschen nicht verschlafen, sondern wachend angeschaut ... dann würdet ihr euch sagen können: Wir haben als die ersten mitgearbeitet an dem, was für die Zukunft der Menschen so notwendig ist.»

Die Kinder wies er darauf hin, daß die Lehrer solche Leute seien, welche die Aufgabe der Zeit wirklich begriffen haben und sich in Hingabe dem gewidmet haben, was von ihnen verlangt worden ist. Deshalb habe er die Kinder immer gefragt, ob sie ihre Lehrer liebten, in den Ferien aber wolle er sich fragen: Sind die Kinder dankbar gegen ihre Lehrer? «Euch aber, ihr lieben Waldorfschullehrer, drücke ich herzlich die Hand. Ich danke euch im Namen des Geistes der Menschheit, den wir versuchen zu pflegen in unserer ganzen geistigen Bewegung ... für alles dasjenige, was ihr geleistet habt für die Zukunftsideale der Menschheit.»

Von noch etwas wollte er an diesem Tage sprechen: vom «Geist der Waldorfschule», der wieder zur rechten Frömmigkeit ausbilden solle. Es sei im Grunde genommen der Geist des Christentumes, der durch unsere Schulräume wehe, von jedem Lehrer zu jedem Kind, auch wenn scheinbar etwas der Religion Fernstehendes gelehrt wird, wie zum Beispiel das Rechnen.

Er verglich das ganze Leben mit einem Tag von vierundzwanzig Stunden, dann würden auf die Schulzeit etwa zwei bis drei Stunden entfallen. Für die Waldorfschüler würde es einmal ein richtiger Herzenstrost sein, wenn sie sich sagen könnten: Ja, die zwei bis drei Lebensstunden, die wir in der Schule verbracht haben, die haben uns etwas gegeben von Kraft und Geist und Arbeitstüchtigkeit für das ganze Leben. Das wollte er in ihre Seelen schreiben, daß es blühe wie die ihm eben überreichten weißen Blümchen.

«Heute», so fuhr er abschließend fort, «wollte ich, daß dies mein Herz zu eurem Herzen spricht. Ich möchte es in Liebe zu euch gesprochen haben, und ich sage es euch, damit ihr es auch merken könnt. Noch einmal, denkt daran: Meine Gedanken sollen hineilen zu der lieben Waldorfschule. Dort wird mein Körper gestaltet zu tüchtiger Lebensarbeit, dort wird meine Seele entwickelt zu starker Lebenskraft, dort wird mein Geist erweckt zu wirklichem, echtem Menschentum. So soll es sein. – So wollen wir auseinandergehen, und wenn wir wiederkommen, dann wollen wir es weiter so halten, wie wir es gehalten haben ... So, auf Wiedersehen!»

Man kann sich schwer eine Vorstellung machen von der Innigkeit, mit welcher diese Worte gesprochen worden sind, von der Güte, die uns daraus entgegenströmte, vom Ernst des tiefen Verantwortungsgefühls gegenüber der so schwer leidenden Menschheit. Ihr war Hilfe zugedacht durch die tüchtigen Menschen, welche aus dieser Schule hervorgehen sollten. Denn nicht von irgendwoher anders kann eine Wende kommen als aus den Menschen selbst. Die Erkenntnis des Guten und des Bösen ist ihnen gegeben, der Keim des Guten in jedes Menschenherz gelegt. Doch der Mensch ist das Schicksal der Erde, je nachdem er ihn pflegt oder verkümmern läßt. Erziehung kann ihm helfen, daß er die Richtung finde. Als Folge unvollkommener Taten in vergangenen Erdenleben hat sich jeder Hindernisse geschaffen auf dem Wege zur Verwirklichung des Guten. Er selbst wird, der er ist; ihn selbst kann Erziehung nicht ändern, aber sie kann Hindernisse wegräumen. Diese zeigen sich in der Tatsache, daß Körperleib und Geistseele nicht recht zusammenpassen, was in der Unausgeglichenheit der Temperamente zum Ausdruck kommt. Hier kann Erziehung helfend eingreifen, und wenn ein Gleichgewicht erreicht ist zwischen den geistigen Fähigkeiten und dem, was ihnen als Leibeswerkzeug zu ihrer Entfaltung gegeben ist, dann kann ein Mensch tüchtig werden und sich in seiner Arbeit mit anderen brüderlich zusammenfinden. Das Ziel des Erziehens soll nicht sein, den heranwachsenden Menschen zu einem von möglichst vielen zu erreichenden Umfang an bloß verstandesmäßig erfaßten Kenntnissen zu verhelfen. Die Tüchtigkeit liegt in viel tieferen Bezirken. Auf dem von Rudolf Steiner gewiesenen Wege der Erziehung wird die Entwickelung des Verstandes so gefördert, daß dabei das Herz und die Hand, nämlich nicht nur durch künstlerische und handwerkliche Betätigung mit aufgerufen werden; der Unterricht selbst soll so von innerem Leben erfüllt sein, daß das mit dem

Kopfe Aufgenommene Herz und Hand ergreift. Die Hinlenkung auf bloß Verstandesmäßiges macht den Menschen einsam oder gewalttätig, je nachdem der Verstand sich vom Willen löst oder von ihm überwältigt wird. In beiden Fällen fehlt ein rechtes, in der gemeinsamen Arbeit fruchtbar wirkendes Verhältnis zum Mitmenschen. Das findet aber ein Mensch, der es in sich zu einer gewissen Harmonie gebracht hat. Deshalb ist es das Ziel der Erziehung vom Schulbeginn bis zum vierzehnten Lebensjahr, die Einseitigkeit des Temperamentes ausgleichen zu helfen. Das erleichtert dann dem so erzogenen Menschen die Arbeit an sich selbst, die Selbsterziehung des Erwachsenen. Wenn ein solcher das nie erlahmende Streben nach Vervollkommnung seines Wesensausdruckes durch Arbeit an sich selbst aus der Schule als ihm unentbehrliches Lebenselement mitnimmt in des Lebens große Schule, dann wird er auch dort sich als guter Schüler erweisen, als lebenstüchtiger Mitarbeiter. Die Harmonisierung von Denken, Fühlen und Wollen öffnet ihm die Möglichkeit, den Ausdruck unserer Persönlichkeit, die Arbeit, wie gerade er sie leisten kann, in rechter Weise in das allgemeine Tun hineinzustellen.

Doch manches Menschen Streben geht weiter. In seiner Arbeit will er auch höheren Zielen dienen, nicht nur Augenblicksbedürfnisse für sich selbst und seine Umgebung befriedigen. Er will in seine Ziele Menschheitsziele aufnehmen. Auch solche Menschen braucht die Zeit. Ihnen hat Rudolf Steiner den Weg gewiesen, das Denken dem Leibe zu entreißen in seiner «Philosophie der Freiheit»[107]. Dadurch erfährt der Mensch in der «moralischen Phantasie», wie sich sein Wollen dem höheren Willen einordnen kann aus ehrfürchtigem Verstehen, aus freiestem Entschluß. Wie er dann an sich arbeiten kann, an seiner Vervollkommnung als Mitarbeiter an Menschheitszielen, das zeigt ihm der *unserer* Zeit angemessene Weg zur Selbsterziehung, den Rudolf Steiner gewiesen hat, den er vorangeschritten ist. Wer ihm nachfolgt, der wird in rechter Weise vielen Menschen dienend helfen können, er wird auf noch höherer Stufe ein «Tüchtiger» werden.

Diesen Ausblick konnte man erleben, wenn man Rudolf Steiner zu den Schülern und Lehrern sprechen hörte. Im Ton seiner Worte lag die Bitte an uns, die gebotene Hilfe anzunehmen, den Keim zu pflegen, dessen Früchte Lebenskräfte in sich bargen, in ihm lag das Gebet zu den gütigen Geistesmächten, uns die Kraft zu solcher Arbeit zuströmen zu lassen. So kann man seine Worte und besonders den Aufbau einer solchen Ansprache verstehen lernen.

Bestrebungen für die Erneuerung der Fachwissenschaften

Schon im März 1920 hatte Rudolf Steiner auf Bitten von Ärzten und Studierenden der Heilkunst einen Kursus von zwanzig Vorträgen in Dornach gehalten.[108] Außer den Kursstunden sprach er noch für andere damals in Dornach anwesende wissenschaftlich interessierte Kreise, wobei ihm einige in der anthroposophisch-wissenschaftlichen Arbeit tätige Wissenschaftler durch Vorträge auf ihren Gebieten zur Seite standen. So kam es zu einer Veranstaltung von acht Vorträgen, darunter zwei von Rudolf Steiner über «Anthroposophie und Fachwissenschaften»[109]. Mit diesen Vorträgen wurde zum ersten Mal in umfassender Weise versucht, der Öffentlichkeit zu zeigen, daß die Geisteswissenschaft imstande sei, ganz neue und bedeutende Gesichtspunkte für die einzelnen Fachwissenschaften vorzubringen.

In der Umgebung Basels hatte sich in weiten Kreisen der Lehrerschaft Interesse für die neue Erziehungskunst gezeigt, und das führte zu einem von Rudolf Steiner gegebenen Kurs von vierzehn Vorträgen für diesen Kreis.[110] (Von den vielen Einzelvorträgen aus dieser Zeit sei besonders der am 26. April in der «Schweizer Mustermesse» zu Basel gehaltene erwähnt: «Die gegenwärtige Wirtschaftskrise und die Gesundung des Wirtschaftslebens durch die Dreigliederung des sozialen Organismus»[111].)

Im November sprach Rudolf Steiner in Stuttgart öffentlich über: «Die Geisteskrisis der Gegenwart und die Kräfte zum Menschheitsfortschritt»[112] und besuchte selbstverständlich die Waldorfschule, zur großen Freude von Schülern und Lehrern.

Am 1. Januar 1921 begann in Stuttgart der achtzehn Vorträge umfassende Kurs «Das Verhältnis der verschiedenen naturwissenschaftlichen Gebiete zur Astronomie»[113]. – Seine ausgesprochene Absicht war gewesen, besonders die Zusammenhänge von Astronomie und Embryologie darzustellen, daher sollten nur Ärzte, Astronomen, Mathematiker und die Waldorflehrer zugelassen werden. Es war jedoch in Stuttgart in den so stark angewachsenen Kreisen der Anthroposophen bekannt geworden, daß Rudolf Steiner eine lange Reihe von Vorträgen zu halten beabsichtige. Die mit den Vorbereitungen betrauten Persönlichkeiten hatten einen schweren Stand gegenüber den vielen, denen der Gedanke unerträglich schien, daß sie nicht dabei sein sollten. Zuerst sah man sich genötigt, um nicht zu großen Unwillen hervorzurufen, bezüglich der Anforderungen an Vorbildung etwas nachsichtig zu sein, aber nun ging es erst recht los: «Ja, wenn der oder jener dabei sein darf, dann habe ich den gleichen Anspruch.» Schließlich war eine gar stattliche Hörerschar erwartungvoll versammelt, aber mit ganz anderen Voraussetzungen, als es Rudolf Steiner eigentlich erwartet hatte. Selbstverständlich mußte ihm von dieser Tatsache gleich bei seiner Ankunft Mitteilung gemacht werden. Er war alles andere als erfreut und konnte nun nicht das aussprechen, was er vorhatte. Wenn er auch oft von seinen Hörern viel verlangte, so sprach er doch nie über deren Auffassungskraft hinaus. Trotzdem ist der Inhalt dieser Vorträge ein solcher, daß auf lange Zeit hinaus die Fachleute überreich mit neuen Ausblicken und Aufgaben versehen sind.

In den Tagen des Kurses sprach Rudolf Steiner noch über «Wirtschaftliche Forderungen und Geisterkenntnis»[114] und hatte eine Aussprache mit württembergischen Betriebsleitern und -besitzern. Außerdem gab er vier Vorträge für Akademiker: «Proben über die Beziehungen der Geisteswissenschaft zu den einzelnen Fachwissenschaften»[115]. Er besuchte, so oft es seine Zeit erlaubte, die einzelnen Klassen der Waldorfschule und sprach an einem Elternabend. Selbstverständlich hielt er auch mit uns Lehrern Konferenzen ab und Besprechungen mit den Ärzten, für welche das inzwischen eröffnete «Klinisch-Therapeutische Institut» unter der Leitung von Dr. Otto Palmer einen Mittelpunkt bildete. Man wird sich eine Vorstellung von der Beanspruchung der Kräfte Rudolf Steiners machen, wenn noch erwähnt wird, daß in denselben Tagen zwei Vorträge und eine Besprechung mit den Rednern stattfanden, welche in der für Oberschlesien so kritischen Zeit noch vor der Abstimmung dort die Gesichtspunkte der Dreigliederung geltend machen sollten.[116] Die Aufzählung all dieser Veranstaltungen mag ein Hinweis sein auf den Grad der Intensität, welchen sein Wirken nun annahm. Seine Mitarbeiter gaben sich Mühe, im Bereiche ihrer Kräfte auch ihr Möglichstes zu geben, und trotzdem ihre Zahl eine ganz kleine war, hatte die Öffentlichkeit doch den Eindruck einer gewaltigen geistigen Bewegung, hinter welcher viele Tausende stünden. Dies haben auch die Gegner öfter so angesehen und konnten der Tatkraft Rudolf Steiners und derer, die für ihn eintraten, ihre Anerkennung nicht verweigern. Die Tätigkeit der Gegner steigerte sich schon in jener Zeit in sehr übler Weise.

Im Februar hielt Rudolf Steiner den schon erwähnten Rednerkurs[117] und im März – wiederum in Stuttgart – eine Vortragsreihe über «Mathematik, wissenschaftliches Experiment, Beobachtung und Erkenntnis-Ergebnis vom Gesichtspunkte der Anthroposophie»[118]. Im April gab er in Dornach einen zweiten Kurs für Ärzte und einen über Heileurythmie.[119]

Gelegentlich eines Aufenthaltes in Dornach im Frühjahr 1921 brachte Maria Strakosch die Bitte an Rudolf Steiner heran, auch für die Kunst der Malerei eingehende Anweisungen zu geben, wie er es für die Eurythmie getan hatte. Sie erbat von ihm Grundlagen zu einer aus dem Geistigen geschöpften und zum Geistigen hinleitenden Farbenlehre. Durch eine solche könnte dem Maler, der danach strebt, seine Werke aus dem wahren Wesen der Farbe heraus zu gestalten, der rechte Weg gewiesen werden. Rudolf Steiner erfüllte diese Bitte und hielt in Dornach am 6., 7. und 8. Mai drei Vorträge über «Das Wesen der Farben»[120], an welchen ich über seinen Wunsch auch teilnahm. Er hat später auch in anderen Zusammenhängen über die Farben gesprochen.

Maria Strakosch erhielt auch noch persönlich richtunggebende Angaben über künstlerische Gestaltung und über Fragen des Malunterrichtes. Im Mittelpunkt stand die Aufgabe, wie die menschliche Gestalt so aus der Farbe heraus darzustellen sei, daß darin die Geistwesenheit des Menschen zum Ausdruck gelangen könne. An die Erfassung dieses Problems wollte auch der ganze Unterricht heranführen, der dann von ihr an der in Stuttgart neu entstehenden Malschule gegeben wurde für Persönlichkeiten, welche in diesem Sinne künstlerisch arbeiten wollten. Die Schule erhielt den Namen «Malschule für Rudolf Steiners Farbenlehre». In wenigen Jahren stieg die Zahl der aus den verschiedensten Ländern herankommenden Schüler auf über vierzig; darunter waren auch Lehrer von anderen Waldorfschulen sowie solche, die an Staatsschulen tätig waren. Außer diesem Unterricht für Erwachsene gab es auch Kurse für Kinder, sei es für besonders begabte Schüler der Waldorfschule oder für Kinder anderer Schulen. – Als im Jahre 1938 die Waldorfschule von der nationalsozialistischen Regierung gesperrt wurde, stellte auch die Malschule ihre Tätigkeit ein.

Die Anregungen Rudolf Steiners wurden von einer Anzahl anthroposophischer Künstler aufgenommen, und nach mehrjähriger Arbeit trat gegen Ende der zwanziger Jahre die Künstlergruppe «Aenigma»[121] wieder mit Ausstellungen an die Öffentlichkeit, welcher sich in der Zwischenzeit auch noch andere Künstler angeschlossen hatten. Diese Veranstaltungen waren stets gut besucht. Manche Menschen fühlten sich sehr angesprochen, andere lehnten ab, überall wurden sie Anlaß zu anregenden Aussprachen. Noch im Monat Mai kam Rudolf Steiner nach Stuttgart und hielt eine Reihe grundlegender Vorträge über «Die Naturwissenschaft und die weltgeschichtliche Entwickelung der Menschheit seit dem Altertum»[122].

Im Juni kam er wieder nach Stuttgart und hielt für die Lehrer der Waldorfschule einen pädagogischen Kurs von acht Vorträgen.[123] Es waren auch Theologen an ihn herangetreten, und für sie hielt er sechs Vorträge, denen im September desselben Jahres noch der sogenannte «Erste Theologen-Kurs» von vierzehn Vorträgen folgte.[124] Aus dieser Arbeit entstand später die «Christengemeinschaft».

Im Juni und Juli fanden dann in Dornach drei aufeinanderfolgende umfangreiche Vortragsreihen für Mitglieder der Anthroposophischen Gesellschaft statt.[125]

«Anthroposophie und Wissenschaft»

Hochschulveranstaltung in Darmstadt (25. bis 30. Juli 1921)

Um dem stets wachsenden Interesse, das die anthroposophische Geistesbewegung innerhalb der akademischen Jugend gefunden hatte, entgegenzukommen, hatten sich einige süddeutsche Ortsgruppen des Bundes für Anthroposophische Hochschularbeit gemeinsam mit dem Ausschuß der Studentenschaft der Technischen Hochschule Darmstadt an Rudolf Steiner und an die Vortragenden der Anthroposophischen Hochschulkurse in Stuttgart gewendet mit der Bitte, auch ihnen Vorträge und Seminare an einer anthroposophischen Hochschulwoche in Darmstadt zu ermöglichen.[126]

Als Beispiel für die Art, wie diese und später auch andere ähnliche Veranstaltungen eingerichtet wurden, folge hier die Angabe sämtlicher Vorträge und künstlerischer Darbietungen (siehe Programm auf der nächsten Seite).

In diesen Tagen herrschte eine ganz ungewöhnliche Hitze, und infolge langer Trockenheit stockte die Wasserversorgung mancher Städte. In Stuttgart mußte aus diesem Grunde der Beginn der Sommerferien vorverlegt werden. Ein Teil der Blätter fiel von den Bäumen, die Gärten mit den verdorrten, braunen Rasenflächen machten einen fast herbstlichen Eindruck. Trotzdem war der im Stadtpark gelegene große Saalbau bis auf den letzten Platz gefüllt und ebenso die in den großen Hörsälen der Technischen Hochschule stattfindenden Seminare. Es war für die Redner kein Leichtes, bei 33 Grad Celsius im Saale zu sprechen, aber die rege Teilnahme und Begeisterung der Zuhörer lohnte ihre Anstrengungen.

Den Höhepunkt des Eröffnungsabends bildete der Vortrag Albert Steffens über «Beziehungen deutscher Dichtung und

ERÖFFNUNGSFEIER

Montag, den 25. Juli, 7 Uhr abends (im Saalbau)

BEGRÜSSUNG

ERÖFFNUNGSREDE von Dr. Walter Johannes Stein

VORTRAG des Dichters Albert Steffen: Beziehungen deutscher Dichtung und deutschen Volkstums zur schweizerischen Dichtung und zum schweizerischen Volkstum.

VORTRAGSPLAN:

Uhr	Dienstag	Mittwoch	Donnerstag	Freitag
	Vormittagsveranstaltungen (Saal 330 der Techn. Hochschule): Fachwissenschaftliche seminaristische Uebungen.			
9–11	Chemisches Seminar: 1. **Dr. Eugen Kolisko:** Phänomenologische Betrachtungsweise in der Chemie im Gegensatz zu unberechtigter Hypothesenbildung. 2. **Ing. Wilhelm Pelikan:** Spezielle Phänomenologie einzelner chemischer „Elemente."	Mathem.-physik. Seminar: 1. **Dr. H. v. Baravalle:** Mathematische Funktionenausdrücke als Symptome bestimmter Wirklichkeitsgebiete. 2. **E. A. Karl Stockmeyer:** Physikalische Qualitäten im Verhältnis zum Menschen.	**Dr. Ing. Carl Unger:** Wirtschaftlich - technisches Seminar: Technik als freie Kunst.	**Dr. Rudolf Steiner und Dipl.-Ingenieur Alexander Strakosch:** Geschichte der Architektur und einzelner technischer Zweige.
	Nachmittagsveranstaltungen (im Saalbau): Einzelvorträge.			
4–5	**Dr. W. J. Stein:** Psychologie des Urteils.	**Dr. Carl Unger:** Das philosophische Bewußtsein der Gegenwart und die Anthroposophie.	**Dr. Karl Heyer:** Weltgeschichte und Anthroposophie.	**Dr. H. v. Baravalle:** Zum Verständnis des „Michelson-Versuchs"
$5^1/_4$–$6^1/_4$	**Dr. med. Fr. Husemann.** Pathologie des Urteils.	**Dr. Eugen Kolisko:** Die Neugestaltung des chemischen Stoffbegriffes durch Zusammenschauen von Physiologie und Chemie.	**Dr. Rudolf Steiner:** Die geistige Signatur der Gegenwart.	**Dipl.-Ing. Alexander Strakosch:** Menschliche Arbeit und Entwicklung der Persönlichkeit. Eine kulturhistorische Betrachtung.
$6^1/_2$–$7^1/_2$		**Dr. Rudolf Steiner:** Natur-Erkennen und Geist-Erkennen.		

Abendveranstaltungen (im Saalbau):

Dienstag, den 26. Juli, 8 Uhr abends: Liederkonzert von Frau **Werbeck-Svärdström.**

Freitag, den 29. Juli, 8 Uhr abends: ÖFFENTLICHER VORTRAG von Dr. RUDOLF STEINER:

Die Aufgabe der Anthroposophie gegenüber Wissenschaft und Leben

---

Samstag, den 30. Juli, vormittags $9^1/_2$ Uhr (im Saalbau):

Dichtung und Rezitation, eine ästhetische Betrachtung. Von **Dr. Rudolf Steiner.**

Rezitatorische Proben. Von **Marie Steiner.**

Schlußrede von Dr. Rudolf Steiner.

Abb. 25

Programm der Darmstadter Hochschulveranstaltung «Anthroposophie und Wissenschaft» vom 25. bis 30. Juli 1921 deutschen Volkstums zur schweizerischen Dichtung und zum Schweizer Volkstum».

An den Aussprachen nach den Vorträgen der einzelnen Redner beteiligte sich auch Rudolf Steiner selbst, zum Beispiel im wirtschaftlich-technischen Seminar, das von Dr. Ing. Carl Unger[127] gehalten wurde. Da sagte er einiges zur Richtigstellung mancher über die Dreigliederungsidee verbreiteter Gedanken. Wer in ihr eine neue «Entdeckung» sozialer Gesetze oder irgendein utopisches Programm erblicke, der mißverstehe sie gründlich. Aus jahrzehntelanger Beobachtung der europäischen Ereignisse habe sie sich ihm als *Richtlinie* gerade für ein wirklich praktisches Anpacken der sozialen und weltpolitischen Probleme herauskristallisiert und sollte auch aus dieser Gesinnung heraus zum ersten Mal gerade der furchtbaren Weltutopie der Wilsonschen «Vierzehn Punkte»[128] entgegengestellt werden, als diese im Jahre 1917 zur Zerstörung der letzten Reste von sozialen Lebensgestaltungen in Europa eingeführt zu werden drohten.

Für das Seminar, bei welchem Rudolf Steiner mich zur Mitarbeit mit ihm selbst aufgefordert hatte, war von ihm als zu behandelndem Gegenstand angegeben worden: «Geschichte der Architektur und einzelner technischer Zweige». Als Einleitung war mir die Aufgabe gestellt worden, die Entstehung von Stilen zu zeigen. Im Anschluß daran wollte Rudolf Steiner selbst sprechen. Ich hatte mir als Beispiel die Baustile gewählt und als handwerklichen Zweig die griechischen Vasen. Am Vorabend dieser Veranstaltung ergab es sich, daß ich auf dem Heimwege nach Rudolf Steiners Vortrag zu dem Gasthof, wo er und die Redner wohnten, ein Stück Weges mit ihm allein gehen und ihm in kurzen Worten über meine Absichten für den nächsten Tag sprechen konnte. Er gab mir zu verstehen, daß er damit nicht einverstanden sei, wie ich über die Baustile zu sprechen vorhatte. Da blieb nichts anderes übrig, als in der Nacht, ohne Zuhilfenahme von Hilfsquellen, ganz von neuem an diese Frage heranzugehen. Was ich dann am nächsten Vormittag vorbrachte, wurde von ihm angenommen, nur an das, was ich über den Eisenbeton gesagt hatte, knüpfte er einige Bemerkungen, in welchen er mit bedeutungsvollen Hinweisen auf den Dornacher Bau von einer wirklich künstlerischen Verwendung dieses jüngsten aller Baustoffe sprach. Er zeigte, wie in der griechischen Kunst die Gesetze der Statik und Dynamik nicht aus einer äußerlichen Berechnung, sondern aus einem inneren Erleben des menschlichen Gliedmaßensystems heraus gehandhabt worden sind. Auf diesem Wege eröffnet sich ein Verständnis sowohl der griechischen Tempelbauten, die sich aus damaligen Grabdenkmälern entwickelt haben, wie auch der griechischen Plastik mit dem stark ausgebildeten Gliedmaßensystem. Aus einem ähnlichen Erleben des rhythmischen Systems flossen im Mittelalter die Kunstgeheimnisse für die bildenden Künste. Die Neuzeit ist eine Kopfkultur. Damit hat sich das instinktive innere Erleben der eigenen Leiblichkeit verwandelt in ein äußeres mathematisch-mechanisches Berechnen statischer Gesetzmäßigkeiten. Dieses intellektualistische Verhalten müßte aber künstlerisch unfruchtbar bleiben. Ein neuer Baustil ist nur zu schaffen aus einer Umwandlung des modernen Denkens in ein übersinnliches Schauen, das in bewußter Weise die Gesetzmäßigkeiten der ganzen Menschennatur in die architektonischen Kunstwerke hineinzuarbeiten vermag. Solches ist im Goetheanum in Dornach versucht worden. (Er sprach selbstverständlich von dem *ersten* Goetheanum, das dann dem Brande zum Opfer gefallen ist.) Mit ihm ist der für die heutige Menschheit einzig mögliche Weg zur Wiedergewinnung eines architektonischen Stiles beschritten.

Am Nachmittag desselben Tages hatte ich den Vortrag zu halten über «Menschliche Arbeit und die Entwickelung der Persönlichkeit. Eine kulturhistorische Betrachtung». Da hatte ich nun das Glück, daß Rudolf Steiner mit meinen Ausführungen, welche auch von den Zuhörern mit großer Wärme aufgenommen worden waren, sehr einverstanden war. Als ich vom erhöhten Platz des Redners herabstieg, kam er auf mich zu, streckte mir beide Hände entgegen und sagte: «Das war schön.» An demselben Abend hielt Rudolf Steiner seinen zweiten Vortrag: «Die Aufgabe der Anthroposophie gegenüber Wissenschaft und Leben».

Uns allen erschien dieser Kurs bedeutungsvoll. Vor allem durch das, was Rudolf Steiner hier gegeben und wie es aufgenommen worden, aber auch durch die Tatsache, daß er von der akademischen Jugend, auch der nichtanthroposophischen, verlangt worden war. Leider blieb er der letzte dieser Art.

* * *

Am 15. August 1921 erschien die erste Nummer der Wochenschrift für Anthroposophie und Dreigliederung, «Das Goetheanum».

Vom 21. bis 27. August wurde in Dornach ein «Sommerkurs» abgehalten mit Vorträgen über wissenschaftliche, wirtschaftlich-soziale und künstlerische Fragen im Lichte der Anthroposophie[129] und parallel dazu ein Sommer-Kunstkurs, an dem vorwiegend englische Künstler teilnahmen. Die Vorträge, soweit sie in deutscher Sprache gehalten waren, wurden sofort verdolmetscht.

Die Anthroposophie war viele Jahre hindurch in engeren Kreisen gepflegt, welche sich durch die vielen öffentlichen Vorträge Rudolf Steiners zusammengefunden hatten. Nach dem Ende des Weltkrieges kam die Zeit, in welcher sie sich im Leben bewähren sollte, und das war ihr eigentliches Ziel. Ihm dienten alle jene Bestrebungen, von der Waldorfschule angefangen, von welchen in diesen Zeilen die Rede ist. In weitesten Kreisen war die Fähigkeit, sich ein eigenes Urteil über Zeiterscheinungen zu bilden, fast geschwunden. Eine Bewegung wie die anthroposophische, welche danach strebt, alles in das Licht des klaren Bewußtseins zu rücken, durfte es daher auch einmal als ihre Aufgabe betrachten, von ihrem Standpunkt aus positive Zeitkritik zu üben. Diesem Ziele wollte der allgemeine öffentliche Kongreß in Stuttgart dienen: «Kulturausblicke der anthroposophischen Bewegung» vom 28. August bis 7. September 1921, vor allem die acht «Korreferate» zu den verschiedenen Bestrebungen der Zeit.[130] Der Vormittag war fachwissenschaftlichen Vorträgen und Besprechungen gewidmet, am Abend hielt Rudolf Steiner eine Reihe eindrucksvoller, weitgreifender Vorträge: «Anthroposophie, ihre Erkenntniswurzeln und ihre Lebensfrüchte, mit einer Einleitung über den Agnostizismus als Verderber echten Menschentums»[131].

(Mir selbst war die Aufgabe geworden, das Korreferat über Ostwalds Farbenlehre[132] zu halten. Von Kindheit an hatte ich in der Farbe gelebt, viel gemalt und mich mit den Werken der Malerei befaßt. Nun mußte ich mich gründlich in Ostwalds Farbenlehre einleben, die er selber als die bedeutendste Geistestat seit Pythagoras bezeichnet. Ich war von dem so gewonnenen Ausblick auf die seelenerweckenden, bis ins Soziale sich auswirkenden Folgen dieser Lehre derart beeindruckt, daß ich diese sehr eindringlich schilderte. Das trug mir von manchen zarten Gemütern den Vorwurf ein, meine Kritik sei nicht positiv genug gewesen.)

Schon Wochen vorher waren alle Plätze des über achthundert Personen fassenden Vortragssaales in Stuttgart ausverkauft gewesen. Der Kongreß wurde tatsächlich zu einem Ereignis, das auf weite Kreise der Öffentlichkeit Eindruck gemacht hatte. Von weither waren die Teilnehmer erschienen, darunter viele aus angesehenen Stellungen im Kulturleben.

Während dann Rudolf Steiner nach Dornach zurückkehrte, wo um Michaeli der bereits erwähnte «Theologen-Kurs» stattfand, kamen durch die rührige Tätigkeit der Mitarbeiter in verschiedenen Städten Deutschlands große und sehr gut besuchte öffentliche Veranstaltungen zustande. Vom 25. bis 30. September gab es in *Dresden* eine «Anthroposophische Studienwoche». Vom 3. bis 8. Oktober in *Breslau* einen «Kursus über anthroposophisch orientierte Geisteswissenschaft, Erziehungswissenschaft und Sozialwissenschaft» und vom 2. bis 8. Oktober einen «Anthroposophischen Kursus» in *Bremen*. Die «Freien Anthroposophischen Hochschulkurse Stuttgart» begannen in diesem Herbst ihr drittes Semester. Außerdem gaben dieselben Vortragenden, fast alle waren Waldorflehrer, den ganzen Winter hindurch öffentliche Vorträge: «Anthroposophie und Dreigliederung als kultureller Zeitimpuls». Wie sehr man sich in den verschiedenen wissenschaftlichen Kreisen bis in die Theologie hinein mit Rudolf Steiner beschäftigte, zeigt eine damals in vielen Zeitungen erschienene Mitteilung: Die *Schleiermacher-Stiftung* an der Berliner Universität stellt für 1921 folgende Preisaufgabe für Studierende der Berliner Theologischen Fakultät: «Verhält sich die Anthroposophie Rudolf Steiners neutral zur Religion, besonders zur christlichen Religion, oder ist sie selbst eine neue Religion? Wenn letzteres, aus welchen Quellen ist diese neue Religion geflossen?»

Der Zweck dieser gedrängten Aufzählung der im weiteren Umkreis der Waldorfschule abgehaltenen Veranstaltungen ist ein mehrfacher. Als oben davon berichtet wurde, wie die Dreigliederungsbewegung nicht weitergeführt werden konnte, wie «Der kommende Tag» eine Beschränkung seiner Ziele vornehmen mußte, da wurde darauf hingewiesen, daß von da ab Rudolf Steiner mit noch größerer Energie die Auswirkung der Anthroposophie im Gebiete des Wissenschaftlichen und des Erzieherischen sowie des Künstlerischen, in Eurythmie und Sprachgestaltung, zur Geltung bringen wollte, als dies schon vorher geschehen war. Darauf sollte diese Aufzählung hinweisen, daß dies schon von Anfang an gepflegt worden war, daß aber von diesem Zeitpunkt an alle Kräfte auf diese Aufgabe hingewendet wurden. – Auch sollte der Leser sich vielleicht ein Bild davon machen können, mit welchem Aufwand an Kraft und Hingabe Rudolf Steiner, unterstützt von so wenigen Menschen, den Versuch unternommen hat, die Zeitgenossen wachzurufen, ihnen zu zeigen, daß die Hilfe da sei, daß sie aber ergriffen werden müsse, daß nur ein vollbewußter neuer Aufbruch vieler, vieler das Unheil wenden konnte, das er folgerichtig heraufkommen sah und das wir schaudernd in den letzten Jahren in seiner Auswirkung erleben mußten. Es ist mehr als ein bloßes Hinweisen auf einen nicht geglückten Versuch, auf eine nicht angenommene Liebestat, es kann viel für unsere Tage gelernt werden aus jenen Ereignissen. Denn obwohl Rudolf Steiner stets voll und ganz bewußt aus den Forderungen der Gegenwart gesprochen hat, seine Gedanken sind imstande, eine weite Strecke des Weges zu beleuchten, den wir heute gehen müssen. Wir können noch viel aus ihnen an Einsicht und Mut gewinnen.

***

In der Konferenz vor dem Beginn der großen Ferien hatte Rudolf Steiner mich beauftragt, im Rahmen des in der zehnten Klasse beginnenden Technologieunterrichtes[133] in dieser Klasse mit dem Spinnen und Weben anzufangen. In derselben Konferenz war auch der Lehrer für den ebenfalls neu einsetzenden Unterricht in Feldmeßkunde bestimmt worden. Eigentlich hatten wir erwartet, daß ich mit diesem betraut würde, weil ich doch als Ingenieur jahrelang in diesem Fache praktisch tätig gewesen war. Er wurde aber einem Lehrer übertragen, welcher Physik und Mathematik studiert hatte und philosophisch veranlagt war. Für ihn war es eine Ausweitung seines geistigen Lebens ins Praktische. Das hatte ich nicht nötig, weil ich aus dem praktischen Leben gekommen war. Dafür konnte ich an Kindheitseindrücke anknüpfen: Meiner Mutter hatte es Freude gemacht, selbst Flachs zu spinnen, und mein Vater hatte eine Tuchfabrik, in welcher die mechanischen Webstühle lärmten.

So stand ich nun vor der Aufgabe, mir schleunigst im Spinnen am Spinnrad eine ordentliche Fertigkeit anzueignen. Anschließend an den Darmstädter Hochschulkurs reiste ich nach Rettenberg, einem Gebirgsdörfchen im Allgäu nächst Immenstadt. Dort fand ich eine alte Frau, welche sich ihren Unterhalt durch Spinnen verdiente. Sie war nicht wenig erstaunt, als sie vernahm, daß ich ihr Schüler werden wollte. Ich habe dann Tag für Tag manche Stunde am Spinnrad gesessen, bis ich am Ende der Ferien einen regelmäßigen feinen Flachsfaden herstellen und auch Wolle verarbeiten konnte. – Daß ein Erwachsener aus der Stadt kommt, um Spinnen zu lernen, erregte das Interesse der Bewohner noch über das Dorf hinaus und belustigte die Leute. Von manchen wurde ich eingeladen, sie zu besuchen und ihre Spinnräder und Webstühle anzusehen, denn dort gab es noch viel Handweberei. Darunter waren zum Erstaunen des Wirtes, bei dem wir die Mahlzeiten einnahmen, auch solche, welche sonst nie einem «Stadtfrack» das Betreten ihres Hauses erlaubt hätten.

Abb. 26
Alexander Strakosch (im Bild rechts, stehend) beim Unterricht im Spinnen an der Stuttgarter Freien Waldorfschule.

Vom Wachsen der Waldorfschule

Die Waldorfschule hatte im September 1919 mit 253 Schülern und acht Klassen begonnen, in das zweite Schuljahr trat sie mit 420 Schülern und elf Klassen, am Anfang des dritten waren es 546 Schüler und 15 Klassen außer der inzwischen eingerichteten Hilfsklasse. Es waren in alle Klassen neue Schüler eingetreten, die Zunahme der Zahl rührte also nicht nur vom Hinzukommen neuer Klassen her, ein Zeichen des rasch wachsenden Vertrauens immer weiterer Kreise in die hier unter Rudolf Steiners Leitung geleistete Arbeit.

Dieses schöne Wachsen wurde aber bald bedroht durch den Erlaß des sogenannten «Grundschulgesetzes» vom 28. April 1920. Dieses Gesetz hing mit der Tatsache zusammen, daß es überall Kreise gab, welche ihre Kinder nicht in die allgemein zugänglichen Volksschulen schickten, sondern ihnen in privaten Volksschulen einen ihrer Meinung nach besseren Unterricht erteilen ließen, auch sollte der Umgang mit den weniger gut erzogenen Kindern der «unteren Klassen» vermieden werden. Nach Abschluß der Volksschulzeit kamen die Kinder aus den privaten Volksschulen in die Mittelschulen und unterschieden sich schon durch die bunten Tellermützen von den «gewöhnlichen» Kindern. Dieser Überheblichkeit wollte die sozialistische Regierung Einhalt gebieten und verordnete: «Vom Schuljahr 1922/23 an dürfen die Privatschulen keine ersten Klassen mehr aufnehmen und müssen mit dem Abbau der den vier Grundschuljahrgängen entsprechenden Klassen beginnen und diese bis Frühjahr 1925 abschließen. Eine Verlängerung dieser Fristen kann nicht in Aussicht gestellt werden. – Diese Bestimmungen finden Anwendung auf die Freie Waldorfschule in Stuttgart, bei der jedoch, solange sie den Charakter der

Versuchsschule hat, eine weitere Verlängerung auf Antrag vorbehalten bleibt.»

Im September 1920 war es daher notwendig, daß die Waldorfschule als private Volksschule von neuem um Genehmigung nachsuchte.

Die Genehmigung erfolgte in der Weise, daß am 31. Dezember 1920 zunächst verfügt wurde, daß die Privatschulen, die darum nachgesucht hatten, «für das Schuljahr 1921/22 noch eine erste [Elementar-]Klasse aufnehmen» dürfen, «jedoch darf die Zahl der Schüler der Volksschulklassen [1. bis 4. Schuljahr] die Gesamtschülerzahl des Durchschnittes der letzten fünf Jahre nicht übersteigen».

Dies galt nun auch für die Waldorfschule, welche gerade die Verwirklichung des im Gesetze festgelegten Grundsatzes darstellte, allerdings in der Form der *Privatschule*, während der Staat die Privatschulen abschaffen wollte, in denen er den Ausfluß der Überheblichkeit der wohlhabenden Klassen erblickte. An der Waldorfschule saßen zum Beispiel die Enkel des Feldmarschalls von Moltke mit den Arbeiterkindern auf denselben Schulbänken, und niemand fiel es ein, in den höheren Klassen Tellermützen einzuführen, obwohl die Waldorfschule die amtliche Bezeichnung «Einheitliche Volks- und höhere Schule» führte.

Diese Verfügung bedeutete nichts anderes als eine «Rationierung» des besten Zuwachses; die Ausdehnung der unteren Klassen war einfach unterbunden. Im Bericht über das zweite Schuljahr heißt es: «Hier zeigt sich, wie die Waldorfschule hineinverflochten wird in das Schicksal des deutschen Geisteslebens überhaupt. Denn das war nicht mehr ein persönlicher Akt der maßgebenden Regierungsstellen, durch den der Waldorfschule eine Beschränkung der Schülerzahl auferlegt wurde. Das war die Auswirkung eines Schicksals, das seinen Ursprung da hat, wo es durch die Urteilslosigkeit der Menschen möglich wurde, daß die Schulreform von der politischen Maschine eingefangen wurde. Und in dieses Schicksal ist die Waldorfschule nun verflochten, ohne daß man einen einzelnen Menschen dafür die Schuld beimessen könnte.»

Um so wichtiger war nun der Ausbau der Schule nach oben. Durch die Weiterführung der obersten Klasse als neunte Klasse war die Schule über den Rahmen der Volksschule hinausgewachsen. Diese Klasse entsprach der Untersekunda der höheren Knabenschulen. Es stellte sich dieses Hinauswachsen auch in diesem Jahr noch so dar, daß die Kinder aus Arbeiterfamilien zum großen Teil nach Beendigung ihrer Volksschulpflicht, also im allgemeinen nach der achten Klasse, die Schule verließen, und in den höheren Klassen die Zahl der Arbeiterkinder sich rasch verminderte, was wir lebhaft bedauerten.

Wie wichtig selbst für wenig begabte Kinder das längere Verbleiben an der Schule sein kann, davon habe ich dann in der von mir geführten Klasse ein eindrucksvolles Beispiel erlebt. Da war ein Schüler, dessen Geistesgaben so gering waren, daß ich schon einmal Rudolf Steiner gefragt hatte, ob er nicht in die Hilfsklasse gehöre. Doch ich erhielt den Bescheid, ihn in meiner Klasse zu behalten. Nach der achten Klasse wandte ich mich an Rudolf Steiner mit der Frage, ob ich es verantworten könne, den in ärmlichen Verhältnissen lebenden Eltern zu raten, ihn noch für die neunte Klasse an der Schule zu lassen. Rudolf Steiner war sehr dafür und auf mein Bedenken, daß er dem Unterricht doch nicht richtig werde folgen können, da so viel an Vorkenntnissen fehlte, meinte er: «Es wird ihm viel nützen, dabei zu sein, wenn diese Dinge behandelt werden.» Der Knabe blieb also noch ein Jahr an der Schule und erwachte in dieser Zeit wie aus einem Schlafe, in dem er befangen gewesen war. Er verließ dann die Schule und wurde ein Mechanikerlehrling, mit dem der Meister und auch die Lehrer der gewerblichen Fortbildungsschulen zufrieden waren. Ein solcher Fall könnte jenen Schulmännern zu denken geben, welche nur nach verstandesmäßigen «Leistungen» die Kinder be- oder, besser gesagt, *ver*urteilen, indem sie ihnen den Zugang zu einer höheren Bildung verunmöglichen. Das Ergebnis ist der Typus des höheren Beamten, dessen Denken festgefahren ist und dem der ursprüngliche Sinn für das Leben fehlt.

In diesem zweiten Schuljahr wurde auch mit den «Freien Anthroposophischen Hochschulkursen» begonnen als eine Antwort auf das vom «Bund für anthroposophische Hochschularbeit» an die Waldorfschule gerichtete Verlangen studentischer Kreise nach Einführung in anthroposophisch orientierte Wissenschaftsarbeit. Damit wollte – wie der erste Prospekt der Hochschulkurse sagt – der Beginn gemacht werden mit einem dauernden Hochschulwesen. Vortragende waren die Lehrer der Waldorfschule und andere in Stuttgart lebende Persönlichkeiten; ich selbst beteiligte mich als einer der Vortragenden im Kulturgeschichtlichen Seminar. Die Vorträge fanden in den Räumen der Schule statt. Es war ein kleiner Anfang, doch er erwies sich als fruchtbar. In seinem Rahmen wurde, wie schon erwähnt, in der Öffentlichkeit in den ersten Tagen des Januar 1921 von Rudolf Steiner ein Kurs von vier Vorträgen gehalten mit dem Thema «Proben über die Beziehungen der Anthroposophie zu den einzelnen Fachwissenschaften»[134]. Am Schluß des ersten Semesters wurde ein zehntägiger Ferienkurs veranstaltet, an welchem dreißig Vorträge vor etwa siebenhundert Personen nebst seminaristischen Kursen gehalten wurden. Im zweiten Semester hielt dann Rudolf Steiner einen Kurs von vier Vorträgen: «Naturwissenschaft und weltgeschichtliche Entwickelung der Menschheit seit dem Altertum»[135].

In diese Zeit fällt auch die Gründung einer kleinen Schule in Köln, welche aber nur wenige Jahre bestanden hat.

Am 13. Januar fand eine Versammlung der Eltern aller Waldorfschüler statt, in der Rudolf Steiner eine Ansprache hielt.[136] Er wies darauf hin, daß wir an dieser Schule, wenn es richtig vorwärts gehen solle, mehr als an einer anderen ein vertrauensvolles Zusammenwirken mit den Eltern brauchen, denn diese Schule sei eben durch und durch auf geistige Freiheit gebaut, sie stelle sich in das allgemeine Kulturleben hinein als eine im besten Sinne des Wortes «freie Schule». Sie soll nicht in erster Linie dem Staate solche Menschen liefern, wie er sie braucht, sie soll vor allem einer gesunden menschlichen Entwickelung dienen.

Schöne Grundsätze hat man sehr viel in der pädagogischen Literatur, die an sich gar nicht schlecht ist. Aber man kann nicht sagen, daß die Erziehungspraxis diesen guten Absichten auch überall entspricht. Eine echte, wahre Erziehungspraxis auszubilden, das ist es, wozu die Pflege des geistigen Lebens besonders befähigt. Ein wirkliches Erkennen des Menschen erfordert tatsächlich ein Leben in der edelsten Wissenschaftlichkeit, in der Wissenschaftlichkeit des Seelischen, doch auch einen freien, eindringlichen Blick in die ganze Welt, denn der Mensch ist herausgestaltet aus der ganzen Welt. Und wer nicht mit einem warmen Interesse an Welterkenntnis hängen kann, der kann auch nicht hineinschauen in das menschliche Gemüt, besonders nicht in das menschliche Gemüt, das im Kinde erst heranreifen soll zum ganzen Menschen. Man muß aus dem Wesen des werdenden Menschen herausholen dasjenige, was dann das Kind zum Lesen, zum Schreiben, zum Rechnen bringt. Da merkt man bald, welch kompliziertes Ding echte Menschenkenntnis ist. Doch man erzielt nichts durch die Anwendung irgendwo erlernter Grundsätze, wenn nicht zwischen dem Lehrer und dem Kind ein ganz bestimmtes Verhältnis ist, das Verhältnis wahrer gegenseitiger Liebe. Dies soll an der Waldorfschule gepflegt werden als etwas pädagogisch und didaktisch ebenso Notwendiges wie bloße äußere Geschicklichkeit.

Aber diese Liebe läßt sich nicht diktieren, es ist nicht damit getan, daß man in den Vorbereitungsanstalten für den Lehrerberuf über diese Liebe Predigten hält. Man kann die Liebe nicht so ohne weiteres lehren. Aber man braucht als Lehrer tatsächlich mehr Liebe, als man für das andere Leben braucht; sie ist mehr ins Seelische, mehr ins Geistige übersetzt, als dies sonst bei der mehr persönlichen Liebe zwischen Menschen der Fall ist, aber sie muß da sein.

Diese Liebe hat man nicht angeboren, man kann sie nur aus einer Wissenschaft heraus haben, die wirklich vom Geist handelt, die den Geist offenbart. Und so gibt diejenige geistige Wissenschaft, die zur Begründung der Waldorfschule geführt hat, den Lehrern und Lehrerinnen diese wirkliche Liebe. Das läßt sich aber nicht machen mit allgemeinen Phrasen, das läßt sich nur machen, wenn man dasjenige, was man von der Entwickelung des Kindes kennt, von Monat zu Monat, von Jahr zu Jahr im einzelnen immer wiederum anzuwenden weiß.

Er sprach dann davon, daß das späte Lesen- und Schreibenlernen, nämlich im Laufe der ersten drei Jahre, seine guten Gründe habe. Denn es handelt sich nicht darum, daß man die Kinder so schnell als möglich zu gewissen Fähigkeiten bringt, sondern darum, daß man sie dazu bringt, daß sie einmal im späteren Leben tüchtige Menschen werden, die sich das Dasein nicht selber versauern, es sich nicht selber schwierig machen. Wenn man in rechter Weise in den ersten drei Schuljahren im Lesen und Schreiben unterrichtet worden ist, dann wird man nicht ein Mensch werden, der an nichts Freude hat, der leicht ermüdet, der früh altert, wenigstens seelisch.

Die allerwichtigste Zeit, in der sich der Mensch ins Leben hineinfinden soll, ist allerdings nicht die Schulzeit, sondern die Zeit zwischen dem zwanzigsten und dem dreißigsten Lebensjahr, die man früher den Übergang von der Lehrzeit zur Meisterschaftszeit genannt hat. In dieser Zeit wächst der Mensch eigentlich erst ganz aus. Da muß er den Weg finden, um im Leben geschickt zu werden.

Um dies zu erläutern, erinnerte Rudolf Steiner an ein Bild aus der Natur. Es gibt gewisse Flüsse in den Karstgebieten in Krain. Ein solcher heißt von seiner Quelle an zuerst Poik. Dann verschwindet er in ein Loch hinein, ist nicht mehr sichtbar. Nach einiger Zeit kommt er anderswo wieder heraus. Es ist derselbe Fluß, er ist nur unter der Erde weitergeflossen. In seinem weiteren Laufe heißt er Unz. Dann verschwindet er wieder, fließt unterirdisch weiter, kommt wieder hervor und hat dann den Namen Laibach. Es ist immer dasselbe Wasser, nur daß es zuweilen unter der Erde fließt.

So ist es mit dem Menschenleben. Es geht etwas in den ersten Lebensjahren und auch während der Schulzeit, das ist die Spielneigung des Kindes. Dann geht es so wie dieser Fluß in die Untergründe des menschlichen Lebens hinunter. Man sieht dann nach dem vierzehnten Lebensjahr diesen Spieltrieb nicht mehr in der gleichen Art wirksam. Aber dann, wenn die Zwanzigerjahre kommen, dann kommt dasselbe, was im Spiel wirksam war, wieder heraus, aber es ist jetzt nicht mehr als Spieltrieb wirksam. Es ist jetzt die Art und Weise geworden, wie der Mensch sich ins Leben hineinfinden kann. Wenn man also dem Kind die richtigen Spiele beibringt, es nach seinen Anlagen spielen läßt, dann wird das Kind in der richtigen Weise sich ins Leben hineinfinden. Das Leben hängt durchaus durch alle Lebensalter in sich zusammen.

Er deutete ferner an, daß es wichtig sei, das Kind bis zum neunten und zehnten Lebensjahr möglichst mit solchem Unterrichtsstoff zu beschäftigen, der es nicht dazu zwingt, viel über sich nachzudenken, sondern über die Dinge, die draußen im Leben sind. Um das zehnte Jahr muß man anfangen, ihm Begriffe, Vorstellungen von Pflanzen und Tieren so beizubringen, daß es von einem solchen Nachdenken über die Welt den Übergang findet zu einem Nachdenken über sich selbst.

Damit sollte in wenigen Worten etwas von jener ausgebildeten Menschenkenntnis angedeutet sein, die aus der Geisteswissenschaft folgt, und die eigentlich erst möglich macht, eine wirkliche pädagogische Kunst zu entfalten. Diese sollte die ganze Waldorfschule beherrschen. «Und wir glauben», so fuhr er fort, «daß diejenigen Eltern wirklich verstehen, was die heutige Zeit fordert, die verständnisvoll ihre Kinder einer solchen Schule anvertrauen, die aus wirklicher, gründlicher Menschenkenntnis heraus eingerichtet ist. Und aus einem solchen Verhältnis der Eltern zur Schule, das zu unserem ganzen Wirken dazugehört, entsteht dasjenige, was wir in der Schule brauchen. Wenn das Kind des Morgens in die Schule hineinkommt so, daß die Eltern, die selbst aus diesem Verständnis heraus die richtige Liebe zur Schule haben, das Kind entlassen in dieser Liebe, dann wird es auch dasjenige in der rechten Weise erleben können, was ihm vor allen Dingen entgegengebracht werden soll, wenn es die Schultüre aufmacht und den Lehrer, die Lehrerin trifft mit jener Liebe, aus der doch allein dasjenige entspringen kann,

Abb. 27
Das Lehrerkollegium der Freien Waldorfschule Stuttgart (Aufnahme vom 14. September 1926); Alexander Strakosch, im Bild hinterste Reihe, stehend, zweiter von links. (Die übrigen Personen siehe: Das Wirken Rudolf Steiners, Dornach 1987, S. 291.)

was ein wirklich richtiger Unterricht und eine richtige Erziehung ist.»

So sprach Rudolf Steiner zu den Eltern, und sie haben in reichstem Maße der Schule diese Liebe und Treue gehalten. Erwachsen war sie aus dem Lebensgrunde des Vertrauens zu ihm, doch sie wurde uns auch dann bewahrt, als er nicht mehr unmittelbar in der Schule wirken konnte, und bis in die letzten schweren Tage der Aufhebung der Schule wurde sie bewahrt in einer so hingebenden Weise, daß wir Lehrer stets in tiefer Dankbarkeit daran denken werden. Ihr verdanken wir einen wesentlichen Teil der Kraft, die es uns ermöglichte, bis zum Ende aufrecht auszuharren.

Das ständige Wachsen der Schülerzahl machte Erweiterungsbauten notwendig. Es war schon ein Anbau an das alte Haus und ein ebenerdiger Holzbau errichtet worden. Auch meine Klasse war auf über fünfzig Schüler angewachsen und wurde daher im nächsten Schuljahr geteilt. Später haben wir dann auch manche Klassen dreifach geführt. Das waren die fünfte und sechste Klassen. Dadurch daß – wie bereits erwähnt – die vier Grundschulklassen während einiger Jahre nur eine beschränkte Schülerzahl aufweisen durften, stieg die Zahl der Schüler in der fünften und sechsten Klasse sprunghaft, denn da gab es keine Beschränkung in der Schülerzahl. Dieses Wachsen der Schülerzahl machte nötig, vorausschauend für entsprechende Räumlichkeiten zu sorgen. Es wurden für einen großen Neubau die Pläne verfertigt, und es gelang auch, die Mittel hierzu zu finden, so daß am 16. Dezember 1921 die Grundsteinlegung stattfinden konnte.[137]

Es war dies ein feierlicher Tag für die ganze Schule. Rudolf Steiner war von Dornach zu uns gereist. Am Morgen versammelten sich die Lehrer mit dem Schulvater, die Vertreter des Waldorfschulvereins, des Bundes für Dreigliederung des sozialen Organismus und das Direktorium des «Kommenden Tages» und der ausführende Architekt in der Schule. Rudolf Steiner kam, und nachdem er einige ernste Worte an uns gerichtet hatte, las er den Grundsteinspruch vor, der, in ein kupfernes Pentagondodekaeder eingeschlossen, in den Grundstein eingefügt werden sollte. Dann schrieb er ihn, während wir alle ihn umstanden, auf ein Pergamentblatt. «Diese Urkunde», so sprach er, «wird hier in das Pentagondodekaeder versenkt . . ., welches ist das Sinnbild für wirkende Kraft des Menschenherzens und des Menschengeistes, die wir mit aller Kraft anwenden wollen auf alles das, was gewirkt wird in dieser Schule.»[138] Dann unterschrieben auf seine Anordnung, und wie es altem Brauche entspricht, zuerst der Baumeister und hierauf der Gründer Emil Molt; es folgten dann die Unterschriften Rudolf Steiners und Marie Steiners, der Angehörigen des Lehrkörpers und aller eben genannten Persönlichkeiten.

Hierauf begaben sich alle in den großen Eurythmiesaal in den Holzbau, wo sich die ganze Schülerschar versammelte. Rudolf Steiner hielt eine Ansprache, an deren Beginn er vor allem Emil Molt begrüßte, und las den Grundsteinspruch vor. Zu den Kindern sagte er unter anderem, daß es ein bedeutsamer, großer Entschluß war, als Lehrer dieser Schule anzugehören. «Ihr . . . sollt bedenken, daß ihr die ersten seid, welche in einer Schule erzogen werden, auf die man aus wohlberechtigten Gründen in der ganzen Welt sieht.» Er fragte dann wieder: «Habt ihr eure Lehrer lieb und seid ihr dankbar für das, was sie tun?», und wieder ertönte ein einstimmiges «Ja!».

«Diese Schule», so fuhr er fort, «in der wir heute feierlich den Grundstein legen, hat noch ein anderes zu bedenken. Sie steht da als etwas, was in gewisser Weise ein Musterbild darstellen möge, wie heute unterrichtet und erzogen werden soll. Aber sie kann als einzelne Schule nicht mehr sein, als ein solches Musterbild. Auf das Musterbild schaut man, wie ich es angedeutet habe. Als ich vor ganz kurzer Zeit in Norwegen Vorträge zu halten hatte, konnte ich auch in dieser weiten Ferne sehen, wie zahlreich die Menschen sind, die mit innigem Anteil auf diese Schule hinschauen. Als eine Musterschule wird das angesehen, was hier begründet worden ist. Nur das andere fehlt noch: die Einsicht in der weiten Welt, daß es mit der einen Begründung der Musterschule nicht getan ist, wenn nicht über die ganze Welt sich verbreitet die Einsicht, daß solche Schulgründungen überall notwendig sind, daß Hunderte und Aberhunderte sich vereinigen im Weltschulverein, um überall solche Schulen zu begründen. Sonst kann nichts geschehen, als daß diese kleine Schülerschaft das hineinträgt in die Welt, was gepflegt werden muß für die Menschheitsentwickelung.» Dann wies er darauf hin, daß auch erforderlich sei der soziale Opfersinn, um die Mittel für alle diese Schulen aufzubringen, und fuhr fort: «Um diese Aufgabe zu erfüllen, sind viele Menschen notwendig, die ihm verständnisvoll entgegenkommen. Und wenn es sein könnte, daß wir am heutigen Tage – wir können es nur durch Gedanken –, wenn wir vermögend wären, nicht bloß äußerlich etwas zu begründen, sondern innerlich, durch diese tiefinnerliche Begründung mit dem Grundstein, den wir für diesen Bau in die Erde versenken, wenn wir könnten in vieler Menschen Herzen den Grundstein legen, damit aus diesem erwachse dasjenige, was wir für notwendig halten für die Menschheits-Entwickelung und das Menschenziel, dann wäre viel getan ... Es ist so, daß dann, wenn die Menschen in uralten Zeiten daran gegangen sind, den Grund zu legen für einen Bau, dann haben sie mit der Urkunde, auf der Ziel und Sinn gestanden hat, und die Namen derer, die tätig waren an der Errichtung des Baues, etwas Lebendiges versenkt in die Erde ... Heute versenken wir, was Sinnbild des Geistes ist, unser Pentagondodekaeder mit dem Einschluß unseres Gelöbnisses, das wir ablegen in Christi Namen, aus unseren reinen Absichten, aus unserer – wie wir sie anwenden mögen – tätigen Arbeitskraft, das wir versenken aus der heiligen Freiheit heraus in die Erde. Heute legen wir dieses Sinnbild in die Erde, wie einen Keim, auf den wir gerichtet haben die schönsten Gedanken, derer wir fähig sind.»

Während dann alle sich rund um die Grube aufstellten, auf deren Grund der mit einer entsprechenden Höhlung für den Dodekaeder versehene untere Teil des Grundsteines vorbereitet war, wurde der Dodekaeder in Mörtel eingebettet an seine Stelle gesetzt und der obere Teil des Grundsteines darüber. In derselben Reihenfolge, wie sie unterschrieben hatten, stieg dann einer nach dem anderen in die Grube, um nach altehrwürdigem Brauch drei Hammerschläge auf den Grundstein zu tun. Danach durften dies auch die Kinder.

Die Bauausführung schritt dann gut voran. Bis zum ersten Stock wurde der Bau in massivem Beton ausgeführt, von da ab in der im Schwabenlande üblichen Riegelbauweise. Der nahe Schwarzwald lieferte die bis achtzehn Meter langen Balken. Es war der größte Riegelbau, der seit Jahrzehnten im Lande ausgeführt worden war, und von überallher kamen die Bauleute, um das gewaltige Holzgerüst zu sehen.

Im Zweiten Weltkrieg stand gleich über der hinter der Schule aufragenden «roten Wand», dem Überrest eines Steinbruches von Rotsandstein, eine Fliegerabwehrbatterie. Deshalb war die Schule besonders gefährdet, und tatsächlich wurde durch mehrfache Treffer und anschließende Brände großer Schaden angerichtet, so daß nur der untere, in Beton ausgeführte Teil benützbar blieb. Schon vorher, im Jahre 1938, mußte nach Auflösung der Schule das Gebäude der Stadt abgetreten werden. Doch nach Ende der Kriegshandlungen gab es diese dem Lehrerkollegium wieder zurück, der Schulbetrieb hat aller äußeren Not trotzend mit vielen, vielen Kindern wieder eingesetzt. Der Grundstein hat sich als Keim neuen Lebens bewährt.

***

Noch im Dezember 1921 wurde vom Kollegium der Waldorfschule eine öffentliche pädagogische Besprechung veranstaltet. Hierüber sei einmal der Öffentlichkeit das Wort überlassen. Die «Württembergische Lehrerzeitung», 84. Jahrgang, Nr. 4, vom 23. Januar 1922 schreibt das Folgende:

«Die Lehrer der Waldorfschule hatten im Dezember vorigen Jahres zu einer pädagogischen Besprechung eingeladen. Neben einer schönen Anzahl Lehrer waren namentlich Teilnehmer aus der Jugendbewegung erschienen. Das wiederzugeben, was in den drei Tagen in den Vorträgen und in den Diskussionen geboten wurde, ist nicht möglich. Deswegen schon, weil unser gewohntes Denken manchmal einen ziemlich starken Stoß erlitt und den vielen und oft ungewohnten Gedanken nur mit Mühe folgen konnte. Fühlen aber konnte man es lebhaft und klar, daß in dieser Schule etwas Besonderes lebt, daß sie auf tiefgeistigem Grund errichtet ist, und daß sie manches hat, was wir uns auch schon lange gerne wünschen.

Ein einleitender Vortrag klärte die Gesichtspunkte, auf denen das Gebäude ruht. Sie sind auch dargestellt in dem Büchlein von Dr. Rudolf Steiner (dem geistigen Gründer der Schule): ‹Die Erziehung des Kindes vom Gesichtspunkte der Geisteswissenschaft›. Es wäre wünschenswert, wenn recht viele Lehrer dieses Heftchen zur Hand bekämen. Wer es als verantwortungsvoller Erzieher liest, wird vieles finden, dem er beistimmen muß, und manches in der Entwicklung des Kindes wird ihm verständlich werden. – Auf den Gesichtspunkten dieser Schrift sind die Erziehungsgrundsätze, ist der Lehrplan aufgebaut. Der Lehrplan! Jeder Lehrer muß die Schule um diesen Lehrplan beneiden. Aus den kurzen Darlegungen schon zeigte sich, in welch feiner, psychologischer Weise er zusammengestellt ist! Wie alles ineinandergreift, eins durchs andere bestimmt und ergänzt wird! Wie sogar die körperlichen Übungen nicht für sich allein stehen, sondern mit der geistigen Arbeit verbunden sind! Dem Kind wird nur das geboten, was seiner Natur, seiner Alters- und Entwicklungsstufe angemessen ist. Wohl erreicht man in den ersten Jahren nicht das Ziel unserer Lehrpläne, aber die Kraft, die dadurch und dabei entwickelt wird, hilft später um so schneller vorwärts.

Die Schule ist eine Einheitsschule. Sie führt die Kinder vom ersten Schuljahr bis zur Hochschule. Der Religionsunterricht wird von den Geistlichen der betreffenden Konfession erteilt. Daneben wird, je nach Wunsch, ein freier christlicher Unterricht erteilt.

Für den Bezirksverein Stuttgart wäre es doch eine interessante und sicher lohnende Aufgabe, eingehender nach dieser Schule sich umzusehen. Die Ablehnung der Steinerschen Anthroposophie darf kein Grund sein, an dieser eigenartigen, neuartigen Schule vorbeizugehen. Es wird hier etwas geboten, was wenigstens einmal eingehender Prüfung und Beurteilung wert ist. Und wir müssen für unsere Schule holen, was wir können und woher wir etwas gewinnen können. Vielleicht lesen wir gelegentlich in diesen Spalten nähere und eingehendere Ausführungen. *H. H.*»

Weihnachtskurs für Lehrer am Goetheanum 1921

Die Jahreswende 1921/22 fand den größten Teil der Waldorfschullehrerschaft mit einer Reihe von Persönlichkeiten vereint in Dornach beim «Weihnachtskurs für Lehrer»[139], am Goetheanum von Rudolf Steiner gehalten. Er war von Frau Prof. Millicent Mackenzie, Professorin für Pädagogik in England, darum gebeten worden. Diese hatte in England viele Menschen, die im Erziehungswesen tätig drinnen standen, sei es als Erzieher von Kindern, sei es als Heranbildner von künftigen Lehrern, darauf aufmerksam gemacht, daß sie in Dornach neue Impulse, bedeutende Anregungen, wichtige Aufschlüsse für das Gebiet ihrer Lebensarbeit durch Rudolf Steiner finden würden. Es waren auch pädagogisch Tätige aus Skandinavien, Dänemark, Holland, Frankreich, Italien, Deutschland und der Schweiz erschienen. Unter diesen gab es viele, die vorher nichts von Anthroposophie gehört hatten und vorurteilslos aufnahmen, was ihnen geboten wurde. Man konnte mit Freude und Bewunderung erleben, wie sich ihre Seelen durch das ihnen Gebotene allmählich öffneten und von Vertrauen erfüllt wurden. Die Vorträge Rudolf Steiners wurden jeweils sofort von einem Engländer [George Adams] ins Englische übersetzt.

Es war besonders interessant, im Gespräch mit englischen Lehrern zu hören, wie wenig in England staatliche Behörden in das Unterrichts- und Erziehungswesen eingreifen. Dort gibt es eine Menge nichtstaatlicher Schulen, und wer nur pädagogische Ideen verwirklichen oder gute pädagogische Instinkte ausleben will, dem werden nicht viel Schwierigkeiten gemacht. Viele dieser englischen Lehrer standen daher zunächst dem Begriff des freien Geisteslebens mit wenig Verständnis gegenüber. Sie meinten – und das ist bis heute auch in anderen Ländern der

Abb. 28
Blick in den kleinen Kuppelraum des ersten Goetheanums, Foto Rietmann.

Fall –, daß sie es in ihrem Lande hätten, denn sie könnten doch tun, was sie wollten. Schwer wurde es ihnen, den Begriff des freien Geisteslebens zu erfassen. Die Notwendigkeit eines solchen neuen, aktiven Lebens und seine unermeßliche Fruchtbarkeit für die Erziehung trat den Zuhörern in erstaunlicher Wucht und Klarheit in den sechzehn Vorträgen Rudolf Steiners entgegen. Die Eurythmie, welche für die gesamte geistig-seelische und körperliche Entwickelung von so grundlegender Bedeutung ist, wurde den Besuchern von ihrer künstlerischen Seite in mehreren Aufführungen gezeigt. Ihre erzieherische Seite offenbarte sie in schönster Weise in einer Kinderaufführung.

Mit dieser Kinder-Eurythmieaufführung ist eine meiner schönsten Erinnerungen an das erste Goetheanum verknüpft. Es war immer schon ein mit Worten kaum wiederzugebender Eindruck, wenn man bei Tag das Innere betrat und die Farbenfluten, von den verschiedenfarbigen hohen Glasfenstern ausgehend, die gewaltigen Formen der handgeschnitzten Architektur und des hölzernen Gestühles wie eine «Erscheinung» erleben liessen. Es war, als ob die Liebe und Hingabe, welche die freiwillig mitarbeitenden Künstler beseelt hatte, in diesen Farben in das Herz des Besuchers herüberströmten. Zu dieser Aufführung war ich zu spät gekommen, da mich die Arbeit in Stuttgart bis zum letzten Augenblick festgehalten hatte. Ich eilte vom Bahnhof hinauf in den Bau; es hatte schon begonnen. Der untere Eingang in den Großen Saal war geschlossen, nur von oben her konnte man leise in den verdunkelten Raum eintreten, im Rücken der Zuschauer, so daß man kaum störte, wenn man still stehen blieb und die nächste Pause abwartete. Es war aber auch aller Grund vorhanden, von Ehrfurcht ergriffen, staunend stehen zu bleiben. Der kleine Kuppelraum mit seinen herrlichen Formen und der von Rudolf Steiner selbst ausgeführten Malerei, deren Mittelpunkt das auch in der noch erhaltenen Holzplastik dargestellte Motiv des Menschheitsrepräsentanten bildete, war der Bühnenraum, in welchem sich die Eurythmisten, in diesem Falle die Kinder, in farbig wechselnder Beleuchtung bewegten. Als ich eintrat, überflutete gerade ein hellrosa Licht die weißgekleidete Kinderschar und ein rosiger Schimmer, wie von diesen reinen Wesen ausgehend, erfüllte den Zuschauerraum wie mit einer zarten Morgenröte. Ich stand an der Stelle im Westen des Raumes, von welcher Rudolf Steiner gesagt hatte, daß da die Seele sich durch die Formen und Farben des Raumes zum Geiste getragen erfühlen könne. Das war in einem solchen Augenblick zu erleben, doch auch, daß Worte es nicht ausdrücken können und man immer in die Sphäre des Verstandes gezogen zu werden bedroht ist. Nur ganz großen Künstlern ist es gegeben, etwas davon in Worten sagen zu können. Ein Jahr darauf war der Wunderbau verschwunden, doch in diesem Erlebnis lebt er immer fort. – Die ganze Kinderaufführung war von einer Durchseeltheit, wie sie selten vorkam. Wohl hatten wir auch in der Waldorfschule manchmal tiefe Eindrücke, wenn Kinder Eurythmie vorführten, doch hier schloß sich dies zusammen mit dem Wirken und Weben der einzigartigen Umgebung. Der tiefste Eindruck knüpfte sich aber an den Augenblick, in welchem ich, aus dem Alltag heraustretend, mich in die Morgenröte des Schönen aufgenommen erlebte. Die reinigende Kraft eines solchen Erlebens läßt den Schmerz über den Verlust dieses Baues stets verschärft wieder aufleben im Gedanken daran, wie vielen Menschen er Kraft und Erhebung zu bringen, mit wie viel Liebe und Arbeit er erdacht und errichtet worden war.

Fortgang der Arbeit im Jahre 1922

Von Dornach zurückgekehrt, nahmen wir, gekräftigt und im Impulse der Waldorfpädagogik bestärkt, unsere Arbeit in der Schule wieder auf. Im März begaben sich einige von uns nach Berlin, um an dem «Anthroposophischen Hochschulkurs»[140] mitzuwirken, der in der Singakademie «Unter den Linden» abgehalten wurde. Die Tagesthemen, zu welchen nach einem Vortrag von Rudolf Steiner eine Anzahl von Rednern zu sprechen hatte, lauteten: Anorganische Naturwissenschaft, Organische Naturwissenschaft und Medizin, Philosophie, Erziehungswissenschaft, Sozialwissenschaft, Theologie (außer Rudolf Steiner sprach hier auch Friedrich Rittelmeyer) und Sprachwissenschaft. Den Abschluß bildete eine Vormittagsaufführung von Eurythmie im «Deutschen Theater» und ein Abendvortrag Rudolf Steiners: «Die Zeitbedürfnisse und die Anthroposophie». Sein Einleitungsvortrag hatte den Titel gehabt: «Die Harmonisierung von Wissenschaft, Kunst und Religion durch Anthroposophie».

Bei der Gründung der Waldorfschule war ihr der von Rudolf Steiner gegebene Lehrplan von der Schulbehörde bewilligt worden, doch mit der Bedingung, daß ihre Schüler nach Beendigung des dritten, sechsten und achten Schuljahres mindestens dasselbe Maß an Kenntnissen haben sollten wie die Schüler der staatlichen Schulen. Damit sollte auch eine Möglichkeit des Übertrittes an andere Schulen gewahrt bleiben und eine Gleichheit der Kenntnisse am Ende der Volksschulpflicht. In den dazwischenliegenden Jahren stand es der Waldorfschule frei, wie sie die Erarbeitung des Lehrstoffes gestalten wollte.

Wir waren selbstverständlich nach Kräften bemüht, unseren Lehrplan einzuhalten. Rudolf Steiner wollte auch, daß sich jeder Lehrer am Ende jedes Schuljahres selbst überzeugen solle, ob die Schüler auch das diesem Lebensjahr gesetzte Ziel erreicht hätten. Es sollte auch in den Zeugnissen, auf deren jährliche, sorgfältige Ausstellung er größten Wert legte, bei jedem Schüler festgestellt und den Eltern mitgeteilt werden, in welchem Maße dies der Fall war.

Um sich davon zu überzeugen, ob wir die übernommene Verpflichtung auch wirklich eingehalten hatten, entsandte die Schulbehörde den für diesen Bezirk zuständigen Schulinspektor, der sich nun für Februar angemeldet und einen Unterrichtsbericht erbeten hatte. Es sollten die Lehrer melden, was sie durchgenommen hatten, und er wollte sich überzeugen, ob die Kinder das auch wüßten. Rudolf Steiner legte uns nahe, diesen Bericht möglichst lakonisch zu geben, «möglichst wenig Novellen schreiben», nur so, wie es in den Lehrplänen der Fall ist, in Schlagworten, in ganz tatsächlicher Weise sich auszudrücken. Wir sollten von der Voraussetzung ausgehen, daß eine Amtsperson jede Abweichung für falsch halten müßte, daß man ihn damit ärgern würde. Man dürfe ihm möglichst wenig Seelenfähigkeit zumuten, die dürfe er von Amts wegen nicht haben. Wirklich befriedigen würde man ihn doch nicht können. Einfach solle man ihm sagen, was durchgenommen worden sei, das Abweichende möglichst zurücktreten lassen.

Selbstverständlich waren wir bestrebt, nicht nur den uns vorgeschriebenen Stoff in möglichst lebendiger Weise und dabei gründlich mit den Kindern durchzumachen, doch das durfte uns nicht genügen. Sollte das Ziel dieser Art von Unterricht erreicht werden, nämlich *tüchtige* Menschen zu bilden, wie Rudolf Steiner immer wieder Kindern, Eltern und Lehrern vor die Seele stellte, dann mußten die Kinder auch wirklich etwas *können*. Es mußte immer im Unterricht Lehrern und Schülern die Möglichkeit geboten werden, sich hiervon zu überzeugen. Denn, wer tüchtig ist, der hat das Vertrauen zu sich, daß er auch wirklich etwas kann. Dieses Selbstvertrauen, das hat mit Hochmut nichts zu tun, der ist bloß obenauf, der kann keine rechte Stütze im Leben abgeben. Aber das Vertrauen zum eigenen Können, das bereit ist, sich an der Tat zu erproben – dem weicht gerade der Hochmut so gerne aus –, das ruht auf dem Grunde der Seele und gibt Festigkeit, die wieder das Vertrauen der Mitarbeitenden erweckt. So war das Erarbeiten von Kenntnissen an der Waldorfschule nicht eine bloße Angelegenheit des Verstandes, sondern etwas, das für den ganzen Menschen wertvoll war, indem er sich an seinen Kenntnissen tragende Fähigkeiten erwarb – eben durch die Art und Weise, wie er sich dieselben aneignete und sich ihrer bewußt werden konnte.

Doch das konnte, man möchte fast sagen, das durfte den Schulrat nicht interessieren. Er hatte festzustellen, ob die Waldorfschüler beim verstandesmäßigen Abfragen dasselbe vorbrächten, wie die Kinder an den Staatsschulen. Er sollte lebendig sich Entwickelndes mit der Elle messen.

Dann kam also die Inspektion; Klasse für Klasse, jede einen ganzen Vormittag, wurde abgefragt. Günstig dabei war, daß der Schulrat erst den Klassenlehrer in seinem Unterrichte sehen und beobachten wollte, wie er es machte, wie sich die Kinder dabei benahmen, ob sie wirklich mitgingen und so weiter. Dabei sollte auch der Lehrer zeigen, was die Kinder gelernt hatten. Der Schulrat legte den Klassen auch schriftlich zu lösende Aufgaben vor, Aufsatz, Diktat, Rechnen, und stellte dann selbst Fragen. Da kam es nun heraus, daß er und die Kinder sozusagen in verschiedenen Welten lebten. Weniger im Rechnen, denn das ist für alle Menschen dasselbe, aber schon in der Naturgeschichte oder gar in der Geschichte. Nicht als ob man sich in der Waldorfschule nicht an die Tatsachen gehalten hätte. Aber die waren so behandelt worden, wie man es tut, wenn man das berücksichtigt, was in der Kindesseele lebt, statt die Kinder bloß als kleine Erwachsene zu betrachten und nur auf das rein Verstandesmäßige abzustellen. Er stellte selbstverständlich Fragen, auf die er eine bestimmte Antwort erwartete. Es interessierte ihn nicht, was von der Eigenart des Kindes durch die Form, in der die Antwort erfolgte, sich äußern konnte.

Bei diesem Anlaß erlebten wir manches Schöne an unseren Schülern, welche diese Angelegenheit als eine Gelegenheit auffaßten, für ihre Lehrer einzutreten. In einer siebenten Klasse waren die Kinder, welche sonst zuweilen ihrer Lehrerin durch eine gar nicht bös gemeinte, eben dem Alter entsprechende Rauhbeinigkeit das Leben nicht leicht machten, einfach musterhaft. Nachher fragte die Lehrerin nach dem Grunde dieses auffallenden Benehmens: «Aber wir wollten Sie doch nicht im Stiche lassen!» war die mit der größten Selbstverständlichkeit gegebene, treuherzige Antwort. – In einer sechsten Klasse, also auch einem Alter, da man sich gerne als rechter Range erweist, hatte sich folgendes abgespielt: Da hatten sich einige vernünftige Mädchen Sorge gemacht, wie das wohl mit diesen Rangen bei der Inspektion gehen würde. Diese Mädchen waren aber nicht nur vernünftig und dem Lehrer wohlgesinnt, sie waren auch richtig «handfest» und wußten sich, wenn es darauf ankam, auf diese Weise bei den Rangen Respekt zu verschaffen. In dieser Klasse waren nun gerade einige Exemplare, bei welchen solche Bedenken schon am Platz waren. Zu aller Überraschung hatten sie sich in der entscheidenden Stunde tadellos aufgeführt. In der anschließenden Pause beobachtete der Lehrer, wie gerade diese Knaben auf eines der tatkräftigen Mädchen zueilten und dieses jedem von ihnen ein Stückchen Schokolade gab. Man muß bedenken, daß damals noch teilweise Rationierung und im allgemeinen Knappheit an Lebensmitteln herrschte, freilich nicht in einem so argen Maße wie nach dem Zweiten Weltkrieg. Immerhin war Schokolade noch etwas durchaus nicht Alltägliches. Die Mutter dieses Mädchens lebte in der Schweiz und schickte ihm öfter etwas von diesem so begehrten Stoffe. Es stellte sich heraus, daß diese Verteilung von Schokolade in direktem Zusammenhang mit der überraschenden Bravheit stand. Dieses Mädchen hatte nämlich den Rangen kurz und bündig erklärt: «Wenn ihr brav seid, kriegt ihr Schokolade, sonst aber Hiebe wie noch nie!» und das hatte gewirkt. Begreiflicherweise konnte der Lehrer nicht dieselbe Methode anwenden, und mit der Bravheit war es schnell vorbei.

Als Rudolf Steiner im März wieder in Stuttgart weilte, war auch der schriftliche Bericht des Schulrates über das Ergebnis der Inspektion eingetroffen. Er ließ sich von den einzelnen Lehrern über den Besuch in deren Klassen berichten und nahm aus dem Protokoll die Ausführungen des Schulrates zur Kenntnis. Einer der Lehrer hatte im Nebenraum durch einen Freund alles stenographieren lassen, was sich abgespielt hatte, und überreichte die Niederschrift Rudolf Steiner, der sie belustigt entgegennahm. Über eine Klasse hatte sich der Schulrat recht günstig geäußert. Rudolf Steiner sah den betreffenden oder betroffenen Lehrer nachdenklich an und sagte dann: «Ja, Sie werden sich wohl noch sehr verbessern müssen.» Er meinte dann im weiteren Verlauf dieser Besprechung: «Man muß sich klar sein darüber: Wenn man die Zufriedenheit der Schulbehörden erzielen würde, dann würde man die Schule schließen müssen. Da könnte man die Kinder in eine gewöhnliche Schule schicken.»[141]

Bei dieser Gelegenheit riet er auch, daß man das, was bei unserer Art des Unterrichtens von Außenstehenden bemängelt würde, zum Anlaß nähme, um es in Artikeln unserer Zeitschriften zu behandeln, zum Beispiel das späte Erlernen des Lesens und des Schreibens und dessen Bedeutung für das Kind. Man solle Beispiele anführen, wie Goethe vor dem neunten Jahr nicht lesen und schreiben konnte, wie Helmholtz viel später lesen und schreiben lernte, dagegen wie Leute, die schließlich Trottel geworden sind, mit vier, fünf Jahren lesen und schreiben konnten.

Wo immer etwas von anthroposophischer Seite vor die Öffentlichkeit hingestellt würde, da kam es für Rudolf Steiner nicht darauf an, den Beifall des breiten Publikums zu finden, sondern eindringlich und ohne Konzessionen an den üblichen Geschmack etwas hinzustellen, aus dem wirklich ein neuer Geist sprechen konnte. Es kam ihm auch nicht so sehr auf die Vollkommenheit im äußeren Sinne an. Damals richtete er selbst vor Beginn der Eurythmie-Aufführungen einleitende Worte an die Zuschauer, wobei er ausdrücklich sagte, daß das

Gebotene von ihm selbst als ein Anfang angesehen würde, das noch keinen Anspruch auf Vollendung erheben wolle. Streng sah er aber darauf, daß nicht etwas, das doch noch, im Grunde genommen, einer Richtung des Hergebrachten angehörte, als ein Ergebnis anthroposophischen Strebens hingestellt würde. So hat er es einmal zum Beispiel abgelehnt, eine ausgebildete Eurythmistin als Lehrerin, also als offizielle Vertreterin dieser Kunst, anzuerkennen, weil sie als frühere Tänzerin Elemente dieser vorher geübten Kunstart in der Ausübung der Eurythmie noch nicht vollständig überwunden hatte.

Der unbefangene Zuschauer geht überhaupt viel eher auf etwas Ungewohntes ein, besonders wenn es sich als echte Kunst an das Beste in seiner Seele wendet. Der Vertreter einer Zeitung hingegen muß immer bedacht sein, daß sein Blatt eine ganz bestimmte, von den Geldgebern festgelegte Richtung hat, die er vertreten muß. Was nicht da hinein paßt, das muß er herabsetzen. So war es verständlich, daß bei einer der großen Rundreisen der Eurythmie zwar die Aufführungen gut besucht und beifällig aufgenommen wurden, die Zeitungen aber sehr ungünstige Urteile abgegeben hatten. Als dies Rudolf Steiner nach der Rückkehr der Truppe berichtet wurde, da sagte er: «Also ein begeistertes Publikum und eine schimpfende Presse! Das ist ein gesunder Zustand.»

Man kann seine Einstellung besonders gut verstehen, wenn man in Betracht zieht, daß es suchende Seelen gibt, welche ernstlich über die bisherige Öde der materialistischen Kultur hinausstreben. Gibt sich eine aus der Anthroposophie entsprungene Kunst so, als ob sie sich gar nicht viel von der üblichen unterschiede, dann geschieht diesen suchenden Seelen bitteres Unrecht, indem ihnen vorgetäuscht wird, diese Kunst sei im Grunde genommen doch ziemlich dasselbe, wie das, was sonst geboten würde. Das gilt für alle Künste; überall kommt es nicht so sehr auf Vollendung an, die selbstverständlich immer angestrebt werden muß, sondern auf *Echtheit*. Nur dann kann eine solche Kunst jenen von so vielen Zeitgenossen gesuchten Weg in ein neues Leben und Erleben aufzeigen und führen.

An den pädagogischen Veranstaltungen, welche im Mai [April][142] anläßlich des Besuches Rudolf Steiners in England stattfanden, war die Waldorfschule nicht direkt beteiligt. Die Berichte der englischen Zeitungen zeigen, mit welcher Achtung seine Vorträge aufgenommen wurden.

Der «Manchester Guardian» schreibt am 1. Mai 1922 und in seiner Wochenausgabe am 5. Mai über Rudolf Steiners Besuch in Stratford: «Der Besuch von Dr. Rudolf Steiner in England, dem berühmten österreichischen Philosophen, ist ein Zeichen für den Wiederbeginn des geistigen Verkehrs mit dem Festlande nach dem Kriege. Dr. Steiner, der weit mehr in den deutschsprechenden Ländern bekannt ist als bei uns, ist der Begründer einer Philosophie, die unter dem Namen Anthroposophie bekannt ist. Die praktische Seite von Dr. Steiners Erziehungslehre zieht einen großen Teil der öffentlichen Aufmerksamkeit auf sich. Er wurde zu einer Konferenz eingeladen, die unter der Leitung von Mr. H. L. Fisher in Oxford abgehalten wird, um dort über das Thema ‹Die geistigen Werte in der Erziehung und im sozialen Leben› zu sprechen. Auf Einladung des ‹New Idealism Education Committee› sprach er vor kurzem in Stratford über ‹Drama und Erziehung›. Das Werk, das von ihm am meisten in England bekannt ist, ist sein Buch ‹The Threefold State› (Die Kernpunkte der sozialen Frage), in dem er die Notwendigkeit einer Befreiung und Unabhängigkeit des wirtschaftlichen und industriellen Lebens einerseits und des Geistes- und Erziehungslebens vom Staate andererseits betont.» Der Artikel weist dann noch auf den Anfang Juni dieses Jahres in Wien stattfindenden zweiten internationalen Kongreß der anthroposophischen Bewegung hin. Es heißt dort unter anderem: «Dr. Steiner wird einen Vortragszyklus über die geistigen, kulturellen Verhältnisse Asiens, Europas und Amerikas halten. Er ist der Meinung, daß nur ein tieferes geistiges Erkennen die Zivilisation vor einer Katastrophe bewahren und eine Verständigung der Rassen herbeizuführen vermag. Er sieht die ungeheuren Widerstände, die im Osten gegen die materielle europäische Zivilisation erwachen, aber er glaubt, daß unter dieser äußeren Zivilisation die Saat einer reifen geistigen Entwicklung, dem Westen besonders eigen, liegt. Bringen wir im Westen die Saat zur Frucht, dann wird der Osten unsere Zivilisation anerkennen und der Weg für eine Sympathie und Zusammenarbeit wird offen sein.»

Welche Bedeutung überhaupt den Vorträgen Rudolf Steiners beigemessen wurde, geht aus einem Artikel der «Times Educational Supplement» vom 29. April hervor, «New Ideals» überschrieben. Es wird ein kurzer Überblick über die Geschichte der «New Ideals in Education Committee» gegeben, und es heißt dann unter anderem: «Die Berühmtheit in der diesjährigen Tagung war Dr. Rudolf Steiner, der gegenwärtig neben einem Ruf auf erzieherischem Gebiet auch einen Ruf auf anderen Gebieten genießt. Er belebt im Lichte der Geisteswissenschaft eine Anzahl seither eingehaltener Dogmen mit neuen Kräften und verspricht den Lehrern vieles Ersparen unnützer Mühe durch ein Verstehenlernen der Kindesseele mit Hilfe übersinnlicher Erkenntnisse.»

Über den Eindruck des Vortrages von Dr. Steiner: «Drama und Erziehung»[143] berichtet die «Times Educational Supplement» vom 29. April 1922: «Dr. Steiner, der in deutscher Sprache vortrug, vermochte es trotz der nach Verlauf von zwanzig Minuten erfolgten Verdolmetschung, seine Zuhörerschaft in einer außerordentlichen Weise zu fesseln, indem er einige Angaben machte über die geisteswissenschaftliche Hochschule in Dornach und seine Forschungen über das Wesen des Menschen.»

Außerdem berichtet unter dem Titel «Mehr Steiner-Pädagogik» der «Stratford upon Avon Harald» vom 28. April von einem nicht im Konferenzprogramm vorgesehenen, auf besonderen Wunsch der Teilnehmer erfolgten Vortrag Rudolf Steiners, der Gelegenheit geben sollte, über den Zeichen-, Mal- und Schreibunterricht und über die Gründe eines Nichtaufstellens eines Stundenplans einige genauere Ausführungen zu hören.

Vorher war in Den Haag ein öffentlicher anthroposophisch-wissenschaftlicher Kurs veranstaltet worden mit sieben Vorträgen Rudolf Steiners, welcher sich in erster Linie an die Studierenden der holländischen Hochschulen wandte und ihnen zeigte, wie die anthroposophische Forschungsart auf vollberechtigter wissenschaftlicher Grundlage ruht, wie sie auf die verschiedensten Wissens- und Lebensgebiete befruchtend Forderungen derjenigen entsprechen, die es mit der Zivilisation der Gegenwart ernst meinen.[144] Bezüglich der Methode hob er hervor, wie die Inhalte ihren Wahrheitsbeweis nicht durch das sinnlich-sichtbare Experiment bringen, sondern vor allem dadurch, daß die einzelnen Inhalte sich in der Überschau über die Ganzheit gegenseitig tragen, wie im Kosmos die einzelnen Himmelskörper auch keiner besonderen Stützen bedürfen.

Der West-Ost-Kongreß in Wien

Pfingsten 1922 fand in Wien der West-Ost-Kongreß statt, der zweite internationale Kongreß der anthroposophischen Bewegung.[145] Damit sollte ein Beitrag geleistet werden zur Verständigung westlicher und östlicher Weltgegensätzlichkeit. Heute ist dies die Frage, welche die ganze Welt bewegt. Es zeugt für Rudolf Steiners Weitblick, daß er sie schon damals ins Auge faßte und auf die Richtung hinwies, in welcher die Lösung zu suchen sei. Diese Kulturspannung kann weder durch wirtschaftliche noch durch völkerrechtliche Maßnahmen ausgeglichen werden, sondern nur durch Einsicht in die verschiedenen Volksseelenkräfte. Der Konflikt Japan–Amerika war vorauszusehen, aber, wie immer die Waffen entscheiden würden – so hieß es in der Ankündigung des Kongresses –, eine Kulturentscheidung würde es nicht sein. Die europäische *Mitte* wird vor allem berufen sein, geistige Aufgaben gegenüber der Gesamtmenschheit der Erde der Lösung zuzuführen. Nach dem Osten hin muß der schlummernde Geist zu vollem Leben erweckt, nach dem Westen das geistlose Wirtschaften beseelt werden. Das alte Österreich war der Boden, wo das nationale Problem des Ostens und das wirtschaftlich-soziale des Westens sich begegneten. Durch die dort besonders wirkenden retardierenden Kräfte konnte man zu keiner Völkerverständigung kommen. Daher bewirkte hier der Erste Weltkrieg im Jahre 1918 die Auflösung.

Das tatsächliche Zusammenleben so verschiedener Völker innerhalb dieses Staates hat unter diesen solche Fähigkeiten entwickelt, welche geeignet sind, am Neuaufbau im rechten Geiste der Menschheitsentwickelung mitzuwirken. An diese Kräfte wollte sich Rudolf Steiner mit diesem Kongreß wenden und gab in seinen beiden Vortragsreihen aus der anthroposophisch orientierten Geisteswissenschaft die grundlegenden Gesichtspunkte auf den wichtigsten Gebieten: Naturwissenschaft, Psychologie, Weltorientierung (West-Ost in der Geschichte), Weltentwicklung (vom geographischen Standpunkt) und Kosmologie. Die zweite Vortragsreihe, ebenfalls fünf Abendvorträge umfassend, war der sozialen Frage unter dem Gesichtpunkt West-Ost gewidmet.

Die Vormittage waren den verschiedenen Betätigungsgebieten der Anthroposophie vorbehalten, einer davon der an der Waldorfschule geübten Erziehungskunst. Am Nachmittag gab es fachwissenschaftliche Besprechungen über Chemie, Pädagogik, Medizin und Sprachwissenschaft. Ich selbst hatte diesmal keinen Vortrag zu halten, doch gehörte ich dem Kongreßausschuß an und hatte die vom Forschungsinstitut ausgehenden Aussprachen zu leiten. Unverhofft hatte ich mich auch an der pädagogischen Besprechung zu beteiligen. Die Waldorflehrer waren am Ende des Schuljahres, das sich wegen des Überganges zum Schuljahrbeginn im Frühjahr diesmal verschoben hatte, sehr überanstrengt. Statt sich zu erholen, wirkten einige an diesem Kongreß mit. So geschah es, daß einen Kollegen während eines längeren Referates die Kräfte verließen. Der Kongreßausschuß hatte seinen Platz an einem Tische nächst dem Rednerpult. Während also zwei Freunde sich des fast Ohnmächtigen annahmen, nahm ich schnell den Platz des Redners ein und führte aus dem Stegreif die von ihm begonnene Betrachtung zu Ende.

Eine besondere, echt wienerische Note gaben dem Kongreß die künstlerischen Veranstaltungen. Selbstverständlich fehlte die Eurythmie nicht (zwei Aufführungen in der Volksoper). Bei der Bruckner-Feier wurde unter Mitwirkung der Wiener Philharmoniker die große Messe in f-Moll, das Streichquintett und das Tedeum aufgeführt. An zwei Abenden, einer der klassischen, einer der modernen Musik gewidmet, wurden von ersten Künstlern auf den von unserem Mitglied Dr. Franz Thomastik auf Grund seiner besonderen Prinzipien gebauten Geigen musiziert, und ganz aus dem Thema des Kongresses heraus gestaltete

Albert Steffen seinen Vortrag «Die Stellung des Künstlers zwischen West und Ost».

Die Beteiligung an dieser Veranstaltung war äußerst rege. Der große Saal des Musikvereinsgebäudes war überfüllt und die Aufnahme, besonders der Vorträge Rudolf Steiners, eine überaus herzliche.

Hamerling hat die Verse geschrieben:

> Dieses Österreich ist eine klcine Welt,
> In der die große ihre Probe hält,
> Und walzet erst bei uns das Gleichgewicht,
> So wird es auch in der anderen wieder licht.[146]

Die Begeisterung, mit welcher Rudolf Steiners Vorträge aufgenommen wurden, das Interesse, mit welchem die weitesten Kreise unser Bemühen in diesen Tagen verfolgten, hätten eine nachhaltige Wirkung erwarten lassen. Sie ist leider nicht eingetreten, und Hamerlings prophetische Worte, heute ebenso wahr wie damals, harren noch immer der Erfüllung. Die Nachwelt wird es aber Rudolf Steiner zubilligen müssen, daß er rechtzeitig auf die Probleme und die Richtung, in welcher deren Lösung möglich ist, gewiesen hat. Damals sagte mir eine im öffentlichen Leben stehende Persönlichkeit, daß sie zwar den Zugang zur Anthroposophie nicht zu finden vermöge, daß aber für sie dennoch Rudolf Steiner das größte Genie seiner Zeit sei, weil er eben wie kein anderer deren wichtigste Fragen und tiefste Probleme aufgezeigt habe.

Abb. 29

Das Veranstaltergremium des West-Ost-Kongresses 1922

1. Dr. Alfred Zeissig (1881 – 1957) Zahnarzt, Zweigleiter in Wien.

2. Dipl. Ing. Alexander Strakosch 1879 – 1958), Baurat bei den Österreichischen Staatsbahnen, seit 1920 Lehrer an der Freien Waldorfschule Stuttgart.

3. Emil Leinhas (1878 – 1967), Generaldirektor der A.G. Der Kommende Tag in Stuttgart.

4. Ernst Uehli (1874 – 1959), Schriftsteller und Redakteur in Stuttgart, Lehrer an der Freien Waldorfschule, Angehöriger des Zentralvorstandes der Anthroposophischen Gesellschaft.

5. Dr. Ludwig Noll (1872 – 1930) Arzt am Klinisch-Therapeutischen Institut Stuttgart

6. Dr. Carl Unger (1878 – 1929) Ingenieur, Philosoph, Angehöriger des Zentralvorstandes der Anthroposophischen Gesellschaft.

7. Ludwig Graf von Polzer-Hoditz (1869 – 1945), Angehöriger des Vorstandes der österreichischen Anthroposophischen Gesellschaft.

8. Dr. Walter Johannes Stein (1891 – 1957) Naturwissenschaftler, Lehrer an der Freien Waldorfschule Stuttgart.

9. Dr. Eugen Kolisko (1893 – 1939) Lehrer und Schularzt an der Freien Waldorfschule Stuttgart.

10. Otto Graf von Lerchenfeld (1868 – 1938), Mitbegründer des Goetheanum-Bauvereins 1911, dessen Vorstand er bis 1925 angehörte. Tätig in der Dreigliederungsbewegung und in der biologisch-dynamischen Landwirtschaft.

11. Ernst Felix Scheiffele (1890 –1955), Verlagsbuchhändler in Stuttgart.

Der Brand des ersten Goetheanums

So oft es sich nur irgend ermöglichen ließ, besuchten wir die in Dornach stattfindenden Tagungen. Das war während der Inflation nur dank der Hilfe gastfreundlicher Dornacher zu erreichen, denn allein die Straßenbahnfahrt Basel–Dornach kostete schon mehr als die ganze Reise Stuttgart–Basel. Auch für die Weihnachtstagung 1922[147] hatten wir eine Einladung in einem ganz nahe am Goetheanum gelegenen Hause erhalten und sie dankbar angenommen.

Unser erster Gang war immer in den Bau. Wenn man bei Tag den großen Kuppelraum betrat, warf die hereinscheinende Sonne durch die hohen Glasfenster breite Streifen von leuchtenden Farbenfluten – Grün, Blau, Lila und Rot – auf das hölzerne Gestühle, und die Innenarchitektur erschien in einer solchen Beleuchtung wie entstofflicht. (Ich gedenke auch noch besonders jener Eurythmie-Aufführung, bei welcher große Kindergruppen auftraten, die sich im rosigen Lichte mit der Architektur und Malerei des kleinen Kuppelraumes zu einem wirklich überirdischen Eindruck verbanden.)

So kam der letzte Tag des Jahres 1922 heran. Am Nachmittag war eine Eurythmie-Aufführung: Goethes «Prolog im Himmel». In farbigen Gewändern standen da die Erzengel, jeder mit seinen Scharen; gewaltig erklang die Stimme des Herrn und aus der offenen Versenkung, in welche das Rednerpult hinabgelassen worden war, drang glutroter Lichtstein; unheimlich erhob sich daraus Mephisto mit den Fledermausflügeln. Am Schlusse – das Gespräch mit dem Geiste der Verneinung ist beendet – wendet sich der «Herr» an die «echten Göttersöhne», der Himmel schließt, die Erzengel verteilen sich. Der Zuschauerraum war während der Aufführung ohne Licht, nun verdunkelte sich auch die Bühne; Mephisto sprach seine Schlußworte und verschwand in schaurig-roter Glut. – Wir ahnten nicht, daß wir nach wenig Stunden selbst von Glut und Flammen umloht stehen sollten.

Am Abend schloß Rudolf Steiner den Zyklus «Die geistige Kommunion der Menschheit» mit einem Vortrag, der den Weg des Erkenntnissuchers zu einer geistigen Kommunion, zu einem kosmischen Kult wies.[148] – Tief ergriffen verließen alle den großen Kuppelraum. Maria Strakosch und ich standen mit Dr. Felix Peipers und seiner Frau noch einige Zeit vor dem Bau, dessen Formen im Lichte des hoch am Himmel stehenden fast vollen Mondes wie eine Fortführung des Vortrages auf unsere Seelen wirkten. Da kam eilends einer der Wächter und fragte erregt nach dem leitenden Architekten des Baubüros. Wir hatten ihn vor einer Weile den Hügel hinuntergehen gesehen. Der Wächter eilte ihm nach, indem er uns noch zurief: «Da drinnen stimmt etwas nicht!» Dr. Peipers und ich liefen sofort in den Bau, Rauchwolken drangen uns entgegen. Ich wendete mich gleich zu dem Wandschrank, in dem ich die Rauchmasken für einen etwaigen Brandfall vorbereitet wußte: Er war leer! Und wir waren doch die ersten, welche das Gebäude betraten. Mit einer schnell ergriffenen Feuerwehraxt stieg ich durch den Rauch zum Weißen Saal hinauf, überall war Rauch, aber kein Feuer zu sehen. Inzwischen waren viele andere Freunde herbeigekommen, wir durchsuchten die Ankleideräume im Geschoß unter diesem Saal. Die Außenkonstruktion bestand aus zwei Holzwänden mit einem freien Zwischenraum. Da drinnen hörte man das Feuer sausen. Der Rauch wurde immer ärger, einen Freund trug man ohnmächtig aus dem Weißen Saal. Als wir die Wände mit der Axt aufschlugen – ein schwerer Entschluß, trotz der unerbittlichen Notwendigkeit; es war uns fast, als ob wir in Lebendes hineinschlagen müßten –, fuhren die Flammen heraus. Während ich lief, um Schläuche zu holen, kam mir jemand mit einem Minimax-Feuerlöscher entgegen, aus welchem schon der chemische Flüssigkeitsstrahl hervorschoß – mir direkt ins Auge. Ich gab es verloren, fand aber dank meiner guten Kenntnis der Räume schnell einen Wasserhahn, spülte gründlich aus.

Zu meinem Erstaunen war gar nichts verletzt; ich konnte zu den Löscharbeiten zurückkehren.

Nun kam mir der Gedanke, mit einigen Freunden in den Raum zwischen der äußeren Kuppel, welche die Schieferbedachung trug, und der inneren, auf welcher die Grundplatten für die Malerei angebracht waren, hinaufzusteigen, um von dort aus das aus dem Südflügel kommende Feuer vom Hauptraum abzuhalten. Hinter der Orgel sprangen wir, die Taschenlämpchen in der Hand, die schmale Treppe hinauf, dichter Rauch empfing uns; nach wenigen Schritten kamen uns einige andere entgegen und riefen uns zu, es sei ohne Masken nicht mehr möglich, weiter vorzudringen, sie hätten es schon vergeblich versucht. Schweren Herzens stiegen wir alle wieder hinab. Es war verhängnisvoll, daß die Masken auf rätselhafte Weise verschwunden waren.

Ich weiß nicht mehr genau, wie es dazu kam, daß ich plötzlich in dem hell erleuchteten, großen Doppelraum stand; außer mir war nur eine russische Eurythmistin da. Der Vorhang, welcher den großen vom kleinen Raum trennte, war schon heruntergerissen worden, er hätte, einmal in Brand geraten, das Feuer zu schnell weiterleiten können; so konnte man den Innenraum ganz überblicken.

Wie gebannt von der überwältigenden Schönheit und Erhabenheit der Architektur und Malerei, des wesenhaft Lebenden, das hier webte, waren wir beide stehengeblieben. Immer wieder gingen die Blicke von den Sockeln zu den Architraven und hinauf zur Malerei der Kuppelwölbungen; mit allen Sinnen, mit ganzer Seele nahmen wir noch einmal, ein letztes Mal die Kräfte dieses Wunderwerkes in uns auf, das nun dem Untergang entgegenging. Dann kamen von der Seite, wie finstere Drachen, dichte schwere Rauchschwaden hervorgekrochen, füllten zuerst den unteren Teil des Raumes. Langsam und unersättlich hoben sie sich empor. Dann waren die Architrave auch nicht mehr zu sehen, nur die Farbenwelt der Kuppeln leuchtete noch in voller Pracht. Doch auch dieser Himmel wurde verschlungen, wir standen im Dunkel, nur in der Mitte, am höchsten Punkte der

Wölbung, glühten die Lampen dunkelrot wie Augen unheimlich herunter.[149] Stumm verließen wir den Raum, der dem Fortschritte der Menschheit dienen sollte, den nun keines Menschen Auge mehr erblicken sollte. Es war eine merkwürdige Fügung, daß ihn der mit als letzter gesehen hat, der zum ersten Male – damals, 1911, nach der von Rudolf Steiner erhaltenen Skizze – diese Formen in den Erdenstoff hineingebildet hatte; es war, als ob ein Ring sich schließe.

Der nächste Augenblick, das Sichbesinnen auf die Lage, brachte mich auf den Gedanken, es sollte doch noch ein Versuch unternommen werden, den Hauptbau zu retten. Wir holten hohe Leitern, stellten sie im großen Raum gegen Süden auf, um mit Hilfe von schnell gelegten Schlauchleitungen uns den noch immer unsichtbaren, doch mit wachsendem Fauchen und Dröhnen herandringenden Flammen entgegenzustellen. Oben auf den Leitern konnte man es nur ganz kurze Zeit aushalten, deshalb mußten wir einander schnell abwechseln. Immer mehr Freunde drängten sich zu dieser gefährlichen Arbeit, darunter waren auch solche, die den Bau nicht gut kannten. Es bestand die Gefahr, daß sie sich im Dunkel verirren und keinen Ausweg mehr finden würden. Wir bewachten also die Türe; sobald einer hinausging, um wieder Atemluft in die Lungen zu bekommen, ließ man einen anderen herein und führte ihn zur Leiter. Zu unserem Schmerze mußten wir aber auch diesen letzten Versuch aufgeben. Ähnlich war es anderen Gruppen ergangen, die an verschiedenen Stellen aus eigenstem Antrieb alles unternommen, bis zum letzten Augenblick ausgehalten hatten, oft unter größter Lebensgefahr; einer konnte sich nur retten, indem er sich aus großer Höhe am Blitzableiter herabließ. – Wir hatten erfahren, daß Rudolf Steiner an der Brandstätte weilte. Wie intensiv er sich mit allem Geschehen verband, erlebten wir, als er uns plötzlich sagen ließ, wir sollten nach einem Freunde suchen, um den er in diesem Augenblick in großer Sorge war.

Schließlich mußten wir alle dem rasenden Elemente weichen, und jetzt galt es, die nahe «Schreinerei» mit dem Atelier Rudolf Steiners zu bewahren, welche noch nicht von den Flammen ergriffen war; zum Glück war die Nacht ganz windstill. Aus einem Arbeitsraum war die Statue des Menschheitsrepräsentanten, an welcher er noch schnitzte, von einigen besorgten Freunden herausgetragen worden. Es ging einem ans Herz, sie, in drei Teile zerlegt, im Grase liegen zu sehen. – Wir brauchten noch mehr Schläuche, deshalb ging ich mehrmals in den nunmehr verlassenen Bau, drang bis zum großen Kuppelraum vor, wo beim letzten, eben beschriebenen Versuch noch Schlauchleitungen zurückgelassen worden waren, und holte diese heraus.

Genau um Mitternacht, gerade als die Neujahrsglocken zu läuten begannen, durchbrachen die Flammen die große Kuppel, eine ungeheure Lohe flammte empor, und in der stillen Luft stiegen die Funken zu großer Höhe empor. Weithin ins Elsaß und in die Rheinebene war nun der Brand sichtbar. Ein unheimlicher Anblick war dazu die bleiche Mondscheibe, die, im Gegenschein zur roten Flammenglut, in grünlichem Schimmer hoch am klaren Himmel stand. Es schmolzen später die großen Orgelpfeifen, das einzige Metallene im Baue, und verbrannten mit farbig leuchtenden Flammen. Krachend zersprangen die geschliffenen Glasfenster.

Nach dem Brand nahmen viele Freunde Brocken zerschmolzenen farbigen Glases als teures Andenken mit oder auch Bruchstücke der Schieferplatten des Daches, in welchen winzige Pyritkriställchen glitzerten.

Nach und nach entflammte das ganze Außengewände und stürzte zusammen. Jedesmal verstärkten sich dann die Flammen, und der Gluthaufen unten wuchs an. Aus ihm heraus erhoben sich gegen Morgen nur noch die mächtigen, massiven Säulen gegen den Himmel als Riesenfackeln. Neigte sich dann eine nach der anderen, so lösten sich im Fallen die Kapitäle los und donnerten aus der Höhe auf die widerhallende Betondecke, die den Fußboden der Kuppelräume bildete. Die Decke hat standgehalten. Als wir am nächsten Tag die darunter gelegenen Garderoberäume betraten, brannten dort noch die elektrischen Glühlampen. – Von den brennenden Holzmassen ging eine ungeheure Hitze aus. Während wir die Wasserstrahlen auf die

Abb. 30, 31
Der Brand des ersten Goetheanums

Schreinerei richteten, mußten wir unsere Mäntel naß machen und den Rücken durch eine Art Schild schützen, indem man zum Beispiel eine herausgerissene Türe mit Hilfe eines Brettes aufrecht stellte und auch immer wieder bespritzte. Auch auf das Dach war eine Schlauchleitung gelegt worden, und den vereinten Anstrengungen gelang es, das Überspringen des Feuers zu verhindern.

Ein fahler Wintermorgen brach an, auf dem unversehrten Betonsockel lagen glühende Trümmerhaufen, bald da, bald dort fuhr noch einmal eine Flamme auf. Steil und still stieg eine hohe Rauchsäule zum Himmel empor. Ich mußte an den Zeusaltar zu Pergamon denken. Doch diese Flamme war von Neid und Feindschaft entzündet worden, an uns lag es, bei deren Anblick eine echte Opferflamme im Herzen zu entzünden und so Böses, Zerstörendes in Gutes, Aufbauendes zu wandeln. Zur «Kommunion» war uns am Vorabend der Weg gewiesen worden, zur «Wandlung» sollte fortan jeder sich gerufen fühlen.

Das helle Tageslicht brachte uns eigentlich erst wieder zum Bewußtsein der Welt um uns herum. Für kurze Zeit ging ich durchnäßt in die nahe Wohnung und kam umgekleidet bald wieder zurück. Auf den Stufen der Treppe, welche zur höher gelegenen Schreinerei hinaufführt, traf ich Rudolf Steiner mit einigen Freunden. Er hatte die ganze Nacht an der Brandstätte verharrt; seine einzigen Worte – so hat man mir berichtet – waren: «Viel Arbeit und viel Liebe!» Nun fragte er, da wir in stummer Ehrfurcht vor seinem Schmerze da standen, ob die Darsteller wohl die Kraft finden würden, ob die Kostüme noch vorhanden seien, so daß noch am heutigen Abend das Dreikönigsspiel[150] aufgeführt werden könne, genau wie es im Programm angekündigt war. Dies sei sehr wichtig, denn wenn wir imstande wären, unsere Arbeit nach dem festgesetzten Plane weiterzuführen, *dann* hätten die Gegner nicht erreicht, was sie mit der Vernichtung des Baues angestrebt hatten: die Unterbrechung der Kontinuität unserer Arbeit. – Die Schauspieler erklärten sich bereit. Nun hing es davon ab, was aus den Kostümen geworden war. Als es sich in der Brandnacht herausgestellt hatte, daß der Bau nicht mehr zu retten sei, hatte ich einige aus den vielen Freunden, die ihre Hilfe angeboten hatten, veranlaßt, aus den Garderoberäumen des Baues verschiedenes herauszutragen und in die nahe gelegenen Wohnhäuser zu bringen. Darunter waren vor allem die Kostüme für die Weihnachtsspiele gewesen. Ich sagte daher, ich wolle nachsehen, ob noch alles da sei, und dann Bericht geben. Alles wurde in die Schreinerei gebracht, und nachdem man sich vergewissert hatte, daß alles für das Spiel Erforderliche da sei, ging ich den Hügel hinab in das Haus, welches Rudolf Steiner damals bewohnte, denn er hatte sich inzwischen dorthin begeben. Er hörte mich an, sprach kein Wort, hob das Haupt und senkte es in ernst-bedeutsamer Geste, als ob er sagen wollte: «Ja, so sei es!» Ich werde diesen Augenblick und den fast übermenschlichen Ausdruck seines Antlitzes nie vergessen.

Am Nachmittag, um fünf Uhr waren alle Teilnehmer der Tagung in der «Schreinerei» versammelt, die übervoll war. Der Engel trat heraus, um seinen Vorspruch zu halten, die Gäste zu begrüßen. Er konnte erst eine Weile nicht sprechen, mußte sich noch fassen, doch dann setzte er kraftvoll ein, und das Spiel verlief würdig. Die Situation um uns herum war noch kritisch. In nächster Nähe rauchten und glühten noch die Trümmer des Baues, ein plötzlicher Windstoß konnte das Feuer wieder anfachen und zur Schreinerei herüberspringen lassen. Viele Neugierige waren auch herbeigeströmt, wir hatten rundherum Wachen aufgestellt und ließen keine Fremden in die Nähe der Schreinerei, mußten wir doch damit rechnen, daß man auch noch versuchen könnte, diesen letzten, uns verbliebenen Arbeitsraum anzuzünden. Einen Teil der Aufführung habe ich nicht gesehen, ich war als Wache auf dem Dach, um darauf zu achten, ob von der Brandstätte keine Gefahr drohte. Den Schlauch hatte ich zur Hand. – Am Abend hielt dann Rudolf Steiner den sechsten Vortrag des begonnenen Zyklus «Der Entstehungsmoment der Naturwissenschaft in der Weltgeschichte»[151].

Keinen Augenblick habe ich daran gezweifelt, daß man bald zur Wiederaufrichtung des Baues schreiten würde, und sprach dies auch Rudolf Steiner gegenüber aus, als ich an einem der nächsten Tage mit ihm allein den Hügel hinabschritt. Meine feste Zuversicht schien ihn angenehm zu berühren. Im weiteren Verlauf des Gespräches sprach ich die Vermutung aus, der Neubau werde wohl in Beton errichtet werden und daher ganz andere Formen haben, weil es doch künstlerisch unmöglich sei, die für Holz geschaffenen Formen für ein ganz anderes Material zu verwenden. Er bestätigte dies und meinte, dieses «Umkomponieren» für das andere Material stelle für ihn eine große Aufgabe dar, die nicht leicht zu lösen sein werde. Die Ereignisse der nächsten Jahre haben seine Kräfte so in Anspruch genommen, daß er nur das Modell für die Außenform schaffen konnte.[152]

Im Zusammenhang mit dem Brand hatte ich hinterher ein Erlebnis, von dem ich nur mit Scheu zu berichten wage, das ich aber doch nicht verschweigen will. Nach dem 6. Januar begann die Schule wieder, und wir waren nach Stuttgart zurückgekehrt, doch unsere Gedanken und Empfindungen blieben innig mit Dornach verbunden. In einer Nacht, als ich eben an Rudolf Steiner dachte, an seinen Schmerz über den Verlust des Baues, an seine Enttäuschungen, die wir ihm bereitet und die ihn mit so schweren Sorgen erfüllt hatten, da durchzuckte mich der schreckliche Gedanke, es könnte geschehen, daß er nun die Erde verlassen würde. Es war mir unvorstellbar, wie dann die Bewegung ihren Fortgang nehmen sollte, wenn dies jetzt einträte. Aus der Tiefe des Herzens bat ich ihn in innerer Verbundenheit inständigst, uns jetzt nicht zu verlassen, bat die Schutzgeister seines Werkes, ihn uns zu erhalten.

Die Arbeit in der Schule nahm mich in der nächsten Zeit ganz in Anspruch. Dann besuchte Rudolf Steiner wieder einmal die Waldorfschule. Es ist wohl begreiflich, daß er bei seinem Empfang nicht jedem Lehrer, es waren damals etwa sechzig, die Hand reichen konnte. Er pflegte uns alle gemeinsam zu begrüßen und wandte sich dann direkt an den oder jenen, mit dem er diesmal etwas Konkretes besprechen wollte. So standen wir auch damals alle beisammen, alle sehr ernst, war er doch seit dem Brand zum ersten Male wieder unter uns. Zu meiner Überraschung schritt er vom Eingang aus direkt auf mich – der ich ziemlich im Hintergrunde stand – zu, blickte mir einen Augenblick tief in die Augen, drückte mir wortlos fest die Hand und wandte sich dann gleich anderen zu, um mit ihnen zu sprechen. Ich wußte mir im Augenblick keine Erklärung, erst später mußte ich an meine stumme, doch innige Bitte in jener Nacht denken.

Ein bedeutungsschweres Jahr – 1923

Von der Jugendbewegung

Die Gegnerschaft hatte mit dem Brande des Goetheanums zwar nicht das Ziel erreicht, den Fortgang der Arbeit Rudolf Steiners und der anthroposophischen Bewegung zu unterbrechen und dadurch den Keim zum Absterben zu bringen, aber die Schwere kann doch nicht verkleinert werden.

Neben dem Goetheanum stand die sogenannte Schreinerei, ein Holzbau einfachster Art, welcher der Anlage nach nur vorübergehenden Charakter haben sollte, indem er die Holzbearbeitungsmaschinen enthielt, die für den großen Bau nötig waren: Es kam dann noch der Arbeitsraum hinzu, in welchem Rudolf Steiner die etwa neun Meter hohe Holzplastik des Menschheitsrepräsentanten schuf. Wohl war vom Augenblick des Unterganges durch das Feuer der feste Wille in der Gesellschaft vorhanden, den Bau wieder zu errichten, doch war es klar, daß ein Holzbau nicht mehr in Frage käme, nicht nur wegen der Brandgefahr, sondern auch wegen der Unmöglichkeit, unter den neuen, schwierigen Verhältnissen die freiwilligen, unentgeltlich tätigen Mitarbeiter in solcher Zahl und für eine so lange Arbeitszeit noch einmal zu finden. Daher wurden die Maschinen bis auf wenige entfernt und auch die großen Arbeitssäle ausgeräumt, in welchen die Holzarchitektur in gewaltigen Stücken vorgearbeitet wurden, ehe sie dann an Ort und Stelle versetzt werden konnte, worauf die Fertigstellung und Zusammenstimmung der Teile im Bau selbst erfolgte. Auf diese Weise wurde ein großer Vortragssaal mit einer Bühne gewonnen und außerdem kleine Säle als Übungsräume der Eurythmisten und als Ausstellungsräume.

So war die Weiterführung der Dornacher Arbeit, wenn auch in bescheidenerem Rahmen, weiterhin ermöglicht, und alle waren festen Mutes. Rudolf Steiner war unter uns. Mit dem Neubau konnte nicht so schnell begonnen werden. Es war noch nicht abzusehen, wie Rudolf Steiner bei der nun noch gesteigerten Überlastung Zeit und Kräfte für die gewaltige künstlerische Aufgabe des neuen Entwurfes finden könnte. Zwar hatte die Versicherungsgesellschaft eine ansehnliche Summe auszahlen müssen, sie reichte jedoch für einen den wirklichen Anforderungen entsprechenden Bau nicht aus. Auch wies Rudolf Steiner, schmerzlich bewegt, darauf hin, daß es doch ein Unterschied sei, ob die Mittel wie beim ersten Bau aus opferfreudig zusammenströmenden Spenden vieler Wohlgesinnter herrührten oder ob sie nur widerwillig, unter gesetzlichem Zwang von einer Versicherungsgesellschaft herausgerückt würden.

In der Anthroposophischen Gesellschaft machte sich im Laufe des Jahres 1922 im Zusammenhang mit den aus der «Jugendbewegung» Hereingekommenen eine bisher unbekannte Beunruhigung bemerkbar. Was die Jugendkreise suchten, das hat eine ihrer führenden Persönlichkeiten mit folgenden Worten ausgesprochen:

«Eine ältere Generation fand noch in dem, was ihr überliefert war aus der Vergangenheit in religiösen Bekenntnissen, Sitten und Gebräuchen, etwas, was ihr inneren Halt zu geben vermochte und das menschliche Gemüt erwärmte. Die Seelenhaltung der gegenwärtigen Jugend ist eine andere; die Jugend weiß nichts anzufangen mit dem, was herüberkommt aus der Vergangenheit, sie sucht nach Lebendigem, nach Erkenntnissen, die nicht nur geschöpft sind aus Experiment und äußerer Beobachtung, sie will Erkenntnisse, die nicht allein zum Intellekt, zum blassen Kopfdenken sprechen, sie sucht nach Erkenntnissen die die lebendigen Schaffenskräfte der Welt erfassen und gleicherweise zu allen Seelenkräften des Menschen zu sprechen vermögen. Sie sucht eine Wissenschaft, die das Herz des Menschen ergreift, die ihm moralische Impulse zu geben vermag, die von Denken, Fühlen und Wollen in gleicher Weise erfaßt werden kann. Das ist es, was in den Seelentiefen ruht als ein meist noch unbestimmter Impuls, als ein Sehnen, das in Opposition gegen alles aus der Vergangenheit Stammende sich auslebt. In dem, was eine ältere Generation ihr zu überliefern vermochte, konnte die Jugend nur Phrasen erkennen, weil sie darin nichts zu erspüren vermochte von wirklichem Erleben, vollmenschlichem Erleben.

So haben sich weite Kreise der gegenwärtigen Jugend abgewandt vom Denken, wie es ihnen entgegengetreten ist in den modernen Bildungsanstalten; draußen in der Natur haben sie suchen wollen, was ihnen Nahrung verschaffen sollte für Herz und Gemüt. Aber die Zeitverhältnisse verlangen heute, daß wir uns voll hineinstellen in das praktische Leben, und so kam eine Zeit, wo diese Jugend dem Philistertum erlag, untertauchte ihrerseits in die seelenlose Nützlichkeitskultur, wo auch sie der Routine anheimfiel, nachmachte die alten Formen, die ohne Inhalt als bloße Konvention schemenhafte Karikaturen alter Geistigkeit darstellen. In den Tiefen der Menschenseele muß heute gefunden werden, was den Menschen frei macht von der äußeren Notwendigkeit, was seine Seele mit neuem Inhalte erfüllt und die äußeren Lebensformen wieder belebt. Nicht mehr äußerlich, konventionell kann eine jüngere Generation glauben an ein Göttlich-Geistiges. In den Tiefen der eigenen Seele will sie es erleben. Nicht nur die äußere Form und Gesetzmäßigkeit will sie an der Natur ergründen; erfassen will sie das Lebendig-Schaffende im Weltall und eindringen in das, was lebendig, webend baut in der Natur wie im Innern des Menschen. Erfühlen will die Jugend den Pulsschlag der Welt. Nicht glaubend erahnen, sondern wissend erforschen will sie die Geheimnisse des Lebens im Kosmos. Dazu aber bedarf es eines Denkens, das nicht bloß und abstrakt nur Tatsachen registriert, da braucht man ein Denken, das selbsttätig erwächst und beweglich eindringt in das Wesenhafte, das es erkennen will, ein Denken, das den Menschen nicht kalt läßt, sondern das, vom Willen erfaßt, die Seele erwärmt: jenes reine Denken, wie es geschildert ist in der ‹Philosophie der Freiheit›.»[153]

Im Herbste 1922 hatte Rudolf Steiner für die Menschen aus der Jugendbewegung, die in ziemlicher Zahl den Weg in die anthroposophische Bewegung gefunden hatten, einen Kurs von dreizehn Vorträgen gehalten, an welchen die Waldorflehrer auch teilnahmen.[154] Manche der jungen Menschen traten dann in nähere Verbindung mit der Schule und haben sich später besonders in den neu entstehenden Instituten für seelenpflegebedürftige Kinder und an verschiedenen unserer Schulen betätigt.

Der Besuch der englischen Lehrer an der Waldorfschule im Januar 1923

Der Besuch von siebzehn Lehrern und Lehrerinnen aus England war ein Ereignis, das uns daran gemahnte, mit welchen Erwartungen die Menschen auch fremder Länder auf unsere Arbeit blickten als auf eine neue Hoffnung für die überall als notwendig empfundene Erneuerung der Erziehung.

Eine Anzahl von englischen Pädagogen hatte im August 1922 während der Konferenz für «geistige Werte in der Erziehung und im sozialen Leben» in Oxford Rudolf Steiners Vorträge über Erziehung und Unterricht gehört.[155] Ihr Eindruck war so stark gewesen, daß in ihnen der Wunsch entstanden war, die Stätte aufzusuchen, an der versucht wurde, diese Ideen zu verwirklichen. Viele Besucher waren an leitenden Stellen im englischen Schulleben tätig.

Die Gäste nahmen während des Tages am Leben in der Schule teil, besuchten die einzelnen Klassen oder bestimmte Fachstunden, und daran knüpften sich dann Gespräche zu zweien oder in kleineren Gruppen. Des Abends vereinigten sich öfter die Lehrer mit den Gästen im Eurythmiesaal des neuen Schulgebäudes, und es wurden grundlegende Fragen der bei uns geübten Erziehungskunst behandelt, selbstverständlich in englischer Sprache. An einem solchen Abend oblag es auch mir, über den Unterricht in der Pflanzenkunde für Unterklassen zu sprechen.[156] – Die Anthroposophische Gesellschaft gab im Zweighaus in der Landhausstraße einen Empfang mit Tee für die englischen Gäste.

In diesen vierzehn Tagen hatte sich ein reger Gedankenaustausch entwickelt; man war sich aber auch persönlich nähergekommen, als bei der so großen Verschiedenheit der Volkscharaktere zu erwarten gewesen. Einige englische Lehrerinnen entschlossen sich, noch länger bei uns zu verweilen. Rudolf Steiner sagte uns hinterher, die Gäste wären außerordentlich befriedigt, er hätte gemeint, es würden viel strengere Beurteiler kommen. – Die Gäste selbst hatten es ausgesprochen, daß es ihnen durch ihre persönliche Teilnahme am Unterricht in den Klassen unmittelbar klargeworden sei, warum wir immer betonen mußten, es komme gar nicht darauf an, ob nicht schon manche der pädagogischen Gedanken auch schon früher gedacht worden seien, sondern daß in der Waldorfschule aus einer grundsätzlichen, alles einzelne durchdringenden neuen Kenntnis des Menschenwesens unterrichtet und erzogen werde. Die Idee der Waldorfschule war ihnen vor die Seele getreten.

Sie hatten aber auch mit dem Wirklichkeitssinn der Engländer unsere Nöte verstanden, welche durch die Folgen des Krieges und die unheimlich ansteigende Inflation bedingt waren. Sie haben sich nach ihrer Rückkehr für die Schule auch praktisch eingesetzt, und wir verdankten ihnen manche Spenden, aus denen wir vielen Kindern mit Kleidung, Ernährung und Heilmitteln helfen konnten. Auch wertvolles Material, besonders für den Kunstunterricht, kam uns von dort her zu.

Die eben erwähnte allgemeine Not zeigte sich auch in der Tatsache, daß von den 640 Kindern etwa 180 stark unterernährt waren; die Zahl der wegen Erkrankung im Unterricht fehlenden Kinder war infolgedessen erschreckend groß. Rudolf Steiner machte darauf aufmerksam, daß dieser schlechte Ernährungszustand «mit dreieinhalbjähriger Periodizität» ins Krankhafte übergehe. Gegenüber dieser physiologischen Schädigung des kindlichen Organismus mußte versucht werden, diejenigen Faktoren in Wirksamkeit zu bringen, welche die Kräfte der zum Unterhalt des menschlichen Organismus nötigen Funktionen versehen. – Beim Fleischgenuß setzt der Mensch den mineralisch-vegetativen Prozeß über die Stufe des Pflanzendaseins bis zum Tier fort. Was er im Verdauungsprozeß der Pflanze zukommen lassen muß, das ist da nicht erforderlich, weil es schon im Tierorganismus geschehen ist. Der Ochse nimmt dem Menschen diese innerliche Arbeit ab und in seinem Kraftreservoir hat dieser die Arbeit des Ochsen darin. Doch wollte Rudolf Steiner dies nur als Hinweis, nicht als ein fanatisches Werben für den Vegetarismus aufgefaßt wissen.[157]

Beim Genuß von Früchten muß unter Umständen eine noch größere Arbeit verrichtet werden, aber durch diese «Rückverwandlung» werden mehr Kräfte im Organismus wachgerufen. Aber nicht das Wachrufen von Kräften ist das Ermüdende, vielmehr das Brachliegenlassen, weil es die Kräfte anschoppt.

Er erklärte dann die Kräfteentfaltung in zwei verschiedenen Richtungen: von innen nach außen, im Wesentlichen den Bahnen des Blutes folgend, und von außen nach innen längs der Nervenbahnen. Es sei heute notwendig, die deutsche und österreichische Unterernährung allgemein zu behandeln, indem man von beiden Seiten her, in beiden Richtungen die Kräfteströme anregt. Die von außen nach innen, gewissermaßen dem Blutstrom entgegengehende Strömung, wird angeregt durch diätetische oder Arzneimittel, welche als Grundsubstanz phosphorsauren Kalk enthalten. Das von innen nach außen wirkende System dagegen wird angeregt auf *umgekehrtem* Wege durch kohlensauren Kalk. Der *kohlensaure* Kalk regt das *Nervensystem* an, und durch die größere Anregung des Nervensystems kommt das Blutsystem zu stärkerer Auswirkung. Der *phosphorsaure Kalk* regt das Blutsystem an und dadurch wirkt er umgekehrt auf das Nervensystem.

Es ist notwendig, Kalkverbindungen anzuwenden, weil man die Dinge bis in die Knochen treiben muß, denn diese sind – so merkwürdig dies auch klingen mag – die letzten Ausläufer des Nervensystems. Die Nerven dagegen können als Knochen der niedrigsten Entwickelungsstufe angesehen werden, sie sind in der Entwicklung zum Knochen aufgehalten. Der kohlensaure Kalk wirkt nun so, daß er die Anregungen des Nervensystems bis in die Knochen hineinzieht. Der phosphorsaure Kalk dagegen bereitet den Knochen die Möglichkeit, an der Blutbereitung teilzunehmen, sie haben ja ihren Anteil an der Bildung der roten Blutkörperchen. Austern haben kein Blut, deshalb nur kohlensauren Kalk.

Auf diese Weise kann also der unterernährte Organismus gestärkt werden, denn Unterernährung beruht ja nicht nur darauf, daß man zu wenig Nahrungsmittel dem Organismus zuführt, sondern sie werden nicht weitergeführt, weil der Organismus schwach ist. – Er schloß mit dem Hinweis, daß hier eine Massenerkrankung vorliege und daher eine Massenheilung ein Gebot der Menschenliebe sei. – Praktisch empfahl er dann, diese Kalkpräparate als Speisezusätze zu bezeichnen, und meinte, man könne das zu einer Art Volksbewegung machen.

Es ist nicht angängig, hier alles anzuführen, was Rudolf Steiner über Hygiene im Kindesalter gesagt hat und darüber, was der *Lehrer* zur Gesundheit der Kinder beitragen kann. Er erinnerte uns daran, daß in älteren Zeiten der Menschheitsentwicklung das Lehren überhaupt als ein *Heilen* aufgefaßt worden ist. Man betrachtete den menschlichen Organismus so, daß er eigentlich immer die Tendenz hat, durch sich selbst ins Krankhafte zu verfallen, daß man dadurch, daß man unterrichtet und erzieht, fortwährend zu heilen hat. Es ist auch heute gut, wenn der Lehrer in gewissem Sinne der Arzt seiner Schulkinder ist. Damit er gesundend wirke, muß er immer bestrebt sein, sich zu überwinden, seinen «Privatmenschen» nicht in die Schule hineinzutragen. Wenn er die Klasse betritt, sollte er ein Bild von dem haben, was man wird durch den Stoff, den man in irgendeiner Stunde behandeln will. Dann wird man selbst etwas, und das wirkt belebend auf die Kinder. Er sollte aus der Stimmung heraus unterrichten: «Für mich ist der Unterricht etwas Heilsames. Ich werde aus einem morosen Menschen ein lustiger Mensch, während ich unterrichte.» Auf die Kinder wirkt ein solches Vorhaben des Lehrers direkt heilend. Es müsse auch eine Abwechslung im Unterricht sein zwischen humorvoller Stimmung und gerührter Stimmung, selbstverständlich ohne in Extreme zu verfallen. Es muß zum Beispiel nicht laut gelacht werden, es genügt, innerlich lustig zu sein. «Das ist auch eine hygienische Maßregel», sagte er uns, «diese Möglichkeit, in den Unterricht Stimmung hineinzubringen.»[158]

Es heißt gegen die ganze gesundheitliche Verfassung des Kindes sündigen, wenn man es dazu veranlaßt, sich eine Stunde lang mit der sogenannten gewöhnlichen Grammatik zu befassen, mit der Unterscheidung von dem, was man Subjekt, Objekt, Attribut, Indikativ, Konjunktiv und so weiter nennt. Fünfzehn bis zwanzig Jahre später können dann bei einem so behandelten Menschen Gedärmkrankheiten sich entwickeln aus der fortwährenden Verstimmung der Verdauungsorgane durch diese Art des Unterrichtes. Es ist in hygienischer Beziehung sogar wichtig, daß der Unterricht derart innerlich belebt erteilt werde, daß es für den Lehrer nicht nötig sei, zu etwas Notiertem seine Zuflucht zu nehmen; das unterbricht sofort den gesunden Kontakt mit den Schülern.

An dieser Stelle darf darauf hingewiesen werden, welche innere Arbeit von einem Waldorflehrer verlangt wurde, aber es wurde uns ja auch gesagt, wie heilend die Anstrengungen auch auf den Lehrer wirkten. Das haben wir an uns erfahren können. Selbst in den Oberklassen, wo doch zum Beispiel im Mathematik- oder Physikunterricht ein umfangreicher Stoff wirklich erarbeitet werden muß, konnte die Erfahrung gemacht werden, daß nach zwei oder drei Stunden Unterricht an einem Vormittag in diesem Stoffe die Schüler und der Lehrer frisch und munter waren, *wenn* der Unterricht in diesem Sinne geglückt war; andernfalls spürte man die Anstrengung. Man wird ohne weiteres verstehen, daß von dem Gelingen des Hauptunterrichtes von acht bis zehn Uhr sehr viel für die Aufnahmefähigkeit und besonders für das, was man Disziplin nennt, abhängt.

Nicht nur aus dem nahen Westen kam pädagogisch interessierter Besuch an die Waldorfschule, auch aus dem Fernen Osten. Es war dies ein Professor vom Oberlyzeum in Tokio, der von seiner Regierung zum Studium moderner Pädagogik nach dem Westen gesandt wurde. Schon in Japan hatte ihn der Direktor eines höheren Lehrerinnenseminares auf die Waldorfschule aufmerksam gemacht. Der Name Rudolf Steiners hatte auch in Japan einen guten Klang. – In erster Linie interessierte ihn das künstlerische Element, besonders die Malerei der Kinder. Überhaupt verhielt er sich sehr unbefangen gegenüber den Eigentümlichkeiten der Schule, zeigte weniger Vorurteile als viele seiner europäischen Kollegen. Unermüdlich verfolgte er besonders den Eurythmieunterricht und hatte einiges Verständnis dafür, wie durch Eurythmie aus dem Künstlerischen ein neues, auch für das Künstlerische selbst gesundendes Element in die Kultur hereingetragen werden kann. Eingehend versenkte er sich in die Bilder des durch Feuer vernichteten Goetheanums, die im Lehrerzimmer hingen. Immer wieder kehrte er zu ihnen zurück. Nur eines konnte er nicht verstehen: die Gegnerschaft gegen diese Kunst.

Später kamen auch Pädagogen aus China, Persien und Indien. Der Abgesandte des letzteren Landes verbrachte mehrere Tage bei uns und berichtete uns viel Interessantes aus seiner Heimat. Auch dieser Besuch war für beide Teile eine herzliche Freude. Ein schönes Beispiel für die ganz auf das unmittelbar Menschliche gerichtete Einstellung der Orientalen war sein Ausspruch, als wir ihn beim Abschied fragten, was ihm an der Schule während seines Besuches den größten Eindruck gemacht hätte: «Wie die Kinder der untersten Klasse während der Pause im Hofe einen der Lehrer [es war nicht ihr Klassenlehrer] begrüßt haben.»

Am Schluß des Schuljahres beschenkte uns Rudolf Steiner noch mit zwei Vorträgen über Musik. Es waren Inhalte in so gedrängter Form, daß eine auch nur andeutende Wiedergabe untunlich erscheint.[159]

Künstlerisch-pädagogische Tagung der Waldorfschule Stuttgart im März 1923

Schon im Jahre 1922 war in den Konferenzen von der Absicht gesprochen worden, eine pädagogische Tagung zu veranstalten und so eine größere Öffentlichkeit mit dem hier gepflegten Erziehungsimpuls bekannt zu machen. Wir hatten damals davon abgesehen, doch jetzt wollten wir es wagen. In das vor uns liegende Schuljahr 1923/24 traten wir mit 687 Schülern ein, die Zahl der Lehrkräfte war auf über fünfzig gestiegen, es bestanden 21 Klassen in den elf Jahrgängen, dazu die Hilfsklasse. Die Schülerzahl der Grundschulklassen war noch immer auf 240 behördlich beschränkt, der Zudrang zur fünften Klasse, für welche es keine Beschränkung gab, war so stark, daß diese Klasse dreifach geführt werden mußte; sie hatte über hundert Schüler.

Die Tagung fand in den Räumen der Schule statt, welche wirklich einen sehr geeigneten Rahmen boten. Die Turnhalle mit der Bühne, in welcher auch während des Schuljahres die Monatsfeiern stattfanden, diente als Vortragssaal. Wir hatten nicht mit einem sehr großen Zulauf gerechnet und waren freudig überrascht, als sich der Saal mit etwa siebenhundert Gästen füllte. Aber nicht nur die Vorträge sollten von der Arbeit der Schule zeugen, auch die Kinder, und zwar teils persönlich in den Aufführungen mit Eurythmie, Gesang und Rezitation, besonders Sprechchöre ganzer Klassen,[160] teils durch die ausgestellten Kinderarbeiten. – Nicht nur der große Eurythmiesaal im Holzbau war dafür in Anspruch genommen, auch die angrenzenden Handarbeits- und Klassenzimmer. Dieser große Saal war diesmal und auch bei all den Tagungen, welche von nun ab Jahr für Jahr hier folgten, ein im wahrsten Sinne erfrischender Eindruck. Etwas von der freudigen Stimmung, in welcher all diese Dinge geschaffen wurden, ging auf den Beschauer über. An den

Malereien konnte die Entwicklung von Kindern durch die bereits an der Waldorfschule zugebrachten Jahre aufgezeigt werden; in den Handarbeiten enthüllte sich mancher Charakterzug, der sonst verborgen blieb, so wenn der größte Lausbub einer Klasse ein Kissen in so hauchzarten Farben und Formen bestickte, daß es jeder für die Arbeit eines besonders zarten, sinnigen Mädchens gehalten hätte. Hier hatte er Gelegenheit, gleichsam unbeobachtet auch diese Seite seines Wesens ungestört auszuleben, und das hat ihm wohlgetan.

Über diese Ausstellung und den Unterricht hat Dr. Caroline von Heydebrand einen so verständnisvollen Bericht verfaßt, daß er am besten einen Überblick geben kann [abgedruckt im Anhang].[161] Sie war von Anbeginn eine unserer besten Lehrkräfte und hat auch viel für die Ausbildung von jungen Lehrkräften für die in den nächsten Jahren in anderen Städten ins Leben gerufenen Schulen getan. «Wenn ich Kinder hätte, so würde ich sie ihr zur Erziehung übergeben», hatte Rudolf Steiner von ihr gesagt.[162] Mit unendlicher Liebe hing sie an der Schule; die Schließung im Jahre 1938 hat sie nicht lange überlebt. Beim einsetzenden Wiederaufbau wurde sie schmerzlich vermißt.

Vor der Eurythmie-Aufführung der Kinder aller Altersstufen gab Rudolf Steiner in einer Ansprache eine Orientierung über den Eurythmie-Unterricht.[163] Er wurde bereits mit der Eröffnung der Schule als obligatorisches Unterrichtsfach eingerichtet. Keineswegs sollte aber damit das Turnen verdrängt werden, dem er große Bedeutung beilegte.

Durch das Turnen soll sich das Kind in die Statik des Weltalls einfügen lernen. Das Kind entwickelt dabei Mut, Geistesgegenwart und anderes mehr. Die eurythmischen Übungen haben auf das übende Kind eine ganz bestimmte Wirkung. Sie machen es für das Erkenntnismäßige beweglicher; sie erziehen es zur Wahrhaftigkeit. Sie stärken seinen Willen und beleben sein Gefühl.

Die freudige Unbefangenheit und Natürlichkeit der Kinder, die sich hier ungetrübt und ungekränkt durch eine materialistisch-intellektualistische Unterrichtsweise darleben konnte, schuf eine Atmosphäre ungetrübter Begeisterung im Saale, die von allen als Wohltat aufgenommen wurde und für Rudolf Steiner eine Freude bedeutete. – Außer der Kindereurythmie zeigten in einer besonderen Aufführung die Schülerinnen der Eurythmieschule für Erwachsene ihre Fortschritte. Diese Schule war neben der Waldorfschule entstanden, und Marie Steiner hatte die Leitung. Hier wurden Künstlerinnen ausgebildet, die dann auf der Bühne und im Unterricht zu wirken bestimmt waren. Außer der eigentlichen Eurythmie hatten sie nach Rudolf Steiners eigens für sie gegebenem Lehrplan Unterricht in Literatur, Anatomie, Mathematik, Malerei und Philosophie sowie Anthroposophie.

Das Ziel dieser Ausbildung, die Eurythmie als eine Bewegungskunst, als belebend-künstlerisches Kulturelement, zeigten dann noch die beiden Aufführungen der Dornacher Eurythmietruppe.

Ein tiefes Erlebnis war die Rezitationsveranstaltung von Rudolf und Marie Steiner. Er eröffnete sie mit einer Ansprache, in der er in das Wesen der künstlerischen Rezitation und Deklamation bis in die physiologischen Grundlagen hinein führte.[164] Die religiöse Stimmung, die jeder wahren Kunst innewohnt, führt zu den geistigen Höhen, in denen sich der echte Künstler lebend empfindet, wenn er schöpferisch tätig ist. In den Eingangsversen der «Ilias» ruft Homer die Muse an, in seinem «Messias» wendet sich Klopstock an die «unsterbliche Seele». Von Homer bis Klopstock hat sich jedoch ein gewaltiger Umschwung vollzogen. Die Dichtung war einst Gesang gewesen, sie hat sich in neuerer Zeit immer mehr der Prosa genähert, und die Rezitation wurde unkünstlerisch, indem sie sich vor allem der Betonung des Prosagehaltes der Dichtung zuwandte; denn Prosa ist ein dem künstlerischen ferner stehendes Element. Wenn die Dichtung zum Worte herabsteigt, nur noch Prosagehalt wird, dann gehört sie eigentlich der Logik an; deren Worte sind Prosa. Die geistige Welt geht nur bis zur Silbe, nicht bis zum Worte. Der Dichter hebt den Tribut, den er dem Worte, der

Prosa entrichten muß, damit wieder auf, daß er durch den Rhythmus der Silbenfolge, den Klang, die Melodie sich in die Höhen des Geistes, in die Heimat der Kunst erhebt. Schiller war von einer inneren musikalischen Stimmung beseelt, ehe er ein Gedicht schuf, Goethe übte die jambischen Verse seiner Dramen mit den Schauspielern mit dem Taktstock ein. – In diese Sphäre der Musikalität muß sich eine wirklich künstlerische Rezitation erheben, gleichsam dorthin, wo sich der Dichter im Geistgebiet des Schöpferischen befand, ehe er zum Worte, zur Prosa herabstieg. Dazu gehört Selbstlosigkeit, Aufgehen im geistigen Wesen der vorzutragenden Dichtung. – Das konnte die dankbar begeisterte Zuhörerschaft an den nun folgenden Rezitationen von Marie Steiner selbst erleben.

Die Grundzüge einer Physiologie der Rezitation und der Deklamation behandelte Rudolf Steiner im zweiten Teil dieses Nachmittags. Er erinnerte daran, wie in der heute allgemein geübten Sprechkunst eigentlich die persönliche Auffassung maßgebend sei und eine wirklich sachliche Gesetzmäßigkeit vermißt würde. Einer solchen liege aber das rhythmische Verhältnis von Atmungsstrom und Blutrhythmus zugrunde. Die Zahl der Atemzüge beträgt in einer Minute achtzehn, die der Pulsschläge zweiundsiebzig; das gegenseitige Verhältnis ist also eins zu vier. Die Rezitation richtet sich nach dem Gesetz der Atemzüge, die Deklamation nach dem der Blutzirkulation. Die Rezitation wird demnach ihrem Wesen gemäß angewendet bei Schilderungen, die Deklination ist da am Platze, wo das Emotionelle mehr hervortritt. So kann man bei jeder Dichtung entscheiden, ob sie rezitiert oder deklamiert werden soll.

Darauf gab wieder Marie Steiner zwei Proben als Beispiele für Rezitation und Deklamation, indem sie Stücke aus den beiden Fassungen der Goetheschen «Iphigenie» vortrug. Zuerst hat Goethe die «nördliche» Fassung geschaffen, aus dem Blutsrhythmus, dem nördlichen, dem germanischen Element; sie muß deklamiert werden. Als dann Goethe nach Italien reiste und die griechische Kunst in sich aufnahm, dichtete er unter diesem Einfluß die «Iphigenie» um; es entstand die «südliche»

Fassung. Der Grieche lebte im Atemrhythmus, dem der Hexameter entspricht, bei welchem der Blutsrhythmus nur gezählt wird. Hier ist die Rezitation angemessen.

Nun sprach noch einmal Rudolf Steiner, und zwar von dem, was er den «Sündenfall» in der Dichtung nannte. Er kam zurück auf die Tatsache, daß in alten Zeiten die geistige Welt nur bis zur Silbe reichte, noch nicht bis zum Wort. Die Dichtung schritt aber weiter zum Wort. Man erlebte die geistige Welt in der betonten Silbe, aber nicht mehr im Wort, das zur Prosa geworden war und nur den intellektuellen Sinn aufwies. Es trat der «Sündenfall von der Silbe zum Worte» ein. Als eine Art Buße trat von nun ab in die Dichtung der dem Altertum unbekannte Endreim auf. Im Gegensatz zu diesem findet man in der germanischen Dichtkunst den Stabreim, die Alliteration, eine Erinnerung an den Unschuldzustand der Dichtung vor ihrem Sündenfall. In den Werken Wilhelm Jordans liegt ein Versuch vor, dahin zurückzukehren. Aus seinem Stabreim-Epos «Siegfried» trug nun Marie Steiner vor und vermittelte in diesen Rhythmen, in denen sich ein ungeheurer Schwung mit festlicher Würde paart, einen die Hörer ergreifenden Eindruck des Geheimnisses dieser altgermanischen Dichtungsweise.

Rudolf Steiner selbst hielt zwei Vorträge: «Pädagogik und Kunst» und «Pädagogik und Moral».[165] Im Hinblick auf den Andrang, welcher stets bei seinen Vorträgen herrschte, waren diese von vornherein im großen Saal des Sigle-Hauses, unten in der Stadt, vorgesehen, und dieser Saal, der etwa 1200 Personen fassen konnte, war wie immer bis auf den letzten Platz gefüllt; viele mußten stehen, doch das wurde gerne ertragen.

Im ersten Vortrag wies er eingangs darauf hin, daß pädagogische Kunst nur auf echter Menschenerkenntnis beruhen könne, welche sich nicht in einer bloßen Betrachtung erschöpfe. Wissen über den Menschen muß im eigenen Wollen als wissende Tätigkeit erlebt werden. Man muß jeden Gedanken über den Menschen als das eigene Wesen sogleich erleben, wie man die richtige Atmung, den richtigen Blutumlauf als die eigene Gesundheit erlebt. Eine solche Menschenerkenntnis wird wie von selbst in die Tat hinüberfließen; in ihr lebt als Selbstverständlichkeit die Liebe. Ein solches, im Leben wesendes Wissen vom Menschen nimmt das Wesen des Kindes auf wie das Auge die Farbe aufnimmt. Da gibt es keinen Unterschied von Theorie und Praxis.

Eine solche, rechte Erziehergesinnung ist das Wesentliche, sie lenkt den Blick auf die Lebensäußerungen des Kindes, die als Keimzustände der sich entwickelnden Vollmenschen erscheinen. – Das Kind *will* sich betätigen, weil Tätigkeit in der menschlichen Natur liegt. Vom Erwachsenen *fordert* die harte Welt die fertige Arbeit. Beim Kind fordert die werdende Menschenwesenheit die eigene Tätigkeit, welche, richtig geleitet, den Keim der Arbeit erbildet. Die *ernste* Offenbarung dieses inneren Dranges ist das *Spiel.* Der wäre ein leichtsinniger Pädagoge, der wollte, daß die Kinder «spielend lernen»; für so erzogene Menschen wäre das Leben doch mehr oder weniger ein Spiel. Ein rechter Erzieher wird dem Kinde den Sinn dafür wecken, daß es mit demselben *Ernste* lerne, mit dem es spielt, solange dieses Spielen der einzige seelische Inhalt des Lebens ist. Er wies dann darauf hin, daß der Erzieher die Verstandesausbildung ja nicht vernachlässigen dürfe, doch nur das Moralische mache den Menschen erst wirklich zum Menschen. Das hängt zusammen mit der Kunst, welche die Frucht der *freien* Menschennatur ist. Doch muß man sie lieben, wenn man ihre Notwendigkeit für das volle Menschenleben einsehen will. Zur Liebe zwingt das Leben nicht. Es gedeiht aber nur in der Liebe, es will sein Dasein im zwanglosen Element! Er sprach dann von Schillers Briefen «Über die ästhetische Erziehung des Menschen» und bedauerte, daß von ihnen eine so geringe Wirkung auf die Pädagogik ausgeübt worden sei.

Der Erzieher sollte die Kunst so lieben, daß er das Kind ihr Erleben nicht entbehren lassen will. Sein Verstand wird an der Kunst erst zum wahren Leben erweckt, und das Pflichtgefühl reift, wenn der Tätigkeitsdrang künstlerisch in Freiheit die Materie bezwingt.

Künstlerischer Sinn des Erziehenden läßt im Ernste froh, in

der Freude charaktervoll sein. Die Natur, durch den Verstand nur begriffen, wird durch die künstlerische Empfindung erlebt; und dadurch reift das Kind zum Können, daß das Begreifen lebensvoll getrieben wird. Erst das Kind, das an die Kunst herangeführt wird, reift zum «Schaffen». Im «Können» gibt der Mensch sich aus, im «Schaffen» wächst er an seinem Können. Alles dieses wird aber *nicht* erreicht, wenn das Künstlerische nur *neben* der anderen Erziehung und dem Unterricht hergeht, wenn es diesem nicht organisch eingegliedert ist. «Erkenntnis, Lebensbildung, Übung in praktischer Geschicklichkeit sollten in das Bedürfnis nach Kunst einmünden; das künstlerische Erleben sollte nach dem Lernen, dem Beobachten, dem Aneignen von Geschicklichkeit Verlangen tragen.»[166]

In dem Feuer, mit dem Rudolf Steiner so etwas vortrug, lebte seine grenzenlose Liebe zu allen Menschen, sein vor keinem Opfer zurückschreckender Helferwille. Der langanhaltende, jubelnde Beifall, die leuchtenden Gesichter ließen erkennen, wie dankbar das von ihm Gegebene aufgenommen wurde. Für uns Lehrer war es Stärkung und Beschämung zugleich; es war uns gezeigt worden, was zu leisten wäre, um diese Weisheit in erzieherisches Tun umzusetzen. Auch der leiseste Ansatz zur Selbstzufriedenheit zerstob in Nichts.

Mit einem ganz anderen Grundton, nämlich dem der ernstesten Verantwortung sprach Rudolf Steiner im zweiten Vortrag über «Pädagogik und Moral»[167]. – Auch hier gilt, daß Moralunterricht nicht nebenher gegeben werden darf, daß er alles durchdringen muß. Selbst im Augenblick eindringlich scheinende «moralische Nutzanwendungen» haben nicht die beabsichtigte Wirkung. Der moralische Takt ist hier sehr wichtig.

Er schilderte dann wieder einmal lebendig und eindringlich, wie das Kind vor dem Zahnwechsel ganz in den Lebensäußerungen seiner Umgebung lebt, «wie das Auge in der Farbe». Daher die ungeheure Verantwortung der Eltern. «Ein Vater, der sich vor dem Kinde in Lebensäußerungen offenbart, die dem Jähzorn entspringen, wird die Veranlassung dazu, daß das Kind bis in die feinsten organischen Gewebestrukturen die Neigung zum gestenhaften Darleben des Jähzornes aufnimmt. Eine furchtsam, zaghaft sich verhaltende Mutter pflanzt dem Kinde organische Strukturen und Bewegungstendenzen ein, die bewirken, daß dasselbe an seinem Körper ein Werkzeug hat, das dann die Seele im furchtsamen, zaghaften Sinne gebrauchen will.»

Wenn das Kind zur Schule kommt, so hat es also einen Organismus, der auf das Seelische seiner Umgebung in ganz bestimmter Weise antwortet. Das sollte der Erzieher durchschauen, damit er nicht in die Lage kommt, moralische Impulse an das Kind heranzubringen, welche von diesem unbewußt abgelehnt werden, weil es durch die Beschaffenheit seines eigenen Leibes daran gehemmt wird, sie anzunehmen, indem es die in der Nachahmung aufgenommenen Grundrichtungen in sich hat. Eine richtige Erziehung kann jedoch hier umgestaltend wirken, so daß in dem eben angedeuteten Falle die Erlebnisse der frühen Kindheit durch Umwandlung zu einem schlagfertigen, geistesgegenwärtigen, mutvollen Zugreifen in den entsprechenden Lebenslagen sich ausbilden und als Folge einer ängstlichen, zaghaften Umgebung ein edler Sinn für Schamhaftigkeit und Keuschheit auftritt.

Die als rechte angesehene Umwandlung wird aber nur bewirkt, wenn man sich an das Gefühlsleben wendet, an moralische Sympathien und Antipathien. Auf dieses wirken aber nicht abstrakte Maximen und Ideen, sondern Bilder. So wird die Entstehung eines *Gefühlsurteiles* über das Moralische gefördert.

Zwischen Zahnwechsel und Geschlechtsreife ist das Kind nicht mehr der Nachahmung hingegeben, sondern an die Autorität dessen, was der Lehrende und Erziehende sagt. In dieser Haltung liegt auch die Grundlage zum rechten Gebrauch der sittlichen Freiheit im äußeren Leben. Der werdende Mensch muß zuerst die Welt durch den erwachsenen Menschen kennenlernen.

Gegen das zehnte Lebensjahr taucht nämlich im Kind die Frage auf: «Woher hat der Erzieher die Kraft, die ich an ihm verehrungsvoll glaubend empfange?» «Man muß», so sagte Rudolf Steiner, «vor den unbewußten Seelen-Tiefen des Kindes als Erzieher erweisen, daß man die Autorität durch ein festes Gegründetsein in der Weltordnung mit Recht hat.» Abschließend und zusammenfassend gab er folgenden Ausblick: «Ist das moralische Gefühlsurteil mit der Geschlechtsreife in rechter Art entfaltet, so wird es in dem nächsten Lebensabschnitt in den freien Willen aufgenommen werden können. Der junge Mensch, der die Volksschule verläßt, wird aus den seelischen Nachwirkungen seiner Schulzeit die Empfindung mit sich ins Leben tragen, daß sich in ihm die moralischen Impulse im sozialen Zusammenleben mit den Mitmenschen aus der inneren Kraft seines Menschenwesens entfalten. Und nach der Geschlechtsreife wird der *Wille* als ein moralisch starker sich ergeben, der vorher gekeimt hat in dem recht gepflegten moralischen Gefühlsurteil.»[168]

Waren die Hörer beim ersten Vortrag von Begeisterung erfüllt, so war die Grundstimmung des zweiten eine solche der ernsten Dankbarkeit. Im ersten Vortrag wurden sie hineingeführt in die lichte Welt, in welcher die Kindesseele lebt, im zweiten wurde dargelegt, wieviel von unserem eigenen Verhalten davon abhängt, daß das Kind aus dieser Welt in rechter Weise, und ohne in seinen tieferen Kräften Schaden zu erleiden, den Weg geleitet werde in das Leben der Erwachsenen und sich da als sittliche Persönlichkeit erweisen und halten könne. Man konnte nachdenklich werden, wenn so eindringlich auf Tatsachen hingewiesen wurde, auf die Verantwortung, die mit jedem Gedanken, mit jeder Seelenregung verbunden ist, die man sich in Gegenwart eines kleinen Kindes gestattet. Der tiefe Ernst der Selbsterziehung des Erwachsenen, zu welcher Rudolf Steiner so viele Hilfen gegeben hatte, wurde einem klar und konnte zum wirklichen Entschluß führen, wenn man sich der eigenen Verantwortung bewußt wurde. Denn von unserer Haltung hängt es ab, ob die nächste Generation die Kräfte zu sittlichen Impulsen entwickeln kann.

Während der ganzen Tagung herrschte auf dem Gelände der

Schule ein reges, frohes Leben. Schon vor Beginn erschienen viele Besucher, um sich die Tagungskarten zu holen oder nach Wohngelegenheiten zu fragen. Da gab es viele freudige Begrüßungen, sowohl mit den Lehrern als auch mit Freunden, die aus anderen Städten, aus anderen Ländern herangekommen waren. Dazu die Kinder, die sich fröhlich umhertummelten. Denn wenn auch schon kein Unterricht mehr war, so gab es doch für viele noch Proben zu den Aufführungen, und überhaupt gab es für sie nichts Schöneres, als irgendwie doch in der Schule zu sein oder gar den Lehrern helfen zu dürfen bei den mühevollen Vorarbeiten für die Ausstellungen. Und diese wollte doch jedes Kind möglichst bald sehen, nicht nur wegen der unschuldigen Freude, wenn etwas von seinen Arbeiten darin zu sehen war. Die persönliche Eitelkeit der Kinder war eigentlich erstaunlich gering, dagegen gab es so etwas wie einen Geist der einzelnen Klassen, und auf die Leistungen der ganzen Klasse blickte man mit einer gewissen Befriedigung, in welcher aber schon der Antrieb lag: «Aber nächstes Jahr wollen wir das noch viel schöner machen.»

Etwas Besonderes war auch die Lage der Schule in dem großen Park und Gartengelände mit dem Blick über die im «Kessel» unten liegende Stadt, in die weite Ferne bis zum Hohenasperg und schließlich der Frühling in Stuttgart. Er kommt so früh und so voll Sonnenschein, daß er mit dem in Oberitalien wetteifert und ihn manchmal sogar in der Zeit übertrifft, indem das Blühen schon früher beginnt. Es blühte alles um die Schule, und aus den zahlreichen Büschen in den umliegenden Gärten jubelten die Vögel ihre Frühlingslieder über den frohen Kindern und den von überall gekommenen Menschen, die in dem, was hier gepflegt wurde, die Hoffnung auf eine bessere Zukunft erblickten, zu deren Verwirklichung diese Kinder beitragen sollten. Und wenn Rudolf Steiner in diese Umgebung hereintrat, dann erhellte sich sein sonst so sorgenvolles Antlitz, und in dem, was von ihm leuchtend ausstrahlte, fühlten sich alle in ihren Hoffnungen getragen, in ihrem Wollen gestärkt.

Blickt man heute zurück auf eine solche Veranstaltung, so

meint man, die Sonne hätte damals anders geschienen als gewöhnlich. Und die Dankbarkeit dafür, daß man so etwas mitwirkend erleben durfte, mahnt einen, in der Pflege dieses Geistimpulses nie zu erlahmen.

Nach der Tagung begannen die Ferien, und danach, mit dem Beginn des neuen Schuljahres, setzten auch die «Freien Anthroposophischen Hochschulkurse» wieder ein, an denen überwiegend die Waldorflehrer als Vortragende tätig waren. Die bisher in diesem Rahmen veranstalteten Eurythmiekurse für Laien wurden von nun an von der Eurythmieschule übernommen. Dafür wurden Kurse für Modellieren und Malen eingerichtet, wobei der letztere durch Maria Strakosch gegeben wurde.

Um diese Zeit erhielten wir auch die Nachricht, daß Dr. Olaf Rosén aus Schweden, bekannt als Pädagoge und Wissenschaftler, der mehrere Monate an der Waldorfschule verbracht hatte, in Schweden und Finnland in der Öffentlichkeit für Rudolf Steiner eintrat. Er war unter anderem in Stockholm von drei großen Schulkollegien eingeladen, in Upsala von der Psychologischen Gesellschaft und vom Psychologisch-pädagogischen Verein, in Finnland von der Universität zu Helsingfors, der Akademie zu Åbo und der Finnischen Pädagogischen Gesellschaft. Außerdem hatte er als Staatsstipendiat den schwedischen Schulbehörden einen Bericht über seine Erfahrungen an der Waldorfschule zugestellt, der auch dann in erweiterter Form öffentlich erschienen ist. – Auch aus Holland hatten wir Besuch erhalten, und die dortige Tageszeitung «Telegraaf» schrieb dann eingehend über die Waldorfschule.

Sorgen

Die Freude über das Gelingen dieser ersten pädagogischen Tagung der Waldorfschule wurde getrübt durch manche Vorgänge, welche Rudolf Steiner und alle, denen der Fortgang der begonnenen Arbeit am Herzen lag, mit schweren Sorgen erfüllte.

So schilderte er bei der dritten ordentlichen Mitgliederversammlung des Waldorfschulvereins die Lage der Schule folgendermaßen, indem er – wie immer – mit dem Positiven begann.[169] Mit zwei Säulen verglich er dieses Günstige: Die eine sei die immer stärker an die Schule herankommende Zeitforderung nach einer dem wahren Wesen des Menschen angemessenen Erziehungskunst, die andere das, «was als ein heiliger, sachgemäßer und fachgemäßer Enthusiasmus in der Waldorfschule lebt». Die Sorge aber, das war die Stabilisierung des finanziellen Fundamentes.

Ungeachtet der sehr bescheidenen Gehälter der Lehrer reichten die von den Unternehmungen (Waldorf-Astoria-Fabrik und «Der Kommende Tag») für die Kinder ihrer Arbeiter und die von den Eltern bezahlten Schulgelder nur aus, um 51 Prozent der Ausgaben zu decken. Die übrigen 49 Prozent mußten durch Mitgliedsbeiträge und besonders durch Patenschaften aufgebracht werden. Eine Patenschaft bestand darin, daß jemand das Schulgeld für ein Kind bezahlte, dessen Eltern dazu nicht die Mittel aufbringen konnten. Dabei müssen die Schwierigkeiten der herrschenden und unaufhaltsam steigenden Inflation in Betracht gezogen werden. Es kam dann bald so weit, daß die Banknoten innerhalb weniger Stunden keinen Wert mehr hatten. Die Gehälter wurden damals wöchentlich ausbezahlt. Mittags nach Schulschluß bekamen wir die dicken Notenbündel, und dann eilte jeder in die Stadt, um Einkäufe für die ganze Woche zu besorgen, denn um drei Uhr war schon ein anderer Kurs gültig und das Geld wertlos. Es gab dann einige Zeit Zwanzigmillionen-Scheine, die nur einseitig bedruckt waren. Wurden sie nicht rechtzeitig eingelöst, so waren sie das billigste Briefpapier!

Das war aber ein Feld, auf welchem von Seite der Freunde der Waldorfschule nichts geschehen konnte; an diesem Ablauf war nichts zu ändern, aber die Zahl derjeniger, welche ein tätiges Interesse für deren Arbeit durch Beiträge bewiesen, war zu klein. Rudolf Steiner sprach es bei dieser Gelegenheit aus, wir müßten uns klar machen: Unsere Bestrebungen entsprechen den Sehnsüchten von Tausenden und Abertausenden Menschen; wir müssen alles daran setzen, den Waldorfschulgedanken mit allen seinen Impulsen immer populärer zu machen, so daß er etwas wird, was den Menschen als eine Zeitforderung erscheint. Dazu braucht es nämlich nicht einmal etwas anderes, als daß in vielen Menschen der Mut geweckt werde für das, was sie in den Tiefen ihrer Seelen in unbestimmter Weise längst empfinden. Das ist es, was wir brauchen.

Und in bezug auf den inneren Fortgang unserer Methode sei notwendig, daß in der Schule alles wirklich aus *echter Menschenerkenntnis* geschehe; dann würden wir wirklich eine allgemein menschliche Schule, keine Weltanschauungsschule, keine Sektenschule.

Was Rudolf Steiner als das Richtige für den Fortgang der Erziehungsarbeit betrachtete, das war das Entstehen eines *Weltschulvereins* über die ganze Erde hin, nachdem jetzt das Muster der Waldorfschule da sei. Es sei eigentlich nicht die Aufgabe überall, da und dort andere Versuche von Schulgründungen machen zu wollen. Wichtiger sei, das wirkliche, reale Verständnis für die Waldorfschulpädagogik zu verbreiten. Denn in der pädagogischen Entwicklung selber und in deren Verhältnis zu dem großen Kultur- und sozialen Gedanken liegt eigentlich die Forderung der Waldorfschule!

Was ihm vorschwebte, war eine ganz große Kulturbewegung, die dann gesundend auf das gesamte Erziehungswesen zu wirken imstande sein solle, ihm in freier, allgemein menschlicher

Weise zu dienen, eben aus echter Menschenerkenntnis.

Es ist aber damals nicht gelungen, einen solchen Weltschulverein ins Leben zu rufen. Wohl entstanden eine Reihe anderer Schulen, die meisten nach seinem Tode. Sie haben in ihren örtlichen Kreisen viel Gutes gewirkt, aber sie blieben einzelne Punkte. Es entstand nicht der große Kulturstrom, den er schaffen wollte.

Die wirtschaftlichen Sorgen haben dann an der Waldorfschule nie mehr aufgehört, aber immer wieder wurde die Möglichkeit gefunden, durch Opfer, welche von *allen* Beteiligten gebracht wurden, den Betrieb weiterzuführen.

Die bereits angedeuteten Schwierigkeiten in der Anthroposophischen Gesellschaft und die wachsende und zu immer brutaleren Mitteln greifende Gegnerschaft gaben auch Anlaß zu Veränderungen in bezug auf die Entwicklung des Unternehmens «Der Kommende Tag». Es war nämlich Rudolf Steiner nicht mehr möglich, angesichts dieser Überbelastung noch weiter den Vorsitz im Aufsichtsrat von «Der Kommende Tag» weiterzuführen; er trat zurück, bat jedoch ausdrücklich, dies nicht so aufzufassen, als ob dadurch eine Änderung in der intensiven, sach- und idealgemäßen Arbeit dieses Unternehmens einträte. Die Arbeit sei in guten Händen; er bäte, ihr fernerhin keinen Grad des Vertrauens zu entziehen. Seine geistigen Anregungen würden dem Klinisch-Therapeutischen Institut, dem Kommenden-Tag-Verlag, den Forschungsinstituten, den Zeitschriften und so weiter besser zufließen, wenn er aus der eigentlichen Administration herausgelöst sei.[170]

Dies alles lastete auf Rudolf Steiner, und wir empfanden es schwer bedrückend, daß unsere zwar gut gemeinten, aber objektiv nicht genug wirksamen Bemühungen es nicht hatten verhindern können, daß eine solche Situation für ihn entstanden war. Nach einer Zusammenkunft der anthroposophischen Ärzte schilderte einer derselben, aufs tiefste erschüttert, Rudolf Steiner: «Auf der Rednerbühne war er ganz Geist, Feuer, Hingabe, Mission und strotzende Gesundheit, frei von Müdigkeit und Affektation, wie eine Naturgewalt. Aber in den Zwischenpausen fiel mir wiederholt sein schlechtes, abgejagtes, ja vergrämtes Aussehen auf. Da verdichtete sich die freie schöpferische Atmosphäre, die ihn auf der Rednerbühne umspielte, zur Schicksalsschrift. Wie er sich nach dem letzten Vortrag an einem Tisch des Vordergrundes niederließ, wie er da die schweren, traurigen Schicksalsaugen mit dem unbeschreiblich hintergründigen Sendungsfeuer am Auditorium vorbei zum Fenster hinausschweifen ließ und einen Augenblick alles um sich zu vergessen schien ... Nun, ich bin nicht sentimental und genug im Feuer des Lebens gehärtet, um Herr meiner Gefühle zu sein, aber dieser Eindruck erschütterte mich bis ins Innerste. Ich ahnte die Übermenschenlast, die auf diesen Schultern lag.»[171]

Doch all dies vermochte nicht, ihn von der energischen Fortsetzung der Arbeit, besonders der pädagogischen, abzuhalten. Im August waren in Ilkley (Yorkshire) Lehrer und Erzieher aus siebzehn verschiedenen Nationen für vierzehn Tage zusammengekommen, um Rudolf Steiner über Erziehung und das Geistesleben der Gegenwart sprechen zu hören.[172] Er wurde begrüßt von der berühmten Pädagogin Margaret Mcmillan [1860–1931] vom «C.B.F. Principal of Deptford Training Centre» und in vielen englischen Blättern gefeiert.

Das Interesse für die Waldorfschule wuchs in England so stark, daß im «Manchester Guardian» ein Aufsatz erschien: «Die Waldorfschule in Gefahr», in welchem hochangesehene Pädagogen zur Hilfeleistung für dieses Unternehmen, dem sie grundlegende Bedeutung zumaßen, aufriefen. (Die Inflation war so weit gestiegen, daß am 30. Oktober die Schlüsselzahl des Börsenvereins der Deutschen Buchhändler 16 Milliarden betrug.)

Weiterführung der pädagogischen Unterweisungen

In dem 1919 vor der Eröffnung der Schule abgehaltenen Lehrerkurs hatte Rudolf Steiner den Lehrplan und die erzieherischen Gesichtspunkte für die ersten acht Klassen gegeben. Jedes Jahr kam dann mit dem Älterwerden der Schüler eine neue Klasse hinzu, und wir erhielten von ihm die notwendig werdenden Ergänzungen. Jetzt stand die Einrichtung der elften Klasse bevor. Noch gründlicher, als dies im Vorjahre bei der Vorbereitung auf die zehnte Klasse geschehen war, besprach er nun mit uns, was mit dem «wichtigen Menschheitsübergang» – wie er es nannte – in diesem Lebensalter zusammenhängt und vom Erzieher gewußt und beherzigt werden sollte.[173]

Es muß da ein Übergang von einer Seelenorientierung zu einer anderen gefunden werden. Vor der Geschlechtsreife ist der heranwachsende Mensch so orientiert, daß er eine Wohltat empfängt, wenn man das ins Bild bringt, was man ihm beim Erziehen und Unterrichten zu geben hat. Je mehr es gelingt, das «plastische und musikalische Bild» herauszuarbeiten, desto mehr kommt man dem entgegen, was das kindliche Gemüt in diesem Lebensalter braucht. Dann vollzieht sich das, was man kurz kennzeichnen kann als den Übergang von der «Kenntnis zur Erkenntnis» mit einer gewissen Schroffheit, für die meisten Kinder unbewußt. Es beginnt der Drang der Menschenseele, dasjenige, was an sie herankommt, in der Urteilsform zu verarbeiten. Wird zum Beispiel über Julius Cäsar zu sprechen sein, dann wird man Betrachtungen darüber anstellen, wie manches hätte anders werden können und warum es sich dann eben doch so zugetragen hat, wie die Geschichte berichtet. Goethes Leben wird man nicht mehr durchaus bildhaft schildern, sondern die Aufmerksamkeit darauf lenken, wie sein Schaffen nach dem

Jahre 1790 einen anderen Charakter annimmt. Man wird immer mehr versuchen, kausale und ähnliche Zusammenhänge hereinzunehmen. Hat man diese auch schon vom zwölften Lebensjahr an angefangen, leise durchblicken zu lassen, so muß jetzt vor allem darauf gesehen werden, das Kausalbedürfnis der Schüler zu befriedigen.

Der Unterschied in der Betrachtungsweise sollte ein recht deutlicher sein, denn die Kinder reagieren auf ungünstige Weise, wenn es einfach so weiterginge wie vorher.

Wir wurden dann eindringlich darauf hingewiesen, daß in dieser Beziehung wieder recht klare Begriffe zur Herrschaft kommen müßten. Vor allem sei es notwendig, daß beim Eintreten in die *Geschlechtsreife* ein *außerordentlich großes Interesse für* die Außenwelt erweckt werde; alles muß so herangebracht werden, daß es in der jugendlichen Seele nachklingt, daß in ihr Rätsel entstehen über Natur, Welt und Kosmos, über den Menschen im allgemeinen, über geschichtliche Fragen. In diesem Lebensalter werden die Kräfte der eigentlichen Seelenorganisation frei zum Erfassen solcher Rätsel. Gelingt es nicht, für diese Welträtsel das intensivste Interesse zu erwecken, dann verwandeln sich diese frei werdenden Kräfte nach zwei Seiten hin in Instinktartiges: in Machtkitzel und in Erotik. Diese beiden Erscheinungen werden aber heute nicht als «sekundäre Umwandlungsprodukte» von Dingen aufgefaßt, die zu ganz anderem führen sollten, sondern als ein von der Geschlechtsreife an im menschlichen Organismus vorhandenes Naturelement. Bei einer richtigen Erziehung kann erreicht werden, daß davon nicht gesprochen werden muß, daß dies gleichsam «unter den Linien des Lebens» vor sich geht. Die ganze heutige Erziehung krankt daran, daß man auf diese Frage so hohen Wert legt. Das geschieht, weil die materialistische Weltanschauung ohnmächtig macht, ein wirkliches Interesse für die Welt hervorzurufen, die Ergebnisse dieser Wissenschaft vermögen dies eben nicht. Dadurch aber, daß der junge Mensch nicht genügend Interesse für die Außenwelt hat, wird er auf sich selbst gelenkt. Die Menschen beschäftigen sich überhaupt viel zu viel mit sich selbst.

Es wurde daran erinnert, daß das allerbeste Mittel für die Überwindung eines Schmerzes ist, wenn man es dazu bringen kann, nicht an ihn zu denken. «Dieses Sich-Hineinarbeiten in die Wirksamkeit des frei werdenden astralischen Leibes im physischen Leib, das ist eigentlich ein fortwährendes Durchmachen von leisen Schmerzen.»[174] Das regt sofort an, sich mit sich selbst zu beschäftigen, wenn man nicht genügend nach der Außenwelt abgelenkt ist.[175] – Vorher wollten die Kinder gerne in Bildern leben, jetzt interessiert sie das «Warum». Jede Erweiterung ihres Gesichtskreises macht ihnen Freude, zum Beispiel wenn man vom Kleinsten auszugehen und von da aus ins Größte zu kommen sucht. Man wird daher nicht die Zellenlehre vorbringen, ohne sie an die Kosmologie anzureihen, wirklich das, was in der Zelle vor sich geht, als einen kleinen Kosmos zu betrachten. Es ist auch wertvoll, Zusammenhänge mit dem auf der Unterstufe Vorgebrachten zu zeigen. In der Mathematik kann man anregen, den Carnotschen Lehrsatz als eine Metamorphose des gewöhnlichen Pythagoräischen Lehrsatzes anzusehen. Dieses Zurückgreifen regt das Urteilen an. Indem man so erzieht und unterrichtet, daß die neu auftretende, energisch nach Betätigung suchende Urteilskraft «sich in Rätselfragen umgießt», wird das bisher vorhandene Autoritätsgefühl abgelöst von dem Interesse, das die Schüler den Anregungen des Lehrers entgegenbringen.

Von größter Wichtigkeit ist es in dieser Zeit, daß der Lehrer sich keine Blöße gibt, auch keine latente, daß keine Ungerechtigkeiten vorkommen. «Unter einer latenten Blöße», so führte Rudolf Steiner aus, «verstehe ich diese unausgesprochenen Dinge, die gerade beim Unterricht und bei der Erziehung in diesem Lebensalter ganz besonders vorkommen können. In diesem Lebensalter formen sich ja ... zahlreiche Fragen aus der Seele heraus. Diese Fragen formen sich zum Teile so unbewußt, daß psychologisch betrachtet sogar das Folgende vorkommen kann: Nehmen wir an, in irgendeiner Sprache nehmen Sie eine Periode durch mit einer Klasse dieses Lebensalters. Dasjenige, was nun mit dem Satzbau dieser Periode von den Stilisten gemeint ist, das empfindet urteilsgemäß der junge Mensch in diesem Lebensalter außerordentlich fein. Ob man in der Lage ist, mit dem Verstande dem nachzukommen, was man da empfindet an Urteilen, darauf kommt es ja weniger an; ich meine zunächst für die persönliche Entwickelung. Für das Leben kommt es natürlich etwas darauf an, ob man das Unbewußte in Bewußtes verwandeln kann oder nicht; aber für die persönliche Entwickelung kommt zunächst nicht so ungeheuer viel darauf an. Aber wenn nun auch der Schüler selber dasjenige, was er als Frage innerlich erlebt, nicht formulieren kann – der Lehrer muß dazu imstande sein, diese Frage zu formulieren, so daß die Formulierung zustande kommt, und er muß imstande sein, das Gefühl zu befriedigen, das beim Anlaß dieser Frage im Schüler auftaucht. Dann, wenn er das nicht tut, dann geht vor allen Dingen dasjenige, was sich da abgespielt hat mit dem Menschen, mit hinein in die Schlafenswelt in den Schlafzustand, und im Schlafzustand wird durch nicht formulierte Fragen eine ganze Menge von konträren Giftstoffen erzeugt, von solchen Giftstoffen, die nur in der Nacht entwickelt werden, wo eigentlich die Giftstoffe eher verarbeitet als neue erzeugt werden sollten. Es werden Giftstoffe im Menschen erzeugt, mit denen der junge Mensch das Gehirn beladen hat, wenn er die Klasse betritt, und das alles stopft sich nach und nach furchtbar stark an.»[176] Das kann – so meinte er dann – vermieden werden, wenn bei dem Schüler nicht das Gefühl aufkommt, daß der Lehrer nicht richtig geantwortet habe. Für dieses Nichtgenügen ist nicht etwa bloß ausschlaggebend die persönliche Fähigkeit oder Unfähigkeit des Lehrers, sondern namentlich die pädagogische Methode. «Wenn wir also zuviel Zeit dazu verwenden, den jungen Menschen in diesem Lebensalter zu übergießen mit einer Menge von Unterrichtsstoff, oder wenn wir sonst in einer Weise so unterrichten, daß er gar nicht dazu kommt, seine Zweifel und Rätsel zu beheben, dann tritt der Zustand ein, wo sich der Lehrer – trotzdem es mehr im Objektiven liegt – seine latenten Blößen gibt.» Es ist nämlich so, daß vom fünfzehnten Lebensjahr an das Unbewußte des Schülers dem Lehrer nichts durchgehen läßt, was aus den Seelenfragen heraus unaufgelöst bleibt. Von ganz besonderer Wichtigkeit ist auch in diesem Lebensalter eine gründliche Vorbereitung. Der Lehrer hat sozusagen «das große Los gezogen, wenn man bei der Vorbereitung selbst ... noch ein neues, wenn auch bloß *ein* Problem für die Behandlung der Sache gefunden hat, wenn das Interesse wiederum angefacht wird». Es ist nötig, daß der Lehrer auch dann sein Interesse neu entfacht, auch wenn er einen Stoff schon in früheren Jahren behandelt hat; er muß so daran interessiert sein, als ob er ihn jetzt erst kennenlernen würde. Der Schüler sollte das Erlebnis haben, daß jetzt aus dem Lehrer die ganze Welt zu reden beginne. «Und wenn man in sich das intensivste Interesse an den einzelnen Weltfragen empfindet und dann in die glückliche Lage versetzt ist, sie anderen, jungen Menschen mitzuteilen, dann redet die Welt aus einem ... Und aus so etwas muß Schwung kommen ... Schwung, der vor allen Dingen auf die Phantasie geht; denn trotzdem die Kinder die Neigung zu urteilen aus sich heraus entwickeln, wird gerade das Urteil für uns aus der Phantasiekraft geboren.»

Er ermahnte uns anschließend, in diesem Lebensalter, besonders in seiner ersten Hälfte, nicht Skepsis an die Schüler heranzubringen, nicht etwa in erkenntnispessimistischer Weise zu sagen: Das kann man nicht wissen. Denn Skepsis würde seelenzerrüttend wirken.

Werden alle diese Gesichtspunkte nicht berücksichtigt, dann treten auf: Machtkitzel und Erotik. Denn in diesem Lebensalter wirkt tatsächlich alles, was man an Fehlern begeht, verheerend in das spätere Leben des Menschen hinein. «Richtiges Menscheninteresse ist für das ganze Leben nicht möglich, wenn nicht ein richtiges Weltinteresse erregt worden ist beim fünfzehn-, sechzehnjährigen Menschen.»[177]

Die ausführliche Wiedergabe dessen, was uns Rudolf Steiner in einem solchen wichtigen Augenblick gesagt hat, möge ein Bild davon geben, was er von den Lehrern erwartete. Man wird verstehen, daß er von sich aussagte, er gäbe keine Methode, die man irgendwie als solche anwenden könne. In Wirklichkeit stellte er immer Tatbestände hin und zeigte an ihnen die sich ergebenden Verantwortungen. Er lehrte uns, welche Anforderungen der Lehrer von sich aus, in Freiheit an sich selbst zu stellen hat, wenn er seiner Erzieheraufgabe gerecht werden will.

Damit ist auch seine Stellungnahme zu einem Problem gegeben, das heute die Erzieher mit größter Sorge erfüllen kann: das Hervortreten der Erotik in einem erschreckenden Verhältnis. Seiner Meinung nach, die wohl begründet ist in seinen Forschungen, sind die Lehrer daran schuld, die langweilig sind und kein Interesse zu erwecken vermögen. Dann denken die Kinder eben an das, was in ihrem Organismus vorgeht.

Mit einem eindringlichen Hinweis auf die Verantwortung des Erziehers schloß er seine Betrachtungen.

Am folgenden Tage gab er noch aphoristische Bemerkungen zu verschiedenem Pädagogischem.[178]

Eines vor allem sollte sich der Lehrer «ich möchte sagen, meditierend ins Bewußtsein hereinrufen«, nämlich die *Ehrfurcht vor der kindlichen Individualität.* Stets sollte sich der Lehrer ins Bewußtsein bringen, «daß alle Erziehung mit der wirklichen Individualität des Menschen im Grunde genommen gar nichts zu tun hat, daß wir eigentlich als Erzieher und Unterrichter im wesentlichen die Aufgabe haben, mit Ehrfurcht vor der Individualität zu stehen, ihr die Möglichkeiten zu bieten, daß sie ihren eigenen Entwickelungsgesetzen folge und wir nur die im Physisch-Leiblichen *und* im Leiblich-Seelischen,[179] also im physischen und im Ätherleibe liegenden *Entwickelungshemmungen* wegräumen». Was wir dem Kind an Erkenntnissen beibringen, sollen wir im Grunde genommen nur dazu benützen, um das Leibliche so weit vorwärts zu bringen, daß der Mensch sich eben frei entwickeln kann.

Dann sprach er davon, daß man sich vor allem an das rhythmische System wenden solle, nicht so sehr an den Kopf, und erinnerte an Grammatik, Rhetorik und Dialektik, wie sie im Mittelalter gepflegt wurden. «Man hat da nicht Grammatik gelehrt, sondern dem Kinde die Möglichkeit geboten, so bildhaft zu denken, daß seine Sätze bildhaften Charakter haben ... Rhetorik: das Kind sollte sich gewöhnen, die Schönheit des Wortes in seiner Gestaltung zu empfinden; Dialektik: das Kind sollte sich gewöhnen, den Gedanken in sich frei zu kriegen ... da kam es auf das Können hinaus. Und im Grunde genommen muß es auch bei den seelischsten Dingen vom Zahnwechsel bis zur Geschlechtsreife auf das Können hinauskommen. *Das Können wird aber nur erreicht in diesem Alter, wenn man alles bis zum Bild bringt.*»[180]

Das war es, was Rudolf Steiner von den Lehrern verlangte. Immer wieder wies er darauf hin, daß wirklich Imponderabilien in der Gesamtheit des Unterrichtes eine große Rolle spielen. So ist es besser, etwas zunächst Unverständliches vorzubringen, das die Kinder auf die Autorität des Lehrers annehmen, als etwas Triviales, das ihnen verständlich ist aus ihrem eigenen Intellekt. Das richtige autoritative Verhältnis wird aber nur hervorgerufen, wenn der Lehrer sich bemüht, im Unterricht künstlerisch-bildhaft zu gestalten. Er gab dann als Beispiel die Besprechung von Pflanzen. Die Blüten sollte man, bis in den Tonfall hinein, so schildern, daß die ganzen Worte etwas Strömendes und leicht sind, und dabei versuchen, sich an die sanguinischen Kinder zu wenden, denn diese haben eine leichte Auffassungsgabe für solche Vorstellungen, wie sie ein künstlerischer Mensch entwickelt, wenn er Blüten schildert. Wendet man sich dann zu den Blättern, so schlage man einen Ton an, der mehr das Interesse der melancholischen Kinder erregt. Die Wurzeln sieht man ja in der Natur nicht, aber man kann sie so schildern, daß man ihre Kraft in den Blüten nachempfinden kann. Man schildert sie dynamisch, und da helfen die cholerischen Kinder zu einem ordentlichen, lebendigen Dialog. In diesen Zwiegesprächen mit den Vertretern der verschiedenen Temperamente entsteht eine Gegenseitigkeit des Anregens für die ganze Klasse. Dafür sollte der Lehrer einen Sinn entwickeln.[181]

Es wurde so ausführlich gerade über diese Angaben Rudolf Steiners berichtet, weil damit die Möglichkeit gegeben erscheint, sich ein Bild zu machen von der geistig-seelischen Atmosphäre in der Schule und von deren Wirkung auf die Kinder, besonders im Hinblick auf ihre Weiterentwicklung nach dem Ende der Schulzeit. Menschen, die so erzogen worden sind, nehmen als schönste Mitgift die Fähigkeit, das Bedürfnis mit, im Leben immer weiter zu lernen, sich weiter zu entwickeln, indem diese in der Kindheit geübte innere Lebendigkeit zu einer Kraft wird, die stets bestrebt ist, sich weiter zu betätigen, und – wie oben erwähnt – aus dem Weltinteresse, wie es in der Schulzeit entwickelt worden ist, herauswachsen läßt das Interesse für den anderen Menschen. Mit dem erworbenen Können verbinden sie dann die Fähigkeit und das Streben, sich harmonisch in die Arbeit mit anderen einzufügen.

In Oxford, der berühmten Universitätsstadt, wurde im August eine große öffentliche Konferenz abgehalten: «Spiritual Values in Education and Social Life».[182] Über zweihundert Studenten nahmen daran teil. Englische Pädagogen veranlaßten, daß Rudolf Steiner als Redner eingeladen wurde, und in der Eröffnungsrede bezeichnete ihn Dr. Jacks, der Principal des Manchester College der Universität Oxford, als die Hauptpersönlichkeit des Kongresses. Dortige Kreise hofften, daß er auch noch an den fast gleichzeitig in Oxford stattfindenden «Modernen Kirchenkonferenz» sprechen würde, aber bereits eingegangene anderweitige Verpflichtungen machten es unmöglich.

Diese Arbeit hat er dann im November durch Vorträge, die er auf Einladung des «Weltvereins für Erziehungsfragen» hielt, in London weitergeführt.[183] Durch diese Tätigkeit entstand in den Kreisen der englischen Erzieher ein solches Interesse, daß dann im Januar 1923 eine größere Zahl einen längeren Besuch an der Waldorfschule machte.

Drei pädagogische Vorträge Rudolf Steiners

Im Oktober 1923 hielt Rudolf Steiner für die Lehrer der Waldorfschule drei Vorträge.[184] Er konnte zwar nur ganz kurze Zeit in Stuttgart sein, aber – so sagte er – die Eindrücke, die er seit längerer Zeit in der Schule gesammelt habe, legten es ihm nahe, einmal unmittelbar aus diesen Eindrücken zu sprechen, und zwar sollte diesmal vorzugsweise von der *Lehrerschaft* selber die Rede sein. Bei früheren Gelegenheiten hatte er mehr von den Kindern gesprochen.

Vor allem wies er darauf hin, wie viel im Unterrichten und Erziehen von der Stimmung abhänge, wie die gesamte Stimmung, die der Lehrer in die Schule hereintrage, eine geschlossene, abgerundete, harmonische sein müsse. – Dann ging er davon aus, daß der Mensch eigentlich von jedem Gesichtspunkt aus ein dreigliedriges Wesen sei, und so erweise er sich auch als dreigliedrig, wenn man ihn in der Menschheitsentwicklung in seiner erzieherischen Tätigkeit ins Auge fasse.

Der alte Grieche legte nun zwar Wert auf körperliche Übungen, aber man weiß, daß es sich beim griechischen *Gymnasten* zu gleicher Zeit auch um Heranbildung des Seelischen und Geistigen handelt, denn damals legte man vor allem Wert darauf, durch *körperliche* Übungen den Zögling zum Menschen zu machen. Der Takt und die Rhythmen, in denen er sich bewegte, waren so eingerichtet, daß geistige Wesenheiten darin leben konnten, und indem er mit den Gliedmaßen, also vom Stoffwechselorganismus aus, zu welchem sie gehören, einen geistigen Einfluß auf das rhythmische und das Sinnes-Nervensystem ausübte, erlangte der *ganze* Mensch durch seine körperliche Bewegung seine Ausbildung. Dessen waren sich besonders die griechischen *Gymnasten* der älteren Zeiten bewußt. Wir reden heute ausschließlich zum Kopf, selbst wenn wir es nicht wollen. Der Gymnast im alten Griechenland brachte seinen Zögling so in Bewegung, daß diese harmonisiert wurde mit der Dynamik des geistigen und physischen Kosmos.

Diese Kunst hatten aber schon die Römer verlernt. Sie sprachen *unmittelbar* zur Seele, und das tut man am wirksamsten durch die *Sprache,* durch die *Schönheit* der Rede, der Ausgestaltung des Wortes. Man wußte, daß das plastisch und musikalisch ausgestaltete Wort auf den ganzen Menschen wirkt. Der Erzieher wurde vom Gymnasten zum *Rhetor.*

Aber nach dem fünfzehnten Jahrhundert wurde aus dem Rhetor allmählich der *Doktor,* bei dem alles vom *Kopf* ausgeht. Es lebt nun schon ganz allgemein heute die Meinung, daß man als Mensch etwas gewinnt, wenn man gelehrt wird, aber in Wirklichkeit tut man dadurch nichts zum ganzen Menschen hinzu, man nimmt eher etwas weg. Heute stehen wir an dem Punkte, daß wir im Sinne dieser Dreigliederung der menschlichen Natur – denn eine solche liegt hier tatsächlich vor – eine *Synthese* schaffen von Gymnast, Rhetor und Doktor, und am notwendigsten ist dies für den Erzieher. Dieser braucht die Zusammenfassung des vergeistigten Gymnasten, des durchseelten Rhetors und dazu aber das lebendig gewordene Geistige, nicht das abstrakt gewordene Geistige. Er deutete an, wie jede eurythmische Bewegung aus tiefsten Grundlagen der Menschennatur ein Seelisches herausruft und jede richtige turnerische Bewegung im Menschen gewissermaßen eine geistige Atmosphäre hervorruft, in die das Geistige lebendig, nicht abstrakt eindringen kann. Und die Gedanken sind gut, die sich entwickeln, wenn wir sprachlich schön formulieren, dann lebt ein Höheres in unserem Denken. Die heutige Wissenschaft ist zwar auf ihre Weise großartig, aber leider weiß sie von vielem nichts und treibt durch dieses Nichtwissen das Lebendige aus der Menschheitskultur heraus. Alles ist heute abstrakt, ausgeklügelt. Höchstens ist sich der Mensch bei seinen höheren Fähigkeiten noch bewußt, daß sie Einfällen entstammen. Dann ist er besonders stolz darauf, wenn ihm etwas einfällt. Man solle doch bedenken, warum zum Beispiel einem Musiker eine Melodie einfalle; da sei doch kein Grund dazu vorhanden. «Die Melodie muß eigentlich von dem Geist der Welt in uns gesprochen werden, dann hat sie einen Sinn, denn dann führt sie die Welt in ihrem Fortgang weiter.»

Es folgte noch die Besprechung von Prozessen, die sich in der Natur und im Menschen abspielen, und von der Art, wie sie wirklichkeitsgemäß anzusehen seien. Dadurch entstehe die rechte Grundstimmung im Lehrer, aus der heraus er so sprechen lerne, daß die Kinder ihn verstehen, auch wenn er ihnen vorbringen muß, was eigentlich schwerer verständlich ist. Durch die Synthesis von Gymnast, Rhetor und Doktor sollte dasjenige überwunden werden, «was heute am schlimmsten in aller Erziehung wirkt, den Doktor, müssen wir überwinden; das Wissen, das gelehrte Wissen, das intellektuelle Wissen; denn wir können bei den Kindern doch nur dadurch etwas erreichen, daß wir Menschen sind, nicht dadurch, daß wir denken können»[185].

Die Erziehungsfrage ist demnach vielfach eine Lehrer- und Erzieherfrage.

Aus dieser Grundstimmung sprach er dann auch in den beiden folgenden Vorträgen über die Persönlichkeitsformung des Lehrers und Erziehers und ließ die ganzen Betrachtungen zusammenklingen in einer für die hier tätigen Lehrer bestimmten Meditation, die ihnen eine unerschöpfliche Grundkraftquelle geworden ist, eine Wegzehrung.

Wir ahnten damals nicht, daß es das letzte Mal war, daß er so zu uns sprechen konnte.

Von der Schulverwaltung

Nicht nur die Schülerzahl war schnell gewachsen, auch die Öffentlichkeit befaßte sich immer stärker mit der Waldorfschule und stellte stets wachsende Anforderungen. Das brachte es mit sich, daß auch die Verwaltung der Schule entsprechend eingerichtet werden mußte, um allen Anforderungen zu genügen.

Der Waldorfschulverein hatte sich die Aufgabe gestellt, die wirtschaftlichen Grundlagen für die Führung der Schule aufzubringen, für die Gebäude und deren Erhaltung zu sorgen, Lehrmittel anzuschaffen und Gehälter zu zahlen. Die eigentliche Führung der Schule oblag dem Lehrerkollegium unter persönlicher Leitung Rudolf Steiners. Die Auswahl der Lehrer war ihm vorbehalten. Einer der Lehrer, der auch im Schulgebäude wohnte, der eigentliche Verwalter der Schule, hatte die unmittelbar mit dieser verbundenen Angelegenheiten zu erledigen; er gehörte zum Waldorfschulverein und bildete dessen Verbindung mit dem Kollegium; in diesem vertrat er den Verein.

Jetzt war aber die Fülle der Geschäfte derartig angewachsen, daß eine Änderung eintreten mußte. Es wurde ein aus drei Lehrern bestehender sogenannter «Verwaltungsrat» vom Kollegium selbst gewählt. Das entsprach der Verfassung der Schule, die von Rudolf Steiner stets als «republikanisch» bezeichnet wurde. Es gab keinen Direktor, nur Kollegen, die vom Kollegium selbst mit der Führung von bestimmten Angelegenheiten beauftragt wurden, und diese Aufgabenkreise wurden selbstverständlich respektiert. Beschlüsse wurden mit Einstimmigkeit gefaßt, abgestimmt wurde nicht.

Bisher hatte der Verwalter alles Geschäftliche und die Vertretung nach außen und im Schulverein geführt. Die wöchentlichen Konferenzen wurden abwechselnd von je einem der Lehrer geleitet. Hier legte der Verwalter die eingelaufenen Briefe vor, soweit sie nicht rein wirtschaftlichen Inhaltes waren, und das Kollegium faßte dazu die notwendigen Entschlüsse. Der Hauptteil der Konferenz sollte jedoch die Besprechungen der eigentlichen Schulangelegenheiten, also der pädagogischen, bilden. Mit der fortschreitenden Entwickelung hatten aber die Verwaltungsangelegenheiten einen derartigen Umfang angenommen, beanspruchten so viel Zeit, daß sie eben dem Verwaltungsrat übergeben wurden. Dieser war mit bestimmenden Vollmachten versehen, und was darüber hinausging, brachte er vor das ganze Kollegium. Es blieb ihm selbstverständlich unbenommen, auch solches hier vorzubringen, bei dessen Erledigung ihm die Anschauung aller Beteiligten zu kennen wünschenswert erschien; er hatte doch in deren Auftrag zu handeln.

Jeder der drei «Verwaltungsräte» führte die Geschäfte allein durch zwei volle Monate hindurch, dann kam ein anderer daran. Besonders wichtige Dinge besprachen alle drei zusammen, um sie auch in Einigkeit vor der Konferenz vertreten zu können. Die eigentlich geistigen, die pädagogischen Fragen blieben ausschließlich der Konferenz vorbehalten. In diesen Belangen war jeder Lehrer selbständig, aber dem Ganzen der Schule gegenüber voll verantwortlich. Dazu gehörte, daß jeder Kollege, also die Konferenz, über alles orientiert sein mußte, was auf diesem Gebiet geschah. Hier berichtete jeder über seine Arbeit, konnte in voller Offenheit auch seine Schwierigkeiten vorbringen und gewiß sein, daß sich jeder zu seiner Hilfe bereithalte. Es gab nichts, was an eine «vorgesetzte Stelle» erinnern konnte, der man seine Schwächen zu verheimlichen gehabt hätte. Jeder hatte nur das Gelingen des Ganzen im Auge und war sich bewußt, daß wir nur durchkommen würden, wenn wir uns gegenseitig ergänzten. So kam es vor, daß ein Kollege einen anderen bitten konnte, zu ihm in den Unterricht zu kommen, um ihm dann raten zu können. Andere übernahmen bereitwillig die erforderlichen Vertretungen. (Die Regelung der Vertretungen, eventueller Urlaube und die Aufstellung des Stundenplanes bildeten das selbständige Arbeitsfeld eines Kollegen.) Wenn etwas in der Schule nicht stimmte, fragte sich jeder, ob er nicht auch mit Schuld daran sei. Rudolf Steiner hatte uns sehr energisch erklärt: «Das ist ein Philisterunfug, daß man die Fehler immer beim anderen sucht», und: «In den Konferenzen gibt man sich gegenseitig das Beste, was man sich geben kann.»

Dem Verwaltungsrat wurden übertragen: Vertretung der Schule gegenüber den Behörden, überhaupt nach außen, auch der Verkehr mit den in anderen Städten und Ländern entstehenden Schulen, welche im Sinne der Waldorfpädagogik arbeiten wollten; die wirtschaftlichen Angelegenheiten, wozu auch die Verhandlungen mit den Eltern, das Schulgeld betreffend, gehörten; die Entscheidung über die Aufnahme war dem Kollegium vorbehalten und besonders den Klassenlehrern; Leitung der Konferenzen. Zu Beginn einer solchen gab nun der amtierende «Verwaltungsrat» eine Übersicht über sein Arbeitsgebiet, und der «Verwalter» brachte vor, was für die Kollegen wissenswert war, zum Beispiel Vorschläge über die Einrichtung der Räume, Lehrmaterial, Lehrmittel und so weiter. – Der amtierende Verwaltungsrat nahm von nun an außer dem eigentlichen Verwalter an den Sitzungen des Waldorfschulvereins teil und vertrat dort die Lehrerschaft.

1924 – Nach der Weihnachtstagung

Gegen das Ende des Jahres 1923 hatten sich die Verhältnisse in der Anthroposophischen Gesellschaft in einer so besorgniserregenden Richtung entwickelt, daß sich Rudolf Steiner zu einem sehr einschneidenden Schritte genötigt sah. Er entschloß sich, selbst die Leitung der Anthroposophischen Gesellschaft zu übernehmen. Die Art, wie dieser Schritt vorbereitet und durchgeführt wurde, kann ein Bild von dem unbegrenzten Opfermut seiner Persönlichkeit geben. Er hatte es früher so ausgesprochen, daß es ihm am liebsten wäre, wenn die Gesellschaft aus ihren eigenen Impulsen heraus arbeiten und er ihren Mitgliedern die Ergebnisse seiner Forschungen im Geistgebiete vortragen würde. Nach dem Jahre 1918 wurde er, früher der geistige Lehrer, nun auch zum Berater in all den Unternehmungen, welche von den Mitgliedern ins Leben gerufen worden waren. Daß man das einmal Begonnene nicht mit genügendem Ernst in allen Bereichen weitergeführt hatte, das war einer der schwersten Fehler, den er den Tätigen damals vorhielt. Er selbst hatte – im wahrsten Sinne des Wortes – Tag und Nacht sich zur Verfügung gestellt, ohne jedoch in der Gesellschaft ein Amt zu übernehmen.

Als er nun selbst den Vorsitz und die Leitung übernahm, vollzog er in weihevollster Weise eine vollständige Neugründung der Gesellschaft, indem er sich an jedes einzelne Mitglied wendete und bei der Weihnachtstagung dieses Jahres den Grundstein in jedes einzelnen Wesenheit legte, der willens war, in dieser neuen Geistgemeinschaft mitzuarbeiten, vor allem an sich selbst zu arbeiten. Was zu dieser inneren, im tiefsten Sinne «grundlegenden» Arbeit von seiner Seite aus gegeben werden konnte, das schenkte er der «Hochschule für Geisteswissenschaft», die am Goetheanum in Dornach ihre Stätte haben sollte. Die Größe dieses von ihm damit gebrachten Opfers konnte in diesem Augenblick gar nicht übersehen werden, sie läßt sich nur ahnen. Seine eigene Größe zeigte sich darin, daß er die Mitglieder, nachdem sie sein Werk in schwere Gefahr gebracht hatten, mit dem größten Opfer seines Lebens beschenkte.[186]

Für uns Lehrer, die wir fast alle dieses große Ereignis in Dornach miterlebt hatten, war es ein ernst-feierlicher Augenblick, als Rudolf Steiner im Januar [am 5. Februar 1924][187] zum ersten Male danach wieder in unserer Mitte erschien. Den Kopf leicht in die Hand gestützt, blickte er ernst vor sich hin, während ihm der amtierende Verwaltungsrat im Namen der Lehrerschaft zum Ausdruck brachte, daß diese die Verpflichtung fühle, alles zu tun, um die Waldorfschule zu einem geeigneten Instrument zu machen, so daß sie in ihre neue Aufgabe richtig hineingestellt werden könne. Mit der Neubegründung der Gesellschaft war eine vollständige Neugestaltung aller aus der anthroposophischen Bewegung hervorgegangenen Institutionen verbunden. Nur dies konnte dem von Rudolf Steiner gefaßten Opferentschluß gerecht werden.

Nachdem er über diesen tiefen Ernst der «Weihnachtstagung» gesprochen hatte, meinte Rudolf Steiner, daß nicht die Schule direkt Dornach unterstellt werden sollte. Es könnten wohl diejenigen Persönlichkeiten innerhalb des Lehrerkollegiums, die es wollten, nicht nur für ihre Person, sondern als Lehrer zur Freien Hochschule in ein Verhältnis treten.[188] Die Waldorfschule sei immer außerhalb der Gesellschaft gewesen, deshalb könne für sie die «Weihnachtstagung» nichts Maßgebendes sein. Für die Institutionen, die von der Anthroposophischen Gesellschaft selber ausgegangen seien, stünde die Sache anders. Das Verhältnis der Schule zur Gesellschaft könne so weiter bestehen, wie es bisher gewesen sei. (Das war etwas, das vollständig frei war, das jeden Tag begründet wurde dadurch, daß weitaus die größte Zahl der Lehrer der Anthroposophischen Gesellschaft[189] angehörte und daß in freier Weise hier die anthroposophische

Pädagogik dadurch geführt wurde, daß Rudolf Steiner als ihr Vertreter den Vorsitz im Lehrerkollegium führte.) An all dem brauche nichts geändert zu werden.

Diese Stellung der Schule zur Gesellschaft war von ihm ganz aus den Tatsachen heraus angegeben worden, denn die Schule war als Institution für sich ins Leben getreten. Später stellte es sich heraus, wie richtig dieser Rat war, denn nur durch ihre von Anfang an bewahrte Selbständigkeit konnte die Schule noch weiter bestehen, nachdem die Gesellschaft in Deutschland schon verboten worden war.

Im weiteren Verlaufe dieser Besprechungen war auch von der Abhaltung einer Ostertagung der Waldorfschule die Rede, und da machte Rudolf Steiner, da doch der Wunsch nach einer Zusammenarbeit mit der Anthroposophischen Gesellschaft bestand, den Vorschlag, daß diese Tagung gemeinsam von der Schule mit der Gesellschaft veranstaltet werden solle. Als wir Ende März wieder eine Konferenz mit Rudolf Steiner hatten, teilte er uns mit, daß der Dornacher Vorstand einen solchen Beschluß unter dem Gesichtspunkt gefaßt habe, daß durch eine solche Behandlung die ganze Bedeutung der Waldorfschule innerhalb des Erziehungssystems der Gegenwart zum Ausdruck kommen könnte, daß man auf die Wichtigkeit des Waldorfschulprinzips in «eklatanter» Weise hinweisen könnte, daß man da und dort sage, warum eine solche Methodik notwendig sei, daß man merke, welchen Unterschied zwischen Waldorfschulpädagogik und anderen Reformbestrebungen bestünde. Ein anderer Gesichtspunkt wäre der, daß hier wirklich praktisch durchgeführt werde, was sonst in der Jugendbewegung nur gesagt würde. Diese Dinge sollten mit einem gewissen Schwung bei der beabsichtigten Tagung herauskommen.

Das Thema hieß: «Die Stellung der Erziehung im persönlichen und im Kulturleben der Gegenwart», und als Veranstalter zeichneten der Vorstand der Anthroposophischen Gesellschaft und das Kollegium der Freien Waldorfschule.[190] Es sollte zur Anschauung gebracht werden, wie die Waldorfschule in ihrer Methodik und in der Handhabung der Lebensbedingungen des Erziehens eine pädagogische Praxis anstrebt, die ebenso den Forderungen des Menschenwesens wie den Kulturforderungen der Gegenwart im Erkenntnis-, künstlerischen und religiösen Leben entsprechen will. Rudolf Steiner sprach über: «Die Methodik des Lehrens und die Lebensbedingungen des Erziehens»[191]. Diese Vorträge wurden wieder im großen Saal des Sigle-Hauses gehalten, der jedesmal überfüllt war; alle übrigen Veranstaltungen waren in den Räumen der Waldorfschule. Die Tagung begann an einem Montag, und wir hatten in der Einladung angekündigt: «Von vier Uhr nachmittags an zwangloser Empfang der Teilnehmer von auswärts in den Räumen der Waldorfschule». Da waren die Räume wieder voll froher Menschen, sowohl von auswärts als auch aus Stuttgart, denn viele Eltern und Freunde der Schule waren erschienen. Die Ausstellung der Kinderarbeiten war geöffnet und gab manchen Anlaß zu freudigem Staunen und zu anregenden und verständnisvollen Fragen und Gesprächen. Und wieder strahlte die Frühlingssonne, im milden Lichte ging der Ostermond auf, die Blumen und Sträucher blühten, die frisch erwachten Bienen summten, und fröhliche Menschen nahmen in Dankbarkeit auf, was durch Rudolf Steiners Wirken ihnen hier so gerne dargeboten wurde. – Bei der vorjährigen Tagung hatte es Rudolf Steiner schmerzlich empfunden, daß für die von auswärts gekommenen Anthroposophen von der Gesellschaft nichts geboten worden war. Entsprechend der Stellung der Schule zur Gesellschaft fand im Laufe und im Rahmen der Tagungswoche am Mittwoch abend keine Veranstaltung statt; im Programm war eine leere Stelle. An diesem Abend hielt im Sigle-Haus der weithin verehrte Adolf Arenson, einer der ältesten Mitarbeiter der Bewegung, Komponist der Musik zu den Mysteriendramen, einen Vortrag über Anthroposophie.[192]

Die Tagung bestand außer den Vorträgen Rudolf Steiners aus einer Reihe von Aussprachen über die Methodik verschiedener Unterrichtsfächer, jeweils eingeleitet durch das Referat eines Lehrers. Zu Beginn gab es zwei und am Ende einen Vortrag je eines Lehrers, dazwischen Führungen durch die Ausstellung und

Darbietungen der Kinder in Musik, Rezitation und Eurythmie; für letztere wurde wegen des erwarteten und auch eingetretenen Andranges von vorneherein eine Wiederholung angesetzt. Die künstlerischen Kräfte des Goetheanums schenkten uns zwei Abende eurythmischer Kunst. – Mir selbst oblag die Einleitung der Aussprache über Methodik des mathematischen und physikalischen Unterrichts. Als ich mit den Modellen geometrischer Körper aus Draht mit bunten hineingespannten Fäden in der Hand die Treppe zur Turnhalle, wo die Veranstaltung stattfinden sollte, hinaufstieg, begegnete mir Rudolf Steiner. Beim Anblick der geometrischen bunten Körper erhellte sich sein sorgenvoll ernstes Antlitz, und er sagte mir, wie leid es ihm wäre, nicht dabei sein zu können, aber er müßte zu einer sehr schweren Beratung in den «Kommenden Tag». So hatte ich nie mehr die Freude, vor ihm sprechen zu dürfen. Man könnte vielleicht meinen, daß es uns gebangt hätte, in seiner Gegenwart unsere Unvollkommenheiten vorzubringen, aber wir lebten so in seiner Arbeit, daß davon keine Rede war. Selbst dann, wenn er nicht zufrieden gewesen war, wozu er ja reichlich Anlaß hatte, war das, was er dann in der Konferenz oder im persönlichen Gespräch sagte, eine Hilfe, ein Geschenk, eine Stärkung.

Die Besorgnisse Rudolf Steiners wegen des «Kommenden Tag» waren leider nur zu berechtigt. Die Schwierigkeiten wurden immer größer, hauptsächlich weil sich nicht genügend viele Unternehmungen angeschlossen hatten und so nicht der Umfang erreicht war, der die Verwirklichung der Idee einer echten Assoziation im Sinne der Dreigliederung hätte möglich machen können. Das angestrebte Ziel, ein Beispiel einer solchen «Assoziation» im praktischen Leben einmal hinzustellen, dem dann weitere folgen würden, hat sich nicht erreichen lassen.

Die Lage war auch besonders schwierig in bezug auf die Person Rudolf Steiners. Ein eventueller Bankrott des «Kommenden Tag» wäre für die ohnehin schonungslos vorgehende Gegnerschaft ein willkommener Anlaß zu schlimmsten Angriffen geworden. Der allergrößte Teil der Aktien befand sich in den Händen von Mitgliedern der Anthroposophischen Gesellschaft, und diese entschlossen sich zu einem energischen Schritt, um zu verhindern, daß irgendein Vorwurf von der Öffentlichkeit gegen Rudolf Steiner erhoben würde. Es fand im Hause des Stuttgarter Zweiges der Anthroposophischen Gesellschaft eine Versammlung der Aktionäre statt. Die beschloß einstimmig, daß jeder auf seine Aktienansprüche verzichten und seine Aktien Rudolf Steiner zur freien Verfügung stellen wolle. Dieser übergab sie dem «Kommenden Tag», und auf diese Weise konnte die Assoziation, ihrer Verpflichtung entlastet, in Ruhe aufgelöst werden. Die einzelnen Unternehmungen wurden wieder selbständig und konnten als solche weitergeführt werden. Das gebrachte Opfer war ein ansehnliches, viele Mitglieder, darunter auch Maria Strakosch und ich, hatten ihr ganzes Vermögen dem «Kommenden Tag» zur Verfügung gestellt. Wenn es galt, etwas für Rudolf Steiner zu tun, dann gab es keine Bedenken, die erforderlichen Opfer wurden von allen mit Selbstverständlichkeit getragen.[193]

Im neuen Schuljahr hatte die Schule 792 Kinder und 56 Lehrer in 22 Klassen und einer Hilfsklasse. Der Lehrplan der Waldorfschule endete nach dem zwölften Schuljahr. Es wollten aber viele Schüler die Reifeprüfung machen und hatten den Wunsch, von ihren bisherigen Lehrern zu diesem ersten Schritt ins Leben vorbereitet zu werden. So kam es im Laufe dieses Schuljahres zur Einrichtung der «Vorbereitungsklasse».

Ein feierlicher Augenblick war es für die Schüler, welche die zwölfte Klasse beendet hatten, daß sie mit Rudolf Steiner eine Zusammenkunft haben und ihn für ihren Lebensgang um Rat fragen durften. Auf seinen Wunsch waren auch die Lehrer der zwölften Klasse hier anwesend.[194]

Was er den einzelnen damals gesagt, war für sie selbst bestimmt; doch allen unvergeßlich bleibt das liebevolle Eingehen auf die Sorgen eines jeden und der unfehlbare Blick für dessen Eigenart, Charakter und Möglichkeiten. Es war eigentlich seine Absicht gewesen, jedes Jahr auf diese Weise mit den Schülern und Lehrern zusammenzutreffen. Was er hier – leider nur einmal – gegeben hat, das verband diese jungen Menschen auch fernerhin mit der Schule.

Die Verbundenheit aller der früheren Schüler mit der Schule konnten wir später Jahr für Jahr erleben. Einem Wunsche der «Ehemaligen» entsprechend versammelten sich in späteren Jahren alle, die nur irgendwie die Möglichkeit dazu schaffen konnten, in der ersten Oktoberwoche in der Waldorfschule mindestens für ein Wochenende. Der größte Teil der Zeit war den «Erzählstunden» gewidmet, in welchen jeder, der es wollte, über die Erfahrungen berichtete, die er im letzten Jahre im und am Leben gemacht hatte. Es sprachen auch die Lehrer, und den Abschluß bildete ein fröhliches Beisammensein.

Abschied

Anschließend an die Stuttgarter Veranstaltung begann in Bern eine pädagogische Tagung. Rudolf Steiner hielt Vorträge über «Anthroposophische Pädagogik und ihre Voraussetzungen»[195], und seiner Aufforderung folgend sprachen dort auch einige Waldorflehrer. In den unmittelbar darauffolgenden Ostertagen sprach er in Dornach über: «Das Osterfest innerhalb der Feste des Jahres, ein Stück Mysteriengeschichte»[196]. Für Ärzte hielt er vom 21. bis 25. April einen weiteren Kurs,[197] so daß er in diesem Monat außer den vielen sachlichen und persönlichen Besprechungen zu seiner schriftstellerischen Arbeit hinzu noch täglich einen, manchmal auch zwei Vorträge gegeben hatte. Wenn er in Dornach war, ließ er es sich nicht nehmen, Vorträge für die Mitglieder der Anthroposophischen Gesellschaft zu halten und für die Arbeiter am Bau; an letzteren Vorträgen durften *nur* diese teilnehmen.[198]

Mit dieser Überfülle seiner Gaben hielt er in den nächsten Monaten nicht ein. Im Mai war er unter anderem in Paris[199], und vom 7. bis 16. Juni fand in Koberwitz bei Breslau der «Landwirtschaftliche Kurs»[200] statt, durch welchen die Grundlagen zu einer geisteswissenschaftlich begründeten Pflege des Acker- und Gartenbaues zu einer Gesundung des ganzen Erdbodens gegeben wurden. Die segensreichen Auswirkungen dieser Angaben wurden vorerst von einem kleinen, aber tatkräftigen Kreise aufgenommen, dem «Versuchs-Ring». Rudolf Steiners Ratschläge wurden von diesem erprobt, und nachdem sie sich von Anfang an bewährt haben, werden sie jetzt über die ganze Erde hin in steigendem Maße befolgt. Auch der Garten der Waldorfschule wurde in diesem Sinne bearbeitet.

Auf der Rückreise von Koberwitz besuchte Rudolf Steiner in

Jena die dort gegründete «Heil- und Erziehungsstätte Lauenstein». Das Schicksal der seelenpflegebedürftigen Kinder lag ihm sehr am Herzen, das konnten wir in unserer Hilfsklasse beobachten, und freudig kam er dem Streben einer Anzahl junger Lehrer und Ärzte entgegen und gab ihnen in Dornach eine Woche später einen ausführlichen Kurs über «Heilpädagogik»[201], der mit so viel Begeisterung und Ernst aufgenommen wurde, daß später in Deutschland und auch in anderen Ländern eine ganze Reihe von Heilpädagogischen Instituten ins Leben gerufen wurden und sie ihre segensreiche Tätigkeit immer weiteren Kreisen zugänglich machen konnten. Die erschütternden Folgen des Zweiten Weltkrieges haben die Zahl solcher seelenpflegebedürftigen Kinder in gewaltigem Umfang vermehrt, und auch hier kann man ein Beispiel der weisen und gütigen Voraussicht Rudolf Steiners erblicken.

So oft es sich bei diesen Reisen einrichten ließ, kam er nach Stuttgart und besprach in den Lehrerkonferenzen alles, dessen es zum Ausbau und zur gesunden Weiterführung der Schule bedurfte. Ich selbst konnte mich nun ganz der Arbeit an dieser widmen, denn das Forschungsinstitut war ja geschlossen worden, die wertvollen, von Rudolf Steiner selbst mit unendlich viel Geduld und Liebe in ihre Aufgaben eingeführten wissenschaftlichen Mitarbeiter verließen ihre Wirkensstätte und suchten nach anderer Beschäftigung. Das biologische Forschungsinstitut arbeitete allein noch in Stuttgart weiter.

Als Rudolf Steiner in diesem Sommer wieder einmal in Stuttgart war, faßte ich mir ein Herz und bat ihn um eine persönliche Unterredung. Es war angesichts seiner Überlastung ein schwerer Entschluß, seine Kräfte auf diese Weise in Anspruch zu nehmen, und lange Zeit hatte ich auf eine solche persönlich-sachliche Unterredung verzichtet. Ich darf diesen Ausdruck gebrauchen, nachdem ich meine gesamte Tätigkeit ganz in den Dienst der anthroposophischen Arbeit gestellt hatte und die Arbeit an mir selbst – um diese konnte es sich ja bei einer solchen Gelegenheit nur handeln – doch in ihren Ergebnissen wieder dem Ganzen zugute kam.

Nachdem ich von acht bis zehn Uhr morgens unterrichtet hatte, eilte ich in das Haus des Zweiges in der Landhausstraße, wo er wohnte und auch seine Besprechungen abhielt. Wenn man ihm dann gegenübersaß, vergaß man, daß er außer dieser Unterredung noch eine solche Überfülle an Verpflichtungen für diesen Tag hatte, er wußte einem den der Wahrheit entsprechenden beruhigenden Eindruck zu geben, daß er jetzt nur für einen selbst da sei. Im Laufe der Unterredung bat ich ihn wie aus einer Ahnung heraus, mir offen zu sagen, wo ich in meiner Arbeit etwas nicht in seinem Sinne getan hätte, damit ich es in Zukunft besser machen könne. Er sagte, er habe mir gar nichts vorzuhalten; nur einmal hätte ich als Leiter des Forschungsinstitutes, ohne mich seiner Zustimmung vorher zu vergewissern, eine Anordnung getroffen, doch: «Sie haben sie rückgängig gemacht, ehe ich etwas zu sagen brauchte, und mehr kann ich nicht verlangen.» Er dankte mir noch für meine Tätigkeit am Institut und fügte hinzu, er habe eigentlich erst in den letzten Tagen erfahren, wieviel von dem dort Geleisteten meiner Mitarbeit zu verdanken sei.

Dann kam er auf die Weihnachtstagung zu sprechen und darauf, daß nun alles neu eingerichtet würde. Er hatte als Vertreter der wissenschaftlichen Arbeit Dr. Rudolf Maier, meinen Kollegen in der Leitung der Institute, ernannt, aber ihn allein, und bat mich, dies nicht als etwas gegen mich Gerichtetes anzusehen. «Durchaus nicht!» sagte ich sofort, «ich verstehe Ihre Handlungsweise, denn Dr. Maier war derjenige, von welchem die Idee zu dieser Gründung ausgegangen ist; Sie haben nur im Sinne des Gesetzes der Kontinuität gehandelt.» Da ergriff er in lebhafter Gebärde über den Tisch hinüber meine beiden Hände, blickte mich strahlend an und rief: «Ich danke Ihnen.» Er hatte in den esoterischen Unterweisungen sehr eindrucksvoll von diesem Gesetz gesprochen und auf seine tiefe Bedeutung für die Handlungsweise des Okkultisten hingewiesen. Beim Abschied begleitete er mich noch bis vor die Türe des Zimmers, nahm nochmals meine beiden Hände und blickte mir mit unendlicher Güte in die Augen. Dann rief er den nächsten wartenden Herrn herein, den er gebeten hatte, mir den Vortritt zu lassen, damit ich schnell wieder in die Schule zurückkehren könne.

Gleichzeitig mit dem Kurs für Heilpädagogen faßte er in den fünfzehn Vorträgen «Eurythmie als sichtbare Sprache»[202] zusammen, was in den Jahren seit dem Entstehen dieser neuen Kunst[203] erarbeitet worden war, und gab Anregungen zur Weiterführung. Mit dem Monat Juli begann die Reihe der Vorträge, die bis Ende September immer durchlief und «karmische Zusammenhänge»[204] von verschiedenen Standpunkten beleuchtete. Ende Juli reiste Rudolf Steiner über Stuttgart nach Arnheim (Holland), wo eine vielbesuchte pädagogische Tagung stattfand, und hielt neun Vorträge über das Thema «Der pädagogische Wert der Menschenerkenntnis und der Kulturwert der Pädagogik»[205], wobei er eingangs über die Erweckung der Lehrergesinnung aus der Erkenntnis des ganzen Menschen sprach. Er durfte nach einem solchen Lebenswerke, wie es das seine war, ohne Sentimentalität in schlichtester Sachlichkeit den Satz aussprechen: «Die erste Erkenntniskraft für das Leben ist die Liebe.» Bei ihm war das auch kein bloßes Zitat; er hat damit ausgesprochen, was er vorgelebt hatte. – Am Schluß sprach er dann noch ausführlich über die Waldorfschule, ihre Entstehung, ihre Not, ihre erfreuliche Entwicklung. Man konnte erleben, wie ihm das Gedeihen eines seiner «liebsten Kinder» am Herzen lag. Er meinte, in diesem Kurs habe er nur einige Anregungen gegeben, aber damit sei im Grunde genommen nicht allzuviel getan, denn anthroposophische Pädagogik sei Erzieher- und Unterrichts*praxis*. Sie lebe erst, wenn sie ausgeübt werde, denn sie wolle nichts anderes sein als Leben. Sie wolle nicht «bezeichnet» sein, sondern erlebt. Auch von der Anthroposophie werde man schon sehen, daß sie durchaus auf *realen Grundlagen* fuße, und das könne man auf einem solchen Gebiete wie dem pädagogischen am besten zeigen; auch Anthroposophie will Leben sein. In Arnheim sprach er auch in drei Vorträgen vor Ärzten: «Was kann die Heilkunst durch eine geisteswissenschaftliche Betrachtung gewinnen?»[206] und hielt eine Ansprache in einer Versammlung junger Menschen.

Nach Dornach zurückgekehrt, setzte er die «Karmischen Betrachtungen» fort und reiste im August wieder nach England, und zwar nach Torquay an der Südküste. Hier gab er gleichzeitig eine Vortragsreihe über: «Das Initiaten-Bewußtsein»[207] und einen pädagogischen Kurs, nämlich sieben Vorträge für Lehrer, welche die Absicht hatten, in England Schulen in seinem Sinne zu gründen.[208] Das tat er alles, trotzdem die gesundheitliche Schädigung, von der er nach der «Weihnachtstagung» befallen worden war, gar arg an seinen Kräften zehrte. Es folgten unmittelbar darauf Vorträge in London, darunter wieder drei über Erziehungskunst auf Einladung der «Educational Union for the Realization of Spiritual Values» in der «Essex Hall» und auch Vorträge für Ärzte.[209]

So kam der September, und in den *siebzig* Vorträgen, die Rudolf Steiner in den ersten dreiundzwanzig Tagen dieses Monates hielt, gab er eine Art durchleuchtete Überschau über sein ganzes Lebenswerk. Trotz ihrer großen Zahl bilden diese Vorträge ein Höchstmaß an neuen Inhalten, zu denen er in seinem bisherigen Wirken vorgedrungen war und die er jetzt in zusammengedrängtester Form den Menschen übergab.[210] Außer den Abendvorträgen für die Mitglieder[211] hielt er noch einen Kurs über «Sprachgestaltung und dramatische Kunst»[212], einen für Theologen der Christengemeinschaft[213] und elf Vorträge über «Pastoralmedizin»[214]. Dazu kamen buchstäblich Hunderte von Einzelunterredungen.

In diesem sich selbst hinopfernden Geben wurden die letzten Kräfte seines angegriffenen Organismus in einem letzten Aufleuchten verzehrt. Am 28. September konnte er noch über die geistige Wesenheit des Jüngers Johannes sprechen.[215] In einer gewaltigen Überschau faßte er zusammen, was er über diese Persönlichkeit schon gesprochen, und kündete neue Ausblicke, die näher zu erläutern ihm nicht mehr möglich war. Ein Abschiednehmen lag in diesem Vortrag, seinem letzten. Fortan war er, der unermüdlich Tätige an das Leidenslager gebunden, das er nicht mehr verlassen konnte bis zu seinem Hinübergang.

Am 3. September, unmittelbar vor Beginn der letzten Dornacher Tätigkeit, weilte Rudolf Steiner zum letzten Male an der Waldorfschule. In der Konferenz besprach er mit uns die Sorgen der Schule, ging auf unsere Fragen ein wie immer, und beim Abschied versprach er, Ende September oder in der ersten Oktoberwoche Vorträge zu halten «Über die moralische Seite der Erziehung und des Unterrichtes». Es sollte nicht mehr sein.

Daß Rudolf Steiner nicht mehr kommen konnte, war für die Schule ein Ereignis von einschneidender Bedeutung. Wohl durften wir in wichtigen Fragen uns schriftlich an ihn wenden und erhielten durch jemand aus seiner nächsten Umgebung kurze Antworten. Er ließ uns immer wieder sagen, wie viel er sich im Geiste mit unserer Arbeit beschäftige. Von uns kamen aber nur Fragen, die wir von uns aus zu stellen hatten. Aber wenn er durch die Klassen ging, dann sah er eben gerade die Mängel, die wir zu erkennen nicht die Fähigkeit hatten, und klärte uns darüber so auf, daß wir es besser machen konnten. Jetzt mußten wir warten, bis sich die Folgen unserer Unvollkommenheiten in so kräftiger Weise zeigten, daß auch wir sie bemerken konnten. Ein Außenstehender hätte gewiß unseren Unterricht schön gefunden, auch wir gaben uns manchmal einer gewissen Täuschung hin, aber die Sache war nicht einfach, denn es handelte sich ja meist um ganz subtile Handhabungen künstlerisch-pädagogischer Art oder um Eigenheiten im Verhalten mancher Kinder, die wir uns noch nicht zu erklären vermochten und daher nicht das Entsprechende, für das Kind Nötige tun konnten.

In dieser Lage wurde uns immer tiefer bewußt, was Rudolf Steiner mit seinem Ausspruch gemeint hatte: «Die Konferenz ist das Herz der Schule.»[216] Im pädagogischen Teil, mit dem die allwöchentlichen Konferenzen begannen, wurden jetzt alle Fragen gemeinsam besprochen und versucht, sich gegenseitig zu helfen. Das konnte selbstverständlich nicht die Ratschläge Rudolf Steiners ersetzen, es hatte aber etwas anderes, sehr Günstiges zur Folge. Wir hatten voreinander nichts zu verbergen, das hätte keinen Sinn gehabt. Hätte einer zum Beispiel versucht zu verheimlichen, daß etwas nicht stimmte, so hätten dennoch die

Kollegen, welche dieselben Kinder in anderen Fächern zu unterrichten hatten, dies gemerkt. Besonders in der Eurythmie wäre das eingetreten. Das ermöglichte aber umgekehrt etwas anderes. Wenn der Klassenlehrer bei einem Kinde etwas bemerkte, worüber er sich nicht recht klar werden konnte, dann besuchte er die Eurythmiestunde und beobachtete es dort. So fand er oft, auch mit Hilfe der Eurythmielehrerin, die gesuchte Aufklärung.

Auch die Tatsache, daß wir einen Schularzt hatten, der in der Schule lebte, hier auch als Lehrer tätig war, erwies sich jetzt immer mehr als heilbringend. Unser Kollege Dr. Eugen Kolisko[217], der in diesem Amt die Kinder mit größter Hingabe betreute, war Assistent an der Wiener Universität gewesen. Er hatte auf die akademische Laufbahn verzichtet, um sich ganz dem Dienste am Werke Rudolf Steiners zu widmen. Täglich hielt er Sprechstunden für die Kinder. Er kannte aber nicht nur die Kranken, sondern jedes Kind, und hatte eine Kartothek der gesamten Schülerschaft eingerichtet. Es kam jetzt dazu, daß wir regelmäßig außer den Konferenzen noch medizinische Besprechungen hatten. Im Einvernehmen mit dem Klassenlehrer besprach da der Arzt, der selbstverständlich an allen Ärztekursen Rudolf Steiners teilgenommen hatte, einen besonderen Fall, oder er griff von sich aus ein Kind heraus, von dem er uns etwas recht deutlich zeigen konnte, was Rudolf Steiner da und dort gesagt hatte. Auf diese Weise wurden unsere medizinischen Kenntnisse erweitert, was einer an uns gestellten Forderung Rudolf Steiners entsprach und unsere erzieherische Tätigkeit medizinisch unterbaute. Bei diesen Konferenzen sprachen sich außer dem Arzt auch die anderen Lehrer in anregender Wechselrede aus. Auf diese Weise näherten wir uns auch dem Ziele, daß jeder Lehrer jedes Kind der ganzen Schule kennen solle, auch wenn er es nicht selbst unterrichtete. Aus diesem Grunde hatte Rudolf Steiner es nicht als wünschenswert hingestellt, daß wir über achthundert Kinder aufnehmen sollten.[218]

Über den sonst so innig-fröhlichen Advent legte sich diesmal der Schatten des Bangens. Es konnte den Kindern nicht verheimlicht werden, warum Rudolf Steiner, den sie jedesmal so freudig begrüßten, nicht mehr kam, nicht mehr kommen konnte. Obwohl die Lehrer nur in vager Zurückhaltung davon sprachen, machte die Tatsache seines schweren Leidens doch tiefen Eindruck auf die Kinder. Sie reagierten in echt kindlicher, auch der nahenden Weihnachtszeit angemessener Weise, indem sie Geschenke für den verehrten «Lehrer der Waldorflehrer» anfertigten; im Handarbeitsunterricht und in den Werkstätten des Handwerksunterrichtes, der ja einen durchaus künstlerischen Charakter hatte, wurde emsig gearbeitet, und eine ansehnliche Sendung von Arbeiten, die alle nur aus freiem Antrieb entstanden waren, ging nach Dornach ab. Sie hat dem an der Schule so schmerzlich Vermißten Freude bereitet, was er uns mitteilen ließ.

Zu den Feiertagen fuhren viele von uns nach Dornach. Es gab Aufführungen, die alten Weihnachtsspiele, Eurythmie und Vorträge, aber alle Gedanken waren bei Rudolf Steiner. Er lag in dem Arbeitsraum, wo die von ihm eigenhändig geschnitzte, mächtige Gestalt des Christus als «Repräsentant der Menschheit» fast vollendet stand, in derselben «Schreinerei», in deren großem Saale alle Veranstaltungen stattfanden. Nur mit gedämpfter Stimme wagte man im Vorraum zu sprechen und erschrak über sich selbst, wenn man einmal irgendwie im Eifer die Stimme erhoben hatte. Der Kranke nahm an allem, was im großen Saale vor sich ging, im Geiste den intensivsten Anteil; das erzählten uns die pflegenden Ärzte, die wegen der damit verbundenen Anspannung besorgt waren.[219]

Rudolf Steiner hatte es zu Schülern in ernstester Weise ausgesprochen, daß es zur Grundhaltung des geistig Strebenden gehöre, sich jeden Gedankens an den Tod eines Menschen zu enthalten, solange auch nur *ein* Atemzug in diesem sei. Dieser Mahnung entsprechend führten wir unsere Arbeit in der Einstellung fort, daß er auch wieder persönlich an ihr werde teilnehmen können. Dahin gingen auch unsere Bitten und unsere Hoffnung. Bestärkt wurden wir durch einen Brief, den er an die Lehrkräfte der Schule am 15. März richtete.[220] Er sprach darin von der Entbehrung, die es für ihn bedeutete, so lange nicht unter ihnen sein zu können. Wichtige Entscheidungen, an denen er naturgemäß seit Beginn der Schule teilgenommen, müsse er jetzt in unsere Hände legen. Er nannte es eine «Zeit der Prüfung», doch könne er jetzt nicht mehr tun, als in Gedanken unter uns zu sein, wenn er nicht riskieren wolle, «die Zeit der physischen Hinderung ins Endlose auszudehnen». – Für die Schüler legte er ein kurzes Schreiben bei, das er bat, in den Klassen zu verlesen.

Noch am 5. März 1925 hatte er an Marie Steiner geschrieben. Sie war mit der Eurythmietruppe unterwegs, denn er wollte nicht, daß wegen seines Zustandes eine Stockung in der Arbeit eintreten solle: «Mein Zustand geht nur langsam vorwärts.»[221] Er war besorgt, daß am Ende seinetwegen der begonnene Neuaufbau des Goetheanum eine Unterbrechung erleiden müßte. Er war ganz mit diesem Unternehmen verbunden. Von denen, welche in dieser Zeit um ihn sein durften, hörte man, «wie er das lebensvolle Geräusch des Hämmerns und Rüstens liebte, das vom Bauplatz in die Stille seines Krankenraumes hineindrang und vom werdenden Bau kündete».

Auch wir Lehrer hatten in der Hoffnung gelebt, dieses, wenn auch nur langsame Vorwärtsschreiten seines Zustandes werde doch noch weitergehen. Durch seinen Brief an uns fühlten wir uns im Geiste noch inniger mit ihm vereint.

Als ich am 30. März nach Beendigung meines Vormittagsunterrichtes in das neben der Schule gelegene Lehrerhaus, wo ich wohnte, heimkehren wollte, begegnete mir eine Kollegin. Sie sagte mir leise: «Rudolf Steiner ist gestorben!»

Wir hatten keine Zeit, uns den Gedanken und Empfindungen hinzugeben, welche man in einem solchen Augenblick begreiflich finden wird. Es wurde sofort eine Lehrerkonferenz einberufen, denn es galt einen unmittelbaren Entschluß zu treffen.

Für den 2. bis 6. April war nämlich der Beginn der diesjährigen Erziehungstagung angesagt: «Anthroposophische Menschenkunde als Grundlage der Erziehung in Darstellungen aus der Arbeit der Freien Waldorfschule». Genau in diesen Tagen fanden in Dornach die Totenfeierlichkeiten für Rudolf Steiner statt. Wohl zog es uns alle dorthin, aber in seinem Sinne beschlossen wir, vor allem die mit der Ankündigung der Tagung der weitesten Öffentlichkeit gegebenen Verpflichtung zu erfüllen; die Tagung sollte genau so ablaufen, wie sie angekündigt war.

Einige Lehrer eilten sofort nach Dornach, um sich in die Reihe der Freunde zu stellen, die abwechselnd Totenwache hielten. Die anderen fuhren am nächsten Tag nach Dornach, um wenigstens das Antlitz ihres geliebten und verehrten Lehrers noch einmal zu sehen, der zu Füßen der Christus-Statue ruhte; sie kehrten an demselben Tage zurück, und die Tagung begann.

Wieder leuchtete die Frühlingssonne, wieder blühte es, und die Vögel schmetterten ihre schönsten Lieder, aber die Menschen waren ernst. Doch war es nicht die Stimmung der Niedergeschlagenheit, in der sich ihre Trauer auslebte, sondern tiefe, innigste Dankbarkeit verband sich mit dem Entschluß, dem Impuls die Treue zu bewahren, der hier mit so viel Menschenliebe gegeben worden war und sich so offenkundig segensvoll bewährte. Freilich gab es Augenblicke ernstester Art. Ein solcher war es, als im Ablauf der längst vorher festgelegten und eingeübten Vortragsfolge in der Kindereurythmie das Gedicht dargestellt wurde: «Der Schmerz ist ein Schmied». Es paßte zu dem Anlaß, und dieser Schmerz hat unsere Herzen gehärtet, daß wir das begonnene Werk in seinem Geiste weiterzuführen unternommen haben, so gut es unseren schwachen Kräften möglich war.

* * *

Diesem Ziele ist auch das Leben des Schreibers dieser Erinnerungen gewidmet. Er dankt der gütigen Fügung, die ihn einen Teil seines Lebensweges *mit* Rudolf Steiner zu wandeln beschieden hat und ist bestrebt, dies durch die Tat zu beweisen, indem er dafür arbeitet, daß das Lebenswerk dieses großen Wohltäters der Menschheit auch weiterhin zu vielen Menschen gelangen kann und ihnen dessen Segenskräfte fruchtbar werden können.

Die im Jahre 1938 geschlossene Waldorfschule ist im November 1945 in allen zwölf Klassen mit etwa fünfhundert Schülern wieder eröffnet worden. Es wirken dort manche der früheren Lehrer, gemeinsam mit früheren Schülern, die nun selbst Lehrer geworden sind.

ANHANG

Anmerkungen

ERSTER TEIL

1 Rudolf Steiner, Die Mission einzelner Volksseelen im Zusammenhange mit der germanisch-nordischen Mythologie, GA 121, Dornach 1982, Vorrede vom 8. Februar 1918.

2 Am 16. September 1922 wurde die Christengemeinschaft in Dornach begründet. Siehe auch Anmerkung 124/Zweiter Teil.

3 *Natürliche Schöpfungsgeschichte* erschien 1868, *Welträtsel* 1899.

4 Karawanken: Berggruppe im südöstlichen Teil der Alpen.

5 Maria Strakosch-Giesler, 1877 bis 1970, war Schülerin von Kandinsky, Mitglied der Künstlergruppe Phalanx und später der Aenigma.

6 Drau: Nebenfluß der Donau.

7 Österreichischer Alpenpaß.

8 Vintschgau: Talschaft oberhalb von Meran.

9 Mendelpaß: Dolomitenpaß in der Nähe von Meran.

10 Johannes Müller, evangelischer Theologe, war lange Jahre mit Friedrich Rittelmeyer verbunden, bis sie im Ersten Weltkrieg ihr gegensätzlicher Standpunkt gegenüber Rudolf Steiner trennte. Siehe: Friedrich Rittelmeyer, Johannes Müller und Rudolf Steiner, Nürnberg 1918. Müller begründete 1908 die «Freistatt persönlichen Lebens», die er 1914 von Schloß Mainberg nach Schloß Elmau verlegte.

11 Friedrich von Bodelschwingh begründete die Bodelschwinghschen Anstalten in Bethel (Bielefeld), in denen unter anderem seelenpflegebedürftige Menschen betreut werden.

12 Merano-Màlles: eine Bahnlinie westlich von Meran.

13 Forbach liegt zwischen Rastatt und Freudenstadt.

14 Kandinsky hat auch 1908 Rudolf Steiner als Vortragsredner zuerst gehört. In seinem 1911 vollendeten Werk: Über das Geistige in der Kunst, zitiert er aus Werken Rudolf Steiners.

15 Rudolf Steiner, Die Erkenntnis der Seele und des Geistes, GA 56, Dornach 1985, Vortrag vom 26. März 1908.

16 Friedrich von Schiller, An die Astronomen, in: Sämtliche Werke in zwölf Bänden, Leipzig 1892, Band I, Seite 247.

17 Siehe Anmerkung 15. Kein wörtliches Zitat.

18 Seit Oktober 1903 bis zur Übersiedlung nach Dornach ist in der Motzstraße die Wohnung von Rudolf Steiner und Marie von Sivers.

19 Camilla Wandrey wird 1909 Vorstandmitglied der Deutschen Sektion der

Theosophischen Gesellschaft. Auch in der Anthroposophischen Gesellschaft ist sie tätiges Mitglied.

20 Theosophie, GA 9, Dornach 1987; Lucifer-Gnosis, GA 34, Dornach 1987; Wie erlangt man Erkenntnisse der höheren Welten?, GA 10, Dornach 1993; Wahrheit und Wissenschaft, GA 3, Dornach 1980; Die Philosophie der Freiheit, GA 4, Dornach 1987.

21 Marie von Sivers, 1867 bis 1948, seit Dezember 1914 die Frau Rudolf Steiners, war seit 1902 seine engste Mitarbeiterin.

22 Otto Weininger, 1880 bis 1903, österreichischer Philosoph, der sich erschoß. Über die karmischen Hintergründe seines Lebens spricht Rudolf Steiner ausführlich in: Esoterische Betrachtungen karmischer Zusammenhänge, Band IV, GA 238, Dornach 1991. Sigmund Freud, 1856 bis 1939, Begründer der Psychoanalyse.

23 «Welt- und Lebensanschauungen im 19. Jahrhundert» widmete Steiner Haeckel, Vgl. Anm. 136. Die Geheimwissenschaft im Umriß, GA 13, Dornach 1989.

24 Save: Nebenfluß der Donau; Ragusa: Dubrovnik; Cattaro: Kotor; Cetinje: nahe der Grenze von Albanien gelegen.

25 Rudolf Steiner sprach am 26. November 1908 über «Siegfried» und «Die Götterdämmerung», am 27. November über: «Praktische Ausbildung des Denkens». Dies war ein interner Vortrag. Das Thema des 28. Novembers lautete: «Der Weisheitskern in den Religionen».

26 Westteil von Slowenien.

27 Die Vortragsthemen lauteten: am 4. April 1910: Das Wesen des Menschen (öffentlicher Vortrag); am 5. April 1910: Der Kosmos der Weisheit und der Kosmos der Liebe (Zweigvortrag, an diesem Tag fand die Einweihung des Zweiges statt); am 6. April 1910: Das Rätsel des Lebens (öffentlicher Vortrag). Am 10. Februar 1912 fand ein Zweigvortrag, am 11. Februar 1912 ein öffentlicher Vortrag statt. Auch im Mai 1911 und im Januar 1913 hielt Rudolf Steiner Vorträge in Klagenfurt.

28 Felix Weingartner, 1863 bis 1936, Dirigent.

29 Adolf Arenson, 1855 bis 1936, Komponist. Seit seiner Begründung 1905 bis zum Verbot 1935 Leiter des Stuttgarter Zweiges. Siehe auch Anmerkung 192 /Zweiter Teil.

30 Rudolf Steiner, Vier Mysteriendramen, GA 14, Dornach 1981.

31 Anmerkung des Autors: *Siehe August Göllerich, Beethoven, in der von Richard Strauss herausgegebenen Schriftenreihe «Die Musik», Verlag Bard, Marquard & Co, Berlin. Göllerich, ein Schüler Liszts, gehörte zum Kreise der Linzer Theosophen.*

32 Anmerkung des Autors: *Siehe Rudolf Steiner, Weltenwunder, Seelenprüfungen und Geistesoffenbarungen* [GA 129, Dornach 1977].

33 Der Schloßherr war Julius Ritter von Rainer, seit 1911 Vorstandsmitglied der Deutschen Sektion der Theosophischen Gesellschaft.

34 Wien, 6. bis 9. Februar 1912. Am 6. und 7. Februar hielt Rudolf Steiner je einen öffentlichen Vortrag, am 8. und 9. Februar je einen Zweigvortrag. Die Themen lauteten: 6. Februar – Tod und Unsterblichkeit im Lichte der Geisteswissenschaft; 7. Februar – Das Wesen der Ewigkeit und die Natur

der Menschenseele im Lichte der Geisteswissenschaft; 8. Februar – Das menschliche Leben im Lichte des Karmagedankens; 9. Februar – Christian Rosenkreutz. Die beiden letzten Vorträge sind abgedruckt in: Rudolf Steiner, Das esoterische Christentum und die geistige Führung der Menschheit, GA 130, Dornach 1987.

35 Die Rangiermaschine dürfte er in Neudörfl gesehen haben, das an der Südbahnstrecke liegt.

36 Zibeben sind die Rosinen im Napfkuchen.

37 Annie Besant, 1847 bis 1933. Der Kongreß fand vom 30. Mai bis 2. Juni statt. Annie Besant sprach am 31. Mai über: The Christ, who is He?

38 Rudolf Steiner, Bilder okkulter Siegel und Säulen. Der Münchner Kongreß, Pfingsten 1907 und seine Auswirkungen, GA 284, Dornach 1977.

39 Anmerkungen des Autors: *Später bezeichnete Rudolf Steiner seine Arbeit als «anthroposophisch orientierte Geisteswissenschaft», und diese darf nicht ohne weiteres als Rosenkreuzertum im bloß traditionellen Sinne angesehen werden. Siehe seinen Vortrag vom 16. Oktober 1911: «In welchem Sinne sind wir Theosophen und in welchem Sinne sind wir Rosenkreuzer?» (Stuttgart).* [In: Bilder okkulter Siegel und Säulen, a. a. O.]

40 Anmerkung des Autors: *Über Rudolf Steiners Stellung zu Annie Besants esoterischer Schule spricht er selbst in «Mein Lebensgang», Seite 301-303.* [GA 28, Dornach 1982, XXXII; Strakosch zitiert die erste Auflage von 1925.]

41 Die Distanzierung von Annie Besant und die Gründung der Anthroposophischen Gesellschaft erfolgten im Dezember 1912.

42 Anmerkung des Autors: *Siehe Rudolf Steiner «Mein Lebensgang», Seite 59* [V].

43 Karl Julius Schröer, 1825 bis 1900, Germanistikprofessor an der Technischen Hochschule in Wien, war der Lehrer Rudolf Steiners. Rudolf Steiner spricht unter anderem ausführlich über ihn in: Esoterische Betrachtungen karmischer Zusammenhänge, Band IV, a. a. O., Vortrag vom 23. September 1924. Die überall gespielten, von ihm gesammtelten Weihnachtsspiele sind das Christgeburtsspiel, das Paradeisspiel und das Dreikönigsspiel. Siehe auch Anmerkung 82/Zweiter Teil.

44 Alan Leo hielt auf dem Kongreß einen Vortrag über: Astrology and Personal Fate. Sophie Stinde, 1853 bis 1915, Malerin, Zweigleiterin in München, enge Mitarbeiterin Rudolf Steiners, auch in Dornach. Gräfin Pauline von Kalckreuth, 1856 bis 1929, Freundin und Mitträgerin von Sophie Stindes Arbeit. Graf Otto von und zu Lerchenfeld, 1868 bis 1938, Reichsrat, als erster Schüler Rudolf Steiners in der Dreigliederungsbewegung bekannt. Dr. Felix Peipers, 1873 bis 1944, seit 1916 Zweigleiter in München. Dem Vorstand der Deutschen Sektion der Theosophischen Gesellschaft gehörte Sophie Stinde ebenso wie Adolf Arenson seit 1904 an. Seit 1911 gehörten ihm auch Pauline von Kalckreuth, Otto von und zu Lerchenfeld und Felix Peipers an. Dr. Carl Unger, 1878 bis 1929, Maschinenfabrikant. Seit Gründung der Anthroposophischen Gesellschaft ist er eines ihrer drei Vorstandsmitglieder, seit der Begründung der Allgemeinen Anthroposophischen Gesellschaft ist er Generalsekretär in Deutschland.

45 Cecile Peipers, 1882 bis 1951, Bildhauerin, schnitzte am ersten Goethe-anum. Christian Morgenstern, 1871 bis 1914, bedeutender Lyriker.

46 Anmerkung des Autors: *Nach Notizen während des Vortrages.*

47 Anmerkung des Autors: *Aus: «Mitteilungen für die Mitglieder der Deutschen Sektion der Theosophischen Gesellschaft (Hauptquartier Adyar)», herausgegeben von Mathilde Scholl., Nr. X, Köln, Januar 1910.*

48 Anmerkung des Autors: *Ebenda.*

50 Rudolf Steiner, Das Prinzip der spirituellen Ökonomie im Zusammenhang mit Wiederverkörperungsfragen, GA 109, Dornach 1979, V. Internationaler Kongreß der Föderation Europäischer Sektionen der Theosopischen Gesellschaft, Eröffnungsrede Rudolf Steiners vom 30. Juni 1909. Anmerkung des Autors: Aus: *«Mitteilungen für die Mitglieder der Deutschen Sektion der Theosophischen Gesellschaft (Hauptquartier Adyar)», herausgegeben von Mathilde Scholl, Nr. X, Köln, Januar 1910.*

51 Rudolf Steiner, Von Buddha zu Christus, in: Das Prinzip der spirituellen Ökonomie im Zusammenhang mit Wiederverkörperungsfragen, a.a.O., Vortrag vom 31. Mai 1909.

52 Anmerkung des Autors: *Aus «Mitteilungen für die Mitglieder der Deutschen Sektion der Theosophischen Gesellschaft (Hauptquartier Adyar)», herausgegeben von Mathilde Scholl, Nr. X, Köln, Januar 1910.*

53 Anmerkung des Autors: *Nach Aufzeichnungen während des Vortrages, welche mit denen anderer Freunde verglichen worden sind.*

54 «Theosophie als Lebenskraft» lautete das Thema von Carl Unger. Anmerkung des Autors: *Philosophisch-Anthroposophischer Verlag, Dornach (Sol.), Schweiz.*

55 Rudolf Steiner hatte Frank Heymann am 6. April 1908 in seinem Atelier in Göteborg besucht.

56 Anmerkung des Autors: *Aus den «*Mitteilungen *für die Mitglieder der Deutschen Sektion der Theosophischen Gesellschaft (Hauptquartier Adyar)», herausgegeben von Mathilde Scholl, Nr. X, Köln, Januar 1910.*

57 Am 1. August 1908 wurde von Marie von Sivers der Philosophisch-Theosophische Verlag gegründet.

58 Theosophie und Okkultismus des Rosenkreuzers, in: Das Prinzip der spirituellen Ökonomie im Zusammenhang mit Wiederverkörperungsfragen, a.a.O., Vorträge vom 3. bis 12. Juni 1909 in Budapest.

59 Capodistren = Koper; Portorose = Portorož, beide im späteren Jugoslawien gelegen. Imme Freiin von Eckardtstein, 1871 bis 1930, Malerin, leitete die Kostümanfertigung für die Mysteriendramenaufführungen in München. Sie malte am ersten Goetheanum mit. Ihrer 1911 gestellten Frage an Rudolf Steiner ist der Anthroposophische Seelenkalender zu verdanken. Oda Waller, gestorben 1913, Schwester von Mieta, spielte in den Mysteriendramen mit. Mieta Waller, 1883 bis 1954, Malerin, lebte von 1909 bis 1924 als Hausgenossin mit Marie und Rudolf Steiner zusammen. Sie unterstützte aus ihrem reichen Erbe viele Goetheanum-Anliegen und wirkte in den Münchner Mysteriendramenaufführungen, als Malerin am ersten Goetheanum, als Eurythmistin und an architektonischen Entwürfen (Speisehaus in Dornach) mit. Seit 1924 war sie mit William Scott Pyle verheiratet.

60 Eine okkulte Physiologie, GA 128, Dornach 1991, Vorträge vom 20. bis 28. März 1911 in Prag. Ostersonntag fiel auf den 16. April.

61 Rudolf Steiner sprach am 8. April 1911 auf dem vierten Internationalen Philosophen-Kongreß über: Die psychologischen Grundlagen und die erkenntnistheoretische Stellung der Theosophie, in: Ders., Philosophie und Anthroposophie, Gesammelte Aufsätze 1904–1923, GA 35, Dornach 1984. Vom 11. April bis zum 20. Juni 1911 weilte Marie von Sivers in Portorose. Den größten Teil dieser Zeit war Rudolf Steiner auch dort, doch hielt er sich im Mai auch in München, Klagenfurt, Graz, Linz auf und in der ersten Junihälfte in Kopenhagen, Berlin und Wien, wo er überall Vorträge hielt.

62 Anmerkung des Autors: Siehe Rudolf Steiner: *«Gegenwärtiges und Vergangenes im Menschengeiste» – Seite 149.* [Heute: GA 167, Dornach 1962, Vortrag vom 25. April 1916.]

63 Pirano = Pican, Parenzo = Poreč, beide im späteren Jugoslawien gelegen. Vorträge vom 5. bis 8. Juni 1911, GA 15, Dornach 1987.

64 Am 19. Mai 1911 hielt Rudolf Steiner diesen Vortrag.

65 Urbild der Sagengestalt des Dietrich von Bern ist der Gotenkönig Theoderich der Große, dessen Residenz Ravenna war.

66 Im Golf von Triest, nordwestlich der Stadt, ergießt sich der Isonzo ins Meer.

67 Die Dinarischen Alpen begrenzen Dalmatien gegen das Landesinnere.

68 Laibach – Ljubljana, Hauptstadt von Slowenien. Monfalcone liegt nordwestlich von Triest in Italien.

69 Guenther Wachsmuth, Die ätherischen Bildekräfte in Kosmos, Erde und Mensch, Dornach 1926.

70 Triglav: in Nordslowenien, nahe der österreichischen Grenze.

71 Anmerkung des Autors: *«Der irdische und der kosmische Gedanke», Vortragsreihe 1912 – Philosophisch Anthroposophischer Verlag 1917.* [Heute: Rudolf Steiner, Der irdische und der kosmische Mensch, GA 133, 1989; «Schutt» von Anton Alexander Graf von Auersberg, 1806 bis 1876, erschien 1836.]

72 Vom 20. Juni bis 8. Juli weilte Rudolf Steiner in Bled.

73 Südsüdwestlich von Wien liegen der Wechselpaß, die Bucklige Welt und das Joglland.

74 Gilgamesch-Epos: in Keilschrift überliefert um 1100 v. Chr. aus Ninive.

75 Rudolf Steiner hatte über das Wasser als Leiblichkeit der Engel am 16. April 1909 in Düsseldorf gesprochen, in: Geistige Hierarchien und ihre Widerspiegelungen in der physischen Welt, GA 110, Dornach 1991.

76 Von diesem Vortrag existiert keine Nachschrift.

77 Weltenwunder, Seelenprüfungen und Geistesoffenbarungen, a.a.O., Vorträge vom 18. bis 28. August 1911 in München.

78 Ab 9. Juli weilte Rudolf Steiner bereits in München.

79 Dr. Ludwig Noll, 1872 bis 1930, Arzt, ab 1907 Zweigleiter in Kassel, ab 1911 Vorstandsmitglied der Deutschen Sektion der Theosophischen Gesellschaft, ab Oktober 1924 an der ärztlichen Pflege Rudolf Steiners bis zu dessen Tod beteiligt. Siehe Anmerkung 90/Zweiter Teil.

80 Vom 12. bis 18. April 1921 hielt Rudolf Steiner in Dornach den ersten Heileurythmiekurs, in: Rudolf Steiner, Heileurythmie, GA 315, Dornach 1981. Am 8. Juni 1921 besichtigte Rudolf Steiner die von Ita Wegman in Arlesheim gegründete Klinik und nannte sie: Klinisch-Therapeutisches Institut. Am 15. August 1921 wurde das Klinisch-Therapeutische Institut in Stuttgart eröffnet. Vom 25. Juni bis 7. Juli 1924 hielt Rudolf Steiner in Dornach den Heilpädagogischen Kurs, GA 317, Dornach 1985.

81 Morgenstern weilte in der fraglichen Zeit (von Oktober 1911 bis November 1912) nicht in München, soweit die vorliegenden Biographien seine Lebensstationen schildern, wohl aber 1913.

82 Im August 1910 wurde ein Fonds gegründet, um für die Mysteriendramen einen eigenen Bau zu errichten. Anfang April 1911 wurde in München der Johannesbau-Verein gegründet, wobei Sophie Stinde, Pauline von Kalckreuth, Hermann Linde und Felix Peipers tragend waren.

83 Maria Strakosch war zwischen dem Spätherbst 1911 und November 1912 in München. Während dieser Zeit weilte Rudolf Steiner an folgenden Wochenenden, die ja allein für ein Gespräch mit Alexander Strakosch in Frage kommen, in München: 18./19. November 1911, 24./25. Februar 1912, 29. Juni bis 7. September, vielleicht auch am 6./7. Januar 1912.

84 Anmerkung des Autors: *Siehe auch: Rudolf Steiner, «Welterkenntnis, Selbsterkenntnis», Philosophisch-Anthroposophischer Verlag am Goetheanum, Dornach.*

85 Anmerkung des Autors: *Rudolf Steiner hat in seinem Buche «Die Geheimwissenschaft im Umriß» diese Entwicklungsreihe eingehend geschildert: Saturn, Sonne, Mond, Erde, Jupiter, Venus. Bei der Darstellung in den Motiven der Säulen und Kapitäle erscheinen im Hinblick darauf, daß die Erdenentwicklung in zwei großen Abschnitten vor sich geht, statt der «Erde» hier «Mars» und «Merkur».*

86 Diese Gruppe steht heute im sogenannten Gruppenraum des Goethe-anum. In der Silvesternacht 1922/23 verbrannte der hölzerne Doppelkuppelbau des ersten Goetheanum vollständig.

87 Anmerkung des Autors: *Als ich im Jahre 1908 Berlin verließ, legte mir Rudolf Steiner nahe, mich mit ihr in Verbindung zu setzen. Von Triest aus besuchten wir sie und wurden von ihr und ihrer Freundin und engsten Mitarbeiterin Gräfin Pauline Kalckreuth in einer Art aufgenommen, welche uns unvergeßlich geblieben ist. Beide Damen waren ihrem Charakter nach, was man reserviert nennt, die erstere aus ihrem norddeutschen Wesen, die letztere aus ihrer früheren Tätigkeit als Hofdame der Kaiserin. Zudem waren wir viel jünger als sie und auch Anfänger, doch wurden wir mit offenem Vertrauen und ungezwungener Achtung herzlich aufgenommen, aber keineswegs so, daß wir uns in ungesunder Weise hätten geschmeichelt fühlen können. Das lag ihnen nicht.*

88 Anmerkung des Autors: *Rudolf Steiner: «Sprachgestaltung und Dramatische Kunst», Philosophisch-Anthroposophischer Verlag am Goetheanum, Dornach.* [Heute: GA 282, Dornach 1981.]

89 Edouard Schuré, 1841 bis 1929, Dichter und Schriftsteller. Neben seinen Dramen ist besonders «Les Grands Initiés» (1889) zu erwähnen.

90 Olga von Sivers, Schwester von Marie von Sivers, gestorben 1917.

91 Anmerkung des Autors: *Für 1914 war ein fünftes Drama in Aussicht gestellt, welches die Rückschau in die altgriechische Zeit enthalten sollte. Der Ausbruch des Weltkrieges ließ es nicht zur Aufführung kommen.*

92 Guenther Wachsmuth, Die Geburt der Geisteswissenschaft, Basel 1941. Siehe die zweite, wesentlich ergänzte und erweiterte Auflage des erstmals 1941 erschienenen Buches «Die Geburt der Geisteswissenschaft» von 1964 (Dornach).

93 Anmerkung des Autors: *Siehe Rudolf Steiner: «Die Mission der einzelnen Volksseelen», 11. Vortrag. – Rudolf Steiner: «Das Matthäus-Evangelium (1910)», 11. Vortrag.* [Heute: Die Mission einzelner Volksseelen, a.a.O., GA 121; Das Matthäus-Evangelium, GA 123, Dornach 1988.]

94 Sie wurde am 28. Dezember 1912 in Köln gegründet.

95 Anmerkung des Autors: *Ein schönes Bild dieser verehrungswürdigen Persönlichkeit, welche 1929 den physischen Plan verlassen, hat der ihr eng befreundete Dr. Friedrich Rittelmeyer uns hinterlassen in seinem Werke: «Meine Lebensbegegnung mit Rudolf Steiner».* [Stuttgart 1983. Michael Bauer, geboren 1871, war seit 1904 Zweigleiter in Nürnberg, seit 1905 Vorstandsmitglied der deutschen Sektion der Theosophischen Gesellschaft, und seit 1913 bildete er mit Marie von Sivers und Carl Unger den Vorstand der Anthroposophischen Gesellschaft.]

96 GA 113, Dornach 1982. Hier zitiert nach Zyklus IX, Vortäge vom 23. und 31. August.

97 Anmerkung des Autors: *Mein Lebensgang, – Seite 316. [XXXV.]*

98 Vergleiche Rudolf Steiner, Anweisungen für eine esoterische Schulung. Aus den Inhalten der «Esoterischen Schule», GA 245, Dornach 1979.

99 XXXVI.

100 Anmerkung des Autors: *Mein Lebensgang: Seite 321 und 322.* [XXXVI.]

101 Anmerkung des Autors: *Für das Mädchen bestand auch nach des Vaters Tode die Notwendigkeit, tätig mitzuwirken bei der Versorgung der jüngeren Geschwister. Näheres siehe: «Eurythmie als sichtbare Sprache».* [GA 279, Dornach 1990.]

102 Siehe hierzu: Rudolf Steiner, die Weihnachtstagung zur Begründung der Allgemeinen Anthroposophischen Gesellschaft 1923/24, GA 260, Dornach 1985.

103 Ders., Die Entstehung und Entwickelung der Eurythmie, GA 277a, Dornach 1982. Hier wurde die Fassung von Strakosch belassen, die auch nicht mit der Erstveröffentlichung in: «Die Menschenschule» 1944, Heft 11/12 übereinstimmt.

104 Anmerkung des Autors: *In den ersten Jahren wurde es dann bei den Aufführungen, besonders später bei den öffentlichen, stets so gehalten, daß er selbst oder eine von ihm beauftragte Persönlichkeit eine Einführung gab. Siehe auch: «Die Grundelemente der Eurythmie», herausgegeben von Annemarie Dubach-Donath.* [Dornach 1988]

105 Anmerkung des Autors: *Siehe Rudolf Steiner: «Allgemeine Menschenkunde als Grundlage der Pädagogik», Seite 159.* [GA 293, Dornach 1992, Vortrag vom 1. September 1919.]

106 Hermann Linde, 1863 bis 1923, Maler. Er malte den größten Teil der großen Kuppel des ersten Goetheanum.

107 Anmerkung des Autors: *«Was in der Anthroposophischen Gesellschaft vorgeht», V. Jahrgang, 1928, Nr. 39, Seite 151.*

108 Anmerkung des Autors: *Bei diesem Entwurf sind die Kuppeln zu flach. Es sollten Halbkugeln sein, welche in der größeren Kuppel den Dodekaeder umhüllen, in der kleineren ihn von innen berühren. Dies ergab sich erst später in Zusammenhang mit dem Grundriß, den ich auf Grund der in Veldes erhaltenen Angaben konstruiert hatte.*

109 12. Dezember 1911: «Und der Bau wird Mensch», die Ziele des Johannes-Bauvereins, Dornach 1945. Hier zitiert nach: «Was in der Anthroposophischen Gesellschaft vorgeht», 1938, Nr. 39, Seite 151.

110 Ebenda.

111 Anmerkung des Autors: *«Was in der Anthroposophischen Gesellschaft vorgeht», V. Jahrgang, 1928, Nr. 39, Seite 151f.*

112 Dr. Carl Schmidt-Curtius, 1884 bis 1931, Architekt, der Erbauer des Stuttgarter Zweighauses in der Landhausstraße.

113 Rudolf Steiner weilte vom 24. bis 28. Februar 1912 in München.

114 GA 138, Dornach 1986, Vorträge vom 25. bis 31. August 1912.

115 *Anmerkung des Autors: Von der Initiation. Von Ewigkeit und Augenblick. Von Geisteslicht und Lebensdunkel. Zyklus XXIII, 7. Vortrag.* [GA 138, Dornach 1986, Vortrag vom 31. August 1912.]

116 Ebenda.

117 Anmerkung des Autors: *Siehe Rudolf Steiner: «Die Prüfung der Seele», 1. Bild.*

118 Siehe Anmerkung 94.

119 Siehe Anmerkung 92.

120 GA 20, Dornach 1984.

121 GA 21, Dornach 1983.

122 Rudolf Steiner, Goethes Geistesart in ihrer Offenbarung durch seinen «Faust» und durch das Märchen von der Schlange und der Lilie, GA 22, Dornach 1979.

123 Ders., Die Sendung Michaels, GA 194, Dornach 1983.

124 Dr. Emil Grosheintz, 1967 bis 1946, Zahnarzt, stellt den Grund und Boden für das Goetheanum zur Verfügung. Weitere Mitglieder halfen, das Gelände durch Zukäufe zu arrondieren. Grosheintz war dann Leiter des Zweiges am Goetheanum.

125 Das Markus-Evangelium, GA 139, Dornach 1985, Vorträge vom 15. bis 24. September 1912.

126 Ebenda, Vortrag vom 20. September 1912.

127 Anmerkung des Autors: *Siehe auch Dr. Guenther Wachsmuth: «Die Geburt der Geisteswissenschaft», Seite 101.* [Siehe Anmerkung 92.]

128 Anmerkung des Autors: *Siehe auch Dr. G. Wachsmuth: «Die Geburt der Geisteswissenschaft», Seite 101.* [Siehe Anmerkung 92.]

129 Siehe Anmerkung 127. Der Wortlaut von Strakosch wurde belassen.

130 Die Philosophie der Freiheit, a. a. O., IX. Die Idee der Freiheit.

131 Anmerkung des Autors: *So hieß im Volksmund das Burgtheater, nicht die Hofburg, der Wohnsitz des Kaisers.*

132 Gustav Mahler, gestorben 1911, war zur Zeit der Rückkehr von Strakosch nach Wien schon gestorben.
133 Mein Lebensgang, a. a. O., XXIX.
134 Anmerkung des Autors: *Siehe Rudolf Steiner: «Welche Bedeutung hat die okkulte Entwickelung des Menschen für seine Hüllen... und sein Selbst?»* [GA 145, Dornach 1986, Vortrag vom 20. März 1913.]
135 Anmerkung des Autors: *Seite 302. [XXXII.]*
136 Anmerkung des Autors: *Er hat sogar sein Werk: «Welt- und Lebensanschauungen im neunzehnten Jahrhundert» Haeckel gewidmet. Siehe «Die Geheimwissenschaft im Umriß», Vorbemerkungen zur ersten Auflage, Seite XXIIIf.*
137 In: Rudolf Steiner, Methodische Grundlagen der Anthroposophie 1884–1901, GA 30, Dornach 1989; ders., siehe Anmerkung 20, Lucifer-Gnosis.
138 Albert Steffen, 1884 bis 1963, Dichter, seit 1923 Leiter der Sektion für Schöne Wissenschaften der Freien Hochschule für Geisteswissenschaft am Goetheanum, seit 1923 zweiter, seit 1925 erster Vorsitzender der Allgemeinen Anthroposophischen Gesellschaft.
139 Siehe Anmerkung 20.
140 Ebenda.
141 In: Rudolf Steiner, Antworten der Geisteswissenschaft auf die großen Fragen des Daseins, GA 60, Dornach 1983.
142 Unveröffentlichter Vortrag.
143 Anmerkung des Autors: *Siehe Rudolf Steiner: «Wahrspruchworte».* [GA 40, Dornach 1991.]
144 Siehe Anmerkung 142.
145 J. W. v. Goethe, Naturwissenschaftliche Schriften, GA 1d, Dornach 1975.
146 GA 147, Dornach 1982, Vorträge vom 24. bis 31. August 1913.
147 Siehe Anmerkung 98.
148 Siehe Anmerkung 92.
149 Vom 8. bis 11. November 1913 hielt Rudolf Steiner dort Vorträge. Er sprach öffentlich mit Fragenbeanwortung am 8. über: Die Geisteswissenschaft und die geistigen Ziele unserer Zeit, am 10. über: Theosophie und Antisophie. Thema der Zweigvorträge am 9. und 11. war: «Das fünfte Evangelium».
150 Rudolf Steiner reiste nach Wien, um seine Mutter und Geschwister in Horn zu besuchen.
151 Inneres Wesen des Menschen und Leben zwischen Tod und neuer Geburt, GA 153, Dornach 1978.
152 Ebenda, Vortrag vom 9. April 1914.
153 Aus: Die geistige Grundsteinlegung des zweiten Goetheanum, in: siehe Anmerkung 143.
154 Siehe Anmerkung 98.
155 Vortrag vom 28. Juni, in: Rudolf Steiner, Wege zu einem neuen Baustil, GA 286, Dornach 1982; appolonisch: nach dem griechischen Mathematiker Apollonios von Perge.
156 Siehe Rudolf Steiner, Erziehungskunst, Seminarbesprechung und Lehrplanvorträge, GA 295, Dornach 1984.
157 Děčín, Tschechien.

158 Heute Polen.
159 Anmerkung des Autors: Siehe: *«Mein Lebensgang», Seite 59f.* [Rudolf Steiner, Weihnachtsspiele aus altem Volkstum. Die Oberuferer Spiele, Dornach 1990; ders., Ansprachen zu den Weihnachtsspielen aus altem Volkstum. Achtzehn Ansprachen aus den Jahren 1915 bis 1924, GA 274, Dornach 1987.]
160 Am 3. April 1917 sprach Rudolf Steiner im Zweig über: «Die Trichotomie», in: Rudolf Steiner, Bausteine zu einer Erkenntnis des Mysteriums von Golgatha, GA 175, Dornach 1982.
161 Friedrich Rittelmeyer, 1872 bis 1938, Mitbegründer und erster Erzoberlenker der Christengemeinschaft. Siehe Anmerkung 2.
162 Karfreitag war der 6. April.
163 Siehe Anmerkung 130. Die Rätsel der Philosophie, GA 18, Dornach 1985.
164 Die beiden öffentlichen Vorträge fanden am 27. und 29. Mai statt und sind unveröffentlicht.
165 Anmerkung des Autors: Siehe *Rudolf Steiner: «Von Seelenrätseln», 1. Auflage 1917, Seite 27 – Seite 207. «Das Auftreten der Erkenntnisgrenzen» – Seite 212. – «Für das erlebte Denken schwindet die Undurchdringlichkeit der Wände.»* [GA 21: 1. Anthropologie und Anthroposophie – 2. Das Auftreten von Erkenntnisgrenzen.]
166 Siehe Anmerkung 164.
167 Anmerkung des Autors: *Siehe: «Das Goetheanum», 22. Jahrgang, 1943, Nr. 19 bis 21., Rudolf Steiner: «Gesetze der Menschheitsentwickelung».*
168 28. und 30. Mai.
169 Alexander Freiherr von Bernus, 1880 bis 1965, Dichter. Anfang April 1916 erschien in der ersten Nummer dieser Zeitschrift von Rudolf Steiner: Die Erkenntnis vom Zustand zwischen dem Tode und einer neuen Geburt, heute in: Philosophie und Anthroposophie, siehe Anmerkung 61.
170 Anmerkung des Autors: *Im Druck erschienen: «Das Sinnlich-Übersinnliche in seiner Verwirklichung durch die Kunst» und «Die Quellen der künstlerischen Phantasie und die Quellen der übersinnlichen Erkenntnis».* [Vorträge vom 15. und 17. Februar 1918, in: Rudolf Steiner, Kunst und Kunsterkenntnis, GA 271, Dornach 1985.]
171 In: Ebenda, Vortrag vom 1. Juni 1918.
172 Rosa Mayreder, 1858 bis 1938, Dichterin. Mit ihr war Rudolf Steiner seit 1890 befreundet, siehe Anmerkung 40: Mein Lebensgang und Rudolf Steiner, Briefe Band II: 1890-1925, GA 39, Dornach 1987.
173 Am 2. Juni 1918.
174 Siehe Anmerkung 171.
175 Ludwig Graf von Polzer-Hoditz, 1869 bis 1945, wirkte aktiv in der Dreigliederungsbewegung, 1923 bei der Begründung der Allgemeinen Anthroposophischen Gesellschaft wurde er Generalsekretär für Österreich. – Zu Lerchenfeld siehe Anmerkung 44. Rudolf Steiner fuhr am 7. Juni zu Polzer-Hoditz.
176 Arthur Graf von Polzer-Hoditz.
177 Rudolf Steiner, Aufsätze über die Dreigliederung des sozialen Organismus und zur Zeitlage 1915-1921, GA 24, Dornach 1982.

178 Michael Bauer, Christian Morgensterns Leben und Werk, München 1941.

179 Siehe Anmerkung 95. Anmerkung des Autors: *Verlag Urachhaus, Stuttgart 1937.*

180 Margareta Morgenstern, geborene Gosebruch von Liechtenstern, 1879 bis 1968, schrieb das Buch: Michael Bauer – ein Bürger beider Welten, Stuttgart 1965.

181 Bei der Familie dürfte es sich um den Maler Stanislaus Stückgold, seine Tochter Felicitas und seine Frau Elisabeth, später die Frau Albert Steffens, handeln.

182 Anmerkung des Autors: *Man lese in G. Wachsmuth: «Die Geburt der Geisteswissenschaft» die Schilderung dieser Zeit, Seite 329f.* [Siehe Anmerkung 92.]

183 Anmerkung des Autors: *Siehe «Das Goetheanum», 6. Juni 1943, 22. Jahrgang, Nr. 23.* [Heute in: Rudolf Steiner, Mitteleuropa zwischen Ost und West, GA 174a, Dornach 1982.]

184 Rudolf Steiner, Die Kernpunkte der sozialen Frage in den Lebensnotwendigkeiten der Gegenwart und Zukunft, GA 23, Dornach 1976. Die vier Vorträge fanden am 3., 5., 10. und 12. Februar statt.

185 Emil Molt, 1876 bis 1936.

ZWEITER TEIL

1 Albert Schweitzer (1875–1965), evang. Theologe, (Urwald-)Arzt, Musiker, Kulturphilosoph, erhielt 1952 den Friedensnobelpreis.

2 Siehe dazu zum Beispiel den Vortrag vom 1. Oktober 1916, in: Rudolf Steiner, Innere Entwickelungsimpulse der Menschheit ..., Sechzehn Vorträge, gehalten in Dornach vom 16. September bis 30. Oktober 1916, GA 171, 2. Aufl. Dornach 1984.

3 «Den Handelnden und den Erkennenden unterschied man, und leer ausgegangen ist dabei nur der, auf den es vor allen andern Dingen ankommt: der aus Erkenntnis Handelnde.» Siehe: Rudolf Steiner, Die Philosophie der Freiheit, GA 4, 15. Aufl. Dornach 1987, Kap. I.

4 Siehe zum Beispiel den zweiten Vortrag vom 13. Februar 1921, in: Rudolf Steiner, Wie wirkt man für den Impuls der Dreigliederung des sozialen Organismus, GA 338, 4. Aufl. Dornach 1986.

5 Worte Rudolf Steiners über die Gründungsversammlung der österreichischen Landesgesellschaft. Wien, 1. Oktober 1923, nach dem letzten Vortrag für Mitglieder (siehe: Die Anthroposophie und das menschliche Gemüt, Vier Vorträge, gehalten in Wien vom 27. September bis 1. Oktober 1923, GA 223, 5. Aufl. Dornach 1980). Dieser Schluß des Vortrages ist abgedruckt in: Rudolf Steiner, Das Schicksalsjahr 1923 in der Geschichte der Anthroposophischen Gesellschaft, GA 259, Dornach 1991, S. 659ff.

6 *Kokarden* sind Abzeichen, Erkennungszeichen an (Uniform-)Hut oder Mütze in Rosettenform. «F. J. I.» für *Franz Joseph I.*, Kaiser von Österreich seit 1848 und König von Ungarn seit 1867; geb. 1830, gest. 1916.

7 «k. k.»: Abkürzung für kaiserlich-königlich im Titel der Behörden der österreichischen Reichshälfte des ehemaligen Österreich-Ungarn.

8 Anmerkung des Autors: *Abkürzung von «Sozialistische Vereinigung geistiger Arbeiter».*

9 Der Komponist Anton Bruckner lebte von 1824 bis 1896.

10 Sprachgebrauch von 1912, für Aborigines, Ureinwohner von Australien.

11 Rudolf Steiner, Kunst- und Lebensfragen im Lichte der Geisteswissenschaft, GA 162, Dornach 1985, Vortrag vom 24. Mai 1915.

12 (Ergänzte) Anmerkung des Autors: *Siehe Rudolf Steiner, Theosophie,* GA 9, 31. Aufl. Dornach 1987, Kap. Das Wesen des Menschen, und ders., *Die Geheimwissenschaft im Umriß*, GA 13, 30. Aufl. 1989, Dornach 1989, Kap. Die Wesensglieder des Menschen.

13 Siehe Rudolf Steiner, Welt, Erde, Mensch ..., GA 105, 5. Aufl. Dornach 1983, Vortrag vom 16. August 1908.

14 Rudolf Steiner, Die Kernpunkte der sozialen Frage in den Lebensnotwendigkeiten der Gegenwart und Zukunft, GA 23, 6. Aufl. Dornach 1976. Siehe dazu auch: Beiträge zur Rudolf Steiner Gesamtausgabe, Heft 24/25: 50 Jahre «Die Kernpunkte der sozialen Frage» 1919–1969, Dornach 1968; Heft 27/28: 1919 – das Jahr der Dreigliederungsbewegung und der Gründung der Waldorfschule, Dornach 1969; Heft 88: Die soziale Frage – vor 66 Jahren: Dreigliederungszeit, Dornach 1985: Heft 106, Dornach 1991.

15 «Zürcher Vorträge»: Rudolf Steiner, Die soziale Frage, Sechs Vorträge, Zürich 3. Februar bis 8. März 1919, GA 328, Dornach 1977. – «Weitere Ausführungen»: siehe insbesondere Rudolf Steiner, Die Befreiung des Menschenwesens als Grundlage für eine soziale Neugestaltung, Neun öffentliche Vorträge ... zwischen dem 11. März und 10. November 1919 in Basel, Bern und Winterthur, GA 329, Dornach 1985. – Betr. Aufruf «An das deutsche Volk und an die Kulturwelt!» siehe außerdem: Hans Kühn, Dreigliederungs-Zeit, Rudolf Steiners Kampf für die Gesellschaftsordnung der Zukunft, Dornach 1978.

16 Carl Unger (geb. 1878, gest. 1929), erste Begegnung mit Rudolf Steiner 1904, 1913 im Zentralvorstand der Anthroposophischen Gesellschaft, 1921 im Vorstand der Anthroposophischen Gesellschaft in Deutschland. Siehe die Biographie: Ronald Templeton, Carl Unger, Der Weg eines Geistesschülers, Dornach 1990.

17 Siehe dazu: Emil Bock, Boten des Geistes, Schwäbische Geistesgeschichte und christliche Zukunft, 4. Aufl. Stuttgart 1987.

18 Zu Emil Molt (geb. 1876, gest. 1936) siehe besonders dessen Autobiographie: Entwurf meiner Lebensbeschreibung, hrsg. von Johannes Tautz, Stuttgart 1972.

19 Rudolf Steiner, Allgemeine Menschenkunde als Grundlage der Pädagogik, Vierzehn Vorträge, gehalten in Stuttgart vom 21. August bis 5. September 1919 anläßlich der Gründung der Freien Waldorfschule, GA 293, 9. Aufl. Dornach 1992, Erster Vortrag vom 21. August 1919.

20 Siehe dazu: Beiträge zur Rudolf Steiner Gesamtausgabe, Heft 27/28: 1919 – das Jahr der Dreigliederungsbewegung und der Gründung der Waldorfschule, Dornach 1969. – Die Kurse sind in der Gesamtausgabe unter folgen-

den Titeln erschienen: Allgemeine Menschenkunde als Grundlage der Pädagogik, GA 293, 9. Aufl. Dornach 1992; Erziehungskunst, Methodisch-Didaktisches, GA 294, 6. Aufl. Dornach 1990; Erziehungskunst, Seminarbesprechungen und Lehrplanvorträge, GA 295, 4. Aufl. Dornach 1984.

21 Anmerkung des Autors: *Nämlich die von ihm gegebene Erweiterung.*

22 Die mit den Teilnehmern geübten Sprachübungen sind wiedergegeben im Band GA 295 (siehe Anm. 20).

23 Sinngemäß zum Beispiel in den Vorträgen über «Das Kind vom zehnten bis vierzehnten Lebensjahre: Pädagogik und Didaktik» vom 2. und 3. Januar 1922, in: Die gesunde Entwickelung des Leiblich-Physischen als Grundlage der freien Entfaltung des Seelisch-Geistigen, GA 303, 4. Aufl. 1987.

24 In der achten Seminarbesprechung, Stuttgart, 29. August 1919, in: Rudolf Steiner, Erziehungskunst, Seminarbesprechungen und Lehrplanvorträge, III, GA 295, 4. Aufl. Dornach 1984.

25 Rudolf Steiner, Wie erlangt man Erkenntnisse der höheren Welten? GA 10, 24. Aufl. Dornach 1993.

26 GA 295, Vortrag vom 30. August 1919.

27 In der Buchausgabe (GA 295, Vortrag vom 2.September 1919) heißt es heute: «Jetzt werden wir unsere Betrachtungen über die Pflanzenwelt fortsetzen.» Das folgende Zitat stammt aus dem gleichen Vortrag.

28 Anmerkung des Autors: *Vorher hatte er schon gesagt, daß der Befruchtungsvorgang bei der Pflanze gar nicht einmal etwas so Hervorragendes sei, als es von der heutigen abstrakten naturwissenschaftlichen Zeit angenommen wird, und hatte auf Goethe hingewiesen, der die Metamorphose verteidigt gegen den eigentlichen Befruchtungsvorgang.*

29 Siehe GA 295, zweiter und dritter Lehrplanvortrag (6. September 1919).

30 Siehe Seite 180ff. dieser Ausgabe.

31 GA 294, Schlußworte, Vortrag vom 6. September 1919.

32 Rudolf Steiner, Die Sendung Michaels, GA 194, 3. Aufl. Dornach 1983, Vortrag vom 29. November 1919.

33 Dieser Wortlaut konnte nicht nachgewiesen werden.

34 Siehe Anm. 19.

35 Bei dem Lehrer handelte es sich um E. A. Karl Stockmeyer (geb. 1886, gest. 1963). Das ganze Programm ist wiedergegeben in: Das Wirken Rudolf Steiners 1917–1925,Berlin/Stuttgart/Dornach, Dornach 1987, S. 38f.

36 Die Ansprache zur Eröffnungsfeier ist nur teilweise abgedruckt in GA 293, 9. Aufl. Dornach 1992, S. 9ff. – Im übrigen siehe: Waldorf-Nachrichten, I. Jg. 1919, S. 359ff.

37 Siehe dazu: Rudolf Steiner in der Waldorfschule, GA 298, 2. Aufl. Dornach 1980.

38 Anmerkung des Autors: *Der Vortrag mußte um diese Zeit zu Ende sein, denn damals verkehrte die Straßenbahn nur bis 20 Uhr 30, der Anschluß an weiter entfernten Umsteigestellen sollte daher noch möglich sein.*

39 Richard Wahle (geb. 1857, gest. 1935), Philosophieprofessor, den auch Rudolf Steiner kannte; Verfasser von u.a. «Gehirn und Bewußtsein» (1884).

40 Julius Wahle (geb. 1861, gest. 1940), Literaturhistoriker, mitbeteiligter

Herausgeber der Weimarer Ausgabe von Goethes Werken, später (1924–28) Leiter des Goethe- und Schiller-Archivs in Weimar; siehe auch: Rudolf Steiner, Mein Lebensgang, GA 28, 14. und 20. Kap.

41 Die «Österreicher» im ersten Kollegium der Waldorfschule waren (siehe: Der Lehrerkreis um Rudolf Steiner in der ersten Waldorfschule, hrsg. durch Gisbert Husemann und Johannes Tautz, 2. Aufl. Stuttgart 1979): Hermann von Baravalle (geb. 1898, gest. 1973), Eugen Kolisko (geb. 1893, gest. 1939), Karl Schubert (geb. 1889, gest. 1949), Walter Johannes Stein (geb. 1891, gest. 1957), Alexander Strakosch (geb. 1879, gest. 1958), Rudolf Treichler (geb. 1883, gest. 1972).

42 Rudolf Steiner, Geisteswissenschaftliche Impulse zur Entwickelung der Physik, Erster naturwissenschaftlicher Kurs: Licht, Farbe, Ton – Masse, Elektrizität, Magnetismus, Zehn Vorträge, Stuttgart 23. Dezember 1919 bis 3. Januar 1920, GA 320, 3. Aufl. Dornach 1987.

43 Anmerkung des Autors: *So hat es wohl Goethe auch diktiert. Der Schreiber wollte die Frankfurter Aussprache Goethes verbessern, welche g wie ch tönen ließ.*

44 Obwohl dieser erste naturwissenschaftliche Kurs, nachdem zunächst nur eine private Vervielfältigung zirkulierte, schon 1925 in erster Auflage erschien, referiert und zitiert Alexander Strakosch diese Vorträge Rudolf Steiners auf den folgenden Seiten sehr ausführlich. Wir haben uns bei der Neuausgabe entschlossen, auch dieses Kapitel – wie die anderen, wo der Fall ähnlich liegt – nicht zu kürzen. Obwohl die Vorträge in der Gesamtausgabe allgemein zugänglich sind, ja gerade darum kann man durch die Auswahl der Motive viel von Strakoschs Eigenart erkennen; abgesehen von der Stimmung, die der Augen- und Ohrenzeuge auch hier wiederzugeben vermag.

45 Zitat aus Goethes Naturwissenschaftlichen Schriften, Bd. 1, S. LXXXIV; S. 120, in der Sonderausgabe GA 1, 4. Aufl. Dornach 1987. Siehe GA 320 (Anm. 42), S. 195.

46 Zitat aus: Rudolf Steiner, Die geistige Führung des Menschen und der Menschheit, GA 15, 10. Aufl. Dornach 1987. Siehe GA 320 (Anm. 42), S. 195.

47 GA 320 (siehe Anm. 42), Vortrag vom 23. Dezember 1919. Ebenso das folgende Zitat.

48 a.a.O., ebenso das folgende Zitat.

49 GA 320 (siehe Anm. 42), Vortrag vom 24. Dezember 1919.

50 a.a.O., ebenso die drei folgenden Zitate.

51 GA 320 (siehe Anm. 42), Vortrag vom 29. Dezember 1919.

52 GA 320 (siehe Anm. 42), Vortrag vom 3. Januar 1920. Ebenso das folgende Zitat.

53 Rudolf Steiner, Geisteswissenschaftliche Sprachbetrachtungen, Eine Anregung für Erzieher, Sechs Vorträge für die Lehrer der Freien Waldorfschule, Stuttgart 26. Dezember 1919 bis 3. Januar 1920, GA 299, 4. Aufl. Dornach 1981.

54 Rudolf Steiner, Geisteswissenschaftliche Impulse zur Entwickelung der Physik, Zweiter naturwissenschaftlicher Kurs: Die Wärme auf der Grenze positiver und negativer Materialität, Vierzehn Vorträge, Stuttgart 1. bis 14. März 1920, GA 321, 3. Aufl. Dornach 1982.

55 Hermann von Baravalle (geb. 1898, gest. 1973); siehe zum Beispiel: Der Leh-

rerkreis (Anm. 41), S. 159ff., und: Das Wirken Rudolf Steiners 1917–1925 (Anm. 35), S. 290ff. und 342.

56 GA 321 (siehe Anm. 54), Vortrag vom 14. März 1920.

57 *Kapp-Putsch*: dieser Umsturzversuch erfolgte in den Tagen vom 13. bis 17. März 1920.

58 Der Autor wiederholt diese wichtige Äußerung (siehe Seite 241).

59 Anmerkung des Autors: *Später unter diesem Titel veröffentlicht. (Cyklus 58 A und 58 B).* – Siehe: Rudolf Steiner, Geisteswissenschaftliche Behandlung sozialer und pädagogischer Fragen, Siebzehn Vorträge, Stuttgart 21. April bis 28. September 1919 (Zyklus 58 A und B, erweitert um «Drei Vorträge über Volkspädagogik»), GA 192, 2. Aufl. Dornach 1991.

60 Heute in GA 192 (siehe Anm. 59).

61 GA 192 (siehe Anm. 59), Vortrag vom 1. Juni 1919.

62 Siehe dazu: Hans Kühn, Dreigliederungs-Zeit, Rudolf Steiners Kampf für die Gesellschaftsordnung der Zukunft, Dornach 1978, Kap. VI: «Der Bund für Dreigliederung des sozialen Organismus».

63 Anmerkung des Autors: *«Die Zukunft», Nr. 34 vom 31. Mai 1919.* – Walther Rathenau (geb. 1867, gest. 1922), 1919 bei den Vorbereitungen zur Friedenskonferenz tätig, 1921 Wiederaufbauminister, 1922 Reichsaußenminister. Opfer eines Attentats.

64 Anmerkung des Autors: *Ebenso waren zur Erneuerung des Geisteslebens ein Kulturrat vorgesehen, und verschiedene Versammlungen hatten schon stattgefunden.* – Siehe dazu auch: Rudolf Steiner, Betriebsräte und Sozialisierung, GA 331, Dornach 1989, sowie: Beiträge zur Rudolf Steiner Gesamtausgabe, Heft 103: Alle Macht den Räten? Rudolf Steiner und die Betriebsrätebewegung 1919, Dornach 1989.

65 Anmerkung des Autors: *Im Druck erschienen.* – Als Manuskript gedruckt mit dem Titel: «Vortrag für Arbeiter der Daimler-Werke von Dr. Rudolf Steiner. Untertürkheim, den 26. April 1919», Herausgegeben vom Bund für Dreigliederung des sozialen Organismus, Arbeitsausschuß. Geschäftsstelle Stuttgart, Champignystraße 17. – Der Vortrag fand am Freitag, 25. April statt. Er ist enthalten in: Rudolf Steiner, Neugestaltung des sozialen Organismus, GA 330, 2. Aufl. Dornach 1983.

66 Jg. 19, Nr. 1, 8. Juli 1919 (sinngemäß).

67 Anmerkung des Autors: *Schon damals war Rudolf Steiner in der peinlichen Lage, in der Öffentlichkeit den Nachweis seiner einwandfrei «arischen» Abstammung zu erbringen.*

68 Romain Roland (geb. 1866, gest. 1944), franz. Schriftsteller. Nach dem Ausbruch des Ersten Weltkrieges versuchte er, mit Briefen, Streitschriften, Aufsätzen die Politiker zur Besinnung zu rufen. 1915 Nobelpreis für Literatur.

69 Siehe: Hans Kühn, Dreigliederungs-Zeit, Dornach 1978, Kap. IX, S. 101ff., und: Christoph Lindenberg, Rudolf Steiner, Eine Chronik, Stuttgart 1988, S. 430.

70 Öffentlicher Vortrag vom 8. Juni 1920 in Stuttgart. Noch nicht in der Gesamtausgabe erschienen. Siehe: Rudolf Steiner, Geisteswissenschaft und die Lebensforderungen der Gegenwart, Dornach 1950.

71 Einer, der diesen Wunsch Rudolf Steiners aus eigenem Antrieb zu erfüllen

strebte, war Carl Stegmann (geb. 1897); so gründete er beispielsweise Ende der zwanziger Jahre in Essen die Freie Arbeiterschule für ein neues sozialreligiöses Wirken. Siehe: Rudolf F. Gädeke, Die Gründer der Christengemeinschaft, Ein Schicksalsnetz, 48 kurze Biographien mit Dokumenten, Dornach 1992, S. 302ff.

72 Siehe Anm. 41.

73 Alexander Strakosch, Pflanzenformen als Ergebnis des Gegenspieles gestaltender Kräfte, Ein Beitrag zur Pflanzenkunde, Stuttgart 1933.

74 Vier Vorträge vom 15. bis 22. September 1920, in: Rudolf Steiner, Erziehung und Unterricht aus Menschenerkenntnis, Neun Vorträge, gehalten für die Lehrer der Freien Waldorfschule in Stuttgart, GA 302a, 4. Aufl. Dornach 1993.

75 Betr. die ersten «Anthroposophischen Hochschulkurse der Freien Hochschule für Geisteswissenschaft Goetheanum in Dornach vom 26. September bis 16. Oktober 1920» (Ablauf, Redner usw.) siehe auch: Christoph Lindenberg, Rudolf Steiner, Eine Chronik, Stuttgart 1988, S. 442ff. Alexander Strakosch hat darüber auch berichtet in: Dreigliederungs-Zeitung, Stuttgart 1920/21, Nr. 5. – Die Vorträge von Adolf Arenson («Grundzüge geisteswissenschaftlicher Methodik»), Hermann Beckh («Indologie und Geisteswissenschaft»), Caroline von Heydebrand («Pädagogische Praxis und Waldorfschule»), Rudolf Meyer («Johann Friedrich Herbarts Lehre vom Menschen und dessen Erziehung vom Standpunkte der Anthroposophie») und Karl Heyer («Anthroposophische Betrachtungen über die Geschichtswissenschaft und aus der Geschichte») erschienen 1921 in Buchform im Verlag Der Kommende Tag A.G., Stuttgart, unter dem Titel «Kultur und Erziehung».

76 Siehe: Rudolf Steiner, Grenzen der Naturerkenntnis und ihre Überwindung, Acht Vorträge im Ersten Anthroposophischen Hochschulkurs, Dornach 27. September bis 3. Oktober 1920, GA 322, 5. Aufl. Dornach 1981. – Über die weiteren Beiträge und Aktivitäten Rudolf Steiners in dieser Zeit siehe: Hans Schmidt, Das Vortragswerk Rudolf Steiners, Verzeichnis der von Rudolf Steiner gehaltenen Vorträge, Ansprachen, Kurse und Zyklen, 2. Aufl. Dornach 1978, S. 336ff., sowie: Christoph Lindenberg, Rudolf Steiner, Eine Chronik, Stuttgart 1988, S. 442ff.

77 Die drei Vorträge «Der Baugedanke von Dornach» sind noch nicht in der Gesamtausgabe erschienen (geplant als Nr. 288), siehe: Rudolf Steiner, Der Baugedanke von Dornach, Dornach 1942.

78 Bei diesem «Herrn» handelt es sich um Dr. Roman Boos (geb. 1889, gest. 1952), der seit 1919 die Dreigliederungsbewegung in der Schweiz leitete; Redaktor der Zeitschrif «Soziale Zukunft», später als allgemeinanthroposophischer Redner. 1920/21 Leiter des Sekretariats der Anthroposophischen Gesellschaft. – Rudolf Steiner lobte Roman Boos in einer Ansprache am Vorabend des Beginns der Hochschulwochen, am 25. September: Durch dessen Stoßkraft sei der Hochschulkurs zustandegekommen.

79 Paul Baumann (geb. 1887, gest. 1964); siehe: Der Lehrerkreis um Rudolf Steiner in der ersten Waldorfschule, 2. Aufl. Stuttgart 1979, S. 85ff.

80 *Widukind*, Führer der Sachsen gegen Karl den Großen, 8. Jh.

81 Anmerkung des Autors: *Man macht sich gewöhnlich keine Vorstellung,*

wie wenig Eitelkeit bei Kindern ist, welche keine Zensuren bekommen, wo es keinen Primus gibt, wo man nicht nach ziffernmäßigen Scheinergebnissen «strebert», sondern frisch arbeitet und in der Arbeit seine Kräfte wachsen fühlt.

82 Die Oberuferer Spiele – nämlich das Oberuferer Paradeisspiel, das Christgeburtspiel und das Dreikönigspiel, mitgeteilt von Karl Julius Schröer, szenisch eingerichtet von Rudolf Steiner – sind im Rudolf Steiner Verlag, Dornach, 1980 erschienen unter dem Titel «Weihnachtsspiele aus altem Volkstum» (eine Ausgabe mit Regieanweisungen erschien im gleichen Verlag 1991). Siehe dazu: Rudolf Steiner, Ansprachen zu den Weihnachtspielen aus altem Volkstum, GA 274, 2. Aufl. Dornach 1987 (enthält auch die Erinnerungen an die damaligen Weihnachtspiele von Karl Schubert und Leopold van der Pals). – Paul Baumann, Lieder und Chöre zu den Oberuferer Weihnachtsspielen, 8. Aufl. Dornach 1986.

83 Rudolf Maier (geb. 1886, gest. 1943), Physiker; siehe: Das Wirken Rudolf Steiners 1917–1925, Dornach 1987, S. 335 und 391.

84 Die Versuche Rudolf Maiers im physikalischen Forschungsinstitut, das Urphänomen der Lichtbeugung betreffend, wurden von Rudolf Steiner sehr hoch eingeschätzt. Den optischen Effekt, der dadurch erzielt werden sollte, erachetete Steiner als «viel wichtiger als Einsteins Relativitätstheorie». Über diese Versuche und die Forschungsaufgaben der anderen im Forschungsinstitut tätigen Wissenschaftler (zum Beispiel Dr. Hermann van Dechent und Lili Kolisko) siehe: Hans Kühn, Dreigliederungs-Zeit, Dornach 1978, S. 113ff., sowie die Bibliographien bei den Kurzbiographien, besonders von Lili Kolisko (geb. 1889, gest. 1976).

85 Siehe die vorangehende Anmerkung.

86 Siehe dazu: Hans Kühn, Dreigliederungs-Zeit, Dornach 1978, S. 114, sowie: Rudolf Steiner, Das Wesen der Farben, GA 291, 4. Aufl Dornach 1991, und: Farbenerkenntnis, GA 291, Dornach 1990, Teil III: «Anwendungen der Farbenerkenntnis auf praktischen Gebieten».

87 Dr. Johann Simon Streicher (siehe: Hans Kühn, Dreigliederungs-Zeit, Dornach 1978, S. 114). – Betr. «Pflanzenfarbenbereitung» in Dornach: Für das Ausmalen der beiden Kuppeln des ersten Goetheanums wurden Pflanzenfarben im eigenen Labor nach Angaben Rudolf Steiners hergestellt. Siehe dazu die Kurzbiographie von Thekla-Schmiedel-Michels in: Das Wirken Rudolf Steiners 1917–1925, Dornach 1987, S. 415. – Später wurden solche Pflanzenfarben hergestellt im «Anthea-Institut für Rudolf Steiner-Pflanzenfarbenforschung» (in den dreißiger Jahren); diese Tradition wird heute fortgeführt im Pflanzen-Farben-Labor am Goetheanum.

88 Anmerkung des Autors: *Sie war zur Zeit des Brandes noch nicht im großen Bau aufgestellt und ist dadurch bis heute erhalten geblieben.* – Die «Gruppe», den sogenannten Menschheitsrepräsentanten zwischen Luzifer und Ahriman darstellend, ist eine neuneinhalb Meter hohe Holzplastik. Siehe: A. Fant/A. Klingborg/J. A. Wilkes, Die Holzplastik Rudolf Steiners in Dornach, 2. Aufl. Dornach 1981.

89 Im Vortrag vom 8. Juni 1924 in Breslau, siehe: Rudolf Steiner, Esoterische Betrachtungen karmischer Zusammenhänge, Fünfter Band, GA 239, 3.

Aufl. Dornach 1985.

90 Felix Peipers (geb. 1873, gest. 1944), Arzt, seit 1904 mit Rudolf Steiner und seiner Geistesbewegung aufs aktivste verbunden; wirkte mit beim Zustandekommen der Münchner Festspiele – wo er von Rudolf Steiner als Darsteller des Benedictus in den Mysteriendramen bestimmt wurde –; Anfang April 1911 Mitbegründer des Johannes-Bauvereins in München, führte eine eigene Klinik in München, mit Rudolf Steiner besprochene Therapien, insbesondere solche durch Farbenwirkungen (siehe dazu: Beiträge zur Rudolf Steiner Gesamtausgabe, Heft 97: Farbentherapie, Angaben Rudolf Steiners, Briefe – Berichte – Skizzen, Dornach 1987), in der Leitung des Klinisch-Therapeutischen Instituts in Stuttgart; Marie Steiner nennt ihn in ihrem Nachruf (Das Goetheanum, Nachrichtenblatt, 21. Jg., Nr. 2, Dornach, 9. Januar 1944) «einen der Pioniere der anthroposophischen Bewegung und frühesten Schüler Rudolf Steiners». Siehe auch: Das Wirken Rudolf Steiners 1907–1917, Band III, Schaffhausen 1980, S. 16f. – Ludwig Noll (geb. 1872, gest. 1930), Arzt, seit 1907 Zweigleiter in Kassel, seit 1920 Arzt am Klinisch-Therapeutischen Institut in Stuttgart, 1924/25 neben Ita Wegman zweiter behandelnder Arzt Rudolf Steiners bis zu dessen Tod. Siehe: Das Wirken Rudolf Steiners 1917–1925, Dornach 1987, S. 90f., 138f., 397f.

91 Rudolf Steiner, Geisteswissenschaft und Medizin, Zwanzig Vorträge für Ärzte und Medizinstudierende, Dornach 21. März bis 9. April 1920 (Erster Ärztekurs), GA 312, 6. Aufl. Dornach 1985. – Weitere medizinische Kurse: GA 313–319 sowie die Schrift GA 27.

92 Otto Palmer (geb. 1867, gest. 1945), Arzt, 1921 von Rudolf Steiner ans Klinisch-Therapeutische Institut nach Stuttgart berufen, wo er zusammen mit Dr. Noll, Dr. Peipers und Dr. Husemann wirkte (1921–1925 Leitung des Instituts als Abteilung der Kommenden Tag A.G., 1924–1934 als sein Privatunternehmen). Siehe: Das Wirken Rudolf Steiners 1917–1925, Dornach 1987, S. 398. – Friedrich Husemann (geb. 1887, gest. 1959), Arzt, bis 1920–1924 mit Dr. Noll, Dr. Peipers, und Dr. Palmer zusammen am Klinisch-Therapeutischen Institut in Stuttgart tätig. Siehe: Das Wirken Rudolf Steiners 1917–1925, Dornach 1987, S. 373.

93 Über die Waldorfschulpädagogik gibt es bereits eine Überfülle von Darstellungen. Eine der ersten, weit über die waldorfpädagogische und die allgemeinanthroposophische Bewegung hinausreichende schrieb Christoph Lindenberg: Waldorfschule: Angstfrei lernen, selbstbewußt handeln. Praxis eines verkannten Schulmodells, Reinbek 1975. – Siehe außerdem: Erziehung zur Freiheit, Die Pädagogik Rudolf Steiners, Bilder und Berichte aus der internationalen Waldorfschulbewegung, 6. Aufl. Stuttgart 1990.

94 Anmerkung des Autors: *An der Waldorfschule wurden die Hauptfächer in Epochen von etwa vier Wochen gegeben, jeden Tag von 8 bis 10, manchmal auch 8 bis 11 Uhr. Dann ruhte das Fach für längere Zeit. Siehe: Rudolf Steiner: «Methodisch-Didaktisches»* [GA 294].

95 Anmerkung des Autors: *Siehe: Rudolf Steiner: «Allgemeine Menschenkunde als Grundlage der Pädagogik», S. 8 [in der Ausgabe Dornach 1932].* – Siehe Rudolf Steiner, Allgemeine Menschenkunde als Grundlage der Pädagogik, GA 293, 9. Aufl. Dornach 1992, Vortrag vom 21. August 1919: «Die

Aufgabe der Erziehung, im geistigen Sinn erfaßt, bedeutet das In-Einklang-Versetzen des Seelengeistes mit dem Körperleib oder dem Leibeskörper.»

96 Wortlaut Rudolf Steiners aus dem an den einzelnen Jugendlichen gerichteten Spruch anläßlich der Jugendfeier im Zusammenhang des freien christlichen Religionsunterrichts an der Waldorfschule.

97 Im geschriebenen und im vorgetragenen Werk Rudolf Steiners gibt es ungezählte Ausführungen dazu (siehe die Vorträge über das soziale Leben und die Dreigliederung des sozialen Organismus, GA 328 bis 339); beispielsweise im Vortrag vom 26. Mai 1919, in: Rudolf Steiner, Gedankenfreiheit und soziale Kräfte, GA 333, 2. Aufl. Dornach 1983.

98 Siehe hierzu auch: Hans Kühn, Dreigliederungs-Zeit, Rudolf Steiners Kampf für die Gesellschaftsordnung der Zukunft, Dornach 1978, und: Christoph Lindenberg, Rudolf Steiner, Eine Chronik, Stuttgart 1988. Außerdem: Beiträge zur Rudolf Steiner Gesamtausgabe, Heft 24/25: 50 Jahre «Die Kernpunkte der sozialen Frage» 1919–1969, Dornach 1969; Heft 27/28: 1919 – das Jahr der Dreigliederungsbewegung und der Gründung der Waldorfschule, Dornach 1969; Heft 88: Die soziale Frage – Vor 66 Jahren: Dreigliederungszeit, Dornach 1985.

99 In: Rudolf Steiner, Wie wirkt man für den Impuls der Dreigliederung des sozialen Organismus? GA 338, 4. Aufl. Dornach 1986.

100 GA 338 (siehe Anm. 99), erster Vortrag vom 12. Februar 1921.

101 GA 338 (siehe Anm. 99), dritter Vortrag vom 14. Februar 1921.

102 Heute existieren Hunderte von Schulen auf allen Kontinenten (siehe die «Übersicht über die nach der Pädagogik Rudolf Steiners arbeitenden Schulen», herausgegeben vom Bund der Freien Waldorfschulen, Stuttgart 1994).

103 Über die Gründung und die Geschichte der Wochenzeitung «Dreigliederung des Sozialen Organismus» – die erste Ausgabe erschien als Nr. 1 am 8. Juli 1919 – siehe dazu: Hans Kühn, Dreigliederungs-Zeit, Dornach 1978, S. 71 und S. 210; Das Wirken Rudolf Steiners 1917–1925, Dornach 1987, S. 51ff.; außerdem besonders: Die anthroposophischen Zeitschriften 1903–1985, Bibliographie und Lebensbilder, herausgegeben von Götz Deimann, Stuttgart 1987.

104 Siehe: Rudolf Steiner, Westliche und östliche Weltgegensätzlichkeit, Wege zu ihrer Verständigung durch Anthroposophie, Zehn Vorträge, gehalten auf dem Zweiten Internationalen Kongreß der anthroposophischen Bewegung in Wien vom 1. bis 12. Juni 1922, GA 83, 3. Aufl. 1981.

105 Dieser Wortlaut konnte nicht nachgewiesen werden.

106 Siehe: Rudolf Steiner in der Waldorfschule, Ansprachen für Kinder, Eltern und Lehrer in der Waldorfschule Stuttgart 1919–1924, GA 298, 2. Aufl. Dornach 1980, Ansprache bei der Feier zum Abschluß des ersten Schuljahres am 24. Juli 1920; die folgenden Zitate finden sich in dieser Ausgabe auf S. 57, 58, 60, 61, 62, 63f.

107 Rudolf Steiner, Die Philosophie der Freiheit (1894), GA 4, 15. Aufl. Dornach 1987.

108 GA 312 (siehe Anm. 91).

109 Siehe: Rudolf Steiner, Anthroposophie und gegenwärtige Wissenschaften, Dornach 1950 (geplant für GA 73 a).

110 Rudolf Steiner, Die Erneuerung der pädagogisch-didaktischen Kunst durch Geisteswissenschaft, Vierzehn Vorträge für Lehrer aus öffentlichen Schulen, Basel 20. April bis 11. Mai 1920, GA 301, 4. Aufl. Dornach 1991.

111 Öffentlicher Vortrag vom 26. April 1920 in der Schweizer Mustermesse in Basel, in: Rudolf Steiner, Vom Einheitsstaat zum dreigliedrigen sozialen Organismus, GA 334, Dornach 1983.

112 Öffentlicher Vortrag vom 10. November 1920 in Stuttgart, unveröffentlicht, Bericht in der Wochenzeitung: «Dreigliederung des Sozialen Organismus», Stuttgart, 2. Jg., Nr. 20.

113 Rudolf Steiner, Das Verhältnis der verschiedenen naturwissenschaftlichen Gebiete zur Astronomie, Achtzehn Vorträge in Stuttgart vom 1. bis 18. Januar 1921, GA 323, 2. Aufl. Dornach 1983.

114 Vortrag vom 7. Januar 1921, unveröffentlicht.

115 Vier Vorträge für geladene Gäste vom 11., 12., 14. und 15. Januar 1921, unveröffentlicht.

116 Um eine Vorstellung von Rudolf Steiners Aktivitäten in dieser Zeit zu erhalten, siehe wiederum: Christoph Lindenberg, Rudolf Steiner, Eine Chronik, Stuttgart 1988.

117 Siehe Anm. 99.

118 Siehe: Rudolf Steiner, Naturbeobachtung, Experiment, Mathematik und die Erkenntnisstufen der Geistesforschung, Acht Vorträge ..., Stuttgart 16. bis 23. März 1921, GA 324, 3. Aufl. Dornach 1991.

119 Rudolf Steiner, Geisteswissenschaftliche Gesichtspunkte zur Therapie, Neun Vorträge für Ärzte und Medizinstudierende, Dornach 11. bis 18. April 1921 (Zweiter Ärztekurs), GA 313, 4. Aufl. Dornach 1984. – Heileurythmie, Acht Vorträge für Ärzte und Eurythmisten, Dornach 12. bis 18. April 1921, GA 315, 4. Aufl. Dornach 1981.

120 In: Rudolf Steiner, Das Wesen der Farben, Drei Vorträge, Dornach 6. bis 8. Mai 1921 ..., GA 291, 4. Aufl. Dornach 1991. Und: Rudolf Steiner, Farbenerkenntnis, Ergänzungen zu dem Band «Das Wesen der Farben», GA 291 a, Dornach 1990.

121 Anmerkung des Autors: *Siehe Alexander Strakosch, Lebenswege mit Rudolf Steiner, Teil I*, siehe Seite 198 dieser Ausgabe.

122 In: Rudolf Steiner, Die Naturwissenschaft und die weltgeschichtliche Entwickelung der Menschheit seit dem Altertum, Sechs öffentliche Vorträge, Dornach 15. und 16. Mai 1921, Stuttgart 21. bis 24. Mai 1921, GA 325, 2. Aufl. Dornach 1989.

123 Rudolf Steiner, Menschenerkenntnis und Unterrichtsgestaltung, Acht Vorträge für die Lehrer der Freien Waldorfschule, Stuttgart 12. bis 19. Juni 1921, GA 302, 5. Aufl. Dornach 1986.

124 Rudolf Steiner, Vorträge und Kurse über christlich-religiöses Wirken, I, Sechs Vorträge und zwei Besprechungen, Stuttgart 12. bis 16. Juni 1921, GA 342, Dornach 1993. – Rudolf Steiner, Vorträge und Kurse über christlich-religiöses Wirken, II, Neunundzwanzig Vorträge und Diskussionsstunden, Dornach 26. September bis 10. Oktober 1921, GA 343, Dornach 1993. – Siehe auch: Rudolf F. Gädeke, Die Gründer der Christengemeinschaft, Dornach 1992.

125 Siehe dazu Anm. 117.

126 Rudolf Steiners Vorträge bzw. Beiträge anläßlich dieser Hochschulveranstaltung am 27., 28., 29. und 30. Juli 1921 (mit Ausnahme vom Vortrag vom 30. Juli: «Eine ästhetische Betrachtung», siehe: Rudolf Steiner/Marie Steiner-von Sivers, Die Kunst der Rezitation und Deklamation, GA 281, 3. Aufl. Dornach 1987) sind noch unveröffentlicht.

127 Siehe Anm. 16.

128 Woodrow Wilson (geb. 1856, gest. 1924), 28. Präsident der USA (1913–1921). Über ihn und seine sogenannten «Vierzehn Punkte» äußerte sich Rudolf Steiner besonders in den Jahren 1917 und 1918 oft und mit Nachdruck. (Siehe beispielsweise GA 67, Vortrag vom 14. März 1918; GA 176, Vortrag vom 29. Mai 1917; GA 178, Vortrag vom 16. November 1917.)

129 Zur Zeit des Sommerkurses in Dornach siehe: Christoph Lindenberg, Rudolf Steiner, Eine Chronik, Stuttgart 1988, S. 465f. – Siehe auch: Beiträge zur Rudolf Steiner Gesamtausgabe, Heft 8: Sieben Autoreferate Rudolf Steiners zu Vorträgen beim «Summer Art Course» 1921 u.a.m.

130 Von diesem Kongreß gibt es eine im «Verlag am Goetheanum» in Dornach 1921 erschienene Broschüre: «Kulturausblicke der anthroposophischen Bewegung, Referate über Vorträge, gehalten beim Anthroposophischen Kongreß in Stuttgart (vom 28. Aug. bis 7. Sept. 1921.)». Sie enthält Referate der Vortragsreihe Rudolf Steiners (von Albert Steffen), Korreferate von Ernst Uehli (Hans Erhard Lauer), Carl Unger (H. E. Lauer), Emil Leinhas (Hermann Poppelbaum), Alexander Strakosch (H. E. Lauer), Walter Johannes Stein (H. E. Lauer) sowie Autoreferate von Caroline von Heydebrand und Karl Heyer.

131 Rudolf Steiner, Anthroposophie, ihre Erkenntniswurzeln und Lebensfrüchte, Acht Vorträge, Stuttgart 29. August bis 6. September 1921, bei einem öffentlichen Kongreß «Kulturausblicke der anthroposophischen Bewegung», GA 78, 3. Aufl. Dornach 1986.

132 Siehe Hans Erhard Lauers Referat in der Kongreß-Broschüre (Anm. 130).

133 Anmerkung des Autors: *Siehe: Alexander Strakosch: «Technologie als Lebenskunde» in: «Psychologische Praxis», Schriftenreihe für Erziehung und Jugendpflege, Heft 11, Basel 1952.*

134 Siehe Anm. 115.

135 Siehe Anm. 122.

136 Siehe GA 298, Ansprache mit Aussprache am Elternabend vom 13. Januar 1921 (siehe Anm. 37).

137 Siehe dazu: Das Wirken Rudolf Steiners 1917–1925, Dornach 1987, S. 131ff. (Grundsteinlegung zum Schulgebäude der Freien Waldorfschule in Stuttgart); sowie weitere Augenzeugenberichte wie zum Beispiel von Herbert Hahn (Der Weg, der mich führte, Lebenserinnerungen, Stuttgart 1969, S. 685ff.).

138 Dieses und die folgenden Zitate aus Rudolf Steiners «Ansprache bei der Grundsteinlegung für das neue Haus der Waldorfschule» vom 16. Dezember 1921 siehe: Rudolf Steiner in der Waldorfschule, Ansprachen für Kinder, Eltern, Lehrer in der Waldorfschule Stuttgart 1919–1924, GA 298, 2. Aufl. Dornach 1980, S. 116ff.

139 Rudolf Steiner, Die gesunde Entwickelung des Leiblich-Physischen als Grundlage der freien Entfaltung des Seelisch-Geistigen, Weihnachtskurs für Lehrer, gehalten in Dornach vom 23. Dezember 1921 bis 7. Januar 1922, GA 303, 3. Aufl. Dornach 1978.

140 Anthroposophischer Hochschulkurs in Berlin (unter Leitung von Friedrich Rittelmeyer) vom 5. bis 12. März 1922. – Über diesen Hochschulkurs siehe: Christoph Lindenberg, Rudolf Steiner, Eine Chronik, Stuttgart 1988, S. 479–481. – Bericht Rudolf Steiners in Dornach am 18. März 1922: siehe Das Goetheanum, Nachrichtenblatt, 22. Jg. , Dornach 1945, S. 181ff. – Weitere Augenzeugenberichte von Eberhard Kurras (Das Goetheanum, 1. Jg., Dornach 1922, S. 265f.) und Emil Leinhas (Aus der Arbeit mit Rudolf Steiner, Basel 1950, S. 111f.). – Die Vorträge Rudolf Steiners sind noch nicht in der Gesamtausgabe veröffentlicht (geplant für GA 81: Anthroposophie in ihrem Wissenschaftscharakter und als Lebensinhalt, Berliner anthroposophischer Hochschulkurs). Siehe Abdruck in der Zeitschrift «Blätter für Anthroposophie», 14. Jg., Basel 1962, Nr. 2–9; 1963, Nr. 1–2. – Siehe auch: Hans Schmidt, Das Vortragswerk Rudolf Steiners, 2. Aufl. Dornach 1978, S. 385f.

141 Siehe: Rudolf Steiner, Konferenzen mit den Lehrern der Freien Waldorfschule Stuttgart, Zweiter Band, GA 300b, Konferenz vom 15. März 1922, S. 66.

142 Rudolf Steiner weilte nicht im Mai, sondern vom 14. bis 25. April 1922 in England. Siehe dazu: Christoph Lindenberg, Rudolf Steiner, Eine Chronik, Stuttgart 1988, S. 484f., sowie: Hans Schmidt, Das Vortragswerk Rudolf Steiners, 2. Aufl. Dornach 1978, S. 388.

143 Vortrag vom 19. April 1922, in: Rudolf Steiner, Erziehungs- und Unterrichtsmethoden auf anthroposophischer Grundlage, GA 304, Dornach 1979.

144 Über den anthroposophischen Hochschulkurs in Den Haag siehe: Christoph Lindenberg, Rudolf Steiner, Eine Chronik, Stuttgart 1988, S. 483f. – Rudolf Steiner, Die Bedeutung der Anthroposophie im Geistesleben der Gegenwart, Sechs Vorträge ... im Rahmen eines Kurses für Akademiker, Den Haag 7. bis 12. April 1922 (noch nicht in der Gesamtausgabe erschienen, geplant für GA 82), Nachweis früherer Veröffentlichung in Zeitschriften siehe: Hans Schmidt, Das Vortragswerk Rudolf Steiners, 2. Aufl. Dornach 1978, S. 387f.

145 Über den West-Ost-Kongreß in Wien vom 1. bis 12. Juni 1922 gibt es in den veröffentlichten Erinnerungen von Teilnehmern manche Berichte. Siehe besonders: Das Wirken Rudolf Steiners 1917–1925, Dornach 1987, S. 140–153, wo u.a. auch das gesamte Veranstaltungsprogramm wiedergegeben ist. – Die Vorträge Rudolf Steiners siehe GA 83 (Anm. 104).

146 Robert Hamerling (geb. 1830, gest. 1889), österreichischer Dichter und Philosoph.

147 Vortragsreihe Rudolf Steiners: Der Entstehungsmoment der Naturwissenschaft in der Weltgeschichte und ihre seitherige Entwickelung, Neun Vorträge, Dornach 24. bis 28. Dezember 1922 und 1. bis 6. Januar 1923, GA 326, 3. Aufl. Dornach 1977.

148 Vortrag vom 31. Dezember 1922 in: Rudolf Steiner, Das Verhältnis der Sternenwelt zum Menschen und des Menschen zur Sternenwelt, Zwölf Vorträge, Dornach 26. November bis 31. Dezember 1922, GA 219, Dornach 1976.

149 Anmerkung des Autors: *Die Tatsache, daß sie bis zum letzten Augenblick gebrannt hatten, war später wichtig als Nachweis, daß nicht ein Kurzschluß den Brand verursacht hatte.*

150 Siehe Anm. 82.

151 Vortrag vom 1. Januar 1923, in GA 326 (Anm. 147).

152 Siehe: Das Goetheanum als Gesamtkunstwerk, hrsg. von Walther Roggenkamp, Dornach 1986, S. 247. – Auch über die Ereignisse im Zusammenhang mit dem Brand des Goetheanums gibt es viele veröffentlichte Erlebnisberichte von Augenzeugen.

153 Aus der Zeitschrift «Anthroposophie», 4. Jg., Nr. 34/4, Stuttgart 1923.

154 Siehe Rudolf Steiner, Geistige Wirkenskräfte im Zusammenleben von alter und junger Generation, Pädagogischer Jugendkurs, Dreizehn Vorträge, Stuttgart 3. bis 15. Oktober 1922, GA 217, 6. Aufl. Dornach 1988.

155 Rudolf Steiner, Die geistig-seelischen Grundkräfte der Erziehungskunst. Spirituelle Werte in Erziehung und sozialem Leben, Zwölf Vorträge, Oxford 16. bis 29. August 1922, GA 305, 3. Aufl. Dornach 1991.

156 Siehe Anm. 73.

157 Siehe (auch für die folgenden Ausführungen): Rudolf Steiner, Konferenzen mit den Lehrern der Freien Waldorfschule, Zweiter Band, GA 300b, 4. Aufl. Dornach 1975, Konferenz vom 14. Februar 1923, S. 284ff.

158 GA 300b (siehe Anm. 157), Konferenz vom 6. Februar 1923, S. 264.

159 Vorträge vom 7. und 8. März 1923 über «Das Tonerlebnis im Menschen», in: Rudolf Steiner, Das Wesen des Musikalischen und das Tonerlebnis im Menschen, GA 283, 5. Aufl. Dornach 1989.

160 Anmerkung des Autors: *Das große Schülerorchester mit den Aufführungen von Symphonien entstand erst in späteren Jahren.*

161 Caroline von Heydebrand, Zur künstlerisch-pädagogischen Tagung der Freien Waldorfschule. Von der Ausstellung der Schülerarbeiten. Aus: «Anthroposophie», Wochenschrift für freies Geistesleben, 4. Jg. Nr. 39 und Nr. 40, Stuttgart 1923. – Der folgende Artikel befindet sich in der Erstausgabe der «Lebenswege mit Rudolf Steiner, Zweiter Teil, 1919–1925, Erinnerungen eines Waldorflehrers» an der angemerkten Stelle, also nicht unter den Anmerkungen:

«Bei den Schülerarbeiten tritt die Frage der Methodik und Didaktik des Mal- und Zeichenunterrichtes in den Vordergrund. An der Waldorfschule besteht das Bestreben, im Kinde zunächst die reine Freude an der Farbe und den Sinn für ihren Eigenwert zu wecken. So wie das Ohr des Kindes im Musikunterricht gebildet wird, damit es sich im Bewußtsein hebt und empfinden lernt, wie manche Töne, mit- oder nacheinander angeschlagen, schön und lieblich klingen, andere unangenehme und peinliche Gefühle hervorrufen, so kann das Auge des Kindes so entwickelt werden, daß die kindliche Seele Farbenharmonien und Farbendissonanzen empfinden lernt. Natürlich nicht durch theoretische Auseinandersetzungen des Lehrers, sondern einfach dadurch, daß man die Kinder frei mit den Farben umgehen läßt. (Die Kinder der Waldorfschule malen dabei ‹aus dem Vollen heraus›, indem sie nicht mühsam von Paletten und kleinen Farbknöpfchen die Farbe herunterreiben, sondern ihre Pinsel in die aufgelöste, flüssige Farbe tauchen. Denn es ist wichtig für die Kinder, die Farbe so im flüssigen Elemente lebend zu empfinden.) Die Kinder haben ja von selbst so viel Phantasie und natürlich-künstlerischen Sinn – wenn sie nicht mißleitet sind –, daß zum Beispiel ein blauer Farbfleck neben einem gelben ihnen wohlgefälliger ist als ein gelber neben einem grünen. Rot und Grün zusammen wird sie so lustig stimmen wie eine grüne Wiese voll roter Sommerblumen. Blau und Gelb wird sie dagegen fromm und feierlich stimmen können, wie wenn sie unter dem dunkelblauen Nachthimmel und seinen lichten Sternen ständen.

Für den Pädagogen selbst und für die Aufgaben, die er den Kindern beim Malen etwa stellen könnte, bieten sich vielfältige Anregungen dar in dem Teil der Goetheschen Farbenlehre, der die sinnlich-sittliche Wirkung der Farben behandelt. Denn Goethe betont ja nicht nur das, was das *Auge* sieht, wenn es zum Beispiel die blaue oder rote Farbe wahrnimmt, sondern auch, was die *Seele* bei dem Blauen oder Roten empfindet! Ein lebendiges, innerliches Farbenempfinden kann er dem Erzieher und durch diesen den Kindern vermitteln. Das kleinere Kind erlebt ja noch seine ganze Umwelt phantasievoll moralisch, es bringt der ‹sinnlich-sittlichen Wirkung› der Farben sein natürliches Verständnis entgegen. Grün neben Gelb nennt Goethe ‹Narrenfarben›, von Grün neben Rot aber sagt er in so schöner Weise, ‹sie begegnen und ergänzen sich zu einem beruhigten Ganzen›; Gelb neben Blau gewährt nach ihm ‹eine einfache Befriedigung›. Solche Andeutungen, aus der Phantasie und dem Farbenempfinden des Lehrenden ergänzt und ausgestaltet, in einer Sprache gesprochen, die dem kindlichen Seelenleben verständlich ist, stellen dem Kinde eine reiche Fülle der verschiedenartigsten Aufgaben aus dem reinen Wesen der Farben heraus. Solche Aufgaben nehmen den ganzen kleinen Menschen in Anspruch, entwickeln seinen Farbensinn, regen seine Phantasie an und sprechen zu Gemüt und Willen.

Die Kinder kommen rasch von der philiströsen Gewohnheit ab, die Farben nur zum Austuschen vorher hingezeichneter Gegenstände zu benutzen. Auf ihren Bildern sprechen die Farben dann selbst miteinander. Es kann für die Kinder unter den verschiedenen Farben sehr viel vorgehen! Es ist spannend zu beobachten, wie sie da etwa das Blau wie einen zarten Schleier über ein Rot legen können und wie daraus ein frommes Lila sich gestalten kann, oder wie Gelb und Blau ineinanderfließen und etwas ganz Neues, ein die Seele befriedendes Grün entsteht. So nimmt das Malen ebenso alle Herzensteilnahme in Anspruch wie das schönste Märchen.

Durch einen solchen Malunterricht, der das Kind an den objektiv-seelischen Gehalt der Farben heranbringt, wird es davor behütet werden, wenn es älter ist, in blassen Stimmungen zu schwelgen oder die Farben etwa nur zum Ausdrucksmittel seines subjektiven Innenlebens zu machen. Es wird Achtung haben vor der Eigenart der Farben, die es empfinden gelernt hat. Es wird nicht willkürlich ein Blau oder Gelb zum Beispiel für alles Mögliche verwenden, was ihm einfällt, sondern es wird empfinden, daß es mit dem Blau das charakterisieren muß, was mehr innerlich-seelisch ist, daß es mit dem Gelb und manchem roten Farbenton mehr das darstellen kann, was aus sich heraustritt, nach außen strahlt und wirkt.

Solche Empfindungen werden aber den Kindern durch den lebendigen Verkehr mit den Farben zu einem selbstverständlichen Besitz ihrer Seele. Je weniger der Lehrer durch Reden oder Erklären dazutut, um so besser wird es sein. Ein liebevoller kurzer Hinweis aus dem eigenen, ernsthaft gepflegten Farbgefühl heraus genügt meistens, um dem Kinde das ins Bewußtsein und in die malende Hand zu bringen, was ohnehin in seinem Herzen, noch nicht voll bewußt, lebt. Oft werden die Kinder den Erwachsenen bald an lebhaftem, unmittelbarem Farbenempfinden, an Freude und fühlendem Verständnis für Lichtes und Schattiges in ihren malerischen Versuchen übertreffen.

Zu Künstlern werden ja immer nur die Kinder werden, die ihr Genius dazu bestimmt; *erziehen* kann man sie nicht dazu! Aber ein künstlerisches, die Seele ungeheuer bereicherndes Wahrnehmen der unzähligen, wunderbaren Empfindungsnuancen innerhalb der Farbenwelt, die uns umgibt, kann der Erzieher als dauernden Gewinn den Zöglingen ins Leben mitgeben. Ihr Seelenleben wird dadurch nicht nur reicher, sondern auch wahrhaftiger und gesunder werden.

Die älteren Schüler der Waldorfschule kommen dann dazu, die Farben auch zu mehr bildhaft gestalteten Versuchen zu verwenden, zum Beispiel vom Farbenleben ausgehend Landschaften und landschaftliche Stimmungsbilder zu gestalten. Sie werden angeleitet, Technisch-Handwerkliches nicht nur zweckentsprechend, sondern auch den Schönheitssinn befriedigend auszuführen. Sie kommen zur Verfertigung kunstgewerblicher Gegenstände.»

«Vom Malen wird das Zeichnen getrennt gehalten, da es andere Aufgaben verfolgt. Einige Graphit- und Kohlezeichnungen der Kinder sollten zeigen, wie die in Vorbereitung der Schattenlehre und im Anschluß an sie aus einem inneren Formgefühl heraus mit dem Schwarzweißarbeiten und aus Helligkeiten und Finsternissen Phantasieformen oder Gegenständliches zu gestalten suchen. Leider fehlten im Rahmen der Ausstellung die so wohlgelungenen Arbeiten der Schüler aus der Perspektivelehre, aus Projektions- und Schattenlehre, an denen man hätte sehen können, wie die Kinder den Unterschied empfinden lernen zwischen der malerischen Perspektive, die sich aus der Dynamik der Farben ergibt, und der zeichnerischen Perspektive, die die Kinder zu einer exakten zeichnerischen Darstellung des räumlich Gegebenen führt. Wie in der Waldorfschule der Zeichenunterricht in engem Anschluß an den Geometrieunterricht gepflegt wird, das konnte man doch anschauen an den Zeichnungen der höheren Klassen aus der darstellenden Geometrie und auch an den sauberen, mit liebevollem Verständnis ausgeführten Arbeiten aus der Stereometrie und Planimetrie von Schülern der obersten Volksschulklasse. Hat das Zeichnen das innere Formgefühl der Kinder lebendig gemacht, so arbeiten sie mit um so größerer Sicherheit zeichnerisch in den exakt mathematischen Fächern. Bei den Perspektivezeichnungen wird selbstverständlich ausgegangen von einer freien perspektivischen Darstellung näherer und fernerer Gegenstände, ehe zu Lineal und Zirkel und geometrischer Konstruktion übergegangen wird.

Das lebhafte Formgefühl kommt auch den beweglichen Holzspielzeugen zugute, die die Schüler der Waldorfschule vom zwölften Jahre ab in der Werkstätte ausführen. Gewecktes Stilgefühl, Sinn für das Charakteristische einer Bewegung, sachgemäße Handhabung des Materials, erquickender Humor bringen originelle, lustige, bewegliche Dinge hervor, die allgemeinen Beifall fanden und die man vielen kleinen Kindern als Spielzeuge wünschen möchte. Urgemütlich rundet da eine Katze den Buckel, melancholisch hebt und senkt eine Eule ihre Flügel, gierig streckt ruckweise ein Entlein Hals und Schnabel vor, ein Äffchen reitet stolz auf einem Kamel, ein Mann schiebt eifrig eine kleine Säge über einen Holzblock hin und her.

Auch bei den Handarbeiten der Kinder beobachtet man, wenn sie über Stricken und Häkeln, die die Fingerchen geschickt machen, hinweg sind und mit Sticken und Nähen anfangen, wie sie bei ihren kleinen Entwürfen entweder mehr aus einem stark entwickelten Formgefühl oder aus einem lebhaften Farbenempfinden heraus arbeiten. Bei diesen Handarbeiten soll sich ja der Sinn für eine angemessene Behandlung des verwendeten Materials mit der Empfindung für den Zweck der ausgeführten Arbeit einen. Das Schöne soll sich mit dem Zweckmäßigen verbinden. Für den Erzieher war es lehrreich, manche kindliche Entwickelungen anschaulich vor Augen zu haben. Da war zum Beispiel als erste Leistung einer neu in die Schule eingetretenen älteren Schülerin ein sehr konventionell gesticktes Hemd zu sehen, dann als nächstes ein mit bewegten, aus der Eurythmie entlehnten Formen besticktes Kissen, dessen Muster noch strenge vor der Arbeit aufgezeichnet worden war, und schließlich konnte man als letztes ein großzügig mit bunten Seiden an den Ecken besticktes Kissen bewundern, bei dem die farbig wunderschön zusammengestellten Seidenfäden ganz frei aus der Hand auf den Stoff aufgestickt waren.

Die Handarbeiten führen in den obersten Klassen in die Buchbinderei hinein, wovon einige gut geratene Pappschachteln, Büchereinbände und Schulhefte Zeugnis ablegten.

Die Schülerplastiken, die im allgemeinen erst vom vierzehnten Jahre an von den Kindern ausgeführt werden, waren sehr günstig so aufgestellt, daß man einzelne Schülerentwickelungen verfolgen konnte. Man sah, wie die Kinder, ohne zunächst vor bestimmte Aufgaben gestellt zu sein, sich mit dem Material bekannt machen, indem sie sich, in Ton und Plastilin formend, mit den Fingern hineinfühlen. In dem, was dabei allmählich an Gestaltung zutage kommt, äußert sich oft etwas vom subjektiven Seelenleben des arbeitenden Schülers. Dafür muß der Erzieher ein Auge haben; er muß es den Arbeiten ablauschen können, was an seelischen Willkürlichkeiten und wohl auch Unschönheiten in den Formen sich ausgeprägt. Er muß es verstehen, diese subjektiv-seelischen Kräfte umzuwandeln in reine Bildekräfte, die aus objektiv-plastischen Gesetzmäßigkeiten heraus schaffend wirken und mit der Zeit sich an konkrete Aufgaben heranwagen. So sah man zum Beispiel verkrampfte Formen sich lösen und schließlich zu einem schönen, offenen Schalenmotiv sich befreien. Man sah häßliche, fast dämonische Gestaltungen, wie Alräunchen gebildet, sich nach und nach umwandeln und freute sich an der endgültigen Erlösung in einer ungemein lieblichen, mütterlichen Gruppe, eine Art Madonnenmotiv darstellend.

Man empfindet dabei, wie eine solche anschauliche, aus dem Innern nach außen gestellte Entwickelung auf den jungen Menschen selbst heilend, erlösend, befriedigend wirken muß.

Vom Lehrer wird dabei größte Selbstlosigkeit und Aufmerksamkeit, ein überlegener, doch zarter Humor und ein entschiedenes Taktgefühl gefordert. Dann wird er gerade in diesem Unterricht, der so viel vom Seelen- und Leibesleben des Kindes offenbart, seinen Beruf als Heiler und Erzieher erfüllen können. Von den Kindern wird er angestrengtes Wollen und strenge Konzentration bei der Arbeit verlangen; nie sollen sie freie schöpferische Betätigung mit spielerisch-lässigem Wesen verwechseln dürfen. Jede angefangene Arbeit muß mit Ernst auf irgendeinem Wege zum Abschluß geführt werden.

Sehr interessant sind diejenigen plastischen Arbeiten der Kinder, die verraten, wie intensiv sich der Inhalt des übrigen Unterrichts bis in die Fingerspitzen hinein ergossen hat. Architektonische Formen verdanken ihr Entstehen zum Beispiel manchmal dem kulturgeschichtlichen Unterricht, die Bildung organischer Formen ist eine Nachwirkung des naturkundlichen Unterrichts. Eine Fülle von Beobachtungen, die tief bis in die seelisch-leibliche Gesundheit der jungen Menschen hineinführen, konnte der aufmerksame Pädagoge gerade an den plastischen Arbeiten der Schüler machen.

Das Plastilin und auch der Ton als eigentlich unkünstlerisches Material muß allmählich überwunden werden; die Schüler haben bereits begonnen, mit großer Freude in Holz zu arbeiten. Man sah zum Beispiel den Holzarbeiten die große Befriedigung an, die die Kinder bei der Neugestaltung ihrer Plastilinmodelle in das wundervolle Holzmaterial empfanden.

Von manchen Gesichtspunkten aus konnte die Ausstellung der Schülerarbeiten der Waldorfschule gewertet werden: vom methodisch-didaktischen, vom künstlerischen und vom pädagogisch-psychologischen. Der Betrachter, der nach Menschenerkenntnis strebte, wird vielleicht am dankbarsten empfunden haben, wie ungebrochen und ungehemmt in frischer Originalität die kindliche Seele den Reichtum ihrer Offenbarungen vor ihm enthüllte!»

162 Caroline von Heydebrand (geb. 1886, gest. 1938); siehe: Der Lehrerkreis um Rudolf Steiner in der ersten Waldorfschule, 2. Aufl. Stuttgart 1979, S. 26ff., und: Das Wirken Rudolf Steiners 1917–1925, Dornach 1987, S. 371. Rudolf Steiner in seinem Bericht «Meine holländische und englische Reise», veröffentlicht in: «Das Goetheanum», 1. Jg., Nr. 39, Dornach, 7. Mai 1922: «Mir scheint, verständige Zuhörer müßten bei ihr den Gedanken haben: von dieser möchte ich meine Kinder erzogen und unterrichtet haben.»

163 Die «Künstlerisch-pädagogische Tagung der Freien Waldorschule» fand vom 25. bis 29. März 1923 statt (siehe das Programm in der Zeitschrift «Anthroposophie», 4. Jg. Nr. 37, S. 6), die Ansprache Rudolf Steiners zur Kinder-Eurythmie am 28. März. – Die Vorträge und Beiträge Rudolf Steiners (mit Veröffentlichungsnachweis) siehe: Hans Schmidt, Das Vortragswerk Rudolf Steiners, 2. Aufl. Dornach 1978, S. 422. – Die Vorträge «Pädagogik und Kunst» (25. März), «Pädagogik und Moral» (26. März) sowie die «Einleitenden Worte zu einer Eurythmieaufführung der Schüler» siehe: Rudolf Steiner, Anthroposophische Menschenkunde und Pädagogik, GA 304a, Dornach 1979.

164 Am 29. März 1923, in: Rudolf Steiner, Die Kunst der Rezitation und Deklamation, GA 281, 3.Aufl. Dornach 1987.

165 In: GA 304a (siehe Anm. 163).

166 Vortrag vom 25. März 1923, in GA 304a (siehe Anm. 163).

167 Vortrag vom 26. März 1923, in GA 304a (siehe Anm. 163).

168 Anmerkung des Autors: *Aus Rudolf Steiners Aufsatz: «Skizze eines Vortrages für die künstlerisch-pädagogische Tagung der Waldorfschule», «Goetheanum», 2. Jahrgang, Nr. 35 vom 8. April 1923.* – In: Rudolf Steiner, Der Goetheanumgedanke inmitten der Kulturkrisis der Gegenwart, Ge-

sammelte Aufsätze aus der Wochenschrift «Das Goetheanum» 1921–1925, GA 36, Dornach 1961.

169 Siehe die Ansprache an der dritten ordentlichen Mitgliederversammlung des Vereins «Freie Waldorfschule» am 25. Mai 1923, in: Rudolf Steiner in der Waldorfschule, Ansprachen für Kinder, Eltern und Lehrer, GA 298, 2. Aufl. Dornach 1980, S. 174ff.

170 Anmerkung des Autors: *Die Stammaktien des «Kommenden Tag» wurden im August 1923 zum Handel im amtlichen Verkehr der Stuttgarter Effektenbörse zugelassen.*

171 Anmerkung des Autors: *Aus dem in der Nummer 21 des 4. Jahrganges 1922-/23 der «Anthroposophie» abgedruckten «Epilog zur Ärztewoche».*

172 Rudolf Steiner, Gegenwärtiges Geistesleben und Erziehung, Vierzehn Vorträge, Ilkley/England 5. bis 17. August 1923, GA 307, 5. Aufl. Dornach 1986.

173 Es handelt sich hier um die beiden Vorträge vom 21. Juni 1922 («Erziehungsfragen im Reifealter») und 22. Juni 1922 («Zur künstlerischen Gestaltung des Unterrichts») – in: Rudolf Steiner, Erziehung und Unterricht aus Menschenerkenntnis, GA 302a, 4. Aufl. Dornach 1993 – sowie um die Konferenz vom 21. Juni 1922 – in: Rudolf Steiner, Konferenzen mit den Lehrern der Freien Waldorfschule in Stuttgart, Zweiter Band, GA 300b, 4. Aufl. Dornach 1975, S. 102ff.

174 Vortrag vom 21. Juni 1922 (GA 302a, siehe Anm. 173).

175 Anmerkung des Autors: *Das hat nichts zu tun mit dem heute so beliebten Begriff des «Abreagierens». Denn dieses wird so dargestellt, daß ein ursprünglich Vorhandenes seine Energie in einer neuen Richtung auslebt, verzehrt, während das, was fälschlich als Ursprüngliches angesehen zu werden pflegt, erst in Erscheinung tritt, wenn freiwerdende Seelenkräfte sich nicht ihrem wahren Wesen nach betätigen können. Können sie es, dann gibt es überhaupt nichts, was «abzureagieren» wäre.*

176 Siehe Anm. 174.

177 Auch die vorangehenden vier Zitate siehe Anm. 174.

178 Vortrag vom 22. Juni 1922 (siehe Anm. 173).

179 Anmerkung des Autors: *Siehe: Rudolf Steiner: «Allgemeine Menschenkunde als Grundlage der Pädagogik»* – siehe Anm. 19.

180 Siehe Anm. 173.

181 Anmerkung des Autors: *In diesen Tagen machte Rudolf Steiner eine weitere Mitteilung über die Temperamente im Zusammenhang mit dem Erlernen des Klavierspieles. Er war immer dafür gewesen, daß Linkshändigkeit korrigiert werden sollte, und meinte, daß dies bei der Gelegenheit des Klavierunterrichtes leicht geschehen könnte. Dann müßte man achten in dieser Beziehung auf das Temperament, so daß man bei Melancholikern die rechte Hand bevorzugt, bei Cholerikern die linke Hand. Bei Phlegmatikern müßte man sehen, daß sie beide Hände gleichmäßig betätigen, ebenso bei den Sanguinikern. – Es wäre ferner sehr wichtig, darauf zu sehen, daß sich die Kinder daran gewöhnen, nicht bloß ein mechanisches Gefühl des Klavierspielens zu haben, sondern auch die Tasten als solche fühlen zu lernen, die verschiedenen Orte am Klavier, oben oder unten, rechts oder links.*

182 Der Kongreß fand statt vom 18. bis 29. August 1922 unter dem Patronat des englischen Unterrichtsministers Dr. H. A. Fisher, des Leiters des Manchester College der Universität Oxford, Principal L. P. Jacks und weiterer Persönlichkeiten, die im öffentlichen Leben Englands wirkten und teils auch am Kongreß sprachen. – Siehe: Rudolf Steiner, Die geistig-seelischen Grundkräfte der Erziehungskunst, Spirituelle Werte in Erziehung und sozialem Leben, Zwölf Vorträge, gehalten in Oxford vom 16. bis 29. August 1922, mit einem Sondervortrag, Oxford, 20. August 1922, zwei Einleitungen zu Eurythmieaufführungen und einem Schlußwort, GA 305, 2. Aufl. Dornach 1979.

183 Vorträge vom 19. und 20. November 1922 («Zeitgemäße Erziehung im Kindheits- und Jugendalter»), in: Rudolf Steiner, Geistige Zusammenhänge in der Gestaltung des menschlichen Organismus, GA 218, 3. Aufl. Dornach 1992.

184 Es handelt sich um die drei Vorträge zu «Anregungen zur innerlichen Durchdringung des Lehr- und Erzieherberufes» vom 15. (1. Vortrag) und 16. Oktober (2. und 3. Vortrag); siehe: Rudolf Steiner, Erziehung und Unterricht aus Menschenerkenntnis, GA 302a, 4. Aufl. Dornach 1993.

185 Vortrag vom 15. Oktober 1923 (siehe die vorangehende Anmerkung).

186 Anmerkung des Autors: *Eine eingehendere Betrachtung der «Weihnachtstagung» gehört nicht hierher, sondern vielmehr in eine Geschichte der Anthroposophischen Gesellschaft.* – Zum Thema «Weihnachtstagung» gibt es inzwischen zahlreiche Publikationen in den anthroposophischen Verlagen. – Siehe besonders: Rudolf Steiner, Die Weihnachtstagung zur Begründung der Allgemeinen Anthroposophischen Gesellschaft 1923/24, GA 260, 4. Aufl. Dornach 1985.

187 Rudolf Steiner reiste am 5. Februar 1924 nach Stuttgart, am 7. Februar zurück nach Dornach. Die Konferenz mit dem Lehrerkollegium fand am 5. Februar abends statt (siehe: Rudolf Steiner, Konferenzen mit den Lehrern der Freien Waldorfschule in Stuttgart, GA 300c, 4. Aufl. Dornach 1975, S. 110ff.).

188 Anmerkung des Autors: *Die pädagogische Sektion der Hochschule stand unter der persönlichen Leitung von Rudolf Steiner.*

189 Anmerkung des Autors: *Bei der Aufnahme von Lehrkräften wurde weder von Rudolf Steiner selbst noch später vom Kollegium als Voraussetzung verlangt, daß der Aufzunehmende Mitglied der Anthroposophischen Gesellschaft sei. Sie lebten sich dann im Verlaufe ihrer Lehrtätigkeit in die Anthroposophie ein, welche ja die Grundlage der an der Schule geübten Erziehungskunst war. Das erachtete allerdings Rudolf Steiner als wichtig.*

190 Diese Tagung fand dann vom 7. bis 13. April in Stuttgart statt. Rudolf Steiners Vorträge – es waren seine letzten öffentlichen Vorträge in Deutschland – hörten 1700 Menschen. Siehe seinen eigenen Bericht: «Eine Erziehungstagung der Waldorfschule in Stuttgart» in GA 308 (siehe folgende Anmerkung).

191 Rudolf Steiner, Die Methodik des Lehrens und die Lebensbedingungen des Erziehens, Fünf Vorträge, gehalten in Stuttgart vom 8. bis 11. April 1924, GA 308, 4. Aufl. Dornach 1986.

192 Adolf Arenson (geb. 1855, gest. 1936); seit 1903 im Dienste von Rudolf Stei-

ners Geistesbewegung. Siehe: Das Wirken Rudolf Steiners 1907 bis 1917, Band III, Schaffhausen 1980, S. 16 und 81f.

193 Siehe: Hans Kühn, Dreigliederungs-Zeit, Dornach 1978, S. 129ff.

194 Diese Zusammenkunft fand am 10. April 1924 im Lehrerzimmer statt. Siehe die Berichte ehemaliger Schüler, zum Beispiel von Karin Ruths-Hoffmann in: Wir erlebten Rudolf Steiner, Erinnerungen seiner Schüler, hrsg. v. Maria Krück von Poturzyn, 6. Aufl. Stuttgart 1980, oder von Rudolf Grosse in: Rudolf Grosse, Erlebte Pädagogik, 2. Aufl. Dornach 1975, S. 101ff.

195 Rudolf Steiner, Anthroposophische Pädagogik und ihre Voraussetzungen, Fünf öffentliche Vorträge..., Bern 13. bis 17. April 1924, GA 309, 5.Aufl. Dornach 1981.

196 Vier Vorträge, Dornach 19. bis 22. April 1924, in: Rudolf Steiner, Mysterienstätten des Mittelalters, GA 233a, 5. Aufl. Dornach 1991.

197 «Osterkurs für Ärzte», Fünf Vorträge, Dornach 21. bis 25. April 1924, in: Rudolf Steiner, Meditative Betrachtungen und Anleitungen zur Vertiefung der Heilkunst, GA 316, 3. Aufl. Dornach 1987.

198 Siehe Anm. 116. – Rudolf Steiner hielt in der Zeit vom August 1922 bis September 1924 über hundert Vorträge für die Arbeiter am Goetheanum-Bau in Dornach. Siehe GA 347 bis 354.

199 Rudolf Steiner weilte vom 23. bis 28. Mai 1924 in Paris. – Siehe: Christoph Lindenberg, Rudolf Steiner , Eine Chronik, Stuttgart 1988, S. 578ff.

200 Siehe: Rudolf Steiner, Geisteswissenschaftliche Grundlagen zum Gedeihen der Landwirtschaft, Acht Vorträge..., Koberwitz bei Breslau 7. bis 16. Juni 1924, GA 327, 7. Aufl. Dornach 1984.

201 Rudolf Steiner, Heilpädagogischer Kurs, Zwölf Vorträge für Heilpädagogen und Ärzte, Dornach 25. Juni bis 7. Juli, GA 317, 7. Aufl. Dornach 1985.

202 Rudolf Steiner, Eurythmie als sichtbare Sprache, Laut-Eurythmie-Kurs, Fünfzehn Vorträge für Eurythmisten, Dornach 24. Juni bis 12. Juli 1924, GA 279, 5. Aufl. Dornach 1990. – Der «Ton-Eurythmie-Kurs» hatte in Dornach vom 19. bis 27. Februar 1924 stattgefunden: siehe: Rudolf Steiner, Eurythmie als sichtbarer Gesang, GA 278, 4. Aufl. Dornach 1984.

203 Anmerkung des Autors: Siehe des Verfassers «Lebenswege mit Rudolf Steiner», Teil I.

204 Diese über achtzig sogenannten Karmavorträge aus dem Jahre 1924 sind in sechs Bänden erschienen: Rudolf Steiner, Esoterische Betrachtungen karmischer Zusammenhänge, GA 235 bis 240.

205 Rudolf Steiner, Der pädagogische Wert der Menschenerkenntnis und der Kulturwert der Pädagogik, Zehn öffentliche Vorträge, Arnheim/Holland 17. bis 24. Juli 1924, GA 310, 4. Aufl. Dornach 1989.

206 In: Rudolf Steiner, Anthroposophische Menschenerkenntnis und Medizin, GA 319, 2. Aufl. Dornach 1982, siehe die Vorträge vom 17., 21. und 24. Juli 1924.

207 Rudolf Steiner, Das Initiaten-Bewußtsein, Elf Vorträge, Torquay/England 11. bis 22. August 1924, GA 243, 5. Aufl. Dornach 1993.

208 Rudolf Steiner, Die Kunst des Erziehens aus dem Erfassen der Menschenwesenheit, Sieben Vorträge, Torquay/England 12. bis 20. August 1924, GA 311, 5. Aufl. Dornach 1989.

209 Rudolf Steiner weilte vom 11. bis 22. August 1924 beim Sommerkurs in Torquay und vom 24. bis 30. August 1924 in London. – Siehe: Christoph Lindenberg, Rudolf Steiner, Eine Chronik, Stuttgart 1988, S. 596ff.; sowie: Hans Schmidt, Das Vortragswerk Rudolf Steiners, Verzeichnis der von Rudolf Steiner gehaltenen Vorträge, Ansprachen, Kurse und Zyklen, 2. Aufl. Dornach 1978, S. 482ff.

210 Über diese Zeit vom 5. bis 23. September gibt es in den zahlreichen Erinnerungen an Rudolf Steiner viele eindrückliche Berichte. In bezug auf die Daten, Titel usw. siehe wiederum die beiden Standardwerke zum Lebenslauf Rudolf Steiners von Christoph Lindenberg bzw. Hans Schmidt (siehe vorangehende Anmerkung).

211 Rudolf Steiner, Esoterische Betrachtungen karmischer Zusammenhänge, Vierter Band, Zehn Vorträge und eine Ansprache (letzte Ansprache), Dornach 5. bis 28. September 1924, GA 238, 6. Aufl. Dornach 1991.

212 Rudolf Steiner/Marie Steiner-von Sivers, Sprachgestaltung und Dramatische Kunst, Neunzehn Vorträge, Dornach 5. bis 23. September 1924, GA 282, 4. Aufl. Dornach 1981. – Anmerkung des Autors: *Zu dem «Dramatischen Kurs» hatte er Maria Strakosch als Malerin eingeladen. Sie konnte dann die hier empfangenen Anregungen in ihrer Tätigkeit als Bühnenbildnerin im Rheinland anwenden, und diese Inszenierungen wurden stark beachtet als ein weiterer Hinweis auf die Fruchtbarkeit der Anthroposophie auf künstlerischem Gebiete. Die Entwürfe kamen dann auf Wunsch seines Begründers in das neue Theatermuseum zu Köln.*

213 Rudolf Steiners sogenannter Apokalypse-Kurs, achtzehn Vorträge und zwei Fragenbeantwortungen vom 5. bis 22. September, sind geplant in der Gesamtausgabe als Bd. Nr. 346 (bisher unveröffentlicht).

214 Rudolf Steiner, Das Zusammenwirken von Ärzten und Seelsorgern, Pastoral-Medizinischer Kurs, Zwölf Vorträge für Ärzte und Priester, Dornach 8. bis 18. September 1924, GA 318, 4. Aufl. Dornach 1993.

215 Die letzte Ansprache Rudolf Steiners befindet sich in GA 238 (siehe Anm. 211).

216 Siehe dazu den Vortrag vom 17. August 1923, in: Rudolf Steiner, Gegenwärtiges Geistesleben und Erziehung, GA 307, 5. Aufl. Dornach 1986.

217 Eugen Kolisko (geb. 1893, gest. 1939): Siehe den umfassenden biographischen Beitrag von Gisbert Husemann in: Eugen Kolisko, Auf der Suche nach neuen Wahrheiten, Mit Erinnerungen aus dem Freundeskreis, Pioniere der Anthroposophie, Band VII, Dornach 1989.

218 Anmerkung des Autors: *Der Andrang wurde in späteren Jahren so groß, daß es fast 1100 wurden. Wir dachten deshalb auch an die Gründung einer zweiten Schule in Stuttgart selbst, konnten uns aber damals doch nicht zu einer solchen Trennung entschließen.* – Siehe dazu Anm. 109.

219 Siehe dazu besonders Emanuel Zeylmans van Emmichoven, Wer war Ita Wegman, Eine Dokumentation, Band 1, 1876 bis 1925, Reutlingen 1990, S. 234ff. («Die letzte Zeit mit Rudolf Steiner»).

220 Siehe den Brief Rudolf Steiners an die Lehrkräfte der Freien Waldorfschule Stuttgart, 15. März 1925, in: Rudolf Steiner, Die Konstitution der Allgemeinen Anthroposophischen Gesellschaft und der Freien Hochschule für Gei-

steswissenschaft, Der Wiederaufbau des Goetheanums 1924/125, GA 260a, 2. Aufl. Dornach 1987, S. 405; der Brief an die Schülerinnen und Schüler der Freien Waldorfschule Stuttgart, ebenfalls vom 15. März 1925 befindet sich daselbst auf S. 406.

221 An Marie Steiner in Berlin, siehe: Rudolf Steiner/Marie Steiner-von Sivers, Briefwechsel und Dokumente 1901–1925, GA 262, Dornach 1967, S. 266.

Zu Anm. 83/Erster Teil folgt der Abdruck von S. 1 bis 12 des Heftes «An die Mitglieder der Theosophischen Gesellschaft (deutsche Sektion) und deren Freunde, den Johannesbau in München betreffend», herausgegeben «München, Ende Oktober 1911» vom «Verwaltungsrat des Johannesbau-Vereins». – Gekürzt hat Strakosch den Abdruck um vier Seiten (S. 13/14: «Organisation», S. 15/16: «Das finanzielle Bild»).

An die Mitglieder der

Theosophischen Gesellschaft

(Deutsche Sektion) und deren Freunde

Im Auftrage des Verwaltungsrates des Johannesbau-Vereins.

den

Johannesbau

in München

betreffend.

„Wir sollten uns klar darüber sein: so lange „wir gezwungen sind in solchen Sälen zusammen „zukommen, deren Formen einer untergehenden „Kultur angehören, muss unsere Arbeit mehr oder „weniger doch das Schicksal dessen treffen, was dem „Untergange geweiht ist Die spirituelle Strömung „wird erst die neue Kultur, die sie zu bringen be- „rufen ist, heraufführen können, wenn es ihr vergönnt „sein wird zu wirken bis hinein in das rein physische „Gestalten, selbst der Mauern, die uns umgeben. „Und anders wird spirituelles Leben wirken wenn „es hinausfliesst aus Räumen, deren Masse Geistes- „wissenschaft bestimmt, deren Formen aus Geistes- „wissenschaft erwachsen.

„Und Sie können überzeugt sein, Geistes- „wissenschaft würde im Sande verlaufen „wenn sie nicht die Herzen solcher Menschen „fände, die bereit sind zu den Opfern, die „ein Bau, wie der in München beabsichtigte, „fordert.“

(Aus der Stuttgarter Rede zur Grundsteinlegung des dortigen Logenhauses im Januar ds. Js.)

Die Geisteswissenschaft kämpft mit Hindernissen, deren retardierende Kraft eine gefährliche geworden ist. Der Strom geistigen Lebens ist breiter und tiefer geworden. Die Zahl der Zuhörer wächst und was an geisteswissenschaftlichen Wahrheiten heute verkündet wird, hat einen Charakter angenommen, dessen Intimität Weihestätten verlangt, statt der Tanz- und Konzertsäle, die ihrer Verkündigung heute

noch dienen. Und wenn auch die starke Kraft, die unter uns wirkt, aller Hindernisse zu spotten scheint: je stärker sie wirkt, desto mehr empfindet jeder das Widerspruchsvolle der Verhältnisse und aller Orten macht sich das Streben bemerkbar, eigene Räume zu schaffen, die das sich entfaltende Leben würdig aufnehmen und pflegen können.

Das gekennzeichnete Missverhältnis macht sich in München, wo die geisteswissenschaftliche Arbeit in den Mysterienspielen am stärksten auf äussere Hilfsmittel angewiesen ist und wo die grösste Zahl der Zuhörer bei den Zyklen zusammenströmt, am stärksten geltend. Die Zyklusteilnehmer kennen aus eigener Anschauung einen Teil, allerdings nur den kleineren Teil unserer Schwierigkeiten; sie haben aber den Schilderungen entnehmen können, welche Hindernisse der Aufführung der Mysterienspiele auf den gemieteten Bühnen entgegenstehen.

Aber selbst wenn man alle diese äusseren Schwierigkeiten gering anschlüge, wenn man es hinnähme, dass viele unserer Freunde dem Zyklus ferne bleiben, weil die Verhältnisse, unter denen wir arbeiten, es ihnen unmöglich machen, mit der gebührenden Aufmerksamkeit zu folgen, wenn wir auch ruhig zusehen wollten, wie die beste Kraft sich in diesem Kampfe mit äusseren Hindernissen aufreibt, so dürfen wir doch nicht vergessen, dass diese Mächte der Hindernisse heute schon den besten Teil der Mysterienspiele unmöglich machen. Vielleicht ist den Zuschauern nicht zum Bewusstsein gekommen, was den Mitwirkenden nicht verborgen bleiben konnte: Mysterienspiele auf einer Bühne, die wenige Stunden zuvor und wenige Stunden nachher der Aufführung einer modernen Operette dient, müssen Spiel bleiben. Mysterien zur Wirklichkeit bringen darf nur in Weihestätten geschehen.

Die geisteswissenschaftliche Arbeit steht an der Stelle, wo sie in ihrer wundervollen Synthese von Kunst, Wissenschaft und Religion am unmittelbarsten und lebendigsten in die Geistigkeit hineinführen soll, vor Schranken, die ein „non licet" bedeuten. Denn die unverbrüchlichen Gesetze der geistigen Welt selbst verbieten weiteres Geben.

So fordern die Dinge in nicht misszuverstehender Deutlichkeit, so fordert die Notwendigkeit, durch die sich dem Goethespruch zufolge Gott offenbart, ein Werk von uns, das grösser und schöner nicht gedacht werden kann und das nun, wie es mehr und mehr heraustritt, nicht allein praktischen Zwecken dient, sondern man möchte sagen Selbstzweck wird. Und dieser Selbstzweck ist der tiefere Sinn jener Sprache in der die Notwendigkeit forderte — wenn anders wir richtig verstehen.

Architektur hat es zu tun mit denselben Kräften, die auch des Menschen physischen Leib gestalten. Der heutige Menschenleib ist nach den Massen gebaut, die in der Arche Noah vorgezeichnet waren; und die gotischen Dome präformierten die Körperlichkeit der Mystiker des späteren Mittelalters. So wirkt was unsere

Augen sehen und unsere Hände greifen hinein in ferne Zukunft, Formen bildend, Schicksal bestimmend. Und es ist nicht gleichgültig, ob zukünftige Formen und Masse von den Prinzipien rein utilitarischer Gegenwarts-Kultur diktiert werden, die für das, was kommen soll, Hindernisse über Hindernisse bedeuten, oder ob Körperformen gebildet werden, die in Harmonie stehen mit dem, was sich in Zukunft verwirklichen soll.

Und was für den Mikrokosmos gilt, hat seine entsprechende Bedeutung für den Makrokosmos. Wir wissen, dass wir an einem Zeitenwendepunkte stehen, der Aussergewöhnliches von uns verlangt. Von dem, was wir tun, hängen Weltenschicksale ab. Es ist nicht gleichgültig was wir tun. —

Es mögen die hier angedeuteten Perspektiven zu kühn erscheinen; aber sie allein erklären die Worte, die im Januar dieses Jahres bei der Grundsteinlegung des Stuttgarter Logenhauses gesprochen wurden und die diesen Zeilen vorangesetzt sind. Diese Worte brachten uns die Verantwortung zu Bewusstsein, die auf uns ruht, die Verantwortung gegenüber den Mächten, welche die Welt gestalten. Und angesichts dieser Verantwortung mussten alle entgegenstehenden Bedenken schwinden. — — —

Wir hören bei jedem Zyklus die Worte: „Wir können das Thema nicht erschöpfend behandeln; wir vermögen bei der Kürze der Zeit nur anzudeuten; wollten wir wirklich in die Intimitäten hineinführen, wir müssten Wochen und Monate zur Verfügung haben."

Eine wechselnde Zuhörerschaft folgt den geisteswissenschaftlichen Lehren kurze Stunden und von der kurzen Zeit muss die Hälfte und mehr darauf verwendet werden, Dinge zu sagen, die anderen Ortes schon gesagt wurden, die aber als Grundlagen unerlässlich sind und so muss mühsam immer wieder fast von Grund auf begonnen werden, um dann erst ein Stück weiterbauen zu können.

Und wir sind dankbar gewesen, für dieses langsame Aufbauen, das uns erlaubte, die Fundamente einigermassen zu festigen.

Aber was in der Zeit des Elementarunterrichtes nötig war, das wird zum Verderben, wenn wir daran gehen sollen, über die ersten Stufen hinaus Wissen und Erkenntnis zu vertiefen und zu erweitern. Und wir sehen uns auch hier vor die ernste Frage gestellt, ob wir die Arbeit an jenen toten Punkt kommen lassen wollen, wo sie wohl noch in die Breite, nicht aber weiter in die Tiefe wirken kann.

Der Gedanke einer Hochschule für Geisteswissenschaft ist die notwendige Konsequenz, die aus der Auslieferung des spirituellen Wissens, dessen unsere Zeit gewürdigt worden ist, gezogen werden muss. Es ist heute schon durchaus möglich, wenn wir die unter uns wirkenden Mitarbeiter Revue passieren lassen, für fast alle Einzelgebiete Lehrkräfte namhaft zu machen, die, soweit Erkundigungen vorliegen, gerne bereit wären, einen Lehrauftrag zu übernehmen. Damit aber würde Geisteswissenschaft erst der Aufgabe gerecht

werden können, die ihr von Anfang gestellt war: Alle Gebiete des Lebens zu befruchten. Die Hochschule für Geisteswissenschaft wird das entwicklungsfähige Wissen der Akademien dort aufnehmen, wo seine offiziellen Vertreter es heute im Materialismus erstarren lassen und es hinaufführen zu dem Wissen vom Geiste und hineinleiten in jenen Tempel, in welchem seine Vereinigung mit Kunst und Religion das lebendige Mysterium ermöglicht.

* * *

Als im Jahre 1910 gelegentlich des Münchner Zyklus der „theosophisch-künstlerische Fond“ zur Sicherstellung der Mysterienspiele begründet wurde, geschah es mit voller Erkenntnis der Unerlässlichkeit eines eigenen Baues. Die Ausführung schien jedoch bei dem geringen Resultate der Sammlung in weite Ferne gerückt. Erst die Dringlichkeit der Sachlage, die uns durch die Stuttgarter Rede zu vollem Bewusstsein kam, zwang uns andere Wege zu suchen, welche die Ausführung ermöglichen könnten.

Der Gedanke, verzinsliches Kapital aufzunehmen, führte zunächst dazu, eine zinstragende Unterlage zu schaffen in Form von Mietshäusern für Theosophen, welche den beabsichtigten Bau umgeben und gegen die Strasse decken sollten. Der Johannesbau-Verein, der sich im April dieses Jahres als eingetragener Verein mit den Rechten einer juristischen Person konstituierte, nahm die Bearbeitung des Projektes in die Hand. Er sah sich nach kurzer Zeit schon in der Lage, auf Grund von Zinsgarantieen, die einige seiner Mitglieder bieten konnten, ein geeignetes Grundstück bei geringer Anzahlung, welche der theosophisch-künstlerische Fond leistete, hypothekenfrei zu erwerben.

So konnte er hoffen, da das Grundstück, soweit es zu den Wohnbauten gehört, für die Belehnung mitrechnet, die Wohnbauten mit der von der Bank zu entnehmenden ersten Hypothek zu bauen und das Kapital der zweiten Hypothek dem „theosophisch-künstlerischen Fond“ für den Johannesbau zuzuleiten. Die Mieten ergeben über die Verzinsung hinaus erhebliche Überschüsse für die Amortisation. Sie stellen, wenn die Hypotheken amortisiert sind, eine dauernde Einnahme dar, welche allein genügen würde, um die Festspiele und den Betrieb der Hochschule für Geisteswissenschaft für die Zukunft sicherzustellen.

Da die Zinshäuser nur von Theosophen bewohnt werden sollen, so schaffen sie für den Zentralbau eine wünschenswerteste Umgebung, innerhalb derer allein ein starkes, spirituelles Zentrum entstehen kann; und sie bieten endlich für die Hochschule die unerlässliche Erweiterungsmöglichkeit.

So erweist der aus unserer Geldnot erwachsene Gedanke der Erstellung von Wohnbauten seine Berechtigung und Notwendigkeit in jeder Beziehung.

Die Mitgliederbeiträge des Johannesbau-Vereines ermöglichen die für den Zentralbau aufzubringende Verzinsung und Amortisation.

9

Eine Reihe von Vermächtnissen, die dem Johannesbau-Vereine in Aussicht gestellt sind, gewähren Sicherheit für die Zukunft.

Trotz der genannten Unterlagen, welche der Johannesbau-Verein zu bieten hat, sind die auf Grund derselben aufgebrachten Kapitalien zur Durchführung des Projektes gänzlich ungenügend und auch der „theosophisch-künstlerische Fond“ bleibt hinter den Erwartungen zurück. Die ihm bei den Spielen 1911 zugeführten Gelder reichten nicht einmal aus, um das Defizit der Festspiele zu decken, so dass es von einem Mitgliede beglichen werden musste.

Wenn wir nach den Gründen dieser Haltung fragen, so müssen wir ja leider bestätigen, was bei der Grundsteinlegungsfeier in Stuttgart so herb an unser Ohr klang: es fehlt vielfach noch an Verständnis für die Wichtigkeit und Notwendigkeit. Und als der Johannesbau-Verein ins Leben trat, bezeichnete er es als seine vornehmste Aufgabe, Verständnis zu erwerben und zu wecken. Und wir betrachten, soweit ein Werben für die Sache in Frage kommt, unsere Aufgabe als erfüllt, wenn wir Empfinden für die Schönheit und Erkenntnis für den Sinn und die Notwendigkeit des Johannesbaues geweckt haben und wir müssen es denen, die uns hören, überlassen, ihr Wollen zu entzünden. Denn der Johannesbau soll sein eine freieste Tat höchster Erkenntnis und hingebungsvollster Liebe.

Es ist heute nur möglich, über die dem Johannesbau zugrunde liegenden Ideen einiges

10

beizubringen; denn seine Formen sind uns nur in skizzenhaften Umrissen gegeben worden. Und mir scheint, dass die geistigen Welten erst mehr geben werden, wenn die Aufforderung, welche an uns ergangen ist, Antwort gefunden hat, die Aufforderung, in unserer Weise mitzubauen an der Gestaltung der Zukunft. Die einzige Antwort aber ist die Tat. —

Wir durften in diesen Tagen der Einweihung des Stuttgarter Logenhauses beiwohnen. Und wenn es noch einer Bekräftigung unserer Absichten benötigte, so konnte sie bei dieser Feier uns werden. Anders klangen die Worte von den Lippen unseres Lehrers in den Weiheraum, der hervorgewachsen war aus den Gefühlen der Hingabe und Devotion an die Weisheit „des Geistes dem wir dienen" und die Worte drangen tief hinein in den Raum, wie Hammerschläge, die den Widerhall in den Erdentiefen wecken.

Seit den Tagen der gotischen Dome konnte die Tempelkultur nur „unterirdisch", das heisst im Verborgenen wirken. Unsere Zeit sieht Eingeweihten-Kultur ans Tageslicht treten und es ist nur logisch, dass der „unterirdische Tempel" zum „Sonnentempel" erhoben werde. Diejenigen, welche die Zeichen lesen, „in welchen sich das Weltenkarma offenbart", haben in nicht misszuverstehenden Worten und Taten zu erkennen gegeben: Es ist an der Zeit.

Unsere Arbeit verlangt zielbewusste geschlossene Einheitlichkeit. Das Vorbild in Stuttgart soll seine Weiterentwicklung in München

erfahren und auf dieser Grundlage werden dann an anderen Orten gemäss der örtlichen Bedürfnisse die so wünschenswerten eigenen Stätten für die geisteswissenschaftliche Arbeit entstehen können. So dankenswert das Vorgehen Stuttgarts war, ebenso dankenswert ist das vorläufige Zurücktreten anderer Zweige zu Gunsten des Münchner Zentralbaues, wie es besonders von der Berliner Loge bei Gelegenheit der Einweihungsfeier in Stuttgart betätigt wurde. Damit ist in schönster Weise die Solidarität mit der in München angebahnten Idee bewährt, die seit ihrem ersten Auftreten auf die Mitwirkung aller verfügbaren Kräfte in Deutschland angewiesen war. Die Hochschule für Geisteswissenschaft und die Mysterienspiele sind Sache aller, denen die Durcharbeitung und Vertiefung des geisteswissenschaftlichen Lehrgutes und die Verinnerlichung des spirituellen Lebens am Herzen liegt. An diese alle wenden wir uns mit der Bitte, den grossen Baugedanken durchführen zu helfen, dessen Verwirklichung unsere ernste Zeit so dringlich von uns fordert.

So möge auch die Art unserer Arbeit sein ein würdiges Abbild unseres Urbildes in der geistigen Welt.

Bibliographie

Vortragsnachschriften

Vom Lauf des Jahres und des Lebens, Vortrag vom 17. Januar 1940.
Vom Lebensraum des anthroposophisch Strebenden, Vortrag vom 24. Januar 1940.
Die Geburt der Mathematik aus dem Geiste der Mysterien und ihre Wiedergeburt aus dem Ich, Zwei Vorträge vom 31. Januar 1940 und 7. Februar 1940.
Über die Platonischen Körper, Vortrag vom 8. Februar 1940.

Schriften

Ostwalds Farbenlehre, Korreferat, in: Kulturausblicke der anthroposophischen Bewegung. Referate über Vorträge, gehalten beim anthroposophischen Kongreß in Stuttgart (vom 28. August bis 7. September 1921), S. 33ff.
Vom Leben im Lehrplan Rudolf Steiners. Bemerkungen zum naturwissenschaftlichen Unterricht im 15. Lebensjahr, in: «Gäa-Sophia», Jahrbuch der naturwissenschaftlichen Sektion der Freien Hochschule für Geisteswissenschaft am Goetheanum, Bd. I, Hg. Guenther Wachsmuth, Dornach 1926, S. 123ff.
Mensch und Maschine. Ausblicke auf eine neue Stellung des Menschen zur Technik, Stuttgart 1928, 20 Seiten.
Gefahr und Überwindung. Technik und Erziehung als Zeitproblem, Straßburg 1931, 108 Seiten.
Pflanzenformen als Ergebnis des Gegenspieles gestaltender Kräfte. Ein Beitrag zur Pflanzenkunde, Stuttgart 1933, 27 Seiten.
Lebenswege mit Rudolf Steiner, Straßburg 1947, 351 Seiten.
Lebenswege mit Rudolf Steiner. Zweiter Teil. 1919–1925. Erinnerungen eines Waldorflehrers, Dornach 1952, 195 Seiten.
Technologie als Lebenskunde, in: Psychologische Praxis, Schriftenreihe für Erziehung und Jugendpflege, Heft 11, Kind und Technik, Hg. Dr. phil. Karl Heymann, Basel 1952, S. 50ff.
Selbsterziehung und Lebensgestaltung. Briefe zur Pflege eines inneren Lebens, Freiburg im Breisgau 1953, 65 Seiten.
Leben und Lernen im Zeitalter der Technik. Erfahrungen und Erlebnisse, Basel 1955, 73 Seiten.

Aufsätze in der Wochenschrift «Das Goetheanum»

Vom Anschauen und vom Lehren, 1927, S. 157.
Weg-Spruch, Gedicht, 1928, S. 303.
Dr. Carl Unger, 1929, S. 26.
Die Kunst in unserer Zeit, 1930, S. 261 und S. 267.
Die Technisierung der Arbeit und ihre Wirkung auf die menschliche Persönlichkeit, 1933, S. 124.
Technische Arbeitsmethoden und menschliches Denken, 1933, S. 267 und S. 274.
Zu Rudolf Steiners Vorträgen «Allgemeine Menschenkunde als Grundlage der Pädagogik», 1934, S.173.
Gedanken und Beobachtungen, 1935, S. 52.
Ein Zeichen der Zeit, 1936, S. 330 und S. 347.
Technik und Erziehung, 1936, S. 396, und 1937, S. 334.
Der tote Bach, 1938, S. 14.
Aquileia, 1938, S. 186 und S. 360.
Aus den Erinnerungen eines Waldorflehrers, 1938, S. 408, und 1939, S. 219.
Wie gewinnt der heutige Mensch ein rechtes Verhältnis zur Umwelt?, 1939, S. 277.
Die Michaeli-Tagung 1939 – ein Zeichen für die Fortführung der anthroposophischen Arbeit in schicksalschwerer Zeit, 1939, S. 341.
Wie es zur Gründung der Waldorfschule gekommen ist, 1939, S. 370.
African Spir, 1940, S. 103 und S. 123.
Aus den Erinnerungen eines Waldorflehrers, 1940, S. 213.
Aus dem Geisteskampf der Zeit. Ein bedeutungsvoller Widerspruch, 1940, S. 315.
Vom Stoffeswissen zur Geisterkenntnis, 1940, S. 355.
Der technisierende Mensch als Zauberlehrling. Von einer gefährlichen Eigenschaft der Dampfmaschine, 1941, S. 34.
Aus den Erinnerungen eines Waldorflehrers, 1941, S. 77, S. 92 und S. 132.
Ein Besuch Rudolf Steiners in der Waldorfschule in Stuttgart, 1941, S. 170.
Gegebenheiten und Wandlungsmöglichkeiten des menschlichen Temperaments, 1942, S. 67.
Die biblische Schöpfungsgeschichte und die Typokosmie, 1942, S. 126.
Die Erneuerung der Mysterien, 1942, S. 388, S. 394, S. 404 und S. 413.
Alte und neue Wege der Mathematik, 1943, S. 155.
Neue Ausblicke des Menschenbewußtseins, 1943, S. 274, S. 283 und S. 291.
Geometrie der Anschauung, 1944, S. 28.
Das regelmäßige Fünfeck und Sechseck im Pflanzenreich, 1944, S. 53.
Menschenkind und Erdenraum, 1944, S. 204, S. 212 und S. 227.
Vom Außerräumlich-Wesenhaften und seiner Spiegelung in der Menschenseele, 1944, S. 236.
Johann Gottfried von Herder, 1944, S. 275 und S. 282.
Fünfundzwanzig Jahre Erziehungskunst Rudolf Steiners, 1944, S. 291.
Von Maß und Zahl, 1945, S. 77.
Was kann die Schule dem Kinde für das Leben mitgeben?, 1945, S. 91, S. 100 und S. 108.
«Bekenntnisse zu Mozart» von Willi Reich, 1945, S. 214.
Von Mensch und Wärme. Aus der Studienmappe eines Waldorflehrers, 1945,

S. 362.
Hans Georg Nägeli: Von Bach zu Beethoven, 1946, S. 21.
Dr. G. Wachsmuth: «Erde und Mensch», 1946, S. 26.
Hans Graber: Paul Gauguin nach eigenen und fremden Zeugnissen, 1946, S. 75.
Vom göttlich-geistigen Ursprung der menschlichen Gestalt, 1946, S. 229.
Die Grundform der menschlichen Gestalt, 1946, S. 282.
Klassisches Schaffen und romantisches Erleben in der Musik, 1947, S. 13.
Sternkalender, 1947, S. 372.
Die Bedeutung von Rudolf Steiners Persönlichkeit und Werk, 1948, S. 122.
Der Mensch als Mittler zwischen Geist und Stoff, 1950, S. 22.

Weitere Aufsätze

Marxismus und wirklichkeitsgemäße Lebenspraxis, in: Dreigliederung des sozialen Organismus, 1. Jahrgang 1919/20, Nr. 28, Januar 1920.
Betriebsrätegesetz und Dreigliederung, in: Dreigliederung des sozialen Organismus, 1. Jahrgang 1919/20, Nr. 33, Februar 1920.
Freiheit und Parteidemokratie, in: Dreigliederung des sozialen Organismus, 1. Jahrgang 1919/20, Nr. 36, März 1920.
Die erste Woche der Dornacher Hochschulkurse, in: Dreigliederung des sozialen Organismus, 2. Jahrgang 1920/21, Nr. 15, Oktober 1920.
Geistige Werte, in: Dreigliederung des sozialen Organismus, 3. Jahrgang 1921/22, Nr. 13, September 1921.
Agnostische Wissenschaft und ihre sozialen Folgen, in: Die Drei, I. Jahrgang 1921/22, Heft 10.
Gedanken eines Lehrers über Mensch und Wärme, in: Die Freie Waldorfschule – Mitteilungsblatt für die Mitglieder des Vereines für ein freies Schulwesen, Heft 7, April 1925.
Vom Leben im Lehrplan Rudolf Steiners, in: Erziehungskunst, I. Jahrgang 1927-/28, Heft 2/33.
H. v. Baravalle: Durchblicke durch die Erde, in: Erziehungskunst, I. Jahrgang 1927/28, Heft 4/5/6
Technik und Erziehung, in: Erziehungskunst, II. Jahrgang 1928/29, Heft 1/2.
Michael Bauer †, in: Anthroposophie, Wochenschrift für Freies Geistesleben, XI. Jahrgang 1929, Nr. 27, Juni 1929.
«Der Zeppelin» und der deutsche Geist, in: Anthroposophie, Wochenschrift für Freies Geistesleben, XI. Jahrgang 1929, Nr. 39, September 1929.
Seeleutefeier des 10jährigen Wirkens der Freien Waldorfschule in Stuttgart, in: Anthroposophie, Wochenschrift für Freies Geistesleben, XI. Jahrgang 1929, Nr. 44, Oktober 1929.
Lebenskunde, in: Erziehungskunst, III. Jahrgang 1929/30, Heft 3/4.
H. v. Baravalle: Der Sternhimmel über und unter uns, in: Erziehungskunst, IV. Jahrgang 193/31, Heft 3.
Vom Lernen und vom Leben, in: Die Menschenschule, V. Jahrgang 1931, Heft 2.
Welterleben und Weltgestalten in der Bewegungskunst, in: Anthroposophie, Wochenschrift für Freies Geistesleben, XIV. Jahrgang 1931/32, Nr. 4/5, Januar/-

Februar 1932.
Der Schlaumeier, in: Erziehungskunst, VII. Jahrgang 1933/34, Heft 3.
Pflanzenformen als Ergebnis des Gegenspiels gestaltender Kräfte, in: Erziehungskunst, VII. Jahrgang 1933/34, Heft 3/4.
Menschenkind und Erdenraum. Gedanken zum Erdkunde Unterricht, in: Erziehungskunst, VII. Jahrgang 1933/34, Heft 5/6.
Gedanken zur Lehrlingsschule, in: Erziehungskunst, XII. Jahrgang 1948, Heft 5.
Schule und Leben, in: Die Menschenschule, XXV. Jahrgang 1951, Heft 8.
Die erzieherische Bedeutung von Rhythmus und Interesse, in: Die Menschenschule, XXVI. Jahrgang 1952, Heft 1.
F. Götte: Zehn Essays, in: Die Menschenschule, XXVIII. Jahrgang 1954, Heft 1.
Die Menschenseele im Kampf mit der Technik, in: Die Menschenschule, XXIX. Jahrgang 1955, Heft 1.
Vom Unterricht im Spinnen, in: Erziehungskunst, XXII. Jahrgang 1958, Heft 5.
Vor 33 Jahren. Erinnerungen an die Zeit der Gründung der Waldorfschule, in: Erziehungskunst, XXII. Jahrgang 1958, Heft 12.
Technik und Erziehung. Nach einem Vortrag aus dem Jahre 1928, in: Die Menschenschule, XXXIII. Jahrgang 1959, Heft 3/4.
Technologie als Lebenskunde, in: Die Menschenschule, XLI. Jahrgang 1967, Heft 10/11.
Der Unterricht im Spinnen am Spinnrad, in: Die Menschenschule, XLV. Jahrgang 1971, Heft 7/8/9

Alexander Strakosch

**23. August 1879 in Brünn (Mähren) – † 5. Februar 1958 in Dornach*
Aus dem Nachruf von Hella Krause-Zimmer

Am Abend des 5. Februar 1958 floß rot und golden das Sonnenuntergangs-Spiel über den Dornacher Himmel. Es hatte sich ein ganz unwinterlicher Föhn von überraschender Wärme erhoben, der dann die Nacht im Verein mit Regen stürmisch durchtobte. Am Abend dieses elementarisch so bewegten Tages verließ die Individualität Alexander Strakosch rasch und ohne herben Todeskampf ihre Leibeshülle, nachdem am Nachmittag das Herz eine kurze, heftige Attacke ausgehalten hatte. Eine leichte Grippe-Erkrankung von nur wenigen Tagen war vorausgegangen. So befreite sich diese Persönlichkeit aus dem materiellen Reiche in das ätherische hinaus in Stunden, deren wechselndes Elementargebaren das physische Herz überanstrengte, aber der lebhaften, vieles bewegenden Seele von Alexander Strakosch geeignet erscheinen mochte zu dem großen Übertritt.

Man konnte in letzter Zeit oft erleben, wie der nun Verstorbene mit Hilfe einer großen, durch geistige Schulung erstarkten seelischen Beweglichkeit sich Erfrischungskräfte in das Dasein holte. Er überwand die Folgen eines Unfalles, der ihm vor zwei Jahren viele schmerzhafte Wochen bereitet hatte, und machte die Umwelt sein hohes Lebensalter immer wieder vergessen. Am 17. Januar fuhr er noch nach Basel, um dort die Aufführung der fünften und sechsten Symphonie von Beethoven zu hören. In der späten Abendstunde und nach einem arbeitsreichen Tage erschien er auf der Hinfahrt recht abgespannt, nach dem Konzert jedoch hatte er blitzende Augen, war heiter und frisch und schien sich an gar keine Müdigkeit überhaupt nur zu erinnern. Diese rasche Regenerationsfähigkeit vom Geistig-Seelischen her ließ an keine schwindenden Kräfte denken, so daß sein Abschied unerwartet und plötzlich kam.

Wenn man nachliest, was Alexander Strakosch in seiner Autobiographie über seine Beziehung zu Beethoven schreibt, so verliert dieser letzte Konzertbesuch den Schein der Zufälligkeit. In schöner und reifer Weise schloß sich einer der Ringe, die sein Leben wie innere Goldstreifen durchzogen hatten. Er schildert in seinem Buche ein Gespräch mit Rudolf Steiner:

«Im Februar (1912) hatte ich eine längere Unterredung mit ihm und berichtete, was sich mir dadurch ergeben, daß ich mich von Jugend auf in Beethovens Symphonien vertieft hatte. Mit zwanzig Jahren hatte ich bei einer Aufführung der ‹Eroica› im Orchester in der zweiten Geige mitgespielt, und in der Münchner Studienzeit verdankte ich es Felix Weingartner, daß ich alljährlich durch drei Jahre alle neun Symphonien hören konnte und noch dazu jede dreimal. Auf Grund dieser jahrelangen Beschäftigung glaubte ich einige Bemerkungen über deren Inhalte machen zu dürfen. Die erste Symphonie schildert die Welt vor dem Sündenfall; die zweite ist die Lucifer-Symphonie; – hier unterbrach er mich, lebhaft zustimmend und erzählte, als Adolf Arenson an der Musik für die Mysteriendramen gearbeitet habe, hätte er ihm gesagt: ‹Wenn Sie mit der Musik für Luzifers Reich nicht rechtzeitig fertigwerden, dann können Sie auch etwas aus der zweiten Beethoven-Symphonie nehmen.› Ich deutete dann die verschiedenen Erlebnisse bei den einzelnen Sätzen an, zum Beispiel das Stehen vor dem Hüter der Schwelle im letzten Satz der fünften Symphonie ...»

Das Stehen vor dem Hüter der Schwelle – davon sprach er am Abend des 17. Januar auch noch. Wir hatten sie ja gerade gehört, die fünfte Symphonie, die seine schon dicht vor der Todesschwelle harrende Seele noch einmal aufzunehmen begehrt hatte.

Nach seinem Erdenabschied erhielt die Leibeshülle sein Antlitz noch vier Tage so, wie man es im Leben kannte. Geistige Feinheit und starke Formkräfte wirkten in ihm zusammen und bildeten es als eine sehr prägnante Signatur dieser Persönlichkeit aus, wobei die dunklen, kräftigen Augenbrauen und der weiße Bart nicht wegzudenken waren.

Vom letzten dieser vier Tage, einem Sonntag voller Sonne, heftete sich ein kleines Erlebnis in der Erinnerung fest: Durch das offene Fenster wurde eine Biene zu einem Freesienstrauß gelockt. Mit ihrem Gesumm erfüllte sie das stille Totenzimmer. Es war ein Summen voller Pausen, denn immer wieder glitt das Tierlein in eine der hellen Blütentütchen und tauchte mit frischer Last daraus hervor. Unwillkürlich mußte ich an die Hymettos-Biene denken, die sich Plato nach seiner Geburt auf die Lippen gesetzt haben soll; ein Zeichen – wie man sagte –, daß dieser Mund mit süßester Beredtsamkeit eine neue Botschaft verkündigen wird. Und hier bei unserem Toten? Trug hier eine Seele Honigfracht in die geistige Welt hinauf, gesogen aus vielfältigem und lebendigem Umgang mit den Dingen dieser Welt, dem Vergänglichen abgewonnen durch jene Geistorgane, die Anthroposophie zu entwickeln vermag? Eine Biene im Winter ist etwas Seltenes. Selten ist auch der Geistes-Honig, der im Jahrhundert der kalten Gedanken gerade der Beschäftigung mit der Technik entrungen werden kann. Ein Weg, den der Ingenieur Strakosch schon früh zu gehen unternommen hatte. 1908 empfing er gemeinsam mit seiner Gattin die ersten Meditationen von Rudolf Steiner. Fünfzig Jahre lebte diese Seele mit den Übungen der Geisteswissenschaft. (...)

Das Leben des Verstorbenen hat sich hauptsächlich in den vier Ländern Österreich, Deutschland, Italien und der Schweiz abgespielt. (...)

Ab 1934 begann eine Zeit der Vortragsreisen im Ausland, vor allem in Italien und Frankreich, wozu ihn seine glänzende Beherrschung beider Sprachen befähigte. Besonders Italienisch war ihm wie eine zweite Muttersprache. In Dornach ließ sich das Ehepaar im Jahre 1938 endgültig nieder, verbrachte aber wenn irgend möglich jeden Jahreskreislauf wechselnd in allen vier Ländern, wo die verschiedensten Aufgaben harrten. Neben vielen anderen schriftlichen Arbeiten wuchsen in Dornach die Bände der Autobiographie heran, wovon der erste Teil 1947, der zweite Teil 1952 erschien. Bis buchstäblich zum letzten Tage hat Alexander Strakosch gearbeitet. Nachdem er eine Arbeit über die großen Kultbauten vom Salomonischen Tempel bis zum Goetheanum vollendet hatte, wandte er sich wieder dem geplanten zweiten Bande seines Geometriebuches zu und förderte dieses Werk, bis ihn der Tod unterbrach.

Es ist erschütternd zu hören, daß er in den letzten Wochen einigen Menschen gegenüber Äußerungen getan hat, die nicht stimmungsmäßig dunklen Todesahnungen entsprangen, sondern in aller Sachlichkeit etwa lauteten: «Eine Stimme sagt mir: Mache Ordnung! – Ich will jetzt erst Angefangenes beenden, dann kann ich mit gutem Gewissen Neues beginnen.»

Das Leben, das am 5. Februar zu Ende ging, war nicht zu denken ohne die innige Gemeinschaft mit Maria Strakosch-Giesler, deren künstlerisches Schaffen stets im Mittelpunkt seines Interesses stand, und für das er bis zuletzt unermüdliche und freudige Sorge trug.

Abb. 32
Alexander Strakosch in Dornach, Altersbild.

Abb. 33
Alexander Strakosch und Maria Strakosch-Giesler in Dornach, Altersbild.

Maria Strakosch-Giesler

** 6. August 1877 in Siegen – † 4. September 1970 in Dornach*
Nachruf und Besprechung einer Bilderausstellung
(Hella Krause-Zimmer)

Bei jeder Begrüßung erlebte ich ihre langen schmalen Hände mit der unglaublich zarten Haut als etwas Besonderes. Schon in dieser Handbegegnung offenbarte sich ein Mensch von nicht alltäglichem Zuschnitt. Etwas Großes, Achtunggebietendes machte sich fühlbar. Ein Mensch von Format, mit zähem Willen und Ziele durchsetzender Kraft tat sich kund. Selbst hinter ihrer Liebenswürdigkeit war der starke Wille zu spüren. Und so war sie auch ihren Weg gegangen. Die mitgebrachten Fähigkeiten warf sie ohne Zaudern in das Schmelzfeuer der Umwandlung, welches die Aufnahme der neuen Impulse mit sich brachte. Und sie ließ sich nicht mittreiben, sondern sie war die Fragende, die Rudolf Steiner die Möglichkeit entgegenbrachte, über Farbe und Malerei zu sprechen.

In einer autobiographischen Skizze, die sie mir einmal übergab, sagt sie über sich und ihren Weg folgendes:

«Meine Studien in der Malerei führten mich schon als Siebzehnjährige aus Westfalen, wo meine Eltern lebten, nach Berlin. Dort wurde ich Schülerin in einem Privatatelier. Intensiv studierte ich nach Modell Portrait-, Kopf- und Aktzeichnen. Um in die Farbigkeit einzudringen, wurde dort mit dem Malen von Stilleben begonnen. Mein inneres Erleben der Farbenwelt und ein fast quälendes Suchen nach einer Möglichkeit, dasselbe künstlerisch zum Ausdruck zu bringen, war von so völlig anderer Art als die dort gepflegte Stillebenmalerei, daß ich anfing, schwer darunter zu leiden. Ich suchte dann eine andere Lehrstätte auf. Es war die damals sehr beliebte und geschätzte Blumenmalerin Katharina Klein. Ihr Farbenerleben war an der Blumen- und Pflanzenwelt geschult und sprach mich so zunächst an. Es war gewiß von allem, was ich in dieser damaligen Zeit finden konnte, der beste Schulungsweg zur Farbenwelt hin. Dieses Üben ergriff Entwicklungskräfte, die in der Seele ruhen. Viele Blumenbilder wurden erworben, so daß ich mein weiteres Studium finanzieren konnte. Aber das, was ich als das eigentliche Wesen der Farbe erfühlte, wurde dadurch nicht befriedigt.

Da hörte ich von dem Maler Kandinsky, welcher ein großer Suchender sowohl auf dem Gestaltungsfelde der Malerei als vor allem in der Welt der Farbe sei. Er war jedenfalls die markanteste und individuell selbständigste Persönlichkeit unter denen, welche damals die Überzeugung in sich trugen, daß gewissermaßen eine Umwandlung und Neugestaltung auf dem Gebiete des Künstlerischen, ja auch auf dem Gebiete der Wissenschaft und des Religiösen, kommen müsse. Viele ersehnten es und strebten es in ihrer Weise an.

Ich begab mich also nach München, um mich zu orientieren, was dort am

Werke sei. Damals waren die Ausstellungen in den verschiedenen Großstädten überfüllt mit Bildern, in denen nur die Natur genau kopiert war, ebenso bei den Portraits, und keine Figur war ohne Modell gemalt. Das Beispiel in der Münchner Kunst war der Glaspalast.

Als ich dann aber Kandinsky aufsuchte und die in ihrer Andersartigkeit voll schöpferischer Kraft und Phantasie wirkenden Bilder wahrnahm, erblickte ich weitführende Möglichkeiten vor mir und wurde seine Schülerin. – Wie führte er nun an die Farbe heran? Nach meinen vorherigen Studien im Aktzeichnen war ich in der Lage, nun hier am Malen nach dem Modell teilzunehmen. Anstatt der Stilleben mit ihren seelenlosen Gegenständen, die mit minutiöser Genauigkeit kopiert werden mußten, stand nun hier der Mensch vor einem. Das Modell wurde aber nicht im bisherigen Stil ganz äußerlich heruntergepinselt. Die inneren Kräfte des seelischen Erlebens der Farbe wurden geweckt, die Sinne geschärft, indem Kandinsky auf die grundlegende Verschiedenheit des Inkarnates bei den einzelnen zu malenden Gestalten hinwies. Ein neuer Sinn wurde in einem aufgerufen und gepflegt. Ein rätselvolles Seelisches trat in Erscheinung, das Wesen des Menschen selbst zeigte sich.

So war zunächst das zentrale Problem der Malerei, die menschliche Gestalt, in Angriff genommen. Später begab sich Kandinsky mit einem Kreis von Schülern auf das Land. Die Naturstudien wurden wieder im Hinblick auf das Erleben und Ausdruck-Bringen der reinen Farbenwelt vorgenommen. Daß die Farbe nur in der Gestaltung der Fläche, im Zweidimensionalen, ihre Wirksamkeit entfalten konnte, war bei Kandinsky zum künstlerischen Erlebnis geworden. Daher veranlaßte er uns, die Farbe in breiter, flächiger Art mit dem Spachtel aufzutragen. Die Ölfarbe ließ diese Technik zu.

In diesen Studienzeiten, von denen nur andeutungsweise berichtet werden kann, hatte ich einen anderen Studierenden kennengelernt, der auch in seinem Wesen in besonderem Maße etwas wie eine Erwartungsstimmung gegenüber der Zukunft trug. Wir fanden uns und verstanden uns in allem vom ersten Moment an derart gut, daß wir von da an bis zum Jahr 1958, in welchem Alexander Strakosch am 5. Februar den physischen Plan verließ, in Freud und Leid beisammen blieben. Durch unser stetiges Streben als der Geist-Erkenntnis Schüler hatten wir uns so viel zu sagen, daß dieses Zusammenwirken immer lebendig blieb. Zweiundfünfzig Jahre hatte die Ehe gedauert. Unter diesen zweiundfünfzig Jahren sollte für uns das Jahr 1908 ein allerbedeutungsvollstes werden.

In diesem Jahre mußten mein Mann und ich uns einige Zeit in Berlin aufhalten. Wir hatten uns in der gemeinsamen Liebe zu Angelus Silesius gefunden; viele seiner Vierzeiler kannten wir auswendig. In Berlin machte uns dann jemand auf die Vorträge Rudolf Steiners im Architektenhaus aufmerksam. Wir besuchten die nächste Veranstaltung und verließen dieselbe als ganz verwandelte Menschen. Da hatte ja derjenige gesprochen, den wir mit ganzer Seele suchten! Er konnte wirklichkeitsgemäße Antworten auf die in der Seele wartenden Fragen geben. Er kündete von der Geistwelt und ihrer Daseinsmacht.

Wir gingen nach Beendigung des Vortrages zu ihm hin an das Rednerpult. Er bestellte uns in die Motzstraße, wo er wohnte, und wir besuchten ihn. – Wir erlebten nun, wie unser Wesen und Streben für ihn ganz durchschaubar war, denn er gab uns Meditationen, die in steter übender Wiederholung allmählich in uns schlummernde Fähigkeiten aufwecken sollten. So schrieb er für mich eine Übung auf, die dann im Laufe der Zeitenfolgen in den Tiefen der Seele zu einem Einleben in das geistig-seelische Wesen der Farbenwelt führen konnte.

Durch die mit stetigem Bemühen durchgeführten Meditationen zeigte sich im Laufe der Jahre etwas wie das bewußte Wachwerden in einer bisher nur dunkel erfühlten Welt. Damit waren Möglichkeiten errungen, die Impulse, welche in der Seele wirkten, auch nach der Gestaltungsseite hin zum Ausdruck zu bringen. Viele Bildgestaltungen entstanden dadurch, darunter auch die in der Reproduktion erschienene siebenfarbige Mappe über Kain und Abel.

Im Jahre 1921 konnte ich sogar den Mut fassen und Rudolf Steiner bitten, ob er nicht über das weitere Eindringen in dieses eigentliche Wesen der Farbenwelt sprechen könnte. Wie dies Rudolf Steiner schon für die anderen Künste getan hatte, zum Beispiel für die Eurythmie, so tat er es dann auch für die Malerei. Er sprach über dieselbe am 6., 7. und 8. Mai 1921 in Dornach. Diese Vorträge erschienen in dem ersten Band von ‹Rudolf Steiners Farbenlehre› (‹Das Wesen der Farben›). Später fügten sich noch in zwei anderen Bänden eine Anzahl von Vorträgen hinzu, die dasselbe Thema hatten. Er zeigte darin Wege, die zum Ziele haben, die eigentliche Heimat der Farbe zu finden. Da muß man in der Sternenwelt suchen. Die sieben Grundfarben in ihrer Bewegung möchten erfaßt werden im Zusammenklang mit der Region des Planetarischen, die Ruhe der Sternenwelt leuchtet aus den zwölf Farben des Tierkreises. Ihren Abglanz im Irdischen finden wir in den atmosphärischen Erscheinungen, in welchen sich auch die Brücke vom Irdischen zum Himmlischen befindet: der Regenbogen. Auf der Erde selbst finden wir den stärksten und reinsten Ausdruck der Farbe in der erdentsprossenen Pflanzen- und Blumenwelt.

Diese Zusammenhänge bewegten mich so stark, daß unter vielen Wegen – zum Beispiel durch die Welt der Elemente – ich auch die Wirkung der Kräfte des Tierkreises in Betracht zu ziehen versuchte. Da entstand damals als Glasdecke in der großen Diele des Hauses P. in Hamburg-Wandsbek in zwölf farbigen Glasfenstern die erste Tierkreis-Bildfolge. Sie hatte noch Verwandtschaft gewissermaßen mit den Tierkreiszeichen.

Es war mir möglich, die Werkzeichnungen Rudolf Steiner zu zeigen. Jede Angabe, die er mir im Laufe meines Entwicklungsganges machte, war für mich jedesmal eine völlige Überraschung. So sagte er jetzt: ‹Versuchen Sie es, nunmehr die menschliche Gestalt aus dem Wesen des Farbigen heraus darzustellen.›

Von da an habe ich dann alle mir zur Verfügung stehenden Kräfte dieser Aufgabe gewidmet, und es ergab sich, daß ich im Ganzen siebenmal durch den Tierkreis hindurchging. Der erste Tierkreis war eben diese Hamburger Decke, die dann während des Krieges bei einem Bombenangriff zerstört wurde.

Viele Studien über die menschliche Gestalt in ihrem organischen Aufbau folgten dann. Vorher, in der Kandinsky-Schule, hatte ich sehr intensiv Studien nach dem lebenden Modell gemacht, jetzt mußte ich nun diese Figuren frei von jedem Modell nur aus dem eigenen inneren Bewegungssinn gestalten. Dadurch kam ich in den Eigenbewegungssinn hinein, wie ihn die Griechen hatten.

Ich durfte dann meine vielen Studien Rudolf Steiner zeigen, und wie immer gab er – anstatt ein Urteil nach dieser oder jener Richtung hin auszusprechen – eine neue Aufgabe. Er sagte: ‹Und nun malen Sie einen Hintergrund zu diesen

Gestalten.› So entstand der zweite Tierkreis. Es war wie ein Hineinsteigen in den physischen Leib. Und in den Farben des Hintergrundes und auch in der Gestalt selbst zeigte sich ein erstes Aufschimmern des Ätherischen.

Beim dritten Tierkreis traten im Arbeiten die vier Tierkreisbilder Löwe, Stier, Adler, Mensch in ihrer überragenden Bedeutung besonders vor das innere Erleben, und so gestalteten sich diese Bilder. Eins derselben (der Stier) wurde als Wandteppich gewebt.

Viele Landschaftsbilder entstanden mit der Gesteinswelt, dann Pflanzenbilder, wo Wurzel, Blatt und Blüte ihre Sprache zum Ausdruck brachten, und dann Tierbilder. Dieses alles sollte zu einem Eindringen in die Naturreiche führen, aus dem Wesen des Farbigen als Bild- und Glanzfarbe heraus. Ein merkwürdiges Erlebnis kam dabei zustande, indem es mich innerlichst packte, daß nicht nur Löwe, Stier und Adler auf die Bildung des Menschen einwirken, sondern auch der Drache. Er wirkt auf die unteren Teile des Menschen. Aus diesen Erlebnissen ergab sich die vierte Tierkreis-Reihe: ‹Der Mensch im Kampf mit dem Drachen›, ein in das Michaelische hereinführendes Motiv.

Ihr folgten dann drei Bilder, als Tryptichon: ‹Wandre! Wache! Schaue!› Jedes dieser drei ist gespeist aus den Kräften von vier Tierkreis-Bildern.

So wird offenbar, daß zuerst ein Durchgehen durch das Physische, dann ein Berühren des Ätherischen, dann des Astralen (Kampf mit dem Drachen) geschehen konnte, und nun wendet es sich zum Erleben des Ich.

Im sechsten Tierkreis sind in zwölf Bildern die Stationen des Jesus-Christus-Lebens aus Tierkreis-Farbgesetzen zu entwickeln gesucht.

Im siebenten Tierkreis handelt es sich um die Gestaltung des Abendmahles, wo die zwölf Apostel, die ja auch eine Verbindung mit dem Tierkreis haben, sich um die Gestalt des Christus vereinigen.

Kosmische Zusammenhänge enthüllten sich auf diesem Schulungsweg dem Blick. Menschen-tragende Weltenziele ließen sich von ferne erahnen. Das Geistig-Seelische der Farbe als Wesensbestandteil der Imagination zeigte sich als erste Stufe auf dem Wege zum Erschauen der geistigen Welt.

Wie sehr war Rudolf Steiner doch von vielen, vielen erwartet worden, die Impulse in sich trugen, die mit der Menschheitsentwicklung zusammenhängen! Und zu welchen gewaltigen, noch unbekannten Welten hat er den Suchenden die Tore geöffnet!»

* * *

Als ich Maria Strakosch und ihren Mann 1955 in Dornach kennenlernte, war sie schon hochbetagt – nahe dem achtzigsten Lebensjahr. Es waren ihr noch fünfzehn Lebensjahre beschieden, die sie aber von 1958, an nach dem Tode ihres Mannes, allein verleben mußte. Obgleich beide keine Österreicher waren, umgab beide etwas von österreichischem Charme, vermischt mit einer Lebensform, die zu Zeiten Rudolf Steiners noch eine gewisse Üblichkeit hatte. Strakoschs trugen sie bewußt weit ins 20. Jahrhundert hinein. Sie sprachen voneinander als Herr oder Frau Strakosch. So erschien Herr Strakosch öfter an unserer Tür und sagte immer gleichbleibend das lange Sprüchlein: «Frau Strakosch sitzt im Speisehaus und läßt fragen, ob Sie nicht Lust hätten, einen Café mit uns zu trinken.» Als mein Mann erschrocken einmal an sein Kinn griff und sagte: «Ich bin noch nicht rasiert», nahm der für Humor empfängliche Alexander Strakosch die Gelegenheit wahr und verkürzte von da ab seine Anfrage in den Satz: «Sind Sie schon rasiert?» – Erst nach dem Tode ihres Mannes sprach Frau Strakosch von ihm als Alexander oder Alex.

Im Jahre 1955 erschien Maria Strakoschs Buch «Die erlöste Sphinx – über die Darstellung der menschlichen Gestalt in Bild- und Glanzfarben». Hier findet man nicht nur die Aufgaben und Angaben, die Rudolf Steiner ihr persönlich machte, sondern erlebt auch etwas von den Situationen mit, in denen sie gegeben wurden.

Ein Beispiel: Im Jahre 1911, als Rudolf Steiner einige Wochen in Portorose verbrachte, konnten die in Triest wohnenden Strakoschs ihn oft besuchen. Maria Strakosch war damals sehr aufgeschlossen für die Farben des Meeres und seiner Ufer und versuchte, ihre Eindrücke immer erneut malerisch festzuhalten. Es schien ihr, daß sie einen Schritt näher an das Wesenhafte der Farben herankommen konnte. «Als ich nun diese Arbeiten Dr. Steiner zeigen durfte, verstand er, was ich stammeln wollte.» Er sah die beträchtliche Anzahl der entstandenen Blätter durch und suchte sieben Bilder aus: «Die wollen wir in München einmal den Theosophen zeigen.» Er bestimmte selbst die Art der Rahmung und ließ die Bilder in München auf einer rupfenbespannten Wand so aufhängen, daß eines ganz zuoberst angebracht war und die jeweils drei anderen dazu auf- beziehungsweise davon abstiegen. Er komponierte also einen Zyklus von sieben Bildern und machte die über diese Hängung sehr erstaunte Maria Strakosch aufmerksam, daß es eine wichtige Übung sei, wenn man ein Motiv malerisch siebenmal durcharbeitet. In einer Matinee hielt er dann einen Vortrag zu den Bildern, und man vernahm dabei zum ersten Mal, daß Rudolf Steiner sich auch über das Material Gedanken machte und die herkömmlichen Tubenfarben für gar nicht ideal hielt.

Maria Strakosch hat am Beginn ihrer Laufbahn Berührung gehabt mit berühmten Künstlern und solchen, die es sehr bald werden sollten. Zur Zeit ihrer Blumenstudien wagte sie sich eines Tages mit einer Kollegin zu der als bärbeißig verschrieenen «kleinen Exzellenz» Adolf von Menzel. Als er die beiden hübschen Mädchen sah, war er aber gar nicht bärbeißig, sondern benutzte sie sogleich als Modelle, und später fanden sie sich zu ihrer Überraschung auf dem bekannten Gemälde «Im Kissinger Kurgarten» wieder.

Im Jahre 1930 hingen in Wien, in der Ausstellung «Die Kunst unserer Zeit», in der Abteilung «Das Übersinnliche» ihre Bilder im trauten Verein mit solchen von Klee, Kandinsky, Chagall, Kubin und Barlach. Aber sie hatte sich nicht dem Blauen Reiter angeschlossen, sondern im Jahre 1921 in Stuttgart eine «Malschule für Rudolf Steiners Farbenlehre» begründet, in der sie als Lehrerin wirkte und durch die sie immer wieder Anlaß nehmen konnte, Rudolf Steiners Aufmerksamkeit auf das Gebiet der Malerei hinzulenken.

Eine der Bemerkungen Rudolf Steiners, gültig für alle Kunst, aber eben auch für die Malerei und anläßlich einiger ihrer Holzgravierungen gesagt, gab ihr ein Leben lang zu denken: «Bei diesen Arbeiten kann man vielleicht zwei Zentimeter tief unter die Oberfläche dringen. Sehen Sie meine Mysteriendramen an, die habe ich so geschrieben, daß man nie auf den Grund kommen kann. So müssen Sie auch versuchen zu arbeiten, daß man nicht so bald auf den Grund kommt.»

Ein solcher Satz kann einen Künstler ja auch niederschmettern. Seine Wahrheit ist einsichtig, aber wie macht man das, zu solcher Tiefenschichtung zu kommen? Rudolf Steiner erhob strenge Forderungen, aber er tröstete auch und richtete auf. So sagte er Maria Strakosch einmal, als sie an einem Tiefpunkt angelangt war: «Man braucht nicht zu verzagen, wenn man so etwas gearbeitet hat.»

So gehörte auch Maria Strakosch-Giesler zu jenem Geschlecht der «Heroinen», die am Anfang der anthroposophischen Bewegung auf vielen künstlerischen Feldern sich mutig den neuen Impulsen stellten und sie unter schweren äußeren Bedingungen tapfer vertraten. Ihr Mann stand ihr ein Leben lang auf diesem Weg stützend zur Seite.

Weihnachtsausstellung von Maria Strakosch-Giesler im Goetheanum

Die Malerin Maria Strakosch-Giesler konnte im August 1967 ihr neunzigstes Lebensjahr vollenden. In der Weihnachtszeit zeigte das Goetheanum im Terrassensaal eine Auswahl ihrer Werke, die Entstehungszeit liegt zwischen 1930 und 1953. Aufs Ganze gesehen: Maria Strakoschs Werk ist im Gegensatz zu vielem, was sich heute in trüben, tristen Farben oder der starken Beteiligung des Schwarz gefällt, ein «Tagwerk», in kräftiger Daseinsbejahung dem Lichte zugewandt!

Ihre Farbigkeit ist starker Posaunentöne ebenso mächtig wie der zartesten Klänge. Besonders erlebt man das vor ihren Landschaftsbildern. Die «Ausfahrt» (entstanden 1932 in der Stuttgarter Zeit) mit ihren wuchtigen Bergkulissen und dem einsamen Schiff auf dem See – welche Farbigkeit und welch kraftvoller Aufbau! Ein leiser Wehmutsschmerz durchzieht den Betrachter, wenn er den «Zug der Toten» betrachtet, der an einem Seeufer weiß über die Hügel hinwallt.

Welch ein Erlebnis ist die *Ebene* in «Sicht in die Ferne», die sich zwischen Bergen dehnt, in der Tiefe von einem Gipfel aufgefangen, über dem es golden loht; darüber der Farbenzug des Himmels, der sich zu Gestalten zu formen scheint und es doch nicht tut.

Deutlicher in dieser Richtung wird die Himmelsgestaltung in zwei Bildern von 1950, die man ebenfalls als Landschaften ansprechen kann. Hier gab die Malerin die Titel «Der Mensch verläßt den Erdenraum» und «Der Mensch betritt den Erdenraum».

Im ersten Bilde das Groß- und Größerwerden eines leibbefreiten Menschen, der die Gipfel der Berge wie ein abfallendes Tuch unter sich läßt, und dem sich aus dem Farbgewölk des Himmels erwartende Wesen zu enthüllen beginnen – im zweiten der keimhaft kleine, neue Erdenbürger, der – noch im Arm übersinnlicher Mütter ruhend – sich kurz vor dem Abstieg in die Sinneswelt befindet.

Hier zeigt sich deutlich, daß die Landschaftsaquarelle von Maria Strakosch gar nicht im üblichen Sinne «Landschaften» sind. Sie siedeln an der Grenze zwischen physisch-sinnlicher und sich aufschließender Geistwelt. Sie umspielen die Schwelle und beginnen sich ahnungsweise von irdischer Landschaft in Geistlandschaft hinüberzuverwandeln.

Mystizismus ist diesen Bildern fern; sie behalten immer ihre ätherisch-klare Helle und mutige Farbigkeit, die sich sicher und voll eigener Formkraft darstellt.

Es gibt in der Malerei Werke, die deutlich Außenbilder sind – gewonnen an äußeren Eindrücken und diesen Ursprung nicht verleugnend. Es gibt andere, die deutlich Innenbilder sind, aus den Erfahrungen des Seelischen erwachsend.

Maria Strakoschs Landschaftsbilder sind nicht das eine und nicht das andere. Man könnte vielleicht sagen, sie sind eine Chiffre, die uns von der beginnenden Erlösung der Natur durch den Geist erzählt, vom Wiedervereinen des Zerrissenen, das sich anbahnen will. Eine Überwindung des niederen Elementarischen, eine Durchlichtung spricht zu uns. Geisterfüllte Welt erlebt sich in dieser Farbigkeit, auch dort, wo keinerlei Andeutung von übersinnlichen Gestalten auftritt.

So etwa in dem letzten größeren Bilde der Künstlerin, das besonders licht und zart ist: ein Baum nur, ein See und ein Blick auf ferne Berge. Man empfindet eine ins Geistige sich dehnende Weite, die im Betrachtenden einen freien, starken inneren Atem erweckt. Diese Bilder sind jener «heiligen Nüchternheit» verpflichtet, die ihren Urquell im Geistigen sucht. «Wesenhaftes webt im Wasserelement» nennt die Malerin dies letzte Bild.

An einem solchen Œuvre ist zu erleben, daß der Schulungsweg des Malers nicht dahin zielte, sich selbst auszulöschen, um «objektive Kunst» zu schaffen, und auch nicht dahin, seine «Persönlichkeit» zu hätscheln, um möglichst eigen und unverwechselbar zu sein – sondern vielmehr, seinen Ichwillen zu stärken und zu läutern. Dadurch bekommen die Werke weniger den Duktus des «Persönlichen», aber stark den Duktus einer bestimmt gearteten Ichkraft.

Es ist erstaunlich, wie vielerlei Tempi und Bewegungen man an der Farbenwelt oft nur eines einzelnen Bildes erleben kann. Von flächiger Ruhe bis zu hinstürmender Eile vermag uns die Farbe *Rhythmus* durch die Augen in die Seele hineinzuerzählen.

In den Bilderreihen, die aus früherer Zeit stammen: «Kain- und Abel-Legende», «Das Sonnenantlitz in den Tierkreisbildern» und «Die vier Elemente», spürt man die strenge Aufgabenstellung, die in Stufen und Verwandlungen durchgetragen werden wollte.

Nachdem diese Zeilen geschrieben waren, erlebte die Rezensentin eine Überraschung. Es hatte sich von selbst ergeben, vor dieser Malerei von «Posaunentönen» und «zarten Klängen», von Tempi und Rhythmus zu sprechen. Nun liest sie in dem Aufsatz von Dr. Irene Cattaneo (in dem Buch: «Die erlöste Sphinx», Mensch und Farbe, von Maria Strakosch-Giesler) den Satz: «*Musikalische Malerei* nannte Rudolf Steiner ihre Art zu malen.» Ein bekannter italienischer Maler, so sagt Irene Cattaneo im gleichen Aufsatz, habe beim Anblick von Werken der Künstlerin ausgerufen: «Ecco colori evangelici!» «Das sind engelhafte Farben.»

Maria Strakosch-Giesler ist mit der Kunstentwicklung auf dem Gebiet der Malerei seit über siebzig Jahren tätig verbunden. Ihr Weg führte sie in die Kreise um Kandinsky, dessen Schülerin sie wurde. Aber als sie 1908 Rudolf Steiner begegnete, löste sie sich aus allen alten Bindungen und vertraute sich und ihr künstlerisches Streben seinem Rat und den Impulsen der neuen Geisteswissenschaft an.

In einem Vorwort zu sieben ihrer Bilder, die im Suhrkamp-Verlag veröffentlicht wurden, schreibt sie: «Wer mit der modernen Kunst, Kubismus, Expressionismus und ähnlichen Bestrebungen, in naher Verbindung stand, war in Gefahr, der Hoffnungslosigkeit anheim zu fallen, solange er nicht den Weg zu einem überzeugenden neuen Ausdruck offen sah für geistig Wirkendes. Nach der Formzertrümmerung mußten Auferstehungskräfte wiederum zu leuchten beginnen... Anthroposophie als Lebensweg führt zu solchen Kräften.» Und in der Malerei der Kuppeln im ersten Goetheanum war dieses Erreichnis zum ersten Male vor menschliche Augen gestellt. «Wer Gelegenheit gehabt hat, diese Malerei zu sehen, hat etwas von dem tiefsten Leben der Erde und ihrem Werdegang erfassen können. Hier war gewaltige Formzertrümmerung in farben- und formentragende Auferstehungskraft umgewandelt.»

Verzeichnis der Abbildungen und Dokumente

18 Das Gelände der Freien Waldorfschule Stuttgart, wie es bis 1943 ausgesehen hat: links das Schulgebäude von 1922, rechts hinten die große Holzbaracke, im rechten Winkel dazu mit spitzem Turm das umgebaute «Café Uhlandshöhe» mit angebauter kleiner Baracke, rechts davon das Lehrerwohnhaus.

19 Der Musiklehrer Paul Baumann mit einem Schülerorchester in der Adventszeit.

20 Rudolf Steiner bei der Arbeit an der Holzplastik in seinem Schreinerei-Atelier.

21 Die vier am Klinisch-Therapeutischen Institut in Stuttgart tätigen Ärzte: Dr. Ludwig Noll (stehend hinterste Reihe, rechts im Bild), Dr. Otto Palmer (im Bild links vor Dr. Noll sitzend), Dr. Friedrich Husemann (rechts vor Dr. Noll sitzend), und Dr. Felix Peipers (links im Bild, mit nach rechts gewendetem Kopf). Die übrigen Personen siehe: Das Wirken Rudolf Steiners, Dornach 1987, S. 238.

22 Carl Unger (geb. 1878, gest. 1929).

23 Emil Molt (geb. 1876, gest. 1936).

24 Plakat in Stuttgart 1921.

25 Programm der Darmstadter Hochschulveranstaltung «Anthroposophie und Wissenschaft» vom 25. bis 30. Juli 1921.

26 Alexander Strakosch (im Bild rechts, stehend) beim Unterricht im Spinnen an der Stuttgarter Freien Waldorfschule.

27 Das Lehrerkollegium der Freien Waldorfschule Stuttgart (Aufnahme vom 14. September 1926); Alexander Strakosch, im Bild hinterste Reihe, stehend, zweiter von links. (Die übrigen Personen siehe: Das Wirken Rudolf Steiners, Dornach 1987, S. 291.)

28 Blick in den kleinen Kuppelraum des ersten Goetheanums, Foto Rietmann.

29 Das Veranstaltungsgremium des West-Ost-Kongresses 1922 in Wien. – Mit ausführlicher Legende auf der nächsten Seite.

30, 31 Der Brand des ersten Goetheanums.

32 Alexander Strakosch in Dornach, Altersbild.

33 Alexander Strakosch und Maria Strakosch-Giesler in Dornach, Altersbild.

S. 509ff. «An die Mitglieder der Theosophischen Gesellschaft (Deutsche Sektion) und deren Freunde, den Johannesbau in München betreffend», herausgegeben vom Verwaltungsrat des Johannesbau-Vereins, «München, Ende Oktober 1911».